Símbolos de Unidades

A	ampère	Gy	gray	ms	milissegundo
Å	angström (10^{-10} m)	H	henry	N	newton
a	ano	h	hora	nm	nanômetro (10^{-9} m)
atm	atmosfera	Hz	hertz	pt	pinta
Bq	becquerel	in	polegada	qt	quarto
Btu	unidade térmica britânica (British thermal unit)	J	joule	R	roentgen
		K	kelvin	rev	revolução
C	coulomb	keV	quiloelétron-volt	s	segundo
°C	grau Celsius	kg	quilograma	Sv	seivert
cal	caloria	km	quilômetro	T	tesla
Ci	curie	L	litro	u	unidade unificada de massa
cm	centímetro	lb	libra	V	volt
dyn	dina	lbf	libra-força	W	watt
eV	elétron-volt	m	metro	Wb	weber
°F	grau Fahrenheit	MeV	megaelétron-volt	yd	jarda
fm	femtômetro, fermi (10^{-15} m)	Mm	megâmetro (10^6 m)	μm	micrômetro (10^{-6} m)
ft	pé	mi	milha	μs	microssegundo
G	gauss	min	minuto	μC	microcoulomb
g	grama	mm	milímetro	Ω	ohm
Gm	gigâmetro (10^9 m)				

Alguns Fatores de Conversão

Comprimento

1 m = 39,37 in = 3,281 ft = 1,094 yd
1 m = 10^{15} fm = 10^{10} Å = 10^9 nm
1 km = 0,6214 mi
1 mi = 5280 ft = 1,609 km
1 ano-luz = 1 $c \cdot$ a = 9,461 $\times$ 10^{15} m
1 in = 2,540 cm

Volume

1 L = 10^3 cm^3 = 10^{-3} m^3 = 1,057 qt

Tempo

1 h = 3600 s = 3,6 ks
1 a = 365,24 d = 3,156 $\times$ 10^7 s

Rapidez

1 km/h = 0,278 m/s = 0,6214 mi/h
1 ft/s = 0,3048 m/s = 0,6818 mi/h

Ângulo–rapidez angular

1 rev = 2π rad = 360°
1 rad = 57,30°
1 rev/min = 0,1047 rad/s

Força–pressão

1 N = 10^5 dyn = 0,2248 lbf
1 lbf = 4,448 N
1 atm = 101,3 kPa = 1,013 bar = 76,00 cmHg = 14,70 lbf/in^2

Massa

1 u = [(10^{-3} mol^{-1})/N_A] kg = 1,661 $\times$ 10^{-27} kg
1 t = 10^3 kg = 1 Mg
1 slug = 14,59 kg
1 kg equivale a aproximadamente 2,205 lb

Energia–potência

1 J = 10^7 erg = 0,7376 ft $\cdot$ lbf = 9,869 $\times$ 10^{-3} L $\cdot$ atm
1 kW $\cdot$ h = 3,6 MJ
1 cal = 4,184 J = 4,129 $\times$ 10^{-2} L $\cdot$ atm
1 L $\cdot$ atm = 101,325 J = 24,22 cal
1 eV = 1,602 $\times$ 10^{-19} J
1 Btu = 778 ft $\cdot$ lbf = 252 cal = 1054 J
1 HP = 550 ft $\cdot$ lbf/s = 746 W

Condutividade térmica

1 W/(m $\cdot$ K) = 6,938 Btu $\cdot$ in/(h $\cdot$ ft^2 $\cdot$ °F)

Campo magnético

1 T = 10^4 G

Viscosidade

1 Pa $\cdot$ s = 10 poise

FÍSICA PARA CIENTISTAS E ENGENHEIROS

Volume 3

Física Moderna:
Mecânica Quântica,
Relatividade e a
Estrutura da Matéria

O GEN | Grupo Editorial Nacional – maior plataforma editorial brasileira no segmento científico, técnico e profissional – publica conteúdos nas áreas de ciências exatas, humanas, jurídicas, da saúde e sociais aplicadas, além de prover serviços direcionados à educação continuada e à preparação para concursos.

As editoras que integram o GEN, das mais respeitadas no mercado editorial, construíram catálogos inigualáveis, com obras decisivas para a formação acadêmica e o aperfeiçoamento de várias gerações de profissionais e estudantes, tendo se tornado sinônimo de qualidade e seriedade.

A missão do GEN e dos núcleos de conteúdo que o compõem é prover a melhor informação científica e distribuí-la de maneira flexível e conveniente, a preços justos, gerando benefícios e servindo a autores, docentes, livreiros, funcionários, colaboradores e acionistas.

Nosso comportamento ético incondicional e nossa responsabilidade social e ambiental são reforçados pela natureza educacional de nossa atividade e dão sustentabilidade ao crescimento contínuo e à rentabilidade do grupo.

SEXTA EDIÇÃO

FÍSICA PARA CIENTISTAS E ENGENHEIROS

Volume 3

Física Moderna:
Mecânica Quântica,
Relatividade e a
Estrutura da Matéria

Paul A. Tipler
Gene Mosca

Tradução e Revisão Técnica
Márcia Russman Gallas
Doutora em Física, Professora-Associada do Instituto de
Física da Universidade Federal do Rio Grande do Sul

PT: Para Claudia

GM: Para Vivian

Os autores e a editora empenharam-se para citar adequadamente e dar o devido crédito a todos os detentores dos direitos autorais de qualquer material utilizado neste livro, dispondo-se a possíveis acertos caso, inadvertidamente, a identificação de algum deles tenha sido omitida.

Não é responsabilidade da editora nem dos autores a ocorrência de eventuais perdas ou danos a pessoas ou bens que tenham origem no uso desta publicação.

Apesar dos melhores esforços dos autores, da tradutora, do editor e dos revisores, é inevitável que surjam erros no texto. Assim, são bem-vindas as comunicações de usuários sobre correções ou sugestões referentes ao conteúdo ou ao nível pedagógico que auxiliem o aprimoramento de edições futuras. Os comentários dos leitores podem ser encaminhados à **LTC — Livros Técnicos e Científicos Editora** pelo e-mail faleconosco@grupogen.com.br.

First published in the United States
by
W.H. FREEMAN AND COMPANY, New York and Basingstoke
Copyright © 2008 by W.H. Freeman and Company. All Rights Reserved

Publicado originalmente nos Estados Unidos
por
W.H. FREEMAN AND COMPANY, New York and Basingstoke
Copyright © 2008 by W.H. Freeman and Company. Todos os Direitos Reservados

Direitos exclusivos para a língua portuguesa
Copyright © 2009 by
LTC — Livros Técnicos e Científicos Editora Ltda.
Uma editora integrante do GEN | Grupo Editorial Nacional

Reservados todos os direitos. É proibida a duplicação ou reprodução deste volume, no todo ou em parte, sob quaisquer formas ou por quaisquer meios (eletrônico, mecânico, gravação, fotocópia, distribuição na internet ou outros), sem permissão expressa da editora.

Travessa do Ouvidor, 11
Rio de Janeiro, RJ — CEP 20040-040
Tels.: 21-3543-0770 / 11-5080-0770
Fax: 21-3543-0896
faleconosco@grupogen.com.br
www.grupogen.com.br

Capa: Bernard Design

Editoração Eletrônica: *Performa*

CIP-BRASIL. CATALOGAÇÃO-NA-FONTE
SINDICATO NACIONAL DOS EDITORES DE LIVROS, RJ.

T499f
v.3

Tipler, Paul Allen, 1933-
Física para cientistas e engenheiros, volume 3 : física moderna : mecânica quântica, relatividade e a estrutura da matéria / Paul A. Tipler, Gene Mosca ; tradução e revisão técnica Márcia Russman Gallas. - [Reimpr.]. - Rio de Janeiro : LTC, 2019.
il.   -(Física para cientistas e engenheiros ; v.3)

Tradução de: Physics for scientists and engineers : with modern physics, 6th ed.
ISBN 978-85-216-1712-9

1. Física. I. Mosca, Gene. II. Título. III. Série.

09-2782.   CDD: 530
                                           CDU: 53

Sumário Geral

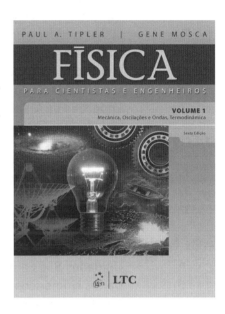

VOLUME 1

| 1 | Medida e Vetores |

PARTE I   MECÂNICA

2	Movimento em Uma Dimensão
3	Movimento em Duas e Três Dimensões
4	Leis de Newton
5	Aplicações Adicionais das Leis de Newton
6	Trabalho e Energia Cinética
7	Conservação da Energia
8	Conservação da Quantidade de Movimento Linear
9	Rotação
10	Quantidade de Movimento Angular
R	Relatividade Especial
11	Gravitação
12	Equilíbrio Estático e Elasticidade
13	Fluidos

PARTE II   OSCILAÇÕES E ONDAS

14	Oscilações
15	Ondas Progressivas
16	Superposição e Ondas Estacionárias

PARTE III   TERMODINÂMICA

17	Temperatura e Teoria Cinética dos Gases
18	Calor e a Primeira Lei da Termodinâmica
19	A Segunda Lei da Termodinâmica
20	Propriedades Térmicas e Processos Térmicos

APÊNDICES

A	Unidades SI e Fatores de Conversão
B	Dados Numéricos
C	Tabela Periódica dos Elementos

Tutorial Matemático
Respostas dos Problemas Ímpares de Finais de Capítulo
Índice

VOLUME 2

PARTE IV ELETRICIDADE E MAGNETISMO

21		O Campo Elétrico I: Distribuições Discretas de Cargas
22		O Campo Elétrico II: Distribuições Contínuas de Cargas
23		Potencial Elétrico
24		Capacitância
25		Corrente Elétrica e Circuitos de Corrente Contínua
26		O Campo Magnético
27		Fontes de Campo Magnético
28		Indução Magnética
29		Circuitos de Corrente Alternada
30		Equações de Maxwell e Ondas Eletromagnéticas

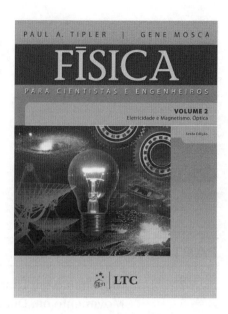

PARTE V LUZ

31	Propriedades da Luz
32	Imagens Ópticas
33	Interferência e Difração

APÊNDICES

A	Unidades SI e Fatores de Conversão
B	Dados Numéricos
C	Tabela Periódica dos Elementos

Tutorial Matemático
Respostas dos Problemas Ímpares de Finais de Capítulo
Índice

VOLUME 3

PARTE VI FÍSICA MODERNA: MECÂNICA QUÂNTICA, RELATIVIDADE E A ESTRUTURA DA MATÉRIA

34	Dualidade Onda-Partícula e Física Quântica
35	Aplicações da Equação de Schrödinger
36	Átomos
37	Moléculas
38	Sólidos
39	Relatividade
40	Física Nuclear
41	Partículas Elementares e a Origem do Universo

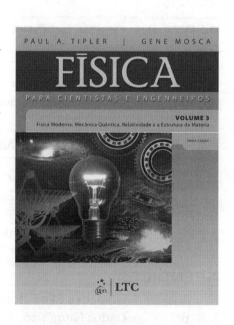

APÊNDICES

A	Unidades SI e Fatores de Conversão
B	Dados Numéricos
C	Tabela Periódica dos Elementos

Tutorial Matemático
Respostas dos Problemas Ímpares de Finais de Capítulo
Índice

Sumário

Prefácio   ix
Sobre os Autores   xvii

PARTE VI	FÍSICA MODERNA: MECÂNICA QUÂNTICA, RELATIVIDADE E A ESTRUTURA DA MATÉRIA

Capítulo 34
DUALIDADE ONDA-PARTÍCULA E FÍSICA QUÂNTICA   1

34-1	Ondas e Partículas	2
34-2	Luz: De Newton a Maxwell	2
34-3	A Natureza Corpuscular da Luz: Fótons	3
34-4	Quantização da Energia em Átomos	8
34-5	Elétrons e Ondas de Matéria	8
34-6	A Interpretação da Função de Onda	12
34-7	Dualidade Onda-Partícula	14
34-8	Partícula em uma Caixa	16
34-9	Valores Esperados	20
34-10	Quantização da Energia em Outros Sistemas	23
	Resumo	25
	Problemas	26

Capítulo 35
APLICAÇÕES DA EQUAÇÃO DE SCHRÖDINGER   31

35-1	A Equação de Schrödinger	32
35-2	Uma Partícula num Poço Quadrado Finito	34
35-3	O Oscilador Harmônico	36
35-4	Reflexão e Transmissão de Ondas dos Elétrons: Penetração de Barreiras	39
35-5	A Equação de Schrödinger em Três Dimensões	43
35-6	A Equação de Schrödinger para Duas Partículas Idênticas	46
	Resumo	49
	Problemas	50

Capítulo 36
ÁTOMOS   53

36-1	O Átomo	54
36-2	O Modelo de Bohr do Átomo de Hidrogênio	55
36-3	Teoria Quântica dos Átomos	59
36-4	Teoria Quântica do Átomo de Hidrogênio	61
36-5	O Efeito Spin-Órbita e a Estrutura Fina	67
36-6	A Tabela Periódica	69
36-7	Espectros Ópticos e Espectros de Raios X	73
	Resumo	80
	Problemas	82

Capítulo 37
MOLÉCULAS   87

37-1	Ligações	87
*37-2	Moléculas Poliatômicas	94
37-3	Níveis de Energia e Espectros de Moléculas Diatômicas	96
	Resumo	104
	Problemas	105

Capítulo 38
SÓLIDOS   109

38-1	A Estrutura dos Sólidos	110
38-2	Uma Descrição Microscópica da Condução	114
38-3	Elétrons Livres num Sólido	117
38-4	Teoria Quântica da Condução Elétrica	123
38-5	Teoria de Bandas para os Sólidos	124
38-6	Semicondutores	127
*38-7	Junções e Dispositivos Semicondutores	128
38-8	Supercondutividade	133
38-9	A Distribuição de Fermi-Dirac	135
	Resumo	139
	Problemas	141

Capítulo 39
RELATIVIDADE   145

39-1	Relatividade Newtoniana	146
39-2	Postulados de Einstein	147
39-3	A Transformação de Lorentz	148
39-4	Sincronização de Relógios e Simultaneidade	156
39-5	A Transformação de Velocidade	161
39-6	Momento Relativístico	164
39-7	Energia Relativística	166
39-8	Relatividade Geral	171

viii | Sumário

| | Resumo | 175 |
| | Problemas | 176 |

Capítulo 40
FÍSICA NUCLEAR 181
40-1	Propriedades do Núcleo	181
40-2	Radioatividade	185
40-3	Reações Nucleares	192
40-4	Fissão e Fusão	194
	Resumo	203
	Problemas	204

Capítulo 41
PARTÍCULAS ELEMENTARES E A ORIGEM DO UNIVERSO 209
41-1	Hádrons e Léptons	209
41-2	Spin e Antipartículas	213
41-3	As Leis de Conservação	215
41-4	Quarks	219
41-5	Partículas de Campo	221
41-6	A Teoria Eletrofraca	222

41-7	O Modelo-Padrão	222
41-8	A Evolução do Universo	224
	Resumo	227
	Problemas	228

Apêndice A
UNIDADES SI E FATORES DE CONVERSÃO 231

Apêndice B
DADOS NUMÉRICOS 233

Apêndice C
TABELA PERIÓDICA DOS ELEMENTOS 237

TUTORIAL MATEMÁTICO 239

RESPOSTAS DOS PROBLEMAS ÍMPARES DE FINAIS DE CAPÍTULO 269

ÍNDICE 275

Prefácio

A sexta edição de *Física para Cientistas e Engenheiros* oferece um texto que inclui uma nova abordagem estratégica de solução de problemas, um Tutorial Matemático integrado e novas ferramentas para aprimorar a compreensão conceitual. Novos quadros Física em Foco tratam de tópicos de ponta que ajudam os estudantes a relacionar seu aprendizado com as tecnologias do mundo real.

CARACTERÍSTICAS PRINCIPAIS

ESTRATÉGIA PARA SOLUÇÃO DE PROBLEMAS

A sexta edição introduz uma nova estratégia para solução de problemas em que os Exemplos têm como formato uma seqüência consistente de **Situação**, **Solução** e **Checagem**. Este formato conduz os estudantes através dos passos envolvidos na análise do problema, sua solução e conferência de seus resultados. Os Exemplos incluem, com freqüência, as úteis seções **Indo Além**, que apresentam formas alternativas de resolver problemas, fatos de interesse, ou informação adicional relacionada com os conceitos apresentados. Quando apropriado, os Exemplos são seguidos por **Problemas Práticos** para que os estudantes possam avaliar seu domínio sobre os conceitos.

Nesta edição, os passos na solução de problemas são novamente justapostos com as necessárias equações, de forma a tornar mais fácil para os estudantes a visão de um problema desdobrado.

Após o enunciado de cada problema, os alunos são levados a situar-se no problema, na seção **Situação**. Aqui, o problema é analisado tanto conceitual quanto visualmente.

Na seção **Solução**, cada passo da solução é apresentado em linguagem descritiva na coluna da esquerda e com as respectivas equações matemáticas na coluna da direita.

A **Checagem** leva os estudantes a verificarem se seus resultados são precisos e razoáveis.

Indo Além sugere uma abordagem diferente para um Exemplo ou fornece alguma informação relevante ao Exemplo.

Um **Problema Prático** segue com freqüência a solução de um Exemplo, permitindo que os estudantes verifiquem sua compreensão. Resultados são incluídos no final do capítulo, fornecendo retorno imediato.

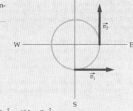

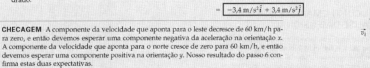

FIGURA 3-7

Um boxe **Estratégia para Solução de Problemas** é incluído em quase todos os capítulos para reforçar o formato **Situação**, **Solução** e **Checagem** na correta solução de problemas.

> **ESTRATÉGIA PARA SOLUÇÃO DE PROBLEMAS**
>
> **Velocidade Relativa**
>
> **SITUAÇÃO** O primeiro passo na solução de um problema de velocidade relativa é identificar e dar nome às referenciais relevantes. Aqui, vamos chamá-los de referencial A e referencial B.
>
> **SOLUÇÃO**
> 1. Usando $\vec{v}_{pB} = \vec{v}_{pA} + \vec{v}_{AB}$ (Equação 3-9), relacione a velocidade do objeto em movimento (partícula p) em relação ao referencial A com a velocidade da partícula em relação ao referencial B.
> 2. Esboce uma soma vetorial para a equação $\vec{v}_{pB} = \vec{v}_{pA} + \vec{v}_{AB}$. Use o método geométrico de adição vetorial. Inclua os eixos coordenados no esboço.
> 3. Resolva para a quantidade procurada. Use apropriadamente a trigonometria.
>
> **CHECAGEM** Confira se você encontrou a velocidade ou a posição do objeto móvel em relação ao referencial requerido.

TUTORIAL MATEMÁTICO INTEGRADO

Esta edição aprimorou a ajuda matemática para os estudantes que estão cursando cálculo simultaneamente com a física introdutória, ou para estudantes que precisam de uma revisão matemática.

O abrangente **Tutorial Matemático**

- revê resultados básicos de álgebra, geometria, trigonometria e cálculo,
- relaciona conceitos matemáticos com conceitos físicos no texto,
- fornece Exemplos e Problemas Práticos para que os estudantes possam testar sua compreensão dos conceitos matemáticos.

Exemplo M-13 Decaimento Radioativo do Cobalto-60

A meia-vida do cobalto-60 (^{60}Co) é 5,27 anos. Em $t = 0$, você possui uma amostra de ^{60}Co com 1,20 mg de massa. Em que tempo t (em anos) terão decaído 0,400 mg da amostra de ^{60}Co?

SITUAÇÃO Ao deduzirmos a meia-vida em um decaimento exponencial, fizemos $N/N_0 = 1/2$. Neste exemplo, devemos determinar o tempo em que dois terços de uma amostra permanecem, e portanto, a razão N/N_0 será 0,667.

SOLUÇÃO

1. Expresse a razão N/N_0 em forma exponencial:

$$\frac{N}{N_0} = 0,667 = e^{-\lambda t}$$

2. Inverta os dois lados:

$$\frac{N_0}{N} = 1,50 = e^{\lambda t}$$

3. Resolva para t:

$$t = \frac{\ln 1,50}{\lambda} = \frac{0,405}{\lambda}$$

4. A constante de decaimento está relacionada à meia-vida por $\lambda = (\ln 2)/t_{1/2}$ (Equação M-70). Substitua λ por $(\ln 2)/t_{1/2}$ e determine o tempo:

$$t = \frac{\ln 1,5}{\ln 2} t_{1/2} = \frac{\ln 1,5}{\ln 2} \times 5,27 \text{ a} = 3,08 \text{ a}$$

CHECAGEM Leva 5,27 anos para a massa de uma amostra de ^{60}Co decair a 50 por cento de sua massa inicial. Assim, esperamos que leve menos do que 5,27 anos para que a amostra perca 33,3 por cento de sua massa. Nosso resultado de 3,08 anos, do passo 4, é menor do que 5,27 anos, como esperado.

PROBLEMAS PRÁTICOS

27. A constante de tempo de descarga τ de um capacitor em um circuito RC é o tempo no qual o capacitor descarrega até atingir e^{-1} (ou 0,368) vezes a sua carga em $t = 0$. Se $\tau = 1$ s para um capacitor, em que tempo (em segundos) ele terá descarregado 50,0 por cento de sua carga inicial?
28. Se a população canina de seu estado cresce a uma taxa de 8,0 por cento a cada década e continua crescendo indefinidamente à mesma taxa, em quantos anos ela atingirá 1,5 vez o nível atual?

M-12 CÁLCULO INTEGRAL

A **integração** pode ser considerada como o inverso da derivação. Se uma função $f(t)$ é *integrada*, uma função $F(t)$ é encontrada tal que $f(t)$ seja a derivada de $F(t)$ em relação a t.

A INTEGRAL COMO UMA ÁREA SOB UMA CURVA; ANÁLISE DIMENSIONAL

O processo de determinação da área sob uma curva em um gráfico ilustra a integração. A Figura M-27 mostra uma função $f(t)$. A área do elemento sombreado é, aproximadamente, $f_i \Delta t_i$, onde f_i é calculado não importando em que ponto do intervalo Δt_i. Esta aproximação é muito boa, se Δt_i é muito pequeno. A área total sob um trecho da curva é determinada somando todos os elementos de área que ela cobre, e tomando o limite quando cada Δt_i tende a zero. Este limite é chamado de **integral** de f em relação a t e é escrito como

$$\int f \, dt = \text{área}_i = \lim_{\Delta t_i \to 0} \sum_i f_i \Delta t_i \qquad \text{M-74}$$

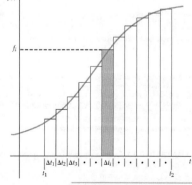

FIGURA M-27 Uma função genérica $f(t)$. A área do elemento sombreado vale aproximadamente $f_i \Delta t_i$, para qualquer f_i do intervalo.

As *dimensões físicas* de uma integral de uma função $f(t)$ são encontradas multiplicando as dimensões do *integrando* (a função que está sendo integrada) pelas dimensões da variável de integração t. Por exemplo, se o integrando é uma função velocidade $v(t)$

Adicionalmente, notas à margem permitem que os estudantes facilmente vejam as ligações entre conceitos físicos no texto e conceitos matemáticos.

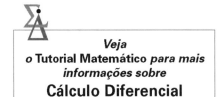

Veja o Tutorial Matemático para mais informações sobre **Cálculo Diferencial**

PEDAGOGIA QUE ASSEGURA A COMPREENSÃO CONCEITUAL

Ferramentas amigáveis ao estudante foram adicionadas para permitir uma melhor compreensão conceitual da física.

- Novos **Exemplos Conceituais** são introduzidos, quando apropriado, para ajudar os estudantes na completa compreensão de conceitos físicos essenciais. Estes Exemplos utilizam a estratégia de **Situação**, **Solução** e **Checagem**, de forma que os estudantes não apenas ganhem uma compreensão conceitual fundamental, mas também avaliem seus resultados.

- Novas **Checagens Conceituais** levam os estudantes a confirmarem sua compreensão dos conceitos físicos enquanto lêem os capítulos. Respostas estão colocadas no final dos capítulos, para permitir retorno imediato. As Checagens Conceituais são colocadas próximas a tópicos relevantes, de forma que os estudantes possam imediatamente reler qualquer material que eles não tenham compreendido perfeitamente.

- Novos **Alertas de Armadilha**, identificados por pontos de exclamação, ajudam os estudantes a evitar concepções alternativas comuns. Estes alertas estão próximos aos tópicos que normalmente causam confusão, para que os estudantes possam imediatamente lidar com quaisquer dificuldades.

> ✓ **CHECAGEM CONCEITUAL 3-1**
>
> A Figura 3-9 é o diagrama de movimento para a saltadora de *bungee-jump* antes, durante e após o tempo t_6, quando ela está momentaneamente em repouso no ponto mais baixo de sua queda. Durante o trecho de ascensão mostrado, ela está subindo com uma rapidez crescente. Use este diagrama para determinar a orientação da aceleração da saltadora (*a*) no tempo t_6 e (*b*) no tempo t_9.

onde U_0, a constante de integração arbitrária, é o valor da energia potencial em $y = 0$. Como apenas foi definida uma variação da energia potencial, o real valor de U não é importante. Por exemplo, se a energia potencial gravitacional do sistema Terra–esquiador é escolhida como seu zero quando o esquiador está na base da colina, seu valor quando o esquiador está a uma altura h da base é mgh. Também poderíamos ter escolhido o zero da energia potencial quando o esquiador está em um ponto P a meio caminho da descida, caso em que o valor em qualquer outro ponto seria mgy, onde y é a altura do esquiador acima do ponto P. Na metade mais baixa da descida, a energia potencial seria, então, negativa.

! Temos a liberdade de escolher U igual a zero em qualquer ponto de referência conveniente.

FÍSICA EM FOCO

Os **Física em Foco**, colocados no final de capítulos apropriados, discutem aplicações atuais da física e relacionam aplicações com conceitos descritos nos capítulos. Estes tópicos vão de fazendas de vento a termômetros moleculares e motores a detonação pulsada.

Vento Quente

Fazendas de vento pontilham a costa dinamarquesa, as planícies do alto meio-oeste americano e colinas da Califórnia até Vermont (Estados Unidos). O aproveitamento da energia cinética do vento não é nada de novo. Moinhos de vento têm sido usados, há séculos, para bombear água, ventilar minas[a] e moer grãos.

Hoje, as turbinas a vento mais encontráveis alimentam geradores elétricos. Estas turbinas transformam energia cinética em energia eletromagnética. Turbinas modernas variam muito em tamanho, custo e produção. Algumas são máquinas muito pequenas e simples, custando menos de 500 dólares americanos por turbina, e produzem menos de 100 watts de potência.[b] Outras são gigantes complexos que custam mais de 2 milhões de dólares e produzem até 2,5 MW por turbina.[c] Todas estas turbinas aproveitam uma amplamente disponível fonte de energia — o vento.

A teoria que está por trás da conversão de energia cinética em energia eletromagnética pelo moinho de vento é bem direta. As moléculas do ar em movimento empurram as pás da turbina, provocando seu movimento de rotação. As pás em rotação fazem girar, então, uma série de engrenagens. As engrenagens, por sua vez, aumentam a taxa de rotação e fazem girar um rotor gerador. O gerador envia a energia eletromagnética para as linhas de transmissão.

Mas a conversão da energia cinética do vento em energia eletromagnética não é 100 por cento eficiente. O mais importante a ser lembrado é que ela *não pode* ser 100 por cento eficiente. Se as turbinas convertessem 100 por cento da energia cinética do ar em energia elétrica, o ar restaria sem energia cinética. Isto é, as turbinas parariam o ar. Se o ar fosse completamente parado pela turbina ele circularia em torno da turbina e não através da turbina.

Então, a eficiência teórica de uma turbina a vento é um compromisso entre a captura da energia cinética do ar em movimento e o cuidado para evitar que a maior parte do vento fique circulando em torno da turbina. As turbinas do tipo hélice são as mais comuns e sua eficiência teórica para transformar energia cinética do ar em energia eletromagnética varia de 30 por cento a 59 por cento.[d] (Estas previsões de eficiência variam devido às suposições feitas a respeito do modo como o ar se comporta ao atravessar as hélices da turbina e ao circulá-las.)

Então, mesmo a turbina mais eficiente não pode converter 100 por cento da energia teoricamente disponível. O que ocorre? Antes da turbina, o ar se move ao longo de linhas de corrente retas. Depois da turbina, o ar sofre rotação e turbulência. A componente rotacional do movimento do ar depois da turbina requer energia. Alguma dissipação de energia acontece por causa da viscosidade do ar. Quando parte do ar se torna mais lenta, existe atrito entre o ar mais lento e o ar mais rápido que a atravessa. As pás da turbina esquentam e o próprio ar esquenta.[e] As engrenagens dentro das turbinas também convertem energia cinética em energia térmica, por atrito. Toda esta energia térmica precisa ser considerada. As pás da turbina vibram, individualmente — a energia associada com estas vibrações não pode ser usada. Finalmente, a turbina usa parte da eletricidade que gera para fazer funcionar bombas de lubrificação das engrenagens, além do motor responsável por direcionar as pás da turbina para a posição mais favorável em relação ao vento.

Ao final, a maior parte das turbinas opera entre 10 e 20 por cento de eficiência.[f] Elas continuam sendo fontes de potência interessantes, já que o combustível é grátis. Um proprietário de turbina explica: "O importante é que a construímos para nosso negócio e para ajudar a controlar nosso futuro".[g]

© Andrei Merkulov/Dreamstime.com

[a] Agricola, Georgius, *De Re Metalic.* (Herbert and Lou Henry Hoover, Trnasl.) Reprint Mineola, NY: Dover, 1950, 200–205.
[b] Conally, Abe, and Conally, Josie, "Wind Powered Generator," *Make*, Feb. 2006, Vol. 5, 90–101.
[c] "Why Four Generators May Be Better than One," *Modern Power Systems*, Dec. 2005, 30.
[d] Gorban, A. N., Gorlov, A. M., and Silantyev, V. M., "Limits of the Turbine Efficiency for Free Fluid Flow." *Journal of Energy Resources Technology*, Dec. 2001, Vol. 123, 311–317.
[e] Roy, S. B., S. W. Pacala, and R. L. Walko. "Can Large Wind Farms Affect Local Meteorology?" *Journal of Geophysical Research (Atmospheres)*, Oct. 16, 2004, 109, D19101.
[f] Gorban, A. N., Gorlov, A. M., and Silantyev, V. M., "Limits of the Turbine Efficiency for Free Fluid Flow." *Journal of Energy Resources Technology*, December 2001, Vol. 123, 311–317.
[g] Wilde, Matthew, "Colwell Farmers Take Advantage of Grant to Produce Wind Energy." *Waterloo-Cedar Falls Courier*, May 1, 2006, B1+.

Agradecimentos

Somos gratos aos muitos professores, estudantes, colegas e amigos que contribuíram para esta edição e para edições anteriores.

Anthony J. Buffa, professor emérito da California Polytechnic State University, na Califórnia, escreveu muitos novos problemas de final de capítulo e editou as seções de problemas de final de capítulo. Laura Runkle escreveu os Física em Foco. Richard Mickey revisou a Revisão Matemática da quinta edição, que é agora o Tutorial Matemático da sexta edição. David Mills, professor emérito do College of the Redwoods, na Califórnia, revisou completamente o Manual de Soluções. Recebemos valiosa ajuda, na criação de texto e na conferência da precisão do texto e dos problemas, dos seguintes professores:

Thomas Foster
Southern Illinois University

Karamjeet Arya
San Jose State University

Mirley Bala
Texas A&M University — Corpus Christi

Michael Crivello
San Diego Mesa College

Carlos Delgado
Community College of Southern Nevada

David Faust
Mt. Hood Community College

Robin Jordan
Florida Atlantic University

Jerome Licini
Lehigh University

Dan Lucas
University of Wisconsin

Laura McCullough
University of Wisconsin, Stout

Jeannette Myers
Francis Marion University

Marian Peters
Appalachian State University

Todd K. Pedlar
Luther College

Paul Quinn
Kutztown University

Peter Sheldon
Randolph-Macon Woman's College

Michael G. Strauss
University of Oklahoma

Brad Trees
Ohio Wesleyan University

George Zober
Yough Senior High School

Patricia Zober
Ringgold High School

Muitos professores e estudantes forneceram extensas e úteis revisões de um ou mais capítulos desta edição. Cada um deles fez uma contribuição fundamental para a qualidade desta edição e merecem nosso agradecimento. Gostaríamos de agradecer aos seguintes revisores:

Ahmad H. Abdelhadi
James Madison University

Edward Adelson
Ohio State University

Royal Albridge
Vanderbilt University

J. Robert Anderson
University of Maryland, College Park

Toby S. Anderson
Tennessee State University

Wickram Ariyasinghe
Baylor University

Yildirim Aktas
University of North Carolina, Charlotte

Eric Ayars
California State University

James Battat
Harvard University

Eugene W. Beier
University of Pennsylvania

Peter Beyersdorf
San Jose State University

Richard Bone
Florida International University

Juliet W. Brosing
Pacific University

Ronald Brown
California Polytechnic State University

Richard L. Cardenas
St. Mary's University

Troy Carter
University of California, Los Angeles

Alice D. Churukian
Concordia College

N. John DiNardo
Drexel University

Jianjun Dong
Auburn University

Fivos R. Drymiotis
Clemson University

Mark A. Edwards
Hofstra University

James Evans
Broken Arrow Senior High

Nicola Fameli
University of British Columbia

N. G. Fazleev
University of Texas em Arlington

Thomas Furtak
Colorado School of Mines

Richard Gelderman
Western Kentucky University

Yuri Gershtein
Florida State University

Paolo Gondolo
University of Utah

Benjamin Grinstein
University of California, San Diego

Parameswar Hari
University of Tulsa

Joseph Harrison
University of Alabama — Birmingham

Patrick C. Hecking
Thiel College

Kristi R. G. Hendrickson
University of Puget Sound

xiv | Agradecimentos

Linnea Hess
Olympic College

Mark Hollabaugh
Normandale Community College

Daniel Holland
Illinois State University

Richard D. Holland II
Southern Illinois University

Eric Hudson
Massachusetts Institute of Technology

David C. Ingram
Ohio University

Colin Inglefield
Weber State University

Nathan Israeloff
Northeastern University

Donald J. Jacobs
California State University, Northridge

Erik L. Jensen
Chemeketa Community College

Colin P. Jessop
University of Notre Dame

Ed Kearns
Boston University

Alice K. Kolakowska
Mississippi State University

Douglas Kurtze
Saint Joseph's University

Eric T. Lane
University of Tennessee em Chattanooga

Christie L. Larochelle
Franklin & Marshall College

Mary Lu Larsen
Towson University

Clifford L. Laurence
Colorado Technical University

Bruce W. Liby
Manhattan College

Ramon E. Lopez
Florida Institute of Technology

Ntungwa Maasha
Coastal Georgia Community College and
University Center

Jane H. MacGibbon
University of North Florida

A. James Mallmann
Milwaukee School of Engineering

Rahul Mehta
University of Central Arkansas

R. A. McCorkle
University of Rhode Island

Linda McDonald
North Park University

Kenneth McLaughlin
Loras College

Eric R. Murray
Georgia Institute of Technology

Jeffrey S. Olafsen
University of Kansas

Richard P. Olenick
University of Dallas

Halina Opyrchal
New Jersey Institute of Technology

Russell L. Palma
Minnesota State University — Mankato

Todd K. Pedlar
Luther College

Daniel Phillips
Ohio University

Edward Pollack
University of Connecticut

Michael Politano
Marquette University

Robert L. Pompi
SUNY Binghamton

Damon A. Resnick
Montana State University

Richard Robinett
Pennsylvania State University

John Rollino
Rutgers University

Daniel V. Schroeder
Weber State University

Douglas Sherman
San Jose State University

Christopher Sirola
Marquette University

Larry K. Smith
Snow College

George Smoot
University of California em Berkeley

Zbigniew M. Stadnik
University of Ottawa

Kenny Stephens
Hardin-Simmons University

Daniel Stump
Michigan State University

Jorge Talamantes
California State University, Bakersfield

Charles G. Torre
Utah State University

Brad Trees
Ohio Wesleyan University

John K. Vassiliou
Villanova University

Theodore D. Violett
Western State College

Hai-Sheng Wu
Minnesota State University — Mankato

Anthony C. Zable
Portland Community College

Ulrich Zurcher
Cleveland State University

Também estamos em dívida com os revisores de edições anteriores. Queríamos, portanto, agradecer aos seguintes revisores, que forneceram imensurável apoio enquanto desenvolvíamos a quarta e quinta edições:

Edward Adelson
The Ohio State University

Michael Arnett
Kirkwood Community College

Todd Averett
The College of William and Mary

Yildirim M. Aktas
University of North Carolina em Charlotte

Karamjeet Arya
San Jose State University

Alison Baski
Virginia Commonwealth University

William Bassichis
Texas A&M University

Joel C. Berlinghieri
The Citadel

Gary Stephen Blanpied
University of South Carolina

Frank Blatt
Michigan State University

Ronald Brown
California Polytechnic State University

Anthony J. Buffa
California Polytechnic State University

John E. Byrne
Gonzaga University

Wayne Carr
Stevens Institute of Technology

George Cassidy
University of Utah

Lay Nam Chang
Virginia Polytechnic Institute

I. V. Chivets
Trinity College, University of Dublin

Harry T. Chu
University of Akron

Alan Cresswell
Shippensburg University

Robert Coakley
University of Southern Maine

Robert Coleman
Emory University

Brent A. Corbin
UCLA

Andrew Cornelius
University of Nevada em Las Vegas

Mark W. Coffey
Colorado School of Mines

Peter P. Crooker
University of Hawaii

Jeff Culbert
London, Ontario

Paul Debevec
University of Illinois

Ricardo S. Decca
Indiana University — Purdue University

Robert W. Detenbeck
University of Vermont

N. John DiNardo
Drexel University

Bruce Doak
Arizona State University

Michael Dubson
University of Colorado em Boulder

John Elliott
University of Manchester, Inglaterra

William Ellis
University of Technology — Sydney

Colonel Rolf Enger
U.S. Air Force Academy

John W. Farley
University of Nevada em Las Vegas

David Faust
Mount Hood Community College

Mirela S. Fetea
University of Richmond

David Flammer
Colorado School of Mines

Philip Fraundorf
University of Missouri, Saint Louis

Tom Furtak
Colorado School of Mines

James Garland
Aposentado

James Garner
University of North Florida

Ian Gatland
Georgia Institute of Technology

Ron Gautreau
New Jersey Institute of Technology

David Gavenda
University of Texas em Austin

Patrick C. Gibbons
Washington University

David Gordon Wilson
Massachusetts Institute of Technology

Christopher Gould
University of Southern California

Newton Greenberg
SUNY Binghamton

John B. Gruber
San Jose State University

Huidong Guo
Columbia University

Phuoc Ha
Creighton University

Richard Haracz
Drexel University

Clint Harper
Moorpark College

Michael Harris
University of Washington

Randy Harris
University of California em Davis

Tina Harriott
Mount Saint Vincent, Canadá

Dieter Hartmann
Clemson University

Theresa Peggy Hartsell
Clark College

Kristi R. G. Hendrickson
University of Puget Sound

Michael Hildreth
University of Notre Dame

Robert Hollebeek
University of Pennsylvania

David Ingram
Ohio University

Shawn Jackson
The University of Tulsa

Madya Jalil
University of Malaya

Monwhea Jeng
University of California — Santa Barbara

James W. Johnson
Tallahassee Community College

Edwin R. Jones
University of South Carolina

Ilon Joseph
Columbia University

David Kaplan
University of California — Santa Barbara

William C. Kerr
Wake Forest University

John Kidder
Dartmouth College

Roger King
City College of San Francisco

James J. Kolata
University of Notre Dame

Boris Korsunsky
Northfield Mt. Hermon School

Thomas O. Krause
Towson University

Eric Lane
University of Tennessee, Chattanooga

Andrew Lang (estudante de pós-graduação)
University of Missouri

David Lange
University of California — Santa Barbara

Donald C. Larson
Drexel University

Paul L. Lee
California State University, Northridge

Peter M. Levy
New York University

Jerome Licini
Lehigh University

Isaac Leichter
Jerusalem College of Technology

William Lichten
Yale University

Robert Lieberman
Cornell University

Fred Lipschultz
University of Connecticut

Graeme Luke
Columbia University

Dan MacIsaac
Northern Arizona University

Edward McCliment
University of Iowa

Robert R. Marchini
The University of Memphis

Peter E. C. Markowitz
Florida International University

Daniel Marlow
Princeton University

Fernando Medina
Florida Atlantic University

Howard McAllister
University of Hawaii

John A. McClelland
University of Richmond

Laura McCullough
University of Wisconsin em Stout

M. Howard Miles
Washington State University

Matthew Moelter
University of Puget Sound

Eugene Mosca
U.S. Naval Academy

Carl Mungan
U.S. Naval Academy

Taha Mzoughi
Mississippi State University

Charles Niederriter
Gustavus Adolphus College

John W. Norbury
University of Wisconsin em Milwaukee

Aileen O'Donughue
St. Lawrence University

Jack Ord
University of Waterloo

Jeffry S. Olafsen
University of Kansas

Melvyn Jay Oremland
Pace University

Richard Packard
University of California

Antonio Pagnamenta
University of Illinois em Chicago

George W. Parker
North Carolina State University

John Parsons
Columbia University

xvi | Agradecimentos

Dinko Pocanic
University of Virginia

Edward Pollack
University of Connecticut

Robert Pompi
The State University of New York em Binghamton

Bernard G. Pope
Michigan State University

John M. Pratte
Clayton College and State University

Brooke Pridmore
Claytons State University

Yong-Zhong Qian
University of Minnesota

David Roberts
Brandeis University

Lyle D. Roelofs
Haverford College

R. J. Rollefson
Wesleyan University

Larry Rowan
University of North Carolina em Chapel Hill

Ajit S. Rupaal
Western Washington University

Todd G. Ruskell
Colorado School of Mines

Lewis H. Ryder
University of Kent, Canterbury

Andrew Scherbakov
Georgia Institute of Technology

Bruce A. Schumm
University of California, Santa Cruz

Cindy Schwarz
Vassar College

Mesgun Sebhatu
Winthrop University

Bernd Schuttler
University of Georgia

Murray Scureman
Amdahl Corporation

Marllin L. Simon
Auburn University

Scott Sinawi
Columbia University

Dave Smith
University of the Virgin Islands

Wesley H. Smith
University of Wisconsin

Kevork Spartalian
University of Vermont

Zbigniew M. Stadnik
University of Ottawa

G. R. Stewart
University of Florida

Michael G. Strauss
University of Oklahoma

Kaare Stegavik
University of Trondheim, Noruega

Jay D. Strieb
Villanova University

Dan Styer
Oberlin College

Chun Fu Su
Mississippi State University

Jeffrey Sundquist
Palm Beach Community College – South

Cyrus Taylor
Case Western Reserve University

Martin Tiersten
City College of New York

Chin-Che Tin
Auburn University

Oscar Vilches
University of Washington

D. J. Wagner
Grove City College
Columbia University

George Watson
University of Delaware

Fred Watts
College of Charleston

David Winter

John A. Underwood
Austin Community College

John Weinstein
University of Mississippi

Stephen Weppner
Eckerd College

Suzanne E. Willis
Northern Illinois University

Frank L. H. Wolfe
University of Rochester

Frank Wolfs
University of Rochester

Roy C. Wood
New Mexico State University

Ron Zammit
California Polytechnic State University

Yuri Zhestkov
Columbia University

Dean Zollman
Kansas State University

Fulin Zuo
University of Miami

Finalmente, gostaríamos de agradecer a nossos amigos em W. H. Freeman and Company por sua ajuda e encorajamento. Susan Brennan, Clancy Marshall, Kharissia Pettus, Georgia Lee Hadler, Susan Wein, Trumbull Rogers, Connie Parks, John Smith, Dena Digilio Betz, Ted Szczepanski e Liz Geller foram extraordinariamente generosos com sua criatividade e trabalho duro em todos os estágios do processo.

Agradecemos, também, as contribuições e a ajuda de nossos colegas Larry Tankersley, John Ertel, Steve Montgomery e Don Treacy.

Sobre os Autores

Paul Tipler nasceu na pequena cidade rural de Antigo, no Wisconsin, em 1933. Ele concluiu o ensino médio em Oshkosh, Wisconsin, onde seu pai era superintendente das escolas públicas. Graduou-se pela Purdue University em 1955 e doutorou-se pela University of Illinois em 1962, onde estudou a estrutura dos núcleos. Lecionou por um ano na Wesleyan University em Connecticut, enquanto escrevia sua tese, e depois mudou-se para a Oakland University em Michigan, onde foi um dos membros fundadores do departamento de física, desempenhando papel importante no desenvolvimento do currículo de física. Ao longo dos 20 anos seguintes, lecionou praticamente todos os cursos de física e escreveu a primeira e segunda edições de seus largamente utilizados livros-texto *Física Moderna* (1969, 1978) e *Física* (1976, 1982). Em 1982 ele se mudou para Berkeley, na Califórnia, onde reside atualmente, e onde escreveu *Física Universitária* (1987) e a terceira edição de *Física* (1991). Além da física, seus interesses incluem música, excursões e acampamentos, e ele é um excelente pianista de jazz e jogador de pôquer.

Gene Mosca nasceu na Cidade de Nova York e cresceu em Shelter Island, estado de Nova York. Ele estudou na Villanova University, na University of Michigan e na University of Vermont, onde doutorou-se em física. Gene aposentou-se recentemente de suas funções docentes na U.S. Naval Academy, onde, como coordenador do conteúdo do curso de física, instituiu inúmeras melhorias tanto em sala de aula quanto no laboratório. Considerado por Paul Tipler como "o melhor revisor que eu já tive", Mosca tornou-se seu co-autor a partir da quinta edição desta obra.

Material Suplementar

Este livro conta com material suplementar.

O acesso ao material suplementar é gratuito. Basta que o leitor se cadastre em nosso *site* (www.grupogen.com.br), faça seu *login* e clique em GEN-IO, no menu superior do lado direito. É rápido e fácil.

Caso haja alguma mudança no sistema ou dificuldade de acesso, entre em contato conosco (gendigital@grupogen.com.br).

GEN-IO (GEN | Informação Online) é o ambiente virtual de aprendizagem do GEN | Grupo Editorial Nacional, maior conglomerado brasileiro de editoras do ramo científico-técnico-profissional, composto por Guanabara Koogan, Santos, Roca, AC Farmacêutica, Forense, Método, Atlas, LTC, E.P.U. e Forense Universitária. Os materiais suplementares ficam disponíveis para acesso durante a vigência das edições atuais dos livros a que eles correspondem.

ENCARTE EM CORES

As figuras a seguir reproduzem, em cores, fenômenos físicos e experimentos relacionados com mecânica quântica, relatividade e a estrutura da matéria.

As figuras estão identificadas por capítulo.

CAPÍTULO 36

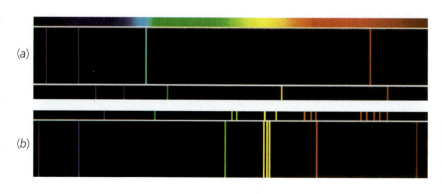

FIGURA 36-1 (a) Espectro de linha do hidrogênio e (b) espectro de linha do mercúrio. ((a) e (b) adaptados de Eastern Kodak e Wabash Instrument Corporation.)

Hidrogênio

Carbono

Silício

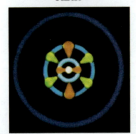
Ferro

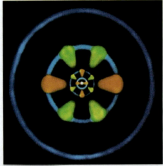
Prata

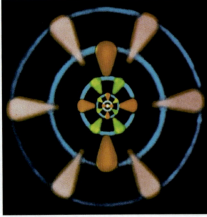
Európio

Uma representação esquemática da configuração eletrônica dos átomos. Os estados s com simetria esférica podem ter 2 elétrons e são mostrados nas cores branca e azul. Os estados p têm uma forma de haltere e podem ter até 6 elétrons e são mostrados em laranja. Os estados d podem ter até 10 elétrons e são mostrados num amarelo-esverdeado. Os estados f podem ter até 14 elétrons e são mostrados em púrpura. *(David Parker/ Photo Researchers.)*

CAPÍTULO 37

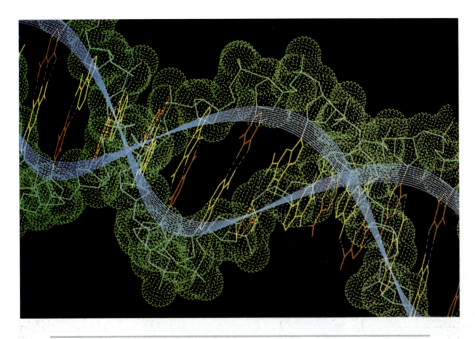

FIGURA 37-7 A molécula de DNA. (© *Will e Demi McIntire/Photo Researchers*.)

CAPÍTULO 38

Estrutura cristalina. (a) A simetria hexagonal de um floco de neve aparece por causa da simetria hexagonal de sua rede de átomos de hidrogênio e oxigênio. (b) Cristais de NaCl(sal) aumentados aproximadamente trinta vezes. Os cristais são construídos a partir de uma rede cúbica íons de sódio e cloro. Na falta de impurezas, é formado um cristal cúbico perfeito. Esta microscopia eletrônica de varredura (cores falsas) mostra que, na prática, o cubo básico é, com muita freqüência, rompido por deslocações, dando origem a cristais que têm uma grande variedade de formas. A simetria cúbica fundamental, entretanto, permanece evidente. (c) Um cristal de quartzo (SiO_2, dióxido de silício), o mineral mais abundante e comum na Terra. Se o quartzo fundido se solidifica sem cristalizar, forma-se o vidro. (d) Uma ponta de ferro de soldagem lixada para revelar o núcleo de cobre coberto pelo ferro. É visível no ferro a sua estrutura microcristalina básica. ((a) *Richard Waters 2/89 p. 52 Discover.* (b) © *Dr. Jeremy Burgess/Science Photo Library/Photo Researchers.* (c) © *Thomas R. Taylor/Photo Researchers.* (d) *Cortesia de AT&T Archives.*)

PARTE VI FÍSICA MODERNA: Mecânica Quântica, Relatividade e a Estrutura da Matéria

CAPÍTULO 34

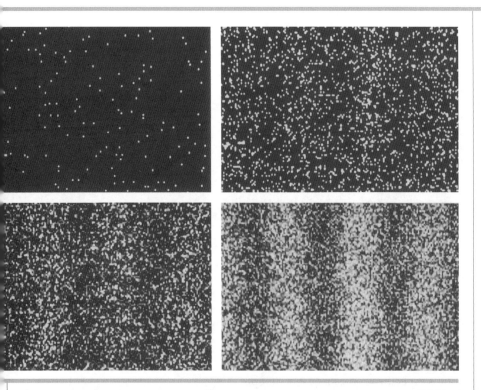

Dualidade Onda–Partícula e Física Quântica

- 34-1 Ondas e Partículas
- 34-2 Luz: De Newton a Maxwell
- 34-3 A Natureza Corpuscular da Luz: Fótons
- 34-4 Quantização da Energia em Átomos
- 34-5 Elétrons e Ondas de Matéria
- 34-6 A Interpretação da Função de Onda
- 34-7 Dualidade Onda–Partícula
- 34-8 Partícula em uma Caixa
- 34-9 Valores Esperados
- 34-10 Quantização da Energia em Outros Sistemas

PADRÃO DE INTERFERÊNCIA DE ELÉTRONS PRODUZIDO POR ELÉTRONS INCIDENTES NUMA BARREIRA CONTENDO DUAS FENDAS: (A)10 ELÉTRONS, (B) 100 ELÉTRONS, (C) 3000 ELÉTRONS, E (D) 70 000 ELÉTRONS. OS MÁXIMOS E MÍNIMOS DEMONSTRAM A NATUREZA ONDULATÓRIA DO ELÉTRON QUANDO ELE PASSA ATRAVÉS DAS FENDAS. PONTOS DISTINTOS MARCADOS NO ANTEPARO INDICAM A NATUREZA CORPUSCULAR DO ELÉTRON QUANDO ELE TROCA ENERGIA COM O DETECTOR. O PADRÃO OBSERVADO É O MESMO, INDEPENDENDO SE FOREM USADOS ELÉTRONS OU FÓTONS (PARTÍCULAS DE LUZ). *(Cortesia de Akira Tononmura,Advanced Research Laboratory, Hitachi, Ltd.)*

 Como você calcula o comprimento de onda de um elétron? (Veja o Exemplo 34-4.)

No começo do século XX, se pensava que o som, a luz e outras radiações eletromagnéticas (como ondas de rádio) fossem ondas, e elétrons, prótons, átomos e unidades similares fossem partículas. Os primeiros 30 anos daquele século revelaram desenvolvimentos surpreendentes em física teórica e experimental, tais como a descoberta de que a luz efetivamente transfere energia em pacotes ou quanta, como partículas, e a descoberta

2 | CAPÍTULO 34

de que um elétron exibe difração e interferência quando ele se propaga através do espaço, do mesmo modo que uma onda. O fato de que a luz transfere energia como se fosse uma partícula implica que a energia luminosa não é contínua, mas *quantizada*. Do mesmo modo, a natureza ondulatória do elétron, juntamente com o fato de que a condição de onda estacionária requer um conjunto discreto de freqüências, implica que a energia de um elétron numa região confinada do espaço não é contínua, mas quantizada num conjunto discreto de valores.

Neste capítulo vamos iniciar discutindo algumas propriedades básicas da luz e dos elétrons, examinando suas características de onda e de partícula. Vamos então considerar algumas das propriedades das ondas de matéria, mostrando, em particular, como ondas estacionárias implicam a quantização da energia. Finalmente vamos discutir alguns dos aspectos importantes da teoria da física quântica, que foi desenvolvida nos anos de 1920, do século XX, e que tem sido extremamente bem-sucedida na descrição da natureza. Física quântica é agora a base para entendermos ambos os sistemas, atômico e subatômico, e sistemas que têm temperaturas muito baixas.

34-1 ONDAS E PARTÍCULAS

Vimos que a propagação de ondas através do espaço é bastante diferente da propagação de partículas. Ondas se curvam em torno de arestas (difração) e interferem entre si, produzindo padrões de interferência. Se uma onda encontra uma pequena abertura, ela se propaga para o outro lado, como se a abertura fosse uma fonte pontual. A propagação de partículas é bastante diferente da propagação de ondas. Partículas viajam em linha reta até colidirem com algo, retomando a trajetória retilínea logo após a colisão. Se dois feixes de partículas se encontram no espaço, nunca vão produzir um padrão de interferência.

Partículas e ondas também trocam energia de maneira diferente. Partículas trocam energia em colisões que ocorrem em pontos específicos no espaço e no tempo. A energia das ondas, por outro lado, é espalhada no espaço e depositada continuamente quando as frentes de onda interagem com a matéria.

Algumas vezes a propagação de uma onda não pode ser distinguida da propagação de um feixe de partículas. Se o comprimento de onda λ é muito pequeno comparado às distâncias das bordas dos objetos, efeitos de difração são insignificantes e a onda viaja em linha reta. Também, máximos e mínimos de interferência estão tão próximos entre si no espaço que não se pode observá-los. O resultado é que a onda interage com um detector, como se fosse um feixe de numerosas e pequenas partículas onde cada uma troca uma pequena quantidade de energia; nesta troca de energia não se consegue diferenciar ondas de partículas. Por exemplo, você não observa moléculas individuais de ar batendo na sua face quando o vento sopra sobre ela. Em vez disto, a interação de bilhões de partículas parece ser contínua, como a de uma onda.

34-2 LUZ: DE NEWTON A MAXWELL

Uma das questões mais interessantes na história da ciência (veja Capítulo 31 — Volume 2) é se a luz é composta de um feixe de partículas ou de ondas em movimento. Isaac Newton usou a teoria corpuscular da luz para explicar as leis da reflexão e da refração; entretanto, para a refração, Newton necessitou assumir que a luz viaja mais rápido na água e no vidro, do que no ar, uma suposição que mais tarde se mostrou incorreta. Os primeiros proponentes da teoria ondulatória foram Robert Hooke e Christian Huygens, que explicaram a refração assumindo que a luz viaja mais devagar no vidro ou na água do que no ar.* Newton preferia a teoria de que a luz era composta de partículas e não de ondas, porque no seu tempo se acreditava que a luz viajava através de um meio somente em linhas retas — difração ainda não havia sido observada.

---

* Veja Seção 5 do Capítulo 31 (Volume 2).

Por causa da grande reputação e autoridade de Newton, sua teoria corpuscular da luz foi aceita por mais de um século. Então, em 1801, Thomas Young demonstrou a natureza ondulatória da luz numa experiência famosa na qual duas fontes de luz coerentes são produzidas através da incidência de luz de uma única fonte, num par de fendas estreitas e paralelas (Figura 34-1a)[†]. No Capítulo 33 (Volume 2), vimos que, quando a luz encontra uma pequena abertura, esta abertura atua como uma fonte puntiforme de ondas (Figura 33-7). Na experiência de Young, cada fenda atua como uma fonte linear, o que seria equivalente a uma fonte puntiforme em duas dimensões.* O padrão de interferência é observado numa tela colocada atrás das fendas. Máximos de interferência ocorrem em ângulos tais que a diferença de percurso entre as ondas é um número inteiro de comprimentos de onda. Do mesmo modo, mínimos de interferência ocorrem se a diferença de percurso for metade de um comprimento de onda ou qualquer número inteiro ímpar de meios comprimentos de onda. Figura 34-1b mostra o padrão de intensidade observado na tela. Lembre que se duas ondas coerentes de igual intensidade I_0 se encontram no espaço, o resultado pode ser uma onda de intensidade $4I_0$ (interferência construtiva), uma intensidade zero (interferência destrutiva), ou uma onda com intensidade entre zero e $4I_0$, dependendo da diferença de fase entre as ondas no ponto de observação. A experiência de Young e muitas outras experiências demonstraram que a luz se propaga como uma onda.

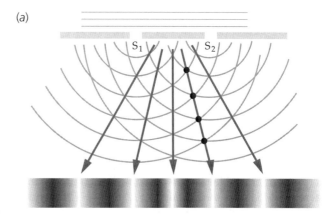

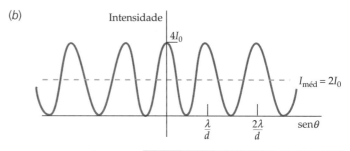

FIGURA 34-1 (a) Duas fendas atuam como fontes coerentes de luz para a observação de interferência na experiência de Young. Ondas cilíndricas, que se originam nas fendas, se sobrepõem e produzem um padrão de interferência numa tela colocada a uma grande distância das fendas. (b) O padrão de intensidade produzido na Figura 34-1a. A intensidade é máxima em pontos onde a diferença de percurso é um número par de meios comprimentos de onda, e a intensidade é zero quando a diferença de percurso é um número ímpar de meios comprimentos de onda.

No início do século XIX, o físico francês Augustin Fresnel (1788–1827) realizou experiências abrangentes em interferência e difração e introduziu uma base matemática rigorosa para a teoria ondulatória. Fresnel mostrou que a observação de que a luz se propaga em linha reta é um resultado para comprimentos de onda da luz visível muito pequenos.

A teoria ondulatória clássica da luz atingiu seu apogeu em 1860 quando James Clerk Maxwell publicou sua teoria matemática do eletromagnetismo. Esta teoria conduziu a uma equação de onda que previu a existência de ondas eletromagnéticas que se propagavam com uma velocidade que podia ser calculada a partir das leis da eletricidade e do magnetismo.** O fato de que o resultado deste cálculo era $c \approx 3 \times 10^8$ m/s, o mesmo que a velocidade da luz, sugeriu a Maxwell que a luz é uma onda eletromagnética. O olho é sensível a ondas eletromagnéticas com comprimentos de onda num intervalo entre aproximadamente 400 nm (1 nm = 10^{-9} m) a aproximadamente 700 nm. Este intervalo é chamado de *luz visível*. Outras ondas eletromagnéticas (por exemplo, microondas, ondas de rádio e raios X) diferem das ondas de luz visível somente no comprimento de onda e na freqüência.

34-3 A NATUREZA CORPUSCULAR DA LUZ: FÓTONS

A difração da luz e a existência de um padrão de interferência na experiência de duas fendas forneceram evidências claras de que a luz tem propriedades de onda. Entretanto, no começo do século XX, foi descoberto que a energia luminosa chega em quantidades discretas.

O EFEITO FOTOELÉTRICO

A natureza quântica da luz e a quantização da energia foram sugeridas por Albert Einstein em 1905, na sua explicação sobre o efeito fotoelétrico. O trabalho de Einstein

---
[†] Veja Seção 3 do Capítulo 33 (Volume 2).
* Veja Seção 4 do Capítulo 33 (Volume 2).
** Veja Seção 3 do Capítulo 30 (Volume 2).

marcou o início da teoria quântica, e por este trabalho, Einstein recebeu o Prêmio Nobel de Física. A Figura 34-2 mostra um diagrama esquemático do aparelho básico para estudar o efeito fotoelétrico. Luz de uma única freqüência entra numa câmara evacuada incidindo numa superfície limpa de metal C (C para catodo) e causando a emissão de elétrons desta superfície. Alguns destes elétrons batem na segunda placa de metal A (A para ânodo), gerando uma corrente elétrica entre as placas. A placa A é negativamente carregada, de tal modo que os elétrons são repelidos por ela, e somente os elétrons mais energéticos conseguem atingir a placa A. A energia cinética dos elétrons emitidos é feita aumentando-se lentamente a tensão até a corrente chegar a zero. Experiências mostraram um resultado surpreendente, o de que a energia cinética máxima dos elétrons emitidos é *independente da intensidade* da luz incidente. Classicamente, esperaríamos que se aumentássemos a taxa na qual a energia luminosa incide na superfície metálica, aumentaríamos a energia absorvida pelos elétrons individuais e, portanto, aumentaríamos a energia cinética dos elétrons emitidos. Experiências mostram que esse resultado clássico não ocorre. A energia cinética máxima dos elétrons emitidos é a mesma para um dado comprimento de onda da luz incidente, não interessando a sua intensidade. Einstein demonstrou que este resultado experimental pode ser explicado se a energia luminosa for quantizada em pequenas porções, chamadas de **fótons**. A energia E de cada fóton é dada por

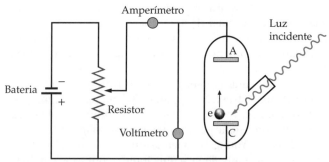

FIGURA 34-2 Um desenho esquemático do aparelho para estudar o efeito fotoelétrico. Luz de uma única freqüência entra numa câmara evacuada e incide no catodo C, que então ejeta elétrons (o elétron na figura não está desenhado em escala). A corrente no amperímetro mede o número destes elétrons que alcançam o ânodo A por unidade de tempo. O ânodo é tornado eletricamente negativo com respeito ao catodo para repelir os elétrons. Somente aqueles elétrons que têm energia cinética inicial suficiente para superar a repulsão podem alcançar o ânodo. A tensão entre as duas placas (A e C) é lentamente aumentada até a corrente ir a zero, o que acontece quando mesmo os elétrons mais energéticos não conseguem mais alcançar a placa A.

$$E = hf = \frac{hc}{\lambda} \qquad 34\text{-}1$$

EQUAÇÃO DE EINSTEIN PARA ENERGIA DO FÓTON

Onde f é a freqüência e h é a constante agora conhecida como **constante de Planck**.*
O valor medido para esta constante é

$$h = 6{,}626 \times 10^{-34}\,\text{J}\cdot\text{s} = 4{,}136 \times 10^{-15}\,\text{eV}\cdot\text{s} \qquad 34\text{-}2$$

CONSTANTE DE PLANCK

A Equação 34-1 é algumas vezes chamada de **equação de Einstein**.

Um feixe de luz é composto de um feixe de partículas — fótons — cada um tendo energia hf. A intensidade (potência por unidade de área) de um feixe de luz monocromático é o número de fótons por unidade de área por unidade de tempo, multiplicada pela energia por fóton. A interação do feixe de luz com a superfície metálica envolve colisões entre fótons e elétrons. Durante cada uma destas colisões, o fóton cede toda sua energia para o elétron e este fóton deixa de existir. O elétron é emitido a partir da superfície depois de receber a energia de um único fóton. Se a intensidade da luz é aumentada, mais fótons incidem na superfície por unidade de tempo, e mais elétrons são emitidos por unidade de tempo. Porém, cada fóton ainda tem a mesma energia hf, assim a energia absorvida por cada elétron fica inalterada.

Se ϕ é a energia mínima necessária para remover um elétron da superfície de um metal, a energia cinética máxima dos elétrons emitidos é dada por

$$K_{\text{máx}} = \left(\tfrac{1}{2}mv^2\right)_{\text{máx}} = hf - \phi \qquad 34\text{-}3$$

EQUAÇÃO DE EINSTEIN PARA O EFEITO FOTOELÉTRICO

onde f é a freqüência dos fótons. A quantidade ϕ, chamada de **função trabalho**, é uma característica do metal da superfície. (Alguns elétrons terão energias cinéticas menores que $hf - \phi$, por causa de perda de energia por se deslocarem através do metal.)

---

* Em 1900, o físico alemão Max Planck introduziu esta constante para explicar discrepâncias entre curvas teóricas e dados experimentais no espectro de radiação de corpo negro. Planck também assumiu que a radiação era emitida e absorvida por um corpo negro em porções de energia hf, mas ele considerou esta suposição como mais um artifício computacional do que uma propriedade fundamental da radiação eletromagnética. (Radiação de corpo negro é discutida no Capítulo 20 — Volume 1.)

De acordo com a equação para o efeito fotoelétrico de Einstein, um gráfico da $K_{máx}$ versus freqüência f deveria ser uma linha reta, com uma inclinação h. Esta foi uma previsão ousada, pois naquela época não existiam evidências de que a constante de Planck teria qualquer aplicação fora do contexto da radiação de corpo negro. Além disso, não existiam dados experimentais sobre $K_{máx}$ versus freqüência f, porque ninguém antes tinha sequer suspeitado de que a freqüência da luz estava relacionada ao $K_{máx}$. Esta previsão foi difícil de verificar experimentalmente, mas experiências cuidadosas feitas por R. A. Millikan aproximadamente 10 anos mais tarde mostraram que a equação de Einstein estava correta. A Figura 34-3 mostra um gráfico com os dados de Millikan.

Fótons que têm freqüências menores que a **freqüência de corte** f_t e, portanto, têm comprimentos de onda maiores que o **comprimento de onda de corte** $\lambda_t = c/f_t$, não têm energia suficiente para ejetar um elétron de um determinado metal. A freqüência de corte e o correspondente comprimento de onda de corte podem ser relacionados à função trabalho ϕ colocando a energia cinética máxima dos elétrons igual a zero na Equação 34-3. Então

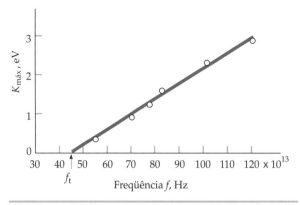

FIGURA 34-3 Dados de Millikan para a energia cinética máxima $K_{máx}$ em função da freqüência f para o efeito fotoelétrico. Os dados recaem sobre uma linha reta que tem uma inclinação h, como previsto por Einstein, aproximadamente a uma década antes de a experiência ter sido realizada.

$$\phi = hf_t = \frac{hc}{\lambda_t}$$
34-4

Funções trabalho para metais são tipicamente da ordem de poucos elétrons-volt. Como comprimentos de onda são dados em geral em nanômetros e energias em elétron-volt, é útil ter o valor de hc em elétron–volt–nanômetro: $hc = (4{,}1357 \times 10^{-15}$ eV $\cdot$ s$)(2{,}9979 \times 10^8$ m/s$) = 1{,}240 \times 10^{-6}$ eV $\cdot$ m ou

$$hc = 1240 \text{ eV} \cdot \text{nm}$$
34-5

Exemplo 34-1 — Energia dos Fótons para a Luz Visível

Calcule a energia dos fótons para a luz que tem um comprimento de onda de 400 nm (violeta) e para a luz que tem um comprimento de onda igual a 700 nm (vermelho). (Os comprimentos de onda de 400 nm e 700 nm são aproximadamente os comprimentos de onda dos dois extremos do espectro da luz visível.)

SITUAÇÃO Energia dos fótons está relacionada com as freqüências e comprimentos de onda dos fótons por $E = hf = hc/\lambda$ (Equação 34-1).

SOLUÇÃO

1. A energia está relacionada ao comprimento de onda pela Equação 34-1: $E = hf = \dfrac{hc}{\lambda}$

2. Para $\lambda = 400$ nm, a energia é $E = \dfrac{hc}{\lambda} = \dfrac{1240 \text{ eV} \cdot \text{nm}}{400 \text{ nm}} = \boxed{3{,}10 \text{ eV}}$

3. Para $\lambda = 700$ nm, a energia é $E = \dfrac{hc}{\lambda} = \dfrac{1240 \text{ eV} \cdot \text{nm}}{700 \text{ nm}} = \boxed{1{,}77 \text{ eV}}$

CHECAGEM Quanto menor o comprimento de onda da luz, maior a energia, e 3,10 eV para 400 nm são maiores do que 1,77 eV para 700 nm.

INDO ALÉM Podemos ver destes cálculos que a luz visível tem fótons com energias que variam entre aproximadamente 1,8 eV a 3,1 eV. Raios X, que têm comprimentos de onda muito menores, têm fótons com energia da ordem de keV. Raios gama emitidos pelos núcleos têm comprimentos de onda menores ainda e fótons com energias da ordem de MeV.

PROBLEMA PRÁTICO 34-1 Encontre a energia de um fóton correspondente à radiação eletromagnética na banda de rádio FM com comprimento de onda de 3,00 m.

PROBLEMA PRÁTICO 34-2 Encontre o comprimento de onda de um fóton cuja energia é (a) 0,100 eV, (b) 1,00 keV e (c) 1,00 MeV.

Exemplo 34-2 O Número de Fótons por Segundo na Luz do Sol
Tente Você Mesmo

A intensidade da luz do Sol na superfície da Terra é aproximadamente 1400 W/m². Supondo que a energia média do fóton é 2,00 eV (correspondente a um comprimento de onda de aproximadamente 600 nm), calcule o número de fótons que atingem uma área de 1,00 cm² a cada segundo.

SITUAÇÃO A intensidade (potência por unidade de área) e a área são dadas. A partir destas quantidades, pode-se calcular a potência, que é a energia por unidade de tempo.

SOLUÇÃO

Cubra a coluna da direita e tente por si só antes de olhar as respostas.

Passos	Respostas
1. A energia ΔE está relacionada ao número N de fótons e a energia por fóton $hf = 2{,}00$ eV:	$\Delta E = Nhf$
2. A intensidade I (potência por unidade de área) e a área A são dadas, de modo que se pode encontrar a potência:	$I = \dfrac{P}{A}$
3. Sabendo a potência (energia por unidade de tempo) e o tempo, pode-se encontrar a energia:	$\Delta E = P\Delta t$
4. Combine os resultados dos passos 1–3 e resolva para N (tenha cuidado de usar as unidades que se cancelam):	$N = \boxed{4{,}38 \times 10^{17}}$

CHECAGEM Este é um número muito grande de fótons. Porém, no nosso dia-a-dia, não notamos que a energia do Sol chega em quantidades discretas. Assim, um número enorme é esperado.

PROBLEMA PRÁTICO 34-3 Calcule a densidade de fótons (em fótons por centímetro cúbico) da luz do Sol no Exemplo 34-2. O número de fótons que chega numa área de 1,00 cm² em um segundo é equivalente ao número de fótons que chega numa coluna cuja seção reta é 1,00 cm² e cuja altura é dada pela distância que a luz percorre em um segundo.

ESPALHAMENTO COMPTON

O primeiro uso do conceito de fóton foi para explicar os resultados nas experiências do efeito fotoelétrico. No efeito fotoelétrico, toda a energia do fóton é transferida para um elétron. Porém, no espalhamento Compton apenas uma parte da energia do fóton é transferida para um elétron. O conceito de fóton também foi usado por Arthur H. Compton para explicar os resultados de suas medidas de espalhamento de raios X por elétrons livres, em 1923. De acordo com a teoria clássica, se uma onda eletromagnética com freqüência f_i está incidindo num material contendo cargas livres, as cargas irão oscilar com esta freqüência e reirradiar ondas eletromagnéticas com a mesma freqüência. Compton considerou estas ondas reirradiadas como fótons espalhados, e ele mostrou que se o processo de espalhamento fosse resultado de uma colisão entre um fóton e um elétron (Figura 34-4) o elétron iria recuar e assim absorver energia. O fóton espalhado iria então ter menor energia, e portanto, uma freqüência menor e maior comprimento de onda do que o fóton incidente.

De acordo com a teoria eletromagnética clássica (veja Seção 30-3), a energia e o momento de uma onda eletromagnética estão relacionados por

$$E = pc \qquad 34\text{-}6$$

O momento de um fóton está então relacionado ao seu comprimento de onda λ por $p = E/c = hf/c = h/\lambda$.

$$p = \frac{h}{\lambda} \qquad 34\text{-}7$$

MOMENTO DE UM FÓTON

Compton aplicou as leis de conservação de momento e energia na colisão entre um fóton e um elétron para calcular o momento p_s e, portanto, o comprimento de onda

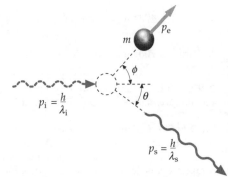

FIGURA 34-4 O espalhamento da luz por um elétron é considerado como uma colisão entre um fóton de momento h/λ_i e um elétron estacionário. O fóton espalhado tem menor energia e, portanto, tem maior comprimento de onda do que o fóton incidente.

$\lambda_s = h/p_s$ do fóton espalhado (veja Figura 34-4). Aplicando a conservação de momento para a colisão, temos

$$\vec{p}_i = \vec{p}_s + \vec{p}_e \qquad 34\text{-}8$$

onde $\vec{p}_i$ é o momento do fóton incidente e $\vec{p}_e$ é o momento do elétron após a colisão. O momento inicial do elétron é zero. Rearranjando a Equação 34-8, temos $\vec{p}_e = \vec{p}_i - \vec{p}_s$. Fazendo o produto escalar de cada lado por ele próprio, temos

$$p_e^2 = p_i^2 + p_s^2 - 2p_i p_s \cos\theta \qquad 34\text{-}9$$

onde θ é o ângulo que a direção do movimento do fóton espalhado faz com a direção do movimento do fóton incidente. A energia cinética do elétron após a colisão pode ser uma fração significativa da energia de repouso de um elétron, por isto usamos a expressão relativística que relaciona a energia total E do elétron ao seu momento (veja Capítulo R — Volume 1). Esta expressão (Equação R-17) é

$$E = \sqrt{p_e^2 c^2 + (m_e c^2)^2}$$

onde m_e é a massa do elétron. Aplicando conservação de energia à colisão, temos

$$p_i c + m_e c^2 = p_s c + \sqrt{p_e^2 c^2 + (m_e c^2)^2} \qquad 34\text{-}10$$

onde pc (Equação 34-6) tem sido usada para expressar as energias dos fótons. Eliminando p_e^2 das Equações 34-9 e 34-10, temos

$$\frac{1}{p_s} - \frac{1}{p_i} = \frac{1}{m_e c}(1 - \cos\theta)$$

e, substituindo p_i e p_s usando a Equação 34-7, obtemos

$$\lambda_s - \lambda_i = \frac{h}{m_e c}(1 - \cos\theta) \qquad 34\text{-}11$$

EQUAÇÃO DE COMPTON

O aumento no comprimento de onda é independente do comprimento de onda λ_i do fóton incidente. A quantidade $h/(m_e c)$ tem dimensão de comprimento e é chamada de *comprimento de onda Compton* λ_C. Seu valor é

$$\lambda_C = \frac{h}{m_e c} = \frac{hc}{m_e c^2} = \frac{1240 \text{ eV}\cdot\text{nm}}{5{,}110 \times 10^5 \text{ eV}} = 2{,}426 \times 10^{-12} \text{ m} = 2{,}426 \text{ pm} \qquad 34\text{-}12$$

Como $\lambda_s - \lambda_i$ é pequeno, fica difícil observar esta variação a não ser que λ_i seja tão pequeno que a razão $(\lambda_s - \lambda_i)/\lambda_i$ se torna considerável.

Compton usou raios X que tinham comprimentos de onda de 71,1 pm (1 pm = 10^{-12} m = 10^{-3} nm). A energia de um fóton deste comprimento de onda é $E = hc/\lambda = (1240 \text{ eV}\cdot\text{nm})/(0{,}0711 \text{ nm}) = 17{,}4$ keV. Os elétrons na experiência podem ser considerados essencialmente livres porque a energia dos raios X é muito maior que as energias de ligação dos elétrons de valência nos átomos (que são da ordem de alguns eV). Medidas de Compton de $\lambda_s - \lambda_i$ como função do ângulo de espalhamento θ concordaram com a Equação 34-11, portanto confirmando a exatidão do conceito do fóton (a natureza corpuscular da luz).

Exemplo 34-3   Achando o Aumento no Comprimento de Onda

Um fóton de raios X de comprimento de onda de 6,00 pm colide frontalmente com um elétron, de tal modo que o fóton espalhado sai na direção oposta à do fóton incidente. O elétron está inicialmente em repouso. (*a*) Quanto maior é o comprimento de onda do fóton espalhado em relação ao comprimento de onda do fóton incidente? (*b*) Qual é a energia cinética do elétron recuado?

SITUAÇÃO Podemos calcular o aumento no comprimento de onda e o novo comprimento de onda a partir da equação de Compton (Equação 34-11). Usamos então este novo comprimento de onda para encontrar a energia do fóton espalhado e encontrar a energia de recuo do elétron, usando a conservação de energia (Figura 34-5).

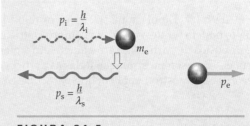

FIGURA 34-5

8 | CAPÍTULO 34

SOLUÇÃO

(a) Use a Equação 34-11 para calcular o aumento no comprimento de onda:

$$\Delta\lambda = \lambda_s - \lambda_i = \frac{h}{m_e c}(1 - \cos\theta)$$

$$= (2,43 \text{ pm})(1 - \cos 180°) = \boxed{4,86 \text{ pm}}$$

(b) 1. A energia cinética do elétron recuado é igual à energia do fóton incidente E_i menos a energia do fóton espalhado E_s:

$$K_e = E_i - E_s = hf_i - hf_s = \frac{hc}{\lambda_i} - \frac{hc}{\lambda_s}$$

2. Calcule λ_s a partir do comprimento de onda do fóton incidente e da variação encontrada na Parte (a):

$$\lambda_s = \lambda_i + \Delta\lambda = 6,00 \text{ pm} + 4,86 \text{ pm}$$
$$= 10,86 \text{ pm}$$

3. Susbstitua os valores de λ_i e λ_s na Parte (b), o passo 1 resultando no valor da energia para o elétron recuado:

$$K_e = \frac{hc}{\lambda_i} - \frac{hc}{\lambda_s}$$

$$= \frac{1240 \text{ eV} \cdot \text{nm}}{6,00 \text{ pm}} - \frac{1240 \text{ eV} \cdot \text{nm}}{10,86 \text{ pm}}$$

$$= \frac{1,240 \text{ keV} \cdot \text{nm}}{6,00 \times 10^{-3} \text{ nm}} - \frac{1,240 \text{ keV} \cdot \text{nm}}{10,86 \times 10^{-3} \text{ nm}}$$

$$= 207 \text{ keV} - 114 \text{ keV} = \boxed{93 \text{ keV}}$$

INDO ALÉM A energia cinética do elétron espalhado é 93 keV e a energia de repouso de um elétron é de 511 keV, de modo que a energia cinética é igual a 18 por cento da energia de repouso. Assim, a fórmula não-relativística para a energia cinética ($\frac{1}{2}m_e v^2$) não pode ser usada.

PROBLEMA PRÁTICO 34-4 Qual a velocidade do elétron espalhado dada pela fórmula não-relativística da energia cinética ($\frac{1}{2}m_e v^2$)?

34-4 QUANTIZAÇÃO DA ENERGIA EM ÁTOMOS

Luz branca comum tem um espectro contínuo; isto é, ela contém *todos* os comprimentos de onda do espectro visível. Mas se átomos num gás em baixa pressão são excitados por uma descarga elétrica, eles emitem luz com comprimentos de onda específicos que são característicos do elemento ou do composto. Como a energia de um fóton está relacionada ao seu comprimento de onda através de $E = hf = hc/\lambda$, um conjunto discreto de comprimentos de onda implica um conjunto discreto de energias. Conservação de energia então implica que, se um átomo absorve um fóton, sua energia interna aumenta por uma quantidade discreta, uma quantidade igual à energia do fóton. (Isto também implica que, se um átomo emite um fóton, sua energia interna diminui por uma quantidade discreta que é igual à energia do fóton.) Em 1913, isto levou Niels Bohr a postular que a energia interna de um átomo pode ter somente um conjunto de valores discretos. Isto é, a energia interna de um átomo é quantizada. Se um átomo excitado irradia luz de freqüência f, o átomo realiza uma transição de um nível permitido para outro nível permitido que tenha menor energia por uma quantidade $|\Delta E| = hf$. Bohr foi capaz de construir um modelo semiclássico para o átomo de hidrogênio que tinha um conjunto discreto de níveis de energia consistente com o espectro de emissão de luz observado.* Entretanto, a *razão* para a quantização dos níveis de energia em átomos e outros sistemas permaneceu um mistério até a descoberta da natureza ondulatória dos elétrons uma década mais tarde.

34-5 ELÉTRONS E ONDAS DE MATÉRIA

Em 1897, J. J. Thomson mostrou que os raios de um tubo de raios catódicos (Figura 34-6) podem ser desviados por campos elétricos e magnéticos e, portanto, devem ser compostos de partículas carregadas eletricamente. Medindo os desvios destas partículas, Thomson mostrou que todas as partículas tinham a mesma razão carga–massa q/m. Ele mostrou também que partículas com esta razão carga–massa podem ser

---

* O modelo de Bohr é revisado no Capítulo 36.

obtidas usando qualquer material para o catodo, o que significa que estas partículas, agora chamadas de elétrons, são constituintes fundamentais de toda a matéria.

A HIPÓTESE DE DE BROGLIE

Como a luz parece ter ambas as propriedades, de onda e de partícula, é natural perguntar se a matéria (por exemplo, elétrons e prótons) pode ter também ambas as características, de onda e partícula. Em 1924, um estudante de física francês, Louis de Broglie, sugeriu esta idéia na sua tese de doutorado. O trabalho de de Broglie foi altamente especulativo, porque não existiam evidências naquela época de qualquer aspecto ondulatório da matéria.

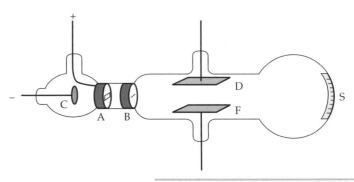

FIGURA 34-6 Diagrama esquemático do tubo de raios catódicos de Thomson usado para medir q/m para as partículas que consistiam nos raios catódicos (elétrons). Elétrons são emitidos pelo catodo C e passam através das fendas A e B, incidindo numa tela fosforecente S. O feixe pode ser desviado por um campo elétrico entre as placas D e F, ou por um campo magnético (não mostrado).

Para o comprimento de onda da onda associada ao elétron, de Broglie escolheu

$$\lambda = \frac{h}{p} \qquad 34\text{-}13$$

RELAÇÃO DE DE BROGLIE PARA O COMPRIMENTO DE ONDA DA ONDA ASSOCIADA AO ELÉTRON

onde p é o momento do elétron. Note que esta equação é a mesma Equação 34-7 para o fóton. Para a freqüência da onda associada ao elétron, de Broglie escolheu a equação de Einstein que relaciona a freqüência e energia de um fóton.

$$f = \frac{E}{h} \qquad 34\text{-}14$$

RELAÇÃO DE DE BROGLIE PARA A FREQÜÊNCIA DA ONDA ASSOCIADA AO ELÉTRON

Estas equações foram propostas para serem aplicadas a qualquer tipo de matéria. Porém, para objetos macroscópicos, os comprimentos de onda calculados a partir da Equação 34-13 são tão pequenos, que é impossível observar as propriedades usuais de interferência e difração das ondas. Mesmo uma partícula de pó que tem uma massa tão pequena quanto 1 μg é massiva demais para qualquer característica ondulatória ser notada, como vamos ver no exemplo que se segue.

Exemplo 34-4 — O Comprimento de Onda de de Broglie — *Tente Você Mesmo*

Encontre o comprimento de de Broglie de uma partícula de $1{,}00 \times 10^{-6}$ g se movendo com uma velocidade de $1{,}00 \times 10^{-6}$ m/s.

SITUAÇÃO O comprimento de onda λ e o momento p de uma partícula estão relacionados por $\lambda = h/p$.

SOLUÇÃO

Cubra a coluna da direita e tente resolver por si só antes de olhar as respostas.

Passos	Respostas
Escreva a definição para o comprimento de onda de de Broglie e substitua os dados.	$\lambda = \dfrac{h}{p} = \dfrac{h}{mv} = \dfrac{6{,}63 \times 10^{-34}\,\text{J}\cdot\text{s}}{(1{,}00 \times 10^{-9}\,\text{kg})(1{,}00 \times 10^{-6}\,\text{m/s})} = \boxed{6{,}63 \times 10^{-19}\,\text{m}}$

CHECAGEM Como esperado, este comprimento de onda, que é quatro ou cinco ordens de magnitude menor do que o diâmetro de um núcleo atômico, é muito pequeno para ser observado.

Como o comprimento de onda encontrado no Exemplo 34-4 é tão pequeno, muito menor que qualquer abertura ou obstáculo possível, a difração ou interferência destas ondas não pode ser observada. De fato, não se consegue distinguir a propagação de

10 | CAPÍTULO 34

ondas com comprimentos de onda muito pequenos da propagação de partículas. O momento da partícula no Exemplo 34-4 é somente de 10^{-15} kg · m/s. Uma partícula macroscópica que tenha um momento maior teria um comprimento de onda de de Broglie ainda menor. Portanto, não observamos as propriedades ondulatórias de objetos macroscópicos tais como bolas de beisebol ou de bilhar.

PROBLEMA PRÁTICO 34-5

Determine o comprimento de onda de uma bola de beisebol com massa de 0,17 kg se movendo com uma velocidade de 100 km/h.

A situação é diferente para elétrons de baixa energia e outras partículas subatômicas. Considere uma partícula com energia cinética K. Seu momento é determinado a partir de

$$K = \frac{p^2}{2m}$$

ou

$$p = \sqrt{2mK}$$

Seu comprimento de onda é então

$$\lambda = \frac{h}{p} = \frac{h}{\sqrt{2mK}}$$

Se multiplicarmos o denominador e o numerador por c, obtemos

$$\lambda = \frac{hc}{\sqrt{2mc^2K}} = \frac{1240 \text{ eV} \cdot \text{nm}}{\sqrt{2mc^2K}} \qquad \text{34-15}$$

COMPRIMENTO DE ONDA ASSOCIADO A UMA PARTÍCULA DE MASSA m

onde usou-se $hc = 1240$ eV · nm. Para elétrons, $mc^2 = 0,5110$ MeV. Então,

$$\lambda = \frac{1240 \text{ eV} \cdot \text{nm}}{\sqrt{2mc^2K}} = \frac{1240 \text{ eV} \cdot \text{nm}}{\sqrt{2(0,5110 \times 10^6 \text{ eV})K}}$$

ou

$$\lambda = \frac{1,226}{\sqrt{K}} \text{ nm} \qquad (K \text{ em elétrons-volt}) \qquad \text{34-16}$$

COMPRIMENTO DE ONDA DO ELÉTRON

A Equação 34-15 e a Equação 34-16 não se aplicam para partículas relativísticas cujas energias cinéticas são uma fração significativa de suas energias de repouso mc^2. (Energias de repouso são discutidas no Capítulo 7 e no Capítulo R — Volume 1.)

PROBLEMA PRÁTICO 34-6

Determine o comprimento de onda de um elétron com energia cinética de 10,0 eV.

INTERFERÊNCIA E DIFRAÇÃO DE ELÉTRONS

A observação de difração e interferência de ondas associadas aos elétrons forneceria o teste decisivo da existência de propriedades ondulatórias para os elétrons. Esta observação foi feita pela primeira vez por acaso, em 1927, por C. J. Davisson e L. H. Germer, quando eles estudavam o espalhamento de elétrons a partir de um alvo de níquel, nos Laboratórios da Bell Telephone. Após aquecer o alvo para remover uma camada de óxido que havia acumulado durante uma pane acidental no sistema de vácuo, eles encontraram que a intensidade dos elétrons espalhados como função do ângulo de espalhamento mostravam máximos e mínimos. O alvo deles tinha cristalizado, e eles tinham observado difração de elétrons por acidente. Davisson e Germer então prepararam um alvo monocristalino de níquel e investigaram este fenômeno extensivamente. Figura 34-7*a* ilustra esta experiência. Elétrons provenientes de um canhão de elétrons são direcionados para o cristal e detectados em algum ângulo ϕ que pode ser variado. A Figura 34-7b mostra um padrão típico observado. Existe um grande espalhamento com um máximo num ângulo de 50°. O ângulo para espalhamento máximo de ondas a partir de um cristal depende do comprimento de onda das ondas e do espaçamento dos átomos no cristal. Usando o espaçamento conhecido dos átomos no cristal usado, Davisson e Germer calcularam o comprimento de onda que poderia produzir o máximo observado e encontraram que ele concordava com a equação de de Broglie (Equação 34-16) para a energia do elétron que eles estavam utilizando. Variando a energia dos elétrons incidentes, eles poderiam variar o comprimento de onda dos elétrons e produzir má-

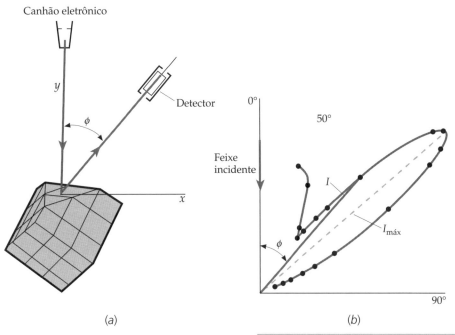

ximos e mínimos em diferentes posições no padrão de difração. Em todos os casos, os comprimentos de onda medidos concordaram com a hipótese de de Broglie.

FIGURA 34-7 A experiência de Davisson–Germer. (a) Elétrons são espalhados por um monocristal de níquel em direção a um detector. (b) Um gráfico em coordenadas polares, da intensidade I dos elétrons espalhados *versus* o ângulo de espalhamento. A intensidade máxima $I_{máx}$ ocorre para o ângulo previsto pela difração de ondas de comprimento de onda λ dada pela fórmula de de Broglie.

Outra demonstração da natureza ondulatória dos elétrons foi fornecida no mesmo ano por G. P. Thomson (filho de J. J. Thomson), que observou a difração de elétrons transmitidos através de lâminas metálicas muito finas. Uma lâmina metálica é composta de minúsculos cristais orientados ao acaso. O padrão de difração resultante desta lâmina é um conjunto de círculos concêntricos. A Figura 34-8a e a Figura 34-8b mostram o padrão de difração observado usando raios X e elétrons numa lâmina de alumínio como alvo. A Figura 34-8c mostra padrões de difração de nêutrons numa lâmina de cobre como alvo. Note a semelhança entre os padrões. A difração dos átomos de hidrogênio e hélio foi observada em 1930. Em todos os casos, as medidas dos comprimentos de onda concordaram com as previsões de de Broglie. A Figura 34-8d mostra um padrão de difração produzido por elétrons incidindo em duas fendas estreitas. Esta experiência é equivalente à famosa experiência de Young onde a luz incide na fenda dupla. O padrão é idêntico ao padrão observado com fótons de mesmo comprimento de onda. (Compare com a Figura 34-1.)

Logo depois que as propriedades ondulatórias do elétron foram demonstradas, foi sugerido que elétrons em vez da luz poderiam ser usados para *ver* pequenos objetos. Como discutido no Capítulo 33 (Volume 2), ondas refletidas ou ondas transmitidas podem resolver detalhes de objetos somente se estes detalhes forem maiores que o comprimento de onda da luz refletida. Feixes de elétrons, que podem ser focalizados por campos elétricos e magnéticos, podem ter comprimentos de onda muito peque-

(a)

(b)

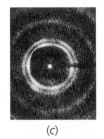
(c)

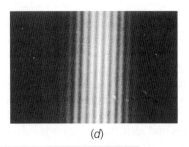
(d)

FIGURA 34-8 (a) Padrão de difração produzido por raios X de comprimento de onda de 0,071 nm numa lâmina de alumínio como alvo. (b) Padrão de difração produzido por elétrons com energia de 600 eV (λ = 0,050 nm) numa lâmina de alumínio como alvo. (c) Difração de nêutrons com energia de 0,0568 eV (λ = 0,12 nm) incidindo sobre uma lâmina de cobre. (d) Padrão de difração–interferência em duas fendas para elétrons. ((a) e (b)PSSC Physics, 2nd ed., 1965. D. C. Heath & Co., e Education Development Center, Inc., Newton, MA, (c) C. G. Shull, (d) Claus Jönsson.)

nos — muito menores que os da luz visível. Hoje, o microscópio eletrônico (Figura 34-9) é uma ferramenta de pesquisa importante usada para visualizar amostras em escalas bem menores que aquelas possíveis com um microscópio óptico.

ONDAS ESTACIONÁRIAS E QUANTIZAÇÃO DE ENERGIA

Sabendo que elétrons têm propriedades ondulatórias, deveria ser possível produzir ondas estacionárias de elétrons. Se a energia for associada à freqüência de uma onda estacionária, como em $E = hf$ (Equação 34-14), então ondas estacionárias implicam energias quantizadas.

A idéia de que estados discretos de energia em átomos poderiam ser explicados por ondas estacionárias levou ao desenvolvimento de uma teoria matemática detalhada conhecida como teoria quântica, mecânica quântica, ou mecânica ondulatória por Erwin Schrödinger e outros em 1926. Nesta teoria, o elétron é descrito por uma função de onda ψ que obedece a uma equação de onda chamada de **equação de Schrödinger**. A forma da equação de Schrödinger de um sistema em particular depende das forças que atuam na partícula, as quais são descritas pela função energia potencial associada a estas forças. No Capítulo 35, discutimos esta equação, que é de alguma forma parecida com a equação de onda clássica para o som ou para a luz. Schrödinger resolveu o problema de onda estacionária para o átomo de hidrogênio, para o oscilador harmônico simples, e outros sistemas de interesse. Ele encontrou que as freqüências permitidas, combinadas com $E = hf$, resultavam num conjunto de níveis de energia encontrados experimentalmente para o átomo de hidrogênio, desse modo demonstrando que a teoria quântica fornecia um método geral para encontrar os níveis de energia quantizados para um dado sistema. A teoria quântica é a base para um entendimento moderno do mundo — do funcionamento interno do núcleo atômico aos espectros de radiação de galáxias distantes.

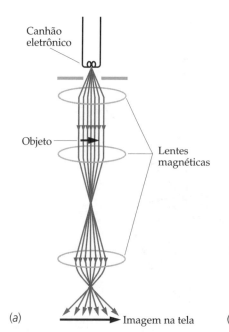
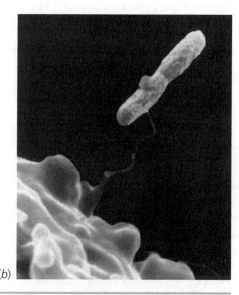

FIGURA 34-9 (*a*) Um microscópio eletrônico. Elétrons são acelerados a partir de um filamento aquecido (canhão de elétrons) por uma grande diferença de potencial. O feixe de elétrons é colimado por uma lente magnética de focalização. Os elétrons incidem num alvo fino e são focalizados por uma segunda lente magnética. Uma terceira lente magnética projeta o feixe de elétrons numa tela fluorescente para produzir uma imagem. (*b*) A micrografia eletrônica de uma ameba (*Hartmannella vermiformis*) que usa uma perna artificial estendida para capturar uma bactéria (*Legionella pneumophila*). ((*b*) *CDC/Dr. Barry S. Fields.*)

! Não pense que a energia é sempre quantizada. Ela não é a não ser que o sistema esteja limitado por certas condições. A energia de um sistema que consiste em um próton e um elétron é quantizada somente se o elétron estiver ligado ao próton — como ele está no átomo de hidrogênio. Se o elétron não estiver ligado ao próton, então a energia do sistema não é quantizada.

34-6 A INTERPRETAÇÃO DA FUNÇÃO DE ONDA

A função de onda para ondas numa corda é o deslocamento da corda na direção y. A função de onda para ondas acústicas pode ser o deslocamento das moléculas de ar s, ou a pressão P. A função de onda para ondas eletromagnéticas é o campo elétrico $\vec{E}$ e o campo magnético $\vec{B}$. O que é a função de onda para ondas dos elétrons? O símbolo que usamos para esta função de onda é ψ (a letra grega psi). Quando Schrödinger publicou sua função de onda, nem ele nem qualquer outro sabia bem como interpretar a função de onda ψ. Podemos obter uma pista de como interpretar ψ considerando a quantização das ondas de luz. Para ondas clássicas, como som ou luz, a energia por unidade de volume na onda é proporcional ao quadrado da função de onda. Como a energia de uma onda de luz é quantizada, a energia por unidade de volume é proporcional ao número de fótons por unidade de volume. Podemos, portanto, esperar que o quadrado da função de onda dos fótons seja proporcional ao número de fótons por unidade de volume em uma onda de luz. Mas suponha que temos uma fonte de luz com energia muito baixa e que emite apenas um fóton de cada vez. Para qualquer volume unitário, pode existir um fóton ou nenhum. O quadrado da função de onda deve então descrever a *probabilidade* de encontrar um fóton num certo volume unitário.

A equação de Schrödinger descreve uma partícula única. O quadrado da função de onda para uma partícula deve então descrever a *densidade de probabilidade*, que é a probabilidade por unidade de volume de encontrar a partícula numa posição. A probabilidade de encontrar a partícula num certo elemento de volume deve também ser proporcional ao tamanho do elemento de volume dV. Portanto, em uma dimensão, a probabilidade de encontrar uma partícula numa região de comprimento dx na posição x é $\psi^2(x)\,dx$. Se chamarmos esta probabilidade de $P(x)\,dx$, onde $P(x)$ é a **densidade de probabilidade**, temos

$$P(x) = \psi^2(x) \qquad 34\text{-}17$$
DENSIDADE DE PROBABILIDADE

Em geral, a função de onda depende tanto do tempo como da posição, e é escrita como $\psi(x, t)$. Entretanto, para ondas estacionárias, a densidade de probabilidade é independente do tempo. Como neste capítulo estaremos interessados principalmente em ondas estacionárias, vamos omitir a dependência temporal da função de onda e escrever $\psi(x)$, ou apenas ψ.

A probabilidade de encontrar a partícula numa região entre x_1 e $x_1 + dx$ ou numa região entre x_2 e $x_2 + dx$ é a soma das probabilidades separadas $P(x_1)\,dx + P(x_2)\,dx$. Uma vez que temos uma partícula, a probabilidade de encontrá-la em algum lugar deve ser igual à unidade. Então, a soma de probabilidades sobre todos os valores possíveis de x deve ser igual a 1. Isto é,

$$\int_{-\infty}^{\infty} \psi^2\,dx = 1 \qquad 34\text{-}18$$
CONDIÇÃO DE NORMALIZAÇÃO

A Equação 34-18 é chamada de **condição de normalização**. Se ψ deve satisfazer a condição de normalização, ela deve tender a zero quando $|x|$ tende ao infinito. Esta condição impõe restrições às possíveis soluções da equação de Schrödinger. Existem soluções matemáticas para a equação de Schrödinger que não tendem a zero quando $|x|$ tende ao infinito. Neste caso, estas soluções não são aceitáveis como função de onda.

Exemplo 34-5 | Cálculo de Probabilidade para uma Partícula Clássica

Sabe-se que uma partícula clássica, puntiforme, move-se com velocidade constante, indo e vindo entre duas paredes, localizadas em $x = 0$ e $x = 8,0$ cm (Figura 34-10). Nenhuma informação adicional sobre a localização da partícula é conhecida. (*a*) Qual é a densidade de probabilidade $P(x)$? (*b*) Qual é a probabilidade de se encontrar a partícula num ponto onde x é exatamente 2 cm? (*c*) Qual é a probabilidade de se encontrar a partícula entre $x = 3,0$ cm e $x = 3,4$ cm?

SITUAÇÃO Não conhecemos a posição inicial da partícula. Como a partícula se move com velocidade constante, tem a mesma probabilidade de se encontrar em qualquer ponto na região $0 < x < 8,0$ cm. A densidade de probabilidade $P(x)$ é então independente de x, para $0 < x < 8,0$ cm, e zero fora deste intervalo. Podemos encontrar $P(x)$, para $0 < x < 8,0$ cm, normalizando, isto é, colocando como condição que a probabilidade de que a partícula esteja em algum lugar entre $x = 0$ e $x = 8,0$ cm seja igual a 1.

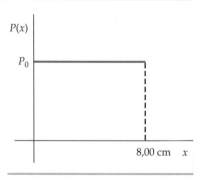

FIGURA 34-10 A função probabilidade $P(x)$.

SOLUÇÃO

(*a*) 1. A densidade de probabilidade $P(x)$ é uniforme entre as paredes e zero nos outros pontos:

$$P(x) = \begin{cases} 0 & x < 0 \\ P_0 & 0 < x < 8,0 \text{ cm} \\ 0 & x > 8,0 \text{ cm} \end{cases}$$

2. Aplique a condição de normalização:

$$\int_{-\infty}^{+\infty} P(x)\,dx = \int_{-\infty}^{0} P(x)\,dx + \int_{0}^{8,0\,\text{cm}} P(x)\,dx + \int_{8,0\,\text{cm}}^{\infty} P(x)\,dx$$

$$= 0 + \int_{0}^{8,0\,\text{cm}} P_0\,dx + 0 = P_0\,(8,0\text{ cm}) = 1$$

14 | CAPÍTULO 34

3. Resolva para P_0:

$$P_0 = \boxed{\dfrac{1}{8,0\ \text{cm}}}$$

(b) No intervalo $0 < x < 8,0$ cm, a probabilidade de encontrar a partícula num intervalo Δx é proporcional a $P_0\Delta x = \Delta x/(8\ \text{cm})$. A probabilidade de encontrar a partícula no ponto $x = 2$ cm é zero porque Δx é zero (não existe um intervalo). Alternativamente, como existe um número infinito de pontos entre $x = 0$ e $x = 8$ cm, e a partícula tem a mesma probabilidade de estar em qualquer ponto, a chance de que a partícula estará em qualquer outro ponto em particular deve ser zero.

> A probabilidade de encontrar a partícula no ponto onde x é igual a exatamente 2 cm é zero.

(c) Como a densidade de probabilidade é uniforme, a probabilidade de a partícula estar em algum intervalo Δx na região $0 < x < 8,0$ cm é $P_0\Delta x$. A probabilidade de a partícula estar na região $3,0$ cm $< x < 3,4$ cm é então:

$$P_0\Delta x = \left(\dfrac{1}{8,0\ \text{cm}}\right)0,4\ \text{cm} = \boxed{0,05}$$

CHECAGEM O comprimento do intervalo $3,0$ cm $< x < 3,4$ cm é $0,4$ cm, que corresponde a 5 por cento de $L = 8,0$ cm. Como a partícula se move com velocidade constante v, espera-se que isto ocorra no intervalo $3,0$ cm $< x < 3,4$ cm durante 5 por cento do tempo, desde que o tempo total seja muitíssimo maior que o tempo L/v (o tempo necessário para a partícula viajar $8,0$ cm). Nosso resultado da Parte (c) confirma esta expectativa.

34-7 DUALIDADE ONDA–PARTÍCULA

Como vimos, a luz, que ordinariamente admitimos ser uma onda, exibe propriedades corpusculares quando interage com a matéria, como no efeito fotoelétrico ou no espalhamento Compton. Elétrons, que usualmente pensamos como partículas, exibem propriedades ondulatórias, como interferência e difração, quando eles passam perto das bordas de obstáculos. Todos os portadores de momento e de energia (por exemplo, elétrons, átomos, ou fótons) exibem as duas características, de onda e de partícula, mas o que isto significa? Na física clássica, os conceitos de onda e partícula são mutuamente exclusivos. Uma **partícula clássica** se comporta como um projétil; pode ser localizada e espalhada, troca de energia descontinuamente num certo ponto do espaço e obedece às leis de conservação de energia e momento em colisões. Ela *não* exibe efeitos de interferência e de difração. Uma **onda clássica**, por outro lado, comporta-se como onda sonora ou onda de luz; ela exibe efeitos de difração e de interferência, e sua energia está distribuída continuamente no espaço e no tempo. Uma onda clássica e uma partícula clássica são mutuamente exclusivas. Nada pode ser, simultaneamente, uma partícula clássica e uma onda clássica.

Após Thomas Young ter observado, em 1801, a figura de interferência numa fenda dupla usando luz, imaginou-se que a luz poderia ser uma onda clássica. Por outro lado, os elétrons descobertos por J. J. Thomson foram imaginados como partículas clássicas. Sabemos hoje que estes conceitos clássicos de ondas e partículas não descrevem adequadamente o comportamento completo de qualquer fenômeno.

> Tudo se propaga como se fosse uma onda e troca energia como se fosse uma partícula.

Freqüentemente os conceitos de partícula clássica e onda clássica levam aos mesmos resultados. Se o comprimento de onda é muito pequeno, efeitos de difração são desprezíveis e as ondas se propagam em linha reta como as partículas clássicas. Também, não se observa interferência com ondas de comprimento de onda muito pequeno, pois as franjas de interferência ficam muito próximas para serem observadas. Então, não faz diferença se adotarmos um ou outro conceito. Se a difração é desprezível, podemos pensar na luz como uma onda que se propaga ao longo de raios, como na óptica geométrica, ou como um feixe de fótons corpusculares. Analogamente, podemos imaginar o elétron como uma onda que se propaga retilineamente ao longo de raios, ou, como é mais comum, como uma partícula.

Podemos adotar também, tanto o conceito de onda como o de partícula, para descrever trocas de energia, se tivermos um grande número de partículas e estivermos interessados somente em valores médios de trocas de energia e momento.

A EXPERIÊNCIA DE FENDA DUPLA REVISTA

A dualidade onda–partícula da natureza é ilustrada analisando a experiência na qual um único elétron incide numa barreira que tem duas fendas. A análise é virtualmente a mesma usando um elétron ou um fóton (luz). Para descrever a propagação de um elétron, devemos usar a teoria ondulatória. Vamos supor que a fonte seja puntiforme, como a ponta de uma agulha, de tal modo que temos ondas esféricas espalhando-se a partir da fonte. Após passarem através das duas fendas, as frentes de onda se espalham — como se cada fenda fosse uma fonte de frentes de onda. A função de onda ψ num ponto na tela ou num filme fotográfico situados a uma distância muito grande das fendas depende da diferença de percurso da fonte até o ponto desejado, sendo que um caminho é percorrido através de uma fenda e o outro caminho através da outra fenda. Nos pontos na tela onde a diferença de percurso é zero ou um número inteiro de comprimentos de onda, a amplitude da função de onda é um máximo. Como a probabilidade de detecção do elétron é proporcional a ψ^2, é muito provável que o elétron chegue muito perto destes pontos. Para pontos nos quais a diferença de percurso é um número ímpar de meio comprimento de onda, a função de onda ψ é zero, portanto, é muito improvável que o elétron chegue perto destes pontos. As fotos do início deste capítulo mostram padrões de interferência produzidos por 10 elétrons, 100 elétrons, 3000 elétrons e 70 000 elétrons. Observe que, embora o elétron se propague através das fendas como uma onda, o elétron interage com a tela num único ponto — como uma partícula.

O PRINCÍPIO DE INCERTEZA

Um princípio importante e consistente com a dualidade onda–partícula da natureza é o **princípio de incerteza**. Ele estabelece que, em princípio, é impossível medir simultaneamente a posição e o momento de uma partícula com precisão ilimitada. Uma maneira comum de medir a posição de um objeto é observá-lo usando luz. Deste modo, o objeto espalha a luz e determinamos a sua posição através da direção da luz espalhada. Se usarmos luz com comprimento de onda λ, podemos medir a posição x, porém com uma incerteza Δx da ordem de λ por causa dos efeitos de difração.

$$\Delta x \sim \lambda$$

Para reduzir a incerteza na posição, podemos usar luz com comprimento de onda muito pequeno, até mesmo podemos usar raios X. Em princípio, não existe limite à exatidão desta medida de posição, pois não há limite para o comprimento de onda λ que pode ser usado.

Podemos determinar o momento p_x de um objeto se soubermos sua massa e pudermos determinar sua velocidade. O momento de um objeto pode ser determinado medindo a sua posição em dois instantes vizinhos, a fim de calcular sua velocidade. Se usarmos luz de comprimento de onda λ, os fótons transportam momento h/λ. Quando estes fótons são espalhados pelo objeto observado, este espalhamento altera o momento do objeto de forma incontrolável. Cada fóton tem momento h/λ, de tal modo que a incerteza no momento Δp_x do objeto é da ordem de h/λ:

$$\Delta p_x \sim \frac{h}{\lambda}$$

Quando o comprimento de onda da radiação for pequeno o momento de cada fóton será grande e a medição do momento terá uma grande incerteza. Esta incerteza não pode ser eliminada pela redução da intensidade da luz; esta redução simplesmente diminui o número de fótons no feixe. Para ver o objeto, devemos ter pelo menos um fóton espalhado. Portanto, a medição do momento do objeto será grande se λ for pequeno, e a incerteza na medição da posição do objeto será grande se λ for grande.

Naturalmente, poderíamos ainda observar os objetos através do espalhamento de elétrons, no lugar de fótons, mas continuaríamos a ter a mesma dificuldade. Se usarmos elétrons de momento baixo para reduzir a incerteza na medida do momen-

16 | CAPÍTULO 34

to, teríamos uma grande incerteza na medida da posição por causa da difração dos elétrons. A relação entre o comprimento de onda e o momento, $\lambda = h/p_x$, é a mesma para elétrons e para fótons.

O produto das incertezas intrínsecas na posição e momento é

$$\Delta x \, \Delta p_x \sim \lambda \times \frac{h}{\lambda} = h$$

A relação entre as incertezas na posição e momento é chamada de princípio de incerteza. Se definirmos com exatidão o que queremos dizer com incerteza na medição, podemos dar um enunciado preciso do princípio de incerteza. Se Δx e Δp forem definidos como os desvios padrões das medidas de posição e momento, podemos mostrar que seu produto deve ser maior que ou igual a $\hbar/2$.

$$\Delta x \, \Delta p_x \geq \tfrac{1}{2}\hbar \qquad\qquad 34\text{-}19$$

Onde $\hbar = h/2\pi$.*

A Equação 34-19 estabelece um enunciado do princípio de incerteza dado pela primeira vez, em 1927, por Werner Heisenberg. Na prática, as incertezas experimentais são geralmente muito maiores que os valores intrínsecos mais baixos que resultam da dualidade onda–partícula.

34-8 PARTÍCULA EM UMA CAIXA

Podemos ilustrar muitas das características da física quântica sem resolver a equação de Schrödinger, estudando um problema simples de uma partícula de massa m confinada numa caixa unidimensional de comprimento L, como a partícula no Exemplo 34-5. Esta pode ser considerada uma representação grosseira de um elétron confinado no átomo, ou um próton confinado no núcleo. Quando a partícula clássica se move para frente e para trás entre duas paredes da caixa, o momento e a energia desta partícula podem assumir quaisquer valores. Entretanto, de acordo com a teoria quântica, a partícula é descrita por uma função de onda ψ, que, elevada ao quadrado, descreve a probabilidade de encontrar a partícula em alguma região. Como assumimos que a partícula está necessariamente dentro da caixa, a função de onda deve ser zero em qualquer ponto fora da caixa. Se as paredes da caixa estão em $x = 0$ e $x = L$, temos

$$\psi = 0 \text{ para } x \leq 0 \text{ e para } x \geq L$$

Em particular, se admitirmos que a função de onda é contínua em todos os pontos, ela deve ser zero nos pontos $x = 0$ e $x = L$. Esta é a mesma condição que temos para ondas estacionárias em uma corda que está fixa nas duas extremidades, $x = 0$ e $x = L$, e portanto, a solução deve ser a mesma. Os comprimentos de onda permitidos para a partícula numa caixa são aqueles onde o comprimento L é igual a um número inteiro de meios comprimentos de onda (Figura 34-11).

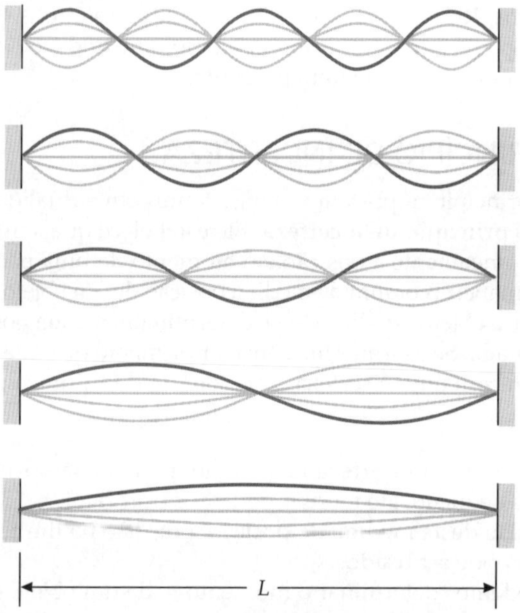

$$L = n\frac{\lambda_n}{2} \quad n = 1, 2, 3, \ldots \qquad\qquad 34\text{-}20$$

CONDIÇÃO DE ONDA ESTACIONÁRIA PARA UMA PARTÍCULA NUMA CAIXA DE COMPRIMENTO L

A energia total E da partícula é sua energia cinética

$$E = \frac{1}{2}mv^2 = \frac{p^2}{2m}$$

FIGURA 34-11 Ondas estacionárias em uma corda presa em ambas extremidades. A condição de onda estacionária é a mesma para ondas estacionárias dos elétrons numa caixa.

---

* A combinação $h/2\pi$ aparece tão freqüentemente que foi associado um símbolo especial a ela, similar ao símbolo ω dado para $2\pi f$, que também ocorre freqüentemente em oscilações.

Substituindo a relação de de Broglie $p_n = h/\lambda_n$,

$$E_n = \frac{p_n^2}{2m} = \frac{(h/\lambda_n)^2}{2m} = \frac{h^2}{2m\lambda_n^2}$$

Então, a condição de onda estacionária $\lambda_n = 2L/n$ nos fornece as energias permitidas

$$E_n = n^2 \frac{h^2}{8mL^2} = n^2 E_1 \qquad 34\text{-}21$$

ENERGIAS PERMITIDAS PARA UMA PARTÍCULA NUMA CAIXA

onde

$$E_1 = \frac{h^2}{8mL^2} \qquad 34\text{-}22$$

ENERGIA DO ESTADO FUNDAMENTAL PARA UMA PARTÍCULA NUMA CAIXA

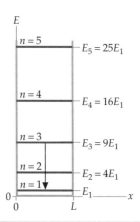

FIGURA 34-12 Diagrama dos níveis de energia para uma partícula numa caixa. Do ponto de vista clássico, uma partícula pode ter qualquer valor de energia. Do ponto de vista da mecânica quântica, somente aqueles valores de energia dados pela Equação 34-21 são permitidos. Uma transição entre o estado $n = 3$ e o estado fundamental, $n = 1$, está indicada pela flecha vertical.

é a energia do estado mais baixo, que é o estado fundamental.

A condição $\psi = 0$ em $x = 0$ e $x = L$ é chamada de **condição de contorno**. Condições de contorno na teoria quântica levam à quantização da energia. A Figura 34-12 mostra o diagrama de níveis de energia para uma partícula numa caixa. Observe que a energia mais baixa não é nula. Este resultado é uma característica geral da teoria quântica. Quando uma partícula está confinada em alguma região do espaço, essa partícula possui uma energia cinética mínima, chamada de **energia do ponto zero**, que é maior que zero. Quanto menor a região do espaço na qual a partícula está confinada, maior sua energia de ponto zero. Na Equação 34-22, isto está indicado pelo fato de que E_1 varia como $1/L^2$.

Quando um elétron está confinado (ligado ao átomo) em algum estado de energia E_i, este elétron pode fazer uma transição para outro estado de energia E_f pela emissão de um fóton, quando E_f for menor que E_i. (Quando E_f é maior que E_i, o sistema absorve um fóton.) A transição de um estado 3 para o estado fundamental está indicada na Figura 34-12 pela flecha vertical. A freqüência do fóton emitido pode ser determinada usando conservação de energia*

$$hf = E_i - E_f \qquad 34\text{-}23$$

O comprimento de onda do fóton é então

$$\lambda = \frac{c}{f} = \frac{hc}{E_i - E_f} \qquad 34\text{-}24$$

FUNÇÕES DE ONDA ESTACIONÁRIA

A amplitude de oscilação de uma corda vibrante, fixa em dois pontos, $x = 0$ e $x = L$, é dada pela Equação 16-15:

$$A_n(x) = A_n \operatorname{sen} k_n x \qquad n = 1, 2, 3, \ldots$$

onde A_n é uma constante, $k_n = 2\pi/\lambda_n$ é o número de onda e $\lambda_n = 2L/n$. As funções de onda para uma partícula numa caixa (que pode ser obtida resolvendo a equação de Schrödinger, como veremos no Capítulo 35) são as mesmas:

$$\psi_n(x) = A_n \operatorname{sen} k_n x \qquad n = 1, 2, 3, \ldots$$

onde $k_n = 2\pi/\lambda_n$. Usando $\lambda_n = 2L/n$, temos

$$k_n = \frac{2\pi}{\lambda_n} = \frac{2\pi}{2L/n} = \frac{n\pi}{L}$$

---

* Esta equação foi proposta pela primeira vez por Niels Bohr, em 1913, no seu modelo semiclássico para o átomo de hidrogênio, aproximadamente 10 anos antes de de Broglie propor que o elétron tinha propriedades ondulatórias. O modelo de Bohr é apresentado no Capítulo 36.

As funções de onda podem então ser escritas como

$$\psi_n(x) = A_n \operatorname{sen}\left(n\pi\frac{x}{L}\right)$$

A constante A_n é determinada pela condição de normalização (Equação 34-18):

$$\int_{-\infty}^{\infty} \psi^2\, dx = \int_0^L A_n^2 \operatorname{sen}^2\left(n\pi\frac{x}{L}\right) dx = 1$$

Observe que basta integrar de $x = 0$ até $x = L$, pois $\psi(x)$ é nula em qualquer outro ponto fora deste intervalo. Resolvendo a integral, chegamos que A_n é

$$A_n = \sqrt{\frac{2}{L}}$$

que é independente de n. As funções de onda estacionária normalizadas para uma partícula numa caixa são então

$$\psi_n(x) = \sqrt{\frac{2}{L}}\operatorname{sen}\left(n\pi\frac{x}{L}\right) \qquad n = 1, 2, 3, \ldots$$

34-25
FUNÇÕES DE ONDA ESTACIONÁRIA PARA UMA PARTÍCULA NUMA CAIXA

As funções de onda estacionária para $n = 1$, $n = 2$ e $n = 3$ são mostradas na Figura 34-13.

O número n é chamado de **número quântico**. Ele caracteriza a função de onda de um estado particular do sistema e a energia deste estado. No nosso problema unidimensional, o número quântico apareceu por causa da condição de contorno imposta à função de onda, ou seja, que ela deveria ser nula em $x = 0$ e $x = L$. Nos problemas tridimensionais aparecem três números quânticos, cada um associado a uma condição de contorno imposta à função de onda em cada dimensão.

A Figura 34-14 mostra os gráficos de ψ^2 para o estado fundamental $n = 1$, o primeiro estado excitado, $n = 2$, o segundo estado excitado, $n = 3$, e o estado $n = 10$.

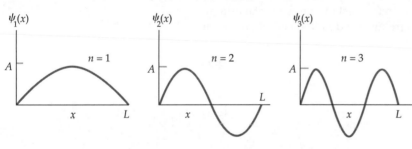

FIGURA 34-13 Funções de onda estacionária para $n = 1$, $n = 2$ e $n = 3$.

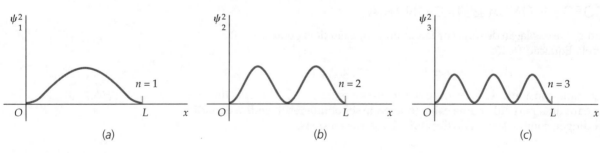

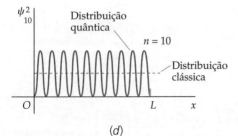

FIGURA 34-14 ψ^2 em função de x para uma partícula numa caixa de comprimento L para (a) estado fundamental, $n = 1$; (b) o primeiro estado excitado, $n = 2$; (c) o segundo estado excitado, $n = 3$; e (d) o estado $n = 10$. Para $n = 10$, os máximos e mínimos de ψ^2 estão tão próximos uns dos outros, que é difícil distinguir os máximos. A reta horizontal tracejada indica o valor médio de ψ^2. Este valor corresponde à previsão clássica de que a probabilidade de encontrar a partícula em qualquer ponto da caixa é a mesma.

Dualidade Onda-Partícula e Física Quântica | **19**

No estado fundamental, é mais provável que a partícula se encontre nas vizinhanças do centro da caixa, como mostra o valor máximo de ψ^2 em $x = L/2$. No primeiro estado excitado, é bem menos provável que a partícula se encontre próxima ao centro da caixa, pois ψ^2 é muito pequena perto de $x = L/2$. Para valores muito grandes de n, os máximos e mínimos de ψ^2 são muito próximos uns dos outros, como ilustra o gráfico para $n = 10$. O valor médio de ψ^2 está indicado nesta figura pela reta tracejada na horizontal. Para valores muito grandes de n, os máximos e mínimos estão tão próximos uns dos outros, que ψ^2 não pode ser distinguida de seu valor médio. O fato de $(\psi^2)_{\text{méd}}$ ser constante ao longo de toda a caixa significa que a partícula tem a mesma probabilidade de ser encontrada em qualquer ponto no interior da caixa — que é o resultado clássico. Este é um exemplo do **princípio de correspondência de Bohr:**

> No limite dos números quânticos muito grandes, os cálculos clássicos e os cálculos quânticos devem levar aos mesmos resultados.
>
> PRINCÍPIO DE CORRESPONDÊNCIA DE BOHR

A região de números quânticos muito grandes é também a região de energias muito grandes. Para valores de energia muito elevados, a variação percentual entre as energias de estados quânticos adjacentes é muito pequena, e portanto, neste caso, a quantização da energia deixa de ser importante (veja Problema 71).

Estamos tão acostumados a pensar no elétron como se fosse uma partícula clássica, que temos a tendência de imaginar um elétron dentro de uma caixa como uma partícula que oscila para frente e para trás entre as paredes da caixa. Porém, as distribuições de probabilidade mostradas na Figura 34-14 são estacionárias; isto é, são distribuições que não dependem do tempo. Uma representação melhor para um elétron num estado confinado é imaginá-lo como uma nuvem de carga elétrica distribuída com uma densidade de carga proporcional a ψ^2. A Figura 34-14 pode então ser imaginada como mostrando os gráficos da densidade de cargas em função de x para os vários estados quânticos. No estado fundamental, $n = 1$, a nuvem eletrônica está centrada no meio da caixa e espalha-se por quase toda a caixa, como indicado na Figura 34-14a. No primeiro estado excitado, $n = 2$, a densidade de cargas da nuvem eletrônica tem dois máximos, como indicado na Figura 34-14b. Para valores muito grandes de n, existem muitos máximos e mínimos muito próximos entre si, na densidade de cargas da nuvem eletrônica, resultando numa densidade de carga média aproximadamente uniforme ao longo de toda a caixa. Esta representação da nuvem eletrônica é muito útil para entendermos a estrutura dos átomos e moléculas. Entretanto, deve-se ressaltar que, sempre que se observa a interação de um elétron com a matéria ou radiação, ele sempre é observado como se fosse uma carga única.

Exemplo 34-6 — Emissão de Fótons por uma Partícula em uma Caixa

Um elétron está confinado numa caixa unidimensional de comprimento $L = 0{,}100$ nm. (a) Ache a energia do estado fundamental. (b) Ache as energias dos quatro estados de energia mais baixos, que têm energias acima da energia do estado fundamental, e então desenhe um diagrama de níveis de energia. (c) Ache o comprimento de onda dos fótons emitidos para todas as transições do estado $n = 3$ para estados de energia mais baixa.

SITUAÇÃO Para a Parte (a), o estado fundamental é o estado com $n = 1$, e $E_1 = h^2/8mL^2$ (Equação 34-22). Para a Parte (b), as energias são dadas por $E_n = n^2 E_1$ (Equação 34-21), onde $n = 2, 3, 4$ e 5. Para a Parte (c), os comprimentos de onda dos fótons são dados por $\lambda = hc/(E_i - E_f)$ (Equação 34-24).

SOLUÇÃO

(a) Use $hc = 1240$ eV $\cdot$ nm e $mc^2 = 0{,}5110$ MeV para calcular E_1:

$$E_1 = \frac{h^2}{8mL^2} = \frac{(hc)^2}{8(mc^2)L^2}$$

$$= \frac{(1240 \text{ eV} \cdot \text{nm})^2}{8(5{,}110 \times 10^5 \text{ eV})(0{,}100 \text{ nm})^2} = \boxed{37{,}6 \text{ eV}}$$

(b) 1. Calcule $E_n = n^2 E_1$ para $n = 2, 3, 4$ e 5:

$E_2 = (2)^2(37,6 \text{ eV}) = \boxed{150 \text{ eV}}$

$E_3 = (3)^2(37,6 \text{ eV}) = \boxed{338 \text{ eV}}$

$E_4 = (4)^2(37,6 \text{ eV}) = \boxed{602 \text{ eV}}$

$E_5 = (5)^2(37,6 \text{ eV}) = \boxed{940 \text{ eV}}$

2. Desenhe um diagrama de níveis de energia usando os valores para os cinco estados de energia (Figura 34-15).

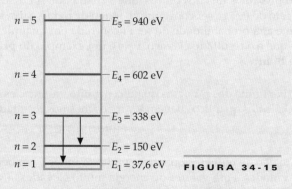

FIGURA 34-15

(c) 1. Use as energias encontradas na Parte (b) para calcular o comprimento de onda do fóton na transição do estado 3 para o estado 2:

$\lambda = \dfrac{hc}{E_3 - E_2} = \dfrac{1240 \text{ eV} \cdot \text{nm}}{338 \text{ eV} - 150 \text{ eV}} = \boxed{6,60 \text{ nm}}$

2. Use então as energias determinadas na Parte (a) e Parte (b) para calcular o comprimento de onda do fóton para a transição do estado 3 para o estado 1:

$\lambda = \dfrac{hc}{E_3 - E_1} = \dfrac{1240 \text{ eV} \cdot \text{nm}}{338 \text{ eV} - 37,6 \text{ eV}} = \boxed{4,13 \text{ nm}}$

CHECAGEM O comprimento de onda do fóton emitido durante a transição do estado $n = 3$ para o estado $n = 1$ é menor do que o comprimento de onda do fóton emitido durante a transição do estado $n = 3$ para o estado $n = 2$. Este resultado é esperado — quanto maior a energia do fóton, menor seu comprimento de onda.

INDO ALÉM O diagrama de níveis de energia é mostrado na Figura 34-15. As transições de $n = 3$ para $n = 2$ e de $n = 3$ para $n = 1$ estão indicadas por flechas verticais. A energia do estado fundamental de 37,6 eV é da mesma ordem de grandeza que a energia cinética do elétron no estado fundamental do átomo de hidrogênio, que é de 13,6 eV. No átomo de hidrogênio, o elétron tem energia potencial de $-27,2$ eV no estado fundamental, dando um total para a energia do estado fundamental (energia potencial mais energia cinética) de $-13,6$ eV.

PROBLEMA PRÁTICO 34-7 Calcular o comprimento de onda do fóton emitido se o elétron confinado na caixa fizer uma transição do estado $n = 4$ para o estado $n = 3$.

34-9 VALORES ESPERADOS

A solução de um problema de mecânica clássica é tipicamente obtida dando-se a posição da partícula como função do tempo. Porém, a natureza ondulatória da matéria nos impede de proceder do mesmo modo para sistemas microscópicos. O máximo que podemos saber é a probabilidade relativa de medir um certo valor da posição x. Se medirmos a posição para um grande número de sistemas idênticos, obteremos um conjunto de valores que correspondem à distribuição de probabilidade. O valor médio de x obtido através de tais medidas é chamado de **valor esperado** e se escreve $\langle x \rangle$. O valor esperado de x é o mesmo que o valor médio de x que esperaríamos obter através da medição das posições de um grande número de partículas que tivessem a mesma função de onda $\psi(x)$.

Como $\psi^2(x)\,dx$ é a probabilidade de encontrar a partícula numa região dx, o valor esperado de x é

$$\langle x \rangle = \int_{-\infty}^{+\infty} x \psi^2(x)\, dx \qquad 34\text{-}26$$

DEFINIÇÃO DO VALOR ESPERADO DE x

Dualidade Onda-Partícula e Física Quântica | 21

O valor esperado de qualquer função $F(x)$ é dada por

$$\langle F(x) \rangle = \int_{-\infty}^{+\infty} F(x)\psi^2(x)\, dx \qquad 34\text{-}27$$

DEFINIÇÃO DO VALOR ESPERADO DE $F(x)$

Veja
o Tutorial Matemático para mais informações sobre
Integrais

CALCULANDO PROBABILIDADES E VALORES ESPERADOS

ESTRATÉGIA PARA SOLUÇÃO DE PROBLEMAS

Probabilidades e Valores Esperados

SOLUÇÃO
1. Para calcular a probabilidade P de encontrar uma partícula numa região de comprimento infinitesimal entre x e $x + dx$, multiplica-se o comprimento dx pela probabilidade por unidade de comprimento em x, onde a probabilidade por unidade de comprimento (chamada de função densidade de probabilidade) é dada por ψ^2.
2. Para calcular a probabilidade P de encontrar uma partícula numa região $x_1 < x < x_2$, em princípio, divide-se a região num infinito número de regiões de comprimento infinitesimal dx, calcula-se a probabilidade P de encontrar a partícula em cada região de comprimento infinitesimal, e então somam-se as probabilidades.
   Isto é, resolve-se a integral $\int_{x_1}^{x_2} \psi^2\, dx$.
3. Para calcular o valor esperado da função $F(x)$,
   resolve-se a integral $\int_{-\infty}^{+\infty} F(x)\psi^2(x)\, dx$. O resultado deste cálculo é chamado de valor esperado de $F(x)$.

O problema da partícula confinada numa caixa permitiu-nos ilustrar o cálculo da probabilidade de encontrar a partícula em várias regiões dentro da caixa e os valores esperados para vários estados de energia. A seguir, vamos dar dois exemplos, usando as funções de onda dadas pela Equação 34-25.

Exemplo 34-7 **A Probabilidade de uma Partícula Ser Encontrada numa Região Específica de uma Caixa**

Uma partícula confinada numa caixa unidimensional de comprimento L está no estado fundamental. Ache a probabilidade de encontrar a partícula (a) numa região que tem um comprimento $\Delta x = 0{,}01L$ e está centrada em $x = \frac{1}{2}L$ e (b) numa região $0 < x < \frac{1}{4}L$.

SITUAÇÃO A probabilidade P de encontrar a partícula num intervalo infinitesimal dx é $\psi^2\, dx$. Para uma partícula no n-ésimo estado, a função de onda é dada por $\psi_n = \sqrt{2/L}\, \text{sen}(n\pi x/L)$ (Equação 34-25). Para uma partícula no estado fundamental, $n = 1$; e ψ_1^2 está ilustrada na Figura 34-14. A probabilidade de encontrar x em alguma região é somente a área sob esta curva para a região. Para a Parte (a), a região é $\Delta x = 0{,}01L$, centrada em $x = \frac{1}{2}L$ e a área sob ψ_1^2 em função de x é mostrada na Figura 34-16 a. Esta área é $\sim \psi_1^2 \Delta x$. Para a Parte (b), a região é $0 < x < L/4$, e a área sob a curva é mostrada na Figura 34-16 b. Para calcular esta área, devemos integrar ψ_1^2 de $x = 0$ até $x = L/4$.

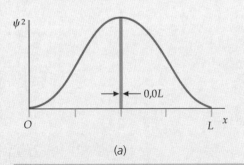
(a)

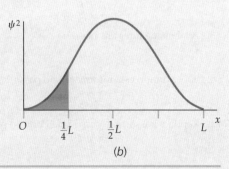
(b)

FIGURA 34-16

SOLUÇÃO

(a) 1. A probabilidade de encontrar a partícula é dada pela área sob a curva mostrada na Figura 34-16a. Para calcular esta área, precisamos calcular a altura da curva em $x = \frac{1}{2}L$:

$$\psi(x) = \psi_1(x) = \sqrt{\frac{2}{L}} \text{sen}\left(\pi \frac{x}{L}\right)$$

assim

$$\psi^2(\tfrac{1}{2}L) = \frac{2}{L} \text{sen}^2 \frac{\pi}{2} = \frac{2}{L}$$

2. A área é a altura multiplicada pela largura, e a largura é $\Delta x = 0{,}01L$:

$$P = \psi^2(\tfrac{1}{2}L)\Delta x = \frac{2}{L} \times 0{,}01L = \boxed{0{,}02}$$

(b) 1. A probabilidade de encontrar a partícula é dada pela área sob a curva mostrada na Figura 34-16b. Para calcular esta área, precisamos integrar de $x = 0$ até $x = L/4$.

$$P = \int_0^{L/4} \psi^2(x)\,dx = \int_0^{L/4} \frac{2}{L} \text{sen}^2 \frac{\pi x}{L}\,dx$$

2. Esta integral pode ser resolvida de diversas maneiras. Se for usada uma tabela de integrais, é necessário fazer uma mudança nas variáveis de integração. Mudando a variável de integração para $\theta = \pi x/L$, temos:

$$P = \frac{2}{\pi} \int_0^{\pi/4} \text{sen}^2\theta\,d\theta$$

3. Esta integral pode ser encontrada em tabelas:

$$\int_0^{\pi/4} \text{sen}^2\theta\,d\theta = \left(\frac{\theta}{2} - \frac{\text{sen}\,2\theta}{4}\right)\bigg|_0^{\pi/4} = \left(\frac{\pi}{8} - \frac{1}{4}\right)$$

4. Use o resultado da Parte (b), passo 3, para calcular a probabilidade:

$$P = \frac{2}{\pi}\left(\frac{\pi}{8} - \frac{1}{4}\right) = \boxed{0{,}091}$$

CHECAGEM Se ψ_1^2 fosse uniformemente distribuída num intervalo $0 < x < L$, o resultado do passo 4 seria 0,25. Porém, em vez de ψ_1^2 estar uniformemente distribuída, ela é relativamente pequena no intervalo $0 < x < \tfrac{1}{4}L$, assim é esperado um resultado para o passo 4 menor do que 0,25.

INDO ALÉM Não foi necessário resolver uma integral na Parte (a) porque a área de interesse podia ser razoavelmente aproximada por um retângulo de altura ψ^2 e largura Δx. A chance de encontrar a partícula na região $\Delta x = 0{,}01L$, em $x = \tfrac{1}{2}L$ é aproximadamente 2 por cento. A chance de encontrar a partícula na região $0 < x < \tfrac{1}{4}L$ é aproximadamente 9,1 por cento.

CHECAGEM CONCEITUAL 34-1

Um dado de seis lados tem o número 1 impresso em quatro faces, e o número seis, impresso nas outras duas faces. Qual é a probabilidade de que o número 1 apareça quando o dado é jogado? *Dica: A probabilidade de que um valor específico apareça na primeira jogada do dado é a fração de jogadas que aquele valor aparece depois de um grande número de jogadas do dado.*

Exemplo 34-8 Calculando Valores Esperados

Ache (a) $\langle x \rangle$ e (b) $\langle x^2 \rangle$ para uma partícula no estado fundamental, confinada numa caixa de comprimento L.

SITUAÇÃO Usamos $\langle F(x) \rangle = \int F(x)\psi^2(x)\,dx$, onde $\psi_n(x) = \sqrt{\frac{2}{L}} \text{sen}\frac{n\pi x}{L}$.

SOLUÇÃO

(a) 1. Escreva $\langle x \rangle$ usando a equação de onda para o estado fundamental dada pela Equação 34-25, com $n = 1$:

$$\langle x \rangle = \int_{-\infty}^{+\infty} x\psi^2(x)\,dx = \frac{2}{L}\int_0^L x\,\text{sen}^2\left(\frac{\pi x}{L}\right)dx$$

2. Para resolver esta integral usando a tabela de integrais, mude primeiro a variável de integração para $\theta = \pi x/L$:

$$\langle x \rangle = \frac{2}{L}\left(\frac{L}{\pi}\right)^2 \int_0^{\pi} \theta\,\text{sen}^2\theta\,d\theta$$

$$= \frac{2L}{\pi^2}\int_0^{\pi}\theta\,\text{sen}^2\theta\,d\theta$$

3. A tabela de integrais nos dá:

$$\int_0^{\pi}\theta\,\text{sen}^2\theta\,d\theta = \left[\frac{\theta^2}{4} - \frac{\theta\,\text{sen}\,2\theta}{4} - \frac{\cos 2\theta}{8}\right]_0^{\pi} = \frac{\pi^2}{4}$$

4. Substituindo esta informação no passo 2:

$$\langle x \rangle = \frac{2L}{\pi^2}\int_0^{\pi}\theta\,\text{sen}^2\theta\,d\theta = \frac{2L}{\pi^2}\frac{\pi^2}{4} = \boxed{\frac{L}{2}}$$

(b) 1. Repita o passo 1 e o passo 2 da Parte (a) para $\langle x^2 \rangle$:

$$\langle x^2 \rangle = \int_{-\infty}^{+\infty} x^2\psi^2(x)\,dx = \int_0^L x^2 \frac{2}{L}\text{sen}^2(\pi x/L)\,dx$$

$$= \frac{2}{L}\left(\frac{L}{\pi}\right)^3 \int_0^{\pi}\theta^2\,\text{sen}^2\theta\,d\theta = \frac{2L^2}{\pi^3}\int_0^{\pi}\theta^2\,\text{sen}^2\theta\,d\theta$$

2. Resolvendo a integral usando a tabela de integrais, temos:

$$\int_0^\pi \theta^2 \text{sen}^2\theta \, d\theta = \left[\frac{\theta^3}{6} - \left(\frac{\theta^2}{4} - \frac{1}{8}\right)\text{sen}\,2\theta - \frac{\theta\cos 2\theta}{4}\right]_0^\pi$$

$$= \frac{\pi^3}{6} - \frac{\pi}{4}$$

3. Substituindo este valor na expressão no passo 1 da Parte (b):

$$\langle x^2 \rangle = \frac{2L^2}{\pi^3}\left(\frac{\pi^3}{6} - \frac{\pi}{4}\right) = \left(\frac{1}{3} - \frac{1}{2\pi^2}\right)L^2 = \boxed{0{,}283L^2}$$

CHECAGEM O valor esperado de x é $L/2$, como esperaríamos, pois a distribuição de probabilidade é simétrica em relação ao ponto médio da caixa.

INDO ALÉM Observe que $\langle x^2 \rangle$ é maior que $\langle x \rangle^2$.

CHECAGEM CONCEITUAL 34-2

Um dado de seis lados tem o número 1 impresso em quatro faces, e o número seis, impresso nas outras duas faces. Seja N o número que aparece quando o dado é jogado. Qual é o valor esperado de N? Qual é o valor esperado de N^2? *Dica: O valor esperado de uma quantidade é o valor médio desta quantidade depois de um grande número de jogadas.*

34-10 QUANTIZAÇÃO DA ENERGIA EM OUTROS SISTEMAS

As energias quantizadas de um sistema são geralmente determinadas através da solução da equação de Schrödinger para este sistema. A forma da equação de Schrödinger depende da energia potencial da partícula. A energia potencial de uma caixa unidimensional de $x = 0$ a $x = L$ é mostrada na Figura 34-17. Esta função de energia potencial é chamada de **potencial do poço quadrado infinito** e é descrito matematicamente por

$$U(x) = \begin{cases} \infty & x < 0 \\ 0 & 0 < x < L \\ \infty & x > L \end{cases} \qquad 34\text{-}28$$

A partícula se move livremente dentro da caixa, de tal modo que a energia potencial é uniforme. Por conveniência, escolhemos o valor desta energia potencial como zero. Fora da caixa, a energia potencial é infinita, de tal modo que a partícula não será encontrada fora da caixa, independentemente do valor de energia desta partícula. Não precisamos resolver a equação de Schrödinger para este potencial, porque as funções de onda e as freqüências quantizadas são as mesmas já obtidas para uma corda fixa em suas extremidades, estudadas no Capítulo 16 (Volume 1). Embora este problema pareça artificial, ele é na verdade muito útil em alguns problemas de física, como no caso de um nêutron que está confinado num núcleo que possui um grande número de prótons e nêutrons.

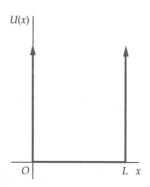

FIGURA 34-17 A energia potencial de um poço quadrado infinito. Para $x < 0$ e $x > L$, a energia potencial $U(x)$ é infinita. A partícula está confinada na região do poço ($0 < x < L$).

O OSCILADOR HARMÔNICO

Um problema mais realista que o da partícula numa caixa é o do oscilador harmônico, que se aplica a um objeto de massa m preso a uma mola que tem uma constante de força k ou a qualquer sistema que tenha pequenas oscilações num equilíbrio estável. A Figura 34-18 mostra a função de energia potencial

$$U(x) = \tfrac{1}{2}kx^2 = \tfrac{1}{2}m\omega_0^2 x^2$$

onde $\omega_0 = \sqrt{k/m}$ é a freqüência natural do oscilador. Classicamente, o objeto oscila entre $x = +A$ e $x = -A$. Sua energia total é $E = \tfrac{1}{2}\omega_0^2 A^2$, que pode ter qualquer valor positivo, inclusive zero.

Na teoria quântica, a partícula é representada pela função de onda $\psi(x)$, a qual é determinada através da solução da equação de Schrödinger para um determinado potencial. Funções de onda normalizadas $\psi_n(x)$ ocorrem somente para valores discretos de energia E_n dados por

$$E_n = (n + \tfrac{1}{2})hf_0 \qquad n = 0, 1, 2, 3, \ldots \qquad 34\text{-}29$$

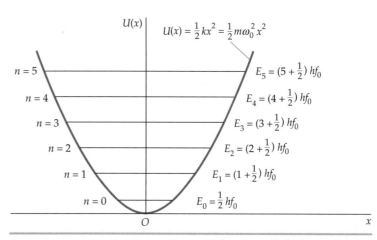

FIGURA 34-18 Função energia potencial para o oscilador harmônico. Os níveis permitidos de energia são representados pelas linhas horizontais igualmente espaçadas. Também, $\omega_0 = 2\pi f_0$.

onde $f_0 = \omega_0/2\pi$ é a freqüência clássica do oscilador. Observe que os níveis de energia de um oscilador harmônico são igualmente espaçados com separação hf_0, como indicado na Figura 34-18. Compare isto com o espaçamento desigual dos níveis de energia para uma partícula numa caixa, como mostrado na Figura 34-12. Se num oscilador harmônico ocorrer uma transição entre um nível de energia n para o próximo nível mais baixo de energia, $n - 1$, a freqüência f do fóton emitido é dada por $hf = E_i - E_f$ (Equação 34-23). Aplicando esta equação, temos

$$hf = E_n - E_{n-1} = (n + \tfrac{1}{2})hf_0 - (n - 1 + \tfrac{1}{2})hf_0 = hf_0$$

A freqüência f do fóton emitido é, portanto, igual à freqüência clássica f_0 do oscilador.

O ÁTOMO DE HIDROGÊNIO

No átomo de hidrogênio, um elétron está ligado a um próton pela força de atração eletrostática (discutida no Capítulo 21 — Volume 2). Esta força varia inversamente com o quadrado da distância entre eles (exatamente como a atração gravitacional entre a Terra e o Sol). A energia potencial do sistema elétron–próton, portanto, varia inversamente com o quadrado da distância entre eles (Equação 23-9). Como no caso da energia potencial gravitacional, a energia potencial do sistema elétron–próton é escolhida como zero quando o elétron está a uma distância infinita do próton. Então, para todas as outras distâncias finitas, a energia potencial é negativa. Como no caso de um objeto na órbita da Terra, o sistema elétron–próton é um sistema finito se sua energia total for negativa. Como as energias de uma partícula numa caixa e do oscilador harmônico, as energias deste sistema são descritas por um número quântico n. Como veremos no Capítulo 36, as energias permitidas para o átomo de hidrogênio são dadas por

$$E_n = -\frac{13{,}6\ \text{eV}}{n^2} \qquad n = 1, 2, 3, \ldots \qquad \text{34-30}$$

A energia mais baixa corresponde a $n = 1$. A energia do estado fundamental é então $-13{,}6$ eV. A energia do primeiro estado excitado é $-(13{,}6\ \text{eV})/2^2 = -3{,}40$ eV. A Figura 34-19 mostra o diagrama de níveis de energia para o átomo de hidrogênio. As flechas verticais indicam transições de um estado mais alto para um estado mais baixo, que é acompanhado pela emissão de radiação eletromagnética. Somente aquelas transições que terminam no primeiro estado excitado ($n = 2$) envolvem diferenças de energia no intervalo da luz visível, de 1,77 eV a 3,10 eV, como calculado no Exemplo 34-1.

Outros átomos são mais complicados que o átomo de hidrogênio, mas suas energias são similares àquelas do átomo de hidrogênio. Suas energias do estado fundamental são da ordem de -1 eV a -10 eV, e muitas transições envolvem energias correspondentes a fótons no intervalo visível.

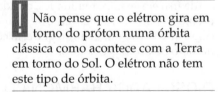

! Não pense que o elétron gira em torno do próton numa órbita clássica como acontece com a Terra em torno do Sol. O elétron não tem este tipo de órbita.

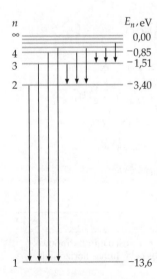

FIGURA 34-19 Diagrama de níveis de energia para o átomo de hidrogênio. A energia do estado fundamental é $-13{,}6$ eV. Quando n tende a infinito, a energia tende a zero, que é o estado mais alto de energia no qual o elétron ainda está ligado ao núcleo.

Resumo

1. Todos os fenômenos se propagam como ondas e interagem como partículas.
2. O quantum de luz é chamado de fóton e tem energia $E = hf$, onde h é a constante de Planck.
3. A relação entre comprimento de onda e momento de elétrons, fótons e outras partículas é dada pela relação de de Broglie $\lambda = h/p$.
4. Quantização de energia em sistemas confinados aparece a partir das condições de ondas estacionárias, que são equivalentes às condições de contorno aplicadas à função de onda.
5. O princípio de incerteza é uma lei fundamental da natureza que coloca restrições teóricas na precisão de medidas simultâneas da posição e momento de uma partícula. Isso é um resultado das propriedades gerais das ondas.

TÓPICO	EQUAÇÕES RELEVANTES E OBSERVAÇÕES	
1. Constantes e Valores		
Constante de Planck	$h = 6{,}626 \times 10^{-34}\,\text{J}\cdot\text{s} = 4{,}136 \times 10^{-15}\,\text{eV}\cdot\text{s}$	34-2
hc	$hc = 1240\,\text{eV}\cdot\text{nm}$	34-5
2. A Natureza Corpuscular da Luz: Fótons	Energia é quantizada.	
Energia e momento do fóton	$E = hf \qquad \text{e} \qquad E = pc$	34-1 e 34-6
3. Relações de Freqüência–Comprimento de Onda (Energia–Momento)		
Fótons e partículas de matéria (relações de de Broglie)	$E = hf \qquad \text{e} \qquad p = \dfrac{h}{\lambda}$	34-14 e 34-13
Partículas não-relativísticas	$K = \dfrac{p^2}{2m} \quad \text{deste modo} \quad \lambda = \dfrac{hc}{\sqrt{2mc^2 K}}$	34-15
Efeito fotoelétrico	$K_{\text{máx}} = \left(\tfrac{1}{2}mv^2\right)_{\text{máx}} = hf - \phi$ onde ϕ é a função trabalho do catodo.	34-3
Espalhamento Compton	$\lambda_{\text{s}} - \lambda_{\text{i}} = \dfrac{h}{m_e c}(1 - \cos\theta) = \lambda_{\text{C}}(1 - \cos\theta) = 2{,}426\,\text{pm}\,(1 - \cos\theta)$	34-11
4. Mecânica Quântica	O estado de uma partícula, como, por exemplo, um elétron, é descrito por sua função de onda ψ, a qual é a solução da equação de onda de Schrödinger.	
Densidade de probabilidade	A probabilidade de encontrar uma partícula em alguma região dx do espaço é dada por $$P(x) = \psi^2(x)\,dx$$	34-17
Condição de normalização	$$\int_{-\infty}^{\infty} \psi^2\,dx = 1$$	34-18
Número quântico	A função de onda para um estado de energia particular é caracterizado por um número quântico n. Em três dimensões existem três números quânticos — cada um associado às condições de contorno de cada dimensão.	
Valor esperado	O valor esperado de x é o mesmo que o valor médio de x que esperaríamos obter a partir de uma medição de posições de um grande número de partículas com a mesma função de onda $\psi(x)$. $$\langle x \rangle = \int_{-\infty}^{+\infty} x\psi^2(x)\,dx$$	34-26
	$$\langle F(x) \rangle = \int_{-\infty}^{+\infty} F(x)\psi^2(x)\,dx$$	34-27

26 | CAPÍTULO 34

TÓPICO	EQUAÇÕES RELEVANTES E OBSERVAÇÕES
5. Dualidade Onda–Partícula	Fótons, elétrons, nêutrons e todos os outros transportadores de momento e energia exibem ambas as propriedades, de onda e de partícula. Tudo se propaga como uma onda clássica, exibindo difração e interferência, mas trocam energia em pacotes discretos como uma partícula clássica. Objetos macroscópicos têm comprimentos de onda tão pequenos que efeitos de difração e interferência não são observados. Também, se houver uma troca de quantidades macroscópicas de energia, haverão tantos quanta envolvidos que a natureza corpuscular da energia não fica evidente.
6. Princípio de Incerteza	A dualidade onda–partícula da natureza conduz ao princípio de incerteza, que estabelece que o produto da incerteza numa medida de posição e da incerteza na medida do momento deve ser maior que ou igual a $\frac{1}{2}\hbar$, onde $\hbar$ é a constante de Planck dividida por 2π. $$\Delta x\,\Delta p_x \geq \tfrac{1}{2}\hbar \qquad\qquad 34\text{-}19$$

Respostas das Checagens Conceituais

34-1   2/3

34-2 $\langle N \rangle = 8/3$ $\langle N^2 \rangle = 38/3$

Respostas dos Problemas Práticos

34-1 $4,13 \times 10^{-7}$ eV

34-2   (a) 12,4 μm; (b) 1,24 nm; (c) 1,24 pm

34-3 $1,46 \times 10^7$ cm^{-3}

34-4 $0,6c$

34-5 $1,4 \times 10^{-34}$ m

34-6   0,388 nm. A partir deste resultado, vemos que um elétron com 10 eV tem um comprimento de onda de de Broglie de aproximadamente 0,4 nm. Esta quantidade é da mesma ordem de grandeza do tamanho de um átomo e do espaçamento entre os átomos num cristal.

34-7   4,70 nm

Problemas

Em alguns problemas, você recebe mais dados do que necessita; em alguns outros, você deve acrescentar dados de seus conhecimentos gerais, fontes externas ou estimativas bem fundamentadas.

Interprete como significativos todos os algarismos de valores numéricos que possuem zeros em seqüência sem vírgulas decimais.

- Um só conceito, um só passo, relativamente simples
- • Nível intermediário, pode requerer síntese de conceitos
- • • Desafiante, para estudantes avançados

Problemas consecutivos sombreados são problemas pareados.

PROBLEMAS CONCEITUAIS

1 • A natureza quântica da radiação eletromagnética é observada (a) no experimento de dupla fenda de Young, (b) na difração da luz por uma abertura pequena, (c) no efeito fotoelétrico, (d) no experimento de raios catódicos de J. J. Thomson.

2 •• Duas fontes monocromáticas de luz, A e B, emitem o mesmo número de fótons por segundo. O comprimento de onda de A é $\lambda_A = 400$ nm e o comprimento de onda de B é $\lambda_B = 600$ nm. A potência irradiada pela fonte B (a) é igual à potência da fonte A, (b) é menor que a potência da fonte A, (c) é maior que a potência da fonte A, (d) não pode ser comparada com a potência da fonte A usando os dados fornecidos.

3 • A função trabalho de uma superfície é ϕ. O comprimento de onda de corte para a emissão de fotoelétrons da superfície é igual a (a) hc/ϕ, (b) ϕ/hf, (c) hf/ϕ, (d) nenhuma das respostas anteriores.

4 •• Quando luz de comprimento de onda λ_1 incide num certo catodo fotoelétrico, nenhum elétron é emitido, não importando quão intensa é a luz incidente. No entanto, quando luz de comprimento de onda $\lambda_2 < \lambda_1$ incide, elétrons são emitidos, mesmo quando a luz incidente tem baixa intensidade. Explique esta observação.

5 • Verdadeiro ou falso: (a) O comprimento de onda de um elétron varia inversamente com o momento do elétron. (b) Elétrons podem sofrer difração. (c) Nêutrons podem sofrer difração.

6 • Se o comprimento de onda de um elétron é igual ao comprimento de onda de um próton, então (a) a velocidade do próton é maior que a velocidade do elétron, (b) as velocidades do próton e do elétron são iguais, (c) a velocidade do próton é menor que a velocidade do elétron, (d) a energia do próton é maior que a energia do elétron, (e) ambos, (a) e (d) estão corretos.

7 • Um próton e um elétron têm energias cinéticas iguais. Portanto, o comprimento de onda do próton é (a) maior que o comprimento de onda do elétron, (b) igual ao comprimento de onda do elétron, (c) menor que o comprimento de onda do elétron.

8 • O parâmetro x representa a posição de uma partícula. O valor esperado de x pode ter um valor tal que a função densidade de probabilidade $P(x)$ seja nula? Dê um exemplo específico.

9 •• Acreditava-se que se duas experiências iguais fossem feitas em sistemas idênticos sob as mesmas condições os resultados deveriam ser idênticos. Explique como esta afirmação pode ser modificada de tal modo que seja consistente com a física quântica.

10 •• Um dado de seis lados tem o número 1 pintado em três lados e o número 2 pintado nos outros três lados. (a) Qual a probabilidade de aparecer o 1 quando o dado é jogado? (b) Qual o valor esperado do número que aparece quando o dado for jogado? (c) Qual o valor esperado do cubo do número que aparece quando o dado é jogado?

ESTIMATIVA E APROXIMAÇÃO

11 •• Durante um laboratório de física avançada, estudantes medem o comprimento de onda Compton, λ_c. Os estudantes obtêm os seguintes deslocamentos nos comprimentos de onda $\lambda_s - \lambda_i$ como função do ângulo de espalhamento θ.

θ	45°	75°	90°	135°	180°
$\lambda_s - \lambda_i$	0,647 pm	1,67 pm	2,45 pm	3,98 pm	4,95 pm

Use os dados obtidos para estimar o valor do comprimento de onda Compton. Compare este número com os valores aceitáveis.

12 •• **PLANILHA ELETRÔNICA** Estudantes num laboratório de física estão tentando determinar o valor da constante de Planck h, usando um dispositivo de efeito fotoelétrico parecido com aquele mostrado na Figura 34-2. Os estudantes estão usando um laser de hélio–neônio, como fonte de luz, que tem um comprimento de onda sintonizável. Os dados que os estudantes obtêm para as energias cinéticas máximas dos elétrons são

λ	544 nm	594 nm	604 nm	612 nm	633 nm
$K_{máx}$	0,360 eV	0,199 eV	0,156 eV	0,117 eV	0,062 eV

(*a*) Usando um programa com planilha eletrônica ou uma calculadora gráfica, faça um gráfico de $K_{máx}$ como função da freqüência da luz. (*b*) Use o gráfico para estimar o valor da constante de Planck. (*Nota:* Você pode usar algum recurso de seu programa de planilha eletrônica ou calculadora gráfica para obter a melhor reta que ajuste seus dados.) (*c*) Compare seu resultado com os valores aceitáveis para a constante de Planck.

13 •• **PLANILHA ELETRÔNICA** O catodo que foi usado pelos estudantes na experiência descrita no Problema 12 foi construído a partir de um dos seguintes metais:

Metal	Tungstênio	Prata	Potássio	Césio
Função trabalho	4,58 eV	2,4 eV	2,1 eV	1,9 eV

Determine de que metal é feito o catodo usando os mesmos dados do Problema 12. (*a*) Usando um programa com planilha eletrônica ou calculadora gráfica, faça um gráfico de $K_{máx}$ como função da freqüência. (*b*) Use o gráfico para estimar o valor da função trabalho baseado nos dados dos estudantes. (*Nota:* Você pode usar algum recurso de seu programa de planilha eletrônica ou calculadora gráfica para obter a melhor reta que ajuste seus dados.) (*c*) Qual dos metais é o mais provável de ter sido usado para o catodo nesta experiência?

A NATUREZA CORPUSCULAR DA LUZ: FÓTONS

14 • Ache a energia do fóton em elétrons-volt para a luz de comprimento de onda (*a*) 450 nm, (*b*) 550 nm e (*c*) 650 nm.

15 • Ache a energia do fóton em elétrons-volt para uma onda eletromagnética de freqüência (*a*) 100 MHz na faixa de rádio FM e (*b*) 900 kHz na faixa de rádio AM.

16 • Quais são as freqüências dos fótons que têm as seguintes energias: (*a*) 1,00 eV, (*b*) 1,00 keV e (*c*) 1,00 MeV?

17 • Ache a energia do fóton em elétrons-volt para comprimentos de onda de: (*a*) 0,100 nm (aproximadamente 1 diâmetro atômico) e (*b*) 1,00 fm (1,00 fm = 10^{-15} m, aproximadamente o diâmetro do núcleo atômico).

18 •• O comprimento de onda da luz vermelha emitida por um laser de hélio–neônio de 3,00 mW é 633 nm. Se o diâmetro do feixe de laser é 1,00 mm, qual é a densidade de fótons neste feixe? Assuma que a intensidade está uniformemente distribuída no feixe.

19 • **APLICAÇÃO EM ENGENHARIA** Lasers usados em redes de telecomunicações produzem luz com comprimento de onda típicamente da ordem de 1,55 μm. Quantos fótons por segundo são transmitidos se este laser tiver uma potência de saída de 2,50 mW?

EFEITO FOTOELÉTRICO

20 • A função trabalho para o tungstênio é 4,58 eV. (*a*) Ache a freqüência de corte e o comprimento de onda correspondente para o efeito fotoelétrico ocorrer, quando uma radiação eletromagnética incidir na superfície de uma amostra de tungstênio. Ache a energia cinética máxima dos elétrons se o comprimento de onda da luz incidente é (*b*) 200 nm e (*c*) 250 nm.

21 • Quando luz ultravioleta monocromática, com comprimento de onda igual a 300 nm, incide numa amostra de potássio, os elétrons emitidos têm uma energia cinética de 2,03 eV. (*a*) Qual é a energia de um fóton incidente? (*b*) Qual é a função trabalho para o potássio? (*c*) Qual seria a máxima energia cinética dos elétrons se a radiação eletromagnética incidente tivesse um comprimento de onda de 430 nm? (*d*) Qual é o comprimento de onda máximo da radiação eletromagnética incidente que irá resultar na emissão fotoelétrica de elétrons por uma amostra de potássio?

22 • O comprimento de onda máximo da radiação eletromagnética incidente que irá resultar na emissão fotoelétrica de elétrons por uma amostra de prata é 262 nm. (*a*) Ache a função trabalho para a prata. (*b*) Ache a energia cinética máxima dos elétrons se a radiação incidente tem um comprimento de onda de 175 nm.

23 • A função trabalho para o césio é 1,90 eV. (*a*) Ache a freqüência mínima e o máximo comprimento de onda da radiação eletromagnética que irá resultar na emissão fotoelétrica de elétrons de uma amostra de césio. Ache a energia cinética máxima dos elétrons se o comprimento de onda da radiação incidente é (*b*) 250 nm e (*c*) 350 nm.

24 •• Quando uma superfície é iluminada com radiação eletromagnética de comprimento de onda de 780 nm, a energia cinética máxima dos elétrons emitidos é 0,37 eV. Qual é a energia cinética máxima se a superfície é iluminada usando radiação com comprimento de onda de 410 nm?

ESPALHAMENTO COMPTON

25 • Ache o deslocamento no comprimento de onda de fótons espalhados por elétrons livres estacionários em $\theta = 60°$. (Admita que os elétrons estão se movendo inicialmente com velocidade desprezível e não estão ligados a átomos ou moléculas.)

26 • Quando fótons são espalhados por elétrons numa amostra de carbono, o deslocamento do comprimento de onda é 0,33 pm. Ache o ângulo de espalhamento. (Assuma que os elétrons estão se movendo inicialmente com velocidade desprezível e não estão ligados a átomos ou moléculas.)

27 • Os fótons num feixe monocromático são espalhados por elétrons. O comprimento de onda dos fótons que são espalhados num ângulo de 135° com a direção do feixe de fótons incidentes é 2,3 por cento menor que o comprimento de onda dos fótons incidentes. Qual é o comprimento de onda dos fótons incidentes?

28 • Compton usou fótons de comprimento de onda de 0,0711 nm. (*a*) Qual é a energia de um destes fótons? (*b*) Qual é o comprimento de onda dos fótons espalhados numa direção oposta à direção dos fótons incidentes? (*c*) Qual é a energia dos fótons espalhados nesta direção?

29 • Para os fótons usados por Compton (veja Problema 28), achar o momento do fóton incidente e o momento do fóton espalhado na direção oposta à direção dos fótons incidentes. Use a conservação de momento para achar o momento do elétron que recua neste caso.

28 | CAPÍTULO 34

30 •• Um feixe de fótons que tem comprimento de onda igual a 6,00 pm é espalhado por elétrons inicialmente em repouso. Um fóton no feixe é espalhado numa direção perpendicular à direção do feixe incidente. (a) Qual é a variação no comprimento de onda do fóton? (b) Qual é a energia cinética do elétron?

ONDAS DE ELÉTRONS E MATÉRIA

31 • Um elétron está se movendo com velocidade de $2,5 \times 10^5$ m/s. Ache o comprimento de onda do elétron.

32 • Um elétron tem comprimento de onda de 200 nm. Ache (a) seu momento e (b) sua energia cinética.

33 •• Um elétron, um próton e uma partícula alfa têm, cada um deles, uma energia cinética de 150 keV. Ache (a) os valores de seus momenta e (b) seus comprimentos de onda de de Broglie.

34 • Um nêutron num reator tem energia cinética de aproximadamente 0,020 eV. Calcule o comprimento de onda do nêutron.

35 • Ache o comprimento de onda de um próton que tem energia cinética de 2,00 MeV.

36 • Qual é a energia cinética de um próton cujo comprimento de onda é (a) 1,00 nm e (b) 1,00 fm?

37 • A energia cinética dos elétrons num feixe de elétrons, na experiência de Davisson e Germer, era de 54 eV. Calcule o comprimento de onda dos elétrons no feixe.

38 • A distância entre os íons de Li^+ e Cl^- num cristal LiCl é de 0,257 nm. Ache a energia dos elétrons que têm um comprimento de onda igual a este espaçamento.

39 • Um microscópio eletrônico usa elétrons com energias de 70 keV. Ache o comprimento de onda destes elétrons.

40 • Qual é o comprimento de onda de um nêutron que tem uma velocidade de $1,00 \times 10^6$ m/s?

UMA PARTÍCULA EM UMA CAIXA

41 •• (a) Ache a energia do estado fundamental ($n = 1$) e os dois primeiros estados excitados de um nêutron confinado numa caixa unidimensional de comprimento $L = 1,00 \times 10^{-15}$ m = 1,00 fm (aproximadamente o diâmetro de um núcleo atômico). Faça um diagrama de níveis de energia para o sistema. Calcule o comprimento de onda da radiação eletromagnética emitida quando o nêutron realiza uma transição de (b) $n = 2$ para $n = 1$, (c) $n = 3$ para $n = 2$ e (d) $n = 3$ para $n = 1$.

42 •• (a) Ache a energia do estado fundamental ($n = 1$) e os dois primeiros estados excitados de um nêutron confinado numa caixa unidimensional de comprimento $L = 0,200$ nm (aproximadamente o diâmetro de uma molécula de H_2). Calcule o comprimento de onda da radiação eletromagnética emitida quando o nêutron realiza uma transição de (b) $n = 2$ para $n = 1$, (c) $n = 3$ para $n = 2$ e (d) $n = 3$ para $n = 1$.

CALCULANDO PROBABILIDADES E VALORES ESPERADOS

43 •• Uma partícula está no estado fundamental numa caixa unidimensional de comprimento L. (A caixa tem uma extremidade na origem e a outra extremidade no eixo positivo de x.) Determine a probabilidade de encontrar a partícula num intervalo de comprimento $\Delta x = 0,002L$ e centrada em (a) $x = \frac{1}{4}L$, (b) $x = \frac{1}{2}L$ e (c) $x = \frac{3}{4}L$. (Como Δx é muito pequeno não é necessário fazer integração.)

44 •• Uma partícula está no segundo estado excitado ($n = 3$) de uma caixa unidimensional de comprimento L. (A caixa tem uma extremidade na origem e a outra extremidade no eixo positivo de x.) Determine a probabilidade de encontrar a partícula num intervalo de comprimento $\Delta x = 0,002L$ e centrada em (a) $x = \frac{1}{3}L$, (b) $x = \frac{1}{2}L$ e (c) $x = \frac{2}{3}L$. (Como Δx é muito pequeno não é necessário fazer integração.)

45 •• Uma partícula está no primeiro estado excitado ($n = 2$) de uma caixa unidimensional de comprimento L. (A caixa tem uma extremidade na origem e a outra extremidade no eixo positivo de x.) Achar (a) $\langle x \rangle$ e (b) $\langle x^2 \rangle$.

46 •• Uma partícula confinada numa caixa unidimensional de comprimento L está no primeiro estado excitado ($n = 2$). (A caixa tem uma extremidade na origem e a outra extremidade no eixo positivo de x.) Desenhe (a) $\psi^2(x)$ como função de x para este estado. (b) Qual é o valor esperado $\langle x \rangle$ para este estado? (c) Qual é a probabilidade de encontrar a partícula numa região pequena dx, centrada em $x = L/2$? (d) As suas respostas são contraditórias para a Parte (b) e a Parte (c)? Se não forem contraditórias, explique porquê.

47 •• Uma partícula de massa m tem uma função de onda dada por $\psi(x) = Ae^{-|x|/a}$, onde A e a são constantes positivas. (a) Ache a constante de normalização A. (b) Calcule a probabilidade de achar a partícula na região $-a \leq x \leq a$.

48 •• Uma caixa unidimensional está no eixo x na região $0 \leq x \leq L$. Uma partícula, confinada nesta caixa, está no seu estado fundamental. Calcule a probabilidade de que a partícula será encontrada na região (a) $0 < x < \frac{1}{2}L$, (b) $0 < x < \frac{1}{3}L$ e (c) $0 < x < \frac{3}{4}L$.

49 •• Uma caixa unidimensional está no eixo x na região $0 \leq x \leq L$. Uma partícula, confinada nesta caixa, está no primeiro estado excitado. Calcule a probabilidade de que a partícula será encontrada na região (a) $0 < x < \frac{1}{2}L$, (b) $0 < x < \frac{1}{3}L$ e (c) $0 < x < \frac{3}{4}L$.

50 •• A função distribuição de probabilidade clássica, para uma partícula confinada numa caixa unidimensional, com o eixo x na região $0 < x < L$ é dada por $P(x) = 1/L$. Use esta expressão para mostrar que $\langle x \rangle = \frac{1}{2}L$ e $\langle x^2 \rangle = \frac{1}{3}L^2$ para uma partícula clássica confinada nesta caixa.

51 •• Uma caixa unidimensional está localizada no eixo x na região $0 \leq x \leq L$. (a) As funções de onda para a partícula na caixa são dadas por

$$\psi_n(x) = \sqrt{\frac{2}{L}} \operatorname{sen} \frac{n\pi x}{L} \qquad n = 1, 2, 3, \ldots$$

Para uma partícula no n-ésimo estado, mostrar que $\langle x \rangle = \frac{1}{2}L$ e $\langle x^2 \rangle = L^2/3 - L^2/(2n^2\pi^2)$. (b) Compare estas expressões para $\langle x \rangle$ e $\langle x^2 \rangle$, para $n \gg 1$, com as expressões de $\langle x \rangle$ e $\langle x^2 \rangle$ para a distribuição clássica do Problema 50.

52 •• **PLANILHA ELETRÔNICA** (a) Use um programa com planilha eletrônica ou uma calculadora gráfica para fazer um gráfico de $\langle x^2 \rangle$ como função do número quântico n para a partícula na caixa descrita no Problema 48, e para valores de n variando de 1 a 100. Assuma $L = 1,00$ m para seu gráfico. Veja Problema 51. (b) Comente sobre o significado de qualquer limite assintótico que seu gráfico mostrar.

53 •• As funções de onda para uma partícula de massa m confinada numa caixa unidimensional de comprimento L *centrado na origem* (de tal modo que as extremidades estão em $x = \pm\frac{1}{2}L$) são dadas por

$$\psi(x) = \sqrt{\frac{2}{L}} \cos \frac{n\pi x}{L} \qquad n = 1, 3, 5, 7, \ldots$$

e

$$\psi(x) = \sqrt{\frac{2}{L}} \operatorname{sen} \frac{n\pi x}{L} \qquad n = 2, 4, 6, 8, \ldots$$

Calcular $\langle x \rangle$ e $\langle x^2 \rangle$ para o estado fundamental ($n = 1$).

54 •• Calcular $\langle x \rangle$ e $\langle x^2 \rangle$ para o primeiro estado excitado ($n = 2$) da caixa descrita no Problema 53.

PROBLEMAS GERAIS

55 • Fótons num feixe de luz uniforme, com diâmetro de 4,00 cm, têm comprimentos de onda igual a 400 nm e o feixe tem uma intensidade de 100 W/m². (*a*) Qual é a energia de cada fóton no feixe? (*b*) Quanta energia atinge uma área de 1,00 cm², perpendicular ao feixe, em 1,00 s? (*c*) Quantos fótons atingem esta área em 1,0 s?

56 • Uma partícula de 1 μg está se movendo com uma velocidade de aproximadamente 1 mm/s, numa caixa unidimensional de comprimento igual a 1,00 cm. Calcule o valor aproximado do número quântico *n* correspondente ao estado ocupado por esta partícula.

57 • (*a*) Para a partícula e a caixa do Problema 56, ache Δx e Δp_x, supondo que estas incertezas são dadas por $\Delta x/L = 0,01$ por cento e $\Delta p_x/p_x = 0,01$ por cento. (*b*) O que é a razão $(\Delta_x \Delta p_x)/\hbar$?

58 • Em 1987, no Laboratório Nacional de Los Alamos, um laser produziu um jato de luz que durou 1×10^{-12} s, com uma potência de 5×10^{15} W. Estime o número de fótons emitidos, supondo que todos têm comprimento de onda igual a 400 nm.

59 • **APLICAÇÃO EM ENGENHARIA** Não é possível "ver" nada menor do que o comprimento de onda usado para fazer esta observação. Qual é a energia mínima necessária para um elétron, num microscópio eletrônico, para que ele "veja" um átomo que tem um diâmetro de aproximadamente 0,1 nm?

60 • Uma pulga tem massa de 0,008 g e pode pular verticalmente a uma altura de 20 cm. Estime o comprimento de onda da pulga imediatamente após ela iniciar o pulo.

61 •• **APLICAÇÃO BIOLÓGICA** Uma fonte de 100 W irradia luz de comprimento de onda de 600 nm, uniformemente em todas as direções. Um olho que está adaptado à escuridão tem uma pupila com diâmetro de 7 mm e pode detectar a luz se pelo menos 20 fótons por segundo penetrarem na pupila. Sob estas condições extremas, a que distância da fonte a luz pode ser detectada?

62 •• **APLICAÇÃO BIOLÓGICA** O diâmetro da pupila de um olho adaptado à luz ambiente é de aproximadamente 5 mm. Ache a intensidade da luz que tem comprimento de onda igual a 600 nm, de tal modo que 1 fóton por segundo penetre na pupila.

63 •• Uma lâmpada de filamento incandescente, de 100 W, irradia uniformemente e em todas as direções, 2,6 W de luz visível. (*a*) Ache a intensidade da luz, numa distância de 1,5 m a partir da lâmpada. (*b*) Considerando o comprimento de onda médio da luz visível como 650 nm, e contando apenas aqueles fótons do espectro visível, ache o número de fótons por segundo que atingem uma superfície com uma área igual a 1,0 cm², orientada perpendicularmente a uma linha que se origine na lâmpada, a uma distância de 1,5 m.

64 •• Quando luz de comprimento de onda λ_1 incide no catodo de um tubo fotoelétrico, a energia cinética máxima dos elétrons emitidos é 1,8 eV. Se o comprimento de onda for reduzido para $\frac{1}{2}\lambda_1$, a energia cinética máxima dos elétrons emitidos é 5,5 eV. Ache a função trabalho ϕ do material do catodo.

65 •• Um fóton com energia incidente E_i sofre um espalhamento Compton num ângulo θ. Mostre que a energia E_s do fóton espalhado é dada por

$$E_s = \frac{E_i}{1 + (E_i/m_e c^2)(1 - \cos\theta)}$$

66 •• Uma partícula está confinada numa caixa unidimensional. Quando a partícula faz uma transição do estado *n* para o estado $n - 1$, é emitida radiação de comprimento de onda igual a 114,8 nm. Quando a partícula faz uma transição do estado $n - 1$ para o esta-

do $n - 2$, radiação de comprimento de onda de 147 nm é emitida. A energia do estado fundamental da partícula é 1,2 eV. Determine *n*.

67 •• O princípio de exclusão de Pauli estabelece que não mais que um elétron pode ocupar um estado quântico particular de cada vez. Elétrons intrinsecamente ocupam dois estados de *spin*. Portanto, se desejamos fazer um modelo de um átomo usando uma coleção de elétrons confinados numa caixa unidimensional, não mais do que 2 elétrons na caixa podem ter o mesmo valor para o número quântico *n*. Calcule a energia que o(s) elétron(s) mais energético iria ter, para o átomo de urânio que tem um número atômico de 92. Suponha uma caixa com comprimento de 0,050 nm onde os elétrons estão nos mais baixos estados de energia possíveis. Como esta energia pode ser comparada à energia de repouso do elétron?

68 •• Um feixe de elétrons onde cada elétron tem a mesma energia cinética ilumina um par de fendas separadas por uma distância de 54 nm. Numa tela colocada a 1,5 m, à frente das fendas, formam-se franjas claras e escuras. O arranjo experimental é o mesmo que o usado na experiência de interferência óptica de fenda dupla, descrita no Capítulo 33 e Figura 33-7 (Volume 2), e as franjas têm a aparência mostrada na Figura 34-8*d*. As franjas claras estão separadas por uma distância de 0,68 mm. Qual é a energia cinética dos elétrons neste feixe?

69 •• Quando uma superfície é iluminada por luz de comprimento de onda λ, a energia cinética máxima dos elétrons emitidos é 1,200 eV. Se for usado o comprimento de onda $\lambda' = 0,800\lambda$, a energia cinética máxima dos elétrons aumenta para 1,760 eV. Para o comprimento de onda $\lambda' = 0,600\lambda$, a energia cinética máxima dos elétrons emitidos é 2,676 eV. Determine a função trabalho para a superfície e o comprimento de onda λ.

70 •• Um pêndulo simples tem um comprimento igual a 1,0 m e tem um corpo preso na extremidade da corda com massa igual a 0,30 kg. A energia deste oscilador é quantizada, e os valores permitidos de energia são dados por $E_n = (n + \frac{1}{2})hf_0$, onde *n* é um número inteiro e f_0 é a freqüência do pêndulo. (*a*) Ache *n* para uma amplitude angular de 1,0°. (*b*) Ache *n* tal que E_{n+1} seja maior que E_n por 0,010 por cento.

71 •• (*a*) Mostre que para grandes valores de *n*, a diferença fracional em energia entre o estado *n* e *n* + 1 para uma partícula numa caixa unidimensional é dada aproximadamente por

$$(E_{n+1} - E_n)/E_n \approx 2/n$$

(*b*) Qual é o percentual aproximado da diferença de energia entre os estados $n_1 = 1000$ e $n_2 = 1001$? (*c*) Comente como este resultado está relacionado ao princípio de correspondência de Bohr.

72 •• Num modo fechado, o laser de titânio–safira tem um comprimento de onda de 850 nm e produz 100 milhões de pulsos de luz por segundo. Cada pulso tem uma duração de 125 fentosegundos (1 fs = 10^{-15}s) e consiste em 5×10^9 fótons. Qual é a potência média produzida pelo laser?

73 •• Este problema estima a defasagem no tempo no efeito fotoelétrico que é esperado classicamente, mas não é observado. Suponha que a intensidade da radiação incidente que recai sobre um átomo seja de 0,010 W/m². (*a*) Se a área deste átomo for de 0,010 nm², ache a energia por segundo que recai sobre este átomo. (*b*) Se a função trabalho for 2,0 eV, quanto tempo levaria para que esta quantidade de energia recaísse no átomo se a energia de radiação fosse distribuída uniformemente em vez de em pacotes compactos (fótons)?

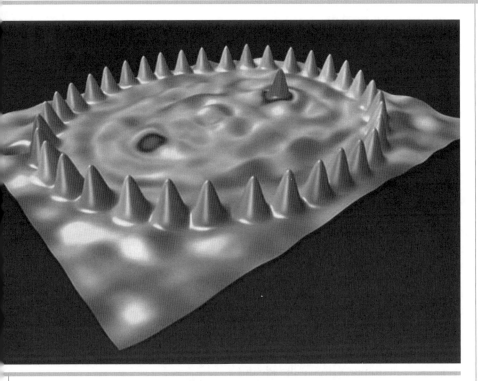

Aplicações da Equação de Schrödinger

- 35-1   A Equação de Schrödinger
- 35-2   Uma Partícula num Poço Quadrado Finito
- 35-3   O Oscilador Harmônico
- 35-4   Reflexão e Transmissão de Ondas dos Elétrons: Penetração de Barreiras
- 35-5   A Equação de Schrödinger em Três Dimensões
- 35-6   A Equação de Schrödinger para Duas Partículas Idênticas

CAPÍTULO 35

UMA MIRAGEM QUÂNTICA. O MICROSCÓPIO DE VARREDURA POR TUNELAMENTO (STM — *SCANNING TUNNELING MICROSCOPE*) PERMITE MOVER ÁTOMOS INDIVIDUAIS NUMA SUPERFÍCIE E FORMAR UMA IMAGEM DELES. ESPECIALMENTE INTRIGANTES SÃO AS IMAGENS DOS CURRAIS QUÂNTICOS, QUE SÃO ARRANJOS CIRCULARES OU ELÍPTICOS NUMA SUPERFÍCIE. DENTRO DESTES CURRAIS AS ONDAS QUE CORRESPONDEM AOS ELÉTRONS PERTO DA SUPERFÍCIE DO SUBSTRATO PODEM SER REVELADAS. ESTA IMAGEM FOI FEITA PELA IBM, ONDE FÍSICOS COLOCARAM TRINTA E SEIS ÁTOMOS DE COBALTO NUMA SUPERFÍCIE DE COBRE NUMA FORMA ELÍPTICA, LEMBRANDO "STONEHENGE".* UM COBALTO MAGNÉTICO EXTRA FOI COLOCADO NUM DOS DOIS FOCOS DA ELIPSE, CAUSANDO INTERAÇÕES VISÍVEIS COM AS ONDAS DOS ELÉTRONS DA SUPERFÍCIE. MAS ESTAS ONDAS PARECEM TAMBÉM ESTAR INTERAGINDO COM UM ÁTOMO DE COBALTO FANTASMA NO OUTRO FOCO DA ELIPSE, UM ÁTOMO QUE NA VERDADE NÃO ESTÁ LÁ. *(Cortesia da IBM e da IBM Almadin Laboratories.)*

> Será que o átomo de cobalto fantasma, descrito acima, poderia ser causado pelas reflexões das ondas a partir do curral de átomos de cobalto? (Veja Seção 35-4.)

No Capítulo 34, vimos que elétrons e outras partículas têm propriedades de onda e são descritas por funções de onda na forma $\Psi(x, t)$. Mencionamos também que a função de onda é uma solução da equação de Schrödinger, e discutimos qualitativamente algumas soluções sem nos referirmos à equação. Em particular, mostramos como as condições de onda estacionária levavam à quantização de energia para uma partícula confinada numa caixa unidimensional.

Neste capítulo continuamos nossa discussão sobre o assunto introduzido no Capítulo 34. Vamos discutir a equação de Schrödinger e aplicar esta equação ao problema da partícula numa caixa e a diversas outras situações nas quais a partícula está confinada numa região do espaço, para ilustrar como as condições de contorno conduzem a quantização de energia. Vamos mostrar também como a equação de Schrödinger leva à penetração de barreiras e discutir a extensão da equação de Schrödinger para mais de uma dimensão e mais de uma partícula.

---

* Stonehenge é um monumento megalítico da Idade do Bronze, localizado no condado de Wiltshire, perto de Salisbury, na Inglaterra. É o mais visitado e conhecido dos círculos de pedra britânicos, e parece ter sido projetado para permitir a observação de fenômenos astronômicos — solstícios de verão e de inverno, eclipses e outros. (N.T.)

35-1 A EQUAÇÃO DE SCHRÖDINGER

Como a equação de onda clássica (Equação 15-10b), a equação de Schrödinger é uma equação diferencial parcial no espaço e no tempo. Como as leis do movimento de Newton, a equação de Schrödinger não pode ser deduzida. Sua validade, como a validade das leis de Newton, está na sua concordância com as experiências. Em uma dimensão, a equação de Schrödinger é escrita como*

$$-\frac{\hbar^2}{2m}\frac{\partial^2 \Psi(x,t)}{\partial x^2} + U\Psi(x,t) = i\hbar \frac{\partial \Psi(x,t)}{\partial t} \qquad 35\text{-}1$$

EQUAÇÃO DE SCHRÖDINGER DEPENDENTE DO TEMPO

onde U é a função de energia potencial e $\Psi(x, t)$ é a função de onda. A Equação 35-1 é chamada de **equação de Schrödinger dependente do tempo**. Diferentemente da equação de onda clássica, ela relaciona uma *segunda* derivada no espaço da função de onda com uma *primeira* derivada no tempo da função de onda, e ela contém o número imaginário $i = \sqrt{-1}$. As funções de onda que são soluções desta equação não são necessariamente reais. $\psi(x, t)$ não é uma função mensurável como as funções de onda clássicas para o som ou ondas eletromagnéticas. Entretanto, a probabilidade de encontrar uma partícula em alguma região do espaço dx certamente tem que ser um valor real. Podemos modificar um pouco a equação para a densidade de probabilidade dada no Capítulo 34 (Equação 34-17) para determinar a probabilidade de encontrar uma partícula em alguma região dx

$$P(x,t)\,dx = |\Psi(x,t)|^2 dx = \Psi^*\Psi\,dx \qquad 35\text{-}2$$

onde Ψ^*, o complexo conjugado de Ψ, é idêntica a Ψ, exceto que $-i$ é substituído por i, quando i aparece na expressão para Ψ.†

Na mecânica clássica, as soluções de onda estacionária para a equação de onda (Equação 16-16) são de grande interesse e valor. Não é surpresa, portanto, que as soluções de onda estacionária para a equação de Schrödinger sejam também de grande interesse e valor. A função de onda para o movimento de onda estacionária numa corda esticada é $A\,\text{sen}(kx)\cos(\omega t + \delta)$, que é uma função representativa de todas as ondas estacionárias. Uma função de onda estacionária pode sempre ser expressa como uma função da posição multiplicada por uma função do tempo, onde a função do tempo varia senoidalmente com o tempo. As soluções de onda estacionária para a equação de onda de Schrödinger unidimensional são então expressas por

$$\Psi(x,t) = \psi(x)e^{-i\omega t} \qquad 35\text{-}3$$

onde $e^{-i\omega t} = \cos(\omega t) - i\,\text{sen}(\omega t)$. O lado direito da Equação 35-1 é então

$$i\hbar\frac{\partial \Psi(x,t)}{\partial t} = i\hbar(-i\omega)\psi(x)e^{-i\omega t} = \hbar\omega\psi(x)e^{-i\omega t} = E\psi(x)e^{-i\omega t}$$

onde $E = \hbar\omega$ é a energia da partícula.

A equação de onda de Schrödinger tem soluções de onda estacionária somente se a função energia potencial U depender apenas da posição x. Substituindo $\psi(x)e^{-i\omega t}$ na Equação 35-1 e cancelando o fator comum $e^{-i\omega t}$, obtemos uma equação para $\psi(x)$, chamada de **equação de Schrödinger independente do tempo**:

$$-\frac{\hbar^2}{2m}\frac{d^2\psi(x)}{dx^2} + U(x)\psi(x) = E\psi(x) \qquad 35\text{-}4$$

EQUAÇÃO DE SCHRÖDINGER INDEPENDENTE DO TEMPO

onde escrevemos U como $U(x)$ para enfatizar que U depende da posição, e não depende do tempo. A função $U(x)$ representa a interação entre o meio e a partícula que

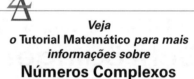

Veja
o Tutorial Matemático *para mais informações sobre*
Números Complexos

---
* Embora tenhamos simplesmente estabelecido a equação de Schrödinger, o próprio Schrödinger tinha um vasto conhecimento da teoria clássica de ondas que o levaram a esta equação.
† Todo o número complexo pode ser escrito na forma $z = a + bi$, onde a e b são números reais e $i = \sqrt{-1}$. O complexo conjugado de z é $z^* = a - bi$, tal que $z^*z = (a + bi)(a - bi) = a^2 + b^2 = |z|^2$.

está sendo observada. Diferentes meios requerem diferentes expressões para a função energia potencial U na equação de Schrödinger.

O cálculo dos níveis de energia permitidos do sistema envolve somente a equação de Schrödinger independente do tempo, enquanto encontrar as probabilidades de transição entre estes níveis de energia requer a solução da equação dependente do tempo. Neste livro, estaremos interessados somente na equação de Schrödinger independente do tempo (Equação 35-4).

A solução da Equação 35-4 depende da forma da função energia potencial $U(x)$. Quando $U(x)$ for tal que a partícula está confinada em alguma região do espaço, somente certos valores discretos de energias E_n dão soluções ψ_n que podem satisfazer à condição de normalização (Equação 34-18):

$$\int_{-\infty}^{\infty} |\psi_n|^2 dx = 1$$

As funções de onda dependentes do tempo completas são dadas, a partir da Equação 35-3, por

$$\Psi_n(x, t) = \psi_n(x)e^{-i\omega_n t} = \psi_n(x)e^{-i(E_n/\hbar)t} \qquad 35\text{-}5$$

UMA PARTÍCULA NUM POÇO DE POTENCIAL QUADRADO INFINITO

Vamos ilustrar o uso da equação de Schrödinger independente do tempo resolvendo-a para o problema de uma partícula numa caixa. A energia potencial para uma caixa unidimensional entre $x = 0$ e $x = L$ é mostrada na Figura 35-1. É chamada de **potencial do poço quadrado infinito** e descrita matematicamente por

$$U(x) = \begin{cases} \infty & x < 0 \\ 0 & 0 < x < L \\ \infty & x > L \end{cases} \qquad 35\text{-}6$$

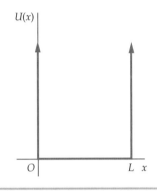

FIGURA 35-1 A função energia potencial do poço quadrado infinito. Para ambos, $x < 0$ e $x > L$, a energia potencial $U(x)$ é infinita. A partícula está confinada na região do poço $0 < x < L$.

Dentro da caixa, a energia potencial é zero, enquanto fora da caixa ela é infinita. Como queremos que a partícula esteja na caixa, temos $\psi(x) = 0$ em qualquer ponto fora da caixa. Precisamos então resolver a equação de Schrödinger no interior da caixa para funções de onda $\psi(x)$ que devem ser nulas em $x = 0$ e $x = L$.

No interior da caixa $U(x) = 0$, assim a equação de Schrödinger é escrita como

$$-\frac{\hbar^2}{2m} \frac{d^2\psi(x)}{dx^2} = E\psi(x)$$

ou

$$\frac{d^2\psi(x)}{dx^2} + k^2\psi(x) = 0 \qquad 35\text{-}7$$

onde

$$k^2 = \frac{2mE}{\hbar^2} \qquad 35\text{-}8$$

A solução geral da Equação 35-7 pode ser escrita como

$$\psi(x) = A\,\text{sen}\,kx + B\cos kx \qquad 35\text{-}9$$

onde A e B são constantes. Em $x = 0$, temos

$$\psi(0) = A\,\text{sen}\,(0) + B\cos(0) = 0 + B$$

A condição de contorno $\psi(x) = 0$ em $x = 0$ leva a $B = 0$, e a Equação 35-9 fica

$$\psi(x) = A\,\text{sen}\,kx \qquad 35\text{-}10$$

A função de onda é então uma onda senoidal onde o comprimento de onda λ está relacionado ao número de onda k de modo usual, $\lambda = 2\pi/k$. A condição de contorno $\psi(x) = 0$ em $x = L$ restringe os possíveis valores de k e, portanto, os valores do comprimento de onda λ e (da Equação 35-8) a energia $E = \frac{1}{2}\hbar^2 k^2/m$. Temos então

$$\psi(L) = A\,\text{sen}\,kL = 0 \qquad 35\text{-}11$$

Esta condição é satisfeita quando kL for igual a π ou qualquer múltiplo inteiro de π, isto é, se k ficar restrito a valores k_n dado por

$$k_n = n\frac{\pi}{L} \qquad n = 1, 2, 3, \ldots \qquad 35\text{-}12$$

A condição (Equação 35-11) é também satisfeita para $n = 0$. A função $\psi(x) = A \operatorname{sen} 0 = 0$ para todos os valores de x, no intervalo $0 < x < L$, é também uma solução da equação de onda. Entretanto, se a função de onda tem valor nulo em qualquer lugar dentro da caixa, então a caixa está vazia. Além disso, neste caso, a função de onda não poderia ser normalizada e nem poderia ser uma função para a partícula. Substituindo k_n por $n\pi/L$ na Equação 35-8 e resolvendo para E, temos os valores permitidos de energia

$$E_n = \frac{\hbar^2 k_n^2}{2m} = \frac{\hbar^2}{2m}\left(n\frac{\pi}{L}\right)^2 = n^2\left(\frac{h^2}{8mL^2}\right) = n^2 E_1 \qquad 35\text{-}13$$

onde

$$E_1 = \frac{h^2}{8mL^2} \qquad 35\text{-}14$$

A Equação 35-14 é a mesma que a Equação 34-22, a qual foi obtida ajustando um número inteiro de meios comprimentos de onda dentro da caixa.

Para cada valor de n, existe uma função de onda $\psi_n(x)$ dada por

$$\psi_n(x) = \begin{cases} 0 & x < 0 \\ A_n \operatorname{sen}\dfrac{n\pi x}{L} & 0 < x < L \\ 0 & x > L \end{cases} \qquad 35\text{-}15$$

que é a mesma Equação 34-25, onde a constante $A_n = \sqrt{2/L}$ é determinada pela normalização.*

CHECAGEM CONCEITUAL 35-1

A função abaixo não é uma função de onda aceitável. O que faz com que esta função seja inaceitável?

$$\psi_n(x) = A_n \operatorname{sen}\frac{n\pi x}{L}$$

$$-\infty < x < \infty$$

35-2 UMA PARTÍCULA NUM POÇO QUADRADO FINITO

A quantização da energia que encontramos para uma partícula num poço quadrado infinito é um resultado que se origina da solução geral da equação de Schrödinger para qualquer partícula confinada em alguma região do espaço. Vamos ilustrar isto considerando um comportamento qualitativo da função de onda para uma função de energia potencial um pouco mais geral, o poço quadrado finito, mostrado na Figura 35-2. A função energia potencial é descrita matematicamente como

$$U(x) = \begin{cases} U_0 & x < 0 \\ 0 & 0 < x < L \\ U_0 & x > L \end{cases} \qquad 35\text{-}16$$

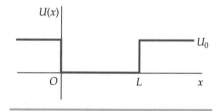

FIGURA 35-2 Função energia potencial do poço quadrado finito.

A função energia potencial é descontínua em $x = 0$ e $x = L$, mas é finita em qualquer outro ponto. As soluções da equação de Schrödinger para este tipo de função energia potencial dependem se a energia total E é maior ou menor que U_0. Não vamos discutir o caso onde $E > U_0$, exceto para observar que neste caso a partícula não está confinada, e qualquer valor de energia é permitido. Isto é, não existe quantização de energia quando $E > U_0$. Aqui vamos assumir que $0 \leq E < U_0$.

Dentro do poço, $U(x) = 0$, e a equação de Schrödinger independente do tempo é a mesma que para o poço infinito (Equação 35-7):

$$-\frac{\hbar^2}{2m}\frac{d^2\psi(x)}{dx^2} = E\psi(x) \qquad 0 \leq x \leq L$$

ou

$$\frac{d^2\psi(x)}{dx^2} + k^2\psi(x) = 0$$

---
* Veja Equação 34-18.

onde $k^2 = 2mE/\hbar^2$. A solução geral pode ser escrita como

$$\psi(x) = A \,\mathrm{sen}\, kx + B \cos kx$$

Neste caso, $\psi(x)$ não precisa ser nula em $x = 0$ (a partícula não precisa estar no interior da caixa), assim B não é zero. Fora do poço, a equação de Schrödinger independente do tempo fica

$$-\frac{\hbar^2}{2m}\frac{d^2\psi(x)}{dx^2} + U_0\psi(x) = E\psi(x) \qquad x < 0 \text{ e } x > L$$

ou

$$\frac{d^2\psi(x)}{dx^2} - \alpha^2\psi(x) = 0 \qquad\qquad 35\text{-}17$$

onde

$$\alpha^2 = \frac{2m}{\hbar^2}(U_0 - E) \qquad U_0 > E \qquad 35\text{-}18$$

As funções de onda e as energias permitidas para a partícula podem ser encontradas resolvendo a Equação 35-17 para $\psi(x)$ fora do poço e então fazer a exigência de que $\psi(x)$ e $d\,\psi(x)/dx$ sejam contínuas nos pontos $x = 0$ e $x = L$. A solução da Equação 35-17 não é difícil [na região $x > L$, a solução tem a forma $\psi(x) = Ce^{-\alpha x}$ e na região $x < L$ $\psi(x) = Ce^{+\alpha x}$], entretanto a aplicação das condições de contorno leva a um trabalho algébrico cansativo, o que não é importante para os nossos propósitos. A característica importante da Equação 35-17 é de que $d^2\psi(x)/dx^2$ tem o mesmo sinal que ψ. Então, se ψ é positiva, $d^2\psi(x)/dx^2$ é também positiva e a função de onda tem uma curvatura que a afasta do eixo quando x se aproxima de $+\infty$ ou $-\infty$, como aparece na Figura 35-3a. Do mesmo modo, se ψ é negativa, $d^2\psi(x)/dx^2$ é negativa e, de novo, ψ tem uma curvatura que a afasta do eixo quando x se aproxima de $+\infty$ ou $-\infty$, como aparece na Figura 35-3b. Este comportamento é muito diferente do comportamento no interior do poço, onde ψ e $d^2\psi(x)/dx^2$ têm sinais opostos, de tal modo que ψ tenha sempre uma curvatura em direção ao eixo, como uma função seno ou cosseno. Por causa deste comportamento fora do poço, para maioria dos valores de energia E na Equação 35-17, $\psi(x)$ é infinita quando x tende a $\pm\infty$; isto é, a maioria das funções $\psi(x)$ não são bem comportadas fora do poço de potencial. Embora elas satisfaçam a equação de Schrödinger, tais funções não são apropriadas porque não podem ser normalizadas. As soluções da equação de Schrödinger são bem comportadas (isto é, tendem a zero quando $|x|$ for muito grande) somente para certos valores de energia. Estes valores de energia são as energias permitidas para o poço quadrado finito.

Figura 35-4 mostra uma função de onda bem comportada que tem comprimento de onda λ_1 no interior do poço e que corresponde à energia do estado fundamental. Nesta figura é mostrado também o comportamento das funções de onda que correspondem a comprimentos de onda e a energias próximas ao estado fundamental. A Figura 35-5 mostra as funções de onda e distribuições de probabilidades para o estado fundamental e para os dois primeiros estados excitados. A partir desta figura, podemos ver que os comprimentos de onda dentro do poço são levemente maiores que os comprimentos de onda correspondentes para o poço infinito (Figura 34-14),

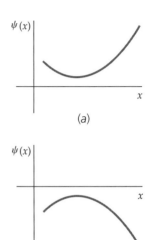

FIGURA 35-3 (a) Uma função ψ tem valor positivo e concavidade positiva em toda a região mostrada. (Concavidade é o sinal de $d\psi/dx$.) (b) A função ψ tem valor negativo e concavidade negativa, em toda a região mostrada.

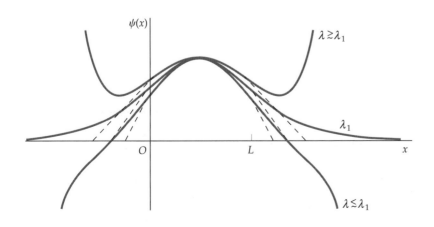

FIGURA 35-4 Funções que satisfazem a equação de Schrödinger e que têm um comprimento de onda λ, quase igual ao comprimento de onda λ_1, que é o comprimento de onda que corresponde à energia do estado fundamental $E_1 = \hbar^2/2m\lambda_1^2$ no poço finito de potencial. Se λ for levemente maior que λ_1, a função tende a infinito quando $|x|$ tende a infinito, como a função na Figura 35-3a. No comprimento de onda crítico λ_1, tanto a função de onda como sua derivada tendem a zero quando $|x|$ tende a infinito. Se λ for levemente menor que λ_1, a função corta o eixo x, enquanto a sua inclinação permanece negativa. Esta inclinação torna-se ainda mais negativa, porque sua taxa de variação $d^2\psi/dx^2$ é agora negativa. Esta função tende para infinito negativo quando $|x|$ tende a infinito.

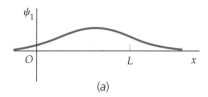
(a)

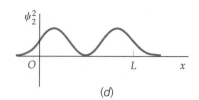
(d)

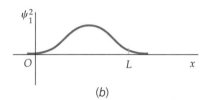
(b)

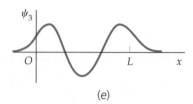
(e)

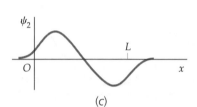
(c)

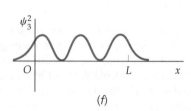
(f)

FIGURA 35-5 Gráficos das funções de onda $\psi_n(x)$ e a distribuição de probabilidades $\psi^2(x)$ para $n = 1$, $n = 2$ e $n = 3$ para o poço quadrado finito. Compare estes gráficos com aqueles da Figura 34-14 para o poço quadrado infinito, onde as funções de onda são nulas para $x = 0$ e $x = L$. Os comprimentos de onda neste caso são levemente maiores que os correspondentes no poço infinito e, deste modo, estas energias são um pouco menores.

assim as energias correspondentes são um pouco menores que aquelas para o poço infinito. Outra característica do problema do poço de potencial finito é que existe somente um número finito de energias permitidas. Para valores muito pequenos de U_0, existe somente um estado permitido de energia.

Observe que a função de onda penetra um pouco além das fronteiras do poço, em $x = L$ e $x = 0$, indicando que existe uma pequena probabilidade de encontrar a partícula numa região onde sua energia total E é menor que sua energia potencial U_0. Essa região é chamada de *região classicamente proibida*, pois a energia cinética, $E - U_0$, seria negativa quando $U_0 > E$. Como energia cinética negativa não tem significado em física clássica, é interessante especular sobre o resultado da tentativa de observar a partícula na região classicamente proibida. Pode-se mostrar, pelo princípio de incerteza, que se for feita uma tentativa de localizar a partícula na região classicamente proibida, a medida introduzirá uma incerteza no momento da partícula, que corresponde a uma energia cinética mínima que é maior que $U_0 - E$. Este valor é suficientemente grande para evitar que se meça uma energia cinética negativa. A penetração da função de onda numa região classicamente proibida tem conseqüências importantes na penetração de barreiras, que será discutido na Seção 35-4.

Boa parte da discussão sobre o problema do poço finito aplica-se a qualquer problema onde $E > U(x)$ numa certa região do espaço, e $E < U(x)$ fora dessa região, como veremos na próxima seção.

35-3 O OSCILADOR HARMÔNICO

A energia potencial de uma partícula de massa m, presa a uma mola que tem uma constante de força k, é dada por

$$U(x) = \tfrac{1}{2}kx^2 = \tfrac{1}{2}m\omega_0^2 x^2 \qquad 35\text{-}19$$

onde $\omega_0 = \sqrt{k/m}$ é a freqüência natural do oscilador. Classicamente, o objeto oscila entre $x = +A$ e $x = -A$. A energia total do objeto é $E = \tfrac{1}{2}m\omega_0^2 A^2$, que pode ser zero ou qualquer valor positivo.

A função energia potencial, mostrada na Figura 35-6, aplica-se virtualmente a qualquer sistema que sofre pequenas oscilações em torno de uma posição de equilíbrio estável. Por exemplo, ela poderia ser aplicada a oscilações dos átomos de uma molécula diatômica (como H_2 ou HCl), onde os átomos oscilam em torno de suas posições de equilíbrio. Entre os pontos críticos clássicos ($-A < x < A$), a energia total é maior

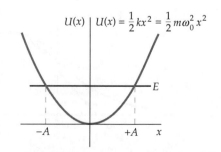

FIGURA 35-6 Potencial para o oscilador harmônico.

que a energia potencial, e a equação de Schrödinger pode ser escrita como

$$\frac{d^2\psi(x)}{dx^2} = -k^2\psi(x) \qquad -A < x < A \qquad 35\text{-}20$$

onde $k^2 = (2m/\hbar^2)[E - U(x)]$ depende agora de x. As soluções desta equação não são mais funções simples de seno ou cosseno porque o número de onda $k = 2\pi/\lambda$ varia com x; mas porque $d^2\psi/dx^2$ e ψ têm sinais opostos na região $-A < x < A$, ψ terá uma curvatura sempre em direção ao eixo e as soluções irão oscilar.

Na região fora dos pontos críticos clássicos ($|x| > A$), a energia potencial é maior que a energia total e a equação de Schrödinger é similar à Equação 35-17:

$$\frac{d^2\psi(x)}{dx^2} - \alpha^2\psi(x) = 0 \qquad |x| > A \qquad 35\text{-}21$$

exceto que aqui $\alpha^2 = (2m/\hbar^2)[U(x) - E] > 0$, onde $U(x) > E$ e depende de x. Para $|x| > A$, $d^2\psi/dx^2$ e ψ têm o mesmo sinal, deste modo ψ terá uma curvatura que se afasta do eixo e existirão somente certos valores de E para os quais as soluções existem e se aproximam de zero quando x tende a infinito.

Para a função energia potencial do oscilador harmônico, a equação de Schrödinger é escrita como

$$-\frac{\hbar^2}{2m}\frac{d^2\psi(x)}{dx^2} + \tfrac{1}{2}m\omega_0^2 x^2 \psi(x) = E\psi(x) \qquad 35\text{-}22$$

FUNÇÕES DE ONDA E NÍVEIS DE ENERGIA

No lugar de procurar a solução geral da equação de Schrödinger para este sistema, vamos simplesmente apresentar a solução para o estado fundamental e o primeiro estado excitado.

A função de onda para o estado fundamental $\psi_0(x)$ é uma função gaussiana centrada na origem:

$$\psi_0(x) = A_0 e^{-ax^2} \qquad 35\text{-}23$$

onde A_0 e a são constantes positivas. Esta função de onda e a função de onda para o primeiro estado excitado são mostradas na Figura 35-7.

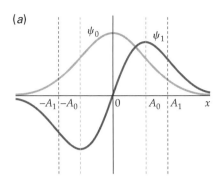

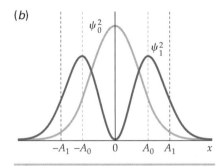

FIGURA 35-7 (a) As funções de onda do estado fundamental ψ_0 e do primeiro estado excitado ψ_1 para o potencial do oscilador harmônico. Classicamente, o movimento de um oscilador harmônico no estado fundamental com energia E_0 estaria restrito à região $-A_0 \leq x \leq +A_0$ e o movimento do oscilador harmônico no primeiro estado excitado com energia E_1 estaria restrito à região $-A_1 \leq x \leq +A_1$. (b) As funções densidade de probabilidade para o estado fundamental ψ_0^2 e para o primeiro estado excitado ψ_1^2 para o potencial do oscilador harmônico.

Exemplo 35-1   Verificando a Função de Onda do Estado Fundamental

Verifique que $\psi_0(x) = A_0 e^{-ax^2}$, onde A_0 e a são constantes positivas, é uma solução da equação de Schrödinger para o oscilador harmônico.

SITUAÇÃO Calculamos a derivada segunda de ψ_0 em relação a x e substituímos na Equação 35-22. Como esta expressão é a função de onda do estado fundamental, escrevemos E_0 para a energia E.

SOLUÇÃO

1. Calcule $d\psi_0/dx$:

$$\frac{d\psi_0(x)}{dx} = \frac{d}{dx}(A_0 e^{-ax^2}) = -2ax A_0 e^{-ax^2}$$

2. Calcule $d^2\psi_0/dx^2$:

$$\frac{d^2\psi_0(x)}{dx^2} = -2a A_0 e^{-ax^2} + 4a^2 x^2 A_0 e^{-ax^2}$$

$$= (4a^2 x^2 - 2a) A_0 e^{-ax^2}$$

3. Substitua na equação de Schrödinger (Equação 35-22):

$$-\frac{\hbar^2}{2m}\frac{d^2\psi(x)}{dx^2} + \frac{1}{2}m\omega_0^2 x^2 \psi(x) = E\psi(x)$$

$$-\frac{\hbar^2}{2m}(4a^2 x^2 - 2a) A_0 e^{-ax^2} + \frac{1}{2}m\omega_0^2 x^2 A_0 e^{-ax^2} = E_0 A_0 e^{-ax^2}$$

4. Cancele o fator comum $A_0 e^{-ax^2}$ e mostre o resultado na forma polinomial padrão:

$$-\frac{\hbar^2}{2m}(4a^2 x^2 - 2a) + \frac{1}{2}m\omega_0^2 x^2 = E_0 \quad \text{assim} \quad \left(\frac{1}{2}m\omega_0^2 - \frac{2\hbar^2 a^2}{m}\right)x^2 + \left(\frac{\hbar^2 a}{m} - E_0\right) = 0$$

5. A equação do passo 4 deve se manter para qualquer x. Faça $x = 0$ e resolva para E_0:

$$0 + \left(\frac{\hbar^2 a}{m} - E_0\right) = 0$$

assim

$$E_0 = \frac{\hbar^2 a}{m}$$

6. Substitua o resultado para E_0 na equação do passo 4 e simplifique:

$$\left(-\frac{2\hbar^2 a^2}{m} + \frac{1}{2}m\omega_0^2\right)x^2 + 0 = 0$$

7. Segue que o coeficiente de x^2 deve ser igual a zero:

$$-\frac{2\hbar^2 a^2}{m} + \frac{1}{2}m\omega_0^2 = 0$$

8. Resolva para a:

$$a = \frac{m\omega_0}{2\hbar}$$

9. Substitua este resultado na equação para E_0 no passo 5:

$$E_0 = \frac{\hbar^2 a}{m} = \frac{1}{2}\hbar\omega_0$$

> Mostramos que uma dada função, $\psi_0(x) = A_0 e^{-ax^2}$, satisfaz a equação de Schrödinger para qualquer valor de A_0, contanto que a energia seja dada por $E_0 = \frac{1}{2}\hbar\omega_0$.

CHECAGEM A constante de Planck tem unidades de joules multiplicados por segundos, e a freqüência angular tem unidades de segundos recíprocos; assim, a expressão no passo 9, $\frac{1}{2}\hbar\omega_0$, tem dimensão de energia, como esperado.

INDO ALÉM A equação no passo 4 é um polinômio que é igual a zero. Um teorema que teria simplificado a solução é o seguinte: "Se um polinômio é igual a zero sobre um intervalo contínuo de valores de x, então cada coeficiente do polinômio é nulo. Por exemplo, se $Ax^3 + Bx^2 + Cx + D = 0$ no intervalo $1 < x < 2$, então $A = B = C = D = 0$."

Neste exemplo vemos que a energia do estado fundamental é dada por

$$E_0 = \frac{\hbar^2 a}{m} = \frac{1}{2}\hbar\omega_0 \qquad 35\text{-}24$$

O primeiro estado excitado tem um nó no centro do poço de potencial, do mesmo modo que a partícula numa caixa.* A função de onda $\psi_1(x)$ é

$$\psi_1(x) = A_1 x e^{-ax^2} \qquad 35\text{-}25$$

onde $a = \frac{1}{2}m\omega_0/\hbar$, como no Exemplo 35-1. Esta função é também mostrada na Figura 35-7. Substituindo $\psi_1(x)$ na equação de Schrödinger, como foi feito para $\psi_0(x)$ no Exemplo 35-1, obtemos a energia para o primeiro estado excitado,

$$E_1 = \tfrac{3}{2}\hbar\omega_0$$

Em geral, a energia do n-ésimo estado excitado de um oscilador harmônico é

$$E_n = \left(n + \tfrac{1}{2}\right)\hbar\omega_0 \qquad n = 0, 1, 2, \ldots \qquad 35\text{-}26$$

como indicado na Figura 35-8. O fato de os níveis de energia serem uniformemente espaçados por uma quantidade $\hbar\omega_0$ é uma peculiaridade do potencial do oscilador harmônico. Como vimos no Capítulo 34, os níveis de energia para uma partícula numa caixa, ou para o átomo de hidrogênio, não são uniformemente espaçados. O espaçamento exato entre os níveis de energia está intimamente ligado à forma particular da função energia potencial.

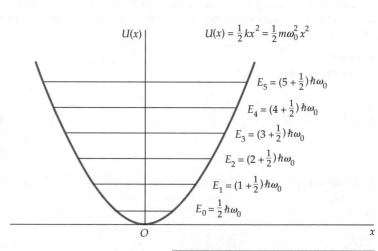

FIGURA 35-8. Níveis de energia para o potencial do oscilador harmônico.

---

* Cada estado de energia mais alta tem um nó adicional na função de onda.

35-4 REFLEXÃO E TRANSMISSÃO DE ONDAS DOS ELÉTRONS: PENETRAÇÃO DE BARREIRAS

Nas Seções 35-2 e 35-3, abordamos problemas de estados ligados, nos quais a energia potencial era maior que a energia total para valores grandes de $|x|$. Nesta seção, vamos considerar alguns exemplos simples de estados não-ligados, para os quais E é maior que $U(x)$. Para estes problemas, $d^2\psi/dx^2$ e ψ têm sinais opostos, de tal modo que $\psi(x)$ se curva em direção ao eixo e não é infinita quando x tende para $+\infty$ ou $-\infty$.

POTENCIAL DEGRAU

Considere uma partícula com energia E que se move numa região onde a energia potencial é uma função degrau

$$U(x) = \begin{cases} 0 & x < 0 \\ U_0 & x > 0 \end{cases}$$

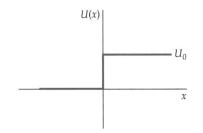

como é mostrado na Figura 35-9. Estamos interessados no que acontece quando a partícula se move da esquerda para a direita encontrando o degrau de potencial.

A resposta clássica é simples. À esquerda do degrau, a partícula se move com velocidade $v = \sqrt{2E/m}$. Em $x = 0$, uma força impulsiva atua na partícula. Se a energia inicial E for menor que U_0, a partícula será refletida e se deslocará para a esquerda com a mesma velocidade inicial; isto é, a partícula será refletida pelo degrau. Se E for maior que U_0, a partícula continuará a se mover para a direita, porém com velocidade reduzida dada por $v = \sqrt{2(E - U_0)/m}$. Podemos imaginar este problema clássico como uma bola que rola sobre uma superfície horizontal e que chega a uma superfície íngreme de altura h dada por $mgh = U_0$. Se a energia cinética inicial da bola for menor que mgh, a bola irá rolar rampa acima até um certo ponto e depois irá rolar rampa abaixo, para a esquerda, chegando na superfície horizontal com sua velocidade original. Se E for maior que mgh, a bola irá rolar rampa acima e prosseguirá para a direita com uma velocidade menor que a original.

FIGURA 35-9 Potencial degrau. Uma partícula clássica que incide vindo da esquerda e tem energia total $E > U_0$ é sempre transmitida. A variação da energia potencial em $x = 0$ fornece apenas uma força impulsiva que reduz a velocidade da partícula. Uma onda incidente vindo da esquerda é parcialmente transmitida e parcialmente refletida porque o comprimento de onda varia abruptamente em $x = 0$.

O resultado quântico é semelhante quando E é menor que U_0. A Figura 35-10 mostra a função de onda para o caso $E < U_0$. A função de onda não se anula em $x = 0$, mas decai exponencialmente, como a função de onda para um estado ligado para o problema de poço quadrado finito. A função de onda penetra levemente na região classicamente proibida $x > 0$, mas acaba sendo completamente refletida. Este problema é um pouco parecido ao da reflexão interna total na óptica.

Para $E > U_0$, o resultado da mecânica quântica difere significativamente do resultado da mecânica clássica. Em $x = 0$, o comprimento de onda varia bruscamente de $\lambda_1 = h/p_1 = h/\sqrt{2mE}$ para $\lambda_2 = h/p_2 = h/\sqrt{2m(E - U_0)}$. Sabemos de nosso estudo de ondas que quando o comprimento de onda varia repentinamente, parte da onda é refletida e parte da onda é transmitida. Como o movimento de um elétron (ou outra partícula) é governado pela equação de onda, o elétron pode ser transmitido algumas vezes, e outras, refletido. As probabilidades de reflexão e transmissão podem ser calculadas resolvendo a equação de Schrödinger em cada região do espaço e comparando as amplitudes das ondas transmitidas e ondas refletidas, com as amplitudes da onda incidente. Estes cálculos e seus resultados são semelhantes ao encontrado para a fração da luz refletida numa interface ar–vidro. Se R é a probabilidade de reflexão, chamado de coeficiente de reflexão, temos como resultado

$$R = \frac{(k_1 - k_2)^2}{(k_1 + k_2)^2} \qquad 35\text{-}27$$

onde k_1 é o número de onda para a onda incidente e k_2 é o número de onda para a onda transmitida. Este resultado é o mesmo obtido em óptica para a reflexão da luz em incidência normal sobre a interface entre dois meios tendo diferentes índices de refração n (Equação 31-17). A probabilidade de transmissão T, chamado de **coeficiente de transmissão**, pode ser calculada a partir do coeficiente de reflexão, porque a probabilidade de transmissão somada à probabilidade de reflexão deve ser igual a 1:

$$T + R = 1 \qquad 35\text{-}28$$

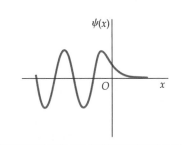

FIGURA 35-10 Quando a energia total E é menor que U_0, a função de onda penetra levemente na região $x > 0$. Entretanto, a probabilidade de reflexão para este caso é 1, de modo que não há transmissão de energia.

40 | CAPÍTULO 35

Exemplo 35-2 — Reflexão e Transmissão numa Barreira do Tipo Degrau

Uma partícula que tem energia cinética E_0 e se move numa região onde a energia potencial é zero, incide numa barreira de energia potencial de altura $U_0 = 0,20E_0$. Ache a probabilidade de a partícula ser refletida.

SITUAÇÃO Precisamos calcular os números de onda k_1 e k_2 e usá-los para calcular o coeficiente de reflexão R a partir da Equação 35-27. Os números de onda estão relacionados ao momento pela relação de de Broglie $p = h/\lambda$ (Equação 34-13), onde $k = 2\pi/\lambda$. Combinando estas duas equações, temos que $p = \hbar k$. Portanto, a energia cinética K está relacionada ao número de onda por $K = \frac{1}{2}p^2/m = \frac{1}{2}\hbar^2 k^2/m$.

SOLUÇÃO

1. A probabilidade de reflexão é o coeficiente de reflexão:

$$R = \frac{(k_2 - k_1)^2}{(k_1 + k_2)^2}$$

2. Calcule k_1 usando a energia cinética inicial E_0:

$$E_0 = \frac{\hbar^2 k_1^2}{2m}$$

$$k_1 = \sqrt{2mE_0}/\hbar^2$$

3. Relacione a energia cinética final K_2 à energia cinética inicial E_0 e à energia potencial U_0 na região $x > 0$:

$$K_2 = E_0 - U_0 = E_0 - 0,2E_0 = 0,8E_0$$

4. Relacione k_2 à energia cinética final K_2 e resolva para k_2:

$$K_2 = \frac{\hbar k_2^2}{2m}$$

assim

$$k_2 = \sqrt{2mK_2}/\hbar^2 = \sqrt{2m(0,8E_0)}/\hbar^2$$
$$= \sqrt{0,80}\sqrt{2mE_0}/\hbar^2$$

5. Substitua estes valores na Equação 35-27 para calcular R:

$$R = \frac{(k_1 - k_2)^2}{(k_1 + k_2)^2} = \left(\frac{1 - \sqrt{0,80}}{1 + \sqrt{0,80}}\right)^2 = \boxed{0,0031}$$

CHECAGEM Classicamente, a partícula não iria ser refletida por uma barreira tão baixa. O resultado do passo 5 nos dá a probabilidade de 0,31 por cento de que a partícula seja refletida. Uma probabilidade tão baixa parece se aproximar de uma concordância com nossa expectativa clássica.

INDO ALÉM A probabilidade de reflexão é somente de 0,31 por cento. Esta probabilidade é pequena porque a altura da barreira reduz a energia cinética de apenas 20 por cento. Como k é proporcional à raiz quadrada da energia cinética, o número de onda e, portanto, o comprimento de onda, varia somente por 10 por cento.

PROBLEMA PRÁTICO 35-1 Expresse o índice de refração n em termos do número de onda k e a freqüência ω da luz, e mostre que a expressão $(n_1 - n_2)^2/(n_1 + n_2)^2$ (Equação 31-7) para o coeficiente de reflexão da luz é o mesmo que o da Equação 35-27. *Dica: Expresse o índice de refração n em termos do número de onda k e da freqüência angular ω da luz.*

Na mecânica quântica, uma partícula localizada é representada por um pacote de ondas, o qual apresenta um máximo na posição mais provável da partícula. A Figura 35-11 mostra um pacote de ondas representando uma partícula com energia E que incide num potencial degrau com altura U_0 menor que E. Após o encontro, aparecem dois pacotes de onda. As alturas relativas do pacote transmitido e do pacote refletido indicam as probabilidades relativas de transmissão e reflexão. Para a situação mostrada aqui, E é muito maior que U_0, e a probabilidade de transmissão é muito maior que a de reflexão.

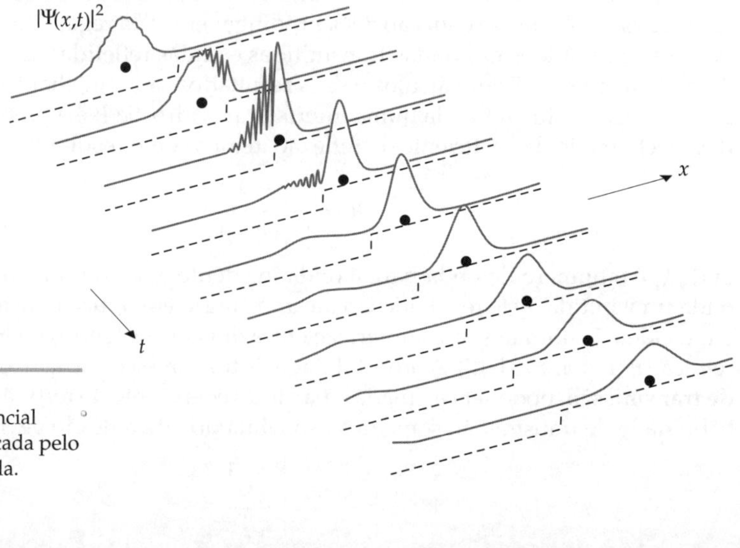

FIGURA 35-11 Evolução temporal de um pacote de onda unidimensional representando uma partícula incidente num potencial degrau para $E > U_0$. A posição de uma partícula clássica está indicada pelo ponto. Observe que parte do pacote é transmitida e parte é refletida.

PENETRAÇÃO DE BARREIRAS

A Figura 35-12a mostra uma barreira de energia potencial retangular, de altura U_0 e largura a dada por

$$U(x) = \begin{cases} 0 & x < 0 \\ U_0 & 0 < x < a \\ 0 & x > a \end{cases}$$

Vamos considerar uma partícula com energia E levemente menor que U_0, e que incide na barreira vinda da esquerda. Classicamente, a partícula seria sempre refletida. No entanto, uma onda incidente vindo da esquerda não decresce imediatamente a zero ao chegar na barreira, mas irá decair exponencialmente na região classicamente proibida $0 < x < a$. Ao alcançar a outra parede da barreira ($x = a$), a função de onda se acopla suavemente à função de onda senoidal à direita da barreira, como mostrado na Figura 35-12b. Isto implica que existe uma probabilidade de a partícula (que é representada pela função de onda) ser encontrada no outro lado da barreira, mesmo que, classicamente, a partícula nunca poderia atravessar a barreira. Para o caso em que a quantidade αa [onde $\alpha^2 = 2m(U_0 - E)/\hbar^2$] é muito maior que 1, o coeficiente de transmissão T é igual a $e^{-\alpha a}$:

> $T = e^{-2\alpha a} \qquad \alpha a \gg 1$ 35-29
>
> TRANSMISSÃO ATRAVÉS DE UMA BARREIRA

! Não pense que possa ser possível detectar uma partícula numa zona classicamente proibida. Não é possível. Uma prova mostrará que esta asserção é uma conseqüência do princípio de incerteza.

A probabilidade de penetração da barreira diminui exponencialmente com a espessura da barreira a e com a raiz quadrada da altura relativa da barreira $(U_0 - E)$. Este fenômeno, a penetração numa região classicamente proibida, é chamado de **tunelamento quântico.**

A Figura 35-13a mostra um pacote de onda incidindo numa barreira de energia potencial com altura U_0, que é consideravelmente maior que a energia da partícula. A probabilidade de penetração é muito pequena, como indicado pelos tamanhos relativos dos pacotes transmitidos e refletidos. Na Figura 35-13b, a barreira é levemente maior que a energia da partícula. Neste caso, a probabilidade de penetração é aproximadamente a mesma que a probabilidade de reflexão. A Figura 35-14 mostra uma partícula incidindo em duas barreiras de energia potencial, com altura levemente maior que a energia da partícula.

Como já mencionado, a penetração de uma barreira não é uma exclusividade da mecânica quântica. Quando a luz é totalmente refletida numa interface vidro–ar, a onda de luz pode penetrar a barreira de ar, se uma segunda peça de vidro é coloca-

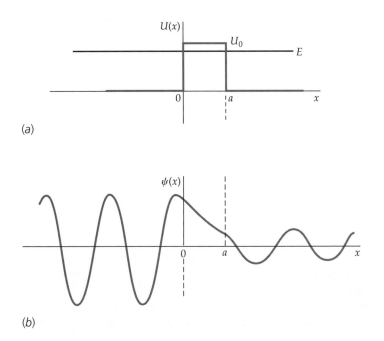

FIGURA 35-12 (a) Barreira retangular de energia potencial. (b) A penetração da barreira por uma onda que tem energia total menor que a energia da barreira. Parte da onda é transmitida pela barreira mesmo que, classicamente, a partícula não possa entrar na região $0 < x < a$, onde a energia potencial é maior que a energia total. À esquerda da barreira, existe tanto a onda incidente, como a onda refletida. Estas ondas formam uma onda resultante tal que ψ é uma superposição de uma onda estacionária e uma progressiva (viajando em direção à barreira). Somente a onda transmitida existe na região $x > a$ e está se afastando da barreira.

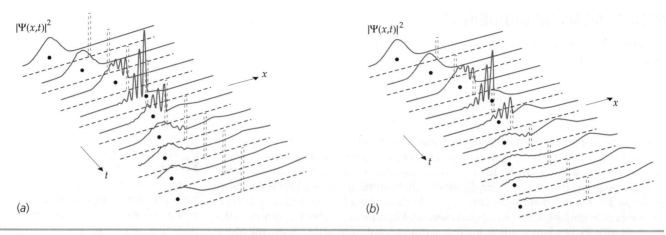

FIGURA 35-13 Penetração de barreira. (*a*) A mesma partícula incidente numa barreira de altura muito maior que a energia da partícula. Uma pequena parte do pacote sofre tunelamento através da barreira. Em ambos os desenhos, a posição de uma partícula clássica é indicada por um ponto. (*b*) Um pacote de onda representando a partícula incidente numa barreira de altura levemente maior que a energia da partícula. Para esta escolha particular de energias, a probabilidade de transmissão é aproximadamente igual à probabilidade de reflexão, como indicado pelos tamanhos relativos entre os pacotes de onda transmitidos e refletidos.

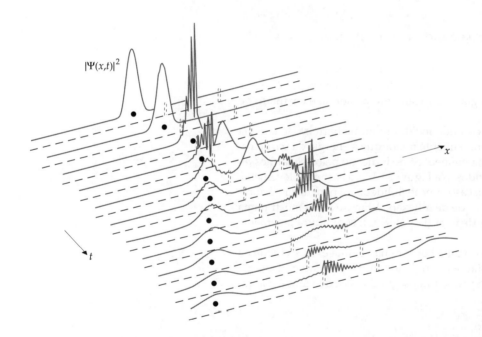

FIGURA 35-14 Um pacote de onda representando uma partícula incidindo em duas barreiras. Para cada encontro, uma parte do pacote é transmitida e uma parte é refletida, e como resultado uma parte do pacote fica presa entre as barreiras por algum tempo.

da a poucos comprimentos de onda da primeira. Este efeito pode ser demonstrado com um feixe de laser e dois prismas de 45° (Figura 35-15). Do mesmo modo, ondas de água num tanque de onda podem penetrar num fosso de água profunda. (Figura 35-16).

A teoria de penetração de barreiras foi usada por George Gamow em 1928 para explicar a enorme variação nas meias-vidas do decaimento α em núcleos radioativos. (Partículas alfa são emitidas pelos átomos durante decaimentos radioativos e são constituídas por dois prótons e dois nêutrons fortemente ligados.) Em geral, quanto menor for a energia da partícula α emitida, maior será a meia-vida do núcleo. As energias das partículas α de fontes radioativas naturais variam entre aproximadamente 4 MeV a 7 MeV, enquanto as meias-vidas vão de aproximadamente 10^{-5} s a 10^{-10} anos. Gamow representou um núcleo radioativo por um poço de potencial com profundidade finita contendo uma partícula α, como mostrado na Figura 35-17. Sem saber muito sobre as forças nucleares que são exercidas pelo núcleo na partícula, Gamow representou esta situação por um poço quadrado de potencial. Fora do poço de potencial, a partícula α que tem uma carga de $+2e$ é repelida pelo núcleo que tem carga $+Ze$, onde Ze é a carga nuclear remanescente. Esta força é representada pela energia potencial coulombiana $+k(2e)(Ze)/r$. A energia E é a energia cinética

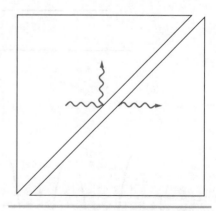

FIGURA 35-15 A penetração numa barreira óptica. Se o segundo prisma está perto o suficiente do primeiro prisma, parte da onda penetra na barreira de ar mesmo quando o ângulo de incidência no primeiro prisma é maior que o ângulo crítico.

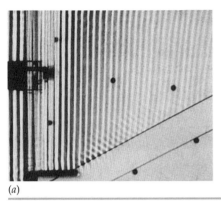
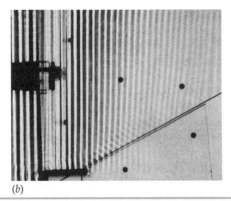
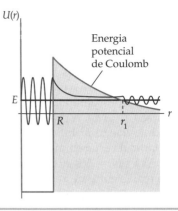

FIGURA 35-16 A penetração de uma barreira por ondas de água num tanque de onda. Na Figura 35-16a, as ondas são totalmente refletidas numa fossa de águas mais profundas. Quando esta fossa é muito estreita, como mostrado na Figura 35-16b, aparece uma onda transmitida. Os círculos escuros são espaçadores usados para segurar os prismas. (*Education Development Center.*)

FIGURA 35-17 Modelo de uma função de energia potencial para uma partícula α num núcleo radioativo. A força nuclear atrativa forte, quando r for aproximadamente igual ao raio nuclear R pode ser aproximadamente descrita pelo poço de potencial mostrado. A força nuclear é desprezível, fora do núcleo, e o potencial nesta região é dada pela lei de Coulomb, $U(r) = +k(2e)Ze/r$, onde Ze é a carga nuclear e $2e$ é a carga da partícula α. A função de onda da partícula alfa está ilustrada no gráfico.

medida da partícula α emitida, porque quando a partícula está longe do núcleo, sua energia potencial é nula. Depois que a partícula α é formada no núcleo radioativo, ela reflete-se sucessivamente dentro do núcleo, numa barreira que representa o poço de potencial nuclear, de largura R (raio nuclear). Para cada vez que a partícula α bate na barreira, existe uma pequena probabilidade de que a partícula penetre na barreira e saia fora do núcleo. Podemos ver na Figura 35-17 que um pequeno aumento em E reduz a altura relativa da barreira $U - E$, e também a espessura da barreira. Como a probabilidade de penetração é tão sensível à espessura da barreira e à altura relativa, um pequeno aumento de E leva a um grande aumento na probabilidade de transmissão e, portanto, a um tempo de vida mais curto. Gamow foi capaz de deduzir uma expressão para a meia-vida como função de E que tem excelente concordância com resultados experimentais.

No **microscópio de tunelamento eletrônico de varredura por tunelamento**, desenvolvido na década de 1980, um espaço muito fino entre a superfície de uma amostra e uma ponta de prova, parecida com a ponta de uma agulha (Figura 35-18), atua como uma barreira de energia potencial aos elétrons ligados da amostra. (A altura da barreira é a função trabalho da superfície.) Uma pequena tensão aplicada entre a sonda e a amostra faz com que os elétrons *tunelem* através do vácuo que separa a ponta da sonda e a superfície da amostra se as superfícies estiverem perto o suficiente. A corrente de tunelamento é extremamente sensível ao tamanho da região entre a sonda e a amostra. Uma corrente constante de tunelamento é mantida quando a sonda varre (desliza ao longo) a superfície da amostra, por um mecanismo de realimentação que move a sonda para cima e para baixo (para longe ou perto da superfície). A superfície da amostra é mapeada pelo caminho feito pelos movimentos da sonda. Deste modo, as características da superfície da amostra podem ser medidas com uma resolução da ordem do tamanho de um átomo.

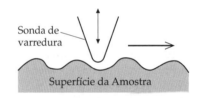

FIGURA 35-18 A sonda minúscula do microscópio de varredura por tunelamento desliza ao longo da superfície da amostra. Uma diferença de potencial constante é mantida entre a sonda e a amostra e os elétrons tunelam através desta barreira de energia potencial para a superfície da amostra. Um mecanismo de realimentação mantém uma corrente de tunelamento constante movendo a sonda para cima e para baixo quando ela desliza ao longo da superfície.

35-5 A EQUAÇÃO DE SCHRÖDINGER EM TRÊS DIMENSÕES

A equação de Schrödinger independente do tempo e unidimensional é facilmente estendida para três dimensões. Em coordenadas cartesianas, tem a forma

$$-\frac{\hbar^2}{2m}\left(\frac{\partial^2\psi}{\partial x^2} + \frac{\partial^2\psi}{\partial y^2} + \frac{\partial^2\psi}{\partial z^2}\right) + U\psi = E\psi \qquad 35\text{-}30$$

onde a função de onda ψ e a energia potencial U são geralmente funções das três coordenadas, x, y e z. Para ilustrar algumas características de problemas em três dimensões, vamos considerar uma partícula num poço de potencial quadrado infinito tridimensional dado por $U(x, y, z) = 0$ para $0 < x < L$, $0 < y < L$ e $0 < z < L$. Fora desta região cúbica, $U(x, y, z) = \infty$. Para este problema, a função de onda deve ser nula nas paredes do poço.

44 | CAPÍTULO 35

Existem métodos padrões em equações diferenciais parciais para resolver a Equação 35-30. Podemos fazer uma suposição para a forma da solução a partir de nossos conhecimentos de probabilidade. Para uma caixa unidimensional ao longo do eixo x, encontramos que a probabilidade de a partícula estar numa região entre x e $x + dx$ é dada por $A_1^2 \text{sen}^2(k_1 x)\, dx$ (da Equação 35-10), onde A_1 é a constante de normalização e $k_1 = n\pi/L$ é o número de onda. Do mesmo modo, para uma caixa ao longo do eixo y, a probabilidade de a partícula estar numa região entre y e $y + dy$ é dada por $A_2^2 \text{sen}^2(k_2 y)\, dy$. A probabilidade de que dois eventos independentes ocorram é o produto das probabilidades de que cada evento ocorra.* Assim, a probabilidade de a partícula estar numa região entre x e $x + dx$ e entre y e $y + dy$ é $A_1^2 \text{sen}^2(k_1 x)\, dx$ $A_2^2 \text{sen}^2(k_2 y)\, dy = A_1^2 \text{sen}^2(k_1 x)\, A_2^2 \text{sen}^2(k_2 y)\, dx\, dy$. A probabilidade de a partícula estar numa região entre x e $x + dx$, y e $y + dy$ e z e $z + dz$ é $\psi^2(x, y, z)\, dx\, dy\, dz$, onde $\psi(x, y, z)$ é a solução da Equação 35-30. Esta solução tem a forma

$$\psi(x, y, z) = A\, \text{sen}(k_1 x)\, \text{sen}(k_2 y)\, \text{sen}(k_3 z) \qquad 35\text{-}31$$

onde a constante A é determinada por normalização. Inserindo esta solução na Equação 35-30, obtemos para a energia

$$E = \frac{\hbar^2}{2m}(k_1^2 + k_2^2 + k_3^2)$$

o que é equivalente a $E = \frac{1}{2}(p_x^2 + p_y^2 + p_z^2)/m$, onde $p_x = \hbar k_1$, $p_y = \hbar k_2$ e $p_z = \hbar k_3$. A função de onda (Equação 35-31) será nula em $x = L$ se $k_1 = n_1 \pi/L$, onde n_1 é um inteiro. Do mesmo modo, a função de onda será nula em $y = L$ se $k_2 = n_2 \pi/L$ e será nula em $z = L$ se $k_3 = n_3 \pi/L$. (Ela será nula também em $x = 0$, $y = 0$ e $z = 0$.) A energia é então quantizada para valores

$$E_{n_1 n_2 n_3} = \frac{\hbar^2 \pi^2}{2mL^2}(n_1^2 + n_2^2 + n_3^2) = E_1(n_1^2 + n_2^2 + n_3^2) \qquad 35\text{-}32$$

onde n_1, n_2 e n_3 são inteiros positivos e $E_1 = \hbar^2 \pi^2/(2mL^2)$ é a energia do estado fundamental do poço unidimensional. Observe que a energia e a função de onda são caracterizadas por três números quânticos, onde cada um surge das condições de contorno para uma das coordenadas x, y e z.

A energia do estado mais baixo (estado fundamental) para o poço cúbico ocorre quando $n_1 = n_2 = n_3 = 1$ e tem o valor

$$E_{111} = \frac{3\hbar^2 \pi^2}{2mL^2} = 3E_1$$

O primeiro estado excitado de energia pode ser obtido de três maneiras diferentes: $n_1 = 2$, $n_2 = n_3 = 1$; $n_2 = 2$, $n_1 = n_3 = 1$; ou $n_3 = 2$, $n_1 = n_2 = 1$. Cada um tem uma função de onda diferente. Por exemplo, a função de onda para $n_1 = 2$, $n_2 = n_3 = 1$ é

$$\psi_{211} = A\, \text{sen}\frac{2\pi x}{L}\, \text{sen}\frac{\pi y}{L}\, \text{sen}\frac{\pi z}{L} \qquad 35\text{-}33$$

Existem então três estados quânticos diferentes descritos pelas três diferentes funções de onda, correspondente ao mesmo estado de energia. Um estado de energia que tem mais de uma função de onda associada a ele é chamado de estado de energia **degenerado**. Neste caso, existe uma degenerescência tripla. A degenerescência está relacionada à simetria espacial do sistema. Se, por exemplo, consideramos um poço não-cúbico, onde $U = 0$ para $0 < x < L_1$, $0 < y < L_2$ e $0 < z < L_3$, as condições de contorno nas paredes levariam às condições de quantização $k_1 L_1 = n_1 \pi$, $k_2 L_2 = n_2 \pi$ e $k_3 L_3 = n_3 \pi$, e a energia total seria

$$E_{n_1 n_2 n_3} = \frac{\hbar^2 \pi^2}{2m}\left(\frac{n_1^2}{L_1^2} + \frac{n_2^2}{L_2^2} + \frac{n_3^2}{L_3^2}\right) \qquad 35\text{-}34$$

Estes estados de energia não são degenerados se L_1, L_2 e L_3 forem todos diferentes. A Figura 35-19 mostra os estados de energia para o estado fundamental e os primeiros dois estados excitados para um poço cúbico infinito, no qual os estados excitados

---

* Por exemplo, se você jogar dois dados, a probabilidade de que o primeiro dado mostre o número 6 é 1/6 e a probabilidade de que o segundo dado mostre um número ímpar é 1/2. A probabilidade do primeiro dado mostrar 6 e o segundo um número ímpar é $(1/6)(1/2) = 1/12$.

Aplicações da Equação de Schrödinger | **45**

são degenerados, e para o poço infinito não-cúbico, onde L_1, L_2, e L_3 são levemente diferentes entre si, de tal modo que os estados excitados se separam e a degenerescência é removida. O estado fundamental é o estado onde os números quânticos n_1, n_2 e n_3 são iguais a 1. Nenhum destes três números quânticos pode ser zero. Se qualquer um destes números n_1, n_2 e n_3 fosse zero, o número de onda correspondente k também deveria ser zero e a correspondente função de onda (Equação 35-31) seria nula para todos os valores de x, y e z.

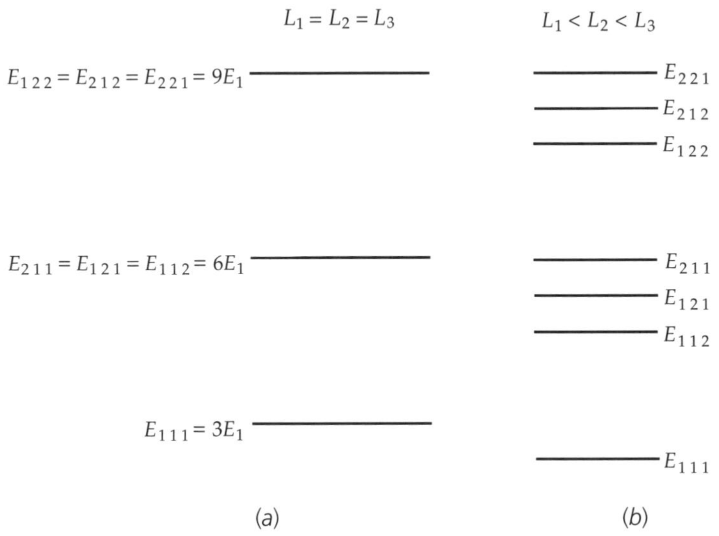

FIGURA 35-19 Diagrama de níveis de energia para (a) poço cúbico infinito e (b) poço infinito não-cúbico. Na Figura 35-19a, os níveis de energia são degenerados; isto é, existem duas ou mais funções de onda que têm a mesma energia. A degenerescência é removida quando a simetria do potencial é removida, como na Figura 35-19b.

| Exemplo 35-3 | **Níveis de Energia para uma Partícula numa Caixa Tridimensional** |

Uma partícula está numa caixa tridimensional onde $L_3 = L_2 = 2L_1$. Ache os números quânticos n_1, n_2 e n_3 que correspondem ao(s) estado(s) em cada um dos sete estados mais baixos de energia da caixa.

SITUAÇÃO Podemos usar a Equação 35-34 para escrever a energia em termos de L_1 e dos números quânticos n_1, n_2 e n_3. Assim, podemos encontrar os valores dos números quânticos que dão as energias mais baixas.

SOLUÇÃO

1. A energia dos estados é dada pela Equação 35-34:

$$E_{n_1 n_2 n_3} = \frac{\hbar^2 \pi^2}{2m}\left(\frac{n_1^2}{L_1^2} + \frac{n_2^2}{L_2^2} + \frac{n_3^2}{L_3^2}\right)$$

2. Colocando em evidência $1/L_1^2$:

$$E_{n_1 n_2 n_3} = \frac{\hbar^2 \pi^2}{2m}\left(\frac{n_1^2}{L_1^2} + \frac{n_2^2}{4L_1^2} + \frac{n_3^2}{4L_1^2}\right) = \frac{\hbar^2 \pi^2}{8mL_1^2}(4n_1^2 + n_2^2 + n_3^2)$$

3. A energia mais baixa é E_{111}:

$$E_{111} = E_1(4 \cdot 1^2 + 1^2 + 1^2) = \boxed{6E_1} \qquad (1.°)$$

onde $E_1 = \hbar^2 \pi^2 / 8mL_1^2$.

4. A energia aumenta minimamente quando aumentamos n_2 ou n_3. Tentando vários valores para os números quânticos:

$$E_{121} = E_{112} = E_1(4 \cdot 1^2 + 2^2 + 1^2) = \boxed{9E_1} \qquad (2.°)$$

$$E_{122} = E_1(4 \cdot 1^2 + 2^2 + 2^2) = \boxed{12E_1} \qquad (3.°)$$

$$E_{131} = E_{113} = E_1(4 \cdot 1^2 + 3^2 + 1^2) = \boxed{14E_1} \qquad (4.°)$$

$$E_{132} = E_{123} = E_1(4 \cdot 1^2 + 3^2 + 2^2) = \boxed{17E_1} \qquad (5.°)$$

$$E_{211} = E_1(4 \cdot 2^2 + 1^2 + 1^2) = \boxed{18E_1} \qquad (6.°)$$

$$E_{221} = E_{212} = E_1(4 \cdot 2^2 + 2^2 + 1^2) = \boxed{21E_1}$$

$$E_{141} = E_{114} = E_1(4 \cdot 1^2 + 4^2 + 1^2) = \boxed{21E_1} \qquad \left.\right\} (7.°)$$

CHECAGEM Como dois comprimentos são iguais, são esperados estados de energia degenerados. Nosso resultado confirma esta expectativa.

INDO ALÉM As energias E_{221} e E_{212} são exatamente iguais porque L_2 e L_3 são exatamente iguais. Entretanto, as energias E_{221} e E_{141} também são exatamente iguais porque L_1 é exatamente igual à metade de L_2.

PROBLEMA PRÁTICO 35-2 Ache os números quânticos e as energias para os próximos dois estados de energia no passo 4.

46 | CAPÍTULO 35

Exemplo 35-4 | **Funções de Onda para uma Partícula numa Caixa Tridimensional**

Tente Você Mesmo

Escreva as funções de onda degeneradas para o quarto e quinto estados excitados (o 5.º e 6.º níveis) para os resultados obtidos no passo 4 do Exemplo 35-3.

SITUAÇÃO Use $\psi(x, y, z) = A \operatorname{sen}(k_1 x) \operatorname{sen}(k_2 y) \operatorname{sen}(k_3 z)$ (uma versão generalizada da Equação 35-31) com $k_i = n_i \pi / L_i$.

SOLUÇÃO

Cubra a coluna da direita e tente por si só antes de olhar as respostas.

Passos	Respostas
Escreva as funções de onda correspondentes às energias E_{131} e E_{113}	$\psi_{131} = A \operatorname{sen} \dfrac{\pi x}{L_1} \operatorname{sen} \dfrac{3\pi y}{2L_1} \operatorname{sen} \dfrac{\pi z}{2L_1}$
	$\psi_{113} = A \operatorname{sen} \dfrac{\pi x}{L_1} \operatorname{sen} \dfrac{\pi y}{2L_1} \operatorname{sen} \dfrac{3\pi z}{2L_1}$

35-6 A EQUAÇÃO DE SCHRÖDINGER PARA DUAS PARTÍCULAS IDÊNTICAS

Nossa discussão da mecânica quântica até agora estava limitada a situações nas quais a partícula se movia em algum campo de força caracterizado pela função energia potencial U. O problema mais importante deste tipo é o do átomo de hidrogênio, no qual um único elétron se move num potencial coulombiano do próton. Este problema é, na verdade, um problema de dois corpos, porque o próton também se move no campo do elétron. Entretanto, o movimento do próton, que tem massa maior, requer somente uma pequena correção na energia do átomo, que é facilmente feita tanto na mecânica clássica, como na mecânica quântica. Quando consideramos problemas mais complicados, como o do átomo de hélio, devemos aplicar a mecânica quântica a dois ou mais elétrons se movendo num campo externo. Tais problemas são complicados, não somente pela interação dos elétrons entre si, mas também pelo fato de que os elétrons são partículas idênticas.

A interação de dois elétrons entre si é eletromagnética e é essencialmente a interação clássica entre duas partículas carregadas. A equação de Schrödinger para um átomo que tem dois ou mais elétrons não pode ser resolvida exatamente e neste caso são utilizados métodos de aproximação. Esta situação não é muito diferente da situação na qual a expressão clássica descreve três ou mais partículas. No entanto, surgem complicações decorrentes da identidade dos elétrons, que é um efeito puramente quântico e não tem contrapartida na mecânica clássica. Isto acontece devido ao fato de ser impossível distinguir um elétron do outro. Classicamente, partículas idênticas podem ser identificadas pelas suas posições, o que em princípio pode ser determinado com precisão ilimitada. Isto é impossível na mecânica quântica por causa do princípio de incerteza. A Figura 35-20 ilustra esquematicamente este problema.

A indistinguibilidade das partículas idênticas tem conseqüências importantes. Por exemplo, vamos considerar um caso simples de duas partículas idênticas e que não interagem, colocadas num poço quadrado infinito unidimensional. A equação de Schrödinger independente do tempo para duas partículas, cada uma com massa m, é dada por

$$-\frac{\hbar^2}{2m}\frac{\partial^2 \psi(x_1, x_2)}{\partial x_1^2} - \frac{\hbar^2}{2m}\frac{\partial^2 \psi(x_1, x_2)}{\partial x_2^2} + U\psi(x_1, x_2) = E\psi(x_1, x_2) \qquad 35\text{-}35$$

onde x_1 e x_2 são as coordenadas destas duas partículas. Se as partículas interagem entre si, a energia potencial U conterá termos com x_1 e x_2 que não poderão ser separados em termos que contenham apenas x_1 ou x_2. Por exemplo, a repulsão eletrostática entre dois elétrons em uma dimensão é representada pela função energia potencial $ke^2/|x_2 - x_1|$. Entretanto, se as partículas não interagem (como estamos assumindo aqui),

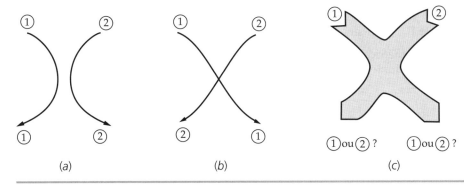

FIGURA 35-20 (a, b) Dois possíveis caminhos clássicos para o elétron. Se os elétrons fossem partículas clássicas, eles poderiam ser diferenciados conforme o caminho que fizessem. (c) Entretanto, por causa das propriedades de onda do elétron na mecânica quântica, os caminhos são espalhados, como indicado na região sombreada. É impossível diferenciar os elétrons depois que eles se separam.

podemos escrever $U = U_1(x_1) + U_2(x_2)$. Para o poço quadrado infinito, precisamos somente resolver a equação de Schrödinger dentro do poço, onde $U = 0$, e impor a condição de que a função de onda seja zero nas paredes do poço. Com $U = 0$, a Equação 35-35, assemelha-se à expressão para uma partícula num poço bidimensional (Equação 35-30, onde não existe a coordenada z, e y é substituído por x_2).

Soluções desta equação podem ser escritas na forma*

$$\psi_{nm} = \psi_n(x_1)\psi_m(x_2) \qquad 35\text{-}36$$

onde ψ_n e ψ_m são as funções de onda de uma única partícula num poço de potencial infinito e n e m são os números quânticos das partículas 1 e 2, respectivamente. Por exemplo, para $n = 1$ e $m = 2$, a função de onda é

$$\psi_{12} = A\,\text{sen}\frac{\pi x_1}{L}\text{sen}\frac{2\pi x_2}{L} \qquad 35\text{-}37$$

A probabilidade de encontrar a partícula 1 na região entre $x = x_1$ e $x = x_1 + dx_1$ e a partícula 2 na região entre $x = x_2$ e $x = x_2 + dx_2$ é $\psi_{nm}^2(x_1, x_2)\,dx_1\,dx_2$, que é justamente o produto das probabilidades separadas $\psi_n^2(x_1)\,dx_1$ e $\psi_m^2(x_2)\,dx_2$. Entretanto, mesmo que tenhamos identificado as partículas pelos símbolos 1 e 2, não podemos saber qual delas está entre x_1 e $x_1 + dx_1$ e qual está entre x_2 e $x_2 + dx_2$, se elas são idênticas. A descrição matemática de partículas idênticas deve ser a mesma quando permutarmos os símbolos de identificação das partículas. A densidade de probabilidade $\psi^2(x_1, x_2)$ deve ser a mesma, portanto que $\psi^2(x_2, x_1)$:

$$\psi^2(x_2, x_1) = \psi^2(x_1, x_2) \qquad 35\text{-}38$$

A Equação 35-38 é satisfeita se $\psi(x_2, x_1)$ for uma função **simétrica** ou **anti-simétrica** na permuta das partículas, isto é, devemos ter

$$\psi(x_2, x_1) = \psi(x_1, x_2) \quad \text{simétrica} \qquad 35\text{-}39$$

ou

$$\psi(x_2, x_1) = -\psi(x_1, x_2) \quad \text{anti-simétrica} \qquad 35\text{-}40$$

Observe que as funções de onda, dadas pelas Equações 35-36 e 35-37, nem são simétricas nem anti-simétricas. Se permutarmos x_1 e x_2 nestas funções de onda, teremos uma função de onda diferente, o que implica que as partículas podem ser distinguidas.

Podemos encontrar funções de onda simétricas e assimétricas que são solução da equação de Schrödinger, pela adição ou subtração das funções ψ_{nm} e ψ_{mn}. Somando estas duas funções, obtemos

$$\psi_S = A'[\psi_n(x_1)\psi_m(x_2) + \psi_n(x_2)\psi_m(x_1)] \quad \text{simétrica} \qquad 35\text{-}41$$

---

* Este resultado pode ser obtido resolvendo a Equação 35-35, mas também pode ser entendido em termos de nosso conhecimento de probabilidade. A probabilidade do elétron 1 estar entre x_1 e $x_1 + dx_1$ e o elétron 2 estar entre x_2 e $x_2 + dx_2$, é o produto das probabilidades individuais.

48 | CAPÍTULO 35

e subtraindo-as, temos

$$\psi_A = A'[\psi_n(x_1)\psi_m(x_2) - \psi_n(x_2)\psi_m(x_1)] \quad \text{anti-simétrica} \qquad 35\text{-}42$$

Por exemplo, as funções de onda simétricas e anti-simétricas para o primeiro estado excitado de duas partículas idênticas num poço quadrado infinito seriam

$$\psi_S = A'\left(\text{sen}\frac{\pi x_1}{L}\,\text{sen}\frac{2\pi x_2}{L} + \text{sen}\frac{\pi x_2}{L}\,\text{sen}\frac{2\pi x_1}{L}\right) \qquad 35\text{-}43$$

e

$$\psi_A = A'\left(\text{sen}\frac{\pi x_1}{L}\,\text{sen}\frac{2\pi x_2}{L} - \text{sen}\frac{\pi x_2}{L}\,\text{sen}\frac{2\pi x_1}{L}\right) \qquad 35\text{-}44$$

Existe uma diferença importante entre as funções de onda anti-simétricas e simétricas. Se $n = m$, a função de onda anti-simétrica é identicamente nula para todos os valores de x_1 e x_2, enquanto a função de onda simétrica não é nula. Então, se uma função de onda que descreve duas partículas idênticas for anti-simétrica, os números quânticos n e m das duas partículas não podem ser os mesmos. A idéia de que dois elétrons num átomo não podem ocupar o mesmo estado quântico, e portanto, não podem ter os mesmos números quânticos, foi estabelecida pela primeira vez por Wolfgang Pauli, em 1925. Esta idéia foi logo generalizada para incluir outros sistemas além dos átomos, partículas e elétrons. Por exemplo, dois prótons num núcleo não podem ocupar o mesmo estado quântico, assim como dois nêutrons. Elétrons, prótons, nêutrons, neutrinos e quarks têm um número quântico de spin s igual a 1/2, e todas as partículas que tem spin semi-inteiro são chamados de férmions. Os dois valores permitidos para o número quântico de spin m_s são $\pm 1/2$. A idéia de Pauli é chamada de **princípio de exclusão de Pauli**:

> Dois férmions idênticos não podem simultaneamente ocupar o mesmo estado quântico.
>
> PRINCÍPIO DE EXCLUSÃO DE PAULI

A função de onda para dois ou mais férmions idênticos deve ser uma função de onda anti-simétrica. Outras partículas (por exemplo, partículas α, dêuterons, fótons e mésons) têm spin inteiro e funções de onda simétricas. Estas partículas são chamadas de **bósons**.

Uma função de onda que seja solução da equação de onda independente do tempo para diversas partículas (Equação 35-35) é chamada de estado espacial. Um sistema ligado que contém férmions tem um ou dois férmions idênticos em cada estado espacial ocupado. Entretanto, para um sistema que contém bósons não existe limite para o número de bósons idênticos que podem ocupar o mesmo estado espacial.

Aplicações da Equação de Schrödinger | **49**

Resumo

1. A equação de Schrödinger é uma equação diferencial parcial que relaciona a segunda derivada espacial de uma função de onda com sua primeira derivada temporal. Funções de onda que descrevem situações físicas são soluções desta equação diferencial.
2. Como a função de onda deve satisfazer a condição de normalização, deve ser uma função bem comportada; isto significa que, entre outras coisas, deve tender a zero quando $|x|$ tende a infinito. Para sistemas ligados, como uma partícula numa caixa, um oscilador harmônico simples, ou um elétron num átomo, esta exigência leva à quantização da energia.
3. As funções de onda bem comportadas para sistemas ligados descrevem ondas estacionárias.

TÓPICO	EQUAÇÕES RELEVANTES E OBSERVAÇÕES
1. Equação de Schrödinger Independente do Tempo	$$-\frac{\hbar^2}{2m}\frac{d^2\psi(x)}{dx^2} + U(x)\psi(x) = E\psi(x) \qquad 35\text{-}4$$
Soluções permitidas	Além de satisfazer a equação de Schrödinger , a função de onda $\psi(x)$ deve ser contínua e deve ter a primeira derivada $d\psi/dx$ contínua.* Como a probabilidade de encontrar um elétron em qualquer lugar deve ser 1, a função de onda deve obedecer à condição de normalização $$\int_{-\infty}^{\infty} |\psi|^2 dx = 1$$ Esta condição sugere a condição de contorno de que ψ deve tender a zero quando $|x|$ tende a ∞. Estas condições de contorno levam à quantização da energia.
2. Partículas Confinadas	Quando a energia total E for maior que a energia potencial $U(x)$ em alguma região (uma região classicamente permitida) e menor que $U(x)$ fora desta região, a função de onda ψ oscila dentro da região permitida classicamente e $|\psi|$ diminui exponencialmente fora desta região. A função de onda tende a zero quando $|x|$ tende a ∞ somente para certos valores da energia total E. A energia é então quantizada.
Num poço quadrado finito	Num poço finito de altura U_0, existe somente um número finito de energias permitidas, e estas são levemente menores que as energias correspondentes para um poço infinito.
Num oscilador harmônico simples	Para o oscilador com função energia potencial $U(x) = \frac{1}{2}m\omega_0^2 x^2$, as energias permitidas são igualmente espaçadas e dadas por $$E_n = \left(n + \tfrac{1}{2}\right)\hbar\omega_0 \qquad n = 0, 1, 2, \ldots \qquad 35\text{-}26$$ A função de onda do estado fundamental é dada por $$\psi_0(x) = A_0 e^{-ax^2} \qquad 35\text{-}23$$ onde A_0 é a constante de normalização e $$a = \tfrac{1}{2}m\omega_0/\hbar.$$
3. Reflexão e Penetração de Barreira	Quando o potencial varia bruscamente sobre uma pequena distância, a partícula pode ser refletida mesmo que $E > U(x)$. Uma partícula pode penetrar em uma região na qual $E < U(x)$. Reflexão e penetração de ondas de matéria são semelhantes àquelas para outros tipos de ondas.
4. A Equação de Schrödinger em Três Dimensões	A função de onda para uma partícula numa caixa tridimensional pode ser escrita como $$\psi(x, y, z) = \psi_1(x)\psi_2(y)\psi_3(z)$$ onde ψ_1, ψ_2 e ψ_3 são as funções de onda para uma caixa unidimensional.
Degenerescência	Quando mais de uma função de onda está associada ao mesmo estado de energia, este estado de energia é dito como degenerado. Degenerescência de níveis de energia ocorrem por causa da simetria espacial.
5. A Equação de Schrödinger para Duas Partículas Idênticas	Uma função de onda que descreve duas partículas idênticas deve ser simétrica ou anti-simétrica, quando as coordenadas das partículas são permutadas. Férmions (que incluem elétrons, prótons e nêutrons) são descritos por funções de onda anti-simétricas e obedecem ao princípio de exclusão de Pauli, que estabelece que duas partículas idênticas não podem simultaneamente ter os mesmos valores para seus números quânticos. Bósons (que incluem partículas α, dêuterons, fótons e mésons) têm funções de onda simétricas e não obedecem ao princípio de exclusão de Pauli.

* Uma exceção a esta afirmação acontece para o poço de potencial infinito (onde U é nulo dentro do poço e infinito fora dele). Para esta função potencial $d\psi/dx$ não é contínua nas paredes do poço (veja Figura 34-17).

50 | CAPÍTULO 35

Resposta da Checagem Conceitual

35-1   A função de onda não pode ser normalizada.

Resposta do Problema Prático

35-2 $E_{133} = 22E_1$, $E_{142} = E_{124} = E_{222} = 24E_1$

Problemas

Em alguns problemas, você recebe mais dados do que necessita; em alguns outros, você deve acrescentar dados de seus conhecimentos gerais, fontes externas ou estimativas bem fundamentadas.

Interprete como significativos todos os algarismos de valores numéricos que possuem zeros em seqüência sem vírgulas decimais.

- •   Um só conceito, um só passo, relativamente simples
- ••   Nível intermediário, pode requerer síntese de conceitos
- •••   Desafiante, para estudantes avançados
  Problemas consecutivos sombreados são problemas pareados.

PROBLEMAS CONCEITUAIS

1 • Faça um esboço (*a*) da função de onda e (*b*) da função densidade de probabilidade para o estado $n = 5$ para o poço de potencial quadrado finito.

2 • Faça um esboço (*a*) da função de onda e (*b*) da função densidade de probabilidade para o estado $n = 4$ para o poço de potencial quadrado finito.

A EQUAÇÃO DE SCHRÖDINGER

3 •• Mostre que, se $\psi_1(x)$ e $\psi_2(x)$ são soluções da equação de Schrödinger independente do tempo (Equação 35-4), então $\psi_3(x) = \psi_1(x) + \psi_2(x)$ é também uma solução. Este resultado, conhecido como princípio de superposição, aplica-se às soluções de todas as equações lineares.

O OSCILADOR HARMÔNICO

4 •• O problema do oscilador harmônico pode ser usado para descrever vibrações de moléculas. Por exemplo, a molécula de H_2 tem níveis de energia vibracionais igualmente espaçados, separados por $8,7 \times 10^{-20}$ J. Qual o valor da constante de força da mola que seria necessária para ter este espaçamento na energia, supondo que metade da molécula pode ser modelada como um átomo de hidrogênio ligado a uma extremidade da mola, que tem sua outra extremidade presa? *Sugestão: O espaçamento para os níveis de energia desta meia molécula seria metade do espaçamento para os níveis de energia de uma molécula inteira. Além disso, a constante de força de uma mola é inversamente proporcional ao seu comprimento relaxado, assim se metade da mola tem uma constante de força k, a mola inteira terá uma constante de força que será igual a $\frac{1}{2}k$.*

5 •• Use o procedimento do Exemplo 35-1 para verificar que a energia para o primeiro estado excitado de um oscilador harmônico é $E_1 = \frac{3}{2}\hbar\omega_0$. (*Nota: Em vez de resolver para a de novo, use o resultado do passo 8, $a = \frac{1}{2}m\omega_0/\hbar$ obtido no Exemplo 35-1.*)

6 •• Mostre que o valor esperado $\langle x \rangle = \int_{-\infty}^{\infty} x|\psi|^2\, dx$ é zero para o estado fundamental e para o primeiro estado excitado do oscilador harmônico.

7 •• Verifique que a constante de normalização A_0 da função de onda para o estado fundamental do oscilador harmônico $\psi_0(x) = A_0 e^{-ax^2}$ (Equação 35-23) é dada por $A_0 = (2m\omega_0/h)^{1/4}$.

8 •• Usando o resultado do Problema 7, mostre que para o estado fundamental do oscilador harmônico $\langle x^2 \rangle = \int x^2|\psi|^2\, dx = \hbar/(2\,m\omega_0) = 1/(4a)$. Use este resultado para mostrar que a energia potencial média é igual à metade da energia total.

9 •• A quantidade $\sqrt{\langle x^2 \rangle - \langle x \rangle^2}$ é uma medida do espalhamento médio na posição da partícula.* (*a*) Considere um elétron preso no potencial do oscilador harmônico. A energia de seu nível mais baixo é $2,1 \times 10^{-4}$ eV. Calcule $\sqrt{\langle x^2 \rangle - \langle x \rangle^2}$ para este elétron. (Veja Problemas 6 e 8.) (*b*) Agora considere um elétron preso num poço quadrado infinito. Se a largura do poço for igual a $\sqrt{\langle x^2 \rangle - \langle x \rangle^2}$, qual seria a energia deste elétron no seu estado mais baixo?

10 ••• Classicamente, a energia cinética média do oscilador harmônico é igual à energia potencial média. Suponha que este resultado também é verdadeiro para o oscilador harmônico na mecânica quântica. Use este resultado, juntamente com o resultado do Problema 8, para determinar o valor esperado de p_x^2 (onde $p_x = mv_x$) para o estado fundamental do oscilador harmônico unidimensional.

11 ••• Sabemos que para o oscilador harmônico clássico, $p_{x\,\text{méd}} = 0$. Pode ser mostrado que para o oscilador harmônico quântico, $\langle p_x \rangle = 0$. Use os resultados dos Problemas 6, 8 e 10 para determinar o produto de incerteza $\Delta x \Delta p_x$ para o estado fundamental do oscilador harmônico. As incertezas são definidas por $(\Delta_x)^2 = \langle (x - \langle x \rangle)^2 \rangle$ e $(\Delta p_x)^2 = \langle (p_x - \langle p_x \rangle)^2 \rangle$.

REFLEXÃO E TRANSMISSÃO DE ONDAS DOS ELÉTRONS: PENETRAÇÃO DE BARREIRAS

12 •• Uma partícula com energia E se aproxima de uma barreira do tipo degrau de altura U_0. Qual deve ser a razão E/U_0 para que o coeficiente de reflexão seja $\frac{1}{2}$?

13 •• **PLANILHA ELETRÔNICA** Uma partícula com massa m se desloca na direção positiva de x. A energia potencial da partícula é nula em qualquer ponto na região $x < 0$ e igual a U_0 para qualquer ponto na região $x > 0$, onde $U_0 > 0$. (*a*) Mostre que se a energia total for $E = \alpha U_0$, onde $\alpha \geq 1$, então o número de onda k_2 na região $x > 0$ é dado por $k_2 = k_1\sqrt{(\alpha - 1)/\alpha}$, onde k_1 é o número de onda na região $x < 0$. (*b*) Usando um programa com planilha eletrônica ou uma calculadora gráfica, faça um gráfico do coeficiente de reflexão R e o coeficiente de transmissão T como função de α, para $1 \leq \alpha \leq 5$.

14 •• Suponha que a energia potencial no Problema 13 é nula em qualquer ponto na região $x < 0$ e igual a $-U_0$ para qualquer ponto na região $x > 0$, onde $U_0 > 0$. O número de onda para a partícula incidente é, de novo k_1 e a energia total é $2U_0$. (*a*) Qual é o número de onda para a partícula na região onde $x > 0$? (*b*) Qual é o coeficiente de reflexão R? (*c*) Qual é o coeficiente de transmissão T? (*d*) Se um milhão de partículas que estão na região $x < 0$ e que se deslocam com número de onda k_1 na direção positiva de x incidirem sobre o

---

* Esta quantidade é o desvio-padrão das medidas da posição de uma partícula, $\sigma_x = \sqrt{\langle (x - \langle x \rangle)^2 \rangle}$, que pode ser escrita na forma dada do problema. (N.T.)

degrau de potencial em $x = 0$, quantas destas partículas continuarão a se mover na direção de x positivo? Como isto se compara com a previsão clássica?

15 •• Um elétron de 10 eV (um elétron com energia cinética de 10 eV) incide numa barreira de energia potencial que tem uma altura igual a 25 eV e largura igual a 1,0 nm. Use a Equação 35-29 para calcular a ordem de magnitude da probabilidade de que o elétron irá penetrar e passar através da barreira. (*b*) Repita seus cálculos para uma largura de 0,1 nm.

16 •• Use a Equação 35-29 para calcular a ordem de magnitude da probabilidade de que um próton irá sair de dentro do núcleo em uma colisão com a barreira nuclear, se este próton tiver energia de 6,0 MeV abaixo do topo da barreira de energia potencial, que tem largura de $1,2 \times 10^{-15}$ m.

17 ••• Para entender como uma pequena variação na energia da partícula α pode mudar dramaticamente a probabilidade de que esta partícula sofra tunelamento do núcleo, considere uma partícula α emitida por um núcleo de urânio ($Z = 92$). (*a*) Considere a Figura 35-17 e calcule a distância da máxima aproximação r_1 que uma partícula α que tem energias cinéticas de 4,0 MeV e 7,0 MeV poderia percorrer no núcleo de urânio. (*b*) Use o resultado da Parte (*a*) para calcular o coeficiente de transmissão relativa $e^{-2\alpha a}$ para as mesmas partículas α. (*Nota*: As meias-vidas dos núcleos de urânio variam em torno de nove ordens de magnitude. Seus cálculos mostrarão um intervalo menor que este; entretanto, para encontrar a meia-vida, deve-se também incluir a freqüência com que a partícula α colide com a barreira.)

A EQUAÇÃO DE SCHRÖDINGER EM TRÊS DIMENSÕES

18 •• (*a*) Uma partícula está confinada numa caixa tridimensional que tem lados L_1, $L_2 = 2L_1$ e $L_3 = 3L_1$. Dê os números quânticos n_1, n_2 e n_3 que correspondem aos dez níveis de energia mais baixos, nesta caixa. *Sugestão: Uma planilha pode ser útil.* (*b*) Quais números quânticos, se existirem, correspondem a níveis de energia degenerados? (*c*) Dê a função de onda para o quinto estado excitado. (Existem somente cinco estados que têm níveis de energia abaixo do nível de energia do quinto estado excitado.)

19 •• (*a*) Uma partícula está confinada numa caixa tridimensional que tem lados L_1, $L_2 = 2L_1$ e $L_3 = 4L_1$. Dê os números quânticos n_1, n_2 e n_3 que correspondem aos dez níveis de energia mais baixos, nesta caixa. *Sugestão: Uma planilha pode ser útil.* (*b*) Qual a combinação destes números quânticos, se houver, que corresponde a níveis de energia degenerados? (*c*) Dê a função de onda para o quarto estado excitado de energia. (Existem somente quatro estados que têm níveis de energia abaixo do nível de energia do quarto estado excitado.)

20 • Uma partícula se move num poço de potencial dado por $U(x, y, z) = 0$ para $-L/2 < x < L/2$, $0 < y < L$ e $0 < z < L$; $U = \infty$ fora destes intervalos. (*a*) Escreva uma expressão para a função de onda do estado fundamental para esta partícula. (*b*) Como se comparam as energias permitidas com aquelas para um poço tendo $U = 0$ para $0 < x < L$, no lugar de $-L/2 < x < L/2$? Explique sua resposta.

21 •• Uma partícula está confinada numa região bidimensional definida por $0 \leq x \leq L$ e $0 \leq y \leq L$, e se move livremente através desta região. (*a*) Encontre as funções de onda que se ajustam a estas condições e são soluções da equação de Schrödinger. (*b*) Encontre as energias que correspondem às funções de onda da parte (*a*). (*c*) Encontre os números quânticos dos dois estados mais baixos que têm a mesma energia (que são degenerados). (*d*) Encontre os números quânticos dos três estados mais baixos que têm a mesma energia.

A EQUAÇÃO DE SCHRÖDINGER PARA DUAS PARTÍCULAS IDÊNTICAS

22 • Mostre que a função de onda de duas partículas $\psi_{12} = A$ sen$(\pi x_1/L)$ sen$(2\pi x_2/L)$, $0 < x_1 < L$ e $0 < x_2 < L$, (Equação 35-37), é uma solução de

$$-\frac{\hbar^2}{2m}\frac{\partial^2 \psi(x_1, x_2)}{\partial x_1^2} - \frac{\hbar^2}{2m}\frac{\partial^2 \psi(x_1, x_2)}{\partial x_2^2} + U\psi(x_1, x_2) = E\psi(x_1, x_2)$$

(Equação 35-35), se $U(x_1, x_2) = 0$, e encontre a energia do estado representado por esta função de onda.

23 • Qual é a energia do estado fundamental de dez bósons que não interagem, numa caixa unidimensional de comprimento L?

24 •• Qual é a energia do estado fundamental de sete férmions idênticos que não interagem numa caixa unidimensional de comprimento L? (Como o número quântico associado ao spin pode ter dois valores, cada estado espacial pode ser ocupado por dois férmions.)

ORTOGONALIDADE DAS FUNÇÕES DE ONDA

A integral de duas funções sobre um intervalo espacial é de alguma forma análoga ao produto escalar de dois vetores. Se esta integral for nula, as funções são ditas ortogonais, o que é análogo aos dois vetores serem perpendiculares. Os problemas seguintes ilustram o princípio geral de que quaisquer duas funções de onda que correspondam a diferentes níveis de energia para um mesmo potencial, são ortogonais. Uma sugestão geral para resolver estes problemas é de que a integral $\int_{x_1}^{x_2} f(x)dx$ é nula se x_1 for igual a $-x_2$ e se $f(x)$ for igual a $-f(-x)$.

25 •• Mostre que as funções de onda do estado fundamental e do primeiro estado excitado do oscilador harmônico são ortogonais; isto é, mostre que $\int_{-\infty}^{\infty} \psi_0(x)\psi_1(x)dx = 0$.

26 •• A função de onda para o estado $n = 2$ do oscilador harmônico é $\psi_2(x) = A_2(2ax^2 - \frac{1}{2})e^{-ax^2}$, onde A_2 é uma constante de normalização e a é uma constante positiva. Mostre que as funções de onda para estados $n = 1$ e $n = 2$ do oscilador harmônico são ortogonais.

27 •• Para as funções de onda

$$\psi_n(x) = A \, \text{sen}(n\pi x/L) \qquad n = 1, 2, 3, \dots$$

correspondentes a uma partícula num poço de potencial quadrado infinito de 0 a L, mostre que $\int_0^L \psi_m(x)\psi_n(x)dx = 0$ para todos os inteiros positivos m e n, onde $m \neq n$; isto é, mostre que as funções de onda são ortogonais.

PROBLEMAS GERAIS

28 •• Considere uma partícula numa caixa unidimensional infinita com comprimento L e que está centrada na origem. (*a*) Quais são os valores de $\psi_1(0)$ e $\psi_2(0)$? (*b*) Quais são os valores de $\langle x \rangle$ para os estados $n = 1$ e $n = 2$? (*c*) Calcule $\langle x^2 \rangle$ para os estados $n = 1$ e $n = 2$.

29 •• Oito férmions idênticos não interagentes estão confinados numa caixa quadrada, bidimensional infinita, com lado de comprimento L. Determine as energias dos três estados com energia mais baixa. (Veja Problema 22.)

30 •• Uma partícula está confinada numa caixa bidimensional definida pelas seguintes condições de contorno: $U(x, y) = 0$ para $-L/2 \leq x \leq L/2$ e $-3L/2 \leq y \leq 3L/2$ e $U(x, y) = \infty$ fora destes intervalos. (*a*) Determine as energias dos três estados mais baixos de energia. Algum destes estados é degenerado? (*b*) Identifique os números quânticos dos dois estados degenerados de mais baixa energia e determine a energia destes estados.

31 ••• A função distribuição de probabilidade clássica para uma partícula num poço unidimensional infinito com comprimento L é

52 | CAPÍTULO 35

$P = 1/L$. (Veja Exemplo 34-5.) (*a*) Mostre que o valor esperado clássico de x^2 para uma partícula no poço infinito unidimensional de comprimento L, centrado na origem, é $L^2/12$. (*b*) Encontre o valor esperado de x^2 usando a mecânica quântica para o *n*-ésimo estado da partícula numa caixa unidimensional e mostre que ele se aproxima do limite clássico $L^2/12$ quando *n* tende a infinito.

32 •• Mostre que as Equações 35-27 e 35-28 implicam que o coeficiente de transmissão para partículas com energia E que incidem numa barreira do tipo degrau onde $U_0 < E$ é dado por

$$T = \frac{4k_1k_2}{(k_1 + k_2)^2} = \frac{4r}{(1 + r)^2}$$

onde $r = k_2/k_1$.

33 •• (*a*) Mostre que para o caso de uma partícula com energia E que incide numa barreira do tipo degrau onde $U_0 < E$, os números de onda k_1 e k_2 estão relacionados por

$$\frac{k_2}{k_1} = r = \sqrt{1 - \frac{U_0}{E}}$$

(*b*) Use este resultado para mostrar que $R = (1 - r)^2/(1 + r)^2$.

34 •• **PLANILHA ELETRÔNICA** (*a*) Usando um programa com planilha eletrônica ou uma calculadora gráfica e os resultados do Problema 32 e Problema 33, faça um gráfico do coeficiente de transmissão T e coeficiente de reflexão R como função da energia incidente E para valores de E variando entre $E = U_0$ e $E = 10,0U_0$. (*b*) Quais são os valores limites indicados pelo seu gráfico?

35 ••• A função de onda para o estado $n = 2$ do oscilador harmônico é $\psi^2(x) = A_2(2ax^2 - \frac{1}{2})e^{-ax^2}$, onde $a = \frac{1}{2}m\omega_0/\hbar$. Determine a constante de normalização A_2.

36 ••• Considere a equação de Schrödinger unidimensional e independente do tempo, quando a função energia potencial é simétrica em relação à origem, isto é, quando $U(x)$ é par.* (*a*) Mostre que se $\psi(x)$ é uma solução da equação de Schrödinger e tem energia E, então $\psi(-x)$ é também uma solução que tem a mesma energia E. Além

disso, $\psi(x)$ e $\psi(-x)$ podem diferir apenas por uma constante multiplicativa. (*b*) Escreva $\psi(x) = C\psi(-x)$ e mostre que $C = \pm 1$. Note que $C = +1$ significa que $\psi(x)$ é uma função par de x e $C = -1$ significa que $\psi(x)$ é uma função ímpar de x.

37 ••• Neste problema, você vai derivar a energia do estado fundamental do oscilador harmônico usando a forma precisa do princípio de incerteza, $\Delta x\,\Delta p_x \geq \hbar/2$, onde Δx e Δp_x são definidos como os desvios-padrão $(\Delta x)^2 = \langle (x - \langle x \rangle)^2 \rangle$ e $(\Delta p_x)^2 = \langle (p_x - \langle p_x \rangle)^2 \rangle$.

Proceda como indicado:

1. Escreva a energia clássica total em termos da posição x e da quantidade de movimento p_x usando $U(x) = \frac{1}{2}m\omega_0^2 x^2$ e $K = \frac{1}{2}p_x^2/m$.
2. Mostre que $(\Delta x)^2 = \langle (x - \langle x \rangle)^2 \rangle = \langle x^2 \rangle - \langle x \rangle^2$ e $(\Delta p_x)^2 = \langle (p_x - \langle p_x \rangle)^2 \rangle = \langle p_x^2 \rangle - \langle p_x \rangle^2$. *Sugestão: Veja Equações 17-34a e 17-34b.*
3. Use a simetria da função energia potencial para argumentar que $\langle x \rangle$ e $\langle p_x \rangle$ devem ser zero, de tal modo que $(\Delta x)^2 = \langle x^2 \rangle$ e $(\Delta p_x)^2 = \langle p_x^2 \rangle$.
4. Admita que $\Delta x\Delta p_x \geq \hbar/2$ para eliminar $\langle p_x^2 \rangle$ da equação da energia média $\langle E \rangle = \langle \frac{1}{2}p_x^2/m + \frac{1}{2}m\omega_0^2 x^2 \rangle = \frac{1}{2}\langle p_x^2 \rangle/m + \frac{1}{2}m\omega_0^2\langle x^2 \rangle$ e escreva $\langle E \rangle$ como $\langle E \rangle = \hbar^2/(8mZ) + \frac{1}{2}m\omega^2 Z$, onde $Z = \langle x^2 \rangle$.
5. Faça $d\langle E \rangle/dZ = 0$ para encontrar o valor de Z no qual $\langle E \rangle$ é um mínimo.
6. Mostre que a energia mínima é dada por $\langle E \rangle_{\text{mín}} = +\frac{1}{2}\hbar\omega_0$.

38 ••• Uma partícula que tem massa m e está perto da superfície da Terra, onde $z = 0$, pode ser descrita pela função energia potencial $U = mgz$ na região $z > 0$, e por $U = \infty$ na região $z < 0$. Desenhe um gráfico de $U(z)$ *versus z*. Para algum valor positivo da energia total E, indique no gráfico a região permitida classicamente e represente graficamente a energia cinética clássica *versus z*. A equação de Schrödinger para este problema é bastante difícil de ser resolvida. Use argumentos similares aqueles da Seção 35-2 sobre a concavidade da função de onda, dada pela equação de Schrödinger, e faça um esboço da forma da função de onda para o estado fundamental e para os dois primeiros estados excitados.

---

* Uma função $f(x)$ é par quando $f(x) = f(-x)$ para qualquer x, e a função $f(x)$ é ímpar quando $f(x) = -f(-x)$ para qualquer x.

Átomos

- 36-1 O Átomo
- 36-2 O Modelo de Bohr do Átomo de Hidrogênio
- 36-3 Teoria Quântica dos Átomos
- 36-4 Teoria Quântica do Átomo de Hidrogênio
- 36-5 O Efeito Spin–Órbita e a Estrutura Fina
- 36-6 A Tabela Periódica
- 36-7 Espectros Ópticos e Espectros de Raios X

CAPÍTULO 36

A UMA DISTÂNCIA DE 6000 ANOS-LUZ DA TERRA, O AGLOMERADO DE ESTRELAS RCW 38 ESTÁ RELATIVAMENTE PERTO DA REGIÃO DE FORMAÇÃO DE ESTRELAS. ESTA IMAGEM COBRE UMA ÁREA DE APROXIMADAMENTE 5 ANOS-LUZ E CONTÉM MILHARES DE ESTRELAS QUENTES E MUITO JOVENS FORMADAS HÁ MENOS DE UM MILHÃO DE ANOS. RAIOS X EMITIDOS PELAS ATMOSFERAS QUENTES SUPERIORES DE 190 DESTAS ESTRELAS FORAM DETECTADOS POR CHANDRA, UM OBSERVATÓRIO DE RAIOS X ORBITANDO A TERRA. OS MECANISMOS DE GERAÇÃO DESTES RAIOS X NÃO SÃO CONHECIDOS. NA TERRA, MÁQUINAS DE RAIOS PRODUZEM RAIOS X BOMBARDEANDO UM ALVO COM ELÉTRONS ALTAMENTE ENERGÉTICOS. O NÚMERO ATÔMICO DOS ÁTOMOS QUE COMPÕEM O ALVO PODE SER DETERMINADO ANALISANDO O ESPECTRO DE RAIOS X RESULTANTE. *(NASA/CXC/CfA/S.Wolk et al.)*

? Como o número atômico é obtido a partir de uma análise espectral? (Veja Exemplo 36-8.)

Cento e onze elementos químicos foram descobertos, e recentemente diversos elementos químicos adicionais foram relatados, mas ainda não foram autenticados. Cada elemento é caracterizado por um átomo que tem um número Z de prótons e um número igual de elétrons. O número de prótons Z é chamado de **número atômico**. O átomo que tem o menor número de prótons é chamado de hidrogênio (H) e tem $Z = 1$. Um átomo de hélio tem dois prótons ($Z = 2$), o átomo de lítio (Li) tem três prótons ($Z = 3$), e assim por diante. Quase toda a massa do átomo está concentrada no seu núcleo minúsculo, que é feito de prótons e nêutrons. O raio nuclear do átomo é de aproximadamente 1 fm a 10 fm (1 fm = 10^{-15} m) e o raio do átomo é de aproximadamente 0,1 nm = 100 000 fm.

As propriedades químicas e físicas de um elemento são determinadas pelo número e arranjo dos elétrons no átomo do elemento. Como cada próton tem uma carga positiva $+e$, o núcleo tem uma carga total positiva $+Ze$. Os elétrons são carregados negativamente ($-e$), de tal modo que são atraídos pelo núcleo e são repelidos entre si. Como os elétrons e os prótons têm cargas iguais, mas opostas, e um átomo tem número igual de elétrons e prótons, os átomos são eletricamente neutros. Átomos que perdem ou ganham um ou mais elétrons ficam então eletricamente carregados e são chamados de íons.

Vamos iniciar nosso estudo de átomos discutindo o modelo de Bohr, um modelo semiclássico desenvolvido por Niels Bohr em 1913 para explicar o espectro eletromagnético produzido por átomos de hidrogênio. Embora este modelo pré-mecânica quântica tenha muitas deficiências, ele fornece uma estrutura útil para a discussão dos fenômenos atômicos. Após a discussão do modelo de Bohr, vamos então aplicar nosso conhecimento de mecânica quântica do Capítulo 35 para apresentar um modelo muito mais eficiente do átomo de hidrogênio. Vamos ainda discutir a estrutura de outros átomos e a tabela periódica dos elementos. Finalmente vamos discutir os espectros ópticos e de raios X.

36-1 O ÁTOMO

ESPECTROS ATÔMICOS

No começo do século XX, foi coletada uma grande quantidade de dados sobre a emissão de luz por átomos num gás, quando os átomos eram excitados por uma descarga elétrica. A luz emitida pelos átomos de um elemento particular vista através de um espectroscópio com uma fenda com abertura muito estreita aparecia como um conjunto discreto de linhas de diferentes cores, ou comprimentos de onda. Os espaçamentos entre as linhas e as suas intensidades são características do elemento. Os comprimentos de onda destas linhas espectrais podiam ser determinados com precisão, e muitos esforços foram feitos para encontrar uma certa regularidade nos espectros. A Figura 36-1 mostra as linhas espectrais para o hidrogênio e o mercúrio.

Em 1885, Johann Balmer determinou que os comprimentos de onda das linhas no espectro visível do hidrogênio podiam ser representados pela fórmula

$$\lambda = (364{,}6 \text{ nm}) \frac{m^2}{m^2 - 4} \qquad m = 3, 4, 5, \ldots \qquad 36\text{-}1$$

Balmer sugeriu que esta expressão podia ser um caso especial de uma expressão mais geral que poderia ser aplicada aos espectros de outros elementos. Tal expressão, encontrada por R. Rydberg e Walter Ritz e conhecida como **fórmula de Rydberg–Ritz**, fornece o **comprimento de onda recíproco** dado por

$$\frac{1}{\lambda} = R\left(\frac{1}{n_2^2} - \frac{1}{n_1^2}\right) \qquad 36\text{-}2$$

onde n_1 e n_2 são inteiros, $n_1 > n_2$, e R é a constante de Rydberg. A constante de Rydberg varia pouco e de uma maneira regular, de elemento para elemento. Para o hidrogênio, o valor de R é

$$R_H = 1{,}097776 \times 10^7 \text{ m}^{-1}$$

CONSTANTE DE RYDBERG PARA O HIDROGÊNIO

A fórmula de Rydberg–Ritz fornece os comprimentos de onda para todas as linhas do espectro do hidrogênio e também para elementos alcalinos como lítio e sódio. A série de Balmer para o hidrogênio dada pela Equação 36-1 é também dada pela Equação 36-2, com $R = R_H$, $n_2 = 2$, $n_1 = m$.

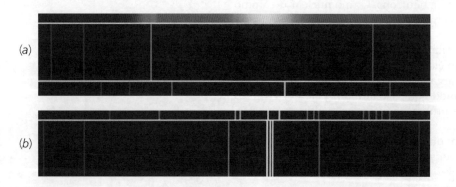

FIGURA 36-1 (*a*) Espectro de linha do hidrogênio e (*b*) espectro de linha do mercúrio. (*(a) e (b) adaptados de Eastern Kodak e Wabash Instrument Corporation.*) (Veja o Encarte em cores.)

Muitas tentativas foram feitas para construir um modelo do átomo que levasse a estas fórmulas para o espectro de radiação de um átomo. O modelo mais popular, criado por J. J. Thomson, considerou vários arranjos de elétrons imersos em algum tipo de fluido que concentraria a maior parte da massa do átomo e que teria cargas positivas suficientes para tornar o átomo eletricamente neutro. O modelo de Thomson, chamado de "pudim de ameixas", está ilustrado na Figura 36-2. Como a teoria clássica do eletromagnetismo previa que uma carga que oscilasse com freqüência f iria irradiar energia eletromagnética com essa mesma freqüência, Thomson procurou por configurações que fossem estáveis e que tivessem modos normais de vibração com freqüências iguais àquelas observadas nos espectros dos átomos. Uma dificuldade deste modelo e de todos os outros modelos propostos era de que, de acordo com a física clássica, forças elétricas sozinhas não poderiam garantir equilíbrio estável. Thomson não teve sucesso em encontrar um modelo que previsse as freqüências observadas para qualquer átomo.

O modelo de Thomson acabou sendo descartado por um conjunto de experiências realizadas por H. W. Geiger e E. Marsden, sob a supervisão de E. Rutherford por volta de 1911, nas quais partículas alfa emitidas por rádio radioativo eram espalhadas por átomos de uma folha de ouro. Rutherford mostrou que o número de partículas alfa espalhadas em ângulos grandes não poderiam ser explicadas pelo modelo de um átomo onde as cargas positivas eram distribuídas por todo o volume do átomo (cujo diâmetro de 0,1 nm era conhecido). Em vez disso, o resultado obtido sugeria que as cargas positivas e a maior parte da massa do átomo estariam concentradas numa região muito pequena, chamada agora de núcleo, que teria um diâmetro da ordem de 10^{-6} nm = 1 fm.

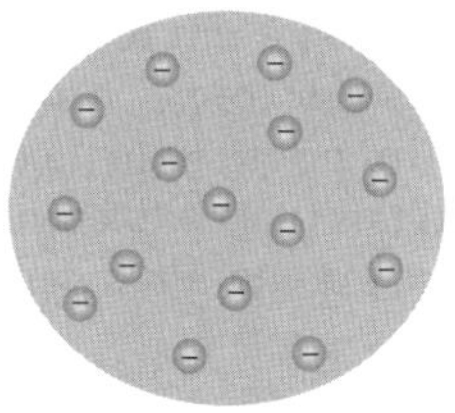

FIGURA 36-2 O modelo de pudim de ameixas de J. J. Thomson para o átomo. Neste modelo, os elétrons que possuem carga negativa estão inseridos num fluido de cargas positivas. Para uma dada configuração deste sistema, as freqüências de ressonância das oscilações dos elétrons podem ser calculadas. De acordo com a teoria clássica, os átomos deveriam irradiar luz de freqüência igual à freqüência de oscilação dos elétrons. Thomson não conseguiu achar nenhuma configuração que pudesse dar freqüências que concordassem com as freqüências medidas dos espectros de qualquer átomo.

36-2 O MODELO DE BOHR DO ÁTOMO DE HIDROGÊNIO

Niels Bohr, trabalhando no laboratório de Rutherford em 1912, propôs um modelo para o átomo de hidrogênio que combinava os trabalhos de Planck, Einstein e Rutherford e que previa com bastante sucesso os espectros observados. De acordo com o modelo de Bohr, o elétron do átomo de hidrogênio se move numa órbita circular, ou elíptica em torno de um núcleo positivo de acordo com a lei de Coulomb e a mecânica clássica, do mesmo modo como os planetas se movem numa órbita em torno do Sol. Por simplicidade, Bohr escolheu uma órbita circular, como mostrado na Figura 36-3.

ENERGIA PARA UMA ÓRBITA CIRCULAR

Considere um elétron de carga $-e$ se movendo numa órbita circular de raio r em torno de uma carga positiva $+Ze$, como o núcleo do átomo de hidrogênio ($Z = 1$) ou de um átomo de hélio ionizado uma vez ($Z = 2$). A energia total do elétron pode ser relacionada com o raio da órbita. A energia potencial do elétron de carga $-e$ a uma distância r de uma carga positiva Ze é

$$U = \frac{kq_1q_2}{r} = \frac{k(Ze)(-e)}{r} = -\frac{kZe^2}{r} \qquad 36\text{-}3$$

onde k é a constante de Coulomb. A energia cinética K pode ser obtida em função de r usando a segunda lei de Newton, $F_{\text{res}} = ma$. Definindo a força atrativa de Coulomb, como a massa multiplicada pela aceleração centrípeta temos

$$\frac{kZe^2}{r^2} = m\frac{v^2}{r} \qquad 36\text{-}4a$$

Multiplicando ambos os lados por $r/2$, ficamos com

$$K = \frac{1}{2}mv^2 = \frac{1}{2}\frac{kZe^2}{r} \qquad 36\text{-}4b$$

Então, a energia cinética e a energia potencial variam inversamente com r. Note que a magnitude da energia potencial é duas vezes a energia cinética:

$$U = -2K \qquad 36\text{-}5$$

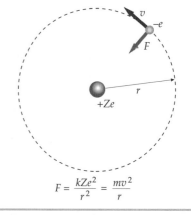

$$F = \frac{kZe^2}{r^2} = \frac{mv^2}{r}$$

FIGURA 36-3 Elétron com carga $-e$ se movendo numa órbita circular de raio r em torno da carga nuclear $+Ze$. A força elétrica atrativa kZe^2/r^2 mantém o elétron na sua órbita.

56 | CAPÍTULO 36

A Equação 36-5 é um resultado geral para partículas que se movem em órbitas influenciadas por forças, que variam inversamente com o quadrado da distância a partir de um ponto fixo. [Isto também é verdade para órbitas circulares em campos gravitacionais (veja o Exemplo 11-6 na Seção 11-3)]. A energia total é a soma da energia cinética e a energia potencial:

$$E = K + U = \frac{1}{2}\frac{kZe^2}{r} - \frac{kZe^2}{r}$$

ou

$$E = -\frac{1}{2}\frac{kZe^2}{r}$$

36-6

ENERGIA NUMA ÓRBITA CIRCULAR PARA UMA FORÇA DO TIPO $1/r^2$

Embora seja alcançada uma estabilidade mecânica porque a força atrativa de Coulomb fornece a força centrípeta necessária para o elétron permanecer na órbita, a teoria clássica do *eletromagnetismo* nos diz que tal átomo seria eletricamente instável. O átomo seria instável porque o elétron deve acelerar quando o movimento é circular e, portanto, irradiar energia eletromagnética de freqüência igual àquela de seu movimento. De acordo com a teoria clássica, tal átomo iria rapidamente colapsar à medida que o elétron começasse um movimento espiralado na direção do núcleo e fosse perdendo energia pela irradiação.

POSTULADOS DE BOHR

Bohr contornou a dificuldade de colapso do átomo *postulando* que somente certas órbitas, chamadas de estados estacionários, são permitidas, e que o átomo com um elétron em uma destas órbitas não irradia. Um átomo irá irradiar somente quando o elétron fizer uma transição entre uma órbita permitida (estado estacionário) para outra.

O elétron do átomo de hidrogênio pode se mover somente em certas órbitas não-irradiantes, circulares, chamadas de estados estacionários.

PRIMEIRO POSTULADO DE BOHR — ÓRBITAS NÃO-IRRADIANTES

O segundo postulado de Bohr relaciona a freqüência de irradiação às energias dos estados estacionários. Se E_i e E_f são as energias iniciais e finais do átomo, a freqüência da radiação emitida durante uma transição é dada por

$$f = \frac{E_i - E_f}{h}$$

36-7

SEGUNDO POSTULADO DE BOHR — FREQÜÊNCIA DO FÓTON A PARTIR DA CONSERVAÇÃO DE ENERGIA

onde h é a constante de Planck. Este postulado é equivalente à suposição de conservação de energia quando um fóton de energia hf é emitido. Combinando a Equação 36-6 e a Equação 36-7, obtemos para a freqüência

$$f = \frac{E_i - E_f}{h} = \frac{1}{2}\frac{kZe^2}{h}\left(\frac{1}{r_f} - \frac{1}{r_i}\right)$$

36-8

onde r_i e r_f são os raios das órbitas inicial e final.

Para obter as freqüências deduzidas na fórmula de Rydberg–Ritz, $f = c/\lambda = cR(1/n_2^2 - 1/n_1^2)$, é evidente que os raios das órbitas estáveis devem ser proporcionais aos quadrados dos números inteiros. Bohr procurou por uma condição quântica para os raios das órbitas estáveis que levasse a este resultado. Depois de muitas tentativas e erros, Bohr achou que poderia obter o resultado desejado se postulasse que a magnitude do momento angular do elétron numa órbita estável era igual a um número inteiro multiplicado por $\hbar$. Como a magnitude do momento angular de uma órbita circular é somente mvr, seu postulado ficou

$$mv_n r_n = n\hbar \qquad n = 1, 2, 3, \dots \tag{36-9}$$

TERCEIRO POSTULADO DE BOHR — MOMENTO ANGULAR QUANTIZADO

onde $\hbar = h/2\pi = 1,055 \times 10^{-34}$ J · s $= 6,582 \times 10^{-16}$ e V · s.

A Equação 36-9 relaciona a velocidade v_n ao raio r_n da órbita que tem momento angular $n\hbar$. A Equação 36-4a nos dá outra equação relacionando a velocidade com o raio:

$$\frac{kZe^2}{r_n^2} = m\frac{v_n^2}{r_n}$$

ou

$$v_n^2 = \frac{kZe^2}{mr_n} \tag{36-10}$$

Podemos determinar r_n resolvendo a Equação 36-9 para v_n. Elevando ao quadrado este resultado, temos

$$v_n^2 = n^2\frac{\hbar^2}{m^2r_n^2}$$

Relacionando a expressão para v_n^2 com a dada pela Equação 36-10, temos

$$n^2\frac{\hbar^2}{m^2r_n^2} = \frac{kZe^2}{mr_n}$$

Resolvendo para r_n, obtemos

$$r_n = n^2\frac{\hbar^2}{mkZe^2} = n^2\frac{a_0}{Z} \tag{36-11}$$

RAIOS DAS ÓRBITAS DE BOHR

onde a_0 é chamado de **primeiro raio de Bohr**. De acordo com o modelo de Bohr, a_0 é o raio da órbita do elétron no átomo de hidrogênio que tem $n = 1$.

$$a_0 = \frac{\hbar^2}{mke^2} = \frac{\epsilon_0 h^2}{\pi me^2} = 0,0529 \text{ nm} \tag{36-12}$$

PRIMEIRO RAIO DE BOHR

Substituindo a expressão de r_n da Equação 36-11 na Equação 36-8 para a freqüência, temos

$$f = \frac{1}{2}\frac{kZe^2}{h}\left(\frac{1}{r_\text{f}} - \frac{1}{r_\text{i}}\right) = Z^2\frac{mk^2e^4}{4\pi\hbar^3}\left(\frac{1}{n_\text{f}^2} - \frac{1}{n_\text{i}^2}\right) \tag{36-13}$$

Comparando esta expressão onde $Z = 1$ e $f = c/\lambda$ com a fórmula empírica de Rydberg–Ritz (Equação 36-2), obtemos para a constante de Rydberg

$$R = \frac{mk^2e^4}{4\pi c\hbar^3} = \frac{me^4}{8\epsilon_0^2 ch^3} \tag{36-14}$$

Usando os valores de m, e, c, k e $\hbar$ conhecidos em 1913, Bohr calculou R e encontrou que seu resultado concordava (dentro dos limites de incerteza das constantes) com o valor obtido pela espectroscopia.

Exemplo 36-1 — Condição de Onda Estacionária Implica a Quantização do Momento Angular

Para ondas num círculo, a condição de onda estacionária é de que exista um número inteiro de comprimentos de onda contidos na circunferência. Isto é, $n\lambda = 2\pi r_n$, onde $n = 1, 2, 3$, e assim por diante. Mostre que esta condição para ondas dos elétrons implica a quantização do momento angular.

SITUAÇÃO O comprimento de onda e o momento estão relacionados pela equação de de Broglie $p = h/\lambda$ (Equação 34-13). Use esta relação e a condição de onda estacionária $n\lambda_n = 2\pi r_n$.

SOLUÇÃO

1. Escreva a condição de onda estacionária:

$$n\lambda_n = 2\pi r_n$$

2. Use a relação de de Broglie (Equação 34-13) para relacionar o momento p a λ_n:

$$p = \frac{h}{\lambda_n} = \frac{nh}{2\pi r_n} = n\frac{\hbar}{r_n}$$

3. Resolva para pr_n. O momento angular do elétron numa órbita circular é $mvr_n = pr_n$, onde $p = mv$:

$$pr_n = \boxed{mvr_n = n\hbar}$$

CHECAGEM O resultado do passo 3 é a checagem. Isto é o que o enunciado do problema pede para mostrar.

NÍVEIS DE ENERGIA

A energia mecânica total do elétron no átomo de hidrogênio está relacionada à órbita circular pela Equação 36-6. Se substituirmos os valores quantizados de r, como dados pela Equação 36-11, obteremos

$$E_n = -\frac{1}{2}\frac{kZe^2}{r_n} = -\frac{1}{2}\frac{kZ^2e^2}{n^2a_0} = -\frac{1}{2}\frac{mk^2Z^2e^4}{n^2\hbar^2}$$

ou

$$E_n = -Z^2\frac{E_0}{n^2} \qquad 36\text{-}15$$

NÍVEIS DE ENERGIA PARA O ÁTOMO DE HIDROGÊNIO

onde

$$E_0 = \frac{mk^2e^4}{2\hbar^2} = \frac{1}{2}\frac{ke^2}{a_0} = 13{,}6 \text{ eV} \qquad 36\text{-}16$$

As energias E_n correspondentes a $Z = 1$ são as energias quantizadas permitidas para o átomo de hidrogênio.

Transições entre estas energias permitidas resultam na emissão ou absorção de um fóton, cuja freqüência é dada por $f = (E_i - E_f)/h$, e cujo comprimento de onda é

$$\lambda = \frac{c}{f} = \frac{hc}{E_i - E_f} \qquad 36\text{-}17$$

Como vimos no Capítulo 34, é conveniente ter o valor de hc expresso em elétron-volt multiplicado por nanômetro:

$$hc = 1240 \text{ eV} \cdot \text{nm} \qquad 36\text{-}18$$

Como as energias são quantizadas, as freqüências e comprimentos de onda das radiações emitidas pelo átomo de hidrogênio são quantizadas, concordando com o espectro de linhas observado.

A Figura 36-4 mostra o diagrama de níveis de energia para o átomo de hidrogênio. A energia do átomo de hidrogênio no seu estado fundamental é $E_1 = -13{,}6$ eV. Quando n tende a infinito, a energia tende a zero. O processo de remover um elétron de um átomo é chamado de **ionização**, e a quantidade mínima de energia requerida para remover o elétron é a **energia de ionização**. A energia de ionização do estado fundamental do átomo de hidrogênio, que é também sua **energia de ligação**, é 13,6 eV. Algumas transições entre estados mais altos para estados mais baixos de energia estão indicados na Figura 36-4. Quando Bohr publicou seu modelo do átomo de hidrogênio, tanto a série de Balmer (correspondendo a $n_f = 2$ e $n_i = 3, 4, 5,...$) como a série de Paschen (correspondendo a $n_f = 3$ e $n_i = 4, 5, 6,...$) eram conhecidas. Em 1916, T. Lyman encontrou a série correspondente a $n_f = 1$. F. Brackett, em 1922, e H. A. Pfund, em 1924, encontraram as séries correspondentes a $n_f = 4$ e $n_f = 5$, respectivamente. Somente a série de Balmer se encontra na porção visível do espectro eletromagnético.

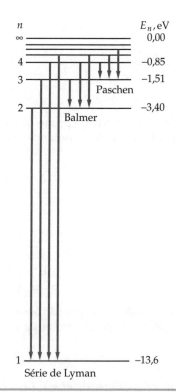

FIGURA 36-4 Diagrama dos níveis de energia do hidrogênio, mostrando algumas transições nas séries de Lyman, Balmer e Paschen. As energias dos níveis são dadas pela Equação 36-15.

! Não pense que λ na Equação 36-17 é o comprimento de onda do elétron. Não é. É o comprimento de onda do fóton emitido ou absorvido.

Átomos | **59**

Exemplo 36-2 — O Comprimento de Onda Mais Comprido na Série de Lyman

Encontre (a) a energia e (b) o comprimento de onda da linha espectral que tem o comprimento de onda mais comprido na série de Lyman.

SITUAÇÃO Para a série de Lyman $n_f = 1$. Observando a Figura 36-4, podemos ver que a série de Lyman corresponde a transições terminando no estado fundamental de energia, $E_f = E_i = -13{,}6$ eV. Como o comprimento de onda λ do fóton varia inversamente com a energia, a transição que tem o comprimento de onda mais comprido é aquela que tem a energia mais baixa, portanto do primeiro estado excitado $n = 2$ para o estado fundamental $n = 1$.

SOLUÇÃO

1. A energia do fóton é a diferença entre as energias do estado atômico inicial e final:

$$E_{\text{fóton}} = \Delta E_{\text{átomo}} = E_i - E_f$$

$$= E_2 - E_1 = \frac{-13{,}6\,\text{eV}}{2^2} - \frac{-13{,}6\,\text{eV}}{1^2}$$

$$= -3{,}40\,\text{eV} + 13{,}6\,\text{eV} = \boxed{10{,}2\,\text{eV}}$$

2. O comprimento de onda do fóton é

$$\lambda = \frac{hc}{E_2 - E_1} = \frac{1240\,\text{eV}\cdot\text{nm}}{10{,}2\,\text{eV}} = \boxed{122\,\text{nm}}$$

CHECAGEM O resultado do passo 1 de 10,2 eV é menor que 13,6 eV (a energia de ligação do estado fundamental do hidrogênio). Este resultado é esperado.

INDO ALÉM Este fóton tem um comprimento de onda que corresponde à região do ultravioleta do espectro eletromagnético. Como todas as outras linhas da série de Lyman tem maiores energias e, portanto, comprimentos de onda mais curtos, a série de Lyman se encontra completamente na região ultravioleta.

PROBLEMA PRÁTICO 36-1 Encontre o comprimento de onda mais curto para uma linha da série de Lyman.

Apesar do sucesso espetacular, o modelo de Bohr do átomo de hidrogênio tinha muitas deficiências. Não existia nenhuma justificativa para os postulados dos estados estacionários e da quantização do momento angular que não fosse o fato de que estes postulados levavam a níveis de energia que concordavam com dados espectroscópicos. Além disso, tentativas de aplicar o modelo a átomos que têm mais elétrons e prótons teve pouco sucesso. O modelo da mecânica quântica resolve estas dificuldades. Os estados estacionários do modelo de Bohr são substituídos pelas soluções de onda estacionária da equação de Schrödinger, sendo análogo às ondas estacionárias dos elétrons para uma partícula numa caixa, discutida no Capítulo 34 e no Capítulo 35. A quantização de energia é uma conseqüência direta das soluções de ondas estacionárias da equação de Schrödinger. Para o átomo de hidrogênio, estas energias quantizadas concordam com aquelas obtidas no modelo de Bohr e experimentalmente. A quantização da momento angular, que teve que ser postulada no modelo de Bohr é previsto pela teoria quântica.

36-3 TEORIA QUÂNTICA DOS ÁTOMOS

A EQUAÇÃO DE SCHRÖDINGER EM COORDENADAS ESFÉRICAS

Na teoria quântica, um elétron num átomo é descrito por sua função de onda ψ. A probabilidade de encontrar o elétron em algum volume dV do espaço é igual ao quadrado do valor absoluto da função de onda $|\psi|^2$ multiplicado por dV. As condições de contorno para a função de onda levam à quantização dos comprimentos de onda e das freqüências e, portanto, à quantização da energia do elétron.

Considere um único elétron de massa m se movendo em três dimensões numa região onde a energia potencial é U. A equação de Schrödinger independente do tempo para tal partícula é dada pela Equação 35-30:

$$-\frac{\hbar^2}{2m}\left(\frac{\partial^2\psi}{\partial x^2} + \frac{\partial^2\psi}{\partial y^2} + \frac{\partial^2\psi}{\partial z^2}\right) + U(x, y, z)\psi = E\psi \qquad\qquad 36\text{-}19$$

Para um único átomo isolado, a energia potencial U depende somente da distribuição radial $r = \sqrt{x^2 + y^2 + z^2}$ do elétron a partir do centro do núcleo. Este problema é, portanto, mais convenientemente tratado usando coordenadas esféricas r, θ e ϕ, que estão relacionadas às coordenadas retangulares x, y e z por

$$z = r \cos\theta$$
$$x = r \,\text{sen}\,\theta \, \cos\phi \qquad \text{36-20}$$
$$y = r \,\text{sen}\,\theta \, \text{sen}\,\phi$$

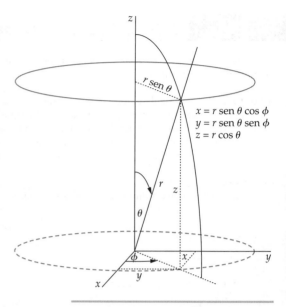

FIGURA 36-5 Relações geométricas entre coordenadas esféricas e coordenadas retangulares.

Estas relações são mostradas na Figura 36-5. A transformação da Equação 36-19 de coordenadas retangulares para esféricas é direta, mas bastante cansativa e vamos omiti-la. O resultado desta transformação pode ser encontrado no Problema 42. Vamos discutir qualitativamente algumas características interessantes das funções de onda que satisfazem esta equação.

A versão transformada da Equação 36-19 pode ser resolvida usando uma técnica chamada de separação de variáveis. Isto é feito expressando a função de onda $\psi(r, \theta, \phi)$ como um produto de três funções, cada qual uma função somente de uma das três coordenadas esféricas:

$$\psi(r, \theta, \phi) = R(r)f(\theta)g(\phi) \qquad \text{36-21}$$

onde R é uma função que depende somente da coordenada radial r, f é uma função que depende somente da coordenada polar θ, e g é uma função que depende somente da coordenada azimutal ϕ. Quando esta forma de $\psi(r, \theta, \phi)$ é substituída na equação de Schrödinger, esta equação pode ser transformada em três equações diferenciais ordinárias, uma para $R(r)$, uma para $f(\theta)$ e uma para $g(\phi)$. A energia potencial $U(r)$ aparece somente na equação $R(r)$, a qual é chamada de **equação radial**. Como a energia potencial depende somente da coordenada r, esta energia não tem nenhum efeito nas soluções das equações para $f(\theta)$ e $g(\phi)$ e, portanto, não tem nenhum efeito na dependência angular da função de onda $\psi(r, \theta, \phi)$. Estas soluções são aplicáveis a *qualquer* problema onde a energia potencial depende somente de r.

NÚMEROS QUÂNTICOS EM COORDENADAS ESFÉRICAS

Em três dimensões, a exigência de que a função de onda seja contínua e possa ser normalizada introduz três números quânticos, cada um associado a cada uma das variáveis. Em coordenadas esféricas, o número quântico associado a r é rotulado como n, aquele associado com θ é rotulado de ℓ, e aquele associado a ϕ é rotulado de m_ℓ.* Os números quânticos n_1, n_2 e n_3 encontrados no Capítulo 35 para uma partícula em um poço quadrado tridimensional em coordenadas retangulares x, y e z eram independentes entre si, mas os números quânticos associados às funções de onda em coordenadas esféricas são interdependentes. Os valores possíveis desses números quânticos são

$$n = 1, 2, 3, \ldots$$
$$\ell = 0, 1, 2, 3, \ldots, n - 1$$
$$m_\ell = -\ell, -\ell + 1, -\ell + 2, \ldots, 0, \ldots, \ell - 2, \ell - 1, \ell \qquad \text{36-22}$$

NÚMEROS QUÂNTICOS EM COORDENADAS ESFÉRICAS

Isto é, n pode ser qualquer número inteiro positivo; ℓ pode ser 0 ou qualquer inteiro positivo até $n - 1$; e m_ℓ pode ter $2\ell + 1$ valores possíveis, variando de $-\ell$ até $+\ell$, em intervalos inteiros.

O número n é chamado de **número quântico principal**. Está associado com a dependência da função de onda da distância r e, portanto, com a probabilidade de encontrar o elétron em várias distâncias a partir do núcleo. Os números quânticos ℓ e m_ℓ estão associados com o momento angular orbital do elétron e com a dependência angular da função de onda do elétron. O número quântico ℓ é chamado de **número quântico orbital**. A magnitude L do momento angular orbital $\vec{L}$ está relacionada ao número quântico orbital ℓ por

---

* Por simplicidade, m_ℓ é algumas vezes escrito como m.

$$L = \sqrt{\ell(\ell + 1)}\hbar \qquad 36\text{-}23$$

O número quântico m_ℓ é chamado de **número quântico magnético**. Está relacionado à componente do momento angular orbital ao longo de uma certa direção no espaço. Todas as direções espaciais são equivalentes para um átomo isolado, mas submetendo o átomo a um campo magnético é possível privilegiar uma certa direção. Por convenção é escolhida a direção $+z$ como a direção do campo magnético. Então, a componente z do momento angular orbital do elétron é dada pela condição de quantização

$$L_z = m_\ell \hbar \qquad 36\text{-}24$$

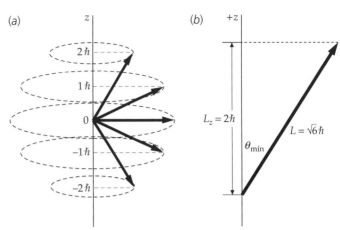

Esta condição de quantização surge das condições de contorno para a coordenada azimutal ϕ, que estabelece que a probabilidade de encontrar o elétron em algum ângulo arbitrário ϕ_1 deve ser a mesma que encontrar o elétron num ângulo $\phi_2 = \phi_1 + 2\pi$, porque estes dois valores de ϕ representam o mesmo ponto no espaço.

Se medirmos o momento angular do elétron em unidades de $\hbar$, vemos que a magnitude do momento angular orbital é quantizada tendo o valor de $\sqrt{\ell(\ell+1)}$ unidades, e que sua componente ao longo de qualquer direção pode ter somente $2\ell + 1$ valores, variando de $-\ell$ até $+\ell$ unidades. A Figura 36-6 mostra um modelo vetorial ilustrando as possíveis orientações do vetor momento angular para $\ell = 2$. Observe que somente valores específicos são permitidos para θ; isto é, as direções no espaço são quantizadas.

FIGURA 36-6 (a) Modelo vetorial ilustrando os possíveis valores da componente z do vetor momento angular orbital para o caso $\ell = 2$. A magnitude do momento angular orbital é $L = \hbar\sqrt{\ell(\ell+1)} = \hbar\sqrt{2(2+1)} = \hbar\sqrt{6}$. (b) Os valores da componente z do vetor momento angular orbital para o caso $\ell = 2$ e $m_\ell = 2$. O valor da componente z do momento angular orbital é $L_z = 2\hbar$.

Exemplo 36-3 — As Direções do Momento Angular

Se o momento angular é caracterizado pelo número quântico $\ell = 2$, quais são os valores possíveis para L_z, e qual é o menor ângulo possível entre $\vec{L}$ e a direção de aumento de z?

SITUAÇÃO As possíveis orientações de $\vec{L}$ e do eixo z são mostradas na Figura 36-6. A direção de aumento de z é a direção do campo magnético externo nas vizinhanças do átomo.

SOLUÇÃO

1. Escreva os valores possíveis de L_z:

$$\boxed{L_z = m_\ell \hbar \qquad \text{onde} \qquad m_\ell = -2, -1, 0, 1, 2}$$

2. Escreva o ângulo θ entre $\vec{L}$ e a direção $+z$ em termos de L e L_z:

$$\cos\theta = \frac{L_z}{L} = \frac{m_\ell \hbar}{\sqrt{\ell(\ell+1)}\hbar} = \frac{m_\ell}{\sqrt{\ell(\ell+1)}}$$

3. O menor ângulo ocorre quando $\ell = 2$ e $m_\ell = 2$:

$$\cos\theta_{\text{mín}} = \frac{2}{\sqrt{2(2+1)}} = \frac{2}{\sqrt{6}} = 0{,}816$$

$$\theta_{\text{mín}} = \boxed{35{,}3°}$$

CHECAGEM O ângulo na Figura 36-6b parece estar entre 30° e 40°, deste modo o resultado no passo 3 de 35,3° é plausível.

INDO ALÉM Observamos um resultado de certo modo estranho, de que o vetor momento angular orbital não pode ser paralelo ao eixo z.

PROBLEMA PRÁTICO 36-2 Um átomo está numa região onde atua um campo magnético. Um elétron neste átomo tem um momento angular caracterizado pelo número quântico $\ell = 4$. Quais são os valores possíveis de m_ℓ para este elétron?

36-4 TEORIA QUÂNTICA DO ÁTOMO DE HIDROGÊNIO

Podemos tratar o átomo mais simples, o átomo de hidrogênio, como um núcleo estacionário (um próton) e uma única partícula móvel, um elétron, que possui momento

62 | CAPÍTULO 36

linear p e energia cinética $p^2/2m$. A energia potencial $U(r)$, devida à interação eletrostática entre o elétron e o próton*, é

$$U(r) = \frac{kZe^2}{r} \qquad 36\text{-}25$$

Para esta função energia potencial, a equação de Schrödinger pode ser resolvida exatamente. No estado de energia mais baixa, que é o estado fundamental, o número quântico principal n é igual à unidade, ℓ é zero e m_ℓ é zero.

NÍVEIS DE ENERGIA

Os valores de energia permitidos para o átomo de hidrogênio, que resultam da solução da equação de Schrödinger, são

$$E_n = -Z^2 \frac{E_0}{n^2} \qquad n = 1, 2, 3, \ldots \qquad 36\text{-}26$$

NÍVEIS DE ENERGIA PARA O HIDROGÊNIO

onde

$$E_0 = \frac{mk^2e^4}{2\hbar^2} = 13{,}6 \text{ eV} \qquad 36\text{-}27$$

Estas energias são as mesmas que aquelas obtidas usando o modelo de Bohr. Observe que as energias E_n são negativas, indicando que o elétron está ligado ao núcleo (por isto o termo *estado ligado*), e de que estas energias dependem somente do número quântico principal n. O fato de que a energia não depende do número quântico orbital ℓ é uma peculiaridade de uma força inversamente proporcional ao quadrado da distância e vale somente para potenciais que variam com o inverso de r, como é o caso da Equação 36-25. Para átomos que têm muitos elétrons, a interação entre os elétrons leva à dependência da energia com ℓ. Em geral, quanto mais baixo for o valor de ℓ, mais baixa será a energia para estes átomos. Como, em geral, não existe direção preferencial no espaço, a energia de qualquer átomo não depende do número quântico magnético m_ℓ, que está relacionado a componente z do momento angular. Entretanto, a energia irá depender de m_ℓ, se o átomo estiver num campo magnético.

A Figura 36-7 mostra um diagrama de níveis de energia para o átomo de hidrogênio. Este diagrama é semelhante ao da Figura 36-4, exceto pelo fato de que os estados que têm o mesmo valor de n, mas diferentes valores de ℓ, são mostrados separadamente. Estes estados (chamados de *termos*) são identificados pelo valor de n e um código de letras: s para $\ell = 0$, p para $\ell = 1$, d para $\ell = 2$, e f para $\ell = 3$.** (Letras minúsculas s, p, d, f, e assim por diante, são usadas para especificar o momento angular de um elétron individual, enquanto as maiúsculas, S, P, D, F, e assim por diante, são usadas para identificar o momento angular orbital para o átomo como um todo, com todos os elétrons. Para um átomo com um único elétron, como o hidrogênio, tanto as letras minúsculas como maiúsculas, podem ser usadas). Quando um átomo faz uma transição de um estado permitido de energia para outro estado, a radiação eletromagnética na forma de um fóton é emitida ou absorvida. Tais transições resultam em linhas espectrais que são características dos átomos. Estas transições obedecem a **regras de seleção**:

$$\Delta m_\ell = -1, 0, \text{ ou } + 1$$

$$\Delta \ell = -1 \text{ ou } + 1 \qquad \mathbf{36.28}$$

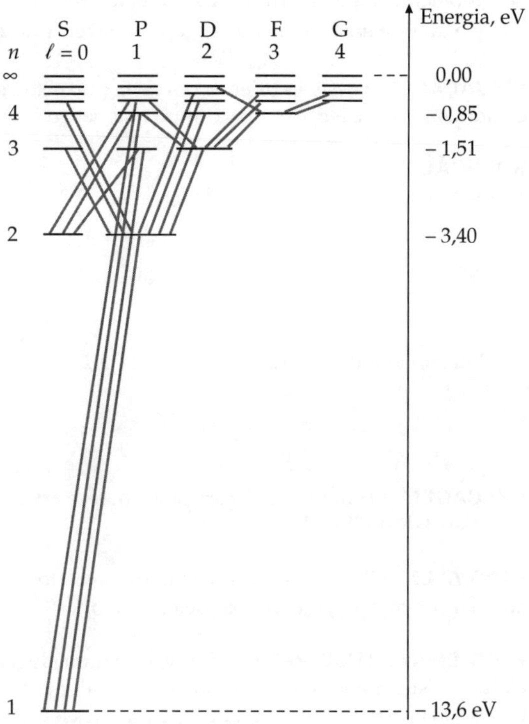

Estas regras de seleção estão relacionadas à conservação do momento angular e ao fato de que o fóton também tem um momento angular intrínseco, que tem uma com-

FIGURA 36-7 Diagrama de níveis de energia para o átomo de hidrogênio. As linhas diagonais mostram transições que envolvem a emissão ou absorção de radiação e obedecem à regra de seleção $\Delta \ell = \pm 1$. Estados que têm o mesmo valor de n mas diferentes valores de ℓ, têm a mesma energia $-E_0/n^2$, onde $E_0 = 13{,}6\ eV$ como no modelo de Bohr.

---

* Incluímos o fator Z, o qual é 1 para o hidrogênio, de tal modo que podemos aplicar este resultado para outros "átomos" como um único elétron, por exemplo, para o hélio ionizado uma vez He⁺, onde $Z = 2$.

** Este código de letras para valores de ℓ são resquícios de observações das linhas espectrais feitas pelos espectroscopistas, e que eram descritas como *sharp* (fino), *principal*, *difusa* e *fundamental*. Para valores maiores que 3, as letras seguiam a ordem alfabética, começando por g para $\ell = 4$.

ponente de máximo momento angular de $1\hbar$ em qualquer direção. Os comprimentos de onda da luz emitida pelo hidrogênio (e por outros átomos) estão relacionados aos níveis de energia por

$$hf = \frac{hc}{\lambda} = E_i - E_f \qquad 36\text{-}29$$

onde E_i e E_f são as energias dos estados inicial e final.

FUNÇÕES DE ONDA E DENSIDADES DE PROBABILIDADE

As soluções da equação de Schrödinger em coordenadas esféricas são caracterizadas pelos números quânticos n, ℓ e m_ℓ e são escritas como $\psi_{n\ell m_\ell}$. O número quântico principal n pode assumir qualquer um dos valores 1, 2, 3, ... Para cada valor de n, ℓ pode assumir os valores 0, 1, ..., $n-1$, e para cada valor de ℓ, m_ℓ pode assumir os valores $-\ell, -\ell+1, -\ell+2, ..., +\ell$. Portanto, para qualquer valor de n dado, existem n valores possíveis de ℓ, e existem $2\ell + 1$ valores possíveis de m_ℓ. Para o átomo de hidrogênio, a energia depende apenas de n, de modo que existem, em geral, muitas funções de onda diferentes que correspondem à mesma energia (exceto para o estado de mais baixa energia, para o qual $n = 1$, e portanto, ℓ e m_ℓ são ambos iguais a zero.) Estes níveis de energia são, portanto, degenerados (veja a Seção 35-5). As origens desta degenerescência são a dependência com $1/r$ da energia potencial, e o fato de que, na falta de campos externos, não existe nenhuma direção preferencial no espaço.*

O estado fundamental No estado de energia mais baixo, o estado fundamental do hidrogênio, o número quântico principal n tem o valor de 1, ℓ e m_ℓ são ambos iguais a zero. A energia é $-13,6$ eV, e o momento angular é zero. (No modelo de Bohr do átomo, o momento angular no estado fundamental é igual a $\hbar$, e não é zero.) A função de onda para o estado fundamental é

$$\psi_{100} = C_{100} e^{-Zr/a_0} \qquad 36\text{-}30$$

onde

$$a_0 = \frac{\hbar^2}{mke^2} = 0{,}0529 \text{ nm}$$

é o primeiro raio de Bohr e C_{100} é uma constante determinada pela normalização. Em três dimensões, a condição de normalização é

$$\int |\psi|^2 dV = 1$$

onde dV é um elemento de volume e a integração é efetuada sobre todo o espaço. Em coordenadas esféricas, o elemento de volume (Figura 36-8) é

$$dV = (r \operatorname{sen}\theta \, d\phi)(r \, d\theta) dr = r^2 \operatorname{sen}\theta \, d\theta \, d\phi \, dr$$

A integração sobre todo o espaço é feita integrando sobre ϕ, de $\phi = 0$ até $\phi = 2\pi$, sobre θ, de $\theta = 0$ até $\theta = \pi$, e sobre r, de $r = 0$ até $r = \infty$. A condição de normalização é então

$$\int |\psi|^2 dV = \int_0^\infty \left[\int_0^\pi \left(\int_0^{2\pi} |\psi|^2 r^2 \operatorname{sen}\theta \, d\phi \right) d\theta \right] dr$$

$$= \int_0^\infty \left[\int_0^\pi \left(\int_0^{2\pi} C_{100}^2 e^{-2Zr/a_0} r^2 \operatorname{sen}\theta \, d\phi \right) d\theta \right] dr = 1$$

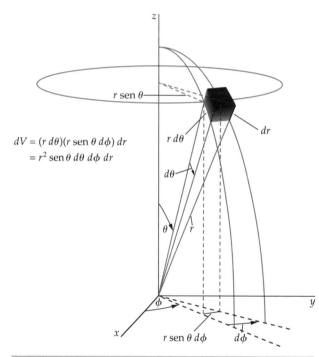

FIGURA 36-8 Elemento de volume em coordenadas esféricas.

---

* Se o spin, efeitos relativísticos, o spin do núcleo e a eletrodinâmica quântica forem considerados, esta degenerescência é levantada.

Como não existe dependência em θ ou ϕ na ψ_{100}, a integral tripla pode ser fatorada no produto de três integrais. Isto leva a

$$\int |\psi|^2 \, dV = \left(\int_0^{2\pi} d\phi \right) \left(\int_0^{\pi} \text{sen}\,\theta \, d\theta \right) \left(\int_0^{\infty} C_{100}^2 e^{-2Zr/a_0} r^2 \, dr \right)$$

$$= 2\pi \cdot 2 \cdot C_{100}^2 \left(\int_0^{\infty} e^{-2Zr/a_0} r^2 \, dr \right) = 1$$

A integral que permanece tem a forma $\int_0^{\infty} x^n e^{-ax} dx$, onde n é um inteiro positivo e $a > 0$. Usando sucessivas operações de integrações por parte*, temos o seguinte resultado

$$\int_0^{\infty} x^n e^{-ax} \, dx = \frac{n!}{a^{n+1}}$$

assim

$$\int_0^{\infty} r^2 e^{-2Zr/a_0} \, dr = \frac{a_0^3}{4Z^3}$$

Então

$$4\pi C_{100}^2 \left(\frac{a_0^3}{4Z^3} \right) = 1$$

assim

$$C_{100} = \frac{1}{\sqrt{\pi}} \left(\frac{Z}{a_0} \right)^{3/2} \qquad 36\text{-}31$$

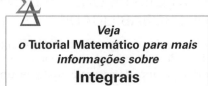

Veja o Tutorial Matemático *para mais informações sobre* **Integrais**

A função de onda do estado fundamental, normalizada, fica

$$\psi_{100} = \frac{1}{\sqrt{\pi}} \left(\frac{Z}{a_0} \right)^{3/2} e^{-Zr/a_0} \qquad 36\text{-}32$$

A probabilidade de encontrar o elétron num volume dV é $|\psi|^2 \, dV$. A densidade de probabilidade $|\psi|^2$ é mostrada na Figura 36-9. Observe que esta densidade de probabilidade tem simetria esférica; isto é, a densidade de probabilidade depende somente de r, e é independente de θ ou ϕ. A densidade de probabilidade é máxima na origem.

Em geral estamos mais interessados na probabilidade de encontrar o elétron em alguma posição radial r entre r e $r + dr$. Esta probabilidade radial $P(r)dr$ é a densidade de probabilidade $|\psi|^2$ multiplicada pelo volume da casca esférica de espessura dr, dado por $dV = 4\pi r^2 dr$. A probabilidade de encontrar o elétron num intervalo entre r e $r + dr$ é então $P(r)dr |\psi|^2 = 4\pi r^2 dr$, e a **densidade de probabilidade radial** é

$$P(r) = 4\pi r^2 |\psi|^2 \qquad 36\text{-}33$$

DENSIDADE DE PROBABILIDADE RADIAL

Para o átomo de hidrogênio no estado fundamental, a densidade de probabilidade radial é

$$P(r) = 4\pi r^2 |\psi|^2 = 4\pi C_{100}^2 r^2 e^{-2Zr/a_0} = 4 \left(\frac{Z}{a_0} \right)^3 r^2 e^{-2Zr/a_0} \qquad 36\text{-}34$$

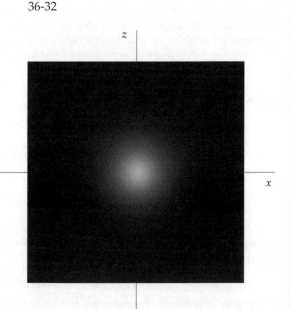

FIGURA 36-9 Imagem gerada por computador da densidade de probabilidade $|\psi|^2$ para o estado fundamental do átomo de hidrogênio. A quantidade $-e|\psi|^2$ pode ser pensada como a densidade de carga eletrônica no átomo. A densidade tem simetria esférica, sendo maior na origem, porém diminui exponencialmente com r.

A Figura 36-10 mostra a densidade de probabilidade radial $P(r)$ como função de r. O valor máximo de $P(r)$ ocorre para $r = a_0/Z$, onde para $Z = 1$ temos o primeiro raio de Bohr. Ao contrário do modelo de Bohr, no qual o elétron permanece numa órbita bem definida em $r = a_0$, vemos que é possível encontrar o elétron a qualquer distância do núcleo. Entretanto, a distância mais provável é a_0 (assumindo $Z = 1$) e a chance de encontrar o elétron em distâncias muito diferentes desta, é pequena. Em algumas circunstâncias é útil imaginar o elétron no átomo como uma nuvem carregada com densidade de cargas $\rho = -e|\psi|^2$, mas devemos lembrar que quando ocorre interação com a matéria, o elétron é sempre observado como uma carga única.

---

* A solução desta integral também pode ser procurada numa tabela de integrais.

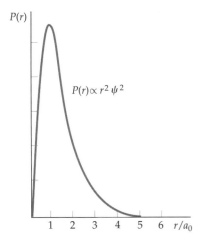

FIGURA 36-10 Densidade de probabilidade radial $P(r)$ versus r/a_0 para o estado fundamental do átomo de hidrogênio. $P(r)$ é proporcional a $r^2\psi^2$. O valor de r para o qual $P(r)$ é máxima é a distância mais provável $r = a_0$.

Exemplo 36-4   Probabilidade de que o Elétron Esteja numa Casca Fina Esférica

Considere um átomo de hidrogênio no seu estado fundamental. Estime a probabilidade de encontrar o elétron numa casca fina esférica com raio interno r e raio externo $r + \Delta r$, onde $\Delta r = 0{,}06a_0$ em (a) $r = a_0$ e (b) $r = 2a_0$.

SITUAÇÃO Como Δr é tão pequeno comparado a r, a variação na densidade de probabilidade radial $P(r)$ na casca pode ser desprezada. A probabilidade de encontrar o elétron num intervalo pequeno Δr é então $P(r)\Delta r$.

SOLUÇÃO

1. Substituir $Z = 1$ e $r = a_0$ na Equação 36-34:

$$P(r)\Delta r = \left[4\left(\frac{1}{a_0}\right)^3 r^2 e^{-2r/a_0}\right]\Delta r$$

$$P(a_0)(0{,}06a_0) = \left[4\left(\frac{1}{a_0}\right)^3 a_0^2 e^{-2}\right](0{,}06a_0) = \boxed{0{,}0325}$$

2. Substituir $Z = 1$ e $r = 2a_0$ na Equação 36-34:

$$P(r)\Delta r = \left[4\left(\frac{1}{a_0}\right)^3 r^2 e^{-2r/a_0}\right]\Delta r$$

$$P(2a_0)(0{,}06a_0) = \left[4\left(\frac{1}{a_0}\right)^3 4a_0^2 e^{-4}\right](0{,}06a_0) = \boxed{0{,}0176}$$

CHECAGEM A probabilidade de encontrar o elétron entre $r = a_0$ e $r = a_0 + 0{,}06a_0$ é maior do que encontrar a partícula entre $r = 2a_0$ e $r = 2a_0 + 0{,}06a_0$, como esperado.

INDO ALÉM O volume de uma casca esférica que tem um raio interno de $2a_0$ e um raio externo de $2a_0 + 0{,}06a_0$ é quase 4 vezes maior que o volume da casca esférica que tem raio interno a_0 e um raio externo de $a_0 + 0{,}06a_0$. Apesar disso, existe aproximadamente uma chance de 3 por cento de encontrar o elétron neste intervalo em $r = a_0$, e em $r = 2a_0$ esta chance é um pouco menor que 2 por cento.

O primeiro estado excitado No primeiro estado excitado do átomo de hidrogênio, n é igual a 2 e ℓ pode ser zero ou 1. Para $\ell = 0$, $m_\ell = 0$, e temos novamente uma função de onda com simetria esférica, agora dada por

$$\psi_{200} = C_{200}\left(2 - \frac{Zr}{a_0}\right)e^{-Zr/(2a_0)} \qquad 36\text{-}35$$

Para $\ell = 1$, m_ℓ pode ser $+1$, 0 ou -1. As funções de onda correspondentes são

$$\psi_{210} = C_{210}\frac{Zr}{a_0}e^{-Zr/(2a_0)}\cos\theta \qquad 36\text{-}36$$

$$\psi_{21\pm 1} = C_{211}\frac{Zr}{a_0}e^{-Zr/(2a_0)}\sen\theta\, e^{\pm i\phi} \qquad 36\text{-}37$$

onde C_{200}, C_{210}, e C_{211} são constantes de normalização. As densidades de probabilidade são dadas por

$$\psi_{200}^2 = C_{200}^2 \left(2 - \frac{Zr}{a_0}\right)^2 e^{-Zr/a_0} \qquad 36\text{-}38$$

$$\psi_{210}^2 = C_{210}^2 \left(\frac{Zr}{a_0}\right)^2 e^{-Zr/a_0} \cos^2\theta \qquad 36\text{-}39$$

$$|\psi_{21\pm1}|^2 = C_{211}^2 \left(\frac{Zr}{a_0}\right)^2 e^{-Zr/a_0} \operatorname{sen}^2\theta \qquad 36\text{-}40$$

As funções de onda e densidades de probabilidade para $\ell \neq 0$ não têm simetria esférica, mas dependem do ângulo θ. As densidades de probabilidade não dependem de ϕ. A Figura 36-11 mostra a densidade de probabilidade $|\psi|^2$ para $n = 2$, $\ell = 0$ e $m_\ell = 0$ (Figura 36-11a); para $n = 2$, $\ell = 1$ e $m_\ell = 0$ (Figura 36-11b); para $n = 2$, $\ell = 1$ e $m_\ell = \pm 1$ (Figura 36-11c). Uma característica importante destes gráficos é de que a nuvem de elétrons tem simetria esférica para $\ell = 0$ e não tem simetria esférica para $\ell \neq 0$. Estas distribuições angulares da densidade de carga eletrônica depende somente dos valores de ℓ e m_ℓ, e não da parte radial da função de onda. Distribuições de carga semelhantes para elétrons de valência de átomos mais complicados têm um papel importante na química das ligações moleculares. (Elétrons na camada mais externa são chamados de **elétrons de valência**.)

A Figura 36-12 mostra a densidade de probabilidade para encontrar o elétron a uma distância r do núcleo para $n = 2$, quando $\ell = 1$ e quando $\ell = 0$. Podemos ver da figura que esta densidade de probabilidade radial depende tanto de ℓ como de n.

Para $n = 1$, encontramos que a distância mais provável entre o elétron e o núcleo é a_0, que é o primeiro raio de Bohr, enquanto para $n = 2$ e $\ell = 1$, a distância mais provável entre o elétron e o núcleo é $4a_0$. Estes são os raios das órbitas para a primeira e

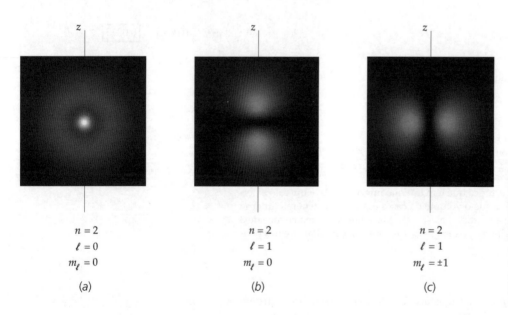

FIGURA 36-11 Imagem gerada por computador das densidades de probabilidade $|\psi|^2$ para o elétron nos estados $n = 2$ do hidrogênio. Todas as três imagens representam figuras de revolução em torno do eixo z. (a) Para $\ell = 0$, $|\psi|^2$ tem simetria esférica. (b) Para $\ell = 1$ e $m_\ell = 0$, $|\psi|^2$ é proporcional ao $\cos^2\theta$. (c) Para $\ell = 1$ e $m_\ell = +1$ ou -1, $|\psi|^2$ é proporcional ao $\operatorname{sen}^2\theta$.

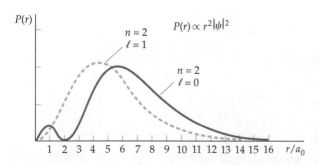

FIGURA 36-12 Densidade de probabilidade radial $P(r)$ versus r/a_0 para os estados $n = 2$ do hidrogênio. Para $\ell = 1$, $P(r)$ é máxima no valor de Bohr $r^2 = 2^2 a_0$. Para $\ell = 0$, existe um máximo perto deste valor e um máximo com intensidade menor, perto da origem.

segunda órbita de Bohr (Equação 36-11). Para $n = 3$ (e $\ell = 2$),* a distância mais provável entre o elétron e o núcleo é $9\, a_0$, que é o raio da terceira órbita de Bohr.

36-5 O EFEITO SPIN–ÓRBITA E A ESTRUTURA FINA

O momento magnético orbital de um elétron num átomo pode ser derivado semi–classicamente, mesmo que sua origem seja na mecânica quântica.** Considere uma partícula de massa m e carga q se movendo com uma velocidade v num círculo de raio r. A magnitude do momento angular orbital da partícula é $L = mvr$, e a magnitude do momento magnético é o produto da corrente pela área do círculo $\mu = IA = I\pi r^2$. Se T é o tempo para que a carga complete uma revolução, a corrente (carga passando por um ponto por unidade de tempo) é q/T. Como o período T é a distância $2\pi r$ dividido pela velocidade v, a corrente é $I = q/T = qv/(2\pi r)$. O momento magnético é então

$$\mu = IA = \frac{qv}{2\pi r}\pi r^2 = \frac{1}{2}qvr = \frac{q}{2m}L$$

onde L/m foi substituído por vr. Se a carga q é positiva, os vetores do momento angular orbital e do momento magnético orbital estão na mesma direção. Podemos então escrever

$$\vec{\mu} = \frac{q}{2m}\vec{L} \qquad\qquad 36\text{-}41$$

A Equação 36-41 é a relação clássica geral entre o momento magnético e o momento angular. Isto também se mantém na teoria quântica do átomo, para o momento angular orbital, mas não se mantém para o momento angular intrínseco de spin do elétron. Para o spin do elétron, o momento magnético é duas vezes aquele previsto pela Equação 36-41.[†] O fator extra de 2 é um resultado da teoria quântica que não tem análogo na mecânica clássica.

O quantum do momento angular é $\hbar$, assim expressamos o momento magnético em termos de $\vec{L}/\hbar$:

$$\vec{\mu} = \frac{q\hbar}{2m}\frac{\vec{L}}{\hbar}$$

Para um elétron, $m = m_e$ e $q = -e$, assim o momento magnético do elétron devido ao seu movimento orbital é

$$\vec{\mu}_\ell = -\frac{e\hbar}{2m_e}\frac{\vec{L}}{\hbar} = -\mu_B\frac{\vec{L}}{\hbar}$$

onde $\mu_B = e\hbar/(2m_e) = 5{,}79 \times 10^{-5}$ eV/T é a unidade quântica do momento magnético chamado de magnéton de Bohr. O momento magnético de um elétron devido ao seu momento angular de spin intrínseco $\vec{S}$ é

$$\vec{\mu}_S = -2\frac{e\hbar}{2m_e}\frac{\vec{S}}{\hbar} = -2\mu_B\frac{\vec{S}}{\hbar}$$

Em geral, um elétron num átomo tem momento angular orbital caracterizado pelo número quântico ℓ e o momento angular de spin caracterizado pelo número quântico s. Sistemas clássicos análogos, que têm os dois tipos de momento angular, são a Terra, que gira em torno de seu eixo de rotação, além de sua revolução em torno do Sol, e um giroscópio que tem momento angular de precessão, além de seu spin.

---

* A correspondência com o modelo de Bohr é maior para o valor máximo de ℓ, que é $n - 1$.

** Este tópico foi apresentado pela primeira vez na Seção 27-5.

[†] Este resultado e o fenômeno do próprio spin do elétron foi previsto em 1927 por Paul Dirac, que combinou relatividade especial e mecânica quântica, chegando a uma equação de onda relativística, chamada de *equação de Dirac*. Medidas precisas indicaram que o momento magnético do elétron devido a seu spin é 2,00232 vezes aquele previsto pela Equação 36-42. O fato de que o momento magnético intrínseco do elétron é aproximadamente o dobro do que se esperaria, torna claro que o modelo simples do elétron como uma bola girando não deve ser tomado literalmente.

O momento angular total $\vec{J}$ é a soma do momento angular $\vec{L}$ e o momento angular de spin $\vec{S}$, onde

$$\vec{J} = \vec{L} + \vec{S} \qquad 36\text{-}42$$

Classicamente, $\vec{J}$ é uma quantidade importante porque o torque resultante num sistema é igual à taxa de variação do momento angular total, e no caso de termos somente forças centrais, o momento angular total é conservado. Para um sistema clássico, a direção do momento angular total $\vec{J}$ não tem restrições e a magnitude de $\vec{J}$ pode ter qualquer valor entre $J_{máx} = L + S$ e $J_{mín} = |L - S|$. Na mecânica quântica, entretanto, as direções de ambos, $\vec{L}$ e $\vec{S}$, são mais restritas e as magnitudes de L e S são ambas quantizadas. Além disso, como $\vec{L}$ e $\vec{S}$, a direção do momento angular total $\vec{J}$ é restrita e a magnitude de $\vec{J}$ é quantizada. Para um elétron que tem um momento angular orbital caracterizado pelo número quântico ℓ e spin $s = \frac{1}{2}$, a magnitude do momento angular total J é igual a $\sqrt{j(j+1)}\hbar$, onde o número quântico j é dado por

$$j = +\tfrac{1}{2} \quad \text{se} \quad \ell = 0$$

e também

$$j = \ell + \tfrac{1}{2} \quad \text{ou} \quad j = \ell - \tfrac{1}{2} \quad \text{se} \quad \ell > 0 \qquad 36\text{-}43$$

A Figura 36-13 é um modelo vetorial ilustrando as duas combinações possíveis $j = \frac{3}{2}$ e $j = \frac{1}{2}$ para o caso de $\ell = 1$. Os comprimentos dos vetores são proporcionais a $\sqrt{\ell(\ell+1)}\hbar$, $\sqrt{s(s+1)}\hbar$ e $\sqrt{j(j+1)}\hbar$. O momento angular de spin e o momento angular orbital são ditos *paralelos* quando $j = \ell + s$ e *antiparalelos*, quando $j = \ell - s$.

Estados atômicos que têm os mesmos valores de n e ℓ, mas valores diferentes de j, têm pequenas diferenças de energia por causa da interação do spin do elétron com seu movimento orbital. Este efeito é chamado de **efeito spin–órbita**. A separação das linhas espectrais que resulta deste efeito é chamada de **separação de estrutura fina**.

Na notação $n\ell_j$, o estado fundamental do átomo de hidrogênio é escrito como $1s_{1/2}$, onde o número 1 indica que $n = 1$, o s indica que $\ell = 0$ e a fração $1/2$ indica que $j = \frac{1}{2}$. Os estados para $n = 2$ podem ter $\ell = 0$ ou $\ell = 1$, e o estado $\ell = 1$ pode ter $j = \frac{3}{2}$ ou $j = \frac{1}{2}$. Estes estados são simbolizados por $2s_{1/2}$, $2p_{3/2}$ e $2p_{1/2}$. Devido ao efeito spin–órbita, os estados $2p_{3/2}$ e $2p_{1/2}$ têm pequenas diferenças em energia resultando numa separação de estrutura fina nas transições $2p_{3/2} \to 2p_{1/2}$ e $2p_{1/2} \to 2s_{1/2}$.

Podemos entender o efeito spin–órbita qualitativamente usando a imagem simples do modelo de Bohr, como mostrado na Figura 36-14. Nesta figura, o elétron se move numa órbita circular em volta de um próton parado. Na Figura 36-14a, o momento angular orbital $\vec{L}$ está para cima. Num sistema de referência inercial no qual o elétron está momentaneamente em repouso (veja Figura 36-14b), o próton está se movendo em ângulos retos em relação à linha que conecta o próton e o elétron. O movimento do próton produz um campo magnético $\vec{B}$ na posição do elétron. A direção de $\vec{B}$ é para cima, paralelo a $\vec{L}$. A energia do elétron depende de seu spin devido ao momento magnético $\vec{\mu}_s$ associado ao spin do elétron. A energia é mais baixa quando $\vec{\mu}_s$ é paralelo a $\vec{B}$ e a energia é mais alta quando $\vec{\mu}_s$ é antiparalelo. Esta energia é dada por (Equação 36-16)

$$U = -\vec{\mu}_s \cdot \vec{B} = -\mu_{s_z} B \approx -\mu_B B \qquad 36\text{-}44^*$$

Como $\vec{\mu}_s$ está numa direção oposta ao seu spin (porque o elétron tem uma carga negativa), a energia é a mais baixa quando o spin $\vec{S}$ é antiparalelo a $\vec{B}$, e portanto, a $\vec{L}$. A energia do estado $2p_{1/2}$ no hidrogênio, onde $\vec{L}$ e $\vec{S}$ são antiparalelos (Figura 36-15), é,

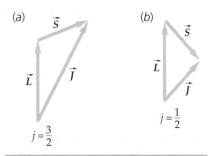

FIGURA 36-13 Diagramas vetoriais ilustrando a adição do momento angular orbital e o momento angular de spin para o caso $\ell = 1$ e $s = \frac{1}{2}$. Existem dois valores possíveis para o número quântico do momento angular total: $j = \ell + s = \frac{3}{2}$ e $j = \ell - s = \frac{1}{2}$.

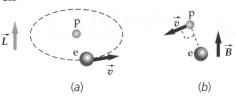

FIGURA 36-14 (a) Um elétron se movendo em torno de um próton numa órbita circular no plano horizontal com momento angular $\vec{L}$. (b) Num sistema de referência inercial no qual o elétron está momentaneamente em repouso existe, no ponto onde o elétron está, um campo magnético $\vec{B}$ direcionado para cima devido ao movimento do próton. Quando o spin do elétron $\vec{S}$ é paralelo a $\vec{S}$ seu momento magnético $\vec{\mu}_s$ é antiparalelo a $\vec{L}$ e $\vec{B}$, assim a energia spin–órbita tem seu maior valor.

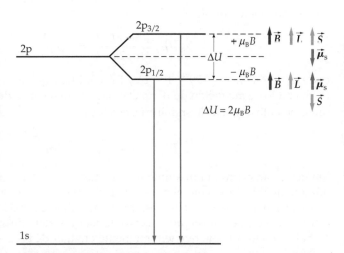

FIGURA 36-15 Diagrama de níveis de energia da estrutura fina. À esquerda, são mostrados os níveis de energia na falta do campo magnético. O efeito do campo é mostrado à direita. Devido à interação spin–órbita, o campo magnético separa o nível $2p$ em dois níveis de energia, com o nível $j = \frac{3}{2}$ tendo energia levemente maior que o nível $j = \frac{1}{2}$. A linha espectral devido à transição $2p \to 1s$ é, portanto, separada em duas linhas com comprimentos de onda um pouco diferentes.

---

* Transferindo a energia do dipolo para o sistema de referência do próton resulta num fator de 2, o qual está incluído neste resultado.

portanto, um pouco mais baixa do que aquela do estado 2p$_{3/2}$, onde $\vec{L}$ e $\vec{S}$ são paralelos.

Exemplo 36-5 Determinando B pela Separação da Estrutura Fina

Como conseqüência da separação da estrutura fina, as energias dos níveis 2p$_{3/2}$ e 2p$_{1/2}$ no hidrogênio diferem por $4,5 \times 10^{-5}$ eV. Se o elétron 2p enxerga um campo magnético interno de magnitude B, a separação da energia de spin–órbita será da ordem de $\Delta E = 2\mu_B B$, onde μ_B é o magnéton de Bohr. A partir disso, estime o campo magnético que o elétron 2p irá sentir.

SITUAÇÃO Use a equação $\Delta E = 2\mu_B B$ substituindo o valor dado de energia e o valor conhecido de μ_B.

SOLUÇÃO

1. Escreva a energia de separação spin–órbita em termos do momento magnético:
$\Delta E = 2\mu_B B$
onde
$\Delta E = 4,5 \times 10^{-5}$ eV

2. Resolva para o campo magnético B:
$$B = \frac{\Delta E}{2\mu_B} = \frac{4,5 \times 10^{-5} \text{ eV}}{2(5,79 \times 10^{-5} \text{ eV/T})} = \boxed{0,389 \text{ T}}$$

36-6 A TABELA PERIÓDICA

Para átomos que têm mais de um elétron, a equação de Schrödinger não pode ser resolvida exatamente. Entretanto, métodos de aproximação eficientes nos permitem calcular os níveis de energia dos átomos e as funções de onda dos elétrons com um alto grau de precisão. Como primeira aproximação, assumimos que os Z elétrons de um átomo não interagem entre si. A equação de Schrödinger pode então ser resolvida, e as funções de onda resultantes são então usadas para calcular as interações entre os elétrons, que, por sua vez, podem ser usadas para se obter uma melhor aproximação para as funções de onda. Como o spin de um elétron pode ter duas componentes possíveis ao longo de um eixo, existe um número quântico adicional m_s, o qual pode ter os valores possíveis de $+\frac{1}{2}$ ou $-\frac{1}{2}$. O estado de cada elétron é então descrito por quatro números quânticos n, ℓ, m_ℓ e m_s, e tais estados são chamados de **estados estacionários**. A energia do elétron é determinada principalmente pelo número quântico principal n (que está relacionado à dependência radial da função de onda) e pelo número quântico do momento angular orbital ℓ. Geralmente, quanto mais baixos forem os valores de n, mais baixa é a energia; e para um dado valor de n, quanto mais baixo for o valor de ℓ, mais baixa é a energia. A dependência da energia com ℓ é devido à interação dos elétrons entre si no átomo. No hidrogênio, temos apenas um elétron e, portanto, a energia é independente de ℓ. A especificação de n, ℓ, m_ℓ e m_s para cada elétron num átomo é chamada de **configuração eletrônica**. Costumeiramente, ℓ é especificado de acordo com o mesmo código usado para identificar os estados do átomo de hidrogênio, em vez de se usar o valor numérico. O código é

	s	p	d	f	g	h
valor de ℓ	0	1	2	3	4	5

Os valores de n são algumas vezes chamados de camadas, que são identificadas por outro código de letras: $n = 1$, denota a camada K*; $n = 2$, a camada L; e assim por diante.

A configuração eletrônica dos átomos está vinculada ao princípio de exclusão de Pauli—dois elétrons num átomo não podem estar no mesmo estado quântico. Isto é, dois elétrons não podem ter o mesmo conjunto de números quânticos n, ℓ, m_ℓ e m_s. Usando o princípio de exclusão e as restrições aos números quânticos discutidas na

CHECAGEM CONCEITUAL 36-1

A tabela lista candidatos para os números quânticos de um elétron num átomo. Quais destes candidatos não são encontrados na natureza?

	n	ℓ	m_ℓ	m_s
(a)	2	2	-1	$+\frac{1}{2}$
(b)	3	2	-1	$+\frac{1}{2}$
(c)	2	-1	-1	$-\frac{1}{2}$
(d)	3	0	1	$+\frac{1}{2}$
(e)	3	1	1	$+\frac{1}{2}$

---

* A designação da camada $n = 1$ como K é geralmente encontrada quando lidamos com níveis de raios X, onde a camada final de uma transição eletrônica é denominada como K, L, M e assim por diante.

seção anterior (n é um número inteiro positivo, ℓ é um inteiro que varia de 0 a $n-1$, m_ℓ pode ter $2\ell + 1$ valores de $-\ell$ a $+\ell$, em passos inteiros, e m_s pode ser $+\frac{1}{2}$ ou $-\frac{1}{2}$), podemos entender muito sobre a estrutura da tabela periódica.

Já discutimos o elemento mais leve, o hidrogênio, que tem somente um elétron. No estado fundamental (energia mais baixa), o elétron tem $n = 1$ e $\ell = 0$, com $m_\ell = 0$ e $m_s = +\frac{1}{2}$ ou $-\frac{1}{2}$. Chamamos este elétron de 1s. O número 1 significa que $n = 1$ e o s significa que $\ell = 0$.

Elétrons de átomos cujos números atômicos são maiores que 1 terão estados que darão a energia total mais baixa consistente com o princípio de exclusão de Pauli.

HÉLIO ($Z = 2$)

O próximo elemento depois do hidrogênio na tabela periódica é o hélio ($Z = 2$); um átomo de hélio tem dois elétrons. No seu estado fundamental, ambos elétrons estão na camada K, onde $n = 1$, $\ell = 0$ e $m_\ell = 0$; um elétron tem $m_s = +\frac{1}{2}$ e o outro tem $m_s = -\frac{1}{2}$. Esta configuração tem energia baixa em relação a qualquer outra configuração de dois elétrons. O spin resultante dos dois elétrons é zero. Como o momento angular orbital é também zero, o momento angular total é zero. A configuração eletrônica para o átomo de hélio é escrita como 1s². O número 1 significa que $n = 1$, o s significa que $\ell = 0$ e o sobrescrito 2 significa que existem dois elétrons nesse estado. Como ℓ pode ser somente zero para $n = 1$, estes dois elétrons preenchem a camada K ($n = 1$). A energia necessária para remover de um átomo o elétron mais fracamente ligado, no estado fundamental, é chamada de **primeira energia de ionização**. Para o átomo de hélio, a primeira energia de ionização é 24,6 eV, que é relativamente grande. O hélio é, portanto, basicamente inerte.

Exemplo 36-6 | Energia de Interação dos Elétrons no Hélio

(a) Use a medida da primeira energia de ionização para calcular a energia de interação dos dois elétrons no estado fundamental do átomo de hélio. (b) Use este resultado para estimar a separação média entre os dois elétrons.

SITUAÇÃO A energia de um elétron no estado fundamental do hélio é dada por $E_n = -Z^2 E_0/n^2$ (Equação 36-26), onde $n = 1$ e $Z = 2$. Se os elétrons não interagem, a energia do segundo elétron também será E_1, a mesma do primeiro elétron. Assim, para um átomo que tem elétrons não-interagentes, a energia de ionização do primeiro elétron removido seria $|E_1|$ e a energia do estado fundamental seria $E_{nint} = 2E_1$. Isto é representado pelo nível de energia mais baixo na Figura 36-16. Por causa da energia de interação, a energia do estado fundamental é maior que $2E_1$, a qual é representada pelo nível mais alto, denominado E_g na figura. A medida da primeira energia de ionização do hélio é 24,6 eV. Quando adicionamos $E_{\text{íon}} = 24{,}6$ eV para ionizar o He, obtemos o hélio ionizado, escrito como He⁺, o qual tem somente um elétron e, portanto, energia E_1.

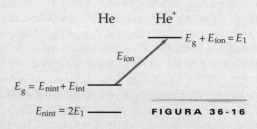

FIGURA 36-16

SOLUÇÃO

(a) 1. A soma da energia de interação E_{int} e a energia de dois elétrons não-interagentes E_{nint} é igual à energia do estado fundamental do hélio:

$E_{int} + E_{nint} = E_g$

2. Resolva para E_{int} e substitua $E_{nint} = 2E_1$:

$E_{int} = E_g - E_{nint} = E_g - 2E_1$

3. Use a Equação 36-26 para calcular a energia E_1 de um elétron no estado fundamental:

$E_n = -Z^2 \dfrac{E_0}{n^2}$

assim

$E_1 = -(2)^2 \dfrac{13{,}6 \text{ eV}}{1^2} = -54{,}4 \text{ eV}$

4. Substitua este valor em E_1:

$E_{int} = E_g - 2E_1 = E_g - 2(-54{,}4 \text{ eV})$
$= E_g + 108{,}8 \text{ eV}$

5. A soma da energia do estado fundamental do He, E_g e a energia de ionização $E_{\text{íon}}$ é igual à energia do estado fundamental do He⁺, que é E_1:

$E_g + E_{\text{íon}} = E_1 = -54{,}4 \text{ eV}$

6. Substitua $E_{\text{íon}} = 24{,}6$ eV para calcular E_g:

$E_g = E_1 - E_{\text{íon}} = -54{,}4 \text{ eV} - 24{,}6 \text{ eV}$
$= -79{,}0 \text{ eV}$

Átomos | **71**

7. Substitua este resultado de E_g para obter E_{int}:

$$E_{int} = E_g + 108{,}8 \text{ eV} = -79{,}0 \text{ eV} + 108{,}8 \text{ eV}$$

$$= \boxed{29{,}8 \text{ eV}}$$

(b) 1. A energia de interação de dois elétrons separados por uma distância r_s é a energia potencial:

$$U = +\frac{ke^2}{r_s}$$

2. Faça U igual a 29,8 eV, e resolva para r em termos de a_0, o raio da primeira órbita de Bohr para o hidrogênio, e use $E_0 = ke^2/(2a_0) = 13{,}6$ eV (Equação 36-16):

$$r_s = \frac{ke^2}{U} = \frac{ke^2}{a_0}\frac{a_0}{U} = 2\frac{ke^2}{2a_0}\frac{a_0}{U} = 2\frac{E_0}{U}a_0$$

$$= 2\frac{13{,}6 \text{ eV}}{29{,}8 \text{ eV}}a_0 = \boxed{0{,}913a_0}$$

CHECAGEM Esta separação é aproximadamente o tamanho do diâmetro d_1 da primeira órbita de Bohr para um elétron no hélio, dada por $d_1 = 2r_1 = 2a_0/Z = a_0$.

LÍTIO ($Z = 3$)

O próximo elemento, o lítio, tem três elétrons. Como a camada K ($n = 1$) do estado fundamental do átomo de lítio está completamente preenchida com dois elétrons, o terceiro elétron ocupa uma camada de energia mais alta. A camada seguinte, com energia mais baixa depois de $n = 1$, é a de $n = 2$, ou camada L. O elétron em $n = 2$ tem uma probabilidade grande de estar muito mais afastado do núcleo do que os dois elétrons em $n = 1$. É muito provável que seja encontrado num raio muito perto da segunda órbita de Bohr, a qual é quatro vezes o raio da primeira órbita de Bohr.

A carga nuclear é parcialmente blindada para o elétron em $n = 2$, pelos dois elétrons em $n = 1$. Lembre que o campo elétrico fora de uma região com densidade de carga com simetria esférica é igual ao campo gerado considerando que toda a carga está concentrada no centro da esfera. Se o elétron em $n = 2$ estiver completamente fora da nuvem de cargas dos dois elétrons em $n = 1$, o campo elétrico que o elétron em $n = 2$ iria enxergar seria aquele de uma carga única $+e$ no centro, resultante da carga nuclear $+3e$ e da carga $-2e$ dos dois elétrons em $n = 1$. Entretanto, a distribuição de probabilidade radial (Equação 36-33) do elétron em $n = 2$ se sobrepõe às distribuições de probabilidade radial dos elétrons em $n = 1$, de modo que o elétron em $n = 2$ tem uma probabilidade pequena, mas finita, de estar mais perto do núcleo do que um ou ambos os elétrons em $n = 1$. Por causa disso, a carga nuclear efetiva $Z'e$ vista pelo elétron em $n = 2$ é um pouco maior do que $+1e$. Conseqüentemente, a energia do elétron em $n = 2$ para uma distância r de uma carga puntiforme $+Z'e$ é dada pela Equação 36-6, onde a carga nuclear $+Z$ é substituída por $+Z'$.

$$E = -\frac{1}{2}\frac{kZ'e^2}{r} \qquad \text{36-45}$$

Quanto maior for a sobreposição das distribuições de probabilidade radial de elétrons com energia mais alta e elétrons com energia mais baixa, maior é a carga nuclear efetiva $Z'e$ vista pelo elétron de mais alta energia, e mais baixa é a energia do elétron de mais alta energia. Como a sobreposição é maior para valores de ℓ perto de zero (veja Figura 36-12), a energia do elétron em $n = 2$ do lítio é mais baixa para o estado s ($\ell = 0$) do que para o estado p ($\ell = 1$). A configuração eletrônica de um átomo de lítio no estado fundamental é, portanto, $1s^2 2s$. A primeira energia de ionização de um átomo de lítio é somente 5,39 eV. Como seu elétron em $n = 2$ está tão fracamente ligado, o lítio é quimicamente ativo. Ele se comporta como um átomo de apenas um elétron, semelhante ao hidrogênio.

Exemplo 36-7 — Carga Nuclear Efetiva para o Elétron do Átomo de Lítio

Vamos supor que a distribuição de probabilidade radial do elétron em $n = 2$ do átomo de lítio no seu estado fundamental não se sobreponha à distribuição de probabilidade dos dois elétrons em $n = 1$; a carga nuclear seria blindada pelos dois elétrons em $n = 1$ e a carga nuclear efetiva seria $Z'e$, onde $Z' = 1$. Então, a energia do elétron em $n = 2$ seria $-(13{,}6 \text{ eV})/2^2 =$

−3,4 eV. Entretanto, a primeira energia de ionização do lítio é 5,39 eV, e não 3,4 eV. Use este fato para calcular a carga nuclear efetiva Z' vista pelo elétron em n = 2 do lítio.

SITUAÇÃO Como o elétron em n = 2 está na camada n = 2, vamos usar r = 4a₀ como sua distância média ao núcleo. Podemos então calcular Z' usando a Equação 36-45. Como r é dado em função de a_0, será conveniente usar o fato de que $E_0 = ke^2/(2a_0) = 13{,}6$ eV (Equação 36-16).

SOLUÇÃO
1. A Equação 36-45 relaciona a energia do elétron em n = 2, a sua distância média r até o núcleo e a carga nuclear efetiva Z':

$$E = -\frac{1}{2}\frac{kZ'e^2}{r}$$

2. Substitua os valores dados r = 4a₀ e E = −5,39 eV:

$$-5{,}39 \text{ eV} = -\frac{1}{2}\frac{kZ'e^2}{4a_0}$$

3. Use $ke^2/(2a_0) = E_0 = 13{,}6$ eV e resolva para Z':

$$-5{,}39 \text{ eV} = -\frac{Z'}{4}\frac{ke^2}{2a_0} = -\frac{Z'}{4}(13{,}6 \text{ eV})$$

assim

$$Z' = 4\frac{5{,}39 \text{ eV}}{13{,}6 \text{ eV}} = \boxed{1{,}59}$$

CHECAGEM Esperávamos que Z' fosse maior que um e certamente menor que 3. O resultado do passo 3 está de acordo com esta expectativa.

INDO ALÉM Este cálculo é interessante, mas não muito rigoroso. Essencialmente usamos o raio (r = 4a₀) para a órbita circular do modelo semiclássico de Bohr e o valor medido para a primeira energia de ionização para calcular a carga nuclear efetiva vista pelo elétron em n = 2. Sabemos, é claro, que este elétron em n = 2 não se move numa órbita circular com raio constante, sendo melhor representado pela densidade de probabilidade $|\psi|^2$ que se sobrepõe à distribuição de probabilidade dos elétrons em n = 1.

Hidrogênio

Carbono

Silício

Ferro

Prata

Európio

BERÍLIO (Z = 4)

A energia do átomo de berílio será um mínimo se ambos os elétrons em n = 2 estiverem no estado 2s. Estes dois elétrons tem n = 2, $\ell = 0$ e $m_\ell = 0$, por causa dos dois possíveis valores do número quântico de spin, m_s. A configuração do átomo de berílio é então 1s²2s².

BORO ATÉ NEÔNIO (Z = 5 ATÉ Z = 10)

Como a subcamada 2s para o estado fundamental do átomo de boro está preenchida, o quinto elétron deve estar na próxima subcamada (energia mais baixa) disponível, que é a subcamada 2p, onde n = 2 e $\ell = 1$. Como existem três valores possíveis de m_ℓ (+1, 0 e −1) e dois valores para m_s para cada valor de m_ℓ, podem existir seis elétrons nesta subcamada. A configuração eletrônica para o átomo de boro é 1s²2s²2p. A configuração eletrônica para os átomos de carbono (Z = 6) até os de neônio (Z = 10) diferem daquela para os átomos de boro somente no número de elétrons na subcamada 2p. A primeira energia de ionização aumenta com Z para estes elementos, alcançando o valor de 21,6 eV para o último elemento no grupo, o neônio. O átomo de neônio tem o número máximo de elétrons permitidos na camada n = 2 e sua configuração eletrônica é 1s²2s²2p⁶. Devido a sua grande primeira energia de ionização, o neônio, como o hélio, é quimicamente inerte. O átomo cujo número atômico é um a menos que o número atômico do neônio é o flúor, que tem um estado eletrônico não ocupado na sua subcamada 2p; isto é, o átomo de flúor pode ter um elétron a mais na subcamada 2p. O flúor facilmente se combina com elementos como o lítio que tem um elétron na sua camada mais alta de energia (isto é, um elétron na camada não preenchida com mais alta energia de um átomo no seu estado fundamental). O lítio,

---

Uma representação esquemática da configuração eletrônica dos átomos. Os estados s com simetria esférica podem ter 2 elétrons e são mostrados nas cores branca e azul. Os estados p têm uma forma de haltere e podem ter até 6 elétrons e são mostrados em laranja. Os estados d podem ter até 10 elétrons e são mostrados num amarelo-esverdeado. Os estados f podem ter até 14 elétrons e são mostrados em púrpura. *(David Parker/ Photo Researchers.)* (Veja o Encarte em cores.)

por exemplo, irá doar seu único elétron de valência para o átomo de flúor formando um íon F⁻ e um íon Li⁺. Estes íons se ligam então para formar o fluoreto de lítio.

SÓDIO ATÉ ARGÔNIO ($Z = 11$ ATÉ $Z = 18$)

O décimo primeiro elétron do estado fundamental do átomo de sódio deve estar na camada $n = 3$. Como os elétrons em $n = 2$ e $n = 1$ blindam este elétron dos efeitos do núcleo, ele é fracamente ligado ao átomo de sódio ($Z = 11$). A primeira energia de ionização do sódio é somente 5,14 eV. Os átomos de sódio, portanto, se combinam facilmente com átomos como o flúor. Com $n = 3$, o valor de ℓ pode ser 0, 1 ou 2. Um elétron 3s tem energia mais baixa que um 3p ou 3d porque a sobreposição de sua densidade de probabilidade com as densidades de probabilidade dos elétrons em $n = 2$ e $n = 1$ é grande. Essa diferença de energia entre as subcamadas para um mesmo valor de n torna-se maior, à medida que o número de elétrons aumenta. A configuração eletrônica do átomo de sódio é $1s^22s^22p^63s^1$. Para elementos cujos átomos têm maiores valores de Z, a subcamada 3s e após a subcamada 3p são ocupadas. Estas duas subcamadas podem acomodar $2 + 6 = 8$ elétrons. A configuração de um átomo de argônio ($Z = 18$) é $1s^22s^22p^63s^23p^6$. Poderíamos esperar que o décimo nono elétron do potássio iria ocupar a terceira subcamada (a camada d onde $\ell = 2$), mas o efeito de sobreposição agora é tão forte que a energia do décimo nono elétron é mais baixa na subcamada 4s do que na subcamada 3d. Existe então outra grande diferença de energia entre o décimo oitavo e o décimo nono elétron do átomo de potássio, e assim o átomo de argônio, com sua subcamada 3p completa, é basicamente estável e inerte.

ELEMENTOS COM $Z > 18$

O décimo nono elétron no átomo de potássio ($Z = 19$) e o vigésimo elétron do cálcio ($Z = 20$) ocupam a subcamada 4s em vez da subcamada 3d. A configuração eletrônica dos átomos dos próximos dez elementos, escândio ($Z = 21$) até zinco ($Z = 30$), diferem somente no número de elétrons da camada 3d, exceto para o átomo de cromo ($Z = 24$) e o de cobre ($Z = 29$), onde cada um tem apenas um elétron em 4s. Estes dez elementos são chamados de **elementos de transição**.

A Figura 36-17 mostra um gráfico das primeiras energias de ionização *versus* Z para $Z = 1$ até $Z = 60$. Os picos para a primeira energia de ionização em $Z = 2, 10, 18, 36$ e 54 marcam camadas ou subcamadas completamente preenchidas. A Tabela 36-1 fornece as configurações eletrônicas dos átomos no estado fundamental até o número atômico 111.

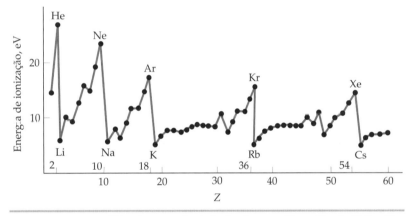

FIGURA 36-17 Primeiras energias de ionização *versus* Z para $Z = 1$ até $Z = 60$. A primeira energia de ionização aumenta com Z até que a camada seja preenchida em $Z = 2, 10, 18, 36$ e 54. Um átomo que tem a camada preenchida e um único elétron de valência, como o sódio ($Z = 11$), tem uma energia de ionização muito baixa porque o elétron de valência é blindado pelos elétrons do caroço.

36-7 ESPECTROS ÓPTICOS E ESPECTROS DE RAIOS X

Quando um átomo está num estado excitado (quando está num estado de energia acima de seu estado fundamental), ele faz transições para estados de energia mais baixa, e fazendo isto, emite radiação eletromagnética. O comprimento de onda da radiação eletromagnética emitida está relacionado aos estados inicial e final pela fórmula de Bohr (Equação 36-17), $\lambda = hc/(E_i - E_f)$, onde E_i e E_f são as energias inicial e final, e h é a constante de Planck. O átomo pode ser excitado para um estado de energia mais alta, bombardeando o átomo com um feixe de elétrons, como num tubo espectral, onde é aplicada alta tensão através dele. Como as energias dos estados excitados de um átomo formam um conjunto discreto (em vez de contínuo), somente alguns comprimentos de onda são emitidos. Esses comprimentos de onda da radiação emitida constituem o espectro de emissão do átomo.

74 | CAPÍTULO 36

Tabela 36-1 — Configurações Eletrônicas dos Átomos nos Seus Estados Fundamentais
Para alguns elementos de terras-raras (Z = 57 até 71) e para os elementos pesados (Z > 89) as configurações não estão firmemente estabelecidas.

| | | Camada (n): | K (1) | L (2) | | M (3) | | | N (4) | | | | O (5) | | | | P (6) | | | Q (7) |
| | | | s | s | p | s | p | d | s | p | d | f | s | p | d | f | s | p | d | s |
Z	Elemento	Subcamada (ℓ):	(0)	(0)	(1)	(0)	(1)	(2)	(0)	(1)	(2)	(3)	(0)	(1)	(2)	(3)	(0)	(1)	(2)	(1)
1	H	hidrogênio	1																	
2	He	hélio	2																	
3	Li	lítio	2	1																
4	Be	berílio	2	2																
5	B	boro	2	2	1															
6	C	carbono	2	2	2															
7	N	nitrogênio	2	2	3															
8	O	oxigênio	2	2	4															
9	F	flúor	2	2	5															
10	Ne	neônio	2	2	6															
11	Na	sódio	2	2	6	1														
12	Mg	magnésio	2	2	6	2														
13	Al	alumínio	2	2	6	2	1													
14	Si	silício	2	2	6	2	2													
15	P	fósforo	2	2	6	2	3													
16	S	enxofre	2	2	6	2	4													
17	Cl	cloro	2	2	6	2	5													
18	Ar	argônio	2	2	6	2	6													
19	K	potássio	2	2	6	2	6	.	1											
20	Ca	cálcio	2	2	6	2	6	.	2											
21	Sc	escândio	2	2	6	2	6	1	2											
22	Ti	titânio	2	2	6	2	6	2	2											
23	V	vanádio	2	2	6	2	6	3	2											
24	Cr	cromo	2	2	6	2	6	5	1											
25	Mn	manganês	2	2	6	2	6	5	2											
26	Fe	ferro	2	2	6	2	6	6	2											
27	Co	cobalto	2	2	6	2	6	7	2											
28	Ni	níquel	2	2	6	2	6	8	2											
29	Cu	cobre	2	2	6	2	6	10	1											
30	Zn	zinco	2	2	6	2	6	10	2											
31	Ga	gálio	2	2	6	2	6	10	2	1										
32	Ge	germânio	2	2	6	2	6	10	2	2										
33	As	arsênio	2	2	6	2	6	10	2	3										
34	Se	selênio	2	2	6	2	6	10	2	4										
35	Br	bromo	2	2	6	2	6	10	2	5										
36	Kr	criptônio	2	2	6	2	6	10	2	6										
37	Rb	rubídio	2	2	6	2	6	10	2	6	.	.	1							
38	Sr	estrôncio	2	2	6	2	6	10	2	6	.	.	2							
39	Y	ítrio	2	2	6	2	6	10	2	6	1	.	2							
40	Zr	zircônio	2	2	6	2	6	10	2	6	2	.	2							
41	Nb	nióbio	2	2	6	2	6	10	2	6	4	.	1							
42	Mo	molibdênio	2	2	6	2	6	10	2	6	5	.	1							

(continua)

Tabela 36-1 Continuação

Átomos | **75**

			Camada (n):	K (1)	L (2)		M (3)			N (4)				O (5)				P (6)			Q (7)
				s	s	p	s	p	d	s	p	d	f	s	p	d	f	s	p	d	s
Z	Elemento	Subcamada (ℓ):		(0)	(0)	(1)	(0)	(1)	(2)	(0)	(1)	(2)	(3)	(0)	(1)	(2)	(3)	(0)	(1)	(2)	(1)
43	Tc	tecnécio		2	2	6	2	6	10	2	6	6	.	1							
44	Ru	rutênio		2	2	6	2	6	10	2	6	7	.	1							
45	Rh	ródio		2	2	6	2	6	10	2	6	8	.	1							
46	Pd	paládio		2	2	6	2	6	10	2	6	10	.	.							
47	Ag	prata		2	2	6	2	6	10	2	6	10	.	1							
48	Cd	cádmio		2	2	6	2	6	10	2	6	10	.	2							
49	In	índio		2	2	6	2	6	10	2	6	10	.	2	1						
50	Sn	estanho		2	2	6	2	6	10	2	6	10	.	2	2						
51	Sb	antimônio		2	2	6	2	6	10	2	6	10	.	2	3						
52	Te	telúrio		2	2	6	2	6	10	2	6	10	.	2	4						
53	I	iodo		2	2	6	2	6	10	2	6	10	.	2	5						
54	Xe	xenônio		2	2	6	2	6	10	2	6	10	.	2	6						
55	Cs	césio		2	2	6	2	6	10	2	6	10	.	2	6	.	.	1			
56	Ba	bário		2	2	6	2	6	10	2	6	10	.	2	6	.	.	2			
57	La	lantânio		2	2	6	2	6	10	2	6	10	.	2	6	1	.	2			
58	Ce	cério		2	2	6	2	6	10	2	6	10	1	2	6	1	.	2			
59	Pr	praseodímio		2	2	6	2	6	10	2	6	10	3	2	6	.	.	2			
60	Nd	neodímio		2	2	6	2	6	10	2	6	10	4	2	6	.	.	2			
61	Pm	promécio		2	2	6	2	6	10	2	6	10	5	2	6	.	.	2			
62	Sm	samário		2	2	6	2	6	10	2	6	10	6	2	6	.	.	2			
63	Eu	európio		2	2	6	2	6	10	2	6	10	7	2	6	.	.	2			
64	Gd	gadolínio		2	2	6	2	6	10	2	6	10	7	2	6	1	.	2			
65	Tb	térbio		2	2	6	2	6	10	2	6	10	9	2	6	.	.	2			
66	Dy	disprósio		2	2	6	2	6	10	2	6	10	10	2	6	.	.	2			
67	Ho	hólmio		2	2	6	2	6	10	2	6	10	11	2	6	.	.	2			
68	Er	érbio		2	2	6	2	6	10	2	6	10	12	2	6	.	.	2			
69	Tm	túlio		2	2	6	2	6	10	2	6	10	13	2	6	.	.	2			
70	Yb	itérbio		2	2	6	2	6	10	2	6	10	14	2	6	.	.	2			
71	Lu	lutécio		2	2	6	2	6	10	2	6	10	14	2	6	1	.	2			
72	Hf	háfnio		2	2	6	2	6	10	2	6	10	14	2	6	2	.	2			
73	Ta	tântalo		2	2	6	2	6	10	2	6	10	14	2	6	3	.	2			
74	W	tungstênio (volfrâmio)	2	2	6	2	6	10	2	6	10	14	2	6	4	.	2			
75	Re	rênio		2	2	6	2	6	10	2	6	10	14	2	6	5	.	2			
76	Os	ósmio		2	2	6	2	6	10	2	6	10	14	2	6	6	.	2			
77	Ir	irídio		2	2	6	2	6	10	2	6	10	14	2	6	7	.	2			
78	Pt	platina		2	2	6	2	6	10	2	6	10	14	2	6	9	.	1			
79	Au	ouro		2	2	6	2	6	10	2	6	10	14	2	6	10	.	1			
80	Hg	mercúrio		2	2	6	2	6	10	2	6	10	14	2	6	10	.	2			
81	Tl	tálio		2	2	6	2	6	10	2	6	10	14	2	6	10	.	2	1		
82	Pb	chumbo		2	2	6	2	6	10	2	6	10	14	2	6	10	.	2	2		
83	Bi	bismuto		2	2	6	2	6	10	2	6	10	14	2	6	10	.	2	3		
84	Po	polônio		2	2	6	2	6	10	2	6	10	14	2	6	10	.	2	4		
85	At	astatínio		2	2	6	2	6	10	2	6	10	14	2	6	10	.	2	5		
86	Rn	radônio		2	2	6	2	6	10	2	6	10	14	2	6	10	.	2	6		
87	Fr	frâncio		2	2	6	2	6	10	2	6	10	14	2	6	10	.	2	6	.	1
88	Ra	rádio		2	2	6	2	6	10	2	6	10	14	2	6	10	.	2	6	.	2

(continua)

Tabela 36-1 — Continuação

Z	Elemento	Subcamada (ℓ):	K (1) s (0)	L (2) s (0)	L (2) p (1)	M (3) s (0)	M (3) p (1)	M (3) d (2)	N (4) s (0)	N (4) p (1)	N (4) d (2)	N (4) f (3)	O (5) s (0)	O (5) p (1)	O (5) d (2)	O (5) f (3)	P (6) s (0)	P (6) p (1)	P (6) d (2)	Q (7) s (1)
89	Ac	actínio	2	2	6	2	6	10	2	6	10	14	2	6	10	.	2	6	1	2
90	Th	tório	2	2	6	2	6	10	2	6	10	14	2	6	10	.	2	6	2	2
91	Pa	protactínio	2	2	6	2	6	10	2	6	10	14	2	6	10	2	2	6	1	2
92	U	urânio	2	2	6	2	6	10	2	6	10	14	2	6	10	3	2	6	1	2
93	Np	netúnio	2	2	6	2	6	10	2	6	10	14	2	6	10	4	2	6	1	2
94	Pu	plutônio	2	2	6	2	6	10	2	6	10	14	2	6	10	6	2	6	.	2
95	Am	amerício	2	2	6	2	6	10	2	6	10	14	2	6	10	7	2	6	.	2
96	Cm	cúrio	2	2	6	2	6	10	2	6	10	14	2	6	10	7	2	6	1	2
97	Bk	berquélio	2	2	6	2	6	10	2	6	10	14	2	6	10	9	2	6	.	2
98	Cf	califórnio	2	2	6	2	6	10	2	6	10	14	2	6	10	10	2	6	.	2
99	Es	einsteinio	2	2	6	2	6	10	2	6	10	14	2	6	10	11	2	6	.	2
100	Fm	férmio	2	2	6	2	6	10	2	6	10	14	2	6	10	12	2	6	.	2
101	Md	mendelévio	2	2	6	2	6	10	2	6	10	14	2	6	10	13	2	6	.	2
102	No	nobélio	2	2	6	2	6	10	2	6	10	14	2	6	10	14	2	6	.	2
103	Lr	laurêncio	2	2	6	2	6	10	2	6	10	14	2	6	10	14	2	6	1	2
104	Rf	ruterfódio	2	2	6	2	6	10	2	6	10	14	2	6	10	14	2	6	2	2
105	Db	dúbnio	2	2	6	2	6	10	2	6	10	14	2	6	10	14	2	6	3	2
106	Sg	seabórgio	2	2	6	2	6	10	2	6	10	14	2	6	10	14	2	6	4	2
107	Bh	bóhrio	2	2	6	2	6	10	2	6	10	14	2	6	10	14	2	6	5	2
108	Hs	hássio	2	2	6	2	6	10	2	6	10	14	2	6	10	14	2	6	6	2
109	Mt	meitnério	2	2	6	2	6	10	2	6	10	14	2	6	10	14	2	6	7	2
110	Ds	darmstádio	2	2	6	2	6	10	2	6	10	14	2	6	10	14	2	6	9	1
111	Rg	roentgênio	2	2	6	2	6	10	2	6	10	14	2	6	10	14	2	6	10	1

ESPECTROS ÓPTICOS

Para entender os espectros atômicos precisamos entender os estados excitados dos átomos. A situação para um átomo que tem muitos elétrons é, em geral, muito mais complicada do que aquela para o átomo de hidrogênio, que tem apenas um elétron. Um estado excitado do átomo pode envolver uma mudança no estado ocupado, por qualquer um dos elétrons, ou mesmo dois ou mais elétrons. Por sorte, na maioria dos casos, o estado excitado de um átomo envolve a excitação de apenas um dos elétrons do átomo. As energias de excitação dos elétrons de valência de um átomo são da ordem de alguns elétrons-volt. As transições envolvendo estes elétrons resultam em fótons nas proximidades ou no visível, constituindo o **espectro óptico**. (Lembre que as energias dos fótons no visível variam de aproximadamente 1,5 eV até 3,0 eV.) As energias de excitação freqüentemente podem ser calculadas usando um modelo simples no qual o átomo pode ser representado como constituído de um único elétron mais um caroço estável que contém o núcleo e os outros elétrons. Este modelo funciona particularmente bem para os metais alcalinos: Li, Na, K, Rb e Cs. Estes elementos estão na primeira coluna da tabela periódica. Os espectros ópticos destes elementos são semelhantes ao espectro óptico do hidrogênio.

A Figura 36-18 mostra um diagrama de níveis de energia para as transições ópticas de um átomo de sódio, cujos elétrons formam um caroço de neônio mais um elétron. Como o momento angular total de spin do caroço é nulo, o spin de cada átomo de sódio é $\frac{1}{2}$ (o spin do elétron de valência). Devido ao efeito spin–órbita, os estados atômicos para os quais $J = L - \frac{1}{2}$, têm uma pequena diferença em energia em relação aos estados para os quais $J = L + \frac{1}{2}$ (exceto para estados com $L = 0$). Cada estado (exceto os estados com $L = 0$) é separado, portanto, em dois estados, chamado de dubleto. A separação de energia no dubleto é muito pequena e não é visível na escala de energia deste diagrama. Na notação espectroscópica usual, esses estados são identificados com um sobrescrito dado por $2S + 1$, seguido por uma letra indicando o momento angular orbital, seguido por um subscrito indicando o momento angular total J. Para estados que têm um momento angular total de spin $S = \frac{1}{2}$ o sobrescrito é 2, indicando que o estado é um dubleto. Então, $^2P_{3/2}$, lido como "dubleto P três meios", identifica um estado no qual $L = 1$ e $J = \frac{3}{2}$. (Os estados $L = 0$, ou S, são costumeiramente identificados como dubletos, embora não o sejam.) Para o átomo de sódio, no primeiro estado excitado, o elétron é excitado do nível 3s para o nível 3p, o que é aproximadamente 2,1 eV acima do estado fundamental. A diferença de energia entre os estados $P_{3/2}$ e $P_{1/2}$ devido ao efeito spin–órbita é aproximadamente 0,002 eV. As transições destes estados para o estado fundamental dão o conhecido dubleto amarelo do sódio.

$$3p(^2P_{1/2}) \rightarrow 3s(^2S_{1/2}) \qquad \lambda = 589{,}6 \text{ nm}$$
$$3p(^2P_{3/2}) \rightarrow 3s(^2S_{1/2}) \qquad \lambda = 589{,}0 \text{ nm}$$

Os níveis de energia e espectros de outros átomos de metais alcalinos são semelhantes àqueles do sódio. O espectro óptico para átomos como hélio, berílio e magnésio, que tem dois elétrons de valência, é consideravelmente mais complexo devido à interação entre os dois elétrons.

ESPECTROS DE RAIOS X

Raios X geralmente são produzidos no laboratório através do bombardeio de um elemento-alvo, por um feixe de elétrons de alta energia, num tubo de raios X. O resultado (Figura 36-19) consiste em um espectro contínuo que depende apenas da energia do feixe de elétrons, e de um espectro de linha que é característico do elemento-alvo. O espectro característico é resultado da excitação de elétrons do caroço do elemento-alvo.

A energia necessária para excitar um elétron do caroço — por exemplo, um elétron no estado $n = 1$ (camada K) — é muito maior que a energia requerida para excitar um elétron de valência. Um elétron do caroço não pode ser excitado para qualquer um dos estados completamente preenchidos (por exemplo, os estados $n - 2$ num átomo com $Z \geq 10$) devido ao princípio de exclusão de Pauli. A energia necessária para excitar um elétron do caroço para um estado não ocupado é tipicamente da ordem de milhares de elétrons-volt. Se um elétron for arrancado da camada $n = 1$ (camada K), irá deixar um lugar vazio nesta camada. Este lugar vazio pode ser preenchido se um elétron numa camada de maior energia faz uma transição para a camada K. Os fótons emitidos quando os elétrons fazem estas transições também têm energias da ordem de milhares de elétrons-volt e produzem picos finos no espectro de raios X, como mostrado na Figura 36-19. A linha espectral K_α surge das transições da camada $n = 2$ (camada L) para a camada $n = 1$ (camada K). A linha espectral K_β surge das transições da camada $n = 3$ para a camada $n = 1$. Estas e outras linhas surgem de transições que terminam na camada $n = 1$ gerando a série K do espectro de raios X característico do elemento-alvo. Do mesmo modo, uma segunda série, a série L, é produzida pelas transições de estados de energia mais alta para o lugar vago na camada $n = 2$ (L). As letras K, L, M, e assim por diante, indicam a camada final do elétron que fez as transições e as letras α, β etc. indicam o número das camadas acima da camada final para o estado inicial do elétron.

Em 1913, o físico inglês Henry Moseley mediu o comprimento de onda característico K_α dos espectros de raios X de cerca de 40 elementos. Usando estes dados, Moseley mostrou que, fazendo um gráfico de $\lambda^{-1/2}$ *versus* a ordem na qual os elementos apareciam na tabela periódica, resultava numa linha reta (com alguns intervalos e poucos pontos fora da linha). A partir dos seus dados, Moseley foi capaz de determinar com bastante precisão o número atômico Z para cada elemento conhecido, e prever a existência de alguns elementos, que mais tarde foram descobertos. A equação que representa a linha reta deste gráfico é dada por

$$\frac{1}{\sqrt{\lambda_{K_\alpha}}} = a(Z - 1)$$

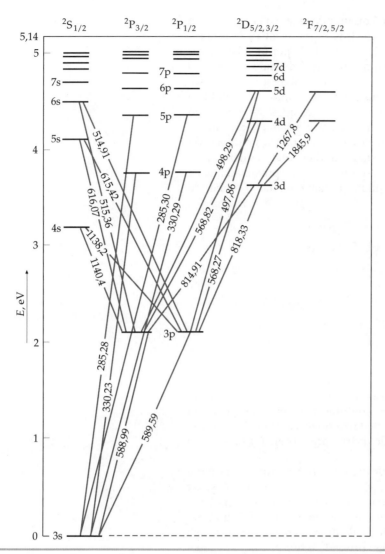

FIGURA 36-18 Diagrama de níveis de energia para o sódio. As linhas diagonais mostram as transições ópticas observadas, onde os comprimentos de onda são dados em nanômetros. A energia do estado fundamental foi escolhida como o ponto nulo para a escala à esquerda.

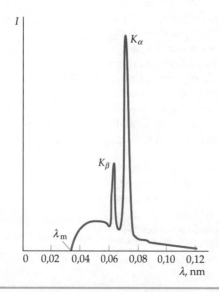

FIGURA 36-19 Espectro de raios X para o molibdênio. Os picos finos identificados como K_α e K_β são característicos do elemento. O comprimento de onda de corte λ_m é independente do elemento do alvo, mas está relacionado à tensão V no tubo de raios X pela expressão $\lambda_m = hc/eV$.

Átomos | **79**

O trabalho de Bohr e Moseley pode ser combinado para obter uma equação que relacione o comprimento de onda do fóton emitido e o número atômico. De acordo com o modelo de Bohr para átomos com um elétron (veja Equação 36-13), o comprimento de onda do fóton emitido quando o elétron faz a transição de um estado $n = 2$ para $n = 1$, é dada por

$$\frac{1}{\lambda} = Z^2 \frac{E_0}{hc}\left(1 - \frac{1}{2^2}\right)$$

onde $E_0 = 13,6$ eV é a energia de ligação do átomo de hidrogênio no seu estado fundamental. Extraindo a raiz quadrada nos dois lados desta equação, temos

$$\frac{1}{\sqrt{\lambda_{K_\alpha}}} = \left[\frac{E_0}{hc}\left(1 - \frac{1}{2^2}\right)\right]^{1/2} Z$$

A equação de Moseley e esta equação estão de acordo se $Z - 1$ for substituído por Z na equação de Bohr e $a = 3E_0/(4hc)$. Este resultado levanta a questão, por que um fator de $Z - 1$ em vez de um fator de Z? Uma parte da explicação está no fato de que a fórmula da teoria de Bohr ignora o efeito de blindagem da carga nuclear. Num átomo com muitos elétrons, os elétrons no estado $n = 2$ são eletricamente blindados da carga nuclear pelos dois elétrons do estado $n = 1$, deste modo os elétrons do estado $n = 2$ são atraídos por uma carga nuclear efetiva de aproximadamente $(Z - 2)e$. Entretanto, quando existir apenas um elétron na camada K, os elétrons em $n = 2$ são atraídos por uma carga nuclear efetiva de aproximadamente $(Z - 1)e$. Quando um elétron de um estado n cai no estado vazio da camada $n = 1$, um fóton é emitido com energia $E_n - E_1$. Para $n = 2$, o comprimento de onda deste fóton é

$$\lambda_{K_\alpha} = \frac{hc}{(Z - 1)^2 E_0\left(1 - \dfrac{1}{2^2}\right)} \qquad 36\text{-}46$$

a qual é obtida a partir da equação anterior, substituindo Z por $Z - 1$.

Exemplo 36-8 · Identificando um Elemento Usando a Linha de Raios X K_α

O comprimento de onda da linha K_α de raios X para um certo elemento é $\lambda = 0,0721$ nm. Que elemento é este?

SITUAÇÃO A linha K_α corresponde a uma transição de $n = 2$ para $n = 1$. O comprimento de onda está relacionado ao número atômico Z pela Equação 36-46.

SOLUÇÃO

1. Resolva a Equação 36-46 para $(Z - 1)^2$:

$$\lambda_{K_\alpha} = \frac{hc}{(Z - 1)^2 E_0\left(1 - \dfrac{1}{2^2}\right)}$$

assim

$$(Z - 1)^2 = \frac{4hc}{3\lambda_{K_\alpha} E_0}$$

2. Substitua os dados e resolva para Z:

$$(Z - 1)^2 = \frac{4(1240 \text{ eV} \cdot \text{nm})}{3(0,0721 \text{ nm})(13,6 \text{ eV})} = 1686$$

assim

$$Z = 1 + \sqrt{1686} = 42,06$$

3. Como Z é um número inteiro, arredondamos para o inteiro mais próximo:

$$Z = 42$$

O elemento é molibdênio.

CHECAGEM Dos átomos encontrados na natureza o que tem o maior número atômico é o urânio, com $Z = 92$. É esperado, portanto, que no passo 3 encontremos um número maior que zero e menor que 93.

80 | CAPÍTULO 36

Resumo

1. O modelo de Bohr é importante porque foi o primeiro modelo a ter sucesso ao explicar o espectro óptico discreto dos átomos em termos da quantização de energia. Ele foi substituído pelo modelo da mecânica quântica.
2. A teoria quântica dos átomos origina-se da aplicação da equação de Schrödinger a um sistema ligado que é constituído por um núcleo com carga $+Ze$ e Z elétrons com carga $-e$.
3. Para o átomo de hidrogênio, um átomo que é constituído por um próton e um elétron, a equação de Schrödinger independente do tempo pode ser resolvida exatamente para obter as funções de onda ψ, que dependem dos números quânticos n, ℓ, m_ℓ e m_s.
4. A configuração eletrônica dos átomos é governada pelo princípio de exclusão de Pauli — dois elétrons num átomo não podem ter o mesmo conjunto de números quânticos n, ℓ, m_ℓ e m_s. Usando o princípio de exclusão e as restrições aos números quânticos, pode-se ter um bom entendimento sobre a estrutura da tabela periódica.

TÓPICO	EQUAÇÕES RELEVANTES E OBSERVAÇÕES	
1. O Modelo de Bohr do Átomo de Hidrogênio		
Postulados para o átomo de hidrogênio		
Órbitas não-irradiantes	A idéia de que um elétron se move numa órbita circular em torno do próton e não irradia.	
A freqüência do fóton a partir da conservação de energia	$f = \dfrac{E_\mathrm{i} - E_\mathrm{f}}{h}$	36-7
Momento angular quantizado	$L_n = mv_n r_n = n\hbar \qquad n = 1, 2, 3, \ldots$	36-9
Primeiro raio de Bohr	$a_0 = \dfrac{\hbar^2}{mke^2} = 0{,}0529 \text{ nm}$	36-12
Raios das órbitas de Bohr	$r_n = n^2 \dfrac{a_0}{Z}$	36-11
Níveis de energia para átomos do tipo hidrogênio	$E_n = -Z^2 \dfrac{E_0}{n^2}$	36-15
onde	$E_0 = -\dfrac{mk^2 e^4}{2\hbar^2} = \dfrac{1}{2} \dfrac{ke^2}{a_0} = 13{,}6 \text{ eV}$	36-16
Comprimentos de onda emitidos pelo átomo de hidrogênio	$\lambda = \dfrac{c}{f} = \dfrac{hc}{E_\mathrm{i} - E_\mathrm{f}} = \dfrac{1240 \text{ eV} \cdot \text{nm}}{E_\mathrm{i} - E_\mathrm{f}}$	36-17, 36-18
2. Teoria Quântica dos Átomos	O elétron é descrito por uma função de onda ψ que é a solução da equação de Schrödinger. A quantização de energia das condições de onda estacionária. ψ é descrita pelos números quânticos, principal, orbital e magnético n, ℓ e m_ℓ, e o número quântico de spin $m_s = \pm\frac{1}{2}$.	
Equação de Schrödinger independente do tempo	$-\dfrac{\hbar^2}{2m} \left(\dfrac{\partial^2 \psi}{\partial x^2} + \dfrac{\partial^2 \psi}{\partial y^2} + \dfrac{\partial^2 \psi}{\partial z^2} \right) + U\psi = E\psi$	36-19
Para um átomo isolado, as soluções podem ser escritas como um produto de funções de r, θ e ϕ, separadamente	$\psi(r, \theta, \phi) = R(r)f(\theta)g(\phi)$	36-21
Números quânticos em coordenadas esféricas		
Número quântico principal	$n = 1, 2, 3, \ldots$	
Número quântico orbital	$\ell = 0, 1, 2, 3, \ldots, n - 1$	
Número quântico magnético	$m_\ell = -\ell, (-\ell + 1), \ldots, 0, \ldots, (\ell + 1), \ell$	36-22

Átomos | **81**

TÓPICO	**EQUAÇÕES RELEVANTES E OBSERVAÇÕES**

Momento angular orbital

$$L = \sqrt{\ell(\ell + 1)}\hbar$$

36-23

Componente z do momento angular orbital

$$L_z = m_\ell \hbar$$

36-24

3. Teoria Quântica do Átomo de Hidrogênio

Níveis de energia para átomos do tipo do hidrogênio (os mesmos dados pelo modelo de Bohr)

$$E_n = -Z^2 \frac{E_0}{n^2} \qquad n = 1, 2, 3, \ldots$$

36-26

onde

$$E_0 = -\frac{mk^2e^4}{2\hbar^2} = 13,6 \text{ eV}$$

36-27

Comprimentos de onda emitidos pelo átomo de hidrogênio (mesmos que os do modelo de Bohr)

$$\lambda = \frac{c}{f} = \frac{hc}{E_i - E_f} = \frac{1240 \text{ eV} \cdot \text{nm}}{E_i - E_f}$$

36-17, 36-18

Funções de onda

O estado fundamental

$$\psi_{100} = C_{100} e^{-Zr/a_0} = \frac{1}{\sqrt{\pi}} \left(\frac{Z}{a_0} \right)^{3/2} e^{-Zr/a_0}$$

36-30, 36-32

O primeiro estado excitado

$$\psi_{200} = C_{200} \left(2 - \frac{Zr}{a_0} \right) e^{-Zr/2a_0}$$

36-35

$$\psi_{210} = C_{210} \frac{Zr}{a_0} e^{-Zr/2a_0} \cos\theta$$

36-36

$$\psi_{21\pm1} = C_{21\pm1} \frac{Zr}{a_0} e^{-Zr/2a_0} \operatorname{sen}\theta \; e^{\pm i\phi}$$

36-37

Densidades de probabilidade

Para $\ell = 0$, $|\psi|^2$ tem simetria esférica. Para $\ell > 0$, $|\psi|^2$ depende do ângulo θ.

Densidade de probabilidade radial

$$P(r) = 4\pi r^2 |\psi|^2$$

36-33

A densidade de probabilidade radial é máxima para distâncias correspondentes a aproximadamente as órbitas de Bohr.

4. O Efeito Spin–Órbita e a Estrutura Fina

O momento angular total de um elétron num átomo é uma combinação do momento angular orbital e do momento angular de spin. Ele é caracterizado pelo número quântico j, que pode ser dado por $|\ell - \frac{1}{2}|$ ou $\ell + \frac{1}{2}$. Devido à interação entre os momentos magnéticos orbital e de spin, o estado $j = |\ell - \frac{1}{2}|$ tem energia mais baixa que o estado $j = \ell \frac{1}{2}$, para $\ell > 0$. Este pequeno desdobramento nos estados de energia dá origem a um pequeno desdobramento nas linhas espectrais, chamado de estrutura fina.

5. A Tabela Periódica

Um átomo de um elemento tem Z elétrons, onde Z é o número atômico do elemento. Para um átomo no estado fundamental, os elétrons estão nos estados de mais baixa energia, consistentes com o princípio de exclusão de Pauli. O estado de um átomo é descrito pela sua configuração eletrônica, que dá valores de n e ℓ para cada elétron. Os valores de ℓ são especificados por um código:

	s	p	d	f	g	h
valor de ℓ	0	1	2	3	4	5

Princípio de exclusão de Pauli

Dois elétrons num átomo não podem ter o mesmo conjunto de valores de números quânticos n, ℓ, m_ℓ e m_s.

6. Espectros Atômicos

Os espectros atômicos incluem os espectros ópticos e os espectros de raios X. Os espectros ópticos resultam de transições entre níveis de energia de um único elétron de valência que se move no campo do núcleo e dos elétrons do caroço do átomo. O espectro de raios X característico resulta da excitação de um elétron do caroço seguido de um preenchimento desta vacância por outros elétrons do átomo.

Regras de seleção

As transições entre estados de energia com a emissão de um fóton são governadas pelas seguintes regras de seleção:

$$\Delta m_\ell = 0 \qquad \text{ou} \qquad \Delta m_\ell = \pm 1$$

36-28

$$\Delta\ell = \pm 1$$

82 | CAPÍTULO 36

Resposta da Checagem Conceitual

36-1   (*a*), (*c*) e (*d*)

Respostas dos Problemas Práticos

36-1   91,2 nm

36-2 $-4, -3, -2, -1, 0, 1, 2, 3, 4$

Problemas

Em alguns problemas, você recebe mais dados do que necessita; em alguns outros, você deve acrescentar dados de seus conhecimentos gerais, fontes externas ou estimativas bem fundamentadas.

Interprete como significativos todos os algarismos de valores numéricos que possuem zeros em seqüência sem vírgulas decimais.

- • Um só conceito, um só passo, relativamente simples
- •• Nível intermediário, pode requerer síntese de conceitos
- ••• Desafiante, para estudantes avançados
  Problemas consecutivos sombreados são problemas pareados.

PROBLEMAS CONCEITUAIS

1 • Para o átomo de hidrogênio, quando *n* aumenta , o espaçamento entre níveis de energia adjacentes num diagrama de níveis de energia aumenta ou diminui?

2 • A energia do estado fundamental do lítio duplamente ionizado ($Z = 3$) é _____, onde $E_0 = 13,6$ eV. (*a*) $-9E_0$, (*b*) $-3E_0$, (*c*) $-E_0/3$, (*d*) $-E_0/9$.

3 • A condição quântica de Bohr para a órbita do elétron requer que (*a*) o momento angular orbital do elétron para o átomo de hidrogênio seja igual a $n\hbar$, onde *n* é um inteiro, (*b*) não mais que um elétron ocupe um dado estado, (*c*) o elétron faça uma trajetória em espiral na direção do núcleo enquanto emite ondas eletromagnéticas, (*d*) as energias de um elétron no átomo de hidrogênio sejam iguais a nE_0, onde E_0 é uma constante e *n* é um número inteiro, (*e*) nenhuma das respostas anteriores.

4 • De acordo com o modelo de Bohr, se um elétron se move numa órbita maior, a energia total do elétron aumenta ou diminui? A energia cinética do elétron aumenta ou diminui?

5 • De acordo com o modelo de Bohr, a energia cinética do elétron no estado fundamental do átomo de hidrogênio é E_0, onde $E_0 = 13,6$ eV. A energia cinética do elétron no estado $n = 2$ é (*a*) $4E_0$, (*b*) $2E_0$, (*c*) $E_0/2$, (*d*) $E_0/4$.

6 • De acordo com o modelo de Bohr, o raio para a órbita $n = 1$ do átomo de hidrogênio é $a_0 = 0,053$ nm. Qual é o raio para a órbita $n = 5$? (*a*) $25a_0$, (*b*) $5a_0$, (*c*) a_0, (*d*) $a_0/5$, (*e*) $a_0/25$.

7 • Para o número quântico principal $n = 4$, quantos valores diferentes o número quântico orbital ℓ pode ter? (*a*) 4, (*b*) 3, (*c*) 7, (*d*) 16, (*e*) 25.

8 • Para o número quântico principal $n = 4$, quantas combinações diferentes de ℓ e m_ℓ podem ocorrer? (*a*) 4, (*b*) 3, (*c*) 7, (*d*) 16, (*e*) 25.

9 •• Por que a energia do estado 3s é consideravelmente menor que a energia do estado 3p para o sódio, enquanto para o hidrogênio, os estados 3s e 3p têm essencialmente a mesma energia?

10 • O estado d de uma configuração eletrônica corresponde a (*a*) $n = 2$, (*b*) $\ell = 3$, (*c*) $\ell = 2$, (*d*) $n = 3$, (*e*) $\ell = 0$.

11 •• Por que três números quânticos não são adequados para descrever estados dos elétrons nos átomos que têm mais que um elétron?

12 •• Agrupe os seis átomos seguintes — potássio, cálcio, titânio, cromo, manganês e cobre — de acordo com suas configurações no estado fundamental para a camada $n = 4$.

13 • Qual elemento tem a configuração eletrônica (*a*) $1s^2 2s^2 2p^6 3s^2 3p^3$ e (*b*) $1s^2 2s^2 2p^6 3s^2 3p^6 3d^5 4s^1$?

14 • Para o número quântico principal $n = 3$, quais são as possíveis combinações dos números quânticos ℓ e m_ℓ?

15 • Um elétron na camada L significa que ele é representado por (*a*) $\ell = 0$, (*b*) $\ell = 1$, (*c*) $n = 1$, (*d*) $n = 2$ ou (*e*) $m_\ell = 2$.

16 •• O modelo de Bohr e o modelo da mecânica quântica para o átomo de hidrogênio fornecem os mesmos resultados para os níveis de energia. Discuta as vantagens e desvantagens de cada modelo.

17 •• O teorema do deslocamento de Sommerfeld–Hosser estabelece que o espectro óptico de qualquer átomo é muito semelhante ao espectro do íon com uma única carga positiva do elemento imediatamente seguinte a ele na tabela periódica. Discuta por que este teorema está correto.

18 • Usando o triplete de números (n, ℓ, m_ℓ) para representar um elétron que tem o número quântico principal *n*, o número quântico orbital ℓ e o número quântico magnético m_ℓ, qual das seguintes transições é permitida? (*a*) $(5, 2, 2) \rightarrow (3, 1, -2)$, (*b*) $(2, 1, 0) \rightarrow (3, 0, 0)$, (*c*) $(4, 3, -2) \rightarrow (3, 2, -1)$, (*d*) $(1, 0, 0) \rightarrow (2, 1, -1)$, (*e*) $(2, 1, 0) \rightarrow (3, 1, 0)$.

19 •• O princípio de combinação de Ritz estabelece que para qualquer átomo, pode-se encontrar as linhas espectrais $\lambda_1, \lambda_2, \lambda_3$ e λ_4, de tal modo que $1/\lambda_1 + 1/\lambda_2 = 1/\lambda_3 + 1/\lambda_4$. Mostre por que isto é verdadeiro usando um diagrama de níveis de energia.

ESTIMATIVAS E APROXIMAÇÕES

20 •• (*a*) Pode-se definir um comprimento de onda térmico λ_T de de Broglie para um átomo num gás numa temperatura T como o comprimento de onda de de Broglie para um átomo que se move numa velocidade rms* apropriada para aquela temperatura. (A energia cinética média de um átomo é igual a $\frac{3}{2}kT$, onde *k* é a constante de Boltzman. Use este valor para calcular a velocidade rms dos átomos.) Mostre que $\lambda_T = h/\sqrt{3mkT}$, onde *m* é a massa do átomo. (*b*) Átomos resfriados podem formar um *condensado* de Bose (um novo estado de matéria) quando seu comprimento de onda térmico de de Broglie torna-se maior que o espaçamento interatômico médio. A partir deste critério, estime a temperatura necessária para criar um condensado de Bose num gás de átomos de ^{85}Rb, cuja densidade é 10^{12} átomos/cm³.

---

* rms significa *root mean square*. A velocidade rms é a medida da velocidade de partículas num gás, usada na solução de problemas na Teoria Cinética dos Gases. Pode ser dada em termos da constante de Boltzmann (*k*) como $v_{rms} = \sqrt{3kT/m}$, onde *m* é a massa do gás. (N.T.)

21 •• No resfriamento e confinamento a laser, um feixe de átomos que viaja numa direção fica mais lento pela interação com um feixe de laser intenso, vindo da direção oposta. Os fótons são espalhados pelos átomos por absorção ressonante, um processo no qual o fóton incidente é absorvido pelo átomo, e num período curto de tempo depois, um fóton de igual energia é emitido numa direção aleatória. O resultado líquido de um único evento neste espalhamento é uma transferência de momento para o átomo numa direção oposta ao movimento do átomo, seguida por uma segunda transferência de momento para o átomo numa direção aleatória. Assim, durante a absorção do fóton, o átomo perde velocidade, mas durante a emissão do fóton, a variação na velocidade do átomo, é, na média, nula (porque as direções dos fótons emitidos são aleatórias). Uma analogia feita com freqüência para este processo é imaginar a diminuição da velocidade de uma bola de boliche, jogando sobre ela bolas de ping-pong. (*a*) Sabendo que a energia típica de um fóton usado neste experimento é de aproximadamente 1 eV, e que a energia cinética típica do átomo no feixe é a energia cinética típica do átomo num gás que tem uma temperatura de 500 K (temperatura típica de um forno que produz um feixe atômico), estime o número de colisões fóton–átomo que são necessárias para levar o átomo ao repouso. (A energia cinética média de um átomo é igual a $\frac{3}{2}kT$, onde k é a constante de Boltzmann e T é a temperatura. Use isto para estimar a velocidade dos átomos.) (*b*) Compare o resultado da Parte (*a*) com o número de colisões entre bolas de ping-pong e a bola de boliche necessárias para parar a bola de boliche. (Suponha que a velocidade típica inicial das bolas de ping-pong é igual à velocidade inicial de bola de boliche.) (*c*) O ^{85}Rb é um tipo de átomo freqüentemente usado em experiências de resfriamento. O comprimento de onda da luz ressonante para a transição de resfriamento dos átomos é $\lambda = 780,24$ nm. Estime o número de fótons necessários para diminuir a velocidade de um átomo de ^{85}Rb a partir de uma velocidade térmica típica de 300 m/s para pará-lo.

O MODELO DE BOHR PARA O ÁTOMO DE HIDROGÊNIO

22 • O primeiro raio de Bohr é dado por $a_0 = \hbar^2/(mke^2) = 0,0529$ nm (Equação 36-12). Use os valores conhecidos das constantes na equação para mostrar que a_0 é igual a 0,0529 nm.

23 • O comprimento de onda mais comprido na série de Lyman para o átomo de hidrogênio foi calculado no Exemplo 36-2. Encontre os comprimentos de onda para as transições (*a*) $n_i = 3$ para $n_f = 1$ e (*b*) $n_i = 4$ para $n_f = 1$.

24 • Encontre as energias dos fótons para os três comprimentos de onda mais compridos da série de Balmer para o átomo de hidrogênio e calcule estes três comprimentos de onda.

25 •• Encontre a energia do fóton e comprimento de onda para o limite da série (comprimento de onda mais curto) na série de Paschen ($n_f = 3$) para o átomo de hidrogênio. (*b*) Calcule o comprimento de onda para os três comprimentos de onda mais compridos da série de Paschen.

26 •• Encontre a energia do fóton e comprimento de onda para o limite da série (comprimento de onda mais curto) na série de Brackett ($n_f = 4$) para o átomo de hidrogênio. (*b*) Calcule o comprimento de onda para os três comprimentos de onda mais compridos da série de Brackett.

27 ••• No sistema de referência do centro de massa do átomo de hidrogênio, o elétron e o núcleo têm momentos com magnitudes iguais p e direções opostas. (*a*) Usando o modelo de Bohr, mostre que a energia cinética total do elétron e do núcleo podem ser escritas como $K = p^2/(2\mu)$, onde $\mu = m_eM/(M + m_e)$ é chamada de massa reduzida, m_e é a massa do elétron e M é a massa do núcleo. (*b*) Nas equações para o modelo de Bohr do átomo, o movimento do núcleo pode ser levado em conta substituindo a massa do elétron pela massa reduzida. Use a Equação 36-14 para calcular a constante de Rydberg para o átomo de hidrogênio que tem um núcleo com massa $M = m_p$.

Encontre o valor aproximado da constante de Rydberg fazendo M tender a infinito na fórmula da massa reduzida. Nesta aproximação, quantos dígitos estão em concordância com o valor real? (*c*) Encontre a correção percentual para o estado fundamental de energia do átomo de hidrogênio usando a massa reduzida na Equação 36-16. *Nota*: Em geral, a massa reduzida para um problema de dois corpos com massas m_1 e m_2 é dada por

$$\mu = \frac{m_1 m_2}{m_1 + m_2}$$

28 •• A série de Pickering do espectro de He$^+$ (hélio ionizado uma vez) consiste em linhas espectrais devido a transições para o estado $n = 4$ do He$^+$. Algumas linhas da série de Pickering estão muito perto das linhas espectrais da série de Balmer para as transições do hidrogênio para $n = 2$. (*a*) Mostre que esta afirmação está correta. (*b*) Calcule o comprimento de onda do fóton durante uma transição da camada $n = 6$ para a camada $n = 4$ do He$^+$ e mostre que corresponde a uma das linhas da série de Balmer.

NÚMEROS QUÂNTICOS EM COORDENADAS ESFÉRICAS

29 • Para um elétron num átomo que tem um número quântico orbital $\ell = 1$, encontre (*a*) a magnitude do momento angular L e (*b*) os valores possíveis do número quântico magnético m_ℓ. (*c*) Desenhe um diagrama vetorial em escala mostrando as orientações possíveis de $\vec{L}$ em relação a direção $+z$.

30 • Para um elétron num átomo que tem um número quântico orbital $\ell = 3$, encontre (*a*) a magnitude do momento angular L e (*b*) os valores possíveis de m_ℓ. (*c*) Desenhe um diagrama vetorial em escala mostrando as orientações possíveis de $\vec{L}$ em relação a direção $+z$.

31 • Um elétron num átomo tem número quântico principal $n = 3$. (*a*) Quais são os valores possíveis de ℓ? (*b*) Quais são as possíveis combinações de ℓ e m_ℓ? (*c*) Usando o fato de que existem dois estados quânticos para cada combinação de ℓ e m_ℓ devido ao spin do elétron, encontre o número total de estados eletrônicos para $n = 3$.

32 • Num átomo, encontre o número total de estados eletrônicos que tem (*a*) $n = 4$ e (*b*) $n = 2$. (Veja Problema 31.)

33 •• Encontre o valor mínimo do ângulo θ entre L e a direção $+z$ para um elétron num átomo que tem (*a*) $\ell = 3$, (*b*) $\ell = 4$ e (*c*) $\ell = 50$.

34 •• Quais são os valores possíveis de n e $m\ell$ para um elétron no átomo que tem (*a*) $\ell = 3$, (*b*) $\ell = 4$ e (*c*) $\ell = 0$?

35 •• Para um elétron num átomo que está num estado $\ell = 2$, encontre (*a*) a magnitude do momento angular ao quadrado L^2, (*b*) o valor máximo de L_z^2 e (*c*) o menor valor de $L_x^2 + L_y^2$.

TEORIA QUÂNTICA PARA O ÁTOMO DE HIDROGÊNIO

36 • Para o estado fundamental do átomo de hidrogênio, encontre os valores de (*a*) $\psi(r)$ em $r = a_0$, (*b*) $\psi^2(r)$ em $r = a_0$ e (*c*) a densidade de probabilidade radial $P(r)$ em $r = a_0$. Dê as respostas em função de a_0.

37 • Se o spin do elétron não for incluído, quantas funções de onda diferentes existem que correspondem ao primeiro estado excitado de energia na camada $n = 2$ para o átomo de hidrogênio? (*b*) Especifique os números quânticos para cada uma destas funções de onda.

38 •• Para o estado fundamental do átomo de hidrogênio, calcule a probabilidade de encontrar o elétron numa região entre r e $r + \Delta r$, onde $\Delta r = 0,03a_0$ e (*a*) $r = a_0$ e (*b*) $r = 2a_0$.

39 •• O valor da constante C_{200} na equação

84 | CAPÍTULO 36

$$\psi_{200} = C_{200}\left(2 - \frac{Zr}{a_0}\right)e^{-Zr/(2a_0)}$$

(Equação 36-35) é dado por

$$C_{200} = \frac{1}{4\sqrt{2\pi}}\left(\frac{Z}{a_0}\right)^{3/2}$$

Encontre os valores de (a) $\psi(r)$ em $r = a_0$, (b) $\psi^2(r)$ em $r = a_0$ e (c) a densidade de probabilidade radial $P(r)$ em $r = a_0$ para o estado $n = 2$, $\ell = 0$ e $m_\ell = 0$ do átomo de hidrogênio. Dê as respostas em função de a_0.

40 ••• Mostre que a densidade de probabilidade radial para o estado $n = 2$, $\ell = 1$ e $m_\ell = 0$ de um átomo de um elétron pode ser escrita como $P(r) = A\cos^2\theta\, r^4 e^{-r/a_0}$, onde A é uma constante.

41 ••• Calcule a probabilidade de encontrar o elétron numa região entre r e $r + \Delta r$, onde $\Delta r = 0,02a_0$ e (a) $r = a_0$ e (b) $r = 2a_0$ para o estado $n = 2$, $\ell = 0$ e $m_\ell = 0$ no hidrogênio. (Veja o Problema 39 para o valor de C_{200}.)

42 •• Mostre que a função de onda do estado fundamental do átomo de hidrogênio $\psi_{100} = \pi^{-1/2}(Z/a_0)^{3/2}e^{-Zr/a_0}$ (Equação 36-32) é uma solução da equação de Schrödinger em coordenadas esféricas:

$$\frac{-\hbar}{2mr^2}\left\{\frac{\partial}{\partial r}\left(r^2\frac{\partial\psi}{\partial r}\right) + \left[\frac{1}{\mathrm{sen}\,\theta}\frac{\partial}{\partial\theta}\left(\mathrm{sen}\,\theta\frac{\partial\psi}{\partial\theta}\right) + \frac{1}{\mathrm{sen}^2\theta}\frac{\partial^2\psi}{\partial\phi^2}\right]\right\}$$
$$+ U(r)\psi = E\psi$$

onde $U(r) = kZe^2/r$ (Equação 36-25).

43 •• Mostre, através de uma análise dimensional, que a expressão para a energia do estado fundamental do átomo de hidrogênio dada por $E_0 = \frac{1}{2}mk^2e^4/\hbar^2$ (Equação 36-27) tem dimensão de energia.

44 •• Através de uma análise dimensional, mostre que a expressão para o primeiro raio de Bohr dado por $a_0 = \hbar^2/(mke^2)$ (Equação 36-12) tem dimensão de comprimento.

45 •• A função de distribuição de probabilidade radial para um átomo com um único elétron no seu estado fundamental pode ser escrita como $P(r) = Cr^2e^{-2Zr/a_0}$, onde C é uma constante. Mostre que $P(r)$ tem seu valor máximo para $r = a_0/Z$.

46 ••• Mostre que o número de estados do átomo de hidrogênio para um dado n é $2n^2$.

47 ••• Calcule a probabilidade de que o elétron no estado fundamental do átomo de hidrogênio esteja numa região $0 < r < a_0$.

O EFEITO SPIN–ÓRBITA E A ESTRUTURA FINA

48 • A energia potencial do momento magnético num campo magnético externo é dada por $U = -\vec{\mu}\cdot\vec{B}$. (a) Calcule a diferença de energia entre as duas possíveis orientações de um elétron num campo magnético $\vec{B} = 1,50\,T\hat{k}$. (b) Se os elétrons forem bombardeados com fótons com energia igual a esta diferença de energia, transições com mudanças bruscas no spin podem ser induzidas. Encontre o comprimento de onda dos fótons para que estas transições ocorram. Este fenômeno é chamado de *ressonância de spin eletrônico*.

49 • O momento angular total do átomo de hidrogênio num certo estado excitado tem um número quântico $j = \frac{1}{2}$. O que pode-se dizer sobre o valor do número quântico do momento angular orbital ℓ?

50 • Um átomo de hidrogênio está num estado $n = 3$, $\ell = 2$. Quais são os valores possíveis de j?

51 • Usando um diagrama vetorial em escala, mostre como o momento angular orbital $\vec{L}$ combina com o momento angular de spin $\vec{S}$ para produzir os dois valores possíveis do momento angular total $\vec{J}$ para o estado $\ell = 3$ do átomo de hidrogênio.

A TABELA PERIÓDICA

52 • O número total de estados do átomo de hidrogênio que tem o número quântico principal $n = 4$ é (a) 4, (b) 16, (c) 32, (d) 36, (e) 48.

53 • Quantos elétrons dos oito elétrons do átomo de oxigênio estão num estado p? (a) 0, (b) 2, (c) 4, (d) 6, (e) 8.

54 • Escreva a configuração eletrônica para o estado fundamental de (a) um átomo de carbono e (b) um átomo de oxigênio.

55 • Dê os possíveis valores da componente z do momento angular orbital de (a) um elétron d e (b) um elétron f.

ESPECTROS ÓPTICOS E ESPECTROS DE RAIOS X

56 • Os espectros ópticos de átomos que tem dois elétrons na mesma camada de energia mais alta são semelhantes, mas eles são muito diferentes dos espectros de átomos que tem somente um elétron na camada de energia mais alta, devido à interação entre os dois elétrons. Agrupar os elementos de acordo com as semelhanças nos espectros: lítio, berílio, magnésio, potássio, cálcio, cromo, níquel, césio e bário.

57 • Escreva as possíveis configurações eletrônicas para o primeiro estado excitado do (a) átomo de hidrogênio, (b) átomo de sódio e (c) átomo de hélio.

58 • Indique quais dos seguintes átomos deveriam ter espectros semelhantes ao do átomo de hidrogênio e quais dos seguintes átomos deveriam ter espectros semelhantes ao do átomo de hélio: Li, Ca, Ti, Rb, Hg, Ag, Cd, Ba, Fr e Ra.

59 • (a) Calcule os próximos dois comprimentos de onda mais longos da série K (depois da linha K_α) para o molibdênio. (b) Qual é o comprimento de onda mais curto nesta série?

60 • O comprimento de onda da linha K_α para um certo elemento é 0,3368 nm. Que elemento é este?

61 • Calcule o comprimento de onda da linha K_α para (a) o átomo de magnésio ($Z = 12$) e (b) o átomo de cobre ($Z = 29$).

PROBLEMAS GERAIS

62 • Qual é a energia do fóton com comprimento de onda mais curto emitido pelo átomo de hidrogênio?

63 • O comprimento de onda de uma linha espectral do hidrogênio é 97,254 nm. Identifique a transição que resulta nesta linha, supondo que a transição seja para o estado fundamental.

64 •• O comprimento de onda de uma linha espectral do hidrogênio é 1093,8 nm. Identifique a transição que resulta nesta linha.

65 •• Linhas espectrais com os seguintes comprimentos de onda são emitidos por um átomo de hélio ionizado uma vez: 164 nm, 230,6 nm e 541 nm. Identifique as transições que resultam nestas linhas espectrais.

66 •• A combinação de constantes físicas $\alpha = e^2k/\hbar c$, onde k é a constante de Coulomb, é conhecida como a *constante de estrutura fina*. Ela aparece em inúmeras relações na física atômica. (a) Mostre que α é adimensional. (b) Mostre que no modelo de Bohr do átomo de hidrogênio $v_n = c\alpha/n$, onde v_n é a velocidade do elétron no estado com número quântico n.

67 •• Os comprimentos de onda de fótons emitidos pelo átomo de potássio, de 766,41 nm e 769,90 nm, correspondem a transições de $4P_{3/2}$ e $4P_{1/2}$ para o estado fundamental. (a) Calcule a energia dos fótons em elétrons-volt. (b) A diferença entre as energias dos fótons é igual à diferença de energia ΔE entre os estados do potássio, $4P_{3/2}$ e $4P_{1/2}$. Calcule ΔE. (c) Estime o campo magnético sentido pelo elétron 4p do potássio.

68 •• Para observar as linhas características do espectro de raios X, um dos elétrons em $n = 1$ deve ser ejetado do átomo. Isto é conseguido, em geral, pelo bombardeamento do material do alvo com elétrons de energia suficiente para ejetar este elétron fortemente ligado. Qual é a energia mínima necessária para observar as linhas K de (*a*) um átomo de tungstênio, (*b*) um átomo de molibdênio e (*c*) um átomo de cobre?

69 •• Estamos muitas vezes interessados em encontrar a quantidade ke^2/r em elétrons-volt quando r é dado em nanômetros. Mostre que $ke^2 = 1,44$ eV · nm.

70 •• O *pósitron* é uma partícula que tem a mesma massa do elétron e possui uma carga igual a $+e$. O *positrônio* é um estado ligado de uma combinação elétron–pósitron. (*a*) Calcule as energias dos cinco estados de energia mais baixos do positrônio usando a massa reduzida, como dado no Problema 27. (*b*) As transições entre quaisquer dos níveis encontrados na Parte (*a*) levam a comprimentos de onda no intervalo visível? Se a resposta é afirmativa, quais são estas transições?

71 • Em 1947, Lamb e Retherford mostraram que existia uma pequena diferença de energia entre os estados $2S_{1/2}$ e $2P_{1/2}$ do átomo de hidrogênio. Eles mediram esta diferença essencialmente gerando transições entre os dois estados usando radiação eletromagnética com comprimentos de onda muito longos. A diferença de energia (o deslocamento Lamb) é de $4,372 \times 10^{-6}$ eV e é explicada pela eletrodinâmica quântica como devido a flutuações dos níveis de energia no vácuo. (*a*) Qual é a freqüência do fóton cuja energia é igual à energia do deslocamento Lamb? (*b*) Qual é o comprimento de onda deste fóton? Em que região do espectro ele se encontra?

72 • O átomo de Rydberg é aquele onde um elétron está num estado excitado *muito* alto ($n \approx 40$ ou maior). Tais átomos são úteis em experiências que testam os comportamentos nas transições entre a mecânica quântica e a clássica. Além disso, estes estados excitados têm tempos de vida extremamente longos (isto é, o elétron permanece neste estado excitado alto por um tempo muito grande). O átomo de hidrogênio está num estado excitado com $n = 45$. (*a*) Qual é a energia de ionização do átomo quando ele está neste estado? (*b*) Qual é a separação dos níveis de energia (em elétrons-volt) entre este estado e o estado $n = 44$? (*c*) Qual é o comprimento de onda do fóton ressonante numa transição entre estes dois estados? (*d*) Qual é o raio do átomo quando ele está no estado $n = 45$?

73 •• O dêuteron, núcleo do deutério (hidrogênio pesado), foi primeiro reconhecido a partir do espectro do hidrogênio. O dêuteron tem uma massa que é aproximadamente duas vezes a massa do próton. (*a*) Calcule a constante de Rydberg para o hidrogênio e para o deutério usando a massa reduzida como dado no Problema 27. (*b*) Usando o resultado obtido na Parte (*a*), determine a diferença entre o comprimento de onda da linha de Balmer mais longa do hidrogênio (prótio) e o comprimento de onda da linha de Balmer mais longa do deutério.

74 •• O átomo de muonium é um átomo de hidrogênio que tem o seu elétron substituído pela partícula μ^-. Esta partícula tem uma massa de 207 vezes a massa do elétron. (*a*) Calcule as energias dos cinco estados mais baixos de energia do muonium usando a massa reduzida como é dado no Problema 27. (*b*) As transições entre quaisquer dos níveis encontrados na Parte (*a*) levam a comprimentos de onda no intervalo visível (por exemplo, entre $\lambda = 700$ nm e $\lambda = 400$ nm)? Se a resposta é afirmativa, quais são estas transições?

75 •• O tríton, um núcleo que contém um próton e dois nêutrons, é instável e tem uma meia-vida de aproximadamente 12 anos. O tríco é um átomo que contém um elétron e um tríton. (*a*) Calcule a constante de Rydberg do tríco usando a massa reduzida, como é dado no Problema 27. (*b*) Determine a diferença entre o comprimento de onda da linha de Balmer mais longa do tríco e o comprimento de onda da linha de Balmer mais longa do deutério (veja Problema 73). Ainda, (*c*) determine a diferença entre o comprimento de onda da linha de Balmer mais longa do tríco e o comprimento de onda da linha de Balmer mais longa do hidrogênio (prótio).

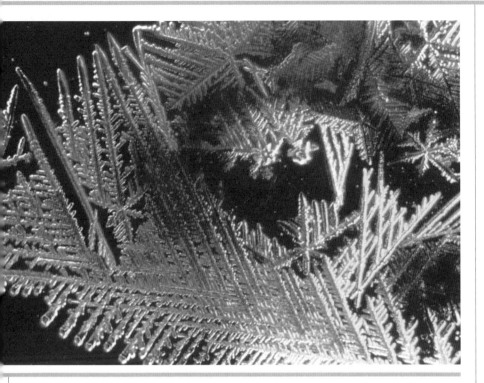

Moléculas

37-1 Ligações
*37-2 Moléculas Poliatômicas
37-3 Níveis de Energia e Espectros de Moléculas Diatômicas

UMA MICROGRAFIA DE CRISTAIS DE FLUORETO DE SÓDIO. O FLUORETO DE SÓDIO É COM FREQÜÊNCIA ADICIONADO AOS RESERVATÓRIOS PÚBLICOS DE ÁGUA COMO UMA PREVENÇÃO À QUEDA DE DENTES. *(National Institutes of Health/ Photo Researchers.)*

? Quanta energia é necessária para formar o fluoreto de sódio? (Veja Exemplo 37-1.)

A maioria dos átomos se combina para formar moléculas ou sólidos. Moléculas podem existir como entidades isoladas, como nos gases O_2 ou N_2, ou podem se combinar para formar líquidos ou sólidos. Uma molécula é o menor constituinte da substância que conserva suas propriedades químicas.

Neste capítulo, usamos nossos conhecimentos da mecânica quântica para discutir ligações e níveis de energia e espectros de moléculas diatômicas. A maior parte de nossa discussão será qualitativa porque, como em física atômica, os cálculos da mecânica quântica são muito difíceis.

37-1 LIGAÇÕES

Considere uma molécula de hidrogênio (H_2). Podemos imaginar o H_2, ou como dois átomos de H ligados um ao outro, ou então como um sistema quântico constituído por dois prótons e dois elétrons. A segunda descrição é mais útil neste caso, porque nenhum dos elétrons da molécula de H_2 estão confinados na região que circunda qualquer um dos dois prótons. Em vez disto, cada elétron é igualmente dividido pelos dois prótons. Para moléculas mais complexas, entretanto, uma descrição intermediária é mais útil. Por exemplo, a molécula de flúor F_2 é constituída por 18 prótons e 18 elétrons, mas somente dois dos elétrons fazem parte da ligação. Portanto, podemos considerar esta molécula como composta de dois íons de F^+ e dois elétrons que pertencem à molécula como um todo. As funções de onda da molécula

88 | CAPÍTULO 37

para os elétrons de ligação são chamadas de **orbitais moleculares**. Em muitos casos estas funções de onda moleculares podem ser construídas a partir de combinações das funções de onda atômicas, com as quais já estamos familiarizados.

Os dois tipos principais de ligações responsáveis pela formação de sólidos e moléculas são as ligações iônicas e as ligações covalentes. Outros tipos de ligações, que são importantes para líquidos e sólidos, são as ligações de van der Waals, as ligações metálicas, e as ligações de hidrogênio. Em muitos casos a ligação é uma mistura destes mecanismos.

A LIGAÇÃO IÔNICA

O tipo de ligação mais simples é a **ligação iônica**, que é encontrada em sais como o cloreto de sódio (NaCl). O átomo de sódio tem um elétron 3s fora do caroço estável, que tem 10 elétrons. A primeira energia de ionização do sódio é a energia necessária para remover o elétron 3s de um átomo de sódio isolado. Esta energia é de apenas 5,14 eV (veja Figura 36-18). A remoção deste elétron resulta num íon positivo isolado que tem suas camadas $n = 1$ e $n = 2$ totalmente preenchidas. Um átomo de cloro tem 17 elétrons e, portanto, só falta um elétron para ter suas três primeiras camadas totalmente preenchidas. A medida da energia liberada quando um átomo isolado ganha um elétron é chamada de **afinidade eletrônica**; um átomo de cloro libera 3,62 eV de energia quando adquire um elétron para formar o íon Cl^-. Por isto, se diz que o átomo de cloro tem uma afinidade eletrônica de $-3,62$ eV. A aquisição de um elétron pelo cloro resulta num íon negativo, que fica com a camada externa totalmente preenchida. Então, a formação do íon Na^+ e do íon Cl^- pela doação de um elétron do sódio para o cloro requer somente 5,14 eV $-$ 3,62 eV $=$ 1,52 eV numa separação infinita. A energia potencial eletrostática U_e dos dois íons quando estão separados por uma distância r é $-ke^2/r$. Quando a separação entre os íons for menor que aproximadamente 0,95 nm, a energia potencial negativa de atração tem magnitude maior que a energia de 1,52 eV necessária para criar os íons. Então, para distâncias de separação menores que 0,95 nm, é energeticamente favorável (a energia total do sistema é reduzida) para o átomo de sódio doar um elétron para o átomo de cloro para formar o NaCl.

Como a atração eletrostática aumenta quando os íons se aproximam, pode parecer que não existe uma condição de equilíbrio. Entretanto, quando a separação entre os íons for muito pequena, existe uma repulsão forte que pode ser explicada pela mecânica quântica e o princípio de exclusão. Esta repulsão é também responsável pela repulsão dos átomos em todas as moléculas e íons (exceto para o H_2).* Podemos entender este efeito qualitativamente, como se segue. Quando os íons estão muito afastados, a distribuição de probabilidade para um elétron do caroço em um dos íons não se sobrepõe a distribuição de probabilidade de qualquer elétron no outro íon. Neste caso, podemos distinguir os elétrons pelo íon a que pertencem. Isto significa que os elétrons nos dois íons podem ter os mesmos números quânticos porque eles ocupam diferentes regiões do espaço. Entretanto, quando à distância entre os íons diminui, a distribuição de probabilidade dos elétrons do caroço começa a se sobrepor; isto é, os elétrons dos dois íons começam a ocupar a mesma região do espaço. Alguns destes elétrons devem ocupar estados quânticos de energia mais alta como descrito pelo princípio de exclusão.† Mas é necessário energia para deslocar os elétrons para estados quânticos com energia mais alta. Este aumento de energia quando os íons se aproximam entre si é equivalente à energia de repulsão dos íons. Este processo, no entanto, não é rápido. A energia dos estados dos elétrons varia gradualmente quando os íons se aproximam. Um esquema da energia potencial $U(r)$ dos íons Na^+ e Cl^- *versus* a distância de separação r é mostrada na Figura 37-1. A energia é a mais baixa numa separação de equilíbrio r_0 de aproximadamente 0,236 nm. Para separações menores, ocorre um rápido aumento da energia. A energia necessária para separar os íons e formar átomos de sódio e cloro é chamada de **energia de dissociação** E_d, que é aproximadamente de 4,27 eV para o NaCl.

---

* No H_2, a repulsão é somente devido aos dois prótons carregados positivamente.

† Lembrar de nossa discussão no Capítulo 35, de que o princípio de exclusão está relacionado ao fato de a função de onda para dois elétrons idênticos ser anti-simétrica na troca de elétrons, e que uma função de onda anti-simétrica para dois elétrons com os mesmos números quânticos é zero se as coordenadas espaciais dos elétrons são as mesmas.

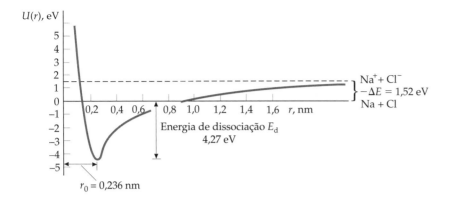

FIGURA 37-1 A energia potencial para os íons de Na⁺ e Cl⁻ como função da distância de separação r. A energia para uma separação infinita é escolhida como 1,52 eV, correspondente a energia $-\Delta E$ necessária para formar os íons a partir dos átomos. A energia mínima para os íons é para a separação de equilíbrio $r_0 = 0{,}236$ nm.

A distância de separação de equilíbrio para o gás de NaCl, que pode ser obtida pela evaporação do NaCl sólido, é 0,236 nm. Em geral, NaCl existe no estado sólido com uma estrutura cristalina cúbica, onde os íons de Na⁺ e Cl⁻ estão localizados em pontos alternados nos vértices do cubo. A separação dos íons de Na⁺ e Cl⁻ no cristal é de aproximadamente 0,28 nm, portanto, um pouco maior que a separação no estado gasoso do NaCl. Devido à presença dos íons vizinhos de cargas com sinal oposto, a energia eletrostática por par de íons é mais baixa quando os íons estão no cristal.

Exemplo 37-1 A Energia do Fluoreto de Sódio

A afinidade eletrônica do flúor é $-3{,}4$ eV e a separação de equilíbrio do fluoreto de sódio (NaF) é 0,193 nm. (*a*) Quanta energia é necessária para formar os íons de Na⁺ e F⁻ a partir dos átomos de sódio e flúor? (*b*) Qual é a energia potencial eletrostática dos íons de Na⁺ e F⁻ na sua separação de equilíbrio? (*c*) A energia de dissociação do NaF é 5,38 eV. Qual é a energia devido à repulsão dos íons na separação de equilíbrio?

SITUAÇÃO (*a*) A energia ΔE necessária para formar os íons de Na⁺ e F⁻ a partir dos átomos de sódio e flúor é a soma da primeira energia de ionização do sódio (5,14 eV) e a afinidade eletrônica do flúor. (*b*) A energia potencial eletrostática, onde $U = 0$ no infinito, é $U_e = -ke^2/r$. (*c*) Se escolhermos a energia potencial no infinito como ΔE, a energia potencial total é $U_{tot} = U_e + \Delta E + U_{rep}$, onde U_{rep} é a energia de repulsão, que é encontrada colocando a energia de dissociação igual a $-U_{tot}$.

SOLUÇÃO

(*a*) Calcule a energia necessária para formar os íons de Na⁺ e F⁻ a partir dos átomos de sódio e flúor (veja a seção Situação):

$$\Delta E = 5{,}14 \text{ eV} - 3{,}40 \text{ eV} = \boxed{1{,}74 \text{ eV}}$$

(*b*) Calcule a energia potencial eletrostática na separação de equilíbrio $r = 0{,}193$ nm:

$$U_e = -\frac{ke^2}{r}$$

$$= -\frac{(8{,}99 \times 10^9 \text{ N} \cdot \text{m}^2/\text{C}^2)(1{,}60 \times 10^{-19} \text{ C})^2}{1{,}93 \times 10^{-10} \text{ m}}$$

$$= -1{,}19 \times 10^{-18} \text{ J} = \boxed{-7{,}45 \text{ eV}}$$

(*c*) A energia de dissociação é igual ao valor negativo da energia potencial total:

$$E_d = -U_{tot} = -(U_e + \Delta E + U_{rep})$$

assim

$$U_{rep} = -(E_d + \Delta E + U_e)$$

$$= -(5{,}38 \text{ eV} + 1{,}74 \text{ eV} - 7{,}45 \text{ eV}) = \boxed{0{,}33 \text{ eV}}$$

CHECAGEM O resultado da Parte (*c*) é maior que zero, como esperado.

A LIGAÇÃO COVALENTE

Um mecanismo completamente diferente, a **ligação covalente**, é a responsável pela ligação de átomos idênticos ou semelhantes, para formar moléculas como as dos gases de hidrogênio (H_2), nitrogênio (N_2) e monóxido de carbono (CO). Se calcularmos a energia necessária para formar os íons de H⁺ e H⁻ transferindo um elétron de um átomo para outro e depois adicionarmos esta energia à energia potencial eletrostática, vamos encontrar que não existe uma distância de separação para a qual a energia total é negativa. Portanto, esta ligação não pode ser iônica. Neste caso, a atração entre dois átomos de hidrogênio só pode ser explicada pela mecânica quântica. A diminuição na energia quando dois átomos de hidrogênio se aproximam um do outro é devido ao compartilhamento dos dois elétrons pelos dois átomos, o que pode ser explicado usando-se as propriedades de simetria das funções de onda dos elétrons.

Podemos ter uma compreensão mais clara da ligação covalente considerando um problema simples unidimensional de mecânica quântica, o de dois poços quadrados finitos e idênticos. Vamos primeiro considerar um único elétron que pode estar igualmente em ambos os poços. Como os poços são idênticos, a distribuição de probabilidade, que é proporcional a $|\psi|^2$, deve ser simétrica em relação ao ponto médio entre os poços. Deste modo, ψ pode ser simétrica ou anti-simétrica em relação aos dois poços. As duas possibilidades para o estado fundamental são mostradas na Figura 37-2a para o caso em que os poços estão afastados, e na Figura 37-2b para o caso em que os poços estão próximos. Uma característica importante da Figura 37-2b é de que na região entre os poços a função de onda simétrica é grande e a função de onda anti-simétrica é pequena.

Agora vamos considerar a adição de um segundo elétron aos dois poços. Vimos na Seção 6 do Capítulo 35 que as funções para as partículas que obedecem ao princípio de exclusão são anti-simétricas na troca de partículas. Deste modo, a função de onda total para os dois elétrons deve ser anti-simétrica na troca de elétrons. Observe que trocar os elétrons enquanto se mantém o poço no lugar é equivalente a manter os elétrons no lugar e trocar os poços. A função de onda total para os dois elétrons pode ser escrita como uma expressão espacial e uma expressão para o spin. Assim, uma função de onda anti-simétrica pode ser o produto de uma expressão espacial simétrica e uma expressão anti-simétrica para o spin, ou uma expressão simétrica para o spin e uma expressão espacial anti-simétrica.

Para entender a simetria da função de onda total, devemos entender a simetria da expressão para o spin da função de onda. O spin de um único elétron pode ter dois valores possíveis para seu número quântico m_s: $m_s = +\frac{1}{2}$, que chamamos de spin "para cima", ou $m_s = -\frac{1}{2}$, que chamamos de spin "para baixo". Vamos usar flechas para designar a função de onda de spin para um único elétron: $\uparrow_1$ ou $\uparrow_2$ para o elétron 1 ou elétron 2, que estão ambos com spin "para cima", e $\downarrow_1$ ou $\downarrow_2$ para o elétron 1 ou elétron 2, que estão ambos com spin "para baixo". O número quântico total de spin para os dois elétrons pode ser $S = 1$, onde $m_s = +1, 0$ ou -1; ou $S = 0$, onde $m_s = 0$. Usamos ϕ_{Sm_S} para indicar a função de onda de spin para os dois elétrons. O estado de spin ϕ_{1+1}, correspondente a $S = 1$ e $m_s = +1$, pode ser escrito como

$$\phi_{1\,+1} = \uparrow_1\uparrow_2 \qquad S = 1, m_S = +1 \qquad 37\text{-}1$$

De modo semelhante, o estado de spin para $S = 1$ e $m_s = -1$ é

$$\phi_{1\,-1} = \downarrow_1\downarrow_2 \qquad S = 1, m_S = -1 \qquad 37\text{-}2$$

Observe que ambos estados são simétricos em relação à troca de elétrons. O estado de spin correspondente a $S = 1$ e $m_s = 0$ não é assim tão óbvio. Ele é proporcional a

$$\phi_{10} = \uparrow_1\downarrow_2 + \uparrow_2\downarrow_1 \qquad S = 1, m_S = 0 \qquad 37\text{-}3$$

Este estado de spin é também simétrico em relação à troca de elétrons. O estado de spin para dois elétrons com spins antiparalelos ($S = 0$) é

$$\phi_{00} = \uparrow_1\downarrow_2 - \uparrow_2\downarrow_1 \qquad S = 0, m_S = 0 \qquad 37\text{-}4$$

O estado de spin é anti-simétrico com relação à troca de elétrons.

Assim, temos um resultado importante de que a parte de spin da função de onda é simétrica para spins paralelos ($S = 1$) e anti-simétrica para spins antiparalelos ($S = 0$). Como a função de onda total é o produto da expressão espacial e da expressão para o spin, temos o seguinte resultado importante:

> Para a função de onda total de dois elétrons ser anti-simétrica, a parte espacial da função de onda deve ser anti-simétrica para spins paralelos ($S = 1$) e simétrica para spins antiparalelos ($S = 0$).
>
> ALINHAMENTO DE SPIN E SIMETRIA DA FUNÇÃO DE ONDA

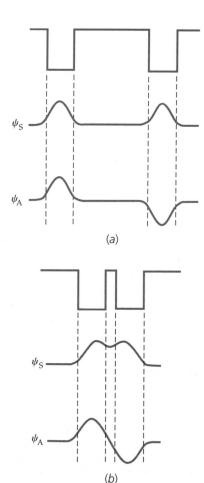

FIGURA 37-2 (a) Dois poços quadrados afastados entre si. A função de onda do elétron pode ser ou simétrica (ψ_S) ou anti-simétrica (ψ_A) no espaço. As distribuições de probabilidade e energias são as mesmas para as duas funções de onda quando os poços estão afastados. (b) Os dois poços quadrados estão mais próximos. Entre os poços, a função de onda espacial anti-simétrica é aproximadamente zero, enquanto a função de onda espacial simétrica é bastante grande.

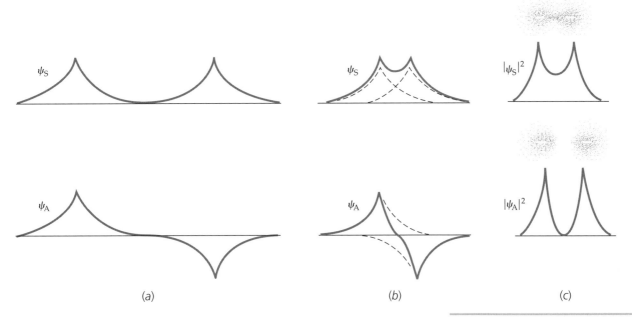

Podemos agora considerar o problema de dois átomos de hidrogênio. A Figura 37-3a mostra uma função de onda simétrica ψ_S e uma função de onda anti-simétrica ψ_A para os dois átomos de hidrogênio que estão afastados entre si, e a Figura 37-3b mostra as mesmas duas funções de onda para os dois átomos de hidrogênio, quando estes estão mais próximos. Estas duas funções elevadas ao quadrado são mostradas na Figura 37-3c. Observe que a distribuição de probabilidade $|\psi^2|$ na região entre os prótons é grande para a função de onda simétrica e pequena para a função de onda anti-simétrica. Deste modo, quando a parte espacial da função de onda é simétrica ($S = 0$), os elétrons são encontrados mais freqüentemente na região entre os prótons. A nuvem eletrônica, como mostrada na parte de cima da Figura 37-3c, está concentrada no espaço entre os prótons e os prótons mantém uma ligação através da nuvem negativamente carregada. De modo inverso, quando a parte espacial da função de onda é anti-simétrica ($S = 1$), os elétrons passam pouco tempo entre os prótons e os átomos não se ligam para formar uma molécula. Neste caso, o elétron não está concentrado no espaço entre os prótons, como é mostrado na parte inferior da Figura 37-3c.

A energia potencial eletrostática total para a molécula de H_2 é composta da energia de repulsão positiva dos dois elétrons e a energia potencial negativa de atração entre cada elétron e cada próton. A Figura 37-4 mostra a função energia potencial eletrostática U_S para dois átomos de hidrogênio como função da separação entre eles, na qual a parte espacial da função de onda do elétron é simétrica, e a função energia potencial eletrostática U_A, para o caso no qual a parte espacial da função de onda é anti-simétrica. Podemos ver que a energia potencial para o estado simétrico é mais baixa que a energia potencial para o estado anti-simétrico e que a forma da curva de energia potencial para o estado simétrico é semelhante à forma da curva da energia potencial para uma ligação iônica (Figura 37-1). A separação de equilíbrio para H_2 é $r_0 = 0{,}074$ nm, e a energia de ligação é 4,52 eV. Para o estado anti-simétrico, a energia potencial nunca é negativa e não existe ligação.

Podemos agora ver por que três átomos de hidrogênio não se ligam para formar H_3. Se um terceiro átomo de hidrogênio é colocado perto de uma molécula de H_2, o terceiro elétron não pode estar num estado 1s e ter spins antiparalelos ao spin dos outros dois elétrons. Se aquele elétron está num estado espacial anti-simétrico em relação à troca com um dos

FIGURA 37-3 Funções de onda unidimensionais simétricas e anti-simétricas para dois átomos de hidrogênio (a) afastados e (b) próximos. (c) Distribuições de probabilidade eletrônica ($|\psi|^2$) para as funções de onda mostradas na Figura 37-3b. Para a função de onda simétrica, a densidade de carga eletrônica é maior entre os prótons. Esta densidade de cargas negativa mantém os prótons juntos na molécula de hidrogênio H_2. Para a função de onda anti-simétrica, a densidade de carga eletrônica não é muito grande entre os prótons.

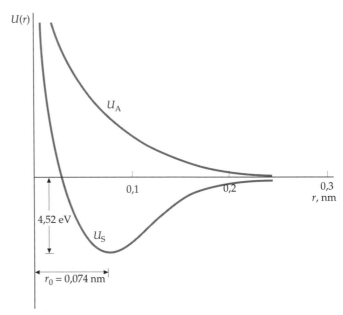

FIGURA 37-4 Energia potencial *versus* separação para dois átomos de hidrogênio. A curva marcada como U_S é para a função de onda que tem uma expressão simétrica para sua parte espacial e a curva marcada por U_A é para a função de onda que tem uma expressão anti-simétrica para sua parte espacial.

92 | CAPÍTULO 37

elétrons, a repulsão deste átomo é maior que a atração com o outro elétron. Quando os três átomos são colocados juntos, o terceiro elétron é, de fato, forçado a ir para um estado quântico de energia mais alta, de acordo com o princípio de exclusão. A ligação entre os dois átomos de hidrogênio é chamada de **ligação saturada** porque não existe espaço para outro elétron. Os dois elétrons compartilhados essencialmente preenchem os estados 1s de ambos os átomos.

Podemos também ver por que dois átomos de hélio não se ligam normalmente para formar uma molécula de He_2. Não existem elétrons de valência que possam ser compartilhados. Os elétrons nas camadas preenchidas são forçados a ir para estados de energia mais alta, quando os dois átomos são colocados juntos. Para baixas temperaturas ou altas pressões, os átomos de hélio se ligam através de forças de van der Waals, as quais vamos discutir em seguida. Esta ligação é tão fraca que na pressão atmosférica o hélio entra em ebulição em 4 K, e não forma um sólido em nenhuma temperatura, a não ser que a pressão seja maior que aproximadamente 20 atm.

Quando dois átomos idênticos se ligam, como o O_2 ou o N_2, a ligação é puramente covalente. Entretanto, a ligação entre dois átomos diferentes é freqüentemente uma mistura de ligações iônica e covalente. Mesmo para o NaCl, o elétron doado pelo sódio ao cloro tem alguma probabilidade de estar no átomo de sódio, porque sua função de onda nas vizinhanças do átomo de sódio é pequena, mas não é nula. Deste modo, este elétron seria parcialmente compartilhado numa ligação covalente, embora esta ligação seja somente uma pequena parte da ligação total, que é principalmente iônica.

Uma medida do grau do caráter iônico ou covalente de uma ligação pode ser obtida pelo momento de dipolo elétrico da molécula ou unidade iônica. Por exemplo, se a ligação do NaCl fosse puramente iônica, o centro das cargas positivas deveria estar no íon de Na^+ e o centro das cargas negativas deveria estar no íon Cl^-. O momento de dipolo elétrico teria a magnitude

$$p_{iônico} = er_0 \qquad\qquad 37\text{-}5$$

onde $r_0 = 2{,}36 \times 10^{-10}$ m é a separação de equilíbrio entre os íons. Então, o momento de dipolo do NaCl deveria ser (da Figura 37-1)

$$p_{iônico} = er_0$$
$$= (1{,}60 \times 10^{-19}\,C)(2{,}36 \times 10^{-10}\,m) = 3{,}78 \times 10^{-29}\,C \cdot m$$

O momento de dipolo elétrico real medido para o NaCl é

$$p_{medido} = 3{,}00 \times 10^{-29}\,C \cdot m$$

Podemos definir a razão entre o p_{medido} e o $p_{iônico}$ como a medida relativa do caráter iônico da ligação. Para o NaCl, esta razão é $3{,}00/3{,}78 = 0{,}79$. Então, a ligação no NaCl é aproximadamente 79 por cento iônica.

> **!** Não pense que todas as ligações entre os átomos são parcialmente iônicas. Elas não são. Ligações entre dois átomos idênticos são sempre 100 por cento covalentes.

> **PROBLEMA PRÁTICO 37-1**
>
> A separação de equilíbrio do HCl é 0,128 nm e seu momento de dipolo elétrico medido é $3{,}60 \times 10^{-30}\,C \cdot m$. Qual a porcentagem do caráter iônico da ligação no HCl?

OUTROS TIPOS DE LIGAÇÕES MOLECULARES

A ligação de van der Waals Quaisquer duas moléculas separadas serão atraídas, uma pela outra, por forças eletrostáticas chamadas de *forças de van der Waals*. O mesmo acontece com dois átomos quaisquer que não formem ligações iônicas ou covalentes. As **ligações de van der Waals**, devido a estas forças, são muito mais fracas que as ligações já discutidas. Em temperaturas suficientemente elevadas, estas forças não são fortes o suficiente para superar o movimento dos átomos ou moléculas devido à energia térmica. Em temperaturas suficientemente baixas, este movimento torna-se desprezível e as forças de van der Waals irão provocar, em quase todas as substâncias, uma condensação num líquido e depois a formação do sólido.* As forças de van der Waals aparecem a partir da interação entre momentos de dipolo elétrico instantâneos das moléculas.

---

* O hélio é o único elemento que não solidifica em qualquer temperatura na pressão atmosférica.

A Figura 37-5 mostra como duas moléculas polares — moléculas que tem momentos de dipolo elétrico *permanentes*, como a H$_2$O — podem fazer uma ligação. O campo elétrico devido ao momento de dipolo de uma molécula orienta a outra molécula de modo que os dois momentos de dipolo se atraem. Moléculas apolares também atraem outras moléculas apolares através das forças de van der Waals. Embora moléculas apolares tenham, em média, momentos de dipolo elétrico zero, elas tem momentos de dipolo instantâneo, que em geral não são nulos por causa das flutuações nas posições das cargas. Quando duas moléculas apolares estiverem próximas uma da outra, as flutuações nos momentos de dipolo instantâneos tendem a se correlacionar de modo a provocar uma atração. Isto está ilustrado na Figura 37-6.

A ligação de hidrogênio Outro mecanismo de ligação de grande importância é a ligação de hidrogênio, que é formada pelo compartilhamento de um próton (o núcleo do átomo de hidrogênio) entre dois átomos, em geral dois átomos de oxigênio. Este compartilhamento de um próton é semelhante ao compartilhamento de elétrons responsável pela ligação covalente já discutida. Ela é facilitada pela massa pequena do próton e pela falta de elétrons nas camadas internas do hidrogênio. A ligação de hidrogênio mantém ligados grupos de moléculas e é responsável pelas ligações cruzadas que permitem moléculas biológicas gigantes e polímeros manterem uma forma fixa. A bem conhecida estrutura helicoidal do DNA se deve a ligações de hidrogênio entre as espiras da hélice (Figura 37-7).

A ligação metálica Num metal, dois átomos não se ligam pela troca, ou pelo compartilhamento de um elétron para formar uma molécula. Em vez disso, cada elétron de valência é compartilhado por muitos átomos. A ligação é então distribuída através de todo o metal. Um metal pode ser imaginado como uma rede de íons positivos mantidos juntos essencialmente por elétrons livres que se deslocam através do sólido. Na visão da mecânica quântica, estes elétrons livres formam uma nuvem de cargas negativas entre os íons da rede carregados positivamente e que mantém os íons juntos. Deste ponto de vista, a ligação metálica é um pouco semelhante à ligação covalente. Entretanto, na ligação metálica, existem bem mais do que somente dois átomos, sendo que a carga negativa é distribuída uniformemente através de todo o volume do metal. O número de elétrons livres por íon da rede varia de metal para metal, mas é da ordem de um elétron livre por íon.

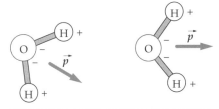

FIGURA 37-5 Ligação entre moléculas de H$_2$O devida à atração de dipolos elétricos. O momento de dipolo de cada molécula está indicado por $\vec{p}$. O campo elétrico de um dipolo orienta o outro dipolo de modo que os dois momentos de dipolo tendem a ficar paralelos. Quando os momentos de dipolo estão aproximadamente paralelos, o centro de cargas negativas de uma molécula fica mais perto do centro de cargas positivas da outra molécula do que do centro de cargas negativas, e assim as moléculas se atraem.

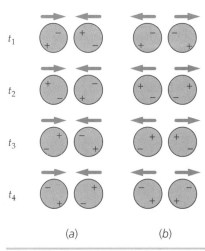

FIGURA 37-6 Atração de van der Waals de moléculas que tem momentos de dipolo permanente nulos. (*a*) Orientações possíveis dos momentos de dipolo instantâneos em tempos diferentes, levando à atração. (*b*) Possíveis orientações levando à repulsão. O campo elétrico do momento de dipolo instantâneo de uma molécula tende a polarizar a outra molécula; então, as orientações que levam à atração (Figura 37-6*a*) são muito mais prováveis do que aquelas que levam à repulsão (Figura 37-6*b*).

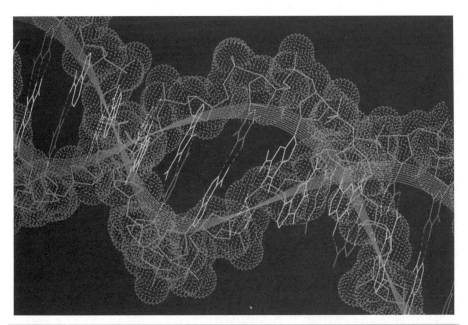

FIGURA 37-7 A molécula de DNA. (© *Will e Demi McIntire/Photo Researchers*.) (Veja o Encarte en cores.)

(a) Os descobridores da estrutura do DNA. James Watson à esquerda e Francis Crick são mostrados junto com seu modelo de parte da molécula de DNA, em 1953. Crick e Watson se encontraram no Laboratório Cavendish, em Cambridge, em 1951. Seu trabalho sobre a estrutura do DNA foi desenvolvido com o conhecimento das razões de Chargaff das bases de DNA e de alguns resultados de cristalografia de raios X de Maurice Wilkins e Rosalind Franklin no King's College de Londres. A combinação de todos estes trabalhos levou à dedução de que o DNA existia como hélice dupla, e por fim, a sua estrutura. Crick, Watson e Wilkins dividiram o Prêmio Nobel de Fisiologia ou Medicina, em 1962; Franklin morreu de câncer em 1958. ((a) *Norman Collection for the History of Molecular Biology*.)

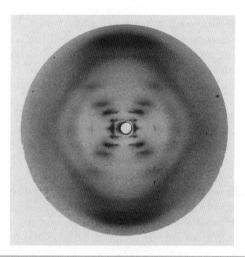

(b) Padrão de difração de raios X da forma B do DNA. O colega de Rosalind Franklin, Maurice Wilkins, sem obter sua permissão, disponibilizou para Watson e Crick os resultados do padrão de difração de raios X da forma B do DNA, que ainda não haviam sido publicados, e que foram evidências cruciais para a estrutura helicoidal. Watson escreveu no seu relato sobre a descoberta: "No momento em que vi a imagem, fiquei de boca aberta e minha pulsação disparou... A cruz preta das reflexões que dominavam a imagem só poderia surgir de uma estrutura helicoidal... Uma inspeção rápida da imagem de raios X forneceu diversos dos parâmetros helicoidais vitais" (De Stent, Gunther, *A Hélice Dupla*, New York: Norton, 1980). ((b) © *A. Barrington Brown/Photo Researchers, NY*.)

*37-2 MOLÉCULAS POLIATÔMICAS

As moléculas que têm mais que dois átomos variam desde moléculas relativamente simples, como a água, que tem massa molecular 18, até moléculas gigantes como as proteínas e o DNA, que tem massas moleculares da ordem de centenas de milhares, chegando até muitos milhões. Assim como as moléculas diatômicas, a estrutura das moléculas poliatômicas pode ser entendida pela aplicação dos conceitos básicos de mecânica quântica à ligação dos átomos individuais. Os mecanismos de ligação para a maioria das moléculas poliatômicas são a ligação covalente e a ligação de hidrogênio. Vamos discutir somente algumas das moléculas poliatômicas mais simples — H_2O, NH_3 e CH_4 — para ilustrar a simplicidade e também a complexidade da aplicação da mecânica quântica à ligação molecular.

A exigência básica para o compartilhamento dos elétrons numa ligação covalente é de que as funções de onda dos elétrons de valência, nos átomos individuais, devem se sobrepor tanto quanto possível. Como primeiro exemplo, vamos considerar a molécula de água. A configuração do estado fundamental do átomo de oxigênio é $1s^2 2s^2 2p^4$. Os elétrons 1s e 2s estão em camadas fechadas e não contribuem para a ligação. A camada 2p tem espaço para seis elétrons, dois em cada um dos três estados espaciais (orbitais) correspondendo a $\ell = 1$. Num átomo isolado, descrevemos estes estados espaciais por funções de onda como as do hidrogênio correspondendo a $\ell = 1$ e $m_\ell = +1, 0$ e -1. Como a energia é a mesma para estes três estados espaciais, podemos usar com igual sucesso qualquer combinação linear destas funções de onda. Quando um átomo participa numa ligação molecular, certas combinações destas funções de onda atômicas são importantes. Estas combinações são chamadas de **orbitais atômicos,** $\mathbf{p}_x, \mathbf{p}_y$ e $\mathbf{p}_z$. A dependência angular destes orbitais é

$$p_x \propto \text{sen}\,\theta \cos\phi \qquad 37\text{-}6$$

$$p_y \propto \cos\theta \cos\phi \qquad 37\text{-}7$$

$$p_z \propto \cos\phi \qquad 37\text{-}8$$

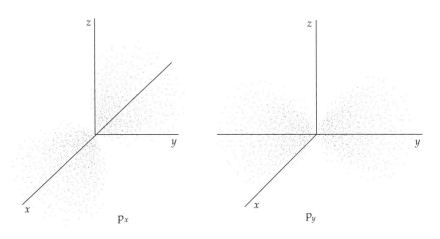

A distribuição de carga eletrônica nestes orbitais é máxima ao longo dos eixos x, y ou z, respectivamente, como mostrado na Figura 37-8.

FIGURA 37-8 Gráficos de pontos gerados no computador ilustrando a dependência espacial da distribuição de carga eletrônica nos orbitais atômicos p_x, p_y e p_z.

Para o oxigênio numa molécula de água, a sobreposição máxima das funções de onda dos elétrons ocorre quando dois dos quatro elétrons 2p estão em um dos orbitais atômicos (neste exemplo, vamos supor que seja o orbital p_z) com seus spins antiparalelos, o terceiro elétron 2p está no segundo orbital (o orbital p_x) e o quarto elétron 2p está no terceiro orbital (o orbital p_y). Cada elétron não emparelhado (nos orbitais p_x e p_y, neste exemplo) forma uma ligação com o elétron do átomo de hidrogênio, como mostrado na Figura 37-9. Devido à repulsão entre os dois átomos de hidrogênio, o ângulo entre as ligações O—H é na verdade maior que 90°. O efeito desta repulsão pode ser calculado e o resultado obtido está de acordo com o ângulo medido de 104,5°.

Raciocínio semelhante leva ao entendimento da ligação de NH_3 (não mostrada). No estado fundamental, o nitrogênio tem três elétrons no estado 2p. Quando estes três elétrons estão nos orbitais atômicos p_x, p_y e p_z, eles se ligam aos átomos de hidrogênio. De novo, por causa da repulsão dos átomos de hidrogênio, os ângulos entre as ligações são um pouco maiores que 90°.

A ligação de átomos de carbono é um tanto mais complicada. O carbono forma ligações simples, duplas e triplas, levando a uma grande diversidade nos tipos de moléculas orgânicas. A configuração do estado fundamental do carbono é $1s^2 2s^2 2p^2$. A partir da discussão anterior, podemos esperar que o carbono seja divalente — isto é, faz ligações apenas através dos dois elétrons 2p — com as duas ligações fazendo um ângulo de aproximadamente 90°. Entretanto, uma das características mais importantes da química do carbono é de que compostos tetravalentes de carbono, como o CH_4, são esmagadoramente favorecidos.

A valência 4 observada para o carbono aparece de uma maneira interessante. Um dos primeiros estados excitados do carbono ocorre quando um elétron 2s é excitado para um estado 2p, gerando a configuração $1s^2 2s^1 2p^3$. Neste estado excitado, podemos ter quatro elétrons não emparelhados, um em cada orbital atômico 2s, $2p_x$, $2p_y$ e $2p_z$. Poderíamos então esperar que as três ligações correspondentes aos orbitais p fossem semelhantes e a ligação correspondente ao orbital s fosse diferente. Entretanto, quando o carbono forma ligações tetravalentes, estes quatro orbitais atômicos se misturam e formam quatro novos orbitais moleculares *equivalentes*, chamados de **orbitais híbridos**. Esta mistura de orbitais atômicos, chamada de hibridização, é uma das mais importantes características envolvida na física de ligações moleculares complexas. A Figura 37-10 mostra a estrutura tetraedral da molécula de metano (CH_4), e a Figura 37-11 mostra a estrutura da molécula do etano (CH_3—CH_3), que é semelhante a duas moléculas de metano ligadas, onde uma das ligações C—H é substituída por uma ligação C—C.

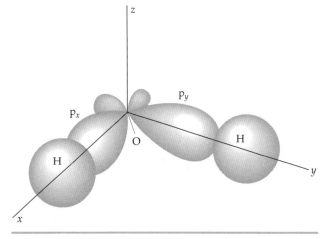

FIGURA 37-9 Distribuição de carga eletrônica na molécula de H_2O.

96 | CAPÍTULO 37

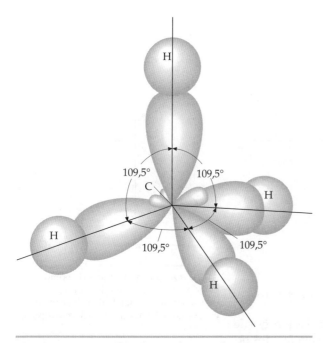

FIGURA 37-10 Distribuição de carga eletrônica na molécula de CH₄ (metano).

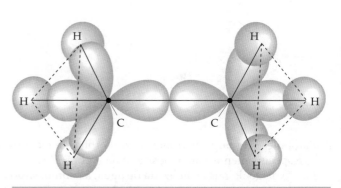

FIGURA 37-11 Distribuição de carga eletrônica na molécula de CH₃—CH₃ (etano).

Os orbitais do carbono também podem se hibridizar através da combinação dos orbitais s, p$_x$ e p$_y$, formando três orbitais híbridos no plano xy e formando ligações separadas por 120° (o orbital p$_z$ não participa da ligação). Um exemplo desta configuração é o grafite, onde as ligações no plano xy proporcionam a estrutura fortemente lamelar, característica deste material.

37-3 NÍVEIS DE ENERGIA E ESPECTROS DE MOLÉCULAS DIATÔMICAS

Como acontece com o átomo, uma molécula emite, muitas vezes, radiação eletromagnética ao fazer uma transição de um estado excitado para um estado de energia mais baixa. De modo inverso, uma molécula pode absorver radiação e fazer uma transição de um estado de energia mais baixa para um estado de energia mais alta. O estudo dos espectros de absorção e emissão das moléculas, portanto, nos fornece informações sobre os estados de energia das moléculas. Por simplicidade, vamos considerar somente moléculas diatômicas.

A energia interna de uma molécula pode ser convenientemente separada em três partes: eletrônica, devido à excitação dos elétrons da molécula; vibracional, devido às oscilações dos átomos da molécula; e rotacional, devido à rotação da molécula sobre seu centro de massa. As magnitudes destas energias são suficientemente diferentes de tal modo que podem ser tratadas separadamente. As energias devido às excitações eletrônicas de uma molécula são tipicamente da ordem de 1 eV, as mesmas encontradas nas excitações eletrônicas de um átomo. As energias de vibração dos átomos e de rotação das moléculas são muito menores que a energia de excitação eletrônica.

NÍVEIS DE ENERGIA ROTACIONAIS

A Figura 37-12 mostra um modelo esquemático simples de uma molécula diatômica, constituída de partículas que tem massas m_1 e m_2 separadas por uma distância r, e girando em torno do seu centro de massa. Classicamente, a energia cinética de rotação (Equação 9-11) é

$$E = \tfrac{1}{2}I\omega^2 \qquad 37\text{-}9$$

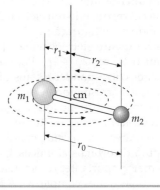

FIGURA 37-12 Uma molécula diatômica girando em torno de um eixo que passa pelo seu centro de massa.

onde I é o momento de inércia e ω é a velocidade angular no movimento de rotação. Se escrevermos isto em termos do momento angular $L = I\omega$, temos

$$E = \frac{(I\omega)^2}{2I} = \frac{L^2}{2I} \qquad\qquad 37\text{-}10$$

A solução da equação de Schrödinger para a rotação leva à quantização do momento angular com valores dados por

$$L^2 = \ell(\ell + 1)\hbar^2 \qquad \ell = 0, 1, 2, \ldots \qquad\qquad 37\text{-}11$$

onde ℓ é o **número quântico rotacional**. Esta é a mesma condição quântica do momento angular que é válida para o momento angular orbital do elétron num átomo. Observe, entretanto, que o L na Equação 37-10 se refere ao momento angular de toda a molécula que gira sobre seu centro de massa. Os níveis de energia de uma molécula em rotação são dados, portanto, por

$$E_\ell = \frac{\ell(\ell + 1)\hbar^2}{2I} = \ell(\ell + 1)E_{0\mathrm{r}} \qquad \ell = 0, 1, 2, \ldots \qquad\qquad 37\text{-}12$$

NÍVEIS DE ENERGIA ROTACIONAIS

onde $E_{0\mathrm{r}}$ é a energia rotacional característica de uma molécula particular, que é inversamente proporcional ao seu momento de inércia

$$E_{0\mathrm{r}} = \frac{\hbar^2}{2I} \qquad\qquad 37\text{-}13$$

ENERGIA ROTACIONAL CARACTERÍSTICA

Uma medida da energia rotacional de uma molécula a partir de seu espectro rotacional pode ser usada para determinar o momento de inércia da molécula, a qual pode também ser usada para encontrar a separação dos átomos da molécula. O momento de inércia em torno de um eixo que passa pelo centro de massa de uma molécula diatômica (veja Figura 37-12) é

$$I = m_1 r_1^2 + m_2 r_2^2$$

Usando $m_1 r_1 = m_2 r_2$, onde r_1 é a distância do átomo 1 ao centro de massa, r_2 é a distância do átomo 2 ao centro de massa e $r_0 = r_1 + r_2$, podemos escrever o momento de inércia (veja Problema 26) como

$$I = \mu r_0^2 \qquad\qquad 37\text{-}14$$

onde μ, a **massa reduzida**, é

$$\mu = \frac{m_1 m_2}{m_1 + m_2} \qquad\qquad 37\text{-}15$$

DEFINIÇÃO — MASSA REDUZIDA

Se as massas são iguais ($m_1 = m_2 = m$), como para o H_2 e o O_2, a massa reduzida é $\mu = \frac{1}{2}m$ e

$$I = \tfrac{1}{2}m r_0^2 \qquad\qquad 37\text{-}16$$

A unidade conveniente de massa para discutir massas atômicas e moleculares é a **unidade de massa atômica unificada**, u, definida como um doze avos da massa do átomo de carbono 12 (^{12}C). A massa de um átomo em unidades de massa unificada é, portanto, numericamente igual à massa molecular do átomo em gramas. A unidade de massa unificada está relacionada ao grama e ao quilograma por

$$1\,\mathrm{u} = \frac{1\,\mathrm{g}}{N_A} = \frac{10^{-3}\,\mathrm{kg}}{6{,}0221 \times 10^{23}} = 1{,}6606 \times 10^{-27}\,\mathrm{kg} \qquad\qquad 37\text{-}17$$

onde N_A é o número de Avogadro.

Exemplo 37-2 A Massa Reduzida de uma Molécula Diatômica

Ache a massa reduzida da molécula de HCl.

SITUAÇÃO Encontre as massas dos átomos de hidrogênio e cloro no Apêndice C* e use a definição de massa reduzida (Equação 37-15).

SOLUÇÃO

1. A massa reduzida μ está relacionada às massas individuais m_H e m_{Cl}:
$$\mu = \frac{m_H m_{Cl}}{m_H + m_{Cl}}$$

2. Encontre as massas na tabela periódica: $m_H = 1{,}01$ u, $m_{Cl} = 35{,}5$ u

3. Substitua para calcular a massa reduzida:
$$\mu = \frac{m_H m_{Cl}}{m_H + m_{Cl}} = \frac{(1{,}01 \text{ u})(35{,}5 \text{ u})}{1{,}01 \text{ u} + 35{,}5 \text{ u}} = \boxed{0{,}982 \text{ u}}$$

CHECAGEM A fórmula para a massa reduzida é idêntica à fórmula para a resistência equivalente de dois resistores em paralelo. Como esperado, a massa reduzida é menor que qualquer uma das duas massas.

INDO ALÉM Quando um átomo de uma molécula diatômica é muito mais massivo que o outro, o centro de massa da molécula fica aproximadamente no centro do átomo mais massivo e a massa reduzida é aproximadamente igual à massa do átomo mais leve.

Exemplo 37-3 Energia Cinética Rotacional de uma Molécula

Estime a energia cinética rotacional característica de uma molécula de O_2, supondo que a separação dos átomos seja 0,100 nm.

SITUAÇÃO A energia cinética rotacional característica é dada por $E_{0r} = \hbar/(2I)$ (Equação 37-13), onde I é o momento de inércia. O momento de inércia é dado por $I = \mu r_0^2$ (Equação 37-14), onde μ é a massa reduzida e r_0 é a separação média centro a centro dos núcleos atômicos.

SOLUÇÃO

1. A energia rotacional característica é inversamente proporcional ao momento de inércia:
$$E_{0r} = \frac{\hbar^2}{2I}$$

2. Calcule o momento de inércia:
$$I = \mu r_0^2 = \tfrac{1}{2} m r_0^2$$

3. Substitua esta expressão para I na expressão para E_{0r}:
$$E_{0r} = \frac{\hbar^2}{m r_0^2}$$

4. Use $m = 16$ u para a massa do oxigênio para calcular E_{0r}:
$$E_{0r} = \frac{\hbar^2}{m r_0^2} = \frac{(1{,}055 \times 10^{-34} \text{ J} \cdot \text{s})^2}{(16 \text{ u})(10^{-10} \text{ m})^2} \times \left(\frac{1 \text{ u}}{1{,}66 \times 10^{-27} \text{ kg}} \right)$$
$$= 4{,}19 \times 10^{-23} \text{ J} = \boxed{2{,}62 \times 10^{-4} \text{ eV}}$$

CHECAGEM Como esperado, a energia cinética rotacional característica é pequena comparada com 1 eV (energia de excitação eletrônica típica).

Podemos ver do Exemplo 37-3 que os níveis de energia rotacional são diversas ordens de magnitude menores que os níveis de energia devido à excitação dos elétrons. As transições entre um dado conjunto de níveis de energia rotacional produzem fótons na região de microondas do espectro eletromagnético. Energias rotacionais são também pequenas comparadas com a energia térmica típica kT em temperaturas normais. Para $T = 300$ K, por exemplo, kT é aproximadamente 100 vezes a energia rotacional característica calculada no Exemplo 37-3 e aproximadamente 1 por cento da energia eletrônica típica. Então, em temperaturas usuais, uma molécula pode facilmente ser excitada para níveis rotacionais mais baixos através de colisões com

CHECAGEM CONCEITUAL 37-1

Em temperatura ambiente, as moléculas de um gás diatômico sofrem transições entre estados rotacionais, mas os átomos de um gás monoatômico não sofrem. Por quê?

---

* As massas nas tabelas são pesadas de acordo com a distribuição isotópica natural. Então, a massa do carbono é dada por 12,011 em vez de 12,000 porque o carbono natural contém aproximadamente 98,9% de ^{12}C e 1,1 % de ^{13}C. Do mesmo modo, o cloro natural contém cerca de 76% de ^{35}Cl e 24% de ^{37}Cl.

Moléculas | **99**

outras moléculas. Mas tais colisões não podem excitar a molécula para níveis de energia eletrônicos acima do estado fundamental.

NÍVEIS DE ENERGIA VIBRACIONAIS

A quantização de energia num oscilador harmônico simples foi um dos primeiros problemas a ser resolvido por Schrödinger em seu artigo onde propôs a sua equação de onda. Resolvendo a equação de Schrödinger para um osilador harmônico simples, temos

$$E_\nu = (\nu + \tfrac{1}{2})hf \qquad \nu = 0, 1, 2, \ldots \qquad\qquad 37\text{-}18$$

NÍVEIS DE ENERGIA VIBRACIONAIS

onde f é a freqüência do oscilador e ν (letra grega minúscula ni) é o **número quântico vibracional**.* Uma característica interessante deste resultado é de que os níveis de energia são igualmente espaçados com intervalos iguais a hf. A freqüência de vibração de uma molécula diatômica pode estar relacionada à força exercida por um átomo no outro. Considere dois objetos de massa m_1 e m_2 conectados por uma mola com constante de força k_F. A freqüência de oscilação deste sistema (veja Problema 32) pode ser mostrada como

$$f = \frac{1}{2\pi}\sqrt{\frac{k_F}{\mu}} \qquad\qquad 37\text{-}19$$

onde μ é a massa reduzida dada pela Equação 37-15. A constante de força efetiva k_F de uma molécula diatômica pode então ser determinada a partir de uma medida da freqüência de oscilação da molécula.

Uma regra de seleção das transições entre estados vibracionais (do mesmo estado eletrônico) exige que o número quântico vibracional ν pode variar somente por ± 1, assim a energia de um fóton emitido nesta transição é hf e a freqüência do fóton é f, que é a mesma freqüência de vibração. Existe uma regra de seleção semelhante para transições entre estados rotacionais, onde ℓ pode variar apenas por ± 1.

Uma medida de freqüência típica para uma transição entre estados vibracionais é de 5×10^{13} Hz, que dá

$$E \approx hf = (4{,}14 \times 10^{-15}\,\text{eV}\cdot\text{s})(5{,}0 \times 10^{13}\,\text{s}^{-1}) = 0{,}2\,\text{eV}$$

sendo uma estimativa para a ordem de magnitude das energias vibracionais. Esta energia vibracional típica é aproximadamente 1000 vezes maior que a energia rotacional típica E_{0r} da molécula de O_2, encontrada no Exemplo 37-3, e cerca de 8 vezes maior que a energia térmica típica $kT = 0{,}026$ eV para $T = 300$ K. Então, os níveis vibracionais quase nunca são excitados por colisões moleculares em temperatura ambiente.

Exemplo 37-4 **Determinando a Constante de Força**

A freqüência de vibração da molécula de CO é $6{,}42 \times 10^{13}$ Hz. Qual é a constante de força efetiva para esta molécula?

SITUAÇÃO Para relacionar k_F à freqüência e à massa reduzida, usamos $2\pi f = \sqrt{k_F/\mu}$ (Equação 37-19) e a partir desta definição calculamos μ.

SOLUÇÃO

1. A constante de força efetiva está relacionada à freqüência e à massa reduzida pela Equação 37-19:

$$f = \frac{1}{2\pi}\sqrt{\frac{k_F}{\mu}}$$
$$k_F = (2\pi f)^2\mu$$

2. Calcule a massa reduzida usando para a massa do carbono 12 u, e para a massa do átomo de oxigênio, 16 u:

$$\mu = \frac{m_1 m_2}{m_1 + m_2} = \frac{(12\,\text{u})(16\,\text{u})}{12\,\text{u} + 16\,\text{u}} = 6{,}86\,\text{u}$$

---

* Usamos ν no lugar de n para não confundir o número quântico vibracional com o número quântico principal n dos níveis de energia eletrônicos.

3. Substitua o valor de μ na equação para k_F no passo 1 e converta para unidades SI:

$$k_F = (2\pi f)^2 \mu$$
$$= 4\pi^2 (6{,}42 \times 10^{13} \text{ Hz})^2 (6{,}86 \text{ u})$$
$$= 1{,}12 \times 10^{30} \text{ u/s}^2 \times \left(\frac{1{,}66 \times 10^{-27} \text{ kg}}{1 \text{ u}} \right)$$
$$= \boxed{1{,}85 \times 10^3 \text{ N/m}}$$

CHECAGEM Da segunda lei de Newton sabemos que $1 \text{ kg m/s}^2 = 1 \text{ N}$, deste modo as unidades de kg/s^2 que permanecem, depois de cancelar u no passo 3, são iguais a N/m, o que é esperado para a constante de força de uma "mola".

ESPECTROS DE EMISSÃO

A Figura 37-13 mostra esquematicamente alguns níveis de energia eletrônicos, vibracionais e rotacionais de uma molécula diatômica. Os níveis vibracionais são identificados pelo número quântico ν e os níveis rotacionais são identificados por ℓ. Os níveis vibracionais mais baixos são igualmente espaçados, com $\Delta E = hf$. Para níveis vibracionais mais altos, a aproximação de que as vibrações são harmônicas simples não é válida e os níveis de energia não são mais igualmente espaçados. Observe que as curvas de energia potencial que representam a força entre os dois átomos na molécula não têm exatamente a mesma forma para o estado fundamental eletrônico e para os estados excitados. Isto implica que a freqüência de vibração f é diferente para diferentes estados eletrônicos. Para transições entre estados vibracionais de diferentes estados eletrônicos, a regra de seleção $\Delta \nu = \pm 1$ não vale. Estas transições resultam na emissão de fótons de comprimentos de onda no espectro visível, ou próximo deste, de modo que o espectro de emissão da molécula para transições eletrônicas é também chamado algumas vezes de espectro óptico.

O espaçamento dos níveis rotacionais aumenta com o aumento dos valores de ℓ. Como as energias de rotação são muito menores que as de excitação vibracional ou excitação eletrônica da molécula, a rotação molecular fica evidenciada nos espectros ópticos com um deslocamento fino das linhas espectrais. Quando esta estrutura fina não é resolvida, o espectro aparece na forma de bandas, como mostrado na Figura 37-14a. Uma inspeção mais detalhada destas bandas revela que elas têm uma estrutura fina devido aos níveis de energia rotacionais, como é mostrado na ampliação na Figura 37-14c.

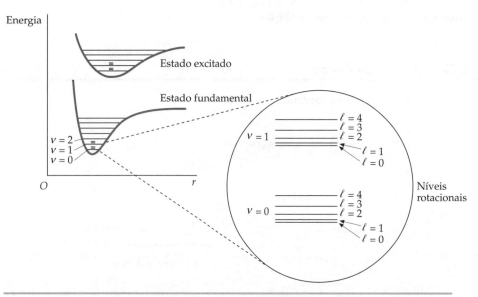

FIGURA 37-13 Níveis de energia vibracionais e rotacionais de uma molécula diatômica no estado fundamental eletrônico e num estado excitado eletrônico. Os níveis rotacionais aparecem ampliados nos níveis vibracionais $\nu = 0$ e $\nu = 1$ do estado eletrônico fundamental.

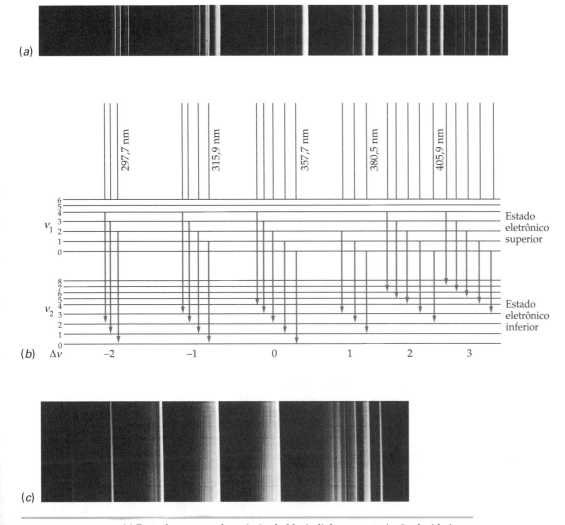

FIGURA 37-14 (a) Parte do espectro de emissão do N_2. As linhas espectrais são devido às transições entre os níveis vibracionais dos estados eletrônicos, como indicado no diagrama de níveis de energia (b). (c) Uma ampliação de parte da Figura 37-14a mostra que as linhas aparentes são de fato bandas com uma estrutura causada pelos níveis rotacionais. (*Cortesia do Dr. J. A. Marquissee.*)

ESPECTROS DE ABSORÇÃO

Boa parte da espectroscopia molecular é feita usando-se técnicas de absorção no infravermelho, nas quais somente os níveis de energia rotacionais e vibracionais do estado eletrônico fundamental são excitados. Nas temperaturas ordinárias, as energias vibracionais são suficientemente grandes, comparadas com a energia térmica kT, de modo que a maioria das moléculas estão no estado vibracional mais baixo, com $v = 0$, para o qual a energia é $E_0 = \frac{1}{2}hf$. A transição de $v = 0$ para $v = 1$ é a transição predominante na absorção. Entretanto, em temperatura ambiente as energias rotacionais são muito menores que a energia térmica kT. Deste modo, alguns estados de energia rotacional estão ocupados. Se a molécula está originalmente num estado vibracional caracterizado por $v = 0$ e num estado rotacional caracterizado pelo número quântico ℓ, a energia inicial da molécula é

$$E_\ell = \tfrac{1}{2}hf + \ell(\ell + 1)E_{0r} \qquad 37\text{-}20$$

onde E_{0r} é dado pela Equação 37-13. A partir destes estados, duas transições são permitidas pelas regras de seleção. Para uma transição para o próximo estado vibracional mais alto, com $v = 1$ e para um estado rotacional caracterizado por $\ell + 1$, a energia final é

$$E_{\ell+1} = \tfrac{3}{2}hf + (\ell + 1)(\ell + 2)E_{0r} \qquad 37\text{-}21$$

Para uma transição para o próximo estado vibracional mais alto e para um estado rotacional caracterizado por $\ell - 1$, a energia final é

$$E_{\ell-1} = \tfrac{3}{2}hf + (\ell - 1)\ell E_{0r} \qquad 37\text{-}22$$

Portanto, as diferenças de energia são

$$\Delta E_{\ell \to \ell+1} = E_{\ell+1} - E_\ell = hf + 2(\ell + 1)E_{0r} \qquad \ell = 0, 1, 2, \ldots \qquad 37\text{-}23$$

e

$$\Delta E_{\ell \to \ell-1} = E_{\ell-1} - E_\ell = hf - 2\ell E_{0r} \qquad \ell = 1, 2, 3, \ldots \qquad 37\text{-}24$$

(Na Equação 37-24, ℓ inicia com $\ell = 1$ em vez de $\ell = 0$, porque de $\ell = 0$ somente a transição $\ell \to \ell + 1$ pode ocorrer.) A Figura 37-15 ilustra estas transições. As freqüências destas transições são dadas por

$$f_{\ell \to \ell+1} = \frac{\Delta E_{\ell \to \ell+1}}{h} = f + \frac{2(\ell + 1)E_{0r}}{h} \qquad \ell = 0, 1, 2, \ldots \qquad 37\text{-}25$$

e

$$f_{\ell \to \ell-1} = \frac{\Delta E_{\ell \to \ell-1}}{h} = f - \frac{2\ell E_{0r}}{h} \qquad \ell = 1, 2, 3, \ldots \qquad 37\text{-}26$$

As freqüências para as transições $\ell \to \ell + 1$ são então $f + 2(E_{0r}/h)$, $f + 4(E_{0r}/h)$, $f + 6(E_{0r}/h)$, e assim por diante; aquelas correspondentes à transição $\ell \to \ell - 1$ são $f - 2(E_{0r}/h)$, $f - 4(E_{0r}/h)$, $f - 6(E_{0r}/h)$, e assim por diante. Esperamos então que o espectro de absorção contenha freqüências igualmente espaçadas por $2E_{0r}/h$ exceto para um intervalo de $4E_{0r}/h$ na freqüência vibracional f, como mostrado na Figura 37-16. Uma medida da posição deste intervalo nos dá f e a medida do espaçamento dos picos de absorção dão E_{0r}, que é inversamente proporcional ao momento de inércia da molécula.

A Figura 37-17 mostra o espectro de absorção do HCl. A estrutura de picos duplos aparece pelo fato de o cloro ter, naturalmente, dois isótopos, ^{35}Cl e ^{37}Cl, o que resulta em dois momentos de inércia diferentes para o HCl. Se todos os níveis rotacionais fossem igualmente populados inicialmente, poderíamos esperar que as intensidades

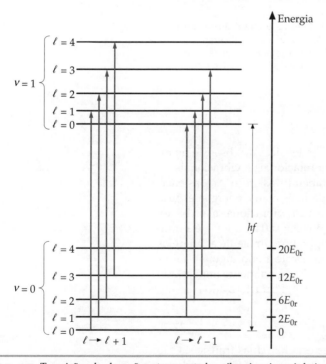

FIGURA 37-15 Transições de absorção entre os estados vibracionais mais baixos $v = 0$ e $v = 1$ numa molécula diatômica. Estas tansições obedecem à regra de seleção $\Delta \ell = \pm 1$ e dividem-se em duas bandas. As energias da banda $\ell \to \ell + 1$ são $hf + 2E_{0r}$, $hf + 4E_{0r}$, $hf + 6E_{0r}$, e assim por diante; enquanto as energias da banda $\ell \to \ell - 1$ são $hf - 2E_{0r}$, $hf - 4E_{0r}$, $hf - 6E_{0r}$, e assim por diante.

de cada linha de absorção fossem iguais. Entretanto, a população dos níveis rotacionais é proporcional à degenerescência do nível, isto é, o número de estados com o mesmo valor de ℓ, que é de $2\ell + 1$, e o fator de Boltzmann $e^{-E/kT}$, onde E é a energia do estado. (O fator de Bolzmann aparece no Capítulo 17 — Volume 1.) Para baixos valores de ℓ, a população aumenta levemente por causa do fator de degenerescência, enquanto para valores mais altos de ℓ, a população diminui por causa do fator de Boltzmann. As intensidades das linhas de absorção portanto, aumentam com ℓ para baixos valores de ℓ, e diminuem com ℓ para altos valores de ℓ, como pode ser visto na figura.

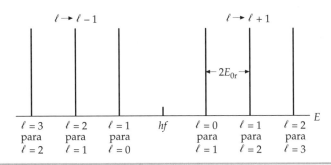

FIGURA 37-16 Espectro de absorção esperado para uma molécula diatômica. O ramo da direita corresponde a transições $\ell \rightarrow \ell + 1$ e o ramo da esquerda corresponde a transições $\ell \rightarrow \ell - 1$. As linhas são igualmente espaçadas por $2E_{0r}$. A energia, a meio caminho entre os dois ramos, é hf, onde f é a freqüência de vibração da molécula.

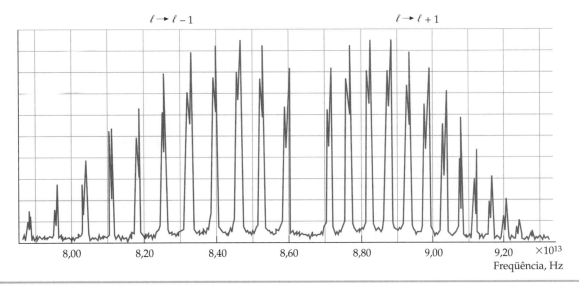

FIGURA 37-17 Espectro de absorção da molécula diatômica de HCl. A estrutura de picos duplos é conseqüência dos dois isótopos do cloro, ^{35}Cl (abundância de 75,5 por cento) e o ^{37}Cl (abundância de 24,5 por cento). As intensidades dos picos variam porque a população do estado inicial depende de ℓ.

104 | CAPÍTULO 37

Resumo

1. Os átomos são geralmente encontrados na natureza ligados para formar moléculas, ou em redes de sólidos cristalinos.
2. Ligações iônicas e covalentes são os mecanismos principais reponsáveis pela formação de moléculas. Ligações metálicas e ligações de van der Waals são importantes na formação de sólidos e líquidos. As ligações de hidrogênio permitem que moléculas biológicas grandes mantenham sua forma.
3. Como os átomos, as moléculas emitem radiação eletromagnética quando fazem uma transição de um estado de maior energia para um estado de energia mais baixa. A energia interna de uma molécula pode ser separada em três partes: energia eletrônica, vibracional e rotacional.

TÓPICO	EQUAÇÕES RELEVANTES E OBSERVAÇÕES
1. Ligação Molecular	
Iônica	As ligações iônicas resultam quando um elétron é transferido de um átomo para outro, gerando um íon positivo e um íon negativo, que se juntam formando a ligação.
Covalente	A ligação covalente é o compartilhamento de um ou mais elétrons pelos átomos.
van der Waals	As ligações de van der Waals são ligações fracas que resultam da interação do momento de dipolo elétrico instantâneo das moléculas.
Hidrogênio	A ligação de hidrogênio resulta do compartilhamento de um próton do átomo de hidrogênio com outros átomos.
Metálica	Na ligação metálica, os íons positivos da rede do metal são mantidos juntos por uma nuvem de cargas composta por elétrons livres.
Misturadas	Uma molécula diatômica formada de dois átomos idênticos, como O_2, deve se ligar por ligações covalentes. A ligação de dois átomos diferentes é freqüentemente uma mistura de ligações iônicas e covalentes. A porcentagem de ligação iônica pode ser encontrada a partir da razão entre a magnitude da medida do momento de dipolo elétrico e a magnitude do momento de dipolo elétrico iônico definido por $$p_{\text{iônico}} = er_0 \qquad \text{37-5}$$ onde r_0 é a separação de equilíbrio dos íons.
2. *Moléculas Poliatômicas	As formas das moléculas poliatômicas como a H_2O e NH_3 podem ser entendidas a partir da distribuição espacial das funções de onda do orbital atômico ou do orbital molecular. A natureza tetravalente do átomo de carbono é um resultado da hibridização dos orbitais atômicos 2s e 2p.
3. Moléculas Diatômicas	
Momento de inércia	$$I = \mu r_0^2 \qquad \text{37-14}$$ $$\text{onde} \qquad \mu = \frac{m_1 m_2}{m_1 + m_2} \qquad \text{37-15}$$ r_0 é a separação de equilíbrio e μ é a massa reduzida.
Níveis de energia rotacionais	$$E_\ell = \ell(\ell + 1)E_{0r} \quad \text{onde} \quad E_{0r} = \hbar/2\pi \quad \text{e} \quad \ell = 0, 1, 2, \ldots \qquad \text{37-12}$$
Níveis de energia vibracionais	$$E_\nu = \left(\nu + \tfrac{1}{2}\right)hf \quad \nu = 0, 1, 2, \ldots \qquad \text{37-18}$$
Constante de força efetiva k_F	$$f = \frac{1}{2\pi}\sqrt{\frac{k_F}{\mu}} \qquad \text{37-19}$$
4. Espectros Moleculares	Os espectros ópticos das moléculas têm uma estrutura de banda devido às transições entre os níveis rotacionais. Informações sobre a estrutura e ligação da molécula podem ser encontradas a partir do seu espectro rotacional e de absorção vibracional envolvendo transições de um nível vibracional-rotacional para outro. Estas transições obedecem às regras de seleção $$\Delta\nu = \pm 1 \qquad \Delta\ell = \pm 1$$

Moléculas | **105**

Resposta do Problema Prático

37-1   17,6 por cento

Resposta da Checagem Conceitual

37-1   O momento de inércia de um átomo é muito menor que o momento de inércia de uma molécula diatômica; assim, a quantidade de energia necessária para mudar o estado rotacional de um átomo sozinho é muitíssimo maior que a quantidade necessária para uma molécula diatômica. Em 300 K, a energia necessária não é disponibilizada pelas colisões entre os átomos.

Problemas

Em alguns problemas, você recebe mais dados do que necessita; em alguns outros, você deve acrescentar dados de seus conhecimentos gerais, fontes externas ou estimativas bem fundamentadas.

Interprete como significativos todos os algarismos de valores numéricos que possuem zeros em seqüência sem vírgulas decimais.

- • Um só conceito, um só passo, relativamente simples.
- •• Nível intermediário, pode requerer síntese de conceitos.
- ••• Desafiante, para estudantes avançados
  Problemas consecutivos sombreados são problemas pareados.

PROBLEMAS CONCEITUAIS

1 • Você esperaria que NaCl fosse polar ou apolar?

2 • Você esperaria que N_2 fosse polar ou apolar?

3 • O neônio ocorre naturalmente na forma de Ne ou Ne_2? Explique sua resposta.

4 • Que tipo de mecanismo de ligação você esperaria para átomos de (a) HF, (b) KBr, (c) N_2, (d) Ag em prata sólida?

5 •• Os elementos da coluna mais à direita na tabela periódica são chamados de gases nobres, porque eles são gases num intervalo grande de condições, e porque os átomos destes elementos quase nunca reagem com outros átomos para formar moléculas ou compostos iônicos. Entretanto, átomos dos gases nobres podem reagir se a molécula resultante for formada num estado eletrônico excitado. Um exemplo é o ArF. Quando ele é formado no estado excitado, é escrito como ArF* e é chamado de excímero (dímero excitado). Veja a Figura 37-13 e discuta como seria um diagrama para os níveis de energia eletrônicos, rotacionais e vibracionais do ArF e do ArF*, onde o estado fundamental do ArF é instável e o estado excitado do ArF* é estável.(Nota: Excímeros são usados em certos tipos de lasers).

6 • Encontre outros átomos que tenham a configuração eletrônica das subcamadas nos seus dois orbitais de mais alta energia como existe nos átomos de carbono. Você esperaria o mesmo tipo de hibridização para estes orbitais como ocorre no carbono?

7 • Como o valor da constante de força efetiva calculada para a molécula de CO, no Exemplo 37-4, se compara com o valor da constante de força de molas de suspensão típicas de um carro, que é da ordem de 1,5 kN/m?

8 • Explique por que o momento de inércia de uma molécula diatômica aumenta levemente com o aumento do momento angular.

9 • Por que você esperaria que a distância de separação entre dois prótons fosse maior no íon de H_2^+ que numa molécula de H_2?

10 • Na temperatura ambiente, um átomo absorve radiação somente do estado fundamental, enquanto uma molécula diatômica absorve radiação de diversos estados rotacionais. Por quê?

11 •• Os níveis de energia vibracionais de moléculas diatômicas são descritos por uma única freqüência vibracional f, que é a freqüência de vibração de dois átomos da molécula ao longo da linha que liga seus centros. Você esperaria ver uma ou mais que uma freqüência vibracional em moléculas que têm três ou mais átomos? Considere em particular a molécula de H_2O (Figura 37-9).

ESTIMATIVAS E APROXIMAÇÕES

12 •• A energia potencial de uma molécula poliatômica tem um mínimo, como o mostrado na Figura 37-13. Perto deste mínimo, o gráfico para a energia como função da distância entre os átomos pode ser aproximado por uma parábola, levando ao modelo do oscilador harmônico para uma molécula vibrante. Uma aproximação melhorada é chamada de oscilador não-harmônico, que leva a modificações para a expressão da energia $E_v = (v + \frac{1}{2})hf$, onde $v = 0, 1, 2,...$ (Equação 37-18). A expressão modificada para a energia é $E_v = (v + \frac{1}{2})hf - (v + \frac{1}{2})^2 hf\alpha$, onde $v = 0, 1, 2,...$ Para uma molécula de O_2, as constantes têm os seguintes valores: $f = 4,74 \times 10^{13} s^{-1}$ e $\alpha = 7,6 \times 10^{-3}$. Use esta fórmula para estimar o menor valor do número quântico v, para o qual a expressão modificada difere da expressão original por 10 por cento.

13 •• Para entender por que a mecânica quântica não é necessária para descrever muitos sistemas macroscópicos, estime o número quântico de energia rotacional ℓ e o espaçamento entre níveis de energia adjacentes para uma bola de beisebol ($m \sim 300$ g, $r \sim$ 3 cm), girando sobre seu próprio eixo a 20 rev/min. *Dica: Selecione ℓ de tal modo que a fórmula de energia $E_\ell = \ell(\ell + 1)\hbar^2/(2I)$, onde $\ell = 0, 1, 2, ...$(Equação 37-12) forneça a energia correta para o sistema dado. Depois encontre o aumento de energia para o próximo nível mais alto de energia.*

14 •• Estime o número quântico v e o espaçamento entre os níveis de energia adjacentes para uma massa de 1,0 kg presa numa mola. A mola tem uma constante de força igual a 1200 N/m e o sistema massa–mola vibra com uma amplitude de 3,0 cm. *Dica: Selecione v de tal modo que a fórmula de energia $E_v = (v + \frac{1}{2})hf$, onde $v = 0, 1, 2, ...$ (Equação 37-18) forneça a energia correta para o sistema dado. Depois encontre o aumento de energia para o próximo nível mais alto de energia.*

LIGAÇÃO MOLECULAR

15 • Calcule a separação dos íons de Na^+ e Cl^- para a qual a energia potencial de uma única unidade iônica (um íon de Na^+ e um íon de Cl^-) é $-1,52$ eV.

16 • A separação de equilíbrio dos átomos numa molécula de HF é 0,0917 nm e o momento de dipolo elétrico medido da molécula é $6,40 \times 10^{-30}$ C · m. Qual o percentual da ligação de HF é iônica?

17 •• A energia de dissociação do RbF é de 5,12 eV e a separação de equilíbrio é de 0,227 nm. A afinidade eletrônica do átomo de flúor é $-3,40$ eV e a energia de ionização do rubídio é 4,18 eV. Determine a energia de repulsão do caroço do RbF.

106 | CAPÍTULO 37

18 •• A separação de equilíbrio dos íons K$^+$ e Cl$^-$, no KCl, é cerca de 0,267 nm. (*a*) Calcule a energia potencial de atração dos íons. Assuma que nesta separação os íons são cargas puntiformes. (*b*) A energia de ionização do potássio é 4,34 eV e a afinidade eletrônica do cloro é $-3,62$ eV. Calcule o valor para a energia de dissociação usando a suposição de que a energia de repulsão é desprezível. (Veja a Figura 37-1.) (*c*) A energia de dissociação medida é 4,48 eV. Qual é a energia devida à repulsão dos íons na separação de equilíbrio?

19 •• Indique um valor aproximado para o valor médio da distância de separação r, para dois níveis vibracionais na curva de energia potencial, para uma molécula diatômica (uma das curvas na Figura 37-13). Seu professor afirma que o aumento em $r_{méd}$ com o aumento da energia de vibração explica por que o sólido se expande quando é aquecido. Você concorda? Se sua resposta for sim, dê um argumento que suporte esta afirmativa. Se for não, dê um argumento que se oponha a esta afirmativa.

20 •• Calcule a energia potencial de atração entre os íons de Na$^+$ e Cl$^-$ na separação de equilíbrio $r_0 = 0,236$ nm. Compare este resultado com a energia de dissociação dada na Figura 37-1. Qual é a energia devida à repulsão dos íons na separação de equilíbrio?

21 •• A separação de equilíbrio dos íons K$^+$ e F$^-$ no KF é cerca de 0,217 nm. (*a*) Calcule a energia potencial de atração entre estes íons. Admita que os íons são cargas puntiformes nesta separação. (*b*) A energia de ionização do potássio é 4,34 eV e a afinidade eletrônica do flúor $-3,40$ eV. Encontre a energia de dissociação desprezando qualquer energia de repulsão. (*c*) A medida da energia de dissociação é 5,07 eV. Calcule a energia devida à repulsão dos íons na separação de equilíbrio.

NÍVEIS DE ENERGIA E ESPECTROS DE MOLÉCULAS DIATÔMICAS

22 • A energia rotacional característica E_{0r} para a rotação de uma molécula de N$_2$ é $2,48 \times 10^{-4}$ eV. Usando este valor, encontre a distância de separação entre os dois átomos de nitrogênio.

23 • A separação entre dois átomos de oxigênio numa molécula de O$_2$ é na verdade levemente maior que 0,100 nm usado no Exemplo 37-3. Além disso, a energia de rotação característica E_{0r} para o O$_2$ é $1,78 \times 10^{-4}$ eV em vez do resultado obtido naquele exemplo. Use este valor para calcular a distância de separação entre os dois átomos de oxigênio.

24 •• Mostre que a massa reduzida de uma molécula diatômica é sempre menor que a massa de qualquer dos dois átomos da molécula. Calcule a massa reduzida para (*a*) H$_2$, (*b*) N$_2$, (*c*) CO e (*d*) HCl. Expresse as respostas em unidades de massa atômica unificada.

25 •• Uma molécula de CO tem uma energia de ligação de aproximadamente 11 eV. Encontre o número quântico vibracional ν que corresponde a 11 eV. (Se a molécula de CO tem realmente tanta energia vibracional, ela iria se fragmentar.)

26 •• Deduza a equação $I = \mu r_0^2$ (Equação 37-14) para o momento de inércia em termos da massa reduzida de uma molécula diatômica.

27 •• A separação de equilíbrio entre os átomos de uma molécula de LiH é 0,16 nm. Determine a separação de energia entre os níveis rotacionais $\ell = 3$ e $\ell = 2$ de uma molécula diatômica.

28 •• A separação de equilíbrio dos íons K$^+$ e Cl$^-$ no KCl é cerca de 0,267 nm. Use este valor junto com a massa reduzida do KCl para calcular a energia rotacional característica E_{0r} (Equação 37-13) do KCl.

29 •• A freqüência central para a banda de absorção do HCl mostrada na Figura 37-17 está em $8,66 \times 10^{13}$ Hz, e os picos de absorção de ambos os lados da freqüência central estão separados por cerca de 6×10^{11} Hz. Use esta informação para encontrar (*a*) a energia vibracional mais baixa (ponto zero) para o HCl, (*b*) o momento de inércia do HCl e (*c*) a separação de equilíbrio entre os dois átomos.

30 •• Calcule a constante efetiva de força para o HCl a partir de sua massa reduzida e da freqüência vibracional fundamental obtida na Figura 37-17.

31 •• A separação de equilíbrio entre os átomos da molécula de CO é 0,113 nm. Para uma molécula, como o CO, que tem um momento de dipolo elétrico permanente, transições radioativas obedecendo à regra de seleção $\Delta \ell = \pm 1$, entre dois níveis rotacionais do mesmo nível vibracional, são permitidas. (Isto é, a regra de seleção $\Delta \nu = \pm 1$ não vale.) (*a*) Encontre o momento de inércia do CO e calcule a energia rotacional característica E_{0r} (em eV). (*b*) Faça um diagrama de níveis de energia para os níveis rotacionais de $\ell = 0$ para $\ell = 5$ para algum nível vibracional. Identifique as energias em elétrons-volt, iniciando com $E = 0$ para $\ell = 0$. Indique no diagrama as transições que obedecem $\Delta \ell = -1$ e calcule as energias dos fótons emitidos. (*c*) Encontre os comprimentos de onda dos fótons emitidos durante cada transição em (*b*). Em que região do espectro eletromagnético se encontram estes fótons?

32 •• Dois objetos, um de massa m_1 e outro de massa m_2, estão conectados nas extremidades opostas de uma mola com constante de força k_F. Os objetos são soltos a partir do repouso com a mola comprimida. (*a*) Mostre que quando a mola é estendida e o objeto de massa m_1 está a uma distância Δr_1 de sua posição de equilíbrio no sistema de referência do centro de massa, a força exercida pela mola é dada por $F = -k_F(m_1/\mu)\Delta r_1$, onde μ é a massa reduzida. (*b*) Mostre que a freqüência de oscilação f está relacionada a k_F e μ por $2\pi f = \sqrt{k_F/\mu}$.

33 ••• Calcule as massas reduzidas μ para as moléculas de H^{35}Cl e H^{37}Cl e a diferença fracional $\Delta\mu/\mu$. Mostre que a mistura de isótopos no HCl leva a diferenças fracionais na freqüência de uma transição de um estado rotacional para outro dada por $\Delta f/f = -\Delta\mu/\mu$. Calcule $\Delta f/f$ e compare seu resultado com o da Figura 37-17.

PROBLEMAS GERAIS

34 • Mostre que quando um átomo de uma molécula diatômica for muito mais massivo que o outro átomo, a massa reduzida será aproximadamente igual à massa do átomo mais leve.

35 •• A separação de equilíbrio entre os núcleos da molécula de CO é 0,113 nm. Determine a diferença de energia entre os níveis de energia rotacionais $\ell = 2$ e $\ell = 1$ da molécula.

36 •• A constante de força efetiva para a molécula de HF é 970 N/m. Encontre a freqüência de vibração da molécula.

37 •• A freqüência de vibração da molécula de NO é $5,63 \times 10^{13}$ Hz. Encontre a constante de força efetiva para a molécula de NO.

38 •• A constante de força efetiva da ligação de hidrogênio numa molécula de H$_2$ é 580 N/M. Obtenha as energias para os quatro níveis vibracionais mais baixos das moléculas de H$_2$, HD, e D$_2$, onde H é o prótium (hidrogênio com um próton e sem nêutron) e D é o deutério, e encontre os comprimentos de onda dos fótons resultantes das transições entre níveis vibracionais adjacentes para cada molécula.

39 •• A energia potencial entre dois átomos numa molécula separada por uma distância r pode ser descrita bastante bem por uma função potencial de Lenard–Jones (ou 6-12), que pode ser escrita como

$$U = U_0\left[\left(\frac{a}{r}\right)^{12} - 2\left(\frac{a}{r}\right)^6\right]$$

onde U_0 e a são constantes. Encontre a separação de equilíbrio r_0 em termos de a. *Dica: Na separação de equilíbrio, a energia potencial é um mínimo.* Encontre $U_{mín}$, o valor de U quando $r = r_0$. Use a Figura 37-4 para obter valores numéricos para r_0 e U_0 para a molécula de H$_2$, expressando os resultados em nanômetros e elétrons-volt.

40 •• Neste problema, você vai determinar como a força de van der Waals entre uma molécula polar e uma molécula apolar depende da distância entre as moléculas. Vamos colocar a molécula polar na origem e considerar que seu momento de dipolo está na direção positiva de x. Adicionalmente, vamos colocar a molécula apolar no eixo x, a uma distância x. (a) Como o campo elétrico, devido ao dipolo elétrico, varia com a distância do dipolo numa dada direção? (b) Use (1) a energia potencial U de um dipolo elétrico com momento de dipolo $\vec{p}$ num campo elétrico $\vec{E}$ que pode ser expressa como $U = -\vec{p} \cdot \vec{E}$, e (2) o momento de dipolo induzido $\vec{p}\,'$ da molécula apolar está na direção de $\vec{E}$, e $\vec{p}\,'$ é proporcional a E, para determinar como a energia potencial de interação das duas moléculas depende da distância de separação x. (c) Usando $F_x = (dU/dx)$, determine como a força entre as duas moléculas depende da distância.

41 •• Encontre a dependência da força com a distância de separação entre as duas moléculas polares descritas no Problema 40.

42 •• Use o espectro de absorção no infravermelho do HCl, na Figura 37-17 para obter (a) a energia rotacional característica E_{0r} (em eV) e (b) a freqüência vibracional f e a energia vibracional hf (em eV).

43 • A energia de dissociação é algumas vezes expressa em quilocalorias por mol (kcal/mol). (a) Encontre a relação entre as unidades eV/molécula com kcal/mol. (b) Encontre a energia de dissociação do NaCl em kcal/mol.

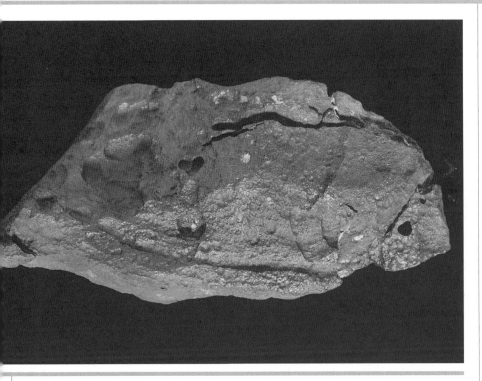

Sólidos

- 38-1 A Estrutura dos Sólidos
- 38-2 Uma Descrição Microscópica da Condução
- 38-3 Elétrons Livres num Sólido
- 38-4 Teoria Quântica da Condução Elétrica
- 38-5 Teoria de Bandas para os Sólidos
- 38-6 Semicondutores
- *38-7 Junções e Dispositivos Semicondutores
- 38-8 Supercondutividade
- 38-9 A Distribuição de Fermi–Dirac

É BEM CONHECIDO QUE O ARSÊNIO É UM VENENO. É MENOS CONHECIDO QUE CRISTAIS DE SILÍCIO, QUE TÊM PEQUENAS CONCENTRAÇÕES DE ARSÊNIO E UMA RESISTIVIDADE MUITO MAIS BAIXA DO QUE A DOS CRISTAIS COM 100 POR CENTO SILÍCIO. *(Museu de História Natural/Alamy.)*

> Você sabe quantos átomos de arsênio são necessários para aumentar a densidade de portadores de carga por um fator de 5 milhões? (Veja Exemplo 38-7.)

O primeiro modelo microscópico da condução elétrica em metais foi proposto por Paul K. Drude em 1900 e desenvolvido por Hendrik A. Lorentz em 1909. Este modelo previu com sucesso que a corrente é proporcional à diferença de potencial (Lei de Ohm) e relaciona a resistividade dos condutores à velocidade média e ao percurso livre médio[†] dos elétrons livres dentro do condutor. Entretanto, quando a velocidade média e o percurso livre médio são interpretados classicamente, existe uma discordância entre os valores medidos e calculados da resistividade, e uma discordância parecida entre a previsão e a observação da dependência dos valores da resistividade com a temperatura. Por isto, a teoria clássica falha para descrever adequadamente a resistividade dos metais. Além disso, a teoria clássica não diz nada sobre a propriedade mais impressionante dos sólidos, que é o fato de que alguns materiais são condutores, outros isolantes, e ainda outros são semicondutores, que são materiais cuja resistividade se encontra entre a dos condutores e a dos isolantes.

[†] O percurso livre médio é a distância média percorrida entre colisões.

Quando a velocidade média e o percurso livre médio são interpretados usando a teoria quântica, a magnitude da resistividade e sua dependência com a temperatura são previstas corretamente. Ainda, a teoria quântica permite determinar se uma substância será um condutor, um isolante ou um semicondutor.

Neste capítulo, usamos o nosso conhecimento de mecânica quântica para discutir a estrutura de sólidos e de dispositivos semicondutores no estado sólido. Grande parte desta discussão será qualitativa porque, como em física atômica, os cálculos em mecânica quântica são sofisticados matematicamente.

38-1 A ESTRUTURA DOS SÓLIDOS

As três fases da matéria que observamos no cotidiano — gás, líquido e sólido — resultam das tensões relativas das forças atrativas entre átomos e moléculas e das energias térmicas das partículas. Moléculas e átomos na fase gasosa têm energia cinética térmica relativamente grande, e tais partículas têm pouca influência umas sobre as outras, exceto durante as colisões, que embora rápidas, são freqüentes. (Usando o termo energia cinética térmica, estamos nos referindo às energias cinéticas das moléculas e átomos no sistema de referência do centro de massa do gás.) Para temperaturas suficientemente baixas, as forças de van der Waals vão fazer com que as substâncias condensem num líquido e depois num sólido. Nos líquidos, as moléculas ou os átomos estão perto o suficiente — e suas energias cinéticas térmicas são baixas o suficiente — para que possam desenvolver uma **ordem de curto alcance** temporária. Quando estas energias são reduzidas ainda mais, as moléculas ou átomos formam sólidos, que são caracterizados por uma ordem mais duradoura.

Se um líquido é resfriado lentamente, de tal modo que a energia cinética de suas moléculas é reduzida devagar, as moléculas (ou átomos, ou íons) podem se arranjar numa configuração cristalina regular, produzindo um número máximo de ligações e levando a um mínimo de energia potencial. Entretanto, se um líquido for resfriado rapidamente de tal modo que sua energia interna é diminuída antes que as moléculas tenham chance de se reagrupar, o sólido formado não é, muitas vezes, cristalino, ou o arranjo não é regular. Este sólido é chamado de **sólido amorfo**. Ele irá mostrar uma ordem de curto alcance, mas não uma ordem de longo alcance (a ordem sobre vários diâmetros moleculares, atômicos ou iônicos), que é característica de um cristal. O vidro é um sólido amorfo típico. Um resultado característico de uma ordenação de longo alcance num cristal é a existência de um ponto de fusão bem definido, enquanto um sólido amorfo simplesmente amolece quando sua temperatura é aumentada. Muitas substâncias podem solidificar num estado amorfo ou num estado cristalino, dependendo de como elas são preparadas; outras podem existir somente num destes estados, ou amorfo ou cristalino.

A maioria dos sólidos comuns são policristalinos; isto é, eles são formados por muitos monocristais que se encontram na *fronteira entre os grãos*. O tamanho de um monocristal é tipicamente uma fração de milímetro. Entretanto, monocristais grandes ocorrem na natureza e também podem ser produzidos artificialmente. A propriedade mais importante de um monocristal é a simetria e regularidade de sua estrutura. Ele pode ser imaginado como tendo uma única unidade estrutural, que se repete por todo o cristal. A menor unidade de um cristal é chamada de **célula unitária**; sua estrutura depende do tipo de ligação — iônica, covalente, metálica, de hidrogênio, van der Waals — entre os átomos, íons ou moléculas. Quando estiver presente mais do que uma espécie de átomo, a estrutura irá depender também do tamanho relativo entre estes átomos.

A Figura 38-1 mostra a estrutura de uma célula unitária do cloreto de sódio cristalino (NaCl). Os íons Na$^+$ e Cl$^-$ são esfericamente simétricos, e o íon Cl$^-$ é aproximadamente duas vezes maior que o íon Na$^+$. A energia potencial mínima para este cristal ocorre quando um íon de cada espécie tem como vizinhos mais próximos seis íons da outra espécie. Esta estrutura é chamada de *cúbica de face centrada* (cfc). Observe que os íons Na$^+$ e Cl$^-$ no sólido NaCl *não* formam moléculas de NaCl.

A parte atrativa da energia potencial de um íon num cristal pode ser escrita como

$$U_{atr} = -\alpha \frac{ke^2}{r} \qquad 38\text{-}1$$

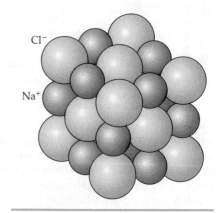

FIGURA 38-1 Estrutura cúbica de face centrada do cristal de NaCl.

Estrutura cristalina. (a) A simetria hexagonal de um floco de neve aparece por causa da simetria hexagonal de sua rede de átomos de hidrogênio e oxigênio. (b) Cristais de NaCl(sal) aumentados aproximadamente trinta vezes. Os cristais são construídos a partir de uma rede cúbica íons de sódio e cloro. Na falta de impurezas, é formado um cristal cúbico perfeito. Esta microscopia eletrônica de varredura (cores falsas) mostra que, na prática, o cubo básico é, com muita freqüência, rompido por deslocações, dando origem a cristais que têm uma grande variedade de formas. A simetria cúbica fundamental, entretanto, permanece evidente. (c) Um cristal de quartzo (SiO_2, dióxido de silício), o mineral mais abundante e comum na Terra. Se o quartzo fundido se solidifica sem cristalizar, forma-se o vidro. (d) Uma ponta de ferro de soldagem lixada para revelar o núcleo de cobre coberto pelo ferro. É visível no ferro a sua estrutura microcristalina básica. ((a) Richard Waters 2/89 p. 52 Discover. (b) © Dr. Jeremy Burgess/Science Photo Library/Photo Researchers. (c) © Thomas R. Taylor/Photo Researchers. (d) Cortesia de AT&T Archives.) (Veja o Encarte em cores.)

onde r é a distância de separação (centro a centro) entre os íons vizinhos (0,281 nm para os íons Na^+ e Cl^-, no NaCl cristalino) e α, chamada de **constante de Madelung**, depende da geometria do cristal. Se somente os seis vizinhos mais próximos de cada íon na estrutura cristalina cúbica de face centrada fossem importantes, α seria seis. Entretanto, além dos seis vizinhos de carga oposta numa distância r, existem doze íons com a mesma carga a uma distância de $\sqrt{2}r$, oito íons de carga oposta a uma distância de $\sqrt{3}r$, e assim por diante. A constante de Madelung é então uma soma infinita:

$$\alpha = 6 - \frac{12}{\sqrt{2}} + \frac{8}{\sqrt{3}} - \ldots \qquad 38\text{-}2$$

O valor da constante de Madelung para a estrutura cúbica de face centrada é $\alpha = 1,7476$.*

Quando os íons de Na^+ e Cl^- estiverem muito próximos uns dos outros, repelem-se entre si por causa da sobreposição de seus orbitais eletrônicos e da repulsão provocada pelo princípio de exclusão, discutido na Seção 37-1. Uma expressão empírica simples

---

* Para calcular a constante de Madelung com precisão é necessário um grande número de termos, porque a soma converge muito lentamente.

112 | CAPÍTULO 38

para a energia potencial associada a esta repulsão, e funciona muito bem, é

$$U_{rep} = \frac{A}{r^n}$$

onde A e n são constantes. A energia potencial total do íon é então

$$U = -\alpha\frac{ke^2}{r} + \frac{A}{r^n} \qquad \text{38-3}$$

A separação de equilíbrio $r = r_0$ é a distância na qual a força $F = -dU/dr$ é nula. Derivando a expressão de U e fazendo $dU/dr = 0$, em $r = r_0$, obtemos:

$$A = \frac{\alpha ke^2 r_0^{n-1}}{n} \qquad \text{38-4}$$

Substituindo A na Equação 38-3, temos

$$U = -\alpha\frac{ke^2}{r_0}\left[\frac{r_0}{r} - \frac{1}{n}\left(\frac{r_0}{r}\right)^n\right] \qquad \text{38-5}$$

Para $r = r_0$, obtemos

$$U(r_0) = -\alpha\frac{ke^2}{r_0}\left(1 - \frac{1}{n}\right) \qquad \text{38-6}$$

Se soubermos a separação de equilíbrio r_0, o valor de n poderá ser estimado, a partir da *energia de dissociação* do cristal, que é a energia necessária para separar o cristal em átomos.

Exemplo 38-1 — Distância de Separação entre Na⁺ e Cl⁻ no NaCl

Calcule a separação de equilíbrio r_0 para o NaCl usando a medida de massa específia do NaCl, que é $\rho = 2,16 \text{ g/cm}^3$.

SITUAÇÃO Vamos considerar que cada íon ocupa um volume cúbico de lado r_0. A massa de 1 mol de NaCl é 58,4 g, que é a soma das massas molares do sódio e do cloro. Existem $2N_A$ íons em 1 mol de NaCl, onde $N_A = 6,02 \times 10^{23}$ é o número de Avogadro.

SOLUÇÃO

1. Consideramos que cada íon ocupa um volume cúbico de lado r_0. O volume v de um mol de NaCl é igual ao número de íons multiplicado pelo volume por íon:

$$v = 2N_A r_0^3$$

2. Relacione r_0 à massa específica ρ e à massa molar M do NaCl:

$$\rho = \frac{M}{v} = \frac{M}{2N_A r_0^3}$$

3. Resolva para r_0^3 e substitua os valores conhecidos:

$$r_0^3 = \frac{M}{2N_A\rho} = \frac{58,4 \text{ g}}{2(6,02 \times 10^{23})(2,16 \text{ g/cm}^3)}$$

$$= 2,25 \times 10^{-23} \text{ cm}^3$$

assim

$$r_0 = 2,82 \times 10^{-8} \text{ cm} = \boxed{0,282 \text{ nm}}$$

CHECAGEM No Capítulo 36 encontramos que o diâmetro do átomo de hidrogênio no estado fundamental era de aproximadamente 0,11 nm. O resultado do passo 3 é menos que três vezes maior que este valor. Portanto, $r_0 = 0,282$ nm é aceitável.

A energia de dissociação medida para o NaCl é de 770 kJ/mol. Usando 1 eV = $1,602 \times 10^{-19}$ J e o fato de que 1 mol de NaCl tem N_A pares de íons, podemos expressar a energia de dissociação em elétrons-volt por par de íons. A conversão de elétrons-volt por par de íon para quilojoules por mol é

$$1\frac{\text{eV}}{\text{par de íon}} \times \frac{6,022 \times 10^{23} \text{ par de íon}}{1 \text{ mol}} \times \frac{1,602 \times 10^{-19} \text{ J}}{1 \text{ eV}}$$

O resultado é

$$1\frac{\text{eV}}{\text{par de íon}} = 96,47 \frac{\text{kJ}}{\text{mol}} \qquad \text{38-7}$$

Então, 770 kJ/mol = 7,98 eV por par de íon. Substituindo na Equação 38-6, −7,98 eV para $U(r_0)$, 0,282 nm para r_0 e 1,75 para α, podemos determinar n. O resultado é $n = 9,35 \approx 9$.

A maioria dos cristais iônicos, como LiF, KF, KCl, KI e AgCl, tem estrutura cúbica de face centrada. Alguns sólidos elementares que têm estrutura cfc são: a prata, o alumínio, o ouro, o cálcio, o cobre, o níquel e o chumbo.

A Figura 38-2 mostra a estrutura do CsCl, que é chamada de estrutura *cúbica de corpo centrado* (ccc). Nesta estrutura, cada íon tem oito íons de carga oposta, como vizinhos mais próximos. A constante de Madelung para estes cristais é 1,7627. Os sólidos elementares que têm estrutura ccc compreendem o bário, o césio, o ferro, o potássio, o lítio, o molibdênio e o sódio.

A Figura 38-3 mostra outra estrutura cristalina importante: a estrutura *hexagonal compacta* (hc). Esta estrutura é obtida empilhando-se esferas idênticas, como, por exemplo, bolas de boliche. Na primeira camada, cada bola fica rodeada por seis outras, daí o nome *hexagonal*. Na próxima camada, cada bola se acomoda nas depressões triangulares da primeira camada. Na terceira camada, cada bola se acomoda nas depressões triangulares da segunda camada, de modo a ficar diretamente sobre a bola da primeira camada. Os sólidos elementares que têm estrutura hc compreendem o berílio, o cádmio, o cério, o magnésio, o ósmio e o zinco.

Para sólidos que têm ligações covalentes, a estrutura cristalina é determinada pela configuração das ligações. A Figura 38-4 ilustra a estrutura de diamante do carbono, na qual cada átomo é ligado a quatro outros átomos, como resultado da hibridização, discutida na Seção 37-2. Esta configuração representa também a estrutura do germânio e do silício.

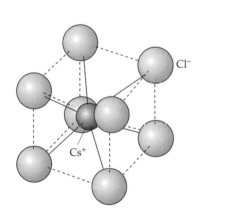 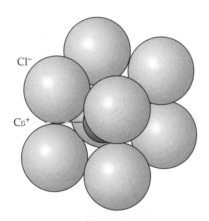

FIGURA 38-2 Estrutura cúbica de corpo centrado para o cristal de CsCl.

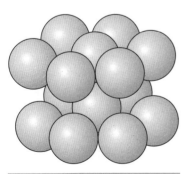 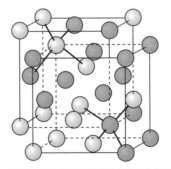

FIGURA 38-3 Estrutura cristalina hexagonal compacta.

FIGURA 38-4 Estrutura cristalina do diamante. Esta estrutura pode ser considerada uma combinação de duas estruturas cúbicas de face centrada, que se interpenetram.

O carbono existe em três formas cristalinas bem definidas: diamante, grafite e fulerenos, estes últimos descobertos em 1985. Estas formas diferem na maneira como os átomos de carbono se acomodam para formar a rede cristalina. Uma quarta forma do carbono, na qual não existe uma estrutura cristalina bem definida, é o carvão comum. (a) Diamantes sintéticos, aumentados aproximadamente 75.000 vezes. No diamante, cada átomo de carbono está centrado num tetraedro composto por quatro outros átomos de carbono. A grande resistência destas ligações é a origem da dureza do diamante. (b) Uma micrografia de força atômica do grafite. No grafite, os átomos de carbono se arranjam em lâminas, onde cada lâmina é constituída de átomos em anéis hexagonais. Estas lâminas deslizam facilmente umas sobre as outras, e tal propriedade permite que o grafite funcione como um bom lubrificante. (c) Uma única lâmina de anéis de carbono pode se fechar sobre si mesma, se alguns anéis são pentagonais, em vez de hexagonais. Uma imagem da menor estrutura possível, C_{60}, gerada no computador, é mostrada aqui. Cada um dos sessenta vértices corresponde a um átomo de carbono; 20 das faces são hexágonos e as outras doze faces são pentágonos. O mesmo padrão geométrico é encontrado numa bola de futebol. (d) Cristais de fulereno, onde moléculas de C_{60} estão agregadas. Os cristais menores tendem a formar plaquetas finas de cor marrom; cristais maiores têm, em geral, forma semelhante a uma haste. Existem fulerenos que podem ter mais de sessenta carbonos. Nos cristais mostrados aqui, aproximadamente um sexto das moléculas são de C_{70}. (e) Nanotubos de carbono têm propriedades eletrônicas muito interessantes. Uma única lâmina de grafite é um semimetal, o que significa que suas propriedades estão entre aquelas dos semicondutores e aquelas dos metais. Quando uma lâmina de grafite é enrolada para formar um nanotubo, os átomos de carbono devem se alinhar ao redor da circunferência do tubo, e também as funções de onda dos elétrons devem se combinar. Esta exigência de haver uma combinação nas bordas impõe restrições nestas funções de onda, que irão afetar o movimento dos elétrons. Dependendo de como os tubos são enrolados, o nanotubo pode ser um semicondutor ou um metal. *((a) Chris Kovach 3/91 p. 69 Discover. (b) Srinivas Manne, University of California, Santa Barbara. (c) Dr. F. A. Quiocho and J. S. Spurlino/Howard Hughes Medical Institute, Baylor College of Medicine. (d) W. Krätschmer/Max-Planck-Institute for Nuclear Physics. (e) © Kenneth Weard/BioGrafx/Science Source/Photo Researchers.)*

38-2 UMA DESCRIÇÃO MICROSCÓPICA DA CONDUÇÃO

Consideramos o metal como uma rede tridimensional de íons preenchendo um volume V e tendo um número N grande de elétrons, que são livres para se moverem por todo o metal. O número de elétrons livres num metal é aproximadamente de um a quatro elétrons por átomo. Na falta de um campo elétrico, os elétrons livres se movem aleatoriamente no metal, do mesmo modo que moléculas de gás se movem quando confinadas num contêiner.

A corrente num segmento de um fio condutor é proporcional à queda de tensão neste segmento:

$$I = \frac{V}{R} \quad \text{(ou } V = IR\text{)}$$

A resistência R é proporcional ao comprimento L do segmento do fio, e inversamente proporcional à seção de área transversal A:

$$R = \rho \frac{L}{A}$$

onde ρ é a resistividade. Substituindo R por $\rho L/A$, e V por EL, podemos escrever a corrente em termos do campo elétrico e da resistividade. Temos:

$$I = \frac{V}{R} = \frac{EL}{\rho L/A} = \frac{1}{\rho} EA$$

Dividindo ambos os lados pela área A temos $I/A = (1/\rho)E$, ou $J = (1/\rho)E$, onde $J = I/A$ é a magnitude do vetor **densidade de corrente** $\vec{J}$. O vetor densidade de corrente é definido como

$$\vec{J} = qn\vec{v}_d \qquad \qquad \text{38-8}$$

DEFINIÇÃO — DENSIDADE DE CORRENTE

onde q, n e $\vec{v}_d$ são a carga, o número de elétrons por unidade de volume (densidade de elétrons) e a velocidade de deriva dos portadores de carga, respectivamente. (Isto vem da Equação 25-3.) Na forma vetorial, a relação entre a densidade de corrente e o campo elétrico é

$$\vec{J} = \frac{1}{\rho}\vec{E} \qquad \qquad \text{38-9}$$

Esta relação é a lei de Ohm no modelo microscópico. O recíproco da resistividade é chamado de **condutividade.**

De acordo com a lei de Ohm, a resistividade é independente da densidade de corrente e do campo elétrico $\vec{E}$. Combinando as Equações 38-8 e 38-9, temos

$$-en_e\vec{v}_d = \frac{1}{\rho}\vec{E} \qquad \qquad \text{38-10}$$

onde q e n foram substituídos por $-e$ e n_e, respectivamente. De acordo com a Equação 38-10, a velocidade de deriva $\vec{v}_d$ é proporcional a $\vec{E}$.

Na presença de um campo elétrico, um elétron livre sofre uma força $-e\vec{E}$. Se esta for a única força atuando, o elétron teria uma aceleração constante $-e\vec{E}/m_e$. Entretanto, a Equação 38-10 sugere uma situação de estado estacionário, com uma velocidade de deriva constante e proporcional ao campo elétrico $\vec{E}$. No modelo microscópico, se assume que um elétron livre é acelerado por um curto período de tempo e colide com o íon da rede. A velocidade do elétron imediatamente após a colisão não está relacionada à velocidade de deriva. A justificativa para esta suposição é de que a magnitude da velocidade de deriva é extremamente pequena comparada com as velocidades associadas às energias cinéticas térmicas dos elétrons livres.

Para um elétron livre típico, sua velocidade num tempo t após sua última colisão é $\vec{v}_0 - (-e\vec{E}/m_e)t$, onde $\vec{v}_0$ é sua velocidade imediatamente após a colisão. Como a direção de $\vec{v}_0$ é aleatória, ela não contribui para a velocidade média dos elétrons. Então, a velocidade média ou velocidade de deriva dos elétrons é

$$\vec{v}_d = -\frac{e\vec{E}}{m_e}\tau \qquad \qquad \text{38-11}$$

onde τ é o tempo médio desde a última colisão. Substituindo $\vec{v}_d$ na Equação 38-10, obtemos

$$-n_e e\left(\frac{e\vec{E}}{m_e}\tau\right) = \frac{1}{\rho}\vec{E}$$

assim

$$\rho = \frac{m_e}{n_e e^2 \tau} \qquad \qquad \text{38-12}$$

O tempo τ, chamado de **tempo de colisão**, é também o tempo médio entre colisões.* A distância média que um elétron se desloca entre colisões é $v_{méd}\tau$, que é denominado percurso livre médio λ:

$$\lambda = v_{méd}\tau \qquad \qquad \text{38-13}$$

onde $v_{méd}$ é a velocidade média dos elétrons. (A velocidade média é muitas ordens de magnitude maior que a velocidade de deriva.) Em termos do percurso livre médio

---

* É tentador, mas incorreto, pensar que se τ é o tempo médio entre colisões, o tempo médio desde a última colisão seria $\frac{1}{2}\tau$ em vez de τ. Se você acha isto confuso, pode se sentir confortado sabendo que Drude usou o resultado incorreto $\frac{1}{2}\tau$ em seu trabalho original.

e a velocidade média, a resistividade é dada por

$$\rho = \frac{m_e v_{\text{méd}}}{n_e e^2 \lambda} \qquad 38\text{-}14$$

RESISTIVIDADE EM TERMOS DE $v_{\text{MÉD}}$ E λ

De acordo com a lei de Ohm, a resistividade ρ é independente do campo elétrico $\vec{E}$. Como m_e, n_e e e são constantes, as únicas quantidades que poderiam depender de $\vec{E}$ são a velocidade média $v_{\text{méd}}$ e o percurso livre médio λ. Vamos examinar estas quantidades para ver se eles podem depender do campo aplicado

INTERPRETAÇÃO CLÁSSICA DE $v_{\text{méd}}$ E λ

Classicamente, em $T = 0$, todos os elétrons livres de um condutor deveriam ter energia cinética nula. Quando o condutor é aquecido, os íons da rede adquirem uma energia cinética média de $\frac{3}{2}kT$, que é cedida aos elétrons livres através das colisões entre os elétrons e os íons. (Este é um resultado do teorema da eqüipartição estudado nos Capítulos 17 e 18.) Os elétrons livres teriam, então, uma distribuição de Maxwell–Boltzmann semelhante às moléculas de um gás. No equilíbrio, seria esperado que os elétrons tivessem uma energia cinética média de $\frac{3}{2}kT$, que em temperatura ambiente ($\sim$300 K) é aproximadamente 0,04 eV. Para $T = 300$ K, a velocidade quadrática média,* que é levemente maior que a velocidade média, é

$$v_{\text{méd}} \approx v_{\text{rms}} = \sqrt{\frac{3kT}{m_e}} = \sqrt{\frac{3(1{,}38 \times 10^{-23}\,\text{J/K})(300\,\text{K})}{9{,}11 \times 10^{-31}\,\text{kg}}}$$

$$= 1{,}17 \times 10^5 \text{ m/s} \qquad 38\text{-}15$$

Observe que este valor é aproximadamente nove ordens de magnitude maior do que uma velocidade de deriva típica de $3{,}5 \times 10^{-5}$ m/s, calculada no Exemplo 25-1. A velocidade de deriva causada pelo campo elétrico é muito pequena e, portanto, não tem praticamente nenhum efeito na velocidade média dos elétrons, que é muito grande, assim $v_{\text{méd}}$ na Equação 38-14 não pode depender do campo elétrico $\vec{E}$.

O percurso livre médio está relacionado, classicamente, ao tamanho da rede de íons no condutor e ao número de íons por unidade de volume. Considere um elétron se movendo com velocidade v através de uma região com íons estacionários, representados por esferas rígidas (Figura 38-5). Suponha ainda que o elétron tenha tamanho desprezível. Este elétron irá colidir com o íon se ele chegar a uma distância r do íon, medida a partir do centro do íon, e onde r é o próprio raio do íon. Durante um intervalo de tempo Δt_1, o elétron irá se deslocar de uma distância vt_1. Se existir um íon cujo centro está num volume cilíndrico $\pi r^2 v \Delta t_1$, este elétron irá colidir com este íon. O elétron irá então mudar de direção e colidir com outro íon num tempo Δt_2 se o centro deste outro íon estiver num volume $\pi r^2 v \Delta t_2$. Então, para um tempo total $\Delta t = \Delta t_1 + \Delta t_2 + \ldots$, o elétron irá colidir com um número de íons cujos centros estarão num volume $\pi r^2 v \Delta t$. O número de íons neste volume é $n_{\text{íon}} \pi r^2 v \Delta t$, onde $n_{\text{íon}}$ é o número de íons por unidade de volume. O comprimento do percurso total dividido pelo número de colisões é o percurso livre médio:

$$\lambda = \frac{v\Delta t}{n_{\text{íon}} \pi r^2 v \Delta t} = \frac{1}{n_{\text{íon}} \pi r^2} = \frac{1}{n_{\text{íon}} A} \qquad 38\text{-}16$$

onde $A = \pi r^2$ é a área da seção transversal de um íon da rede.

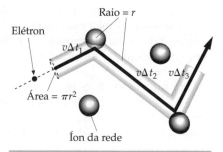

FIGURA 38-5 Modelo para um elétron se movendo através dos íons da rede de um condutor. O elétron, que é considerado uma partícula puntiforme, colide com um íon se ele chegar a uma distância r do centro do íon, onde r é o raio do íon. Sendo a velocidade do elétron v, ele irá colidir num intervalo de tempo Δt, com todos os íons cujos centros estão num volume $\pi r^2 v \Delta t$. Enquanto esta descrição está de acordo com o modelo clássico de Drude para a condução em metais, ela entra em conflito com o modelo da mecânica quântica para a corrente, apresentado mais adiante, neste capítulo.

SUCESSOS E FALHAS DO MODELO CLÁSSICO

Nem $n_{\text{íon}}$ e nem r dependem do campo elétrico $\vec{E}$, assim λ também não depende de $\vec{E}$. $v_{\text{méd}}$ e λ não dependem de $\vec{E}$ segundo interpretações clássicas, do mesmo modo que a resistividade ρ também não depende de $\vec{E}$, de acordo com a lei de Ohm. Entretanto, a teoria clássica nos dá uma dependência da resistividade com a tempera-

---
* Veja Equação 17-21.

tura, que é incorreta. Como λ depende somente do raio e da densidade de elétrons dos íons da rede, a única quantidade na Equação 38-14 que depende da temperatura na teoria clássica é $v_{méd}$, que é proporcional a $\sqrt{T}$. Mas experiências mostraram que ρ varia linearmente com a temperatura. Além disso, quando ρ é calculada em $T = 300$ K usando a distribuição de Maxwell–Boltzmann para $v_{méd}$ e a Equação 38-16 para λ, o resultado é cerca de seis vezes maior que o valor medido.

A teoria clássica da condução falha, porque os elétrons não são partículas clássicas, e a natureza ondulatória dos elétrons deve ser considerada. Devido às propriedades ondulatórias dos elétrons e às restrições impostas pelo princípio de exclusão (que serão discutidas na próxima seção), a distribuição de energia dos elétrons livres num metal não é nem mesmo aproximadamente, determinada pela distribuição de Maxwell–Boltzmann. Além disso, a colisão de um elétron com um íon da rede não é semelhante à colisão de uma bola com uma árvore. Em vez disso, ela envolve o espalhamento das ondas de elétrons pela rede. Para entender a teoria quântica da condução, precisamos ter um entendimento qualitativo da distribuição de energia dos elétrons livres num metal. Isto irá nos ajudar a entender a origem dos potenciais de contato entre dois metais diferentes colocados em contato e a contribuição dos elétrons livres para a capacidade calorífica dos metais.

38-3 ELÉTRONS LIVRES NUM SÓLIDO

Podemos querer considerar que os elétrons livres num metal como um *gás de elétrons* num metal. Entretanto, moléculas num gás usual, como o ar, obedecem à distribuição de energia de Maxwell–Boltzmann, mas os elétrons livres num metal não obedecem a esta distribuição. Em vez disso, eles obedecem a uma distribuição de energia da mecânica quântica, chamada de *distribuição de Fermi–Dirac*. As principais características de um elétron livre podem ser compreendidas considerando-se o elétron num metal como uma partícula numa caixa, um problema cuja versão unidimensional já foi estudada extensivamente no Capítulo 34. Vamos discutir as propriedades principais de um elétron livre semiquantitativamente nesta seção, deixando os detalhes da distribuição de Fermi–Dirac para a Seção 38-9.

QUANTIZAÇÃO DE ENERGIA NUMA CAIXA

No Capítulo 34, encontramos que o comprimento de onda associada a um elétron com quantidade de movimento p é dado pela relação de de Broglie:

$$\lambda = \frac{h}{p} \qquad \text{38-17}$$

onde h é a constante de Planck. Quando uma partícula está confinada a uma região finita do espaço, como uma caixa, são permitidos somente certos comprimentos de onda λ_n onde $n = 1, 2, \ldots$, que são especificados pelas condições de onda estacionária. Para uma caixa unidimensional de comprimento L, a condição de onda estacionária é

$$n\frac{\lambda_n}{2} = L \qquad n = 1, 2, \ldots \qquad \text{38-18}$$

Isto leva à condição de quantização de energia:

$$E_n = \frac{p_n^2}{2m} = \frac{(h/\lambda_n)^2}{2m} = \frac{h^2}{2m}\frac{1}{\lambda_n^2} = \frac{h^2}{2m}\frac{1}{(2L/n)^2}$$

ou

$$E_n = n^2 E_1 \qquad \text{38-19}$$

onde $E_1 = h^2/(8mL^2)$. A função de onda espacial para o enésimo estado é dada por

$$\psi_n(x) = \sqrt{\frac{2}{L}}\,\text{sen}(n\pi x/L) \qquad \text{38-20}$$

O número quântico n caracteriza a função de onda para um estado particular e a energia daquele estado. Em problemas tridimensionais, aparecem três números quânticos, cada um associado a uma dimensão.

O PRINCÍPIO DE EXCLUSÃO

A distribuição dos elétrons entre os estados de energia possíveis é descrito pelo princípio de exclusão, o qual estabelece que dois elétrons, num átomo, não podem estar no mesmo estado quântico; isto é, eles não podem ter o mesmo conjunto de valores para seus números quânticos. O princípio de exclusão se aplica para todas as partículas de "spin um meio" (férmions), que incluem os elétrons, prótons e nêutrons. Estas partículas têm número quântico de *spin* m_s, que possui dois valores possíveis, $+\frac{1}{2}$ e $-\frac{1}{2}$. O estado quântico de uma partícula é caracterizado pelo número quântico de *spin* m_s e os números quânticos associados à parte espacial da função de onda. Como os números quânticos de spin têm somente dois valores possíveis, o princípio de exclusão pode ser estabelecido em termos dos estados espaciais:

> Podem existir no máximo dois elétrons com o mesmo conjunto de valores para seus números quânticos *espaciais*.
>
> PRINCÍPIO DE EXCLUSÃO EM TERMOS DOS ESTADOS ESPACIAIS

Quando existem mais que dois elétrons no sistema, como num átomo, somente dois deles podem estar no estado de energia mais baixo. O terceiro e o quarto elétron devem ir para o segundo estado mais baixo de energia, e assim por diante.

Exemplo 38-2 — Energia no Sistema Bóson *versus* Energia no Sistema Férmion

Compare a energia total do estado fundamental de cinco bósons idênticos, de massa m, numa caixa unidimensional, com a energia total do estado fundamental de cinco férmions idênticos, de massa m, na mesma caixa.

SITUAÇÃO O estado fundamental é o estado de energia mais baixa possível. Os níveis de energia numa caixa unidimensional são dados por $E_n = n^2 E_1$, onde $E_1 = h^2/(8mL^2)$. (Isto está de acordo com a Equação 38-19.) A energia mais baixa para os cinco bósons ocorre quando todos eles estiverem no estado $n = 1$, como mostrado na Figura 38-6a. Para férmions, o estado mais baixo ocorre quando dois férmions estiverem em $n = 1$, outros dois em $n = 2$ e um férmion no estado $n = 3$, como mostrado na Figura 38-6b.

SOLUÇÃO

1. A energia dos cinco bósons no estado $n = 1$ é $\quad E = 5E_1$

2. A energia de dois férmions no estado $n = 1$, dois no estado $n = 2$ e um férmion no estado $n = 3$ é:
$$E = 2E_1 + 2E_2 + 1E_3 = 2E_1 + 2(2)^2 E_1 + 1(3)^2 E_1$$
$$= 2E_1 + 8E_1 + 9E_1 = 19E_1$$

3. Compare as energias totais — Os cinco férmions idênticos têm 3,8 vezes a energia total dos cinco bósons idênticos.

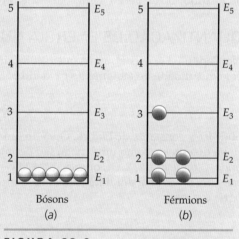

FIGURA 38-6

CHECAGEM O fato de que os férmions devem estar em estados quânticos diferentes tem um grande efeito sobre a energia total de um sistema de múltiplas partículas, como esperado.

A ENERGIA DE FERMI

Quando existem muitos elétrons numa caixa, em $T = 0$, estes elétrons irão ocupar os estados de mais baixa energia consistente com o princípio de exclusão. Se tivermos N elétrons, podemos colocar dois deles no nível de energia mais baixo, dois elétrons no próximo nível de energia mais baixo, e assim por diante. Os N elétrons irão preencher os $N/2$ estados de mais baixa energia (Figura 38-7). A energia do último nível preenchido (ou semipreenchido) em $T = 0$ é chamado de nível de Fermi E_F. Se os elétrons se movessem numa caixa unidimensional, a energia de Fermi seria dada pela Equação 38-19, com $n = N/2$:

$$E_F = \left(\frac{N}{2}\right)^2 \frac{h^2}{8m_e L^2} = \frac{h^2}{32m_e}\left(\frac{N}{L}\right)^2 \qquad 38\text{-}21$$

ENERGIA DE FERMI PARA $T = 0$ EM UMA DIMENSÃO

Numa caixa unidimensional, o nível de Fermi depende do número de elétrons livres por unidade de comprimento da caixa.

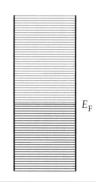

FIGURA 38-7 Para $T = 0$ os elétrons preenchem os estados de energia permitidos até a energia de Fermi E_F. Os níveis estão tão próximos uns dos outros que se pode assumir que estejam continuamente distribuídos.

PROBLEMA PRÁTICO 38-1
Suponha que existe um íon e, portanto, um elétron livre, a cada 0,100 nm numa caixa unidimensional. Calcule a energia de Fermi. *Dica: Escreva a Equação 38-21 como*

$$E_F = \frac{(hc)^2}{32m_e c^2}\left(\frac{N}{L}\right)^2 = \frac{(1240\text{ eV}\cdot\text{nm})^2}{32(0{,}511\text{ MeV})}\left(\frac{N}{L}\right)^2$$

No nosso modelo de condução, os elétrons livres se movem numa caixa *tridimensional* com volume V. A dedução da energia de Fermi em três dimensões é bastante trabalhosa; assim, vamos somente dar o resultado. Em três dimensões, a energia de Fermi para $T = 0$ é

$$E_F = \frac{h^2}{8m_e}\left(\frac{3N}{\pi V}\right)^{2/3} \qquad 38\text{-}22a$$

ENERGIA DE FERMI PARA $T = 0$ EM TRÊS DIMENSÕES

A energia de Fermi depende da densidade de elétrons livres N/V. Substituindo valores numéricos para as constantes, temos

$$E_F = (0{,}3646\text{ eV}\cdot\text{nm}^2)\left(\frac{N}{V}\right)^{2/3} \qquad 38\text{-}22b$$

ENERGIA DE FERMI PARA $T = 0$ EM TRÊS DIMENSÕES

Exemplo 38-3 Energia de Fermi para o Cobre

A densidade de elétrons livres no cobre foi calculada no Exemplo 25-1 e encontrada como sendo 84,7/nm³. Calcule a energia de Fermi em $T = 0$ para o cobre.

SITUAÇÃO A energia de Fermi é dada pela Equação 38-22.

SOLUÇÃO
1. A energia de Fermi é dada pela Equação 38-22b: $E_F = (0{,}3646\text{ eV}\cdot\text{nm}^2)\left(\dfrac{N}{V}\right)^{2/3}$

2. Substitua a densidade de elétrons livres para o cobre: $E_F = (0{,}3646\text{ eV}\cdot\text{nm}^2)(84{,}7/\text{nm}^3)^{2/3}$
   $= \boxed{7{,}03\text{ eV}}$

CHECAGEM A energia de Fermi (o resultado do passo 2) é muito maior que kT em temperaturas ambiente, como esperado. Por exemplo, em $T = 300$ K, kT é somente cerca de 0,026 eV.

PROBLEMA PRÁTICO 38-2 Use a Equação 38-22b para calcular a energia de Fermi em $T = 0$ para o ouro, que tem uma densidade de elétrons livres de 59,0/nm³.

A Tabela 38-1 lista as densidades de elétrons livres e energias de Fermi em $T = 0$ para diversos metais.

Os elétrons livres num metal são referidos, algumas vezes, como gás de Fermi. (Eles constituem um gás de férmions.) A energia média de um elétron livre pode ser

Tabela 38-1 — Densidades de Elétrons Livres* e Energias de Fermi em T = 0 para Elementos Selecionados

	Elemento	N/V, elétrons/nm³	E_F, eV
Al	Alumínio	181	11,7
Ag	Prata	58,6	5,50
Au	Ouro	59,0	5,53
Cu	Cobre	84,7	7,03
Fe	Ferro	170	11,2
K	Potássio	14,0	2,11
Li	Lítio	47,0	4,75
Mg	Magnésio	86,0	7,11
Mn	Manganês	165	11,0
Na	Sódio	26,5	3,24
Sn	Estanho	148	10,2
Zn	Zinco	132	9,46

* As densidades de elétrons livres são medidas usando o efeito Hall, discutido na Seção 26-4.

calculada a partir da distribuição de energia dos elétrons, que é discutida na Seção 38-9. Para $T = 0$, a energia média será:

$$E_{méd} = \tfrac{3}{5} E_F \qquad 38\text{-}23$$

ENERGIA MÉDIA DOS ELÉTRONS NUM GÁS DE FERMI PARA T = 0

Para o cobre, $E_{méd}$ é aproximadamente 4 eV. Esta energia média é enorme comparada com as energia térmicas de cerca de $kT \approx 0{,}026$ eV para $T = 300$ K. Este resultado é muito diferente do resultado dado pela distribuição clássica de Maxwell–Boltzmann, que em $T = 0$, $E = 0$, e que para qualquer temperatura T, E é da mesma ordem de magnitude de kT.

O FATOR DE FERMI EM T = 0

A probabilidade de que um estado de energia seja ocupado é chamado de **fator de Fermi**, $f(E)$. Em $T = 0$, todos os estados abaixo de E_F estão ocupados, enquanto todos aqueles estados acima desta energia estão vazios, como é mostrado na Figura 38-8. Então, em $T = 0$ o fator de Fermi é, simplesmente,

$$f(E) = \begin{cases} 1 & E < E_F \\ 0 & E > E_F \end{cases} \qquad 38\text{-}24$$

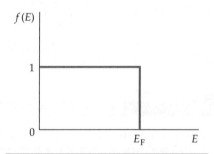

FIGURA 38-8 O fator de Fermi em função da energia para $T = 0$.

O FATOR DE FERMI PARA T > 0

Para temperaturas maiores que $T = 0$, alguns elétrons irão ocupar estados com energia mais alta devido à energia térmica adquirida durante as colisões com a rede. Entretanto, um elétron não pode se mover para um estado mais alto ou mais baixo, a não ser que este estado esteja vazio. Como a energia cinética dos íons da rede é da ordem de kT, os elétrons não podem ganhar muito mais energia do que kT nas colisões com os íons da rede. Portanto, somente aqueles elétrons que tem energias com alcance de cerca de kT da energia de Fermi podem ganhar energia quando a temperatura aumenta. Em 300 K, kT é somente 0,026 eV, e o princípio de exclusão impede que todos os elétrons, com exceção de alguns, que estão no topo da distribuição de energia ganhem energia através de colisões aleatórias com os íons da rede. A Figura 38-9 mostra um gráfico do fator de Fermi para uma temperatura T. Como para $T > 0$ não existe uma distinção nas energias que separem níveis ocupados de níveis não ocupados, a definição da energia de Fermi deve ser um pouco modificada. Para temperaturas T, a energia de Fermi é definida como a energia do estado de energia para o qual a probabilidade de ocupação é $\tfrac{1}{2}$. Para temperaturas extremamente altas, a diferença entre a energia de Fermi numa temperatura T e a energia de Fermi em $T = 0$ é muito pequena.

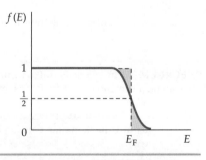

FIGURA 38-9 O fator de Fermi para uma temperatura T. Alguns elétrons que têm energia nas vizinhanças da energia de Fermi são excitados, como indicado pelas regiões sombreadas. A energia de Fermi E_F é o valor de E para o qual $f(E) = \tfrac{1}{2}$.

A **temperatura de Fermi** T_F é definida por

$$kT_F = E_F \qquad \text{38-25}$$

Para temperaturas muito mais baixas que a temperatura de Fermi, a energia média dos íons da rede será muito menor que a energia de Fermi, e a distribuição eletrônica de energia não irá ser muito diferente daquela em $T = 0$.

Exemplo 38-4 — A Temperatura de Fermi para o Cobre

Encontre a temperatura de Fermi para o cobre.

SITUAÇÃO Usamos a Equação 38-25 para encontrar a temperatura de Fermi. A energia de Fermi para o cobre em $T = 0$, calculada no Exemplo 38-3, é 7,03 eV.

SOLUÇÃO
Use $E_F = 7{,}03$ eV e $k = 8{,}617 \times 10^{-5}$ eV/K na Equação 38-25:
$$T_F = \frac{E_F}{k} = \frac{7{,}03 \text{ eV}}{8{,}617 \times 10^{-5} \text{ eV/K}} = \boxed{81\,600 \text{ K}}$$

CHECAGEM A temperatura de Fermi é muito alta, como esperado.

INDO ALÉM Podemos ver deste exemplo que a temperatura de Fermi do cobre é muito maior do que qualquer temperatura T na qual o cobre se mantém sólido.

Como um campo elétrico aplicado num condutor acelera todos os elétrons de condução uniformemente, o princípio de exclusão não impede que os elétrons livres em estados ocupados participem da condução. A Figura 38-10 mostra o fator de Fermi em uma dimensão como função da *velocidade*, numa temperatura usual. O fator é aproximadamente 1 para velocidades v_x no intervalo, $-u_F < v_x < u_F$, onde a velocidade de Fermi u_F está relacionada à energia de Fermi por $E_F = \frac{1}{2}mu_F^2$. Então

$$u_F = \sqrt{\frac{2E_F}{m_e}} \qquad \text{38-26}$$

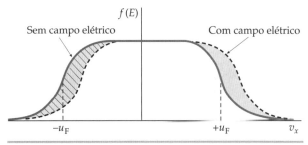

FIGURA 38-10 O fator de Fermi em função da velocidade em uma dimensão sem campo elétrico (linha sólida) e com campo elétrico na direção $-x$ (linha tracejada). A diferença está bastante exagerada.

Exemplo 38-5 — A Velocidade de Fermi para o Cobre

Calcule a velocidade de Fermi para o cobre.

SITUAÇÃO Usamos a Equação 38-26 para encontrar a velocidade de Fermi. A energia de Fermi para o cobre em $T = 0$, calculada no Exemplo 38-3, é 7,03 eV.

SOLUÇÃO
Use a Equação 38-26 com $E_F = 7{,}03$ eV:
$$u_F = \sqrt{\frac{2(7{,}03 \text{ eV})}{9{,}11 \times 10^{-31} \text{ kg}} \left(\frac{1{,}60 \times 10^{-19} \text{ J}}{1 \text{ eV}} \right)} = \boxed{1{,}57 \times 10^6 \text{ m/s}}$$

CHECAGEM Como esperado, o resultado (a velocidade de Fermi para o cobre) é alto, porém menor que a velocidade da luz.

A curva tracejada na Figura 38-10 mostra o fator de Fermi após a aplicação do campo elétrico que atua por determinado tempo t. Embora todos os elétrons livres tenham suas velocidades deslocadas para a direção oposta ao campo elétrico, o efeito líquido é equivalente ao deslocamento somente dos elétrons na vizinhança da energia de Fermi.

POTENCIAL DE CONTATO

Quando dois metais diferentes são colocados em contato, uma diferença de potencial $V_{contato}$, chamada de **potencial de contato**, se estabelece entre eles. O potencial de contato depende das funções trabalho dos dois metais, ϕ_1 e ϕ_2 (vimos a função trabalho quando o efeito fotoelétrico foi introduzido no Capítulo 34), e das energias de Fermi dos dois metais. Quando os metais estão em contato, a energia total do sistema diminui se os elétrons perto da borda se deslocam do metal que tem a maior energia de Fermi para o metal que tem a menor energia de Fermi, até as energias de Fermi dos dois metais se igualarem, como mostrado na Figura 38-11. Quando o equilíbrio é estabelecido, o metal que tem energia de Fermi inicial mais baixa fica negativamente carregado, e o outro metal, positivamente carregado, de tal modo que entre eles se estabelece uma diferença de potencial $V_{contato}$ dada por

$$V_{contato} = \frac{\phi_1 - \phi_2}{e} \qquad 38\text{-}27$$

A Tabela 38-2 lista as funções trabalho para diversos metais.

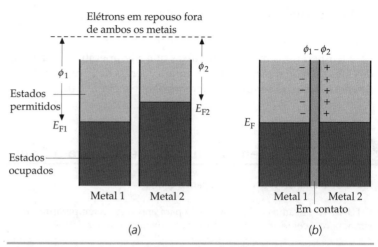

FIGURA 38-11 (a) Níveis de energia para dois metais diferentes que têm energias de Fermi E_F e funções trabalho ϕ diferentes. A função trabalho é a diferença de energia de um elétron em repouso fora do metal e a energia de Fermi dentro do metal. (b) Quando os metais entram em contato, ocorre um fluxo de elétrons do metal que inicialmente tem a maior energia de Fermi, para o metal que inicialmente tem a menor energia de Fermi, até as energias se igualarem.

Tabela 38-2 | Funções Trabalho para Alguns Metais

	Metal	ϕ, eV		Metal	ϕ, eV
Ag	Prata	4,7	K	Potássio	2,1
Au	Ouro	4,8	Mn	Manganês	3,8
Ca	Cálcio	3,2	Na	Sódio	2,3
Cu	Cobre	4,1	Ni	Níquel	5,2

Exemplo 38-6 Potencial de Contato entre a Prata e o Tungstênio

O comprimento de onda de corte para o efeito fotoelétrico é 271 nm para o tungstênio e 262 nm para a prata. Qual é o potencial de contato que se estabelece quando a prata e o tungstênio são colocados em contato?

SITUAÇÃO O potencial de contato é proporcional à diferença entre as funções trabalho para os dois metais (Equação 38-27). A função trabalho ϕ pode ser encontrada a partir do comprimento de onda de corte dado usando $\phi = hc/\lambda_t$ (Equação 34-4).

SOLUÇÃO

1. O potencial de contato é dado pela Equação 38-27:

   $$V_{contato} = \frac{\phi_1 - \phi_2}{e}$$

2. A função trabalho está relacionada ao comprimento de onda de corte (Equação 34-4):

   $$\phi = \frac{hc}{\lambda_t}$$

3. Substitua $\lambda_t = 271$ nm para o tungstênio (cujo símbolo é W):

   $$\phi_W = \frac{hc}{\lambda_t} = \frac{1240 \text{ eV} \cdot \text{nm}}{271 \text{ nm}} = 4{,}58 \text{ eV}$$

4. Substitua $\lambda_t = 262$ nm para a prata:

   $$\phi_{Ag} = \frac{1240 \text{ eV} \cdot \text{nm}}{262 \text{ nm}} = 4{,}73 \text{ eV}$$

5. O potencial de contato é então:

   $$V_{contato} = \frac{\phi_{Ag} - \phi_W}{e} = 4{,}73 \text{ V} - 4{,}58 \text{ V} = \boxed{0{,}15 \text{ V}}$$

CHECAGEM Como esperado, o potencial de contato é pequeno (menor que 1 volt). Não se tem grandes diferenças de potencial simplesmente colocando dois metais em contato.

CAPACIDADE CALORÍFICA NUM METAL DEVIDO AOS ELÉTRONS

A descrição da distribuição eletrônica num metal dada pela mecânica quântica permite entender por que a contribuição dos elétrons livres para a capacidade calorífica é muito menor que a dos íons. De acordo com o teorema clássico da eqüipartição, a energia dos íons da rede para n mols de um sólido é $3nRT$, e, portanto, o calor específico molar é $c' = 3R$, onde R é a constante dos gases ideais (veja Seção 18-7). Num metal, o número de elétrons livres é aproximadamente igual ao número de íons da rede. Se estes elétrons obedecem ao teorema clássico da eqüipartição, eles devem ter uma energia de $\frac{3}{2}nRT$ e contribuir com um adicional de $\frac{3}{2}R$ para o calor específico molar. Mas medidas de capacidade calorífica de metais são um pouco maiores que aquelas dos isolantes. Podemos entender este resultado porque numa temperatura T somente aqueles elétrons que tem energias próximas da energia de Fermi, podem ser excitados por colisões aleatórias com os íons da rede. O número destes elétrons é da ordem de $(kT/E_F)N$, onde N é o número total de elétrons livres. A energia destes elétrons é aumentada a partir daquela em $T = 0$ por uma quantidade da ordem de kT. Assim, o aumento total na energia térmica é da ordem de $(kT/E_F)N \times kT$. Podemos expressar a energia de N elétrons numa temperatura T como

$$E = NE_{méd}(0) + \alpha N \frac{kT}{E_F} kT \qquad 38\text{-}28$$

onde $E_{méd}(0)$ é a energia média em $T = 0$ e α é uma constante que esperamos ser da ordem de 1, se nosso raciocínio estiver correto. O cálculo de α é bastante desafiador. O resultado é $\alpha = \pi^2/4$. Usando este resultado e escrevendo E_F em termos da temperatura de Fermi, $E_F = kT_F$, obtemos para a contribuição dos elétrons livres à capacidade calorífica, num volume constante, o seguinte:

$$C_V = \frac{dE}{dT} = 2\alpha Nk \frac{kT}{E_F} = \frac{1}{2}\pi^2 nR \frac{T}{T_F}$$

onde escrevemos Nk em termos da constante dos gases ideais R ($R = Nk/n$). O calor específico molar num volume constante é então

$$c'_V = \frac{1}{2}\pi^2 R \frac{T}{T_F} \qquad 38\text{-}29$$

Podemos ver que, por causa do grande valor de T_F, a contribuição dos elétrons livres é uma fração pequena de R para temperatura ambiente. No cobre, $T_F = 81\,600$ K, e o calor específico dos elétrons livres em $T = 300$ K é

$$c'_V = \frac{1}{2}\pi^2 \frac{300\text{ K}}{81\,600\text{ K}} R \approx 0{,}02R$$

o que tem boa concordância com a experiência.

38-4 TEORIA QUÂNTICA DA CONDUÇÃO ELÉTRICA

Podemos usar a Equação 38-14 da resistividade substituindo a $v_{méd}$ pela velocidade de Fermi u_F (Equação 38-26):

$$\rho = \frac{m_e u_F}{n_e e^2 \lambda} \qquad 38\text{-}30$$

Temos agora dois problemas. Primeiro, como a velocidade de Fermi u_F é aproximadamente independente da temperatura, a resistividade dada pela Equação 38-30 é independente da temperatura, a não ser que o percurso livre médio dependa da temperatura. O segundo problema refere-se aos valores calculados. Como mencionado anteriormente, a expressão clássica para a resistividade usando $v_{méd}$ calculada através da distribuição de Maxwell–Boltzmann, dá valores que são cerca de 6 vezes maiores que os medidos em $T = 300$ K. Como a velocidade de Fermi u_F é cerca de 16 vezes o valor de $v_{méd}$, calculado por Maxwell–Boltzmann, o valor de ρ previsto pela Equação 38-30 será aproximadamente 100 vezes maior que o valor determinado experimentalmente. A solução de ambos os problemas está no cálculo do percurso livre médio λ.

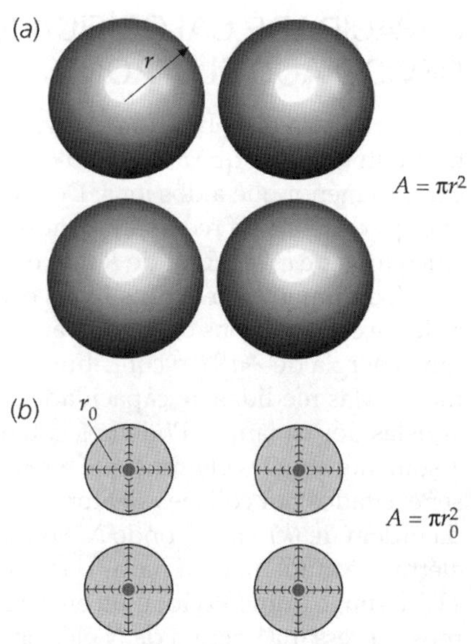

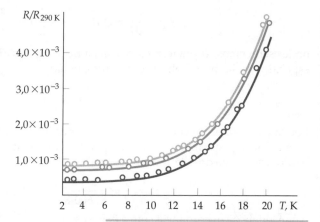

FIGURA 38-12 (*a*) Descrição clássica dos íons da rede como bolas esféricas de raio r, onde cada uma apresenta uma área πr^2 para os elétrons. (*b*) Descrição da mecânica quântica dos íons da rede que estão vibrando em três dimensões. A área apresentada aos elétrons é πr_0^2, onde r_0 é a amplitude de oscilação dos íons.

ESPALHAMENTO DE ONDAS DE ELÉTRONS

Na Equação 38-16 para o percurso livre médio $\lambda = 1/(n_{\text{íon}}A)$, a quantidade $A = \pi r^2$ é a área da seção transversal do íon da rede, visto pelo elétron. No cálculo quântico, o percurso livre médio está relacionado ao espalhamento das ondas dos elétrons pela rede cristalina. Cálculos detalhados mostram que, para um cristal perfeitamente ordenado, $\alpha = \infty$; isto é, não existe espalhamento das ondas dos elétrons. Os espalhamentos das ondas dos elétrons acontecem devido às *imperfeições* da rede cristalina, o que não tem nada a ver com a seção de área transversal real dos íons da rede. De acordo com a teoria da mecânica quântica para o espalhamento dos elétrons, A não depende do tamanho dos íons, mas depende somente dos *desvios* dos íons da rede em relação a uma disposição espacial perfeitamente regular. As causas mais comuns para estes desvios são as vibrações dos íons da rede, ou mesmo impurezas.

Poderemos usar $\lambda = 1/(n_{\text{íon}}A)$ para o percurso livre médio se reinterpretarmos a área A. A Figura 38-12 compara a descrição clássica e a descrição quântica desta área. Na descrição quântica, os íons da rede são pontos sem dimensão, mas apresentam uma área $A = \pi r_0^2$, onde r_0 é a amplitude das vibrações térmicas. No Capítulo 14 (Volume 1), vimos que a energia de vibração num movimento harmônico simples é proporcional ao quadrado da amplitude, que é dada por πr_0^2. Então, a área efetiva A é proporcional à energia de vibração dos íons da rede. Do teorema da eqüipartição,* sabemos que a energia média de vibração é proporcional a kT. Então, A é proporcional a T e λ é proporcional a $1/T$. Portanto, a resistividade dada pela Equação 38-14 é proporcional a T, de acordo com os resultados experimentais.

A área efetiva A devido às vibrações térmicas pode ser calculada, e o resultado dá valores para a resistividade que estão em concordância com as experiências. Para $T = 300$ K, por exemplo, a área efetiva acaba sendo cerca de 100 vezes menor que a área real da seção transversal dos íons da rede. Podemos ver, portanto, que o modelo dos elétrons livres para os metais dá uma explicação razoável da condução elétrica, se a velocidade média $v_{\text{méd}}$ for substituída pela velocidade de Fermi u_F, e se as colisões entre elétrons e íons da rede forem interpretadas em termos do espalhamento das ondas dos elétrons, para as quais somente desvios de uma rede perfeitamente ordenada são importantes.

FIGURA 38-13 Resistência relativa *versus* temperatura para três amostras de sódio. As três curvas têm a mesma dependência com a temperatura, mas diferentes valores, porque as amostras têm diferentes quantidades de impurezas.

A presença de impurezas num metal também causa desvios na rede cristalina perfeitamente regular. Os efeitos das impurezas na resistividade são aproximadamente independentes da temperatura. A resistividade de um metal contendo impurezas pode ser escrita como $\rho = \rho_t + \rho_i$, onde ρ_t é a resistividade devido ao movimento térmico dos íons da rede, e ρ_i é a resistividade devido às impurezas. A Figura 38-13 mostra curvas de resistências típicas *versus* temperatura para metais com impurezas. Quando a temperatura absoluta se aproxima de zero, a resistividade devido ao movimento térmico se aproxima de zero, e a resistividade total se aproxima da resistividade devido às impurezas, que é constante.

38-5 TEORIA DE BANDAS PARA OS SÓLIDOS

A resistividade entre isolantes e condutores varia enormemente. Para um isolante típico, como quartzo, $\rho \sim 10^{16}\ \Omega \cdot \text{m}$, enquanto para um condutor típico, $\rho \sim 10^{-8}\ \Omega \cdot \text{m}$. A razão para esta enorme diferença está na variação na densidade de elétrons livres n_e. Para entender esta variação, vamos considerar o efeito da rede nos níveis de energia dos elétrons.

* O teorema da eqüipartição se mantém para os íons da rede, que obedecem à distribuição de energia de Maxwell–Boltzmann.

Vamos iniciar considerando os níveis de energia dos átomos individuais quando estes são colocados muito próximos. Os níveis de energia permitidos num átomo isolado estão, muitas vezes, bastante afastados. Por exemplo, no hidrogênio, a energia permitida mais baixa $E_1 = -13,6$ eV é 10,2 eV abaixo da próxima energia permitida mais baixa $E_2 = (-13,6 \text{ eV})/4 = -3,4$ eV.* Vamos considerar dois átomos idênticos e focalizar nossa atenção num determinado estado de energia. Quando os átomos estão afastados entre si, a energia deste nível é a mesma para cada átomo. Quando os átomos se aproximam, este nível de energia é alterado para cada átomo, por causa da influência de um átomo no outro. Como resultado, este nível se divide em dois níveis com diferenças de energia muito pequenas para o sistema de dois átomos. Se aproximarmos agora três átomos, um determinado nível de energia se divide em três níveis com diferenças de energia muito pequenas. A Figura 38-14 mostra a divisão de energia para dois níveis de energia para seis átomos como função da separação entre os átomos.

Se tivermos N átomos idênticos, um determinado nível de energia num átomo isolado se divide em N níveis de energia, diferentes e com espaçamentos entre si muito pequenos quando estes átomos se aproximam. Num sólido macroscópico, N é muito grande — da ordem de 10^{23} — de tal modo que cada nível de energia se divide num número muito grande de níveis, e este conjunto é chamado de **banda**. Os níveis são espaçados quase que continuamente dentro da banda. Existe uma banda de níveis separada para cada nível de energia de um átomo isolado. As bandas podem estar bastante separadas em energia, ou podem estar bem próximas, ou ainda, podem se superpor, dependendo do tipo de átomo e do tipo de ligação no sólido.

As bandas de energia mais baixas, correspondentes aos níveis de energia mais baixos dos átomos da rede, são ocupadas com elétrons que estão ligados aos átomos individuais. Os elétrons que podem fazer parte da condução ocupam as bandas de energia mais altas. A banda de energia mais alta que contém elétrons é chamada de **banda de valência**. A banda de valência pode estar completamente cheia com elétrons ou somente parcialmente cheia, dependendo do tipo de átomo e do tipo de ligação do sólido.

Podemos agora entender por que alguns sólidos são condutores e por que outros são isolantes. Se a banda de valência estiver apenas parcialmente preenchida, existem muitos estados de energia vazios disponíveis na banda, e os elétrons desta banda podem facilmente ser elevados para estados de energia mais alta pela aplicação de um campo elétrico. Conseqüentemente, esta substância é um bom condutor. Se a banda de valência estiver cheia e existir uma lacuna de energia grande entre ela e a próxima banda disponível, o campo elétrico aplicado pode ser muito fraco para excitar um elétron do nível de energia mais alto da banda cheia para os níveis de energia da banda vazia, através da lacuna de energia, portanto esta substância seria um isolante. A banda mais baixa onde existem estados não ocupados é chamada de **banda de condução**. Num condutor, a banda de valência é somente parcialmente cheia, assim a banda de valência é também a banda de condução. A lacuna de energia entre bandas permitidas é chamada de **banda de energia proibida**.

A estrutura de bandas para um condutor, como o cobre, é mostrada na Figura 38-15*a*. As bandas mais baixas (não mostradas) estão ocupadas com os elétrons das bandas de energia mais baixas dos átomos. A banda de valência é apenas meio-ocupada. Quando um campo elétrico é estabelecido num condutor, os elétrons na banda de condução são acelerados, o que significa que suas energias são aumentadas. Isto é consistente com o princípio de exclusão porque existem muitos estados de energia vazios logo acima daqueles ocupados por elétrons nesta banda. Estes elétrons são então os elétrons de condução.

A Figura 38-15*b* mostra a estrutura de bandas para o magnésio, que também é um condutor. Neste caso, a banda mais alta ocupada está completamente cheia, mas existe uma banda vazia acima dela que se superpõe a ela. As duas bandas então formam uma combinação de banda de valência–condução que está apenas parcialmente preenchida.

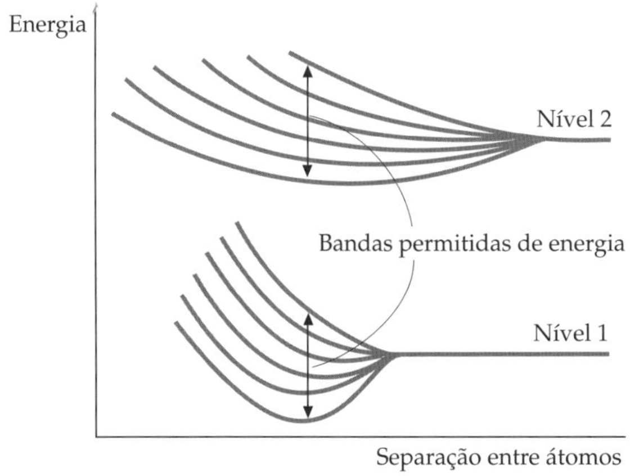

FIGURA 38-14 Divisão de dois níveis de energia para seis átomos como função da separação entre os átomos. Quando existem muitos átomos, cada nível se divide em muitos níveis quase contínuos, sendo chamado de banda.

---

* Os níveis de energia do hidrogênio são discutidos no Capítulo 36.

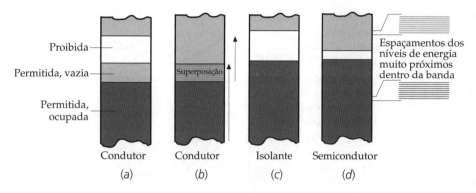

FIGURA 38-15 Quatro possíveis estruturas de bandas para um sólido. (*a*) Um condutor típico. A banda de valência é também a banda de condução. Ela está apenas parcialmente cheia, assim os elétrons podem ser excitados facilmente para estados de energia próximos. (*b*) Um condutor onde a banda de valência se superpõe à banda de condução, acima dela. (*c*) Um isolante típico. Existe uma banda proibida, que possui uma grande lacuna de energia entre a banda de valência cheia e a banda de condução. (*d*) Um semicondutor. A lacuna de energia entre a banda de valência cheia e a banda de condução é muito pequena, deste modo alguns elétrons são excitados para a banda de condução em temperatura ambiente, deixando buracos na banda de valência.

A Figura 38-15*c* mostra a estrutura de bandas para um isolante típico. Em $T = 0$ K, a banda de valência está completamente cheia. A próxima banda, a de condução, tendo estados de energia vazios, está separada da banda de valência por uma lacuna grande de energia. Em $T = 0$ K, a banda de condução está vazia. Em temperatura ambiente, alguns elétrons podem ser excitados para estados desta banda, enquanto a maioria dos elétrons não pode ser excitada para estes estados, porque a lacuna de energia é grande se comparada com a energia que um elétron pode obter por excitação térmica. Muito poucos elétrons podem ser termicamente excitados para a banda de condução quase vazia, mesmo em temperaturas muito altas. Quando um campo elétrico com valores usuais é estabelecido num sólido, os elétrons não podem ser acelerados porque não existem estados de energia vazios próximos. Descrevemos esta situação dizendo que não há elétrons livres neste caso. A pequena condutividade observada é devido aos poucos elétrons que são termicamente excitados para os estados mais próximos de energia, que estão vazios, na banda de condução. Quando um campo elétrico aplicado a um isolante for suficientemente intenso de tal modo que os elétrons podem atravessar a lacuna de energia, indo para a banda vazia de condução, ocorre a ruptura dielétrica.

Em alguns materiais, a lacuna de energia entre a banda de valência cheia e a banda de condução vazia é muito pequena, como é mostrado na Figura 38-15*d*. Para $T = 0$, não existem elétrons na banda de condução e o material é um isolante. Para temperatura ambiente, entretanto, existe um número apreciável de elétrons na banda de condução devido à excitação térmica. Estes materiais são chamados de **semicondutores intrínsecos**. Para semicondutores intrínsecos, como o silício e o germânio, a lacuna de energia é somente cerca de 1 eV. Na presença de um campo elétrico, os elétrons na banda de condução podem ser acelerados porque existem estados vazios próximos. Também, para cada elétron na banda de condução existe uma vacância, ou **buraco**, na banda de valência quase completa. Na presença de um campo elétrico, elétrons nesta banda podem também ser excitados para um nível de energia vago. Isto contribui para a corrente elétrica, e é mais facilmente descrita como o movimento de um buraco na direção do campo e oposta ao movimento dos elétrons. O buraco então atua como se fosse uma carga positiva. Para visualizar a condução dos buracos, pense numa estrada de duas pistas e mão única, que tem uma das pistas completamente cheia de carros estacionados e a outra vazia. Se um carro sai da pista cheia e entra na pista vazia, ele pode se mover para a frente, livremente. Como os outros carros se movem para ocupar o espaço vago, estes espaços vagos se propagam para trás, na direção oposta ao movimento dos carros. O movimento para a frente dos carros na pista quase vazia e a propagação para trás dos espaços vagos contribuem, ambos, para a propagação dos carros para a frente.

Uma característica interessante dos semicondutores é de que a resistividade do material diminui quando a temperatura aumenta, ao contrário do que acontece com condutores normais. Isto ocorre porque quando a temperatura aumenta, há mais elétrons na banda de condução e, portanto, o número de elétrons livres aumenta. O número de buracos na banda de valência, é claro, também cresce. Em semicondutores, o efeito do aumento no número de portadores de carga, elétrons e buracos, excedem o efeito do aumento da resistividade devido ao aumento do espalhamento dos elétrons pelos íons da rede devido às vibrações térmicas. Semicondutores, portanto, têm um coeficiente de temperatura da resistividade negativo.

38-6 SEMICONDUTORES

A propriedade de semicondutividade dos semicondutores intrínsecos torna-os útil como base para componentes de circuitos eletrônicos, cuja resistividade pode ser controlada pela aplicação de uma tensão externa ou corrente. Entretanto, a maioria dos *dispositivos de estado sólido*, como o diodo semicondutor e o transistor, fazem uso de **semicondutores com impurezas**, que são criados através da adição controlada de certas impurezas em semicondutores intrínsecos. Este processo é chamado de **dopagem**. A Figura 38-16*a* é uma ilustração esquemática do silício dopado com pequenas quantidades de arsênio, de modo que os átomos de arsênio substituem alguns átomos de silício na rede cristalina. A banda de condução do silício puro é virtualmente vazia na temperatura ambiente, assim o silício puro é um péssimo condutor de eletricidade. Porém, o arsênio tem cinco elétrons de valência em vez dos quatro elétrons de valência do silício. Quatro dos elétrons do arsênio tomam parte nas ligações com os quatro elétrons dos átomos vizinhos de silício, e o quinto elétron está fracamente ligado ao átomo. Este elétron extra irá ocupar um nível de energia que está localizado um pouco abaixo da banda de condução do sólido, e é facilmente excitado para a banda de condução, onde pode contribuir para a condução elétrica.

O efeito alcançado pela dopagem com arsênio, na estrutura de bandas de um cristal de silício, é mostrado na Figura 38-16*b*. Os níveis mostrados um pouco abaixo da banda de condução são devido aos elétrons extras dos átomos de arsênio. Esses níveis são chamados de **níveis doadores**, porque eles doam elétrons para a banda de condução sem criar buracos na banda de valência. Este semicondutor é chamado de **semicondutor tipo *n*** porque os principais portadores de carga são os elétrons carregados negativamente. A condutividade de um semicondutor dopado pode ser controlada pela quantidade de impureza adicionada. A adição de somente uma parte por milhão pode aumentar a condutividade por diversas ordens de grandeza.

Outro tipo de semicondutor com impureza pode ser feito pela substituição do átomo de silício pelo átomo de gálio, que tem três elétrons de valência (Figura 38-17*a*). O átomo de gálio aceita elétrons da banda de valência para completar as quatro ligações covalentes, portanto criando um buraco na banda de valência. O efeito alcançado pela dopagem com gálio, na estrutura de bandas de um cristal de silício, é mostrado na Figura 38-17*b*. Os níveis mostrados um pouco acima da banda de valência são devido aos buracos dos átomos de gálio ionizados. Estes níveis são chamados de **níveis aceitadores** porque eles aceitam elétrons da banda de valência cheia, quando estes elétrons são excitados termicamente para estados de energia mais alta. Isto irá criar buracos na banda de valência que ficam livres para se propagarem na direção do campo elétrico. Este semicondutor é chamado de **semicondutor tipo *p*** porque os portadores de carga são os buracos positivamente carregados. O fato de que a condução é devido ao movimento dos buracos positivamente carregados pode ser verificado pelo efeito Hall. (O efeito Hall é discutido no Capítulo 26.)

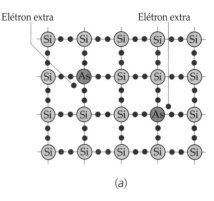

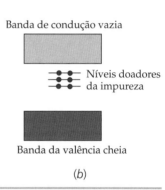

FIGURA 38-16 (*a*) Uma ilustração esquemática bidimensional do silício dopado com arsênio. Como o arsênio tem cinco elétrons de valência, existe um elétron extra, fracamente ligado, que pode ser facilmente excitado para a banda de condução. (*b*) A estrutura de bandas de um semicondutor do tipo *n*, como o silício dopado com arsênio. Os átomos de impureza fornecem níveis de energia ocupados que ficam um pouco abaixo da banda de condução. Estes níveis doam elétrons para a banda de condução.

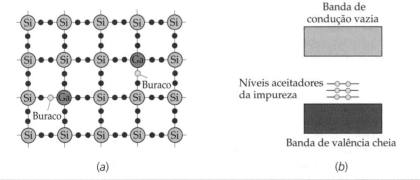

FIGURA 38-17 (*a*) Uma ilustração esquemática bidimensional do silício dopado com gálio. Como o gálio tem três elétrons de valência, existe um buraco em uma de suas ligações. Quando os elétrons preenchem o buraco, este se desloca, contribuindo para a condução da corrente elétrica. (*b*) A estrutura de bandas de um semicondutor do tipo *p*, como o silício dopado com gálio. Os átomos de impureza fornecem níveis de energia vazios que ficam um pouco acima da banda de valência cheia. Estes níveis aceitam elétrons da banda de valência.

Um cristal sintético de silício é produzido iniciando-se o processo com um material natural que contenha silício (por exemplo, areia comum da praia), isolando-se o silício e fundindo o mesmo. Com um cristal como semente, o silício fundido cresce num cristal cilíndrico. Os cristais (tipicamente com comprimento de 1,3 m) são formados sob condições altamente controladas para assegurar que não tenham defeitos. Estes cristais são então cortados em fatias finas sob as quais as camadas de um circuito integrado são gravadas.

Exemplo 38-7 — Densidade de Elétrons Livres no Silício Dopado com Arsênio

Tente Você Mesmo

O número de elétrons livres no silício puro é aproximadamente 10^{10} elétrons/cm³, na temperatura ambiente. Se um átomo de silício for substituído por um átomo de arsênio em cada 10^6 átomos de silício, quantos elétrons livres por centímetro cúbico vão existir? (A massa específica do silício é 2,33 g/cm³ e sua massa molar é 28,1 g/mol.)

SITUAÇÃO O número de átomos de silício por centímetro cúbico, n_{Si}, pode ser encontrado usando $n_{Si} = \rho N_A/M$. Então, como cada átomo de arsênio contribui com um elétron livre, o número de elétrons que contribuem pelos átomos de arsênio é $10^{-6} n_{Si}$.

SOLUÇÃO
Cubra a coluna da direita e tente por si só, antes de olhar as respostas.

Passos	Respostas
1. Calcule o número de átomos de silício por centímetro cúbico.	$n_{Si} = \dfrac{\rho N_A}{M}$ $= \dfrac{(2,33 \text{ g/cm}^3)(6,02 \times 10^{23} \text{ átomos/mol})}{28,1 \text{ g/mol}}$ $= 4,99 \times 10^{22}$ átomos/cm³
2. Multiplique por 10^{-6} para obter o número de átomos de arsênio por centímetro cúbico, que é igual ao número de elétrons livres adicionado por centímetro cúbico.	$n_{As} = 10^{-6} n_{Si} = 4,99 \times 10^{16}$ átomos/cm³
3. O número de elétrons livre por centímetro cúbico é igual ao número de átomos de arsênio por centímetro cúbico mais 1×10^{-10} (número de átomos de silício por centímetro cúbico).	$n_e = n_{As} + 1 \times 10^{-10} n_{Si}$ $= 4,99 \times 10^{16}$ cm^{-3} $+ 1 \times 10^{10}$ cm^{-3} $\approx \boxed{5 \times 10^{16} \text{ elétrons/cm}^3}$

CHECAGEM Como esperado, o resultado do passo 3 é menor que a densidade de átomos de silício e mais do que a densidade de elétrons de condução para um silício puro.

INDO ALÉM Como o silício tem tão poucos elétrons livres por átomo, a densidade de elétrons de condução é aumentada por um fator de aproximadamente 5 milhões por centímetro cúbico, dopando o silício com apenas um átomo de arsênio para um milhão de átomos de silício.

PROBLEMA PRÁTICO 38-3 Quantos elétrons livres existem por átomo de silício num cristal de silício puro?

*38-7 JUNÇÕES E DISPOSITIVOS SEMICONDUTORES

Os dispositivos semicondutores, como os diodos e transistores, fazem uso de semicondutores do tipo n e do tipo p, unidos conforme mostra a Figura 38-18. Na prática, os dois tipos de semicondutores são muitas vezes incorporados num único cristal de silício dopado com impurezas doadoras numa extremidade, e aceitadoras na outra extremidade. A região onde o semicondutor passa do tipo p para o tipo n é chamada de **junção** *pn*.

Quando semicondutores do tipo n e do tipo p são colocados em contato, a concentração desigual inicial de elétrons e buracos, provoca uma difusão de elétrons do lado n para o lado p através da junção, e buracos do lado p para o lado n, até que o equilíbrio seja estabelecido. O resultado desta difusão é um transporte líquido de cargas positivas do lado p para o lado n. Ao contrário do que ocorre quando dois metais diferentes são colocados em contato, os elétrons não se deslocam para muito longe da região da junção, porque o semicondutor não é particularmente um bom condutor. A difusão de elétrons e buracos cria, portanto, uma dupla camada de cargas na junção, similar àquelas de um capacitor de placas paralelas. Existe, então, uma diferença de potencial V através da junção, que tende a inibir a continuação da difusão. No equilíbrio, o lado

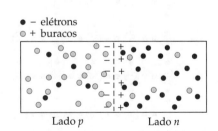

FIGURA 38-18 Uma junção *pn*. Devido à diferença nas suas concentrações, em ambos os lados da junção *pn*, buracos difundem do lado p para o lado n, e elétrons difundem do lado n para o lado p. Como resultado, existe uma camada dupla de cargas na junção, com o lado p sendo negativo e o lado n sendo positivo.

n que tem um excesso de carga positiva estará num potencial maior que o lado *p*, que tem um excesso de carga negativa. Na região da junção, entre as camadas de cargas, existem muito poucos portadores de carga de ambos os tipos, de tal modo que a região da junção terá uma resistência elétrica alta. A Figura 38-19 mostra um diagrama de níveis de energia para a junção *pn*. A região da junção é também chamada de **região de depleção** porque houve uma diminuição na quantidade de portadores de carga.

*DIODOS

Na Figura 38-20, foi aplicada uma diferença de potencial externa através da junção *pn* conectando uma bateria e um resistor ao semicondutor. Quando o terminal positivo da bateria é conectado ao lado *p* da junção, como mostra a Figura 38-20*a*, diz-se que a junção está com **polarização direta**. Esta polarização diminui o potencial através da junção. A difusão de elétrons e buracos aumenta, portanto, na tentativa de restabelecer o equilíbrio, resultando numa corrente no circuito.

Se o terminal positivo da bateria for conectado no lado *n* da junção, como mostra a Figura 38-20*b*, diz-se que a junção esta com **polarização inversa**. Esta polarização tende a aumentar a diferença de potencial através da junção e, portanto, inibe a difusão. A Figura 38-21 mostra um gráfico da corrente em função da tensão para uma junção semicondutora típica. Essencialmente, a junção conduz somente em uma direção para tensões aplicadas maiores que a tensão de ruptura. Um dispositivo semicondutor com uma única junção é chamado de **diodo**.* Diodos têm muitas utilidades. Um dos seus usos é converter corrente alternada em corrente contínua, um processo chamado de *retificação*.

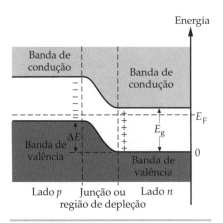

FIGURA 38-19 Níveis de energia eletrônicos para uma junção *pn*.

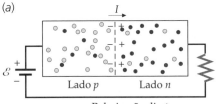
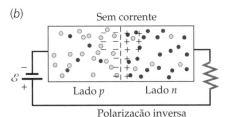

FIGURA 38-20 Um diodo de junção *pn*. (*a*) Junção *pn* com polarização direta. A diferença de potencial aplicada aumenta a difusão de buracos do lado *p* para o lado *n* e de elétrons, do lado *n* para o lado *p*, resultando numa corrente *I*. (*b*) Junção *pn* com polarização inversa. A diferença de potencial aplicada inibe a difusão de buracos e elétrons através da junção, assim não existe corrente.

Observe que a corrente na Figura 38-21 aumenta abruptamente podendo atingir valores muito grandes na polarização inversa. Nestes campos elétricos grandes, os elétrons são arrancados de suas ligações atômicas e acelerados através da junção. Estes elétrons, por sua vez, acabam quebrando as ligações de outros elétrons. Este efeito é chamado de **avalanche de ruptura**. Embora esta ruptura possa ser desastrosa num circuito onde ela não é intencional, o fato de que isto ocorra para valores de tensão bem definidos torna este dispositivo útil como um padrão especial de referência de tensão, e é conhecido como **diodo Zener**. Diodos Zener são também usados para proteger dispositivos de cargas excessivas de alta tensão.

Um efeito interessante, que vamos discutir apenas qualitativamente, ocorre quando o lado *p* e o lado *n* de uma junção *pn* são tão pesadamente dopados, que os doadores do lado *n* cedem tantos elétrons que a parte mais baixa da banda de condução fica praticamente cheia. Por sua vez, os aceitadores no lado *p* aceitam tantos elétrons, que a parte superior da banda de valência fica quase vazia. A Figura 38-22*a* mostra o diagrama de níveis de energia para esta situação. Como a região de depleção é agora muito estreita, elétrons podem facilmente penetrar nesta barreira de potencial através da junção e penetrar com facilidade a barreira de potencial, indo para o outro lado. O fluxo dos elétrons através da barreira é chamado de **corrente de tunelamento**, e este diodo pesadamente dopado é chamado de **diodo túnel**.

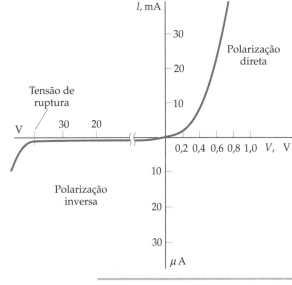

FIGURA 38-21 Gráfico da corrente contra a tensão aplicada através da junção *pn*. Observe as escalas diferentes nos eixos para as condições de polarização direta e inversa.

---
* O nome *diodo* se origina de um dispositivo de tubo de vácuo que era constituído por somente dois eletrodos, que também conduziam corrente elétrica somente numa direção.

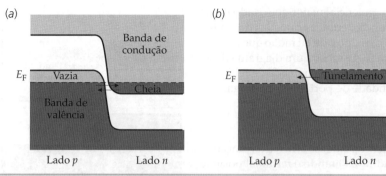
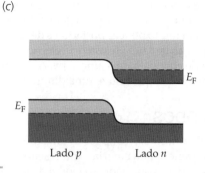

FIGURA 38-22 Níveis de energia eletrônicos para uma junção *pn* pesadamente dopada de um diodo túnel. (*a*) Sem tensão de polarização, há o tunelamento dos elétrons em ambas as direções. (*b*) Com uma pequena tensão de polarização, a corrente de tunelamento aumenta em uma direção e faz uma contribuição considerável para a corrente total. (*c*) Com um aumento maior na tensão de polarização, a corrente de tunelamento diminui drasticamente.

No equilíbrio, onde não há polarização, existe uma corrente de tunelamento igual em cada direção. Quando uma pequena tensão de polarização é aplicada através da junção, temos o diagrama de níveis de energia mostrado na Figura 38-22*b*, e neste caso, o tunelamento dos elétrons do lado *n* para o lado *p* aumenta, enquanto o tunelamento de elétrons na direção oposta diminui. A corrente de tunelamento, somada à corrente usual devido à difusão, resulta numa corrente total considerável. Quando a tensão de polarização aumenta mais um pouco, temos o diagrama de nível de energia mostrado na Figura 38-22*c*, e a corrente de tunelamento diminui. Embora a corrente de difusão aumente, a corrente total diminui. Para tensões de polarização grandes, a corrente de tunelamento é completamente desprezível, e a corrente total aumenta com o aumento da tensão de polarização devido à difusão, como num diodo comum de junção *pn*. A Figura 38-23 mostra a curva de corrente em função da tensão para um diodo túnel. Estes diodos são usados em circuitos elétricos porque seu tempo de resposta é muito rápido. Quando são operados perto do pico, na curva corrente contra tensão, uma pequena variação na tensão de polarização resulta numa grande variação na corrente.

Outra aplicação para um semicondutor de junção *pn* é na **célula solar**, que está ilustrada esquematicamente na Figura 38-24. Quando um fóton de energia maior que a lacuna de energia (1,1 eV no silício) atinge a região tipo *p*, pode excitar um elétron da banda de valência para a banda de condução, deixando um buraco na banda de valência. Esta região já é rica em buracos. Alguns dos elétrons criados pelos fótons irão se recombinar com os buracos, mas alguns irão migrar para a junção. De lá, eles serão acelerados para a região do tipo *n* pelo campo elétrico entre as duas camadas de cargas. Isto irá criar um excesso de carga negativa na região tipo *n* e um excesso de cargas positivas na região tipo *p*. O resultado é uma diferença de potencial entre as duas regiões, que atinge na prática o valor de 0,6 eV. Se uma resistência de carga for ligada entre as duas regiões, haverá fluxo de carga através do resistor. Parte da energia da luz incidente é então convertida em energia elétrica. A corrente no resistor é proporcional a taxa de chegada dos fótons incidentes, e que, por sua vez, é proporcional a intensidade da luz incidente.

Existem muitas outras aplicações dos semicondutores com junções *pn*. Os detectores de partículas conhecidos como **detectores de barreira superficial** são constituídos por um semicondutor de junção *pn* onde é estabelecida polaridade inversa grande, de tal modo que não há passagem de corrente. Quando uma partícula de energia elevada, como um elétron, passa através do semicondutor, ele cria muitos pares de elétron–buraco quando perde sua energia. O pulso de corrente resultante sinaliza a passagem da partícula. Os **diodos emissores de luz** (sigla inglesa LED) são semicondutores com junção *pn* que têm polaridade direta grande, produzindo um grande excesso de concentração de elétrons no lado *p* e buracos no lado *n* das junções. Nestas condições, um LED emite luz quando os elétrons e buracos se recombinam. O efeito é, essencialmente, o contrário do processo que ocorre na célula solar, no qual pares de elétron–buraco são criados pela absorção da luz. Os LEDs são geralmente usados como indicadores em alarmes e como fontes de feixes de infravermelho.

FIGURA 38-23 A corrente num diodo túnel em função da tensão aplicada *V*. Para $V < V_A$, um aumento na tensão de polarização aumenta o tunelamento. Para $V_A < V < V_B$, um aumento na tensão de polarização inibe o tunelamento. Para $V > V_B$, o tunelamento é desprezível e o diodo se comporta como se fosse um diodo comum de junção *pn*.

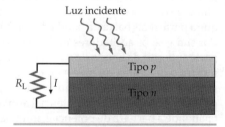

FIGURA 38-24 Um semicondutor de junção *pn* operando como célula solar. Quando a luz atinge a região do tipo *p*, são criados pares de elétrons–buracos, resultando numa corrente através de uma resistência de carga R_L.

*TRANSISTORES

O transistor, um dispositivo semicondutor usado para produzir o sinal de saída desejado como resposta ao sinal de entrada, foi inventado em 1948 por William Schockley, John Bardeen e Walter Brattain, e revolucionou a indústria eletrônica e o nosso cotidiano. Um *transistor de junção simples bipolar** é constituído por três regiões semicondutoras distintas chamadas de **emissor**, **base** e **coletor**. A base é uma região muito fina de um tipo de semicondutor colocada entre duas regiões de um semicondutor de tipo oposto. O semicondutor emissor é mais pesadamente dopado do que a base ou o coletor. Num transistor *npn*, o emissor e o coletor são semicondutores do tipo *n* e a base é um semicondutor do tipo *p*; num transistor *pnp*, a base é um semicondutor do tipo *n* e o emissor e o coletor são semicondutores do tipo *p*.

A Figura 38-25 e a Figura 38-26 mostram, respectivamente, um transistor *pnp* e um transistor *npn*, juntamente com os símbolos usados para representá-los num diagrama de circuitos. Vemos que cada transistor é constituído por duas junções *pn*. Vamos discutir a operação de um transistor *pnp*. A operação de um transistor *npn* é semelhante.

Na operação normal de um transistor *pnp*, a junção emissor–base tem polarização direta, e a junção base–coletor tem polarização inversa, como é mostrado na Figura 38-27. O emissor do tipo *p*, pesadamente dopado, emite buracos que fluem na direção da junção emissor–base. Esse fluxo constitui a corrente do emissor I_e. Como a base tem espessura muito fina, a maioria dos buracos flui através da base na direção do coletor. Este fluxo no coletor constitui a corrente I_c. Entretanto, alguns dos buracos se recombinam na base produzindo uma carga positiva que inibe o prosseguimento do fluxo de corrente. Para impedir isto, alguns dos buracos que não alcançam o coletor são retirados da base como uma corrente de base I_b através de um fio conectado à

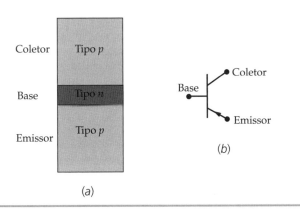

FIGURA 38-25 Um transistor *pnp*. (*a*) O emissor pesadamente dopado emite buracos, que passam através da base fina para o coletor. (*b*) O símbolo usado num circuito para um transistor *pnp*. A flecha aponta na direção da corrente convencional, que é a mesma que a direção da corrente de buracos.

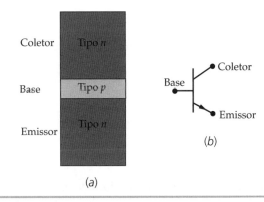

FIGURA 38-26 Um transistor *npn*. (*a*) O emissor pesadamente dopado emite elétrons, que passam através da base fina para o coletor. (*b*) O símbolo usado num circuito para um transistor *npn*. A flecha aponta na direção da corrente convencional, que é oposta à direção da corrente de elétrons.

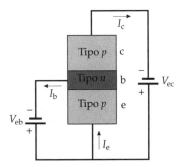

FIGURA 38-27 Um transistor *pnp* polarizado para operação normal. Os buracos do emissor podem difundir-se facilmente através da base, que só tem dezenas de nanômetros de espessura. A maior parte dos buracos flui para o coletor, produzindo a corrente I_c.

---

* Além do transistor de junção bipolar, existem outras categorias de transistores, particularmente, o transistor de efeito de campo.

base. Na Figura 38-27, portanto, I_c é quase igual a I_e, e I_b é muito menor que I_c ou que I_e. É usual expressar I_c como

$$I_c = \beta I_b \quad \text{38-31}$$

onde β é o ganho de corrente do transistor. Os valores de β para os transistores podem ser tão pequenos quanto dez ou tão elevados quanto diversas centenas.

A Figura 38-28 mostra um transistor *pnp* simples usado como amplificador. Uma tensão de entrada pequena e variável v_s está conectada em série à tensão de polarização V_{eb}. A corrente de base é então a soma de uma corrente constante I_b produzida pela tensão de polarização V_{eb}, e uma corrente variável i_b, devida ao sinal de tensão v_s. Como v_s pode ser positiva ou negativa, em qualquer instante, a tensão de polarização V_{eb} deve ser grande o suficiente para assegurar que existirá sempre uma polarização direta sobre a junção emissor-base. A corrente do coletor é constituída por duas partes: uma corrente constante direta $I_c = \beta I_b$, e uma corrente variável $i_c = \beta i_b$. Temos então um amplificador de corrente no qual a corrente variável de saída é β vezes a corrente de entrada i_b. Neste amplificador, as correntes contínuas I_c e I_b, embora essenciais para a operação de um transistor, não têm em geral qualquer interesse. A tensão do sinal de entrada v_s está relacionada à corrente de base pela lei de Ohm:

$$i_b = \frac{v_s}{R_b + r_b} \quad \text{38-32}$$

onde r_b é a resistência interna do transistor entre a base e o emissor. Analogamente, a corrente do coletor i_c produz uma tensão variável v_L através da saída ou de carga R_L dada por

$$v_L = i_c R_L \quad \text{38-33}$$

Usando a Equação 38-31 e a Equação 38-32, temos

$$i_c = \beta i_b = \beta \frac{v_s}{R_b + r_b} \quad \text{38-34}$$

Então, a tensão de saída está relacionada à tensão de entrada por

$$v_L = \beta \frac{v_s}{R_b + r_b} R_L = \beta \frac{R_L}{R_b + r_b} v_s \quad \text{38-35}$$

A razão entre a tensão de saída e a tensão de entrada é o **ganho de tensão** do amplificador:

$$\text{Ganho de tensão} = \frac{v_L}{v_s} = \beta \frac{R_L}{R_b + r_b} \quad \text{38-36}$$

Um amplificador típico (por exemplo, o de um toca-fitas) tem diversos transistores, semelhantes aos mostrados na Figura 38-28, conectados em série, de tal modo que a saída de um transistor serve de entrada para o seguinte. Assim, a tensão muito pequena provocada pelas flutuações produzidas pela passagem da fita magnetizada pelos cabeçotes do toca-fitas controla a grande potência necessária para ativar os alto-falantes. A potência entregue aos alto-falantes é fornecida por fontes de tensão contínua conectadas a cada transistor.

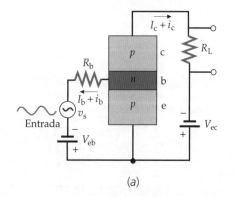

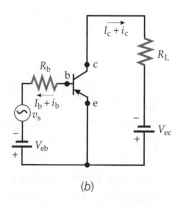

FIGURA 38-28 (a) Um transistor *pnp* usado como amplificador. Uma pequena variação na corrente de base i_b resulta numa grande variação na corrente do coletor i_c. Então, um sinal pequeno no circuito de base resulta num sinal grande no resistor de carga R_L do circuito coletor. (b) O mesmo circuito da Figura 38-28a com os símbolos convencionais do transistor.

A tecnologia dos semicondutores se estende para além dos transistores e diodos individuais. Muitos dos dispositivos eletrônicos usados no dia-a-dia, como computadores portáteis e processadores que controlam a operação de veículos e aparelhos, contam com a integração, em grande escala, de muitos transistores e outros componentes de um circuito, numa única pastilha (*chip*). A integração em grande escala, combinada com os conceitos avançados da teoria de semicondutores, tem criado novos instrumentos extraordinários para a pesquisa científica.

38-8 SUPERCONDUTIVIDADE

Existem alguns materiais onde a resistividade cai rapidamente a zero abaixo de certa temperatura T_c, que é chamada de **temperatura crítica**. Este fenômeno surpreendente, chamado de **supercondutividade**, foi descoberto em 1911 pelo físico holandês H. Kamerlingh Onnes, que desenvolveu uma técnica para liquefazer o hélio (o ponto de ebulição do hélio é de 4,2 K), usando esta técnica para estudar propriedades de materiais neste intervalo de temperatura. A Figura 38-29 mostra o gráfico feito por Onnes da resistência do mercúrio em função da temperatura. A temperatura crítica para o mercúrio é aproximadamente a mesma que o ponto de ebulição do hélio, que é de 4,2 K. As temperaturas críticas para outros materiais supercondutores variam de menos que 0,1 K para o háfnio e o irídio até 9,2 K para o nióbio. O intervalo de temperatura crítica para alguns compostos metálicos supercondutores é bem mais alto. Por exemplo, a liga supercondutora Nb_3Ge, descoberta em 1973, tem uma temperatura crítica de 25 K, que foi a mais alta conhecida até 1986, quando as descobertas de J. Georg Bednorz e K. Alexander Müller iniciaram a era dos supercondutores de alta temperatura, agora definidos como aqueles materiais que exibem supercondutividade acima de 77 K (a temperatura de ebulição do nitrogênio). A temperatura mais alta na qual a supercondutividade foi demonstrada, usando tálio dopado com $HgBa_2Ca_2Cu_3O_8$ + delta, é 138 K, em pressão atmosférica. Em pressões extremamente altas, alguns materiais exibem supercondutividade em temperaturas tão altas quanto 164 K.

A resistividade de um supercondutor é zero. Pode existir uma corrente num supercondutor mesmo quando não há fem no circuito supercondutor. De fato, em anéis supercondutores onde não havia um campo elétrico, foram observadas correntes contínuas, que persistiram por anos, sem perda aparente. Apesar do custo e da inconveniência da refrigeração com hélio líquido, que é muito caro, muitos ímãs supercondutores têm sido construídos usando-se materiais supercondutores, porque nestes ímãs não é preciso despender potência para manter uma corrente alta, necessária para produzir um campo magnético grande.

A descoberta de supercondutores de alta temperatura tem revolucionado o estudo da supercondutividade porque pode ser usado o nitrogênio como líquido refrigerante, um gás relativamente barato cuja temperatura de ebulição é 77 K. Entretanto, muitos problemas, como fragilidade e toxicidade dos materiais, tornaram estes novos supercondutores difíceis de usar. A busca por novos materiais, que serão supercondutores em temperaturas ainda mais altas, continua.

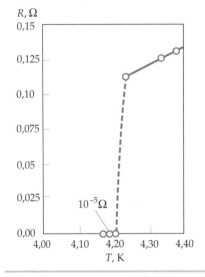

FIGURA 38-29 Gráfico de H. Kamerlingh Onnes da resistência do mercúrio em função da temperatura, mostrando a queda brusca na temperatura crítica de $T = 4,2$ K.

A fiação para o campo magnético de uma máquina de ressonância magnética por imagem conduz uma corrente muito alta. Para evitar um superaquecimento da fiação, esta é mantida em temperaturas de supercondutividade. Para se conseguir isto, é preciso manter a fiação imersa em hélio líquido.

A TEORIA BCS

Durante certo tempo admitiu-se que a supercondutividade a baixas temperaturas se devia a uma ação coletiva dos elétrons de condução. Em 1957, John Bardeen, Leon Cooper e Robert Schrieffer publicaram uma teoria bem-sucedida para a supercondutividade em baixa temperatura, que hoje é conhecida pelas iniciais dos seus inventores, como a **teoria BCS**. De acordo com esta teoria, os elétrons num supercondutor, em baixa temperatura, estão acoplados aos pares. O acoplamento dos elétrons é provocado pela interação entre os elétrons e a rede cristalina. Um elétron interage com a rede e a perturba. A rede perturbada interage com outro elétron, de tal modo que existe uma atração entre dois elétrons em baixa temperatura, que pode exceder a repulsão coulombiana entre eles. Os elétrons formam um estado ligado conhecido como **par de Cooper**. O elétron de um par de Cooper tem spins opostos e iguais, de tal modo que formam um sistema com spin nulo. Cada par de Cooper atua como uma partícula única com spin nulo, em outras palavras, como um bóson. Bósons não obedecem ao princípio de exclusão. Qualquer número de pares de Cooper pode estar no mesmo estado quântico com a mesma energia. No estado fundamental de um supercondutor (em $T = 0$), todos os elétrons de condução estão em pares de Cooper e todos os pares de Cooper estão no mesmo estado de energia. Num estado supercondutor, os pares de Cooper estão correlacionados de modo que podem atuar coletivamente. Uma corrente elétrica pode ser produzida num supercondutor porque todos os elétrons neste estado coletivo se movem juntos. Entretanto, a energia não pode ser dissipada por colisões individuais dos elétrons com os íons da rede, a não ser que a temperatura seja alta o suficiente para romper a ligação dos pares de Cooper. Esta energia é chamada de *lacuna de energia na supercondutividade* E_g. Na teoria BCS, esta energia em temperatura zero está relacionada à temperatura crítica por

$$E_g = \tfrac{7}{2}kT_c \qquad 38\text{-}37$$

A lacuna de energia pode ser determinada, medindo a corrente através da junção entre um metal normal e um supercondutor, como função da tensão. Considere dois metais separados por uma camada de material isolante, como um óxido de alumínio, com uma espessura de somente alguns nanômetros. O material isolante entre os metais forma uma barreira que impede que a maioria dos elétrons atravesse a junção. Entretanto, as ondas podem tunelar através de uma barreira, se ela não for muito espessa, mesmo que a energia da onda seja menor que a energia da barreira.

Quando os materiais em ambos os lados da lacuna não são metais supercondutores, a corrente resultante do tunelamento dos elétrons através da camada isolante obedece à lei de Ohm, quando se aplicam tensões baixas (Figura 38-30a). Quando um dos metais for um metal normal, e o outro, um supercondutor, não existe corrente (no zero absoluto), a não ser que a tensão aplicada V seja maior que uma voltagem crítica $V_c = E_g/(2e)$, onde E_g é a energia da lacuna do supercondutor. A Figura 38-30b mostra um gráfico da corrente em função da tensão para esta situação. A corrente sobe rapidamente quando a energia $2eV$ absorvida pelo par de Cooper atravessando a barreira se aproxima de $E_g = 2eV_c$, a energia mínima necessária para romper o par. (A corrente pequena, visível na Figura 38-30b antes da tensão crítica ser alcançada, está presente porque, para qualquer temperatura acima do zero absoluto, alguns elétrons no supercondutor são termicamente excitados acima da lacuna de energia e são, portanto, não pareados.) Para tensões um pouco acima de V_c, a curva de corrente em função da tensão torna-se a mesma que para um metal normal. A lacuna de energia do supercondutor pode então ser medida, fazendo-se a medida da tensão média para a região de transição.

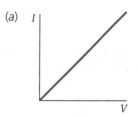

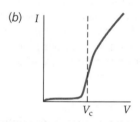

FIGURA 38-30 Corrente de tunelamento em função da tensão para a junção entre dois metais separados por uma camada fina de óxido. (*a*) Quando os dois metais são metais normais, a corrente é proporcional à tensão, conforme a lei de Ohm. (*b*) Quando um metal é normal e o outro é um supercondutor, a corrente é aproximadamente zero até que a tensão aplicada V se aproxime da tensão crítica $V_c = E_g/(2e)$.

Exemplo 38-8 — Lacuna de Energia para o Mercúrio na Supercondutividade

Calcule a lacuna de energia para o mercúrio na supercondutividade ($T_c = 4{,}2$ K) prevista pela teoria BCS.

SITUAÇÃO A lacuna de energia está relacionada com a temperatura crítica por $E_g = 3{,}5\,kT_c$ (Equação 38-37).

SOLUÇÃO

1. A previsão BCS para a lacuna de energia é $\qquad E_g = 3{,}5 kT_c$

2. Substitua $T_c = 4{,}2$ K: $\qquad E_g = 3{,}5 kT_c$

$$= 3{,}5(1{,}38 \times 10^{-23} \text{ J/K})(4{,}2 \text{ K})\left(\frac{1 \text{ ev}}{1{,}6 \times 10^{-19} \text{ J}}\right)$$

$$= \boxed{1{,}3 \times 10^{-3} \text{ eV}}$$

Observe que a lacuna de energia para um supercondutor típico é muito menor que a lacuna de energia para um semicondutor típico, que é da ordem de 1 eV. Quando a temperatura é aumentada, a partir de $T = 0$, alguns pares de Cooper se rompem. Então existem menos pares disponíveis para cada par interagir e a lacuna de energia é reduzida até que em $T = T_c$ a lacuna de energia seja zero (Figura 38-31).

O EFEITO JOSEPHSON

Quando dois supercondutores são separados por uma barreira fina não-supercondutora (por exemplo, uma camada de óxido de alumínio com espessura de poucos nanômetros), a junção é chamada de **junção Josephson**, baseada numa previsão, em 1962, de Brian Josephson, de que os pares de Cooper poderiam tunelar através desta junção, de um supercondutor para outro, sem resistência. O tunelamento dos pares de Cooper gera uma corrente, que não requer que uma tensão seja aplicada através da junção. A corrente depende da diferença de fase das funções de onda dos pares de Cooper. Seja ϕ_1 a constante de fase para a função de onda de um par de Cooper num supercondutor. Todos os pares de Cooper num supercondutor atuam coerentemente e têm a mesma constante de fase. Se ϕ_2 é a constante de fase para os pares de Cooper no segundo supercondutor, a corrente através da junção é dada por

$$I = I_{\text{máx}} \operatorname{sen}(\phi_2 - \phi_1) \qquad 38\text{-}38$$

onde $I_{\text{máx}}$ é a corrente máxima, que depende da espessura da barreira. Este resultado tem sido observado experimentalmente e é conhecido como **efeito Josephson dc** (contínuo).

Josephson também previu que se a tensão dc V fosse aplicada através da junção Josephson, existiria uma corrente alternada com freqüência f dada por

$$f = \frac{2e}{h} V \qquad 38\text{-}39$$

Este resultado, conhecido como **efeito Josephson ac** (alternado), tem sido observado experimentalmente, e medidas cuidadosas desta freqüência permitem uma determinação precisa de e/h. Como a freqüência pode ser medida com muita precisão, o efeito Josephson ac é também usado para estabelecer padrões precisos de tensão. O efeito inverso, no qual a aplicação de tensão alternada através da junção Josephson resulta numa corrente dc, também tem sido observado.

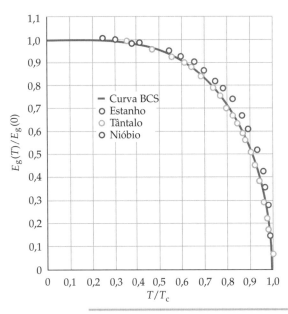

FIGURA 38-31 Razão entre a lacuna de energia na temperatura T e a lacuna de energia na temperatura $T = 0$ como função da temperatura relativa T/T_c. A curva cheia é a prevista pela teoria BCS.

Exemplo 38-9 — A Freqüência da Corrente Josephson

Usando $e = 1,602 \times 10^{-19}$ C e $h = 6,626 \times 10^{-34}$ J · s, calcule a freqüência da corrente Josephson se a tensão aplicada é 1,000 μV.

SITUAÇÃO A freqüência f está relacionada à tensão aplicada V por $hf = 2eV$ (Equação 38-39).

SOLUÇÃO
Substitua os valores dados na Equação 38-39 para calcular f:

$$f = \frac{2e}{h} V = \frac{2(1,602 \times 10^{-19}\,\text{C})}{6,626 \times 10^{-34}\,\text{J}\cdot\text{s}} (1,000 \times 10^{-6}\,\text{V})$$

$$= 4,835 \times 10^8\,\text{Hz} = \boxed{483,5\,\text{MHz}}$$

38-9 A DISTRIBUIÇÃO DE FERMI–DIRAC

A distribuição clássica de Maxwell–Boltzmann (Equação 17-38) dá o número dN de moléculas que tem energia E no intervalo entre E e $E + dE$. O número dN é igual ao produto $g(E)dE$ onde $g(E)$ é a **densidade de estados** (número de estados de energia num intervalo dE) e o fator de Boltzmann $e^{-E/(kT)}$ é a probabilidade de um estado estar ocupado. A função distribuição para elétrons livres num metal é chamada de **distribuição de Fermi–Dirac**. A distribuição de Fermi–Dirac pode ser escrita na mesma forma que a distribuição de Maxwell–Boltzmann, onde a densidade de estados é calculada pela teoria quântica e o fator de Boltzmann é substituído pelo fator de Fermi. Seja $n(E)dE$ o número de elétrons que tem energias entre E e $E + dE$. Este número é escrito como

136 | CAPÍTULO 38

$$n(E)dE = f(E)g(E)dE$$

38-40

FUNÇÃO DISTRIBUIÇÃO DE ENERGIA

onde $g(E)dE$ é o número de estados que tem energias entre E e $E + dE$ e $f(E)$ é a probabilidade de um estado ser ocupado, que é o fator de Fermi. A densidade de estados em três dimensões é bastante desafiadora para calcular, assim só damos o resultado. Para elétrons num metal com volume V, a densidade de estados é

$$g(E) = \frac{8\sqrt{2}\pi m_e^{3/2}V}{h^3}E^{1/2}$$

38-41

DENSIDADE DE ESTADOS

Como na distribuição clássica, a densidade de estados é proporcional a $E^{1/2}$.

Em $T = 0$, o fator de Fermi é dado pela Equação 38-24:

$$f(E) = \begin{cases} 1 & E < E_F \\ 0 & E > E_F \end{cases}$$

A integral de $n(E)dE$ sobre todas as energias fornece o número total de elétrons N. Podemos deduzir a equação

$$E_F = \frac{h^2}{8m_e}\left(\frac{3N}{\pi V}\right)^{2/3}$$

(Equação 38-22a) para a energia de Fermi em $T = 0$, integrando $n(E)dE$ de $E = 0$ até $E = \infty$. Obtemos

$$N = \int_0^\infty n(E)dE = \int_0^{E_F} n(E)dE + \int_{E_F}^\infty n(E)dE$$

$$= \int_0^{E_F} \frac{8\sqrt{2}\pi m_e^{3/2}V}{h^3}E^{1/2}\,dE + 0 = \frac{16\sqrt{2}\pi m_e^{3/2}V}{3h^3}E_F^{3/2}$$

Observe que para $T = 0$, $n(E)$ é zero para $E > E_F$. A solução para E_F nos dá a energia de Fermi para $T = 0$:

$$E_F = \frac{h^2}{8m_e}\left(\frac{3N}{\pi V}\right)^{2/3}$$

38-42

que é a Equação 38-22a. Em termos da energia de Fermi, a densidade de estados (Equação 38-41) é

$$g(E) = \frac{8\sqrt{2}\pi m_e^{3/2}V}{h^3}E^{1/2} = \frac{3}{2}NE_F^{-3/2}E^{1/2}$$

38-43

DENSIDADE DE ESTADOS EM TERMOS DE E_F

que é obtida através da solução da Equação 38-42 para m_e e então substituindo m_e na Equação 38-41. A energia média para $T = 0$ é calculada de

$$E_{méd} = \frac{\displaystyle\int_0^{E_F} Eg(E)dE}{\displaystyle\int_0^{E_F} g(E)dE} = \frac{1}{N}\int_0^{E_F} Eg(E)dE$$

38-44

onde $N = \int_0^{E_F} g(E)dE$ é o número total de elétrons. Substituindo $g(E)$ dado pela Equação 38-43 e depois calculando a integral na Equação 38-44, obtemos a Equação 38-23

$$E_{méd} = \tfrac{3}{5}E_F$$

38-45

ENERGIA MÉDIA EM $T = 0$

Em $T > 0$, o fator de Fermi é mais complicado. Pode ser mostrado como

$$f(E) = \frac{1}{e^{(E-E_F)/(kT)} + 1}$$ 38-46

FATOR DE FERMI

Podemos ver desta equação que para E maior que E_F, $e^{(E-E_F)/(kT)}$ torna-se muito grande quando T se aproxima de zero, deste modo em $T = 0$, o fator de Fermi é nulo para $E > E_F$. Por outro lado, para E menor que E_F, $e^{(E-E_F)/(kT)}$ se aproxima de zero quando T tende a zero, assim em $T = 0$, $f(E) = 1$ para $E < E_F$. Então, o fator de Fermi dado pela Equação 38-46 é válido para todas as temperaturas. Observe também que para qualquer valor não-nulo para $T = 0$, $f(E) = \frac{1}{2}$ para $E = E_F$.

A função distribuição de Fermi–Dirac completa é então

$$n(E)dE = g(E)f(E)dE = \frac{8\sqrt{2}\pi m_e^{3/2}V}{h^3}E^{1/2}\frac{1}{e^{(E-E_F)/(kT)} + 1}dE$$ 38-47

DISTRIBUIÇÃO DE FERMI–DIRAC

Podemos ver que para aqueles elétrons que têm energias muito maiores que a energia de Fermi, o fator de Fermi se aproxima de $1/e^{(E-E_F)/(kT)} = e^{(E_F-E)/(kT)} = e^{E_F/(kT)}e^{-E/(kT)}$, que é proporcional a $e^{-E/(kT)}$. Então, a cauda de alta energia da distribuição de energia de Fermi–Dirac diminui com o aumento E como $e^{-E/(kT)}$, do mesmo modo que a distribuição de energia clássica de Maxwell–Boltzmann. A razão para isto é que na região de alta energia existem muitos estados de energia desocupados e poucos elétrons, de modo que o princípio de exclusão deixa de ser importante. Assim, a distribuição de Fermi–Dirac se aproxima da distribuição clássica de Maxwell–Boltzmann no limite de alta energia. Este resultado tem importância prática porque se aplica aos elétrons de condução em semicondutores.

Exemplo 38-10 — O Fator de Fermi para o Cobre em 300 K

Para que energia o fator de Fermi é igual a 0,100 para o cobre em $T = 300$ K?

SITUAÇÃO Colocamos $f(E) = 0,100$ na Equação 38-46, usando $T = 300$ K e $E_F = 7,03$ eV, obtido da Tabela 38-1, e resolvemos para E.

SOLUÇÃO

1. Resolva a Equação 38-46 para $e^{(E-E_F)/(kT)}$:

$$f(E) = \frac{1}{e^{(E-E_F)/(kT)} + 1}$$

assim

$$e^{(E-E_F)/(kT)} = \frac{1}{f(E)} - 1$$

2. Aplique o logaritmo em ambos os lados:

$$\frac{E - E_F}{kT} = \ln\left[\frac{1}{f(E)} - 1\right]$$

3. Resolva para E. Use o valor de E_F em $T = 0$ K, listado na Tabela 38-1:

$$E = E_F + \left[\frac{1}{f(E)} - 1\right]kT$$

$$= 7,03 \text{ eV} + \ln\left[\frac{1}{0,100} - 1\right](8,62 \times 10^{-5} \text{ eV/K})(300 \text{ K})$$

$$= \boxed{7,09 \text{ eV}}$$

CHECAGEM Como era esperado, a energia está um pouco acima da energia de Fermi, quando o fator de Fermi é 0,100.

138 | CAPÍTULO 38

Exemplo 38-11 — A Probabilidade de que um Estado de Energia Mais Alto Esteja Ocupado

Encontre a probabilidade de que um estado de energia para o cobre, acima da energia de Fermi por 0,100 eV, esteja ocupado em $T = 300$ K.

SITUAÇÃO A probabilidade é o fator de Fermi dado na Equação 38-46, com $E_F = 7,03$ eV e $E = 7,13$ eV.

SOLUÇÃO

1. A probabilidade de um estado de energia estar ocupado é igual ao fator de Fermi:

$$P = f(E) = \frac{1}{e^{(E-E_F)/(kT)} + 1}$$

2. Calcule o expoente no fator de Fermi (expoentes são sempre adimensionais):

$$\frac{E - E_F}{kT} = \frac{7,13 \text{ eV} - 7,03 \text{ eV}}{(8,62 \times 10^{-5} \text{ eV/K})(300 \text{ K})} = 3,87$$

3. Use este resultado para calcular o fator de Fermi:

$$f(E) = \frac{1}{e^{(E-E_F)/(kT)} + 1} = \frac{1}{e^{3,87} + 1}$$

$$= \frac{1}{48 + 1} = \boxed{0,020}$$

CHECAGEM A probabilidade de que um estado de energia acima da energia de Fermi esteja ocupado é menor que a metade. Como era esperado, o resultado do passo 4 é menor que a metade.

INDO ALÉM A probabilidade de que um elétron tenha energia 0,100 eV acima da energia de Fermi em 300 K é somente de aproximadamente 2 por cento.

Exemplo 38-12 — Probabilidade de que um Estado de Energia mais Baixo Esteja Ocupado

Tente Você Mesmo

Encontre a probabilidade de que um estado de energia para o cobre, *abaixo* da energia de Fermi por 0,100 eV, esteja ocupado em $T = 300$ K.

SITUAÇÃO A probabilidade é o fator de Fermi dado na Equação 38-46, com $E_F = 7,03$ eV e $E = 6,93$ eV.

SOLUÇÃO

Cubra a coluna da direita e tente por si só, antes de olhar as respostas.

Passos	Respostas
1. Escreva o fator de Fermi:	$f(E) = \dfrac{1}{e^{(E-E_F)/(kT)} + 1}$
2. Calcule o expoente no fator de Fermi:	$\dfrac{E - E_F}{kT} = \dfrac{6,93 \text{ eV} - 7,03 \text{ eV}}{(8,62 \times 10^{-5} \text{ eV/K})(300 \text{ K})} = -3,87$
3. Use seu resultado do passo 2 para calcular o fator de Fermi:	$f(E) = \dfrac{1}{e^{(E-E_F)/(kT)} + 1} = \dfrac{1}{e^{3,87} + 1}$ $= \dfrac{1}{0,021 + 1} = \boxed{0,98}$

CHECAGEM Como esperado, o resultado do passo 3 é maior que a metade.

INDO ALÉM A probabilidade de que um elétron tenha energia de 0,10 eV *abaixo* da energia de Fermi em 300 K é aproximadamente de 98 por cento.

PROBLEMA PRÁTICO 38-4 Qual é a probabilidade de que um estado de energia abaixo da energia de Fermi por 0,10 eV esteja desocupado em 300 K?

Resumo

Sólidos | **139**

TÓPICO	EQUAÇÕES RELEVANTES E OBSERVAÇÕES
1. A Estrutura dos Sólidos	Sólidos são muitas vezes encontrados na forma cristalina, onde uma pequena estrutura, chamada de célula unitária, é repetida por vezes sem conta. Um cristal pode ter uma estrutura cúbica de face centrada, cúbica de corpo centrado, hexagonal compacta, ou outra estrutura, dependendo do tipo de ligação entre os átomos, íons ou moléculas no cristal e dos tamanhos relativos dos átomos.

Energia potencial

$$U = -\alpha \frac{ke^2}{r} + \frac{A}{r^n} \qquad 38\text{-}3$$

onde r é a distância de separação centro à centro entre íons vizinhos, α é a constante de Madelung, que depende da geometria do cristal e é da ordem de 1,8, e n é aproximadamente 9.

2. Uma Descrição Microscópica da Condução

Resistividade

$$\rho = \frac{m_e v_{\text{méd}}}{n_e e^2 \lambda} \qquad 38\text{-}14$$

onde $v_{\text{méd}}$ é a velocidade média dos elétrons e λ é o percurso livre médio entre colisões com os íons da rede.

Percurso livre médio

$$\lambda = \frac{vt}{n_{\text{íon}} \pi r^2 vt} = \frac{1}{n_{\text{íon}} \pi r^2} = \frac{1}{n_{\text{íon}} A} \qquad 38\text{-}16$$

onde $n_{\text{íon}}$ é o número de íons da rede por unidade de volume, r é o seu raio efetivo e A é a sua área transversal efetiva.

3. Interpretação Clássica da $v_{\text{méd}}$ e de λ

$v_{\text{méd}}$ é determinado a partir da distribuição de Maxwell–Boltzmann e r é o raio real do íon da rede. (Esta interpretação não é consistente com os resultados das medidas.)

4. Interpretação Quântica da $v_{\text{méd}}$ e de λ

$v_{\text{méd}}$ é determinado a partir da distribuição de Fermi–Dirac e é aproximadamente constante e independente da temperatura. O percurso livre médio é determinado a partir do espalhamento de ondas de elétrons, que ocorrem somente por causa dos desvios de um arranjo perfeitamente ordenado. O raio r é a amplitude de vibração do íon da rede, que é proporcional a $\sqrt{T}$, portanto A é proporcional a T.

5. Elétrons livres

Energia de Fermi E_F em $T = 0$

E_F é a energia do último estado de energia ocupado (ou semi-ocupado).

E_F em $T > 0$

E_F é a energia onde a probabilidade de ocupação é $\frac{1}{2}$.

Magnitude aproximada de E_F

Para a maioria dos metais, E_F está entre 5 eV e 10 eV.

Dependência de E_F da densidade de elétrons livres (N/V)

$$E_F = \frac{h^2}{8m_e}\left(\frac{3N}{\pi V}\right)^{2/3} \qquad 38\text{-}22a$$

Energia média em $T = 0$

$$E_{\text{méd}} = \tfrac{3}{5} E_F \qquad 38\text{-}23$$

Fator de Fermi em $T = 0$

O fator de Fermi $f(E)$ é a probabilidade de um estado estar ocupado.

$$f(E) = \begin{cases} 1 & E < E_F \\ 0 & E > E_F \end{cases} \qquad 38\text{-}24$$

Temperatura de Fermi

$$T_F = \frac{E_F}{k} \qquad 38\text{-}25$$

Velocidade de Fermi

$$u_F = \sqrt{\frac{2E_F}{m_e}} \qquad 38\text{-}26$$

Potencial de contato

Quando dois metais são colocados em contato, ocorre um fluxo de elétrons do metal com maior energia de Fermi para o metal com menor energia de Fermi, até as energias de Fermi dos dois metais se igualarem. No equilíbrio, existe uma diferença de potencial entre os metais, que é igual à diferença da função trabalho dos dois metais dividida pela carga eletrônica e:

$$V_{\text{contato}} = \frac{\phi_1 - \phi_2}{e} \qquad 38\text{-}27$$

140 | CAPÍTULO 38

TÓPICO	EQUAÇÕES RELEVANTES E OBSERVAÇÕES
Calor específico devido aos elétrons de condução	$$c'_V = \tfrac{1}{2}\pi^2 R\frac{T}{T_F} \qquad \text{38-29}$$
6. **Teoria de Banda dos Sólidos**	Quando muitos átomos são colocados juntos para formar um sólido, os níveis de energia individuais são separados em bandas permitidas de energias. A separação depende do tipo de ligação e da separação da rede. A banda de energia mais alta que contém elétrons é chamada de banda de valência. (A banda de energia mais baixa que não está ocupada com elétrons é chamada de banda de condução.) Num condutor, a banda de valência está somente parcialmente ocupada; assim, existem muitos estados vazios de energia disponíveis para os elétrons excitados. Num isolante, a banda de valência está completamente ocupada e existe uma lacuna de energia muito grande entre a banda de valência e a próxima banda permitida, a banda de condução. Num semicondutor, a lacuna de energia, entre a banda de valência ocupada e a banda de condução vazia, é pequena; assim, em temperatura ambiente, um número apreciável de elétrons são termicamente excitados para a banda de condução.
7. **Semicondutores**	A condutividade de um semicondutor pode aumentar enormemente com a dopagem. Num semicondutor do tipo n, a dopagem adiciona elétrons num nível de energia logo abaixo da banda de condução. Num semicondutor do tipo p, a dopagem adiciona buracos num nível de energia logo acima da banda de valência.
8. ***Junções Semicondutoras e Dispositivos**	
*Junções pn	Dispositivos semicondutores como diodos e transistores fazem uso de semicondutores do tipo n e do tipo p. Os dois tipos de dispositivos são constituídos tipicamente por um monocristal de silício dopado com impurezas doadoras de um lado e impurezas aceitadoras do outro lado. A região onde o dispositivo semicondutor muda do tipo p para o tipo n é chamada de junção. Junções são usadas em diodos, células solares, detectores de barreira superficial, LEDs e transistores.
*Diodos	Um diodo é um dispositivo com uma única junção que transporta corrente em apenas uma direção.
*Diodos Zener	Um diodo Zener é um diodo com uma grande polarização inversa. Ele rompe rapidamente para uma tensão específica e pode, portanto, ser usado como um padrão de referência de tensão.
*Diodos túnel	Um diodo túnel é um diodo pesadamente dopado, onde os elétrons tunelam através da barreira de depleção. Numa operação normal, uma pequena variação na tensão de polarização resulta numa grande variação na corrente.
*Transistores	Um transistor é constituído de um semicondutor com espessura muito fina de um tipo, colocado entre dois semicondutores do outro tipo. Os transistores são usados em amplificadores porque uma pequena variação na corrente da base resulta numa grande variação na corrente do coletor.
9. **Supercondutividade**	Num supercondutor, a resistência cai rapidamente a zero abaixo de uma temperatura crítica T_C. Supercondutores com temperaturas críticas tão altas quanto 138 K tem sido descobertos.
A teoria BCS	A supercondutividade é descrita por uma teoria da mecânica quântica chamada de teoria BCS onde os elétrons livres formam pares de Cooper. A energia necessária para romper um par de Cooper é chamada de lacuna de energia da supercondutividade E_g. Quando todos os elétrons estão pareados, elétrons individuais não podem ser espalhados pelo íon da rede, assim a resistência é zero.
Tunelamento	Quando um condutor normal é separado de um supercondutor por uma camada fina de óxido, os elétrons podem tunelar através da barreira de energia, se a tensão aplicada através da camada for $E_g/(2e)$, onde E_g é a energia necessária para romper um par de Cooper. A lacuna de energia E_g pode ser determinada através de medidas da corrente de tunelamento em função da tensão aplicada.
Junção Josephson	Um sistema com dois supercondutores separados por uma fina camada de material isolante é chamado de junção Josephson.
Efeito Josephson cc	É observada uma corrente cc tunelar através da junção Josephson mesmo na falta de uma tensão através da junção.
Efeito Josephson ca	Quando uma tensão cc V é aplicada através da junção Josephson, é observada uma corrente ca com freqüência $$f = \frac{2e}{h}V \qquad \text{38-39}$$ As medidas da freqüência desta corrente permitem uma determinação precisa da razão e/h.
10. **A Distribuição de Fermi–Dirac**	O número de elétrons com energias entre E e $E + dE$ é dada por $$n(E)\,dE = f(E)\,g(E)\,dE \qquad \text{38-40}$$ onde $g(E)$ é a densidade de estados e $f(E)$ é o fator de Fermi.

TÓPICO	EQUAÇÕES RELEVANTES E OBSERVAÇÕES	
Densidade de estados	$$g(E) = \frac{8\sqrt{2}\pi m_e^{3/2}V}{h^3}E^{1/2}$$	38-41
Fator de Fermi para $T > 0$	$$f(E) = \frac{1}{e^{(E-E_F)/(kT)} + 1}$$	38-46

Respostas dos Problemas Práticos

38-1 $E_F = 9{,}40$ eV

38-2   5,53 eV

38-3 2×10^{-13} elétrons/átomo

38-4   Um menos a probabilidade de o estado de energia estar ocupado. Isto é, $1 - 0{,}98 = 0{,}02$ ou 2 por cento.

Problemas

Em alguns problemas, você recebe mais dados do que necessita; em alguns outros, você deve acrescentar dados de seus conhecimentos gerais, fontes externas ou estimativas bem fundamentadas.

Interprete como significativos todos os algarismos de valores numéricos que possuem zeros em seqüência sem vírgulas decimais.

- • Um só conceito, um só passo, relativamente simples
- •• Nível intermediário, pode requerer síntese de conceitos
- ••• Desafiante, para estudantes avançados
  Problemas consecutivos sombreados são problemas pareados.

PROBLEMAS CONCEITUAIS

1 • No modelo clássico da condução os elétrons perdem energia em média durante a colisão, porque perdem a velocidade de deriva que eles haviam adquirido desde última colisão. Onde esta energia aparece?

2 • Um metal é um bom condutor porque a banda de energia de valência para os elétrons está (a) vazia, (b) parcialmente ocupada, (c) ocupada, mas existe apenas uma pequena lacuna para a banda mais alta vazia, (d) completamente ocupada, (e) nenhuma das respostas anteriores.

3 • Tomás se recusa a acreditar que uma diferença de potencial pode ser criada simplesmente colocando dois metais diferentes em contato. João convence-o a fazer uma pequena aposta e está pronto para ganhar a aposta. (a) Quais os dois metais da Tabela 38-2 que iriam demonstrar este ponto mais efetivamente? (b) Qual o valor do potencial de contato?

4 • (a) No Problema 3, qual a escolha dos diferentes metais daria uma demonstração menos evidente? (b) Qual seria o valor do potencial de contato neste caso?

5 • Quando uma amostra pura de cobre é resfriada de 300 K para 4 K, sua resistividade diminui mais que a resistividade de uma amostra de bronze quando ela é resfriada nas mesmas condições. Por quê?

6 • Isolantes são pobres condutores de eletricidade porque (a) existe uma lacuna pequena de energia a banda de valência ocupada e a próxima banda mais alta, onde podem existir elétrons, (b) existe uma lacuna grande de energia entre a banda de valência completamente ocupada e a próxima banda mais alta, onde podem existir elétrons, (c) a banda de valência tem poucas vacâncias para elétrons, (d) a banda de valência é somente parcialmente ocupada, (e) nenhuma das respostas anteriores.

7 • Como o sinal da variação da resistividade de uma amostra de cobre se compara com o sinal da variação na resistividade de uma amostra de silício, quando as temperaturas de ambas as amostras aumentam?

8 • Verdadeiro ou falso:

(a) Sólidos que são bons condutores elétricos são geralmente bons condutores de calor.

(b) Em $T = 0$, um semicondutor intrínseco é um isolante.

(c) A energia de Fermi é a energia média de um elétron num sólido.

(d) Em $T = 0$, o valor do fator de Fermi pode ser ou 1 ou zero.

(e) Semicondutores conduzem corrente apenas em uma direção.

(f) A teoria clássica do elétron livre explica adequadamente a capacidade calorífica dos metais.

(g) O potencial de contato entre dois metais é proporcional à diferença das funções trabalho dos dois metais.

9 • Quais dos seguintes elementos são mais prováveis de atuar como impurezas aceitadoras no germânio? (a) bromo, (b) gálio, (c) silício, (d) fósforo, (e) magnésio.

10 • Quais dos seguintes elementos são mais prováveis de atuar como impurezas doadoras no germânio? (a) bromo, (b) gálio, (c) silício, (d) fósforo, (e) magnésio.

11 • Um par elétron–buraco é criado quando um fóton é absorvido pelo semicondutor. Como este buraco permite que o semicondutor conduza eletricidade?

12 • Examine as posições do fósforo, boro, tálio e antimônio na Tabela 36-1. (a) Qual destes elementos pode ser usado para dopar o silício para criar um semicondutor do tipo n? (b) Qual destes elementos pode ser usado para dopar o silício para criar um semicondutor do tipo p?

13 • Quando fótons de luz visível atingem um semicondutor do tipo p numa célula solar de junção pn, (a) somente elétrons livres são criados, (b) somente buracos positivos são criados, (c) elétrons e buracos são criados, (d) prótons são criados, (e) nenhuma das respostas anteriores.

ESTIMATIVA E APROXIMAÇÃO

14 • A razão entre a resistividade do mais resistivo (menos condutivo) material e o menos resistivo (excluindo supercondutores) é aproximadamente 10^{24}. Podemos desenvolver uma percepção de quão impressionante é este intervalo, considerando qual a razão

142 | CAPÍTULO 38

entre os maiores valores e os menores valores de outras propriedades dos materiais. Escolha três propriedades quaisquer dos materiais, e usando as tabelas neste livro ou em alguma outra fonte, calcule a razão entre os valores maiores e menores (não-nulos) destas propriedades e classifique-os em ordem decrescente. Você pode encontrar outra propriedade que mostre um intervalo tão grande como o da resistividade elétrica?

15 • Um dispositivo é dito "ôhmico" se um gráfico da corrente em função da tensão aplicada resulta numa linha reta passando pela origem. A resistência R do dispositivo é a recíproca da inclinação desta linha. Uma junção pn é um exemplo de dispositivo não-ôhmico, como pode ser visto na Figura 38-21. Para dispositivos não-ôhmicos, algumas vezes é conveniente definir uma *resistência diferencial* como a recíproca da inclinação da curva de I em função de V. Usando a curva da Figura 38-21, estime a resistência diferencial da junção pn para aplicações de tensões de -20 V, $+0,2$ V, $+0,4$ V, $+0,6$ V e $+0,8$V.

A ESTRUTURA DOS SÓLIDOS

16 • Calcule a distância de separação r_0, centro a centro, entre os íons K^+ e Cl^-, no KCl. Faça isto supondo que cada íon ocupa um volume cúbico de lado r_0. A massa molar do KCl é 74,55 g/mol e sua massa específica é 1,984 g/cm³.

17 • A distância de separação centro a centro, entre os íons de Li^+ e Cl^- no LiCl, é de 0,257 nm. Use este valor e a massa molar do LiCl (42,4 g/mol) para calcular a massa específica do LiCl.

18 • Encontre o valor de n na Equação 38-6, que fornece a energia de dissociação de 741 kJ/mol, medida para o LiCl, que tem a mesma estrutura do NaCl e onde $r_0 = 0,257$ nm.

19 •• (a) Use a Equação 38-6 e calcule $U(r_0)$ para o óxido de cálcio, CaO, onde $r_0 = 0,208$ nm. Supor $n = 8$. (b) Se n aumentar de 8 para 10, qual a variação fracionária em $U(r_0)$?

UMA DESCRIÇÃO MICROSCÓPICA DA CONDUÇÃO

20 • Uma medida da densidade de elétrons livres num metal é a distância r_s, que é definida como o raio da esfera cujo volume é igual ao volume por elétron de condução. (a) Mostre que $r_s = [3/(4\pi n)]^{1/3}$, onde n é a densidade de elétrons livres. (b) Calcule r_s para o cobre, em nanômetros.

21 • (a) Dados o percurso livre médio $\lambda = 0,400$ nm e a velocidade média $v_{méd} = 1,17 \times 10^5$ m/s para um fluxo de cargas no cobre numa temperatura de 300 K, calcule o valor clássico da resistividade ρ do cobre.

ELÉTRONS LIVRES NUM SÓLIDO

22 •• Silício tem uma massa molar de 28,09 g/mol e uma massa específica de $2,41 \times 10^3$ kg/m³. Cada átomo de silício tem quatro elétrons de valência e a energia de Fermi do material é 4,88 eV. (a) Dado que o percurso livre médio do elétron à temperatura ambiente é $\lambda = 27,0$ nm, estime a resistividade. (b) O valor aceito para a resistividade do silício é 640 $\Omega \cdot$ m (em temperatura ambiente). Como este valor aceito se compara com o valor calculado na Parte (a)?

23 • Calcule a densidade de elétrons livres para: (a) Ag ($\rho = 10,5$ g/cm³) e (b) Au ($\rho = 19,3$ g/cm³), supondo um elétron livre por átomo, e compare os resultados com os valores listados na Tabela 38-1.

24 • A massa específica do alumínio é 2,7 g/cm³. Quantos elétrons livres estão presentes por átomo de alumínio?

25 • A massa específica do estanho é 7,3 g/cm³. Quantos elétrons livres estão presentes por átomo de estanho?

26 • Calcule a temperatura de Fermi para (a) Mg, (b) Mn e (c) Zn.

27 • Qual a velocidade de um elétron de condução cuja energia é igual à energia de Fermi E_F para (a) Na, (b) Au e (c) Sn.

28 • Calcule a energia de Fermi usando as densidades fornecidas na Tabela 38-1 para (a) Al, (b) K e (c) Sn.

29 • Encontre a energia média dos elétrons de condução para $T = 0$ no (a) cobre e (b) lítio.

30 • Calcule (a) a temperatura de Fermi e (b) a energia de Fermi em $T = 0$ para o ferro.

31 •• (a) Assumindo que cada átomo de ouro numa amostra de ouro metálico contribui com um elétron livre, calcule a densidade de elétrons livres no ouro sabendo que sua massa atômica é 196,97 g/mol e sua massa específica é $19,3 \times 10^3$ kg/m³. (b) Se a velocidade de Fermi para o ouro é $1,39 \times 10^6$ m/s, qual é a energia de Fermi em elétrons-volt? (c) Por qual fator a energia de Fermi é maior que a energia kT em temperatura ambiente? (d) Explique a diferença entre a energia de Fermi e a energia kT.

32 •• O módulo de compressibilidade B de um material pode ser definido como $B = -V\partial P/\partial V$. (a) Use a relação para um gás ideal monoatômico $PV = \frac{2}{3}NE_{méd}$, onde $E_{méd}$ é a energia cinética média, Equação 38-33 e Equação 38-23 para mostrar que $P = \frac{2}{5}NE_F/V = CV^{-5/3}$ onde C é uma constante independente de V. (b) Mostre que o módulo de compressibilidade dos elétrons livres num metal sólido é, portanto, $B = \frac{5}{3}P = \frac{2}{3}NE_F/V$. (c) Calcule o módulo de compressibilidade em Newtons por metro quadrado para os elétrons livres numa amostra de cobre e compare seu resultado com valor medido de 140×10^9 N/m².

33 •• A pressão de um gás ideal monoatômico está relacionada com a energia cinética média das partículas do gás por $PV = \frac{2}{3}NE_{méd}$, onde n é o número de partículas e $E_{méd}$ é a energia cinética média. Use esta informação para calcular a pressão dos elétrons livres numa amostra de cobre, em Newtons por metro quadrado, e compare seu resultado com a pressão atmosférica, que é cerca de 10^5 N/m². (*Nota*: As unidades são facilmente manuseadas usando os fatores de conversão 1 N/m² = 1 J/m³ e 1 eV = $1,602 \times 10^{-19}$ J.)

34 • Calcule o potencial de contato entre (a) Ag e Cu, (b) Ag e Ni e (c) Ca e Cu.

CAPACIDADE CALORÍFICA DEVIDO AOS ELÉTRONS NUM METAL

35 •• O ouro tem energia de Fermi de 5,53 eV. Determine o calor específico molar em volume constante para o ouro à temperatura ambiente.

TEORIA QUÂNTICA DA CONDUÇÃO ELÉTRICA

36 • As resistividades e as velocidades de Fermi do Na, Au e Sn em $T = 273$ K são 4,2 $\mu\Omega \cdot$ cm, 2,04 $\mu\Omega \cdot$ cm e 10,6 $\mu\Omega \cdot$ cm, e $1,07 \times 10^6$ m/s, $1,39 \times 10^6$ m/s e $1,89 \times 10^6$ m/s, respectivamente. Use estes valores para encontrar o percurso livre médio para os elétrons de condução destes elementos.

37 •• A resistividade do cobre puro aumenta por aproximadamente $1,0 \times 10^{-8}$ $\Omega \cdot$ m com a adição de 1,0 por cento (pelo número de átomos) de uma impureza distribuída através de todo o metal. O percurso livre médio λ da impureza e da oscilação dos íons da rede de acordo com a equação $1/\lambda = 1/\lambda_t + 1/\lambda_i$, onde λ_t é o percurso livre médio associado às vibrações térmicas dos íons e λ_i é o percurso livre médio associado com as impurezas. Estime λ_i usando a Equação 38-14 e os dados na Tabela 38-1. (b) Se r for o raio efetivo de um íon de impureza da rede visto por um elétron, a seção transversal de espalhamento é πr^2. Estime esta área, usando o fato de que r está relacionado a λ_i pela Equação 38-16.

TEORIA DE BANDA DOS SÓLIDOS

38 • A radiação eletromagnética incide na superfície de um semicondutor. O comprimento de onda máximo desta luz para que os elétrons possam atravessar a lacuna de energia entre a banda de valência e a banda de condução é 380,00 nm. Qual é a lacuna de energia, em elétrons-volt, para o semicondutor?

39 • Um elétron ocupa o nível de energia mais alto da banda de valência numa amostra de silício. Qual é o máximo comprimento de onda de um fóton para excitar o elétron através da lacuna de energia se esta lacuna for de 1,14 eV?

40 • Um elétron ocupa o nível de energia mais alto da banda de valência numa amostra de germânio. Qual é o máximo comprimento de onda de um fóton para excitar o elétron para a banda de condução? No germânio, a lacuna de energia entre a banda de valência e a banda de condução é 0,74 eV.

41 • Um elétron ocupa o nível de energia mais alto da banda de valência numa amostra de diamante. Qual é o máximo comprimento de onda de um fóton para excitar o elétron para a banda de condução? No diamante, a lacuna de energia entre a banda de condução e a banda de valência é 7,0 eV.

42 •• Um fóton com comprimento de onda de 3,35 μm tem energia suficiente para elevar um elétron da banda de valência para a banda de condução numa amostra de sulfeto de chumbo. (a) Encontre a lacuna de energia entre as duas bandas no sulfeto de chumbo. (b) Encontre a temperatura T na qual kT é igual à lacuna de energia.

SEMICONDUTORES

43 • Os níveis de energia doadores num semicondutor do tipo n estão 0,0100 eV abaixo da banda de condução. Encontre a temperatura na qual $kT = 0,0100$ eV.

44 •• Quando um pedaço fino de um material semicondutor é iluminado com radiação eletromagnética monocromática, a maior parte da radiação é transmitida através deste pedaço se o comprimento de onda for maior que 1,85 mm. Para comprimentos de onda menores que 1,85 mm, a maioria da radiação incidente é absorvida. Determine a lacuna de energia do supercondutor.

45 •• A ligação relativa de um elétron extra num átomo de arsênio que substitui um átomo de silício ou de germânio pode ser entendida pelo cálculo do primeiro raio de Bohr para o elétron nestes materiais. Os quatro elétrons de valência do arsênio formam ligações covalentes, de modo que o quinto elétron "enxerga" um centro de atração com uma carga $+e$. Este modelo é um átomo de hidrogênio modificado. No modelo de Bohr para o átomo de hidrogênio, o elétron se move num espaço livre com um raio a_0 dado por $a_0 = 4\pi\epsilon_0\hbar^2/(m_e e^2)$ (Equação 36-12). Quando um elétron se move num cristal, podemos aproximar o efeito de outros átomos substituindo ϵ_0 por $\kappa\epsilon_0$ e m_e pela massa efetiva para o elétron. Para o silício, κ é 12 e a massa efetiva é aproximadamente $0,2m_e$. Para o germânio, κ é 16 e a massa efetiva é aproximadamente $0,1m_e$. Estime os raios de Bohr para o elétron de valência na sua órbita em torno do átomo de impureza do arsênio, no silício e no germânio.

46 •• A energia do estado fundamental do átomo de hidrogênio é dada por $E_1 = -m_e e^4/(8\epsilon_0^2 h^2)$ (Equações 36-15 e 36-16 onde $4\pi\epsilon_0$ é substituído por k^{-1}). Modifique esta equação usando as informações do Problema 45, substituindo ϵ_0 por $\kappa\epsilon_0$ e m_e pela massa efetiva para o elétron para estimar a energia de ligação do elétron extra do átomo de impureza de arsênio no (a) silício e (b) germânio.

47 •• Uma amostra de silício dopada do tipo n tem $1,00 \times 10^{16}$ elétrons por centímetro cúbico na banda de condução e tem uma resistividade de $5,00 \times 10^{23}$ $\Omega \cdot$ m em 300 K. Ache o percurso livre médio dos elétrons. Use a massa efetiva de $0,2m_e$ para a massa dos elétrons. (Veja Problema 45.) Compare este percurso livre médio com aquele dos elétrons de condução no cobre, em 300 K.

48 ••• No efeito Hall, o coeficiente Hall R_H é uma constante de proporcionalidade entre o campo elétrico transversal e o produto do campo magnético aplicado e a densidade de corrente. Isto é, $E_y = R_H B_z J_x$, onde a densidade de corrente, o campo elétrico transversal e o campo magnético aplicado estão nas direções $+x$, $-y$ e $+z$, respectivamente. (O efeito Hall é apresentado no Capítulo 26.) A medida do coeficiente Hall de uma amostra de silício dopada é 0,0400 V $\cdot$ m/(A $\cdot$ T) em temperatura ambiente. Se todas as impurezas dopantes contribuem para o número total de portadores de carga da amostra, encontre (a) o tipo de impureza (doador ou receptor) usado para dopar a amostra e (b) a concentração de impurezas.

*JUNÇÕES E DISPOSITIVOS SEMICONDUTORES

49 •• Uma teoria simples para a corrente em função da tensão de polarização, através da junção pn, resulta na equação $I = I_0(e^{eV_b/kT} - 1)$. Trace I em função de V_b para valores positivos e negativos de V_b usando esta equação.

50 • A corrente da base num circuito com um transistor npn é 25,0 mA. Se 88,0 por cento dos elétrons entrando na base, vindos do emissor, alcançam o coletor, qual é a corrente da base?

51 •• Na Figura 38-28, para um amplificador com um transistor npn, suponha $R_b = 2,00$ kΩ e $R_L = 10,00$ kΩ. Suponha ainda que uma corrente i_b na base de 10,0 μA ac, gera uma corrente i_c no coletor de 0,500 mA ac. Qual o ganho de tensão no amplificador?

52 •• O germânio pode ser usado para medir a energia de fótons incidentes. Considere raios gama de 660 keV emitidos pelo ^{137}Cs. (a) Sabendo que a lacuna de energia no germânio é 0,72 eV, quantos pares de elétron–buraco podem ser gerados quando estes raios gama atravessarem o germânio? (b) O número N de pares na Parte (a) terá flutuações estatísticas da ordem de $\pm\sqrt{N}$. Qual é então a resolução, em energia, deste detector, na região de energia do fóton?

53 •• Faça um esboço mostrando os limites das bandas de valência e de condução e a energia de Fermi de um diodo de junção pn quando polarizado (a) na direção direta e (b) na direção inversa.

54 •• Um bom diodo de silício tem uma curva característica de corrente contra tensão dada por $I = I_0(e^{eV_b/kT} - 1)$. Seja $kT = 0,025$ eV (temperatura ambiente) e a corrente de saturação $I_0 = 1,0$ nA. (a) Mostre que quando a polarização inversa for pequena, a resistência é de 25 MΩ. *Sugestão: Faça uma expansão em série de Taylor da função exponencial sobre $V_b = 0$.* (b) Ache a resistência cc para a polarização inversa de 0,50 V. (c) Encontre a resistência V/I para a polarização direta de 0, 50 V. Qual é a corrente neste caso? (d) Calcule a resistência diferencial dV/dI para a polarização direta de 0,50 V.

55 •• Uma amostra longa de silício, com espessura $T = 1,0$ mm e largura $w = 1,0$ cm, é colocada num campo magnético $B = 0,40$ T. Esta amostra está no plano xy, onde o comprimento está paralelo ao eixo x, e o campo magnético aponta na direção $+z$. Quando uma corrente de 0,20 A aparece na amostra na direção $+x$, uma diferença de potencial de 5,0 mV surge através da largura da amostra e o campo elétrico na amostra aponta para a direção $+y$. Determine o tipo de semicondutor (n ou p) e a concentração de portadores de cargas. (O efeito hall é apresentado no Capítulo 26.)

A TEORIA BCS

56 • (a) Use a Equação 38-37 para calcular a lacuna de energia na supercondutividade para o estanho e compare seu resultado com o valor medido de $6,00 \times 10^{-4}$ eV. (b) Use o valor medido para calcular o valor mínimo do comprimento de onda de um fóton que tenha energia suficiente para romper pares de Cooper no chumbo ($T_c = 3,72$ K) em $T = 0$.

144 | CAPÍTULO 38

57 • (*a*) Use a Equação 38-37 para calcular a lacuna de energia na supercondutividade para o chumbo e compare seu resultado com o valor medido de $2,73 \times 10^{-3}$ eV. (*b*) Use o valor medido para calcular o valor mínimo do comprimento de onda de um fóton que tenha energia suficiente para romper pares de Cooper no estanho ($T_c = 7,19$ K) em $T = 0$.

A DISTRIBUIÇÃO DE FERMI–DIRAC

58 •• O número de elétrons na banda de condução de um isolante ou de um semicondutor intrínseco é governado principalmente pelo fator de Fermi. Quando a banda de valência nestes materiais está quase preenchida e a banda de condução está quase vazia, a energia de Fermi E_F está em geral no meio entre o topo da banda de valência e o fundo da banda de condução; isto é, em $E_g/2$, onde E_g é a lacuna de energia entre as duas bandas e a energia é medida a partir do topo da banda de valência. (*a*) No silício, $E_g \approx 1,0$ eV. Mostre que, neste caso, o fator de Fermi para os elétrons no fundo da banda de condução é dado por exp$(-E_g/2kT)$ e calcule este fator. Discuta o significado do resultado se existem 10^{22} elétrons de valência por centímetro cúbico e a probabilidade de encontrar um elétron na banda de condução é dada pelo fator de Fermi. (*b*) Repita os cálculos da Parte (*a*) para um isolante com uma lacuna de energia de 6,0 eV.

59 •• Aproximadamente quantos estados de energia, que possuem energia entre 2,00 eV e 2,20 eV, estão disponíveis para elétrons num cubo de prata medindo 1,00 mm de lado?

60 •• Mostre que para $E = E_F$, a expressão para o fator de Fermi (Equação 38-24) é igual a 0,5.

61 •• (*a*) Usando a equação $E_F = [h^2/(8m_e)][3N/(\pi V)]^{2/3}$ (Equação 38-22*a*), calcule a energia de Fermi para a prata. (*b*) Determine a energia cinética média de um elétron livre e (*c*) ache a velocidade de Fermi para a prata.

62 •• Qual é a diferença entre as energias na qual o fator de Fermi é 0,9 e 0,1 em 300 K para (*a*) o cobre, (*b*) o potássio e o (*c*) alumínio.

63 •• Qual é a probabilidade de que um elétron de condução da prata tenha uma energia cinética de 4,90 eV em $T = 300$ K?

64 •• Mostre que $g(E) = \frac{3}{2} N E_F^{-3/2} E^{1/2}$ (Equação 38-43) vem da Equação 38-41 para $g(E)$ e da Equação 38-22*a* para E_F.

65 •• Faça a integração $E_{méd} = (1/N) \int_0^{E_F} E g(E) dE$ para mostrar que a energia para média em $T = 0$ é $\frac{3}{5} E_F$.

66 •• A densidade de estados eletrônicos num metal pode ser escrita como $g(E) = AE^{1/2}$, onde A é uma constante e E é medido a partir do fundo da banda de condução. (*a*) Mostre que o número total dos estados é $\frac{2}{3} AE_F^{3/2}$. (*b*) Aproximadamente que fração de elétrons de condução estão na vizinhança kT da energia de Fermi? (*c*) Calcule esta fração para o cobre em $T = 300$ K.

67 •• Qual é a probabilidade de que um elétron de condução da prata tenha energia cinética de 5,49 eV em $T = 300$ K?

68 •• Usando a expressão $g(E) = (8\sqrt{2}\pi m_e^{3/2} V/h^3)E^{1/2}$ (Equação 38-41) para a densidade de estados, estime a fração de elétrons de condução do cobre que podem absorver energia de colisões com os íons que vibram na rede em (*a*) 77 K e (*b*) 300 K.

69 •• Num semicondutor intrínseco, a energia de Fermi está aproximadamente na metade entre o topo da banda de valência e o fundo da banda de condução. No germânio, a banda de energia proibida tem uma largura de 0,70 eV. Mostre que a temperatura ambiente à função distribuição dos elétrons na banda de condução é dada pela função distribuição de Maxwell–Boltzmann.

70 ••• O valor da raiz quadrática média (*rms*) de uma variável é obtido pelo cálculo do valor médio do quadrado desta variável, e depois se extrai a raiz quadrada do resultado. Use este procedimento para determinar a energia *rms* da distribuição de Fermi. Expresse o resultado em termos de E_F e compare-o com a energia média. Por que a $E_{méd}$ e a E_{rms} diferem?

PROBLEMAS GERAIS

71 • A massa específica do potássio é 0,851 g/cm³. Quantos elétrons livres existem por átomo de potássio num cristal de potássio?

72 • Calcule a massa específica de elétrons livres para (*a*) o magnésio, que tem uma massa específica de 1,74 g/cm³, e (*b*) o zinco, que tem uma massa específica de 7,14 g/cm³. Para os cálculos, suponha que existam dois elétrons livres por átomo e compare seus resultados com os valores listados na Tabela 38-1.

73 •• Estime a fração de elétrons livres no cobre que estão em estados de energia acima da energia de Fermi em (*a*) 300 K (aproximadamente temperatura ambiente) e (*b*) 1000 K.

74 •• Certo estado de energia de elétrons livres do manganês tem 10,0 por cento de chance de estarem ocupados, quando a temperatura do manganês é $T = 1300$ K. Qual é a energia do estado?

75 •• Um composto semicondutor de CdSe é largamente usado para diodos emissores de luz (LEDs). A lacuna de energia do CdSe é 1,80 eV. Qual é a freqüência da luz emitida pelo LED de CdSe?

76 ••• Uma bolacha de silício puro de 2,00 cm² é irradiada com radiação eletromagnética com comprimento de onda de 775 nm. A intensidade da radiação é de 4,00 W/m² e cada fóton que bate na amostra é absorvido, e cria um par elétron–buraco. (*a*) Quantos pares de elétron–buraco são produzidos em um segundo? (*b*) Se o número de pares de elétron–buraco na amostra é $6,25 \times 10^{11}$ no estado estacionário, a que taxa os pares elétron–buraco se recombinam? (c) Se cada evento de recombinação resultar na radiação de um fóton, a que taxa esta energia é irradiada da amostra?

A GALÁXIA DE ANDRÔMEDA
MEDINDO-SE AS FREQÜÊNCIAS DOS RAIOS LUMINOSOS QUE CHEGAM À TERRA PROVENIENTES DE CORPOS DISTANTES, PODE-SE DETERMINAR A VELOCIDADE COM QUE ESSES CORPOS SE APROXIMAM OU SE AFASTAM DA TERRA. *(NASA.)*

> Você já se perguntou como a freqüência da luz permite que se determine a velocidade de recuo de uma galáxia distante? (Veja Exemplo 39-5.)

Relatividade

39-1 Relatividade Newtoniana
39-2 Postulados de Einstein
39-3 A Transformação de Lorentz
39-4 Sincronização de Relógios e Simultaneidade
39-5 A Transformação de Velocidade
39-6 Momento Relativístico
39-7 Energia Relativística
39-8 Relatividade Geral

A teoria da relatividade é constituída por duas teorias bastante diferentes, a teoria restrita e a teoria geral. A teoria da relatividade restrita, desenvolvida por Albert Einstein e outros em 1905, descreve medidas efetuadas em diferentes referenciais inerciais, que se deslocam com velocidade constante uns em relação aos outros. As suas conseqüências, que podem ser derivadas com um mínimo de instrumental matemático, aplicam-se a uma ampla variedade de situações encontradas em física e engenharia. Por outro lado, a teoria geral da relatividade, também desenvolvida por Einstein e outros por volta de 1916, descreve referenciais acelerados e a gravidade. Um completo entendimento da teoria geral requer um instrumental matemático sofisticado, e as aplicações desta teoria estão, principalmente, na área da gravitação. A teoria geral tem grande importância na cosmologia, e é raramente encontrada em outras áreas da física ou da engenharia. Ela é aplicada, entretanto, na engenharia do GPS (*Global Positioning System*, Sistema de Posicionamento Global).*

---

* Os satélites usados no GPS possuem relógios atômicos.

146 | CAPÍTULO 39

Neste capítulo, nos concentramos na teoria restrita (geralmente referida como relatividade restrita). A teoria da relatividade geral (relatividade geral) será discutida brevemente, no fim do capítulo. A relatividade restrita é apresentada pela primeira vez no Capítulo R — Volume 1 (que precede o Capítulo 11). Considere revisar este material do Capítulo R antes de ir adiante neste capítulo.

39-1 RELATIVIDADE NEWTONIANA

A primeira lei de Newton não faz distinção entre uma partícula em repouso e uma partícula em movimento com velocidade constante. Se não há nenhuma força externa atuando, a partícula permanecerá no seu estado inicial, ou fica em repouso ou se move com sua velocidade inicial. Uma partícula em repouso com relação a você se move com velocidade constante relativa a um observador que está se movendo com velocidade constante em relação a você. Como podemos distinguir se é você e a partícula que estão em repouso e o segundo observador está se movendo com velocidade constante, ou o segundo observador está em repouso e é você e a partícula que estão se movendo?

Vamos considerar alguns experimentos simples. Suponha que temos um vagão fechado de trem se movendo num trilho retilíneo, plano com uma velocidade constante v. (A velocidade v é uma quantidade com sinal, o qual indica a direção do movimento do vagão ao longo do trilho.) Observamos que uma bola em repouso no vagão permanecerá em repouso em relação ao trem. Se deixarmos cair a bola, ela irá cair em linha reta na vertical em relação ao vagão, com uma aceleração g devido à gravidade. Do ponto de vista do referencial do trilho, a bola se move ao longo de um percurso parabólico, porque possui uma velocidade inicial v para a direita. Nenhuma experiência mecânica que se possa fazer — medição do período de um pêndulo, observação da colisão entre dois objetos, ou qualquer outro — irá nos dizer se é o vagão que está se movendo e o trilho está em repouso, ou é o trilho que está se movendo e o vagão estará em repouso. Se tivermos um sistema de coordenadas fixo ao trilho e outro fixo ao vagão, as leis de Newton valem para ambos os sistemas.

Um conjunto de sistemas de coordenadas em repouso, uns em relação aos outros, é chamado de *referencial*. Um referencial onde as leis de Newton são válidas é chamado de *referencial inercial*.* Todos os referenciais que se movem com velocidade constante em relação a um referencial inercial também são referenciais inerciais. Se tivermos dois referenciais inerciais se movendo com velocidade constante, um em relação ao outro, não existe nenhuma experiência mecânica que possa nos dizer qual está em repouso e qual está em movimento, ou se ambos estão se movendo. Este resultado é conhecido como o princípio da **relatividade newtoniana**.

> Movimento absoluto não pode ser detectado.
>
> PRINCÍPIO DA RELATIVIDADE NEWTONIANA

Este princípio era bem conhecido por Galileu, Newton e outros, no século XVII. No fim do século XIX, entretanto, este ponto de vista foi alterado. Pensava-se então que a relatividade newtoniana não era válida e que seria possível medir o movimento absoluto, em princípio, medindo-se a velocidade da luz.

ÉTER E A VELOCIDADE DA LUZ

Vimos no Capítulo 15 (Volume 1) que a velocidade de uma onda depende das propriedades do meio no qual a onda viaja, e não da velocidade da fonte das ondas. Por exemplo, a velocidade do som em relação ao ar parado depende da temperatura do ar. A luz e outras ondas eletromagnéticas (por exemplo, ondas de rádio e raios X) viajam através do vácuo com uma velocidade $c = 3,00 \times 10^8$ m/s, que foi prevista pelas equações de James Clerk Maxwell para a eletricidade e magnetismo. Mas esta

---

* Referenciais foram discutidos pela primeira vez na Seção 3-1. Referenciais inerciais foram também discutidos na Seção 4-1.

velocidade é medida em relação a quê? O que seria equivalente ao ar parado para o vácuo? Foi proposto um meio para a propagação da luz chamado de *éter*; pensou-se que este meio preencheria todo o espaço. Assumiu-se que a velocidade da luz em relação ao éter seria c, como previsto pelas equações de Maxwell. A velocidade de qualquer objeto em relação ao éter foi considerada como a velocidade absoluta do objeto.

Albert Michelson, primeiro em 1881 e depois com Edward Morley em 1887, dispôs-se a medir a velocidade da Terra em relação ao éter através de uma experiência engenhosa, onde a velocidade da luz em relação à Terra era comparada para dois feixes de luz, um paralelo à direção do movimento da Terra em relação ao Sol, e o outro, perpendicular a esta direção. Apesar das medidas cuidadosas e esmeradas, eles não conseguiram detectar nenhuma diferença. Esta experiência tem sido repetida desde então, em condições variadas e por diversas pessoas, e nenhuma diferença foi jamais encontrada. O movimento absoluto da Terra em relação ao éter não pode ser detectado.

39-2 POSTULADOS DE EINSTEIN

Em 1905, aos 26 anos de idade, Albert Einstein publicou um artigo sobre a eletrodinâmica de corpos em movimento.* Neste artigo, ele postulou que o movimento absoluto não podia ser detectado por nenhuma experiência. Isto é, não existe éter. A Terra pode ser considerada como estando em repouso, e a velocidade da luz será a mesma em qualquer direção.** Sua teoria da relatividade restrita pode ser deduzida a partir de dois postulados. Enunciados de maneira simples, estes postulados são:

> Postulado 1: Movimento uniforme absoluto não pode ser detectado.
>
> Postulado 2: A velocidade da luz é independente do movimento da fonte.
>
> POSTULADOS DE EINSTEIN

O postulado 1 é meramente uma extensão do princípio da relatividade de Newton, incluindo todos os tipos de medidas físicas (e não apenas as medidas mecânicas). O postulado 2 descreve uma propriedade comum a todas as ondas. Por exemplo, a velocidade das ondas sonoras não depende do movimento da fonte de som. As ondas sonoras da buzina de um carro viajam através do ar com a mesma velocidade em relação ao ar, independentemente se o carro está se movendo em relação ao ar ou não. A velocidade das ondas depende apenas das propriedades do ar, como sua temperatura.

Embora cada postulado pareça bastante razoável, muitas das implicações dos dois postulados, em conjunto, são bastante surpreendentes e contradizem o que freqüentemente chamamos de senso comum. Por exemplo, uma implicação importante destes postulados é a de que cada observador mede o mesmo valor para a velocidade da luz, independentemente do movimento relativo entre a fonte e o observador. Considere uma fonte de luz S e dois observadores, R_1 em repouso em relação a S e R_2 se movendo na direção de S com velocidade v, como mostra a Figura 39-1a. A velocidade da luz medida por R_1 é $c = 3{,}00 \times 10^8$ m/s. Qual é a velocidade medida por R_2? A resposta *não* é $c + v$. De acordo com o postulado 1, a Figura 39-1a é equivalente a Figura 39-1b, onde R_2 está em repouso e a fonte S e R_1 estão se movendo com velocidade v. Isto é, como o movimento absoluto não pode ser detectado, não é possível dizer quem estará realmente em movimento e quem estará em repouso. De acordo com o postulado 2, a velocidade da luz de uma fonte em movimento é independente

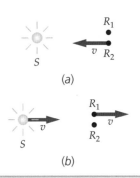

FIGURA 39-1. (a) Uma fonte estacionária de luz S, um observador estacionário R_1 e um segundo observador R_2 se movendo em direção à fonte com velocidade v. (b) No referencial onde o observador R_2 está em repouso, a fonte de luz S e o observador R_1 se movem para a direita com velocidade v. Se o movimento absoluto não pode ser detectado, as duas situações são equivalentes. Como a velocidade da luz não depende do movimento da fonte, o observador R_2 mede o mesmo valor para esta velocidade que o observador R_1.

---

* *Annalen der Physik*, vol. 17, 1905, p. 841. Para uma tradução do original em alemão para o inglês, veja W. Perrett e G. B. Jeffery (trans.), *The Principle of Relativity: A Collection of Original Memoirs on the Special and General Theory of Relativity* por H. A. Lorentz, A. Einstein, H. Minkowski e W. Weyl, Dover, Nova York, 1923.

** Einstein não pretendeu explicar os resultados da experiência de Michelson–Morley. Sua teoria surgiu de suas considerações sobre a teoria da eletricidade e magnetismo, e da propriedade inusual das ondas eletromagnéticas, de que elas se propagam no vácuo. No seu primeiro artigo, que contém a teoria completa da relatividade restrita, ele fez apenas uma referência casual à experiência de Michelson–Morley, e anos mais tarde ele não conseguia se lembrar se conhecia ou não os detalhes da experiência, antes de publicar sua teoria.

do movimento da fonte. Então, observando a Figura 39-1b, vemos que R_2 mede a velocidade da luz como c, do mesmo modo que R_1 o faz. Este resultado é muitas vezes considerado como uma alternativa para o segundo postulado de Einstein:

> Postulado 2 (formulação alternativa): Qualquer observador mede sempre o mesmo valor c para a velocidade da luz.

Este resultado contradiz nossas idéias intuitivas sobre velocidade relativa. Se um carro se move a 50 km/h para longe do observador e outro carro se move a 80 km/h na mesma direção, a velocidade do segundo carro em relação ao primeiro é de 30 km/h. Este resultado é facilmente medido e corresponde a nossa intuição. Entretanto, de acordo com os postulados de Einstein, se um feixe de luz estiver se movendo na direção dos carros, observadores em ambos os carros irão medir a mesma velocidade para o feixe de luz. Nossas idéias intuitivas sobre a combinação de velocidades são aproximações válidas somente quando as velocidades são muito pequenas se comparadas com a velocidade da luz. Mesmo numa aeronave que se move com a velocidade do som, para medir a velocidade da luz com precisão suficiente para distinguir a diferença entre os resultados c e $c + v$, onde v é a velocidade da aeronave, precisaríamos de um instrumento com resolução de seis dígitos.

39-3 A TRANSFORMAÇÃO DE LORENTZ

Os postulados de Einstein têm conseqüências importantes nas medidas de intervalos de tempo e espaço, como também nas medidas de velocidades relativas. Ao longo deste capítulo, iremos comparar medidas de posições e tempos de eventos (como clarões luminosos) feitos por observadores que se deslocam uns em relação aos outros. Vamos usar um sistema cartesiano ortogonal de coordenadas xyz com a origem O, chamado de referencial S; vamos usar outro sistema $x'y'z'$, com a origem O', chamado de referencial S', e que se desloca com velocidade constante $\vec{v}$ em relação ao referencial S. Em relação ao referencial S', o referencial S está se movendo com velocidade constante $-\vec{v}$. Por simplicidade, vamos considerar o referencial S' em movimento ao longo do eixo x, na direção $+x$, em relação a S, onde a direção $+x'$ é a mesma que a direção $+x$. Em cada referencial, vamos assumir que existem tantos observadores quantos forem necessários, equipados com instrumentos de medida, como relógios e metros, que são idênticos quando comparados em repouso (veja Figura 39-2).

Vamos usar os postulados de Einstein para encontrar uma relação geral entre as coordenadas x, y, z e o tempo t de um evento no referencial S, e as coordenadas x', y', z' e o tempo t' do mesmo evento, observado no referencial S', que se desloca com velocidade constante em relação a S. Por conveniência, vamos assumir que as origens dos dois referenciais coincidem num tempo $t = t' = 0$. A relação clássica, chamada de **transformação de Galileu**, é

$$x = x' + vt', \quad y = y', \quad z = z', \quad t = t' \qquad 39\text{-}1a$$

TRANSFORMAÇÃO DE GALILEU

A transformação inversa é

$$x' = x - vt, \quad y' = y, \quad z' = z, \quad t' = t \qquad 39\text{-}1b$$

Estas equações são consistentes com as observações experimentais, desde que v seja muito menor que c. Elas levam à regra clássica bem conhecida para as velocidades. Se uma partícula tem velocidade $u_x = dx/dt$ no referencial S, sua velocidade no referencial S' é

$$u'_x = \frac{dx'}{dt'} = \frac{dx'}{dt} = \frac{d}{dt}(x - vt) = u_x - v \qquad 39\text{-}2$$

Se derivarmos esta equação mais uma vez, encontraremos que a aceleração da partícula é a mesma em ambos referenciais:

$$a_x = \frac{du_x}{dt} = \frac{du'_x}{dt'} = a'_x$$

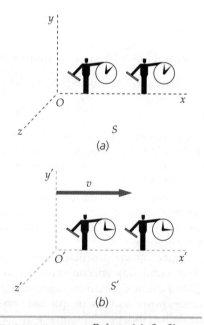

FIGURA 39-2 Referenciais S e S' movendo-se com velocidade relativa v. Em cada quadro, existem observadores com metros e relógios, que são idênticos quando comparados em repouso.

Deve ficar evidente que a transformação de Galileu não é consistente com os postulados de Einstein da relatividade restrita. Se a luz se propaga ao longo do eixo x com velocidade $u'_x = c$ em S', estas equações implicam que a velocidade em S' é $u_x = c + v$ em vez de $u_x = c$, que é consistente com os postulados de Einstein e a experiência. As equações de transformação clássica, portanto, devem ser modificadas para torná-las consistentes com os postulados de Einstein. Vamos mostrar de uma maneira resumida um método para obtenção das transformações relativísticas.

Vamos admitir que a equação da transformação relativística para x é a mesma que a equação clássica (Equação 39-1a) exceto por uma constante multiplicadora no lado direito. Isto é, vamos admitir uma equação com a forma

$$x = \gamma(x' + vt') \qquad \text{39-3}$$

onde γ é uma constante que pode depender de v e c, mas não das coordenadas. A transformação inversa deve ter a mesma forma, exceto no que se refere ao sinal da velocidade:

$$x' = \gamma(x - vt) \qquad \text{39-4}$$

Vamos considerar um pulso de luz que inicia na origem de S em $t = 0$. Como assumimos que as duas origens coincidem em $t = t' = 0$, o pulso também inicia na origem de S' em $t' = 0$. Os postulados de Einstein exigem que a equação para a componente x da frente de onda do pulso de luz seja $x = ct$ no referencial S e $x' = ct'$ no referencial S'. Substituindo x por ct e x' por ct' na Equação 39-3 e na Equação 39-4, obtemos

$$ct = \gamma(c + v)t' \qquad \text{39-5}$$

e

$$ct' = \gamma(c - v)t \qquad \text{39-6}$$

Dividindo ambos os lados das Equações 39-5 e 39-6 por t e eliminando a razão t'/t das duas equações, determinamos γ. Temos então,

$$\gamma = \frac{1}{\sqrt{1 - (v^2/c^2)}} \qquad \text{39-7}$$

(Observe que γ é sempre maior que 1, e quando v for muito menor que c, $\gamma \approx 1$) A transformação relativística para x e x' é, portanto, dada pela Equação 39-3 e Equação 39-4, onde γ é dado pela Equação 39-7. Podemos obter equações para t e t' combinando a Equação 39-3 com a transformação inversa dada pela Equação 39-4. Substituindo x por $x = \gamma(x' + vt')$ na Equação 39-4, obtemos

$$x' = \gamma[\gamma(x' + vt') - vt] \qquad \text{39-8}$$

que pode ser resolvida para t em termos de x' e t'. A transformação relativística completa é

$$x = \gamma(x' + vt'), \quad y = y', \quad z = z' \qquad \text{39-9}$$

$$t = \gamma\left(t' + \frac{vx'}{c^2}\right) \qquad \text{39-10}$$

TRANSFORMAÇÃO DE LORENTZ

A transformação inversa é

$$x' = \gamma(x - vt), \quad y' = y, \quad z' = z \qquad \text{39-11}$$

$$t' = \gamma\left(t - \frac{vx}{c^2}\right) \qquad \text{30-12}$$

A transformação descrita pelas Equações 39-9 até 39-12 é chamada de **transformação de Lorentz**. Ela relaciona as coordenadas de espaço e tempo x, y, z e o tempo t de um evento no referencial S às coordenadas x', y', z' e o tempo t', do mesmo evento, observado no referencial S', que se desloca ao longo do eixo x com velocidade v em relação ao referencial S.

A seguir são discutidas algumas aplicações da transformação de Lorentz.

150 | CAPÍTULO 39

DILATAÇÃO DO TEMPO

Considere dois eventos que ocorrem no referencial S', no eixo x', um no ponto x'_0 num tempo t'_1, e outro no mesmo ponto x'_0 num tempo t'_2. (Observe que ambos os eventos ocorrem no mesmo ponto x'_0 no referencial S'.) Podemos encontrar os tempos t'_1 e t'_2 para os eventos em S usando a Equação 39-10. Temos

$$t_1 = \gamma\left(t'_1 + \frac{vx'_0}{c^2}\right)$$

e

$$t_2 = \gamma\left(t'_2 + \frac{vx'_0}{c^2}\right)$$

assim

$$t_2 - t_1 = \gamma(t'_2 - t'_1)$$

O intervalo de tempo entre os dois eventos que acontecem *no mesmo lugar* num certo referencial é chamado de **tempo próprio** Δt_p entre os eventos. Neste caso, o intervalo de tempo $t'_2 - t'_1$ medido no referencial S' é um tempo próprio. O intervalo de tempo Δt medido em qualquer outro referencial será sempre maior que o tempo próprio. Esta expansão é chamada de **dilatação do tempo**:

$$\Delta t = \gamma\, \Delta t_p \qquad\qquad\qquad 39\text{-}13$$

DILATAÇÃO DO TEMPO

Exemplo 39-1 — Separação Espacial e Separação Temporal de Dois Eventos

Dois eventos ocorrem no mesmo ponto x'_0 para tempos t'_1 e t'_2 no referencial S', que se desloca na direção $+x$ com velocidade v em relação ao referencial S. (a) Qual a separação espacial dos eventos no referencial S? (b) Qual a separação temporal dos eventos no referencial S?

SITUAÇÃO A separação espacial em S é $x_2 - x_1$, onde x_2 e x_1 são as coordenadas dos eventos em S, que são determinadas usando a Equação 39-9.

SOLUÇÃO

(a) 1. A posição x_1 em S é dada pela Equação 39-9 com $x'_1 = x'_0$: $\qquad x_1 = \gamma(x'_0 + vt'_1)$

 2. Do mesmo modo, a posição x_2 em S é dada por: $\qquad x_2 = \gamma(x'_0 + vt'_2)$

 3. Subtraia para encontrar a separação espacial: $\qquad \Delta x = x_2 - x_1 = \gamma v(t'_2 - t'_1) = \boxed{\dfrac{v(t'_2 - t'_1)}{\sqrt{1 - (v^2/c^2)}}}$

(b) Usando a fórmula da dilatação do tempo, relacione os dois intervalos de tempo. Os dois eventos ocorrem no mesmo lugar em S', assim o tempo próprio entre os dois eventos é $\Delta t_p = t'_1 - t'_2$: $\qquad \Delta t = t_2 - t_1 = \gamma(t'_2 - t'_1) = \boxed{\dfrac{(t'_2 - t'_1)}{\sqrt{1 - (v^2/c^2)}}}$

CHECAGEM Tomando os limites dos resultados da Parte (a) e Parte (b) quando c tende a infinito temos $\Delta x = v(t'_2 - t'_1)$ e $\Delta t = t'_2 - t'_1$, respectivamente. Combinando estas expressões, temos $\Delta x = v\Delta t$. Esta é exatamente a equação clássica (não-relativística), onde o deslocamento é igual à velocidade multiplicada pelo intervalo de tempo, que foi desenvolvida no Capítulo 2 (Volume 1) para o movimento unidimensional. Adicionalmente, a equação $\Delta t = t'_2 - t'_1$ é exatamente o resultado clássico, onde o intervalo de tempo entre os eventos é o mesmo nos dois referenciais.

INDO ALÉM Dividindo o resultado da Parte (a) e o resultado da Parte (b) temos $\Delta x/\Delta t = v$. A separação espacial Δx dos dois eventos em S é a distância de um ponto fixo, como x'_0 em S', que se desloca em S durante o intervalo de tempo entre os eventos em S.

Podemos entender a dilatação do tempo a partir dos postulados de Einstein diretamente, sem usar as transformações de Lorentz. A Figura 39-3a mostra um observador A' numa distância D de um espelho. O observador e o espelho estão numa

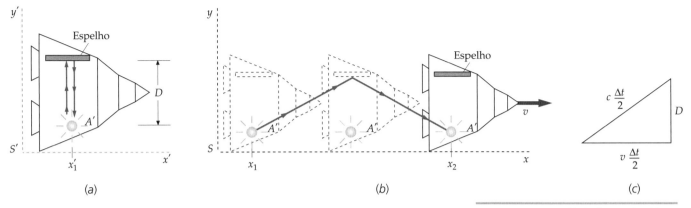

FIGURA 39-3 (a) O observador A' e o espelho estão numa espaçonave em repouso no referencial S'. O tempo que leva para o pulso de luz atingir o espelho e retornar é medido por A' como $2D/c$. (b) No referencial S, a espaçonave está se movendo para a direita com velocidade v. Se a velocidade da luz é a mesma em ambos referenciais, o tempo que leva para a luz atingir o espelho e retornar é maior que $2D/c$ em S porque a distância percorrida é maior que $2D$. (c) Um triângulo retângulo para o cálculo do intervalo de tempo Δt em S.

espaçonave que está em repouso no referencial S'. O observador dispara um clarão e mede o intervalo de tempo $\Delta t'$ entre a observação do clarão original (Evento 1) e a observação do clarão que retorna do espelho (Evento 2). Como a luz viaja com velocidade c, este intervalo de tempo é

$$\Delta t' = \frac{2D}{c}$$

Vamos considerar agora os mesmos dois eventos, o clarão de luz original e a percepção do clarão que retorna no referencial S, onde o observador A' e o espelho estão se movendo para a direita com velocidade v, como mostra a Figura 39-3b. Os Eventos 1 e 2 acontecem nas posições x_1 e x_2 no referencial S, respectivamente. Durante o intervalo de tempo Δt (medido em S) entre a emissão e recepção do clarão, o observador A' e sua espaçonave se deslocaram uma distância $v \Delta t$ para a direita. Na Figura 39-3, podemos ver que o percurso percorrido pela luz é maior em S do que em S'. Entretanto, pelos postulados de Einstein, a luz viaja com a mesma velocidade c tanto no referencial S, como no referencial S'. Como a luz percorre uma distância maior em S com a mesma velocidade, leva mais tempo em S para alcançar o espelho e retornar. O intervalo de tempo em S é então maior que em S'. Pelo triângulo da Figura 39-3c, temos

$$\left(\frac{c \Delta t}{2}\right)^2 = D^2 + \left(\frac{v \Delta t}{2}\right)^2$$

ou

$$\Delta t = \frac{2D}{\sqrt{c^2 - v^2}} = \frac{2D}{c} \frac{1}{\sqrt{1 - (v^2/c^2)}}$$

Usando $\Delta t' = 2D/c$, obtemos

$$\Delta t = \frac{\Delta t'}{\sqrt{1 - (v^2/c^2)}} = \gamma \Delta t'$$

Exemplo 39-2 Quanto Tempo Dura um Descanso de 1 Hora? *Tente Você Mesmo*

Astronautas numa espaçonave, que se afasta da Terra com $v = 0{,}600c$, enviam um sinal à estação de controle, avisando que vão descansar durante 1,00 h e que depois ligarão de volta. Quanto tempo o descanso deles durou medido na Terra?

SITUAÇÃO Como os astronautas vão dormir (Evento 1) e acordar (Evento 2) no mesmo lugar no referencial da nave, o intervalo de tempo para o seu descanso de 1,00 h, medido por um relógio na nave, é o tempo próprio entre os dois eventos. No referencial da Terra, eles se deslocam numa distância considerável durante o intervalo de tempo entre os dois eventos. O intervalo de tempo medido no referencial da Terra é medido usando dois relógios, que são estacionários em relação à Terra. O relógio 1 está localizado na posição do Evento 1 e mede o tempo de ocorrência do Evento 1. O relógio 2 está localizado na posição do Evento 2 e mede o tempo de ocorrência do Evento 2. A diferença entre os dois tempos é maior que o tempo próprio entre os dois eventos por um fator γ.

152 | CAPÍTULO 39

SOLUÇÃO

Cubra a coluna da direita e tente por si só antes de olhar as respostas.

Passos	Respostas
1. Relacione o intervalo de tempo medido na Terra Δt ao tempo próprio Δt_p (Equação 39-13).	$\Delta t = \gamma \, \Delta t_p$
2. Calcule γ para $v = 0,6c$ (Equação 39-7).	$\gamma = 1,25$
3. Substitua o valor de γ para calcular o tempo de descanso no referencial da Terra.	$\Delta t = \gamma \, \Delta t_p = \boxed{1,25 \text{ h}}$

CHECAGEM O intervalo de tempo é maior no referencial onde os dois eventos ocorrem em posições diferentes, como esperado.

PROBLEMA PRÁTICO 39-1 Se a espaçonave está se movendo com $v = 0,800c$, quanto tempo duraria 1 hora de descanso medido na Terra?

CONTRAÇÃO DO COMPRIMENTO

Um fenômeno intimamente relacionado com a dilatação do tempo é a **contração do comprimento**. O comprimento de um objeto medido no referencial no qual o objeto está em repouso é chamado de **comprimento próprio** L_p. No referencial onde o objeto está se movendo numa direção paralela ao seu comprimento, a medida deste comprimento é menor que o comprimento próprio. Considere uma barra em repouso no referencial S', onde uma extremidade está em x_2' e a outra extremidade em x_1'. O comprimento da barra neste referencial é o seu comprimento próprio $L_p = x_2' - x_1'$. Devemos ter um pouco de cuidado para encontrar o comprimento da barra no referencial S. Neste referencial, a barra está se movendo para a direita com velocidade v, que é a velocidade do referencial S'. O comprimento da barra no referencial S é definido como $L = x_2 - x_1$ onde x_2 é a posição de uma extremidade num tempo t_2, e x_1 é a posição da outra extremidade *no mesmo tempo* $t_1 = t_2$, como medido no referencial S. Para calcular $x_2 - x_1$ num determinado tempo t, usamos a Equação 39-11:

$$x_2' = \gamma(x_2 - vt_2)$$

e

$$x_1' = \gamma(x_1 - vt_1)$$

Como $t_2 = t_1$, subtraindo a segunda equação da primeira, obtemos

$$x_2' - x_1' = \gamma(x_2 - x_1)$$

Resolvendo para $x_2 - x_1$, temos

$$x_2 - x_1 = \frac{1}{\gamma}(x_2' - x_1') = (x_2' - x_1')\sqrt{1 - \frac{v^2}{c^2}}$$

ou

$$L = \frac{1}{\gamma}L_p = L_p\sqrt{1 - \frac{v^2}{c^2}} \qquad\qquad 39\text{-}14$$

CONTRAÇÃO DO COMPRIMENTO

Como $1/\gamma$ é menor que um, segue que o comprimento da barra é menor quando for medido num referencial no qual ela está se movendo paralela ao seu comprimento. Antes do artigo de Einstein ser publicado, Hendrik A. Lorentz e George F. FitzGerald tentaram explicar o resultado nulo da experiência de Michelson–Morley assumindo que distâncias na direção do movimento contraíam por uma quantidade dada pela Equação 39-14. Esta contração do comprimento é agora conhecida como **contração de Lorentz–FitzGerald**.

Exemplo 39-3 Comprimento de uma Vara de Medida que se Move

Uma vara que tem um comprimento próprio de 1,00 m se move na direção paralela ao seu comprimento com uma velocidade v em relação a um observador. O comprimento da vara, medida pelo observador, é de 0,914m. Qual é a velocidade v?

SITUAÇÃO Pode-se achar v diretamente da Equação 39-14.

SOLUÇÃO
1. A Equação 39-14 relaciona os comprimentos L e L_p e a velocidade v: $\quad L = L_p\sqrt{1 - \dfrac{v^2}{c^2}}$

2. Resolva para v: $\quad v = c\sqrt{1 - \dfrac{L^2}{L_p^2}} = c\sqrt{1 - \dfrac{(0{,}914\ \text{m})^2}{(1{,}00\ \text{m})^2}} = \boxed{0{,}406c}$

CHECAGEM Como esperado, a velocidade é uma fração significativa de c.

Um exemplo interessante de dilatação do tempo ou contração do comprimento é a geração de múons como radiação secundária de raios cósmicos. Os múons decaem de acordo com a lei estatística da radioatividade:

$$N(t) = N_0 e^{-t/\tau} \qquad 39\text{-}15$$

onde N_0 é o número de múons num tempo $t = 0$, $N(t)$ é o número remanescente num instante t e τ é o tempo de vida média, que é aproximadamente 2,2 μs para múons em repouso. Como os múons são gerados na atmosfera alta, geralmente vários milhares de metros acima do nível do mar, poucos múons deveriam alcançar o nível do mar. Um múon típico, com velocidade de 0,9978c iria percorrer cerca de 660 m em 2,2 μs. Entretanto, o tempo de vida de um múon medido no referencial da Terra aumenta por um fator de $1/\sqrt{1 - (v^2/c^2)}$, que é igual a 15 para a velocidade dada. O tempo de vida média do múon medido no referencial da Terra é, portanto, 33 μs, e um múon com velocidade de 0,9978c percorre, aproximadamente, 10 000 m no referencial da Terra durante este tempo. Do ponto de vista do múon, ele existe somente por 2,2 μs, e é a atmosfera que está passando por ele numa velocidade de 0,9978c. A distância de 10 000 m no referencial da Terra é então contraída para somente 660 m no referencial do múon, como mostra a Figura 39-4.

É fácil distinguir experimentalmente entre as previsões clássica e relativística para a observação dos múons no nível do mar. Suponhamos que se observe 10^8 múons numa altitude de 10 000 m durante um intervalo de tempo, usando um detector de múons. Quantos múons se esperariam encontrar, no nível do mar, durante este mesmo intervalo de tempo? De acordo com a previsão relativística, o tempo que leva para os múons percorrerem 10 000 m é de (10 000 m)/(0,9978c) ≈ 33 μs, o que corresponde a 15 vidas médias. Substituindo na Equação 39-15, $N_0 = 1{,}0 \times 10^8$ e $t = 15\tau$, obtemos

$$N = N_0 e^{-t/\tau} = 1{,}0 \times 10^8 e^{-15} = 31$$

Esperaríamos então que todos os múons, exceto cerca de 31 dos 100 milhões originais, decaíssem antes de atingirem o nível do mar.

De acordo com a previsão relativística, a Terra deve percorrer somente uma distância contraída de 660 m no referencial de repouso do múon. Esta viagem leva somente 2,2 μs = 1τ. Portanto, o número de múons esperados no nível do mar é

$$N = N_0 e^{-t/\tau} = 1{,}0 \times 10^8 e^{-1} = 37 \times 10^6$$

Então, a relatividade prevê que iríamos observar 37 milhões de múons durante o mesmo intervalo de tempo. As experiências realizadas têm confirmado a previsão relativística de 37 milhões de múons.

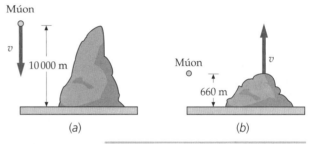

FIGURA 39-4 Embora os múons sejam criados em alturas muito grandes acima da superfície da Terra, e seu tempo de vida média seja somente 2,2 μs quando em repouso, muitos aparecem na superfície da Terra. (*a*) No referencial da Terra, um múon típico movendo-se com velocidade de 0,9978c tem um tempo de vida média de 33 μs e percorre 10 000 m durante este tempo. (*b*) No referencial do múon, a distância percorrida pela Terra é somente de 660 m no tempo de vida média do múon de 2,2 μs.

Veja
o Tutorial Matemático *para mais informações sobre*
Função Exponencial

O EFEITO DOPPLER RELATIVÍSTICO

Para a luz ou outras ondas eletromagnéticas no vácuo, uma distinção entre o movimento da fonte e o movimento do receptor não pode ser feita. Portanto, as expressões

154 | CAPÍTULO 39

deduzidas para o efeito Doppler no Capítulo 15 (Volume 1) não podem estar corretas para a luz. A razão para que não estejam corretas é que, no Capítulo 15 (Volume 1), assumimos que o intervalo de tempo medido no referencial da fonte e no referencial do receptor era o mesmo.

Considere uma fonte se movendo em direção ao receptor com velocidade v em relação ao receptor. Se a fonte emite N cristas de ondas eletromagnéticas durante um intervalo de tempo Δt_R (medido no referencial do receptor), a primeira crista irá percorrer uma distância $c\,\Delta t_R$ e a fonte irá percorrer uma distância $v\,\Delta t_R$, medida no referencial do receptor. O comprimento de onda neste referencial será

$$\lambda' = \frac{c\,\Delta t_R - v\,\Delta t_R}{N}$$

A freqüência f' observada pelo receptor será, portanto,

$$f' = \frac{c}{\lambda'} = \frac{c}{(c-v)}\frac{N}{\Delta t_R} = \frac{1}{1-(v/c)}\frac{N}{\Delta t_R}$$

Se a freqüência da fonte no referencial da fonte é f_0, ela irá emitir $N = f_0 \Delta t_S$ ondas num intervalo de tempo Δt_S medido pela fonte. Então

$$f' = \frac{1}{1-(v/c)}\frac{N}{\Delta t_R} = \frac{1}{1-(v/c)}\frac{f_0 \Delta t_S}{\Delta t_R} = \frac{f_0}{1-(v/c)}\frac{\Delta t_S}{\Delta t_R}$$

Aqui Δt_S é o intervalo de tempo próprio (a primeira onda e a N-ésima onda são emitidas no mesmo lugar no referencial da fonte). Os tempos Δt_S e Δt_R estão relacionados pela Equação 39-13 para a dilatação do tempo:

$$\Delta t_R = \gamma\,\Delta t_S = \frac{\Delta t_S}{\sqrt{1-(v^2/c^2)}}$$

Então, quando a fonte e o receptor estão se movendo um em direção ao outro, obtemos

$$f' = \frac{f_0}{1-(v/c)}\sqrt{1-(v^2/c^2)} = \sqrt{\frac{1+(v/c)}{1-(v/c)}}\,f_0 \qquad \text{aproximação} \qquad 39\text{-}16a$$

Esta expressão difere da equação clássica somente pelo fator de dilatação do tempo. É deixado como problema (Problema 25) mostrar que os mesmos resultados são obtidos se os cálculos forem feitos no referencial do receptor.

Quando a fonte e o receptor estão se afastando um do outro, a mesma análise mostra que a freqüência observada é dada por

$$f' = \frac{f_0}{1+(v/c)}\sqrt{1-(v/c^2)} = \sqrt{\frac{1-(v/c)}{1+(v/c)}}\,f_0 \qquad \text{recessão} \qquad 39\text{-}16b$$

Uma aplicação do efeito Doppler relativístico é o **deslocamento para o vermelho** observado na luz vinda de galáxias distantes. Como as galáxias estão se afastando de nós, a luz que elas emitem é deslocada para comprimentos de onda maiores. (A luz vermelha tem o comprimento de onda maior no visível, por isto chamamos de deslocamento para o vermelho.) A velocidade das galáxias em relação a nós pode ser determinada através da medida deste deslocamento.

Exemplo 39-4   Sinal Vermelho/Sinal Verde

Você passou o dia seguindo de perto dois oficiais de polícia. Você acabou de testemunhar os oficiais pararem um carro porque este ultrapassou um sinal vermelho. O motorista alega que a luz vermelha parecia verde, porque o carro estava se movendo em direção ao semáforo, o que deslocaria o comprimento de onda da luz observada. Você faz rapidamente uns cálculos para ver se o motorista está com a razão.

SITUAÇÃO Podemos usar a fórmula do deslocamento Doppler para a aproximação de objetos, a Equação 39-16a. Esta irá nos dar a velocidade, mas precisamos saber as freqüências da luz. Podemos fazer uma boa estimativa para os comprimentos de onda da luz vermelha e da luz verde e usar $c = f\lambda$ para determinar as freqüências.

SOLUÇÃO

1. O observador está se aproximando da fonte de luz, logo usamos a fórmula do efeito Doppler (Equação 39-16a) para fontes que se aproximam:

$$f' = \sqrt{\frac{1 + (v/c)}{1 - (v/c)}} f_0$$

2. Substitua c/λ por f e simplifique:

$$\frac{c}{\lambda'} = \sqrt{\frac{1 + (v/c)}{1 - (v/c)}} \frac{c}{\lambda_0}$$

$$\left(\frac{\lambda_0}{\lambda'}\right)^2 = \frac{1 + (v/c)}{1 - (v/c)}$$

3. Faça a multiplicação conveniente e resolva:

$$(\lambda_0)^2\left(1 - \frac{v}{c}\right) = (\lambda')^2\left(1 + \frac{v}{c}\right)$$

$$(\lambda_0)^2 - (\lambda')^2 = \left[(\lambda_0)^2 + (\lambda')^2\right]\left(\frac{v}{c}\right)$$

$$\frac{v}{c} = \frac{(\lambda_0)^2 - (\lambda')^2}{(\lambda_0)^2 + (\lambda')^2} = \frac{1 - (\lambda'/\lambda_0)^2}{1 + (\lambda'/\lambda_0)^2}$$

4. Os valores para os comprimentos de onda das cores no espectro visível podem ser encontrados na Tabela 30-1. Os comprimentos de onda para o vermelho são 625 nm ou maiores, e os comprimentos de onda para o verde são 530 nm ou menores. Resolva a equação para a velocidade necessária para deslocar o comprimento de onda de 625 nm para 530nm:

$$\frac{\lambda'}{\lambda_0} = \frac{530 \text{ nm}}{625 \text{ nm}} = 0{,}848$$

$$\frac{v}{c} = \frac{1 - 0{,}848^2}{1 + 0{,}848^2} = 0{,}163$$

$$v = 0{,}163c = 4{,}90 \times 10^7 \text{ m/s} = 1{,}10 \times 10^8 \text{ mi/h}$$

5. Esta velocidade está além de qualquer velocidade possível para um carro:

O motorista não tem um caso aceitável.

CHECAGEM Um carro não pode viajar em velocidades relativísticas, assim a resposta a este problema era óbvia.

Exemplo 39-5 | **Encontrando a Velocidade a partir do Deslocamento Doppler**

Tente Você Mesmo

O espectro de emissão do hidrogênio inclui uma linha que tem comprimento de onda de $\lambda_0 = 656$ nm. Na luz que chega até nós de uma galáxia distante, o comprimento de onda da linha espectral é medido como $\lambda' = 1458$ nm. Encontre a velocidade de recessão da galáxia em relação à Terra.

SITUAÇÃO O comprimento de onda está relacionado à freqüência por $c = f\lambda$ e a freqüência recebida está relacionada à freqüência não deslocada pela equação do efeito Doppler para fontes em recessão (Equação 39-16b).

SOLUÇÃO

Cubra a coluna da direita e tente por si só antes de olhar as respostas.

Passos	Respostas
1. Use a Equação 39-16b para relacionar a velocidade v da freqüência recebida f' e a freqüência não deslocada f_0.	$f' = \sqrt{\dfrac{1 - (v/c)}{1 + (v/c)}} f_0$
2. Substitua $f' = c/\lambda'$ e $f_0 = c/\lambda_0$ e resolva para v/c.	$\dfrac{v}{c} = \dfrac{1 - (\lambda_0/\lambda')^2}{1 + (\lambda_0/\lambda')^2} = 0{,}664$
	$v = \boxed{0{,}664c}$

CHECAGEM Como esperado, o resultado é uma fração significativa de c. Este resultado é esperado porque o comprimento de onda da luz recebida é maior comparado ao comprimento de onda da mesma linha espectral no referencial da fonte.

156 | CAPÍTULO 39

39-4 SINCRONIZAÇÃO DE RELÓGIOS E SIMULTANEIDADE

Vimos na Seção 39-3 que o tempo próprio é o intervalo de tempo entre dois eventos que ocorrem no mesmo ponto num certo referencial. Pode então ser medido com um único relógio. (Lembre, em cada referencial existe, em princípio, um relógio estacionário em cada ponto no espaço, e o tempo de cada evento num dado referencial é medido pelo relógio naquele ponto.) Entretanto, em outro referencial, que se move em relação ao primeiro, os mesmos dois eventos ocorrem em diferentes lugares, e assim são necessários dois relógios estacionários neste referencial para registrar os tempos. O tempo de cada evento é medido com um relógio diferente, e o intervalo é encontrado pela subtração dos tempos medidos. Este procedimento requer que os relógios sejam **sincronizados**. Mostraremos nesta seção que:

> Dois relógios que estão sincronizados num referencial não estarão sincronizados em nenhum outro referencial que esteja em movimento em relação ao primeiro.
>
> RELÓGIOS SINCRONIZADOS

O corolário desta afirmação é:

> Dois eventos que são simultâneos em um referencial não são simultâneos em outro referencial que esteja em movimento em relação ao primeiro.*
>
> EVENTOS SIMULTÂNEOS

A compreensão destes fatos geralmente resolve todos os paradoxos da relatividade. Infelizmente, a crença intuitiva (e incorreta) de que a simultaneidade é uma relação absoluta é difícil de erradicar.

Suponha que tenhamos dois relógios em repouso, um num ponto A e outro no ponto B, onde os pontos A e B estão separados por uma distância L no referencial S. Como podemos sincronizar os dois relógios? Se um observador em A olha o relógio em B e ajusta seu relógio para ler o mesmo tempo, os relógios não estarão sincronizados, porque a luz leva um tempo L/c para percorrer a distância entre os dois relógios. Para sincronizar os relógios, o observador em A deve adiantar seu relógio de L/c. Então, perceberá que o relógio do observador B lê um tempo que está L/c atrás do tempo lido no seu relógio, mas verificará que os relógios estão sincronizados quando levar em conta o tempo L/c que a luz leva para sair de B e chegar a A. Quaisquer outros observadores em S (exceto aqueles eqüidistantes dos dois relógios) verão os relógios marcarem tempos diferentes, mas também verificarão que os relógios estão sincronizados quando calcularem o tempo que a luz leva para chegar até eles. Um método equivalente para sincronizar dois relógios seria colocar um observador no ponto C, a meio caminho entre os relógios, enviando um sinal luminoso para os observadores em A e em B para que acertassem seus respectivos relógios ao receberam o sinal.

Vamos examinar agora a questão da **simultaneidade**. Suponhamos que os observadores em A e B concordem em emitir sinais luminosos em t_0 (tendo sincronizado seus relógios previamente). O observador em C irá ver os dois sinais luminosos ao mesmo tempo, porque ele está eqüidistante de A e B, e irá concluir que os sinais foram emitidos simultaneamente. Outros observadores no referencial S irão ver a luz de A ou B primeiro, dependendo de sua localização, mas após fazerem a correção necessária no tempo que a luz leva para chegar até eles, eles também irão concluir que os sinais luminosos foram simultâneos. Podemos então definir a simultaneidade da seguinte forma:

> Dois eventos num referencial são simultâneos se os sinais luminosos dos eventos alcançam ao mesmo tempo um observador situado na metade do caminho entre estes eventos.
>
> DEFINIÇÃO — SIMULTANEIDADE

---

* Como este deslocamento é em geral muito pequeno, não importa por qual intervalo de tempo a parte esquerda da equação é dividida.

Para mostrar que dois eventos que são simultâneos no referencial S não são simultâneos em outro referencial S' que se move em relação a S, vamos usar um exemplo enunciado por Einstein. Um trem está se movendo com velocidade v e passa pela plataforma de uma estação. Vamos considerar o trem em repouso no referencial S' e a plataforma em repouso no referencial S. Temos os observadores A', B' e C', na frente, atrás e no meio do trem (Figura 39-5). Vamos agora imaginar que a plataforma e o trem são atingidos por raios na frente e atrás do trem e que os raios são simultâneos no referencial S da plataforma. Isto é, um observador C na plataforma, situado a meio caminho entre as posições A e B, onde os raios bateram, vê a luz das duas batidas ao mesmo tempo.

É conveniente supor que os raios marcaram tanto o trem como a plataforma, e deste modo os eventos podem ser facilmente localizados. Como C' está no meio do trem, situado na metade da distância entre os pontos marcados no trem pelos raios, os eventos são simultâneos em S' somente se C' observar os dois raios ao mesmo tempo. Entretanto, o raio que atinge a frente do trem é visto por C' antes do raio que atinge a parte de trás do trem. Pode-se entender isto considerando o movimento de C' visto no referencial S (Figura 39-6). No instante em que a luz do raio da frente alcança C', este se desloca um tanto para frente, se afastando um tanto da luz da parte de trás do trem. Então, a luz do raio de trás ainda não alcançou C', como mostra a figura. O observador C' deverá, portanto, concluir que os eventos não são simultâneos, e que a frente do trem foi atingida antes que a parte de trás. Além disso, todos os observadores em S' no trem irão concordar com C' quando eles tiverem feito a correção no tempo que a luz leva para chegar até eles.

A Figura 39-7 mostra os eventos da queda dos raios vistos no referencial do trem (S'). Neste referencial a plataforma está se movendo, logo a distância entre as marcas dos raios na plataforma é contraída. A plataforma é mais curta do que em S, e, como o trem está em repouso, este é mais comprido que seu comprimento contraído em S. Quando o raio atinge a frente do trem em A' a frente do trem está no ponto A, e o final do trem ainda não alcançou o ponto B. Mais tarde, quando o raio atinge o final do trem em B', a parte de trás do trem alcança o ponto B na plataforma.

A discrepância no tempo entre os dois relógios que estão sincronizados no referencial S, vistos porém no referencial S', pode ser calculada pelas equações da transformação de Lorentz. Vamos supor que temos dois relógios nos pontos x_1 e x_2 sincronizados em S. Quais os instantes t_1 e t_2 que estes relógios irão marcar, observados num referencial S', num instante t'_0? Pela Equação 39-12, quando $t'_1 = t'_2 = t'_0$, temos

$$t'_0 = \gamma\left(t_1 - \frac{vx_1}{c^2}\right)$$

e

$$t'_0 = \gamma\left(t_2 - \frac{vx_2}{c^2}\right)$$

Subtraindo a primeira equação da segunda e rearranjando, temos

$$t_2 - t_1 = \frac{v}{c^2}(x_2 - x_1)$$

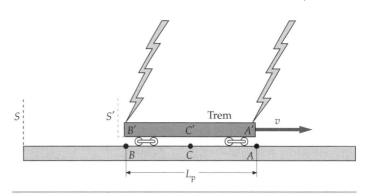

FIGURA 39-5 No referencial S ligado à plataforma, dois raios simultâneos atingem as extremidades do trem se movendo com velocidade v. A luz dos eventos simultâneos alcança o observador C, parado na plataforma na metade da distância entre os dois eventos, ao mesmo tempo. A distância entre os pontos onde os raios caíram é $L_{p\,plataforma}$.

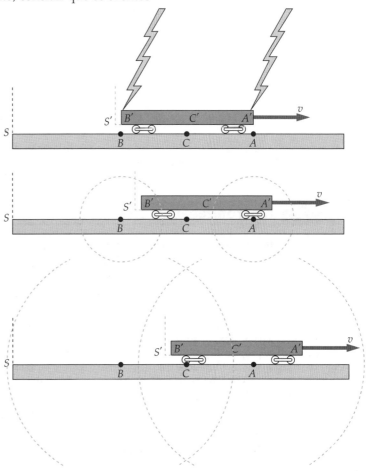

FIGURA 39-6 No referencial S ligado à plataforma, a luz do raio que atinge a frente do trem alcança o observador C', que está no meio do trem, antes da luz do raio que atinge a parte de trás do trem. Como C' está no meio entre os dois eventos (que ocorrem na frente e atrás no trem), estes não são simultâneos para ele.

158 | CAPÍTULO 39

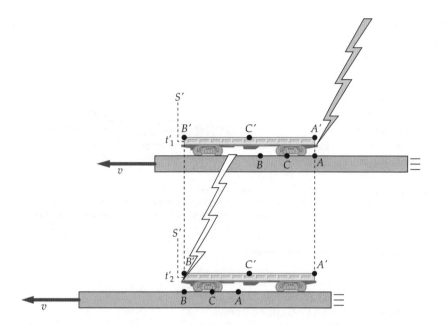

FIGURA 39-7 Os raios da Figura 39-5 vistos no referencial S' do trem. Neste referencial, a distância entre A e B na plataforma é menor que $L_{p\,\text{plataforma}}$, e o comprimento próprio do trem $L_{p\,\text{trem}}$ é maior que $L_{p\,\text{plataforma}}$. O primeiro raio atinge a frente do trem quando A' e A coincidem. O segundo raio atinge a parte de trás do trem quando B' e B coincidem.

Observe que o relógio em x_2 está adiantado em relação ao outro (em x_1) por uma quantidade que é proporcional a sua separação própria $L_p = x_2 - x_1$.

> Se dois relógios estiverem sincronizados no referencial no qual ambos estão em repouso, estarão fora de sincronização num referencial que se desloca ao longo da linha que liga os dois relógios, e um dos relógios estará adiantado (marca um tempo posterior) em relação ao outro por
>
> $$\Delta t_S = L_p \frac{v}{c^2} \qquad 39\text{-}17$$
>
> onde L_p é a distância própria entre os relógios.
>
> RELÓGIO MOSTRA TEMPO ADIANTADO

Um exemplo numérico deverá ajudar a esclarecer a dilatação do tempo, a sincronização de relógios e a coerência interna destes resultados.

Exemplo 39-6 — Sincronização de Relógios

Um observador A' numa nave espacial que possui um dispositivo emissor de sinais luminosos e um espelho é mostrado na Figura 39-3. O observador A' está parado junto ao dispositivo emissor de sinais luminosos. A distância entre o dispositivo e o espelho é de 15 minutos-luz (escrevemos $15\,c \cdot \text{min}$) e a nave espacial, em repouso no referencial S', viaja com velocidade $v = 0{,}80c$ em relação a uma plataforma espacial muito comprida, que está em repouso no referencial S. A plataforma possui dois relógios sincronizados, um relógio na posição x_1, que é a posição da nave espacial quando o observador liga o dispositivo, emitindo um sinal luminoso, e o outro relógio está na posição x_2, que é a posição da nave espacial quando a luz emitida pelo dispositivo retorna ao próprio dispositivo vinda do espelho. Ache o intervalo de tempo entre os dois eventos (emissão do sinal luminoso pelo dispositivo e retorno do sinal luminoso ao dispositivo, vindo do espelho) (a) no referencial da nave espacial e (b) no referencial da plataforma. Ache (c) a distância percorrida pela nave espacial e (d) a quantidade pela qual os relógios da plataforma estão fora de sincronização, de acordo com os observadores na nave espacial.

SITUAÇÃO Os eventos ocorrem no mesmo lugar na nave espacial, assim o intervalo de tempo entre os dois eventos no referencial S' é o tempo próprio entre os eventos.

SOLUÇÃO

(a) 1. No referencial da nave espacial, a luz percorre uma distância total entre a sua emissão em direção ao espelho e a sua volta, de $D = 30\,c \cdot \text{min}$. O tempo para cobrir esta distância é D/c:

$$\Delta t' = \frac{D}{c} = \frac{30\,c \cdot \text{min}}{c} = \boxed{30\,\text{min}}$$

2. Como os dois eventos ocorrem no mesmo lugar na nave espacial, o intervalo de tempo é o tempo próprio:

$$\Delta t_p = \boxed{30\,\text{min}}$$

(b) 1. No referencial S, o tempo entre os dois eventos é maior por um fator γ: $\Delta t = \gamma \Delta t_p = \gamma(30 \text{ min})$

2. Calcule γ:
$$\gamma = \frac{1}{\sqrt{1-(v^2/c^2)}} = \frac{1}{\sqrt{1-(0{,}80)^2}} = \frac{1}{\sqrt{0{,}36}} = \frac{5}{3}$$

3. Use o valor de γ para calcular o tempo entre os eventos observados no referencial S: $\Delta t = \gamma \Delta t_p = \frac{5}{3}(30 \text{ min}) = \boxed{50 \text{ min}}$

(c) No referencial S, a distância percorrida pela nave espacial é $v \Delta t$: $x_2 - x_1 = v \Delta t = (0{,}80c)(50 \text{ min}) = \boxed{40\ c \cdot \text{min}}$

(d) 1. Os relógios na plataforma estão fora de sincronização por uma quantidade que está relacionada à distância própria entre os relógios L_p: $\Delta t_s = L_p \dfrac{v}{c^2}$

2. O resultado da Parte (c) é a distância própria entre os relógios da plataforma: $L_p = x_2 - x_1 = 40\ c \cdot \text{min}$

assim

$$\Delta t_s = L_p \frac{v}{c^2} = (40\ c \cdot \text{min})\frac{(0{,}80c)}{c^2} = \boxed{32 \text{ min}}$$

INDO ALÉM Os observadores na plataforma diriam que os relógios na nave espacial estão andando mais devagar, porque marcaram um tempo de somente 30 min entre os dois eventos, enquanto o tempo medido pelos observadores na plataforma foi de 50 min.

A Figura 39-8 mostra a situação do Exemplo 39-6 vista pelos observadores da nave espacial em S'. A plataforma desloca-se em relação à nave com velocidade de $0{,}8c$. Existe um relógio no ponto x_1 que coincide com a nave quando o dispositivo emissor de sinais luminosos é disparado, e outro, no ponto x_2, que coincide com a nave quando o sinal retorna ao dispositivo vindo do espelho. Vamos supor que o relógio em x_1 marca 12h 00min (meio-dia) no instante da emissão do sinal luminoso. Os relógios em x_1 e x_2 estão sincronizados em S, mas não em S'. Em S', o relógio em x_2, que está perseguindo aquele em x_1, está adiantado por 32 min; ele marcaria, então, 12 h 32 min para um observador em S'. Quando a nave espacial coincide com x_2, o relógio dela marca 12 h 50 min. O tempo entre os eventos é, portanto, de 50 min em S. Observe que de acordo com os observadores em S' este relógio marca apenas 50 min − 32 min = 18 min para uma viagem que leva 30 min em S'. Então, os observadores em S' vêem este relógio andar mais lentamente por um fator de 30/18 = 5/3.

Cada observador no seu referencial vê os relógios no outro referencial andarem mais lentamente. De acordo com o observador em S, que mede 50 min para o intervalo de tempo, o intervalo de tempo em S' (30 min) é muito pequeno, assim eles vêem o único relógio em S' andar muito devagar por um fator de 5/3. De acordo com o observador em S', os observadores em S medem um intervalo de tempo que é muito *longo*, apesar do fato de que seus relógios andam muito lentamente, porque os relógios em S não estão sincronizados. Os relógios marcam apenas 18 min, mas o segundo relógio está adiantado em relação ao primeiro por 32 min, de tal modo que o intervalo de tempo é de 50 min.

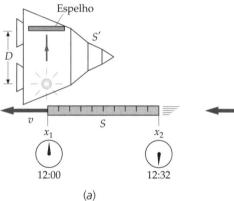
(a)

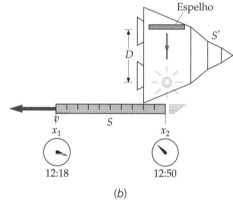
(b)

FIGURA 39-8 Os relógios na plataforma são observados no referencial S' da nave espacial. Durante o intervalo de tempo $\Delta t = 30$ min, que a plataforma leva para passar a nave espacial, os relógios da plataforma andam mais lentamente e marcam $(30 \text{ min})/\gamma = 18$ min. Porém, os relógios não estão sincronizados com o relógio que está adiantado por $L_p v/c^2$, que para este caso é de 32 min. O tempo que a nave espacial leva para ir de x_1 para x_2, medido na plataforma, é portanto, 32 min + 18 min = 50 min.

O PARADOXO DOS GÊMEOS

Homero e Ulisses são gêmeos idênticos. Ulisses viaja a alta velocidade para um planeta, além do sistema solar, e retorna, enquanto Homero permanece em casa. Quando eles se reúnem de novo, qual dos gêmeos está mais velho ou eles estão com a mesma idade? A resposta correta é que Homero, o gêmeo que ficou em casa, está mais velho. Este problema, com variações, tem sido objeto de debates calorosos por décadas, embora sejam muito poucos os que discordam da resposta. O problema aparece como um paradoxo por causa do papel, aparentemente simétrico, desempenhado pelos gêmeos, e o resultado assimétrico no seu envelhecimento. O paradoxo é resolvido quando se observa a assimetria dos papéis dos gêmeos. O resultado relativístico é conflitante com o senso comum, baseado na crença forte, mas incorreta, da simultaneidade absoluta. Vamos considerar um caso particular, com algumas grandezas numéricas, que embora não sejam práticas, tornam os cálculos fáceis.

No referencial S, a Terra, o planeta P e Homero estão em repouso e a Terra e o planeta P estão separados por uma distância L_p (Figura 39-9). Homero está na Terra. Os referenciais S' e S'' se movem com velocidade v se aproximando e se afastando do planeta, respectivamente. Ulisses acelera rapidamente até a velocidade v e anda junto ao referencial S', em repouso, até chegar ao planeta, onde ele desacelera rapidamente até parar, e fica momentaneamente em repouso no referencial S. Para retornar, Ulisses acelera rapidamente até v em direção à Terra e anda junto ao referencial S'', em repouso, até alcançar a Terra, onde ele rapidamente desacelera até parar. Podemos supor que os tempos de aceleração (e desaceleração) são desprezíveis, se comparados com os tempos das viagens. Vamos usar os seguintes valores para exemplificar: $L_p = 8$ anos-luz ($8\,c \cdot$ ano) e $v = 0{,}8c$. Então $\sqrt{1 - (v^2/c^2)} = 3/5$ e $\gamma = 5/3$.

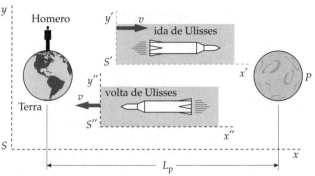

FIGURA 39-9 O paradoxo dos gêmeos. A Terra e um planeta distante estão fixos no referencial S. Ulisses viaja no referencial S' para o planeta e retorna para a Terra no referencial S''. Seu irmão gêmeo, Homero, permanece na Terra. Quando Ulisses retorna, ele está mais jovem que seu irmão gêmeo. Os papéis dos gêmeos nesta viagem não são simétricos. Homero permanece em repouso em um referencial inercial, enquanto Ulisses deve ir de um estado de repouso num referencial inercial para outro se ele quiser voltar para casa.

É fácil analisar o problema do ponto de vista do Homero, na Terra. De acordo com o relógio do Homero, Ulisses viaja no referencial S' por um tempo $L_p/v = 10$ anos, e no referencial S'', por um tempo igual. Então, Homero está 20 anos mais velho quando Ulisses retorna. O intervalo de tempo em S' entre a saída de Ulisses da Terra e sua chegada de volta do planeta é menor porque ele mede tempo próprio. O tempo que Ulisses leva para chegar ao planeta marcado no seu relógio é

$$\Delta t' = \frac{\Delta t}{\gamma} = \frac{10\text{ a}}{5/3} = 6\text{ a}$$

Como o tempo da viagem de volta é o mesmo, Ulisses terá registrado 12 anos para a viagem de ida e volta, e, portanto, ele estará 8 anos mais moço que Homero quando retornar à Terra.

Do ponto de vista de Ulisses, a distância entre a Terra e o planeta está contraída, e é apenas

$$L' = \frac{L_p}{\gamma} = \frac{8\,c \cdot \text{a}}{5/3} = 4{,}8\,c \cdot \text{a}$$

Para $v = 0{,}8c$, bastam apenas $L'/v = 4{,}8\,c \cdot \text{a}/0{,}8\,c = 6$ anos em cada sentido.

O desafio real neste problema é o de Ulisses entender por que seu irmão gêmeo envelheceu 20 anos durante sua ausência. Se considerarmos Ulisses como estando em repouso e Homero em movimento, se afastando, o relógio de Homero deveria andar devagar e medir apenas $\tfrac{3}{5}(6\text{ a}) = 3{,}6$ anos. Então, por que Homero não deveria envelhecer apenas 7,2 anos durante a viagem de ida e volta? Este é, evidentemente, o paradoxo. A dificuldade com a análise, do ponto de vista de Ulisses, é de que ele não permanece num único referencial inercial. O que acontece quando Ulisses está acelerando e desacelerando? Para investigar detalhadamente este problema, deveríamos tratar com referenciais acelerados, matéria esta estudada na relatividade geral e que está além dos objetivos deste livro. Entretanto, podemos ter certa compreensão do problema fazendo com que os gêmeos enviem sinais regulares um para o outro, de tal modo que eles possam acompanhar a idade de cada um, continuamente. Se eles combinarem de enviar sinais uma vez por ano, cada um pode determinar a idade do outro simplesmente contando os sinais recebidos. A freqüência de chegada do sinal não será de 1 por ano por causa do deslocamento Doppler. A freqüência observada é dada pelas Equações 39-16a e 39-16b. Usando $v/c = 0{,}8$ (assim, $v^2/c^2 = 0{,}64$), temos para o caso em que os gêmeos estão se afastando um do outro

$$f' = \frac{f_0}{1 + (v/c)}\sqrt{1 - (v^2/c^2)} = \frac{\sqrt{1 - 0{,}64}}{1 + 0{,}8}f_0 = \frac{1}{3}f_0$$

Quando eles estiverem se aproximando, a Equação 39-16a dá $f' = 3f_0$.

Vamos considerar, inicialmente, a situação do ponto de vista de Ulisses. Durante os 6 anos que ele levou para chegar ao planeta (lembre que a distância está contraída no referencial dele), ele recebe sinais a uma taxa de $\frac{1}{3}$ de sinal por ano, e, portanto, ele recebe 2 sinais. Tão logo inicia a viagem de volta à Terra, ele começa a receber 3 sinais por ano. Nos 6 anos que ele levou para retornar, recebeu 18 sinais, dando um total de 20 para toda a viagem. Ele esperaria, portanto, que seu irmão gêmeo tivesse envelhecido 20 anos.

Vamos agora considerar a situação do ponto de vista de Homero. Ele recebe os sinais a uma taxa de $\frac{1}{3}$ de sinal por ano, não apenas durante os 10 anos que Ulisses leva para chegar ao planeta, mas também durante o tempo de trânsito do último sinal enviado por Ulisses antes de inverter o sentido de sua viagem. (Homero não pode saber que Ulisses já está de volta até que os sinais comecem a chegar até ele com freqüência maior.) Como o planeta está a uma distância de 8 anos-luz, existe um adicional de 8 anos para a recepção dos sinais a uma taxa de $\frac{1}{3}$ de sinal por ano. Durante os primeiros 18 anos, Homero recebeu 6 sinais. Nos 2 anos finais, antes da chegada de Ulisses, Homero recebeu 6 sinais, ou 3 por ano. (O primeiro sinal enviado por Ulisses depois de ter iniciado a volta levou 8 anos para chegar à Terra, enquanto Ulisses, viajando a 0,8c, levou 10 anos para retornar e, portanto, chegou apenas 2 anos depois que Homero começou a receber os sinais a uma freqüência maior.) Então, Homero espera que Ulisses tenha envelhecido 12 anos. Nesta análise, a assimetria no papel dos gêmeos é aparente. Quando eles estão juntos de novo, ambos concordam que aquele que viajou estará mais jovem do que aquele que ficou em casa.

As previsões da teoria da relatividade restrita em relação ao paradoxo dos gêmeos têm sido testadas usando partículas pequenas que podem ser aceleradas atingindo velocidades tão grandes que γ é apreciavelmente maior que 1. Partículas instáveis podem ser aceleradas e mantidas em órbitas circulares por campos magnéticos, por exemplo, e seus tempos de vida podem então ser comparados com partículas idênticas em repouso. Em todas estas experiências, as partículas aceleradas viveram mais, na média, do que as partículas em repouso, conforme a previsão. Estas previsões foram também confirmadas pelos resultados de uma experiência com relógios atômicos de grande precisão que voaram ao redor do mundo em aviões comerciais. Mas a análise desta experiência é complicada, devido à necessidade de se incluir efeitos gravitacionais, que são tratados na teoria geral da relatividade.

39-5 A TRANSFORMAÇÃO DE VELOCIDADE

Podemos achar como as velocidades se transformam, de um referencial para outro, derivando as equações da transformação de Lorentz. Suponha uma partícula que tenha velocidade $u'_x = dx'/dt'$ no referencial S', que se desloca para a direita com velocidade v em relação ao referencial S. A velocidade da partícula no referencial S é

$$u_x = \frac{dx}{dt}$$

Das equações da transformação de Lorentz (Equações 39-9 e 39-10), temos

$$dx = \gamma(dx' + v\,dt')$$

e

$$dt = \gamma\left(dt' + \frac{v\,dx'}{c^2}\right)$$

A velocidade relativa ao referencial S é, então,

$$u_x = \frac{dx}{dt} = \frac{\gamma(dx' + v\,dt')}{\gamma\left(dt' + \dfrac{v\,dx'}{c^2}\right)} = \frac{\dfrac{dx'}{dt'} + v}{1 + \dfrac{v}{c^2}\dfrac{dx'}{dt'}} = \frac{u'_x + v}{1 + \dfrac{vu'_x}{c^2}}$$

Se a partícula tiver componentes da velocidade ao longo dos eixos y e z, podemos usar a mesma relação entre dt e dt', com $dy = dy'$ e $dz = dz'$, para obter

162 | CAPÍTULO 39

$$u_y = \frac{dy}{dt} = \frac{dy'}{\gamma\left(dt' + \dfrac{v\,dx'}{c^2}\right)} = \frac{\dfrac{dy'}{dt'}}{\gamma\left(1 + \dfrac{v}{c^2}\dfrac{dx'}{dt'}\right)} = \frac{u'_y}{\gamma\left(1 + \dfrac{vu'_x}{c^2}\right)}$$

e

$$u_z = \frac{u'_z}{\gamma\left(1 + \dfrac{vu'_x}{c^2}\right)}$$

A transformação completa da velocidade relativística é, então

$$u_x = \frac{u'_x + v}{1 + \dfrac{vu'_x}{c^2}} \qquad\qquad 39\text{-}18a$$

$$u_y = \frac{u'_y}{\gamma\left(1 + \dfrac{vu'_x}{c^2}\right)} \qquad\qquad 39\text{-}18b$$

$$u_z = \frac{u'_z}{\gamma\left(1 + \dfrac{vu'_x}{c^2}\right)} \qquad\qquad 39\text{-}18c$$

TRANSFORMAÇÃO DE VELOCIDADE RELATIVÍSTICA

As equações da transformação inversa da velocidade são

$$u'_x = \frac{u_x - v}{1 - \dfrac{vu_x}{c^2}} \qquad\qquad 39\text{-}19a$$

$$u'_y = \frac{u_y}{\gamma\left(1 - \dfrac{vu_x}{c^2}\right)} \qquad\qquad 39\text{-}19b$$

$$u'_z = \frac{u_z}{\gamma\left(1 - \dfrac{vu_x}{c^2}\right)} \qquad\qquad 39\text{-}19c$$

Estas equações são diferentes do resultado clássico e intuitivo, $u_x = u'_x + v$, $u_y = u'_y$ e $u_z = u'_z$, porque os denominadores nas equações não são iguais a 1. Quando v e u_x são pequenos comparados com a velocidade da luz c, $\gamma \approx 1$ e $vu'_x/c^2 \ll 1$. Neste caso, as transformações de velocidade clássica e relativística são as mesmas.

Exemplo 39-7   Velocidade Relativa em Velocidades Não-relativísticas

Um avião supersônico se afasta de você, indo na direção $+x$, com a velocidade de 1000 m/s (cerca de 3 vezes a velocidade do som) em relação a você. Um segundo avião, viajando na mesma direção e na frente do primeiro avião, se afasta de você e se afasta do primeiro avião, a uma velocidade de 500 m/s em relação ao primeiro avião. Qual a velocidade com que o segundo avião se move em relação a você?

SITUAÇÃO As velocidades são tão pequenas comparadas com c que esperamos que a equação clássica para a combinação das velocidades esteja correta. Mostramos isto calculando o termo de correção no denominador da Equação 39-18a. Seja o referencial S seu referencial de repouso e S' o referencial de repouso do primeiro avião. Então v, a velocidade de S' em relação a S, é 1000 m/s. O segundo avião tem velocidade $u'_x = 500$ m/s em relação a S'.

Relatividade | **163**

SOLUÇÃO

1. Seja S e S' os referenciais de você e do primeiro avião, respectivamente. Também, sejam u_x e u'_x as velocidades do segundo avião em relação a S e S', respectivamente. A Equação 39-18a pode ser usada para achar u_x. A velocidade do segundo avião em relação a você é v:

$$u_x = \frac{u'_x + v}{1 + \dfrac{vu'_x}{c^2}}$$

2. Se o termo de correção no denominador é desprezível (comparado a 1), a Equação 39-18a dá a fórmula clássica para a combinação de velocidades. Calcule o valor do termo de correção:

$$\frac{vu'_x}{c^2} = \frac{(1000)(500)}{(3,00 \times 10^8)^2} = 5,56 \times 10^{-12}$$

3. O termo de correção é tão pequeno que os resultados clássico e relativístico são essencialmente os mesmos:

$$u_x \approx u'_x + v$$
$$= 500 \text{ m/s} + 1000 \text{ m/s} = \boxed{1500 \text{ m/s}}$$

Exemplo 39-8 — Velocidade Relativa em Velocidades Relativísticas

Trabalhe o Exemplo 39-7 considerando que o primeiro avião se move com velocidade de $0,80c$ em relação ao primeiro avião.

SITUAÇÃO Estas velocidades não são pequenas se comparadas a c, assim necessitamos usar a expressão relativística (Equação 39-18a). De novo, vamos supor que você está em repouso no referencial S e o primeiro avião está em repouso no referencial S', que está se movendo com velocidade $v = 0,80c$ em relação a você. A velocidade do segundo avião em relação a S' é $u'_x = 0,80c$.

SOLUÇÃO

Use a Equação 39-18a para calcular a velocidade do segundo avião em relação a você:

$$u_x = \frac{u'_x + v}{1 + \dfrac{vu'_x}{c^2}} = \frac{0,80c + 0,80c}{1 + \dfrac{(0,80c)(0,80c)}{c^2}} = \frac{1,60c}{1,64} = \boxed{0,98c}$$

CHECAGEM Como esperado, o resultado é menor que c.

O resultado no Exemplo 39-8 é bastante diferente do resultado esperado classicamente de $0,80c + 0,80c = 1,60c$. De fato, pode ser mostrado das Equações 39-18a–c que, se a velocidade de um objeto é menor que c em um referencial, ela será menor que c em todos os outros referenciais que se movem em relação ao referencial com velocidade menor que c. (Veja Problema 59.) Vamos ver na Seção 39-7 que é preciso uma quantidade infinita de energia para acelerar uma partícula até a velocidade da luz. A velocidade da luz c é então um limite superior inatingível para a velocidade de uma partícula com massa. (Existem partículas sem massa, como fótons, que sempre se movem com a velocidade da luz.)

Exemplo 39-9 — Velocidade Relativa de um Fóton

Um fóton se move ao longo do eixo x' num referencial S', com velocidade $u'_x = c$. Qual é sua velocidade no referencial S?

SITUAÇÃO Use a Equação 39-18a para calcular a velocidade do fóton em S.

SOLUÇÃO

A velocidade em S é dada pela Equação 39-18a:

$$u_x = \frac{u'_x + v}{1 + \dfrac{vu'_x}{c^2}} = \frac{c + v}{1 + \dfrac{vc}{c^2}} = \frac{c + v}{1 + \dfrac{v}{c}} = \frac{c + v}{\dfrac{1}{c}(c + v)} = \boxed{c}$$

CHECAGEM A velocidade em ambos referenciais é c, independentemente de v. Isto está de acordo com os postulados de Einstein.

Exemplo 39-10 — Foguetes Passando em Direções Opostas

Duas espaçonaves, cada uma com 100 m de comprimento, quando medidas em repouso, viajam uma em direção à outra, cada uma com velocidade de 0,85c em relação à Terra. (a) Qual é o comprimento de cada espaçonave medido por um observador em repouso em relação à Terra? (b) Qual a velocidade com que cada espaçonave viaja medida por um observador em repouso em relação à outra espaçonave? (c) Qual é o comprimento de uma espaçonave quando medida por um observador em repouso em relação à outra espaçonave? (d) No tempo $t = 0$ na Terra, a frente das espaçonaves está lado a lado, assim que as espaçonaves começam a ultrapassar uma a outra. Para que tempo, na Terra, suas traseiras estarão lado a lado?

SITUAÇÃO (a) O comprimento de cada espaçonave medido na Terra é o comprimento contraído $\sqrt{1 - (u^2/c^2)}L_p$ (Equação 39-14), onde u é a velocidade de ambas as espaçonaves em relação à Terra. Para resolver a Parte (b), colocamos a Terra no referencial S, e a espaçonave da esquerda (espaçonave 1) no referencial S', que se move com velocidade $v = 0,85c$ em relação a S. Então, a espaçonave da direita (espaçonave 2) se move com velocidade $u_{1x} = -0,85c$ (Figura 39-10). (c) O comprimento da espaçonave 2 como vista pelo observador em repouso em relação à espaçonave 1 é $\sqrt{1 - (u_{2x}^2/c^2)}L_p$.

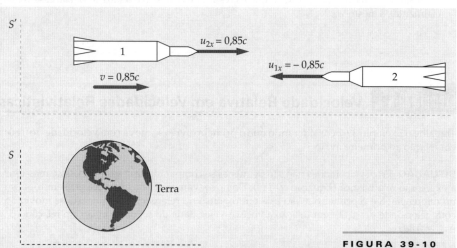

FIGURA 39-10

SOLUÇÃO

(a) O comprimento de cada espaçonave em S, o referencial da Terra, é o comprimento próprio dividido por γ.

$$L = \frac{1}{\gamma}L_p = \sqrt{1 - \frac{|u_{2x}|^2}{c^2}}L_p = \sqrt{1 - \frac{(0,85c)^2}{c^2}}(100 \text{ m}) = \boxed{53 \text{ m}}$$

(b) Use a fórmula de transformação da velocidade (Equação 39-19a) para encontrar a velocidade u'_{2x} da espaçonave 2 medida no referencial S':

$$u'_{2x} = \frac{u_{2x} - v}{1 - \frac{vu_{2x}}{c^2}} = \frac{-0,85c - 0,85c}{1 - \frac{(0,85c)(-0,85c)}{c^2}} = \frac{-1,70c}{1,7225} = -0,987c$$

assim

$$|u'_{2x}| = \boxed{0,99c}$$

(c) No referencial da espaçonave 1, a espaçonave 2 se move com velocidade $|u'| = 0,987c$. Use este dado para calcular o comprimento da espaçonave 2, como visto por um observador em repouso em relação à espaçonave 1:

$$L = \frac{1}{\gamma}L_p = \sqrt{1 - \frac{|u_{2x}|^2}{c^2}}L_p = \sqrt{1 - \frac{(0,987c)^2}{c^2}}(100 \text{ m}) = \boxed{16 \text{ m}}$$

(d) Se as frentes das espaçonaves estão juntas em $t = 0$ na Terra, suas traseiras estarão juntas depois do tempo que levar para que ambas as espaçonaves se movam no comprimento da espaçonave no referencial da Terra:

$$t = \frac{L}{u} = \frac{53 \text{ m}}{0,85c} = \frac{53 \text{ m}}{(0,85)(3,00 \times 10^8 \text{ m/s})} = \boxed{2,1 \times 10^{-7} \text{ s}}$$

CHECAGEM Como esperado, o resultado da Parte (c) é menor que o resultado da Parte (a), e ambos os resultados são menores que o comprimento próprio de 100 m.

39-6 MOMENTO RELATIVÍSTICO

Vimos nas seções anteriores que os postulados de Einstein requerem modificações importantes nas idéias de simultaneidade e nas medidas de tempo e comprimento. Os postulados de Einstein também requerem modificações nos conceitos de massa, momento e energia. Na mecânica clássica, o momento de uma partícula é definido como o produto de sua massa pela sua velocidade, $m\vec{u}$, onde $\vec{u}$ é a velocidade. Num sistema de partículas isolado, onde nenhuma força resultante atua no sistema, o momento total do sistema permanece constante.

A razão pela qual o momento total de um sistema é importante em mecânica clássica é que ele é conservado quando não existem forças externas atuando no sistema, como é o caso das colisões. Mas acabamos de ver que $\Sigma m_i \vec{u}_i$ é conservado apenas na aproximação onde $u \ll c$. Vamos definir o momento relativístico $\vec{p}$ de uma partícula tendo as seguintes propriedades:

1. Em colisões, $\vec{p}$ é conservado.
2. Quando u/c se aproxima de zero, $\vec{p}$ se aproxima de $m\vec{u}$.

Vamos mostrar que a quantidade

$$\vec{p} = \frac{m\vec{u}}{\sqrt{1 - \dfrac{u^2}{c^2}}} \qquad \text{39-20}$$

MOMENTO RELATIVÍSTICO

é conservada em colisões elásticas mostradas na Figura 39-11. Como esta quantidade também se aproxima de $m\vec{u}$ quando u/c se aproxima de zero, tomamos esta equação como definição do **momento relativístico** da partícula.

Uma interpretação da Equação 39-20 é de que a massa de um objeto aumenta com a velocidade. Então, a quantidade $m_{\text{rel}} = m/\sqrt{1 - (u^2/c^2)}$ é chamada de *massa relativística*. A massa relativística de uma partícula que está em repouso em algum referencial é então chamada de *massa de repouso m*. Neste capítulo, vamos tratar os termos massa e massa de repouso como sinônimos, e ambos os termos serão indicados por m.

ILUSTRAÇÃO DA CONSERVAÇÃO DO MOMENTO RELATIVÍSTICO

Vamos considerar dois observadores: um observador está em repouso num referencial S, e o outro observador, em repouso no referencial S', que se move para a direita, na direção $+x$, com velocidade v em relação ao referencial S. Cada um tem um disco de massa m usado no jogo de hóquei sobre o gelo, que pode deslizar livremente através de uma superfície horizontal plana. Os dois discos são idênticos quando comparados em repouso. Um observador atira o disco A na direção $+y$ com velocidade u_0 com relação a ele próprio e o outro atira o disco B na direção $-y$ com velocidade u_0 com relação a ele próprio, de modo que cada disco sofre uma colisão elástica com o outro e volta para a pessoa que o atirou. A Figura 39-11 mostra como a colisão ocorre em cada referencial.

Vamos calcular a componente y do momento relativístico de cada disco no referencial S para a colisão e mostrar que a componente y do momento relativístico é nula. A velocidade do disco A em S é u_0, assim a componente y do momento relativístico é

$$p_{Ay} = \frac{mu_0}{\sqrt{1 - (u_0^2/c^2)}}$$

A velocidade do disco B em S é mais complicada. Sua componente x é v e sua componente y é $-u_0/\gamma$ (Equação 39-18b). Então,

$$u_B^2 = u_{Bx}^2 + u_{By}^2 = v^2 + \left[-u_0\sqrt{1-(v^2/c^2)}\right]^2 = v^2 + u_0^2 - \frac{u_0^2 v^2}{c^2}$$

usando este resultado para calcular $\sqrt{1-(u^2/c^2)}$, obtemos

$$1 - \frac{u_B^2}{c^2} = 1 - \frac{v^2}{c^2} - \frac{u_0^2}{c^2} + \frac{u_0^2 v^2}{c^4} = \left(1 - \frac{v^2}{c^2}\right)\left(1 - \frac{u_0^2}{c^2}\right)$$

e

$$\sqrt{1-(u_B^2/c^2)} = \sqrt{1-(v^2/c^2)}\sqrt{1-(u_0^2/c^2)} = \left(\frac{1}{\gamma}\right)\sqrt{1-(u_0^2/c^2)}$$

A componente y do momento relativístico do disco B observado em S é, portanto,

$$p_{By} = \frac{mu_{By}}{\sqrt{1-(u_B^2/c^2)}} = \frac{-mu_0/\gamma}{(1/\gamma)\sqrt{1-(u_0^2/c^2)}} = \frac{-mu_0}{\sqrt{1-(u_0^2/c^2)}}$$

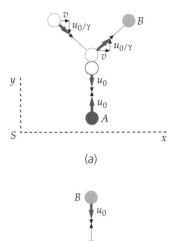

(a)

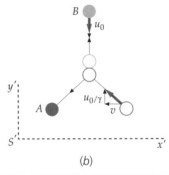

(b)

FIGURA 39-11. (a) Colisão elástica de dois discos idênticos observada no referencial S. A componente vertical da velocidade do disco B é u_0/γ em S se for u_0 em S'. (b) A mesma colisão, observada em S'. Neste referencial, o disco A tem uma componente vertical da velocidade igual a u_0/γ.

166 | CAPÍTULO 39

Como $p_{B_y} = -p_{A_y}$, a componente y do momento total dos dois discos é zero. Se a componente y do momento de cada disco for invertido pela colisão, o momento total irá permanecer nulo e o momento será conservado.

39-7 ENERGIA RELATIVÍSTICA

Na mecânica clássica, o trabalho realizado pela força resultante que atua numa partícula é igual à variação da energia cinética da partícula. Na mecânica relativística, igualamos a força resultante à taxa de variação do momento relativístico. O trabalho realizado pela força resultante pode então ser calculado e igualado à variação da energia cinética.

Como na mecânica clássica, vamos definir energia cinética como trabalho realizado pela força resultante para acelerar uma partícula a partir do repouso até uma velocidade final u_f. Considerando apenas em uma dimensão, temos

$$K = \int_{u=0}^{u=u_f} F_{res}\, ds = \int_{u=0}^{u-u_f} \frac{dp}{dt}\, ds = \int_{u=0}^{u-u_f} u\, dp = \int_{u=0}^{u-u_f} u\, d\left(\frac{mu}{\sqrt{1-(u^2/c^2)}}\right) \qquad 39\text{-}21$$

onde usamos $u = ds/dt$. Fica como problema (Problema 35) mostrar que

$$d\left(\frac{mu}{\sqrt{1-(u^2/c^2)}}\right) = m\left(1 - \frac{u^2}{c^2}\right)^{-3/2} u\, du$$

Se substituirmos aquela expressão no integrando da Equação 39-21, obtemos

$$K = \int_{u=0}^{u=u_f} u\, d\left(\frac{mu}{\sqrt{1-(u^2/c^2)}}\right) = \int_0^{u_f} m\left(1 - \frac{u^2}{c^2}\right)^{-3/2} u\, du$$

$$= mc^2\left(\frac{1}{\sqrt{1-(u_f^2/c^2)}} - 1\right)$$

ou

$$K = \frac{mc^2}{\sqrt{1-(u^2/c^2)}} - mc^2 \qquad\qquad 39\text{-}22$$

ENERGIA CINÉTICA RELATIVÍSTICA

(Nesta expressão a velocidade final u_f é arbitrária, assim o subscrito f não é necessário.)

A expressão para a energia cinética consiste em dois termos. O primeiro termo depende da velocidade da partícula. O segundo termo, mc^2, é independente da velocidade. A quantidade mc^2 é chamada de **energia de repouso** E_0 da partícula. A energia de repouso é o produto da massa e c^2:

$$E_0 = mc^2 \qquad\qquad 39\text{-}23$$

ENERGIA DE REPOUSO

A **energia relativística** total E é então definida como a soma da energia cinética com a energia de repouso:

$$E = K + mc^2 = \frac{mc^2}{\sqrt{1-(u^2/c^2)}} \qquad\qquad 39\text{-}24$$

ENERGIA RELATIVÍSTICA

Então, o trabalho realizado por uma força não balanceada aumenta a energia a partir da energia de repouso mc^2 até uma energia final $mc^2/\sqrt{1-(u^2/c^2)}$. Podemos obter uma expressão útil para a velocidade da partícula multiplicando a Equação 39-20 do momento relativístico por c^2 e comparando o resultado com a Equação 39-24 para a energia relativística. Temos

$$pc^2 = \frac{mc^2 u}{\sqrt{1 - (u^2/c^2)}} = Eu$$

Dividindo ambos os lados por cE, fica

$$\frac{u}{c} = \frac{pc}{E} \qquad\qquad 39\text{-}25$$

As energias em física atômica e nuclear são geralmente expressas em unidades de elétrons-volt (eV) ou mega elétrons-volt (MeV):

$$1 \text{ eV} = 1{,}602 \times 10^{-19} \text{ J}$$

Uma unidade conveniente de massa para partículas atômicas é eV/c^2 ou MeV/c^2, que é a energia de repouso da partícula dividida por c^2. As energias de repouso de algumas partículas elementares e núcleos leves são dadas na Tabela 39-1.

Tabela 39-1 — Energias de Repouso de Algumas Partículas Elementares e Núcleos Leves

Partícula	Símbolo	Energia de repouso, MeV
Fóton	γ	0
Elétron (pósitron)	e ou $e^-(e^+)$	0,5110
Múon	$\mu^\pm$	105,7
Píon	π^0	135,0
	$\pi^\pm$	139,6
Próton	^{1}H ou p	938,272
Nêutron	n	939,565
Deutério	^{2}H ou d	1875,613
Trício	^{3}H ou t	2808,920
Hélio	^{3}He ou h	2808,391
Partícula alfa	^{4}He ou α	3727,379

Exemplo 39-11 — Energia Total, Energia Cinética e Momento

Um elétron (massa de repouso de 0,511 MeV) se move com velocidade $u = 0{,}800c$. Ache (a) sua energia total, (b) sua energia cinética e (c) a magnitude de seu momento.

SITUAÇÃO Este problema envolve substituições nas Equações 39-20 até 39-25.

SOLUÇÃO

(a) A energia total é dada pela Equação 39-24:

$$E = \frac{mc^2}{\sqrt{1 - (u^2/c^2)}} = \frac{0{,}511 \text{ MeV}}{\sqrt{1 - 0{,}64}} = \frac{0{,}511 \text{ MeV}}{0{,}6} = \boxed{0{,}852 \text{ MeV}}$$

(b) A energia cinética é a energia total menos a energia de repouso:

$$K = E - mc^2 = 0{,}852 \text{ MeV} - 0{,}511 \text{ MeV} = \boxed{0{,}341 \text{ MeV}}$$

(c) A magnitude do momento é encontrada usando a Equação 39-20. Podemos simplificar a expressão do momento multiplicando o numerador e o denominador por c^2 e usando o resultado da Parte (a):

$$p = \frac{mu}{\sqrt{1 - (u^2/c^2)}}$$

$$= \frac{mc^2}{\sqrt{1 - (u^2/c^2)}} \frac{u}{c^2} = (0{,}852 \text{ MeV})\frac{0{,}8c}{c^2} = \boxed{0{,}682 \text{ MeV}/c}$$

CHECAGEM A energia cinética é menor que a energia total, como esperado.

INDO ALÉM A técnica usada para resolver a Parte (c) (multiplicando numerador e denominador por c^2) é equivalente a usar a Equação 39-25.

A expressão para a energia cinética dada pela Equação 39-22 não se parece muito com a expressão clássica $\frac{1}{2}mu^2$. Entretanto, quando u é muito menor que c, podemos fazer uma aproximação para $1/\sqrt{1-(u^2/c^2)}$ usando a expansão binomial

$$(1 + x)^n = 1 + nx + \frac{n(n-1)}{2}x^2 + \cdots \approx 1 + nx \qquad x \ll 1 \qquad 39\text{-}26$$

Então

$$\frac{1}{\sqrt{1-(u^2/c^2)}} = \left(1 - \frac{u^2}{c^2}\right)^{-1/2} \approx 1 + \frac{1}{2}\frac{u^2}{c^2} \qquad u \ll c$$

Veja
o Tutorial Matemático para mais informações sobre
Expansão Binomial

A partir deste resultado, quando u for muito menor que c, a expressão para a energia cinética relativística fica

$$K = mc^2\left[\frac{1}{\sqrt{1-(u^2/c^2)}} - 1\right] \approx mc^2\left[1 + \frac{1}{2}\frac{u^2}{c^2} - 1\right] = \frac{1}{2}mu^2 \qquad u \ll c$$

Então, para baixas velocidades, a expressão relativística é a mesma que a expressão clássica.

Observamos, a partir da Equação 39-24, que quando a velocidade u se aproxima da velocidade da luz c, a energia da partícula fica muito grande (porque $1/\sqrt{1-(u^2/c^2)}$ se torna muito grande). Para $u = c$, a energia fica infinita. Uma interpretação simples deste resultado é a de que uma quantidade infinita de energia é necessária para acelerar uma partícula (que tenha massa) até a velocidade da luz.

Em aplicações práticas, o momento ou energia de uma partícula é muitas vezes mais conhecida do que sua velocidade. A Equação 39-20 para o momento relativístico e a Equação 39-24 para a energia relativística pode ser combinada para eliminar a velocidade u. O resultado é

$$E^2 = p^2c^2 + (mc^2)^2 \qquad \qquad 39\text{-}27$$

RELAÇÃO PARA A ENERGIA TOTAL, MOMENTO E ENERGIA DE REPOUSO

Esta equação é muito útil e pode ser convenientemente lembrada através do triângulo reto mostrado na Figura 39-12.

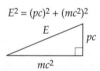

FIGURA 39-12 Triângulo reto para lembrar a Equação 39-27.

PROBLEMA PRÁTICO 39-2

Um próton (massa igual a 938 MeV/c^2) se movendo com uma velocidade u tem uma energia total de 1400 MeV. Ache (a) $1/\sqrt{1-(u^2/c^2)}$, (b) o momento do próton e (c) a velocidade u do próton.

Se a energia de uma partícula for muito maior que sua energia de repouso mc^2, o segundo termo do lado direito da Equação 39-27 pode ser desprezado, dando a aproximação útil

$$E \approx pc \qquad E \gg mc^2 \qquad \qquad 39\text{-}28$$

A Equação 39-28 é uma relação exata entre a energia e o momento para partículas que não têm massa, como os fótons.

MASSA E ENERGIA

Einstein considerou que a relação $E_0 = mc^2$ (Equação 39-23) relacionando a energia de uma partícula a sua massa como o resultado mais significativo da teoria da relatividade. Energia e inércia, que antigamente eram dois conceitos distintos, estão relacionadas através desta equação famosa. Como foi discutido no Capítulo 7 (Volume 1), a conversão da energia de repouso em energia cinética, com uma diminuição correspondente na massa, é uma ocorrência comum em decaimentos radioativos e reações nucleares, incluindo fissão nuclear e fusão nuclear. Isto foi ilustrado na Seção 7-4 com o deutério, cuja massa é 2,22 MeV/c^2 menor que a massa de suas partes — um próton e um nêutron. Quando um nêutron e um próton se combinam para formar o deutério, é liberada uma energia de 2,22 MeV. A desintegração de um deutério num nêutron e num próton requer uma entrada de energia de 2,22 MeV. O próton e o nêutron são, então, mantidos juntos no deutério por uma energia de ligação de 2,22 MeV. Qualquer partícula composta estável, como o deutério, ou uma partícula alfa (2 nêutrons mais 2 prótons), que são feitas de outras partículas, tem uma massa e uma energia de repouso que são menores que a soma das massas e energias de repouso de suas componentes. A diferença nestas energias de repouso é a energia de ligação das partículas compostas. As energias de ligação de átomos e moléculas são da ordem de alguns elétrons-volt, o que explica por que existe uma diferença desprezível na massa entre as partículas compostas e suas componentes. As energias de ligação do núcleo são da ordem de diversos MeV, o que explica por que existe uma diferença visível na massa entre as partículas compostas e suas partes. Alguns núcleos muito pesados, como o rádio, são radioativos e decaem para um núcleo com menos massa mais uma partícula alfa. Neste caso, o núcleo original tem uma energia de repouso maior que das partículas que decaíram. O excesso de energia aparece como a energia cinética dos produtos do decaimento.

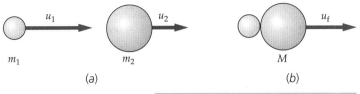

FIGURA 39-13 Uma colisão perfeitamente inelástica entre duas partículas. Uma partícula de massa m_1 colide com outra partícula de massa m_2. Depois da colisão as partículas ficam unidas, formando uma partícula composta de massa M que se move com velocidade u_f, de tal modo que o momento relativístico é conservado. A energia cinética é perdida durante o processo. Se assumirmos que a energia total é conservada, a perda de energia cinética deve ser igual a c^2 multiplicado pelo aumento de massa do sistema.

Para ilustrar ainda a conexão entre massa e energia, vamos considerar uma colisão perfeitamente inelástica entre duas partículas. Classicamente, a energia cinética é perdida durante este tipo de colisão. Na relatividade, esta perda de energia cinética aparece como um aumento na energia de repouso do sistema; isto é, a energia total do sistema é conservada. Considere uma partícula de massa m_1 se movendo com velocidade inicial u_1 que colide com uma partícula de massa m_2 se movendo com velocidade inicial u_2. As partículas colidem e ficam unidas, formando uma partícula de massa M que se move com velocidade u_f, como mostra a Figura 39-13. A energia inicial total da partícula 1 é

$$E_1 = K_1 + m_1 c^2$$

onde K_1 é sua energia inicial. Analogamente, a energia inicial total da partícula 2 é

$$E_2 = K_2 + m_2 c^2$$

A energia inicial total do sistema é

$$E_i = E_1 + E_2 = K_1 + m_1 c^2 + K_2 + m_2 c^2 = K_i + M_i c^2$$

onde $K_i = K_1 + K_2$ e $M_i = m_1 + m_2$ são a energia cinética inicial e a massa inicial do sistema. A energia final total do sistema é

$$E_f = K_f + M_f c^2$$

Se colocarmos a energia final total igual à energia inicial total, obtemos

$$K_f + M_f c^2 = K_i + M_i c^2$$

Rearranjando, temos $K_f - K_i = -(M_f - M_i)c^2$, que pode ser expresso como

$$\Delta K + (\Delta M)c^2 = 0 \qquad 39\text{-}29$$

onde $\Delta M = M_f - M_i$ é a variação na massa do sistema.

Exemplo 39-12   Colisão Totalmente Inelástica

Uma partícula de massa 2,00 MeV/c^2 e energia cinética de 3,00 MeV colide com uma partícula estacionária de massa 4,00 MeV/c^2. Depois da colisão, as duas partículas ficam unidas. Ache (a) a magnitude do momento inicial do sistema, (b) a velocidade final do sistema de duas partículas e (c) a massa do sistema de duas partículas.

SITUAÇÃO (a) O momento inicial do sistema é o momento inicial da partícula incidente, que pode ser encontrado a partir da energia total da partícula. (b) A velocidade final do sistema pode ser encontrada a partir da sua energia total e momento, usando $u/c = pc/E$ (Equação 39-25). A energia é encontrada pela conservação de energia e o momento pela conservação do momento. (c) Como a energia final e o momento são desconhecidos, a massa final pode ser encontrada usando $E^2 = p^2c^2 + (mc^2)^2$.

SOLUÇÃO

(a) 1. O momento inicial do sistema é o momento inicial da partícula incidente. O momento da partícula está relacionado a sua energia e massa (Equação 39-27):

$$E_1^2 = p_1^2 c^2 + (m_1 c^2)^2$$
$$p_1 c = \sqrt{E_1^2 - (m_1 c^2)^2}$$

170 | CAPÍTULO 39

2. A energia total da partícula que se move é a soma de sua energia cinética com sua energia de repouso:

$$E_1 = 3,00 \text{ MeV} + 2,00 \text{ MeV} = 5,00 \text{ MeV}$$

3. Use a energia total para calcular a magnitude do momento:

$$p_1 c = \sqrt{E_1^2 - (m_1 c^2)^2} = \sqrt{(5,00 \text{ MeV})^2 - (2,00 \text{ MeV})^2} = \sqrt{21,0 \text{ MeV}}$$

$$p_1 = \boxed{4,58 \text{ MeV}/c}$$

(b) 1. Podemos achar a velocidade final do sistema a partir da sua energia total E_f e seu momento p_f, usando a Equação 39-25:

$$\frac{u_f}{c} = \frac{p_f c}{E_f}$$

2. Pela conservação da energia total, a energia final do sistema é igual à energia inicial total das duas partículas:

$$E_f = E_i = E_1 + E_2 = 5,00 \text{ MeV} + 4,00 \text{ MeV} = 9,00 \text{ MeV}$$

3. Pela conservação do momento, o momento final do sistema de duas partículas é igual ao momento inicial:

$$p_f = 4,58 \text{ MeV}/c$$

4. Calcule a velocidade do sistema de duas partículas pela sua energia total e momento usando $u/c = pc/E$:

$$\frac{u_f}{c} = \frac{p_f c}{E_f} = \frac{4,58 \text{ MeV}}{9,00 \text{ MeV}} = 0,509$$

$$u_f = \boxed{0,509c}$$

(c) Podemos achar a massa M_f final do sistema de duas partículas a partir da Equação 39-27 usando $pc = 4,58$ MeV e $E = 9,00$ MeV.

$$E_f^2 = (p_f c)^2 + (M_f c^2)^2$$
$$(9,00 \text{ MeV})^2 = (4,58 \text{ MeV})^2 + (M_f c^2)^2$$

$$M_f = \boxed{7,75 \text{ MeV}/c^2}$$

INDO ALÉM Observe que a massa do sistema aumentou de 6,00 MeV/c^2 para 7,75 MeV/c^2. Este aumento de massa, multiplicado por c^2, é igual à perda de energia cinética do sistema, como você mostrará no próximo exercício.

PROBLEMA PRÁTICO 39-3 (a) Ache a energia cinética final do sistema de duas partículas do Exemplo 39-12. (b) Ache a perda de energia cinética, K_{perda}, na colisão. (c) Mostre que $K_{\text{perda}} = (\Delta M)c^2$, onde ΔM é a variação de massa do sistema.

Exemplo 39-13 | Conservação de Momento e Energia Total

Um foguete com $1,00 \times 10^6$ kg tem $1,00 \times 10^3$ kg de combustível a bordo. O foguete está parado no espaço quando de repente torna-se necessário acelerar. A ignição dos motores do foguete é feita e o combustível de $1,00 \times 10^3$ kg é consumido. O gás de escape (combustível gasto) é lançado durante um curto intervalo de tempo numa velocidade de $0,500c$ em relação a S — o referencial inercial no qual o foguete está inicialmente em repouso. (a) Calcule a variação da massa do sistema foguete–combustível. (b) Calcule a velocidade final do foguete u_R em relação a S. (c) De novo, calcule a velocidade final do foguete em relação a S, mas usando a mecânica clássica (newtoniana).

SITUAÇÃO A velocidade do foguete e a variação de massa do sistema podem ser calculadas usando conservação do momento e conservação de energia. No referencial S, o momento total do foguete mais o do combustível permanece zero. Depois da queima do combustível, a magnitude do momento do foguete é igual à do combustível gasto. Seja $m_R = 1,00 \times 10^6$ kg a massa do foguete, não incluindo a massa do combustível, seja $m_{Fi} = 1,00 \times 10^3$ kg a massa do combustível *antes* de queimar, e seja m_{Ff} a massa do combustível *depois* de queimar. A massa do foguete, m_R, permanece fixa, mas durante a queima a massa do combustível diminui. (O combustível tem energia química menor depois da queima, assim tem menos massa também.)

SOLUÇÃO

(a) 1. As magnitudes do momento do foguete e do momento do combustível gasto são iguais. Pelas razões aqui estabelecidas, a massa do foguete, não incluindo a massa de $1,00 \times 10^3$ kg do combustível, não varia durante a queima do combustível:

$$p_R = p_F = p$$
$$\frac{m_R u_R}{\sqrt{1 - (u_R^2/c^2)}} = \frac{m_{Ff} u_F}{\sqrt{1 - (u_F^2/c^2)}} = p$$

$m_R = 1,00 \times 10^6$ kg, $u_F = 0,500c$ e u_R é a velocidade final do foguete.

2. A energia total do sistema não varia:

$$E_f = E_i$$

3. A energia inicial é a energia de repouso do foguete e do combustível antes de queimar. A energia final é a energia do foguete mais a energia do combustível. A energia de cada um está relacionada ao seu momento pela Equação 39-27:

$$E_i = m_R c^2 + m_{Fi} c^2 = (m_R + m_{Fi})c^2$$
$$E_{Rf}^2 = p^2 c^2 + (m_R c^2)^2$$
$$E_{Ff}^2 = p^2 c^2 + (m_{Ff} c^2)^2$$

assim

$$E_f = E_{Rf} + E_{Ff}$$
$$E_f = \sqrt{p^2 c^2 + (m_R c^2)} + \sqrt{p^2 c^2 + (m_{Ff} c^2)^2}$$

4. Iguale as energias iniciais e finais:

$$\sqrt{p^2 c^2 + (m_R c^2)^2} + \sqrt{p^2 c^2 + (m_{Ff} c^2)^2} = (m_R + m_{Fi})c^2$$

5. O resultado do passo 4 e $p = \dfrac{m_{Ff} u_F}{1 - u_F^2/c^2}$ (o resultado do passo 1) constituem duas equações simultâneas com p e m_{Ff} como incógnitas. Resolvendo para m_{Ff}, temos

$$m_{Ff} = 866 \text{ kg}$$

assim

$$m_{perda} = m_{Fi} = 1000 \text{ kg} - 866 \text{ kg} = \boxed{134 \text{ kg}}$$

(b) 1. Resolva para u_R, usando a Equação 39-25:

$$\frac{u_R}{c} = \frac{pc}{E_{Rf}}$$

2. Resolva para p, substituindo o valor para m_{Ff} no resultado da Parte (a), passo 1:

$$p = \frac{m_{Ff} u_F}{\sqrt{1 - (u_F^2/c^2)}} = \frac{(866 \text{ kg})0{,}500c}{\sqrt{1 - 0{,}250}}$$
$$= (5{,}00 \times 10^2 \text{ kg})c$$

3. Use o valor para p para resolver E_{Rf}:

$$E_{Rf}^2 = p^2 c^2 + (m_R c^2)^2$$
$$= (5{,}00 \times 10^2 \text{ kg})^2 c^4 + (1{,}00 \times 10^6 \text{ kg})^2 c^4$$
$$= (1{,}00 \times 10^{12} \text{ kg}^2) c^4$$

assim

$$E_{Rf} = (1{,}00 \times 10^6 \text{ kg})c^2$$

4. Usando o resultado da Parte (b), passo 1, resolvemos para u_R:

$$u_R = \frac{pc^2}{E_{Rf}} = \frac{(5{,}00 \times 10^2 \text{ kg})c^3}{(1{,}00 \times 10^6 \text{ kg})c^2}$$
$$= \boxed{5{,}00 \times 10^{-4} c = 1{,}50 \times 10^{-5} \text{ m/s}}$$

(c) Iguale a magnitude das expressões clássicas para o momento do foguete e do combustível queimado e resolva para u_R:

$$m_R m_R = m_F u_F$$
$$u_R = \frac{m_F}{m_R} u_F = \frac{1{,}00 \times 10^3 \text{ kg}}{1{,}00 \times 10^6 \text{ kg}} 0{,}500c$$
$$= 5{,}00 \times 10^{-4} c$$
$$= \boxed{1{,}50 \times 10^5 \text{ m/s}}$$

CHECAGEM Encontramos que o resultado do cálculo relativístico para a velocidade final do foguete é diferente do resultado clássico. Se considerarmos cinco dígitos, o cálculo relativístico fornece para a velocidade final do foguete $u_R = 4{,}9994 \times 10^{-4} c$. Entretanto, o cálculo clássico resulta em $u_R = 5{,}0000 \times 10^{-4} c$. Esses dois valores diferem por menos que uma parte em 8000.

CHECAGEM CONCEITUAL 39-1

Se a matéria sendo ejetada fosse um bloco rígido de $1{,}00 \times 10^3$ kg lançado por uma mola com uma extremidade fixa no foguete, a massa do bloco é que iria variar ou a massa da mola?

39-8 RELATIVIDADE GERAL

A generalização da teoria da relatividade para referenciais não-inerciais, feita por Einstein em 1916, é conhecida como teoria geral da relatividade. Ela é muito mais difícil, matematicamente, do que a teoria da relatividade restrita e existem menos situações onde ela pode ser testada. Ainda assim, sua importância justifica uma breve discussão qualitativa.

A base da teoria geral da relatividade é o **princípio da equivalência**:

> Um campo gravitacional homogêneo é completamente equivalente a um referencial uniformemente acelerado.
>
> PRINCÍPIO DA EQUIVALÊNCIA

Este princípio surge na mecânica newtoniana devido à identidade aparente entre a massa gravitacional e a massa inercial. Num campo gravitacional uniforme, todos os objetos caem com a mesma aceleração $\vec{g}$ independentemente de suas massas, pois a força gravitacional é proporcional à massa (gravitacional), enquanto a aceleração varia inversamente com a massa (inercial). Consideremos um compartimento no espaço, submetido a uma aceleração universal $\vec{a}$, mostrado na Figura 39-14a. Nenhuma experiência mecânica pode ser realizada no interior do compartimento, que poderá distinguir se este compartimento está realmente acelerando no espaço, ou se está em repouso (ou está se movendo com velocidade constante) na presença de um campo gravitacional $\vec{g} = -\vec{a}$, como mostra a Figura 39-14b. Se um objeto cair no compartimento, ele irá cair no solo com uma aceleração $\vec{g} = -\vec{a}$. Se uma pessoa estiver sobre uma balança de molas, ela indicará um peso de magnitude $ma = mg$.

Einstein assumiu que o princípio de equivalência aplicava-se a toda a física e não somente à mecânica. Na realidade, ele admitiu que nenhuma experiência, de nenhum tipo, poderia distinguir entre um movimento uniformemente acelerado e a presença de um campo gravitacional.

Uma conseqüência do princípio da equivalência — a deflexão de um feixe de luz num campo gravitacional — foi uma das primeiras a ser testada experimentalmente. Na região em que não há campo gravitacional, o feixe de luz viajará em linha reta com velocidade c. O princípio da equivalência nos diz que uma região onde não há campo gravitacional existe apenas num compartimento que cai em queda livre. A Figura 39-15 mostra um feixe de luz entrando num compartimento que está acelerando em relação a um referencial próximo em queda livre. As posições sucessivas do compartimento em intervalos de tempo iguais são mostradas na Figura 39-15a. Como o compartimento está acelerando, a distância que ele se move em cada intervalo de tempo aumenta com o tempo. A trajetória do feixe de luz, observada no interior do compartimento é, portanto, uma parábola, como mostrado na Figura 39-15b. Porém, de acordo com o princípio de equivalência, não existe modo de distinguir entre um compartimento acelerado e outro se movendo com velocidade uniforme num campo gravitacional uniforme. Concluímos, portanto, que um feixe de luz irá acelerar num campo gravitacional, do mesmo modo que objetos que têm massa. Por exemplo, perto da superfície da Terra, a luz irá cair com uma aceleração de 9,81 m/s². Isto é difícil de observar devido à enorme velocidade da luz. Numa distância de 3000 km, que a luz leva da ordem de 0,01 s para atravessar, um feixe de luz deveria defletir aproximadamente 0,5 mm. Einstein chamou a atenção de que a deflexão do feixe de luz num campo gravitacional poderia ser observada quando a luz de uma estrela distante passasse pelo Sol, como ilustrado na Figura 39-16. Por causa do brilho do Sol, isto não pode ser visto em condições usuais. Esta deflexão foi observada pela primeira vez, em 1919, durante um eclipse do Sol. Esta observação, amplamente noticiada, trouxe uma fama instantânea mundial para Einstein.

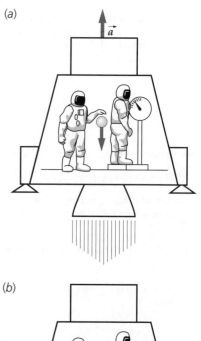

FIGURA 39-14 Os resultados das experiências num referencial uniformemente acelerado (a) não podem ser distinguidos dos resultados num campo gravitacional uniforme (b) se a aceleração $\vec{a}$ e o campo gravitacional $\vec{g}$ tiverem a mesma magnitude.

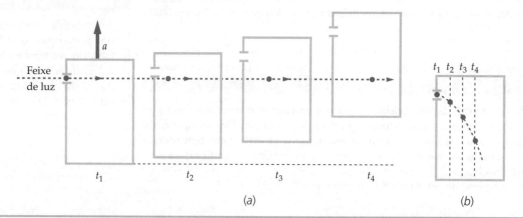

FIGURA 39-15 (a) Um feixe de luz se movendo em linha reta através de um compartimento que sofre aceleração uniforme em relação a um referencial próximo em queda livre. A posição do feixe é mostrada em intervalos de tempo t_1, t_2, t_3 e t_4, igualmente espaçados. (b) No referencial do compartimento, a luz viaja numa trajetória parabólica como faria uma bola se fosse projetada horizontalmente. O deslocamento vertical está bastante exagerado para realçar o efeito.

Uma segunda previsão da relatividade geral de Einstein, que não vamos discutir em detalhes, é o excesso do período de precessão do periélio da órbita do Mercúrio, da ordem de 0,01° por século. Este efeito já era conhecido, mas não tinha explicação, assim, de certo modo, a explicação deste efeito constituiu um sucesso imediato da teoria.

Uma terceira previsão da relatividade geral diz respeito à variação do intervalo de tempo e freqüências da luz num campo gravitacional. No Capítulo 11 (Volume 1), encontramos que a energia potencial gravitacional entre duas massas M e m separadas por uma distância r é

$$U = -\frac{GMm}{r}$$

onde G é a constante gravitacional universal, e o ponto de energia potencial nula foi escolhido como aquele em que a separação entre as massas é infinita. A energia potencial por unidade de massa, nas vizinhanças da massa M, é chamada de *potencial gravitacional* ϕ:

$$\phi = -\frac{GM}{r} \qquad 39\text{-}30$$

De acordo com a teoria geral da relatividade, os relógios andam mais devagar nas regiões de potencial gravitacional mais baixo. (Como o potencial gravitacional é negativo, como pode ser visto da Equação 39-30, quanto mais perto estiver a massa, mais negativo, e portanto, mais baixo o potencial gravitacional.) Se Δt_1 é o intervalo de tempo entre dois eventos medidos por um relógio onde o campo gravitacional é ϕ_1 e Δt_2 é o intervalo de tempo entre os mesmos dois eventos medidos por um relógio onde o potencial gravitacional é ϕ_2, a relatividade geral prevê que a diferença relativa entre os tempos será de aproximadamente*

$$\frac{\Delta t_2 - \Delta t_1}{\Delta t} = \frac{1}{c^2}(\phi_2 - \phi_1) \qquad 39\text{-}31$$

Um relógio numa região de potencial gravitacional baixo irá, portanto, andar mais devagar do que um relógio numa região de potencial gravitacional mais alto. Como um átomo vibrando pode ser considerado um relógio, a freqüência de vibração do átomo numa região de potencial baixo, como perto do Sol, será menor do que a freqüência de vibração do mesmo átomo na Terra. Este deslocamento em direção a freqüências mais baixas, e, portanto, para maiores comprimentos de onda, é chamado de **deslocamento para o vermelho gravitacional**.

Como exemplo final das previsões da relatividade geral, vamos mencionar os **buracos negros**, que foram previstos pela primeira vez por J. Robert Oppenheimer e Hartland Snyder, em 1939. De acordo com a teoria geral da relatividade, se a massa específica de um objeto, como uma estrela, for grande o suficiente, sua atração gravitacional será tão grande, que, uma vez dentro de seu raio, nada irá escapar, nem mesmo a luz ou outra radiação eletromagnética. (O efeito de um buraco negro em objetos fora de um raio crítico é o mesmo que de qualquer outro objeto.) Uma propriedade notável de tais objetos é de que nada que acontece no seu interior pode ser comunicado para o exterior. Como algumas vezes ocorre em física, um cálculo simples, mas incorreto, fornece resultados corretos para a relação entre a massa e o raio crítico de um buraco negro. Na mecânica newtoniana, a velocidade necessária para que uma partícula escape da superfície de um planeta ou de uma estrela de massa M e raio R é dada pela Equação 11-21.

$$v_e = \sqrt{\frac{2GM}{R}}$$

Se colocarmos a velocidade de escape como igual à velocidade da luz e resolvermos a equação para o raio, obtemos o raio crítico R_S, chamado de **raio de Schwarzschild**:

$$R_S = \frac{2GM}{c^2} \qquad 39\text{-}32$$

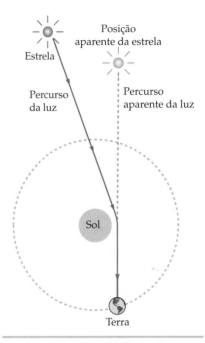

FIGURA 39-16 A deflexão (bastante exagerada) de um feixe de luz devido à atração gravitacional do Sol.

---

* Isto é verdade a não ser que a coordenada x dos dois eventos seja igual, onde o eixo x é paralelo à velocidade relativa entre os dois referenciais.

Para um objeto que tem uma massa igual a cinco vezes a massa do Sol (teoricamente, esta é a massa mínima para um buraco negro) ser um buraco negro, seu raio deveria ser de aproximadamente 15 km. Como nenhuma radiação é emitida de um buraco negro e seu raio é pequeno, a detecção de um buraco negro não é fácil. A melhor chance de detecção ocorre em sistemas de estrelas binárias onde o buraco negro é um companheiro próximo a uma estrela normal. Neste caso, ambas as estrelas giram em torno de seu centro de massa e o campo gravitacional do buraco negro irá arrancar gás da estrela normal para o interior do buraco negro. Entretanto, para conservar momento angular, o gás não vai direto para o buraco negro. Em vez disso, o gás se move numa órbita em volta do buraco negro, na forma de um disco, chamado de disco de acreção, que lentamente vai se aproximando do buraco negro. O gás neste disco emite raios X porque a temperatura do gás sendo arrastado para dentro alcança diversos milhões de kelvin. A massa de um candidato a buraco negro pode muitas vezes ser estimada. Uma massa estimada de pelo menos cinco massas solares, junto com a emissão de raios X, estabelece uma forte inferência de que o candidato é, de fato, um buraco negro. Além dos buracos negros descritos, existem buracos negros supermassivos no centro das galáxias. No centro da Via Láctea existe um buraco negro supermassivo que tem uma massa de aproximadamente dois milhões de massas solares.

Este relógio maser de hidrogênio, extremamente preciso, foi lançado num satélite, em 1976, e seu tempo foi comparado com o de um relógio igual na Terra. De acordo com as previsões da relatividade geral, o relógio na Terra, onde o potencial gravitacional era mais baixo, perdia aproximadamente $4{,}3 \times 10^{-10}$ s para cada segundo perdido pelo relógio que faz uma órbita na Terra a uma altitude de aproximadamente 10 000 km. (*NASA*.)

Relatividade | **175**

Resumo

TÓPICO	EQUAÇÕES RELEVANTES E OBSERVAÇÕES
1. Postulados de Einstein	A teoria da relatividade restrita está baseada em dois postulados de Albert Einstein. Todos os resultados da relatividade restrita podem ser derivados destes postulados. Postulado 1: O movimento uniforme absoluto não pode ser detectado. Postulado 2: A velocidade da luz é independente do movimento da fonte. Uma implicação importante destes postulados é Postulado 2 (formulação alternativa): Qualquer observador mede o mesmo valor c para a velocidade da luz.
2. A Transformação de Lorentz	$$x = \gamma(x' + vt'), \qquad y = y', \qquad z = z' \qquad\qquad 39\text{-}9$$ $$t = \gamma\left(t' + \frac{vx'}{c^2}\right) \qquad\qquad 39\text{-}10$$ $$\gamma = \frac{1}{\sqrt{1 - (v^2/c^2)}} \qquad\qquad 39\text{-}7$$
Transformação inversa	$$x' = \gamma(x - vt), \qquad y' = y, \qquad z' = z \qquad\qquad 39\text{-}11$$ $$t' = \gamma\left(t - \frac{vx}{c^2}\right) \qquad\qquad 39\text{-}12$$
3. Dilatação do Tempo	O intervalo de tempo medido entre dois eventos, que ocorrem no mesmo ponto no espaço em qualquer referencial, é chamado de intervalo de tempo próprio Δt_P entre estes dois eventos. Num outro referencial, onde os mesmos dois eventos ocorrem em diferentes lugares, o intervalo de tempo Δt entre estes dois eventos é maior por um fator γ. $$\Delta t = \gamma\,\Delta t_\mathrm{p} \qquad\qquad 39\text{-}13$$
4. Contração do Comprimento	O comprimento de um objeto medido num referencial onde o objeto está em repouso é chamado de comprimento próprio L_p. Quando medido em outro referencial, o comprimento do objeto ao longo da direção paralela à velocidade do objeto é $$L = \frac{L_\mathrm{p}}{\gamma} \qquad\qquad 39\text{-}14$$
5. O Efeito Doppler Relativístico	$$f' = \frac{\sqrt{1 - (v^2/c^2)}}{1 - (v/c)}f_0 \qquad \text{aproximação} \qquad 39\text{-}16a$$ $$f' = \frac{\sqrt{1 - (v^2/c^2)}}{1 + (v/c)}f_0 \qquad \text{recessão} \qquad 39\text{-}16b$$
6. Sincronização de Relógios e Simultaneidade	Dois eventos que são simultâneos em um referencial tipicamente não são simultâneos em outro referencial que se move em relação ao primeiro. Se dois relógios forem sincronizados no referencial em que estão em repouso, eles estarão fora de sincronia em outro referencial. No referencial em que estão se movendo, o relógio que segue está adiantado por $$\Delta t_\mathrm{S} = L_\mathrm{p}\frac{v}{c^2} \qquad\qquad 39\text{-}17$$ onde L_p é a distância própria entre os relógios.
7. A Transformação de Velocidade	$$u_x = \frac{u'_x + v}{1 + (vu'_x/c^2)} \qquad\qquad 39\text{-}18a$$ $$u_y = \frac{u'_y}{\gamma[1 + (vu'_x/c^2)]} \qquad\qquad 39\text{-}18b$$ $$u_z = \frac{u'_z}{\gamma[1 + (vu'_x/c^2)]} \qquad\qquad 39\text{-}18c$$

176 | CAPÍTULO 39

TÓPICO	EQUAÇÕES RELEVANTES E OBSERVAÇÕES	
Transformação inversa da velocidade	$$u'_x = \frac{u_x - v}{1 - (vu_x/c^2)}$$	39-19a
	$$u'_y = \frac{u_y}{\gamma[1 - (vu_x/c^2)]}$$	39-19b
	$$u'_z = \frac{u_z}{\gamma[1 - (vu_x/c^2)]}$$	39-19c

8. Momento Relativístico

$$\vec{p} = \frac{m\vec{u}}{\sqrt{1 - (u^2/c^2)}}$$

39-20

onde m é a massa da partícula.

9. Energia Relativística

Energia cinética

$$K = \frac{mc^2}{\sqrt{1 - (u^2/c^2)}} - mc^2$$

39-22

Energia de repouso

$$E_0 = mc^2$$

39-23

Energia Relativística total

$$E = K + E_0 = \frac{mc^2}{\sqrt{1 - (u^2/c^2)}}$$

39-24

10. Fórmulas Úteis para a Velocidade, Energia e Momento

$$\frac{u}{p} = \frac{pc}{E}$$

39-25

$$E^2 = p^2c^2 + (mc^2)^2$$

39-27

$$E \approx pc \qquad E \gg mc^2$$

39-28

Resposta da Checagem Conceitual

39-1   Apenas a massa de repouso da mola irá variar.

Respostas dos Problemas Práticos

39-1   1,67 h

39-2   (a) 1,49, (b) $p = 1,04 \times 10^3$ MeV$/c$ e (c) $u = 0,74c$

39-3   (a) $K_f = E_f - M_f c^2 = 9,00$ MeV $- 7,65$ MeV $= 1,25$ MeV,

(b) $K_{perda} = K_i - K_f = 3,00$ MeV $- 1,25$ MeV $= 1,75$ MeV, e

(c) $(\Delta M)c^2 = (M_f - M_i)c^2 = 7,75$ MeV $- (2,00$ MeV $+ 4,00$ MeV$) = 1,75$ MeV $= K_{perda}$

Problemas

Em alguns problemas, você recebe mais dados do que necessita; em alguns outros, você deve acrescentar dados de seus conhecimentos gerais, fontes externas ou estimativas bem fundamentadas.

Interprete como significativos todos os algarismos de valores numéricos que possuem zeros em seqüência sem vírgulas decimais.

- Um só conceito, um só passo, relativamente simples
- • Nível intermediário, pode requerer síntese de conceitos
- • • Desafiante, para estudantes avançados

Problemas consecutivos sombreados são problemas pareados.

PROBLEMAS CONCEITUAIS

1 • A energia total aproximada de uma partícula de massa m se move com velocidade $u \ll c$ é (a) $mc^2 + \frac{1}{2}mu^2$, (b) $\frac{1}{2}mu^2$, (c) cmu, (d) mc^2, (e) $\frac{1}{2}cmu$.

2 • Gêmeos trabalham num edifício de escritórios. Um dos gêmeos trabalha no último andar e o outro trabalha no porão. Considerando a relatividade geral, qual dos gêmeos envelhecerá mais rapidamente? (a) Irão envelhecer na mesma taxa. (b) O gêmeo que trabalha no último andar irá envelhecer mais rapidamente. (c) O gêmeo que trabalha no porão irá envelhecer mais rapidamente. (d) Depende da velocidade do prédio de escritórios. (e) Nenhuma das alternativas.

3 • Verdadeiro ou Falso:
(a) A velocidade da luz é a mesma em todos os referenciais.
(b) O intervalo de tempo entre dois eventos nunca é menor que o intervalo de tempo próprio entre dois eventos.
(c) O movimento absoluto pode ser determinado usando a contração do comprimento.
(d) Um ano-luz é uma unidade de distância.
(e) Eventos simultâneos devem ocorrer no mesmo lugar.
(f) Se dois eventos não são simultâneos num referencial, eles não podem ser simultâneos em qualquer outro referencial.
(g) A massa de um sistema que consiste em duas partículas fortemente unidas por forças atrativas é menor do que a soma das massas das partículas individuais quando separadas.

4 • Um observador vê um sistema se movendo e passando por ele, que consiste em uma massa oscilando na extremidade de uma mola, e mede o período T das oscilações. Um segundo observador, que se move junto com o sistema massa–mola, também mede o período. O segundo observador irá achar um período que é (a) igual a T, (b) menor que T, (c) maior que T, (c) ambos, (a) e (b) dependendo se o sistema está se aproximando ou se afastando do primeiro observador, (e) não há informações suficientes para responder a questão.

5 • A transformação de Lorentz para y e z é a mesma que o resultado clássico: $y = y'$ e $z = z'$. No entanto, a transformação de velocidade relativística não fornece o resultado clássico: $u_y = u'_y$ e $u_z = u'_z$. Explique por que isto acontece.

ESTIMATIVA E APROXIMAÇÃO

6 •• O Sol irradia energia a uma taxa de aproximadamente 4×10^{26} W. Assuma que esta energia é produzida por uma reação cujo resultado líquido é a fusão de quatro prótons para formar um único núcleo de ^{4}He com a liberação de energia de 25 MeV, que é irradiada para o espaço. Calcule a perda de massa do Sol por dia.

7 •• As galáxias mais distantes, que podem ser vistas pelo telescópio Hubble, estão se afastando de nós e têm um parâmetro de deslocamento para o vermelho de aproximadamente $z = 5$. [O parâmetro de deslocamento para o vermelho é dado por $(f - f')/f'$, onde f é a freqüência medida no referencial em repouso do emissor e f' é a freqüência medida no referencial em repouso do receptor.] (a) Qual é a velocidade das galáxias em relação a nós (expresse como uma fração da velocidade da luz)? (b) A *lei de Hubble* estabelece que a velocidade de recessão seja dada pela expressão $v = Hx$, onde v é a velocidade de recessão, x é a distância e H, a constante de Hubble, é igual a 75 km/s/Mpc, onde 1 pc $= 3,26 c \cdot a$. (A abreviação para parsec é pc.) Estime a distância entre estas galáxias e nós usando as informações dadas.

DILATAÇÃO DO TEMPO E CONTRAÇÃO DO COMPRIMENTO

8 • O tempo de vida média próprio de um múon é de 2,2 μs. Os múons num feixe estão viajando através do laboratório com uma velocidade de 0,95c. (a) Qual é sua vida média medida no laboratório? (b) Qual a distância que percorrem, em média, antes de decaírem?

9 •• No acelerador linear de partículas de Stanford, pequenos feixes de elétrons e de pósitrons são disparados uns contra os outros. No referencial do laboratório, cada feixe tem aproximadamente 1,0 cm de comprimento e 1,0 μm de diâmetro. Na região de colisão, cada partícula tem uma energia de 50 GeV, e os elétrons e pósitrons se movem em direções opostas. (a) Qual é o comprimento e qual o diâmetro de cada feixe no seu próprio referencial? (b) Qual deve ser o comprimento próprio mínimo do acelerador para um feixe estar com ambas as extremidades simultaneamente no acelerador e no seu próprio referencial? (O comprimento próprio do acelerador é menor que 1000 m.) (c) Qual é o comprimento do feixe de pósitrons no referencial que se desloca com o feixe de elétrons?

10 • Use a equação de expansão binomial

$$(1 + x)^n = 1 + nx + \frac{n(n - 1)}{2}x^2 + \ldots \approx 1 + nx \qquad x \ll 1$$

para calcular os seguintes resultados para o caso onde v é muito menor que c.

$$(a) \quad \gamma \approx 1 + \frac{1}{2}\frac{v^2}{c^2}$$

$$(b) \quad \frac{1}{\gamma} \approx 1 - \frac{1}{2}\frac{v^2}{c^2}$$

$$(c) \quad \gamma - 1 \approx 1 - \frac{1}{\gamma} \approx \frac{1}{2}\frac{v^2}{c^2}$$

11 •• Uma Estrela A e uma Estrela B estão em repouso em relação à Terra. A Estrela A está a 27 $c \cdot$ a da Terra, e a Estrela B vista da Terra está localizada além (atrás) da Estrela A. (a) Uma espaçonave está fazendo uma viagem da Terra para a Estrela A numa velocidade tal que esta viagem levará 12 anos de acordo com os relógios da espaçonave. Qual a velocidade, em relação à Terra, que a espaçonave deverá viajar? (Admita que os tempos de aceleração sejam muito curtos comparados com o tempo total da viagem.) (b) Após alcançar a Estrela A, a espaçonave aumenta sua velocidade rumo à Estrela B, numa velocidade tal que o fator γ é duas vezes o da Parte (a). A viagem da Estrela A para a Estrela B leva 5 anos (tempo na espaçonave). Qual a distância, em $c \cdot$ a, entre a Estrela A e a Estrela B no referencial em repouso da Terra e das duas estrelas? (c) Após alcançar a Estrela B, a espaçonave ruma para a Terra na mesma velocidade calculada na Parte (b). Ela leva 10 anos (tempo na espaçonave) para retornar à Terra. Se você nasceu na Terra no dia em que a espaçonave deixou a Terra e permaneceu na Terra, qual será sua idade no dia em que a espaçonave retornar à Terra?

12 • Uma espaçonave viaja para uma estrela a 35 $c \cdot$ a de distância numa velocidade de $2,7 \times 10^8$ m/s. Em quanto tempo a espaçonave chegará à estrela (a) medido na Terra e (b) medido por um passageiro na espaçonave?

13 •• O unobtainium (Un) é uma partícula instável que decai para duas partículas, o normalium (Nr) e o standardium (St). (a) Um acelerador produz um feixe de Un que viaja até o detector localizado a 100 m do acelerador. As partículas viajam com uma velocidade $v = 0,866c$. Quanto tempo as partículas levam (no referencial do laboratório) para chegar ao detector? (b) Quando as partículas atingem o detector, metade delas decaiu. Qual é a meia-vida do Un? (*Nota*: A meia-vida seria medida num referencial que se move com as partículas) (c) Um novo detector vai ser usado e ficará localizado a 1000 m do acelerador. Com qual velocidade as partículas deverão se mover se metade delas chegarem ao novo detector?

14 •• Um relógio na Espaçonave A mede um intervalo de tempo entre dois eventos, onde ambos ocorrem na mesma localização do relógio. Você está na Espaçonave B. De acordo com suas medidas cuidadosas, o intervalo de tempo entre os dois eventos é 1,00 por cento maior que o medido pelos dois relógios na Espaçonave A. Qual é a velocidade da Espaçonave A em relação à Espaçonave B? (*Sugestão: Use um ou mais dos resultados do Problema 10.*)

178 | CAPÍTULO 39

15 •• Se um avião voa numa velocidade de 2000 km/h, por quanto tempo o avião deve voar antes de seu relógio perder 1,00 s por causa da dilatação do tempo? (*Sugestão: Use um ou mais dos resultados do Problema 10.*)

A TRANSFORMAÇÃO DE LORENTZ, A SINCRONIZAÇÃO DE RELÓGIOS E A SIMULTANEIDADE

16 •• Mostre que quando $v \ll c$ as equações de transformação relativística para x, t e u_x recaem nas equações de transformação clássicas.

17 •• Uma espaçonave com comprimento próprio de $L_p = 400$ m passa por uma estação de transmissão com velocidade de $0,76c$. (A estação de transmissão envia sinais que viajam na velocidade da luz.) Um relógio está preso na proa da espaçonave e um segundo relógio está preso na estação de transmissão. No instante em que a proa da espaçonave passa o transmissor, o relógio preso ao transmissor e o relógio preso na proa da espaçonave são zerados. No instante em que a popa da espaçonave passa pelo transmissor, um sinal é enviado pelo transmissor que logo é detectado por um receptor na proa da espaçonave. (*a*) Quando, de acordo com o relógio preso à proa da espaçonave, o sinal é enviado? (*b*) Quando, de acordo com o relógio preso à proa da espaçonave, o sinal é recebido? (*c*) Quando, de acordo com o relógio preso ao transmissor, o sinal é recebido pela espaçonave? (*d*) De acordo com um observador que trabalha na estação de transmissão, a que distância do transmissor estará a proa da espaçonave quando o sinal for recebido?

18 •• No referencial S, o evento B ocorre $2,0$ μs depois do evento A, e o evento A ocorre na origem enquanto o evento B ocorre no eixo x em $x = 1,5$ km. Qual é a velocidade e em que direção um observador deve viajar, ao longo do eixo x, de tal modo que os eventos A e B ocorram simultaneamente? É possível que o evento B anteceda o evento A para algum observador?

19 •• Observadores num referencial S vêem uma explosão localizada no eixo x em $x_1 = 480$ m. Uma segunda explosão ocorre 5 μs mais tarde, em $x_2 = 1200$ m. Num referencial S', que se move ao longo do eixo x na direção $+x$ com velocidade v, as duas explosões ocorrem no mesmo ponto do espaço. Qual é a separação no tempo, entre as duas explosões, medida no referencial S'?

20 ••• No referencial S, os eventos 1 e 2 estão separados por uma distância $D = x_2 - x_1$ e um tempo $T = t_2 - t_1$. (*a*) Use as transformações de Lorentz para mostrar que num referencial S', que se move ao longo do eixo x com velocidade v em relação a S, a separação no tempo é $t_2' - t_1' = \gamma(T - vD/c^2)$. (*b*) Mostrar que os eventos podem ser simultâneos no referencial S' somente se D for maior que cT. (*c*) Se um dos eventos for a causa do outro, a separação D deve ser menor que cT, porque D/c é o menor tempo que um sinal pode levar para viajar de x_1 para x_2 no referencial S. Mostre que se D for menor que cT, t_2' é maior que t_1' em todos os referenciais. Isto mostra que se uma causa precede seu efeito, num certo referencial, ela deve preceder o seu efeito em todos os outros referenciais. (*d*) Suponha que um sinal poderia ser enviado com velocidade $c' > c$, de tal modo que no referencial S a causa precedesse o efeito pelo tempo $T = D/c'$. Mostre que existe então um referencial que se move com velocidade v menor que c, onde o efeito precede a causa.

21 ••• Um foguete, que tem comprimento próprio de 700 m, desloca-se para a direita com velocidade de $0,900c$. Ele tem dois relógios — um na proa e outro na popa — que foram sincronizados no referencial do foguete. Um relógio no solo e o relógio da proa do foguete marcam ambos zero quando um passa pelo outro. (*a*) No instante em que o relógio do solo marca zero, o que o relógio da popa do foguete marcará, de acordo com observadores no solo? Quando o relógio da popa do foguete passa pelo relógio do solo, (*b*) qual será a leitura do relógio da popa, de acordo com observadores no solo? (*c*) Qual será a leitura do relógio da proa, de acordo com observadores no solo? (*d*) Qual será a leitura do relógio da proa, de acordo com observadores no foguete? (*e*) No instante em que o relógio na proa do foguete marca 1,00 h, um sinal de luz é enviado da proa do foguete para um observador parado junto ao relógio do solo. Qual é a leitura do relógio no solo quando o observador no solo recebe o sinal? (*f*) Quando um observador no solo recebe o sinal, ele imediatamente envia um sinal de volta para a proa do foguete. Qual é a leitura do relógio da proa do foguete quando o sinal for recebido?

A TRANSFORMAÇÃO DE VELOCIDADE E O EFEITO DOPPLER RELATIVÍSTICO

22 •• **PLANILHA ELETRÔNICA** Uma espaçonave, em repouso num certo referencial S, aumenta sua velocidade de $0,50c$ (chame esta velocidade de impulso 1). Em relação ao seu novo referencial inercial, a velocidade da espaçonave aumenta ainda mais $0,50c$ 10 s mais tarde (medido no novo referencial inercial; chame este aumento de impulso 2). Este processo continua indefinidamente, em intervalos de 10 s, medido no referencial da espaçonave. (Assuma que os impulsos levam tempos muito curtos comparados aos 10 s.) (*a*) Usando um programa com planilha eletrônica, calcule e faça um gráfico da velocidade da espaçonave no referencial S como função do número do impulso, do impulso 1 até o impulso 10. (*b*) Faça um gráfico do fator γ do mesmo modo. (*c*) Quantos impulsos serão necessários para que a velocidade da espaçonave, no referencial S, seja maior que $0,999c$? (*d*) Qual é a distância que a espaçonave percorre entre o impulso 1 e o impulso 6, medido no referencial S? Qual é a velocidade média da espaçonave entre o impulso 1 e o impulso 6, medido em S?

23 • Uma amostra de sódio emite luz ao se deslocar em direção à Terra com velocidade v. O comprimento de onda da luz é de 589 nm no referencial inercial da amostra. O comprimento de onda medido no referencial da Terra é de 547 nm. Ache v.

24 • Uma galáxia distante se afasta da Terra, numa velocidade de $1,85 \times 10^7$ m/s. Calcule o deslocamento relativo para o vermelho $(\lambda' - \lambda_0)/\lambda_0$ da luz que vem da galáxia.

25 •• Deduza a expressão $f' = f_0 \sqrt{1 - (v^2/c^2)}/[1 - (v/c)]$ (Equação 39-16a) para a freqüência recebida por um observador se movendo com velocidade v em direção a uma fonte estacionária de ondas eletromagnéticas.

26 • Mostrar que se v é muito menor que c, o deslocamento Doppler é dado aproximadamente por

$$\Delta f/f \approx \pm v/c$$

27 •• Um relógio é colocado num satélite que está em órbita da Terra, com um período de 90 min. Qual a diferença no intervalo de tempo entre a leitura deste relógio e a de um outro, idêntico a ele, que ficou na Terra, depois de 1 ano? (Suponha que a relatividade restrita se aplique e desconsidere a relatividade geral.)

28 •• Para uma luz que é deslocada pelo efeito Doppler em relação a um observador, definimos o parâmetro de deslocamento para o vermelho $z = (f - f')/f'$, onde f é a freqüência da luz medida no referencial do emissor e f' é a freqüência medida no referencial do receptor. Se o emissor está se movendo diretamente para longe do receptor, mostre que a velocidade relativa entre o emissor e o receptor é $v = c(u^2 - 1)/(u^2 - 1)$, onde $u = z + 1$.

29 • Um feixe de luz se move ao longo do eixo y' com velocidade c no referencial S', que está se movendo na direção $+x$ com velocidade v em relação ao referencial S. (*a*) Ache as componentes x e y da velocidade do feixe de luz no referencial S. (*b*) Mostre que, de acordo com as equações de transformação da velocidade, a magnitude da velocidade do feixe de luz em S é c.

30 •• Uma espaçonave está se movendo para leste a uma velocidade de $0,90c$ em relação à Terra. Uma segunda espaçonave está se movendo para oeste a uma velocidade de 0,90c em relação à Terra. Qual é a velocidade de uma espaçonave em relação à outra?

31 •• Uma partícula se move com velocidade de 0,800c na direção +x" ao longo do eixo x" do referencial S", que se move com a mesma velocidade e na mesma direção ao longo do eixo x' em relação ao referencial S'. O referencial S' se move com a mesma velocidade e na mesma direção ao longo do eixo x em relação ao referencial S. (a) Encontre a velocidade da partícula em relação ao referencial S'. (b) Encontre a velocidade da partícula em relação ao referencial S.

MOMENTO RELATIVÍSTICO E ENERGIA RELATIVÍSTICA

32 • Um próton que tem uma energia de repouso igual a 938 MeV tem uma energia total de 2200 MeV. (a) Qual é sua velocidade? (b) Qual é seu momento?

33 • Se a energia cinética de uma partícula for igual a duas vezes sua energia de repouso, qual será o erro percentual ao usarmos $p = mu$ para a magnitude do momento?

34 •• Num certo referencial, uma partícula tem momento de 6,00 MeV/c e energia total de 8,00 MeV. (a) Determine a massa da partícula. (b) Qual é a energia total da partícula num referencial onde seu momento é 4,00 MeV/c? (c) Qual é a velocidade relativa entre os dois referenciais?

35 •• Mostre que

$$d\left(\frac{mu}{1-(u^2/c^2)}\right) = m\left(1 - \frac{u^2}{c^2}\right)^{-3/2} du$$

Sugestão: Esta relação foi usada para deduzir a expressão relativisticamente correta para a energia cinética (Equação 39-22).

36 •• A partícula K^0 tem uma massa de 497,7 Mev/c^2. Ela decai num π^- e num π^+, cada um tendo massa de 139,6 Mev/c^2. Acompanhando o decaimento de K^0, um dos píons está em repouso no laboratório. Determine a energia cinética do outro píon depois do decaimento e de K^0 antes do decaimento.

37 •• Num referencial S', dois prótons, cada um se movendo a 0,500c, se aproximam um do outro de frente. (a) Calcule a energia cinética total dos dois prótons no referencial S'. (b) Calcule a energia cinética total dos prótons no referencial S, que se move com um dos prótons.

38 •• Um antipróton p̄ tem a mesma massa m que um próton p. O antipróton é criado durante a reação p + p → p + p + p + p̄. Durante uma experiência, os prótons em repouso no laboratório são bombardeados por prótons com energia cinética K_L, que deve ser grande o suficiente de tal modo que uma quantidade de energia cinética igual a $2mc^2$ possa ser convertida em energia de repouso das duas partículas. No referencial do laboratório, a energia cinética total não pode ser convertida em energia de repouso por causa da conservação de momento. Entretanto, no referencial de momento nulo, onde os dois prótons iniciais estão se movendo um em direção ao outro, com velocidade u, a energia cinética total pode ser convertida em energia de repouso. (a) Ache a velocidade u de cada próton, de tal modo que a energia cinética total no referencial de momento nulo seja $2mc^2$. (b) Transforme para o referencial do laboratório, onde um próton está em repouso, e ache a velocidade u' do outro próton. (c) Mostre que a energia cinética do próton que se move no referencial do laboratório é $K_L = 6mc^2$.

39 ••• Uma partícula de massa 1,00 MeV/c^2 e energia cinética de 2,00 MeV colide com uma partícula estacionária de massa 2,00 MeV/c^2. Depois da colisão, as partículas ficam unidas. Encontre (a) a velocidade da primeira partícula antes da colisão, (b) a energia total da primeira partícula antes da colisão, (c) o momento total inicial do sistema, (d) a energia cinética total depois da colisão e (e) a massa do sistema depois da colisão.

RELATIVIDADE GERAL

40 •• Luz viajando na direção do aumento do potencial gravitacional sofre um deslocamento para o vermelho na sua freqüência. Calcule o deslocamento em comprimento de onda se um feixe de luz de comprimento de onda λ = 632,8 nm é enviado na vertical através de um cabo de comprimento L = 100 m.

41 •• Vamos voltar a um problema do Capítulo 3 (Volume 1): Dois canhões estão apontados diretamente um contra o outro, como é mostrado na Figura 39-17. Quando detonados, as balas dos canhões seguirão as trajetórias mostradas. O ponto P é o ponto onde as trajetórias se cruzam. Ignore qualquer efeito devido à resistência do ar. Usando o princípio da equivalência, mostre que se os canhões são detonados simultaneamente (no referencial dos canhões), as balas dos canhões irão se chocar no ponto P.

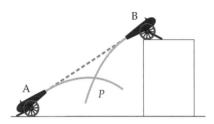

FIGURA 39-17 Problema 41

42 ••• Uma plataforma giratória horizontal gira com velocidade angular ω. Existe um relógio no centro de plataforma giratória e um relógio idêntico montado na plataforma a uma distância r do centro. Num referencial inercial, onde o relógio no centro está em repouso, o relógio numa distância r está se movendo com velocidade u = rω. (a) Mostre que, a partir da dilatação do tempo, de acordo com a relatividade restrita, o tempo entre os instantes, Δt_0 para o relógio em repouso e Δt_R para o relógio que se move, estão relacionados por

$$\frac{\Delta t_R - \Delta t_0}{\Delta t_0} = -\frac{r^2\omega^2}{2c^2} \quad r\omega \ll c$$

(b) Num referencial que gira com a mesa, ambos os relógios estão em repouso. Mostre que o relógio a uma distância r sente uma pseudoforça $F_r = mr\omega^2$ no referencial giratório e que isto é equivalente à diferença do potencial gravitacional entre r e a origem de $\phi_r - \phi_0 = -\frac{1}{2}r^2\omega^2$. (c) Use a diferença do potencial gravitacional dado na Parte (b) para mostrar que neste referencial a diferença nos intervalos de tempo é a mesma que num referencial inercial.

PROBLEMAS GERAIS

43 • Qual é a velocidade que um múon deve viajar para que sua vida média seja de 46 μs, se a vida média em repouso é de 2,2 μs.

44 • Uma galáxia distante está se afastando da Terra com uma velocidade que provoca um deslocamento nos comprimentos de onda recebidos na Terra, de $\lambda' = 2\lambda_0$. Ache a velocidade da galáxia em relação à Terra.

45 •• Os referenciais S e S' estão se movendo, um em relação ao outro, ao longo dos eixos x e x' (com superposição). Os observadores em repouso nos dois referenciais acertam seus relógios em t = 0 quando as duas origens coincidem. No referencial S, o evento 1 ocorre em $x_1 = 1,0$ c · a e $t_1 = 1,00$ ano, e o evento 2 ocorre em $x_2 = 2,0$ c · a e $t_2 = 0,50$ ano. Os eventos ocorrem simultaneamente no referencial S'. (a) Ache a magnitude e a direção da velocidade de S' em relação a S. (b) Em que tempo ambos os eventos ocorrem medidos em S'?

180 | CAPÍTULO 39

46 •• Uma espaçonave interestelar viaja da Terra para um sistema de estrelas distante 12 anos-luz (medido no referencial da Terra). A viagem leva 15 anos medidos nos relógios da espaçonave. (a) Qual é a velocidade da espaçonave em relação à Terra? (b) Quando a espaçonave chega, ela envia um sinal eletromagnético para a Terra. Quanto tempo depois de a espaçonave deixar a Terra os observadores na Terra vão receber este sinal?

47 •• O píon neutro π^0 tem uma massa de 135,0 MeV/c^2. Esta partícula pode ser criada numa colisão próton–próton:

$$p + p \rightarrow p + p + \pi^0$$

Determine a energia cinética limite para a criação de um π^0 numa colisão entre um próton em movimento e um estacionário. (Veja Problema 38.)

48 •• Um foguete que tem um comprimento próprio de 1000 m se afasta de uma estação espacial na direção $+x$, com uma velocidade de 0,60c em relação a um observador na estação. Um astronauta está parado na parte detrás do foguete e joga um dardo em direção à parte frontal do foguete, a uma velocidade de 0,80c em relação ao foguete. Quanto tempo leva para o dardo atingir a parte da frente do foguete (a) medido no referencial do foguete, (b) medido no referencial da estação espacial e (c) medido no referencial do dardo?

49 ••• Usando uma experiência imaginária, Einstein observou que existe uma massa associada à radiação eletromagnética. Considere uma caixa de comprimento L e massa M, em repouso, numa superfície sem atrito. Junto à parede esquerda da caixa está uma fonte de luz que emite um pulso direcionado de radiação, com energia E, que é completamente absorvido na parede direita da caixa. De acordo com a teoria eletromagnética clássica, a radiação carrega momento com magnitude $p = E/c$ (Equação 30-24). A caixa recua quando o pulso é emitido pela fonte de luz. (a) Ache a velocidade de recuo da caixa de tal modo que o momento é conservado quando a luz é emitida. (Como p é pequeno e M é grande, pode-se usar mecânica clássica.) (b) Quando a luz é absorvida pela parede direita da caixa, esta pára, de tal modo que o momento total do sistema permanece nulo. Se desprezarmos a velocidade da caixa, que é muito pequena, o tempo que leva para a radiação viajar dentro da caixa é $\Delta t = L/c$. Ache a distância percorrida pela caixa neste tempo. (c) Mostre que se o centro de massa do sistema permanece no mesmo lugar, a radiação deve carregar massa $m = E/c^2$.

50 ••• Usando a conservação do momento relativístico e da energia, e a relação entre a energia e o momento para um fóton $E = pc$, prove que um elétron livre (um elétron não ligado a um núcleo atômico) não pode absorver ou emitir um fóton.

51 ••• Quando uma partícula em movimento, que tem uma energia cinética maior do que a energia cinética de limiar $K_{\lim}$, atinge uma partícula-alvo estacionária, uma ou mais partículas podem ser criadas neste processo de colisão inelástica. Mostre que a energia cinética de limiar $K_{\lim}$ da partícula em movimento é dada por

$$K_{\lim} = \frac{(\Sigma m_{in} + \Sigma m_{fin})(\Sigma m_{fin} + \Sigma m_{in})c^2}{2m_{alvo}}$$

onde Σm_{in} é a soma das massas das partículas antes da colisão, Σm_{fin} é a soma das massas das partículas depois da colisão e m_{alvo} é a massa da partícula do alvo. Use esta expressão para determinar a energia cinética de limiar dos prótons incidentes, num próton estacionário como alvo para a produção de um par próton–antipróton; compare este resultado com o resultado do Problema 38.

52 ••• Uma partícula de massa M decai em duas partículas idênticas, cada uma com massa m, onde $m = 0,30M$. Antes do decaimento, a partícula de massa M tem uma energia total de 4,0 mc^2 no referencial do laboratório. As velocidades dos produtos do decaimento são ao longo da direção de movimento de M. Ache as velocidades dos produtos do decaimento no referencial do laboratório.

53 ••• Uma vara, de comprimento próprio L_p, faz um ângulo θ com o eixo x, no referencial S. Mostre que o ângulo θ' feito com o eixo x', no referencial S', que se move na direção $+x$ com velocidade v, é dado por $\tan \theta' = \gamma \tan \theta$ e que o comprimento da vara em S' é $L' = L_p(\gamma^{-2} \cos^2 \theta + \mathrm{sen}^2 \theta)^{1/2}$.

54 ••• Mostre que se uma partícula se move com um ângulo θ com o eixo x, com velocidade u, no referencial S, ela irá se mover com um ângulo θ' com o eixo x', no referencial S', dado por

$$\tan \theta' = \gamma^{-1} \mathrm{sen}\, \theta / [\cos \theta - (v/u)].$$

55 ••• Para o caso especial de uma partícula que se move com velocidade u ao longo do eixo y no referencial S, mostre que seu momento e energia no referencial S', um referencial que está se movendo ao longo do eixo x com velocidade v, estão relacionados com seu momento e energia em S pelas equações de transformação

$$p'_x = \gamma\left(p_x - \frac{vE}{c^2}\right) \qquad p'_y = p_y \qquad p'_z = p_z \qquad \frac{E'}{c} = \gamma\left(\frac{E}{c} - \frac{vp_x}{c}\right)$$

Compare estas equações com as equações das transformações de Lorentz para x', y', z' e t'. Observe que as quantidades p_x, p_y, p_z e E/c se transformam do mesmo modo que x, y, z e ct.

56 ••• A equação para uma frente de onda esférica de um pulso de luz que se inicia na origem num tempo $t = 0$ é $x^2 + y^2 + z^2 - (ct)^2 = 0$. O referencial S' se move com velocidade v ao longo do eixo x. Usando a transformação de Lorentz, mostre que este pulso de luz também tem uma frente de onda esférica, mostrando que $x'^2 + y'^2 + z'^2 - (ct')^2 = 0$.

57 ••• No Problema 56, mostrou-se que a quantidade $x^2 + y^2 + z^2 - (ct)^2$ tinha o mesmo valor (zero) em ambos os referenciais S e S'. Uma quantidade que tem o mesmo valor em todos os referenciais inerciais é chamada de *invariante de Lorentz*. A partir dos resultados do Problema 55, a quantidade $p_x^2 + p_y^2 + p_z^2 - E^2/c^2$ deve ser também um invariante de Lorentz. Mostre que esta quantidade tem o mesmo valor $-m^2c^2$ em ambos os referenciais S e S'.

58 ••• Uma vara comprida, que está paralela ao eixo x, é solta a partir do repouso. Logo em seguida, ela está em queda livre com uma aceleração da magnitude de g na direção $-y$. Um observador num foguete se movendo com velocidade v paralela ao eixo x passa pela vara. Usando as transformações de Lorentz, mostre que o observador no foguete irá medir uma curvatura na vara com forma parabólica. Esta parábola tem uma concavidade para cima ou para baixo?

59 •• Mostre que se u'_x e v em $u_x = (u'_x + v)/[1 + (vu'_x/c^2)]$ (Equação 39-18a) são ambas positivas e menores que c, então u_x será positiva e menor que c. (*Sugestão: Faça $u'_x = (1 - \varepsilon_1)c$ e $v = (1 - \varepsilon_2)c$, onde ε_1 e ε_2 são números positivos menores que a unidade.*)

60 ••• No referencial S, a aceleração de uma partícula é $\vec{a} = a_x\hat{i} + a_y\hat{j} + a_z\hat{k}$. Deduza expressões para as componentes da aceleração da partícula, a'_x, a'_y e a'_z, no referencial S', que se move em relação a S na direção x, com velocidade v.

Física Nuclear

40-1   Propriedades do Núcleo
40-2   Radioatividade
40-3   Reações Nucleares
40-4   Fissão e Fusão

A USINA NUCLEAR DE DIABLO CANYON PERTO DE SAN LUIS OBISPO, CALIFÓRNIA. *(Tony Hertz/Alamy.)*

? Quanta energia é liberada na fusão de um grama de ^{235}U?
(Veja o Exemplo 40-6)

P ara muitos químicos, o núcleo atômico pode ser modelado como uma carga puntiforme que contém a maioria da massa do átomo. Neste capítulo, vamos olhar para o núcleo na perspectiva dos físicos e ver como prótons e nêutrons, que formam o núcleo, têm tido um papel importante na nossa vida diária, assim como na história e estrutura do universo.

Neste capítulo, vamos estudar as propriedades dos núcleos atômicos, investigar a radioatividade e explorar as reações nucleares. Vamos também discutir fissão e fusão. A fissão de um núcleo muito pesado, como o urânio, é uma grande fonte de energia hoje em dia, enquanto a fusão de núcleos muito leves é a fonte de energia das estrelas, incluindo o Sol, e pode ser a chave para nossas necessidades de energia no futuro.

40-1 PROPRIEDADES DO NÚCLEO

O núcleo de um átomo tem apenas dois tipos de partículas, prótons e nêutrons,* que tem aproximadamente a mesma massa (o nêutron é aproximadamente 0,2 por cento mais pesado). O próton tem uma carga de $+e$, e o nêutron não tem carga. O número de prótons, Z, é o número atômico do átomo, que é também igual ao

---
* O núcleo de hidrogênio normal tem um único próton.

182 | CAPÍTULO 40

número de elétrons do átomo. O número de nêutrons N que o núcleo tem é aproximadamente igual a Z para núcleos leves. Para núcleos mais pesados, o número de nêutrons é de modo crescente maior que Z. O número total de núcleons* $A = N + Z$ é chamado de **número de núcleons** ou **número de massa** do núcleo. Uma espécie particular de núcleo é chamada de **nuclídeo**. Dois ou mais nuclídeos que tenham o mesmo número atômico Z, mas diferentes valores para N ou A, são chamados de **isótopos**. Um nuclídeo particular é designado pelo seu símbolo atômico (por exemplo, H para o hidrogênio e He para o hélio) com o seu número de massa A como sobrescrito. O elemento mais leve, o hidrogênio, tem três isótopos: o prótio, ^{1}H, cujo núcleo é constituído por um único próton; o deutério, ^{2}H, cujo núcleo é composto por um próton e um nêutron; e o trítio, ^{3}H, cujo núcleo tem um próton e dois nêutrons. Embora a massa do átomo de deutério seja quase o dobro da massa do átomo de prótio, e a massa do átomo de trítio seja quase três vezes a massa do prótio, estes três átomos têm propriedades químicas quase idênticas, pois cada um deles tem apenas um elétron. Em média, existem aproximadamente 3 isótopos estáveis para cada elemento, entretanto alguns átomos podem ter apenas um isótopo estável, enquanto outros podem ter até cinco ou seis. O isótopo mais comum do segundo elemento mais leve, o hélio, é o ^{4}He. O núcleo de ^{4}He é conhecido como partícula α. Outro isótopo do hélio é o ^{3}He, e o núcleo de ^{3}He é também conhecido como hélion.

Os núcleons exercem uma força atrativa forte sobre os outros núcleons. Essa força, chamada de **força nuclear forte** ou de **força hadrônica**, é muito mais forte que a força eletrostática de repulsão entre os prótons, e é muitíssimo mais forte que as forças gravitacionais entre os núcleons. (A gravidade é tão fraca comparativamente, que sempre pode ser ignorada em física nuclear.) A força nuclear forte é aproximadamente a mesma entre dois nêutrons, dois prótons, ou entre um nêutron e um próton. Dois prótons, evidentemente, também exercem, um sobre o outro, uma força eletrostática repulsiva devido às suas cargas, o que deve enfraquecer de algum modo a atração entre eles. A força nuclear forte diminui rapidamente com a distância, e é desprezível quando dois núcleons estiverem separados por mais do que alguns fentômetros.

TAMANHO, FORMA E MASSA ESPECÍFICA

O tamanho e a forma do núcleo podem ser determinados bombardeando o núcleo com partículas de alta energia e observando seu espalhamento. Os resultados dependem de algum modo do tipo de experiência. Por exemplo, uma experiência de espalhamento usando elétrons mede a distribuição de cargas do núcleo, enquanto uma experiência de espalhamento usando nêutrons determina a região de influência da força nuclear forte. Uma ampla variedade de experiências sugere que a maioria dos núcleos são aproximadamente esféricos, com raios dados por

$$R = R_0 A^{1/3}$$

40-1

RAIO NUCLEAR

onde R_0 é aproximadamente 1,2 fm. O fato de que o raio de um núcleo esférico é proporcional a $A^{1/3}$ implica que o volume do núcleo é proporcional a A. Como a massa do núcleo é também proporcional a A, as massas específicas de todos os núcleos são aproximadamente iguais. Isto é semelhante a uma gota de um líquido, que também tem massa específica constante, independentemente de seu tamanho. O **modelo da gota líquida** para o núcleo provou ser bem-sucedido na explicação de comportamentos nucleares, especialmente na fissão de núcleos pesados.

Números N E Z

Para núcleos leves, uma maior estabilidade é alcançada quando o número de prótons e nêutrons é aproximadamente igual, $N \approx Z$. Para núcleos mais pesados, a instabilidade causada pela repulsão eletrostática entre prótons é minimizada quando existem mais nêutrons do que prótons. Podemos observar isto examinando o número N e o número Z para os isótopos mais abundantes de alguns elementos representativos: para o $^{18}_{8}$O, $N = 8$ e $Z = 8$; para $^{40}_{20}$Ca, $N = 20$ e $Z = 20$; para $^{56}_{26}$Fe, $N = 30$ e $Z = 26$; pa-

---

* A palavra *núcleon* refere-se a ambos, tanto nêutron como próton, que fazem parte do núcleo.

ra $^{207}_{82}$Pb, $N = 125$ e $Z = 82$; para $^{238}_{92}$U, $N = 146$ e $Z = 92$. (O número atômico Z, para enfatizar, foi incluído aqui como subscrito do símbolo atômico. Na verdade, isto não é necessário, porque o número atômico é inferido do símbolo atômico.)

A Figura 40-1 mostra o gráfico de N versus Z para os núcleos estáveis conhecidos. A curva segue uma linha reta $N = Z$ para pequenos valores de N e Z. Podemos entender esta tendência de N e Z serem iguais, considerando a energia total de A partículas numa caixa unidimensional. Para $A = 8$, a Figura 40-2 mostra os níveis de energia para oito nêutrons e quatro prótons. Por causa do princípio de exclusão, apenas duas partículas idênticas (com spins opostos) podem estar no mesmo estado espacial. Como prótons e nêutrons não são idênticos, podemos colocar dois de cada num estado, como mostra a Figura 40-2b. Deste modo, a energia total para quatro prótons e quatro nêutrons é menor que a energia total para oito nêutrons (ou oito prótons), como mostra a Figura 40-2a. Quando a energia de repulsão de Coulomb, que é proporcional a Z^2, for incluída, este resultado variará um pouco. Para valores grandes de A e Z, a energia total aumenta menos se adicionarmos dois nêutrons em vez de um nêutron e um próton, por causa da repulsão eletrostática envolvida. Isto explica por que $N > Z$ para valores grandes de A (para núcleos mais pesados).

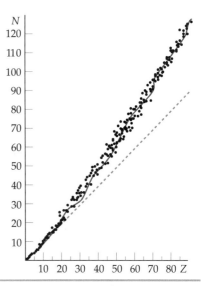

FIGURA 40-1 Gráfico do número de nêutrons N versus o número de prótons Z para nuclídeos estáveis. A linha tracejada indica $N = Z$.

PROBLEMA PRÁTICO 40-1

(a) Calcule a energia total dos oito nêutrons na caixa unidimensional mostrada na Figura 40-2a. (b) Calcule a energia total dos quatro nêutrons e quatro prótons, na caixa unidimensional, mostrada na Figura 40-2b.

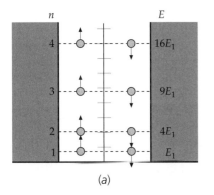

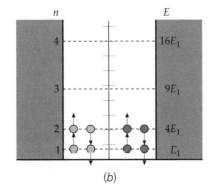

FIGURA 40-2 (a) Oito nêutrons numa caixa unidimensional. De acordo com o princípio de exclusão, apenas dois nêutrons (com spins opostos) podem estar num dado nível de energia. (b) Quatro nêutrons e quatro prótons numa caixa unidimensional. Como prótons e nêutrons não são partículas idênticas, duas de cada partícula podem estar no mesmo nível de energia. A energia total é muito menor neste caso do que para o caso mostrado na Figura 40-2a.

MASSA E ENERGIA DE LIGAÇÃO

A massa de um núcleo é menor que a soma das massas de suas partes por E_b/c^2, onde E_b é a energia de ligação e c é a velocidade da luz. Quando dois ou mais núcleons se fundem para formar um núcleo, a massa total diminui e é liberada energia. De modo inverso, para separar um núcleo nas suas partes, energia deve ser absorvida pelo sistema e a massa do sistema aumenta.

As massas atômicas e massas nucleares são dadas, muitas vezes, em unidades de massa atômica unificada (u), definida como um doze avos da massa do átomo de ^{12}C. A energia de repouso desta unidade de massa é

$$(1\ u)c^2 = 931,5\ \text{MeV} \qquad 40\text{-}2$$

Considere o ^{4}He, por exemplo, que é constituído de dois prótons e dois nêutrons. A massa de um átomo pode ser medida com precisão num espectrômetro de massa. A massa do átomo de ^{4}He é 4,002 603 u e a massa do átomo de ^{1}H é 1,007 825 u. Estes valores incluem as massas dos elétrons do átomo. A massa do nêutron é 1,008 665 u. A soma das massas de dois átomos de ^{1}H e dois nêutrons é: 2(1,007 825 u) + 2(1,008 665 u) = 4,032 980 u, que é maior que a massa do átomo de ^{4}He por 0,030 377 u.*
Podemos encontrar a energia de ligação do núcleo do ^{4}He a partir da diferença de massa de 0,030 377 u, usando o fator de conversão de massa $(1\ u)c^2 = 931,5$ MeV na Equação 40-2. Então

---

* Note que, usando a massa de dois átomos de ^{1}H em vez de dois prótons, as massas dos elétrons no átomo estão sendo levadas em conta. Fazemos isto porque são as massas atômicas, e não as massas nucleares, que são medidas diretamente e listadas em tabelas de massas.

184 | CAPÍTULO 40

$$(0,030\ 377\ u)c^2 = (0,030\ 377\ u)c^2 \times \frac{931{,}5\ MeV/c^2}{1\ u} = 28{,}30\ MeV$$

A energia total de ligação do ^4He é então 28,30 MeV. Em geral, a energia de ligação do núcleo de um átomo com massa atômica M_A tendo Z prótons e N nêutrons, é calculada através da diferença entre a soma das massas dos núcleons e a massa do núcleo, e depois multiplicada por c^2:

$$E_b = (ZM_H + Nm_n - M_A)c^2 \qquad \text{40-3}$$
ENERGIA DE LIGAÇÃO TOTAL DO NÚCLEO

onde M_H é a massa do átomo de ^1H e m_n é a massa do nêutron. Note que a massa dos Z elétrons no termo ZM_H é cancelada pela massa dos Z elétrons no termo M_A.* As massas atômicas do nêutron e de alguns isótopos selecionados estão listadas na Tabela 40-1.

Tabela 40-1 — Massas Atômicas do Nêutron e de Isótopos Selecionados*

Elemento	Símbolo	Z	Massa Atômica, u
Nêutron	n	0	1,008 665
Hidrogênio			
Prótio	^1H	1	1,007 825
Deutério	^2H ou D	1	2,014 102
Trício	^3H ou T	1	3,016 050
Hélio	^3He	2	3,016 030
	^4He	2	4,002 603
Lítio	^6Li	3	6,015 125
	^7Li	3	7,016 004
Boro	^{10}B	5	10,012 939
Carbono	^{12}C	6	12,000 000
	^{13}C	6	13,003 354
	^{14}C	6	14,003 242
Nitrogênio	^{13}N	7	13,005 738
	^{14}N	7	14,003 074
Oxigênio	^{16}O	8	15,994 915
Sódio	^{23}Na	11	22,989,771
Potássio	^{39}K	19	38,963 710
Ferro	^{56}Fe	26	55,939 395
Cobre	^{63}Cu	29	62,929 592
Prata	^{107}Ag	47	106,905 094
Ouro	^{197}Au	79	196,966 541
Chumbo	^{208}Pb	82	207,976 650
Polônio	^{212}Po	84	211,989 629
Radônio	^{222}Rn	86	222,017 531
Rádio	^{226}Ra	88	226,025 360
Urânio	^{238}U	92	238,048 608
Plutônio	^{242}Pu	94	242,058 725

* Valores de massa obtidos em <http://physics.nist.gov/PhysRefData/Compositions/index.html>.

---

* A massa associada com as energias de ligação dos elétrons não é levada em conta nestes cálculos.

Exemplo 40-1 — Energia de Ligação do Último Nêutron

Encontre a energia de ligação do último nêutron num núcleo de ^{4}He.

SITUAÇÃO A energia de ligação é a energia equivalente à massa do átomo de ^{3}He mais a massa do nêutron e menos a massa do átomo de ^{4}He. Encontramos as massas na Tabela 40-1 e multiplicamos por c^2 para obter as energias equivalentes.

SOLUÇÃO

1. Some a massa do nêutron à massa do ^{3}He:

$$m_{^3\text{He}} + m_n = 3{,}016\,030\ \text{u} + 1{,}008\,665\ \text{u}$$
$$= 4{,}024\,695\ \text{u}$$

2. Subtraia a massa do ^{4}He do resultado:

$$\Delta m = (m_{^3\text{He}} + m_n) - m_{^4\text{He}}$$
$$= 4{,}024\,695\ \text{u} - 4{,}002\,603\ \text{u} = 0{,}022\,092\ \text{u}$$

3. Multiplique esta diferença de massa por c^2 e converta para MeV:

$$E_b = (\Delta m)c^2$$
$$= (0{,}022\,092\ \text{u})c^2 \times \frac{931{,}5\ \text{MeV}/c^2}{1\ \text{u}}$$
$$= \boxed{20{,}58\ \text{MeV}}$$

CHECAGEM Como esperado, o resultado do passo 3 de 20,58 MeV é menor que a energia de ligação total do núcleo de ^{4}He. (A energia de ligação total do núcleo de ^{4}He é de 28,30 MeV, calculado pela Equação 40-3.)

A Figura 40-3 mostra a energia de ligação por núcleon E_b/A versus A. O valor médio é aproximadamente de 8,3 MeV. A parte quase horizontal da curva, para $A > 50$ mostra que E_b é aproximadamente proporcional a A. Isto indica que existe uma saturação de forças nucleares no núcleo, que seria o caso se cada núcleon fosse atraído somente pelo seu vizinho mais próximo. Tal situação também leva à massa específica nuclear constante, sendo consistente com medidas dos raios nucleares. Se, por exemplo, não existisse saturação e cada núcleon se ligasse com qualquer outro núcleon, existiriam $A - 1$ ligações para cada núcleon e um total de $A(A - 1)$ ligações. A energia de ligação total, que é uma medida da energia necessária para romper todas estas ligações, seria então proporcional a $A(A - 1)$, e E_b/A não seria aproximadamente constante. A acentuada elevação na curva para pequenos valores de A é devido ao aumento no número de ligações por núcleon. A diminuição gradual para altos valores de A é devido à repulsão coulombiana entre os prótons, que aumenta com Z^2 e diminui a energia de ligação. Para valores de A muito grandes, a repulsão coulombiana se torna tão grande que um núcleo que tem um A maior que cerca de 300 é instável e sofre fissão espontânea.

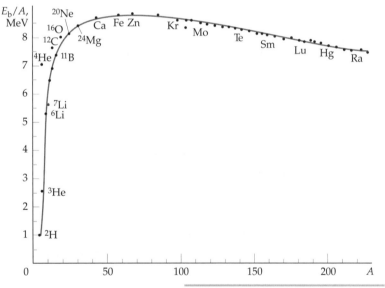

FIGURA 40-3 A energia de ligação por núcleon em função do número de núcleons A. Para um núcleo que tem valores de A maiores que 50, a curva é aproximadamente constante, indicando que a energia de ligação total é aproximadamente proporcional a A.

40-2 RADIOATIVIDADE

Muitos núcleos são radioativos; isto é, eles decaem em outros núcleos através da emissão de partículas como fótons, elétrons, nêutrons, ou partículas α. Os termos decaimento α, decaimento β e decaimento γ eram usados antes de ser descoberto que partículas α são núcleos de ^{4}He, partículas β são elétrons (β^-) ou pósitrons* (β^+),

---
* O pósitron tem a mesma massa que um elétron e tem carga $+e$.

e raios γ são fótons. A taxa de decaimento de uma amostra radioativa diminui exponencialmente com o tempo. *Esta dependência exponencial com o tempo é característica do processo radioativo e indica que o decaimento radioativo é um processo estatístico.* Como cada núcleo está bem blindado em relação aos outros pelos elétrons atômicos, as variações de pressão e temperatura tem pouco, ou nenhum efeito, na taxa de decaimento radioativo, ou em outras propriedades nucleares.

Seja N o número de núcleos radioativos num certo instante de tempo t. Se o decaimento de um núcleo individual for um evento aleatório, se espera que o número de núcleos, que decaem num certo intervalo de tempo dt, seja proporcional tanto a N como a dt. Devido a estes decaimentos, o número N irá diminuir. A variação de N entre o tempo t e o tempo $t + dt$ é dada por

$$dN = -\lambda N\, dt \qquad 40\text{-}4$$

onde λ é uma constante de proporcionalidade chamada de **constante de decaimento**. A taxa de variação de N, dN/dt, é proporcional a N. Isto é uma característica de decaimento exponencial. Para resolver a Equação 40-4 para N, dividimos primeiro cada lado por N e depois separamos as variáveis N e t:

$$\frac{dN}{N} = -\lambda\, dt$$

Integrando, obtemos

$$\int_{N_0}^{N'} \frac{dN}{N} = -\lambda \int_0^{t'} dt$$

ou

$$\ln \frac{N'}{N_0} = -\lambda t' \qquad 40\text{-}5$$

onde N' é o número de núcleos que permanecem num tempo t'. Por conveniência, retiramos o sinal sobrescrito de N' e t'. Isto não introduz ambigüidades porque os parâmetros N e t foram integrados fora da equação. Aplicando a exponencial de cada lado, obtemos

$$\frac{N}{N_0} = e^{-\lambda t}$$

ou

$$N = N_0 e^{-\lambda t} \qquad 40\text{-}6$$

O número de decaimentos radioativos por segundo é chamado de **taxa de decaimento** R:

$$R = -\frac{dN}{dt} = \lambda N = \lambda N_0 e^{-\lambda t} = R_0 e^{-\lambda t} \qquad 40\text{-}7$$

TAXA DE DECAIMENTO

Veja o Tutorial Matemático para mais informações sobre **Funções Exponenciais**

onde

$$R_0 = \lambda N_0 \qquad 40\text{-}8$$

é a taxa de decaimento num tempo $t = 0$. A taxa de decaimento R é a quantidade determinada experimentalmente. A taxa de decaimento é também chamada de **atividade** da amostra.

A média ou **vida média** τ é o inverso da constante de decaimento (veja Problema 40):

$$\tau = \frac{1}{\lambda} \qquad 40\text{-}9$$

A meia-vida é análoga à constante de tempo na diminuição exponencial da carga num capacitor num circuito RC, que foi discutido na Seção 25-6. Depois de um tempo igual à vida média, o número de núcleos radioativos e a taxa de decaimento são iguais a $e^{-1} = 37$ por cento de seus valores originais. A **meia-vida** $t_{1/2}$ é definida como o tempo que leva para que o número de núcleos e a taxa de decaimento diminuam à metade. Colocando $t = t_{1/2}$ e $N = N_0/2$ na Equação 40-6 temos

$$\frac{N_0}{2} = N_0 e^{-\lambda t_{1/2}} \qquad 40\text{-}10$$

ou

$$e^{+\lambda t_{1/2}} = 2$$

Resolvendo para $t_{1/2}$, obtemos

$$t_{1/2} = \frac{\ln 2}{\lambda} = (\ln 2)\tau = 0{,}693\tau \qquad 40\text{-}11$$

A Figura 40-4 mostra um gráfico de N em função de t. Se multiplicarmos os números no eixo N por λ, este gráfico se transforma num gráfico de R por t. Após cada intervalo de tempo de uma meia-vida, tanto o número de núcleos que ficaram quanto a taxa de decaimento diminuem para a metade de seus valores iniciais. Por exemplo, se a taxa de decaimento for R_0 inicialmente, ela será $\frac{1}{2}R_0$ depois de uma meia-vida, $(\frac{1}{2})(\frac{1}{2})R_0$, depois de duas meias-vidas, e assim por diante. Após n meias-vidas, a taxa de decaimento será

$$R = \left(\tfrac{1}{2}\right)^n R_0 \qquad 40\text{-}12$$

As meias-vidas de núcleos radioativos variam entre tempos muito pequenos (menos que 1 μs) até tempos muito grandes (maiores que 10^{10} anos).

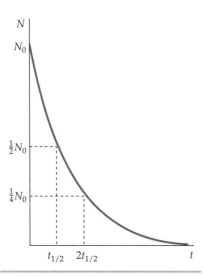

FIGURA 40-4 Decaimento radioativo exponencial. Após cada meia-vida $t_{1/2}$, o número de núcleos remanescentes diminui pela metade. A taxa de decaimento $R = \lambda N$ tem a mesma dependência temporal que N.

Exemplo 40-2 — Taxa de Contagem para o Decaimento Radioativo

Uma fonte radioativa tem uma meia-vida de 1,0 min. No tempo $t = 0$, a fonte radioativa é colocada perto de um detector, e a taxa de contagem (o número de partículas que decaem e que são detectadas por unidade de tempo) é de 2000 contagens/s. Ache a taxa de contagem nos instantes $t = 1{,}0$ min, $t = 2{,}0$ min $t = 3{,}0$ min e $t = 10$ min.

SITUAÇÃO A taxa de contagem r é proporcional à taxa de decaimento R, e a taxa de decaimento é dada por $R = \left(\frac{1}{2}\right)^n R_0$ (Equação 40-12), onde n é o tempo dividido por 1,0 min.

SOLUÇÃO

1. Como a meia-vida é de 1,0 min, a taxa de contagem será metade maior em $t = 1{,}0$ min do que em $t = 1{,}0$:

   $r_1 = \tfrac{1}{2}r_0 = \tfrac{1}{2}(2000 \text{ contagens/s})$

   $= \boxed{1{,}0 \times 10^3 \text{ contagens/s em 1,0 min}}$

2. Em $t = 2{,}0$ min, a taxa é metade do que aquela em 1,0 min. Ela diminui metade a cada minuto:

   $r_2 = \left(\tfrac{1}{2}\right)^2 r_0 = \tfrac{1}{4}(2000 \text{ contagens/s})$

   $= \boxed{5{,}0 \times 10^2 \text{ contagens/s em 2,0 min}}$

   $r_3 = \left(\tfrac{1}{2}\right)^3 r_0 = \tfrac{1}{8}(2000 \text{ contagens/s})$

   $= \boxed{2{,}5 \times 10^2 \text{ contagens/s em 3,0 min}}$

3. Em $t = 10$ min, a taxa será $\left(\tfrac{1}{2}\right)^{10}$ multiplicado pela taxa inicial:

   $r_{10} = \left(\tfrac{1}{2}\right)^{10} r_0 = \tfrac{1}{1024}(2000 \text{ contagens/s})$

   $= 1{,}95 \text{ contagens/s}$

   $\approx \boxed{2{,}0 \text{ contagens/s em 10 min}}$

CHECAGEM Como esperado, a taxa de contagem diminui quando o número de minutos aumenta.

✓ CHECAGEM CONCEITUAL 40-1

Um isótopo radioativo tem uma meia-vida de 10 s. Você está observando uma amostra deste isótopo. Depois de aproximadamente um minuto de observação, existe apenas um átomo deste isótopo na sua amostra. Quantos átomos deste isótopo ficarão na sua amostra depois de 15 s?

Exemplo 40-3 — Considerações sobre Eficiência-Detecção

Se a eficiência de detecção no Exemplo 40-2 for de 20 por cento, (a) quantos núcleos radioativos são encontrados num tempo $t = 0$ e (b) num tempo $t = 1{,}0$ min? (c) Quantos núcleos decaem no primeiro minuto?

SITUAÇÃO A eficiência de detecção depende da probabilidade de que uma partícula do decaimento radioativo penetre no detector e a probabilidade de que, após penetrar no detector, irá produzir uma contagem. Se a eficiência for de 20 por cento, a taxa de decaimento deve ser 5 vezes a taxa de contagem.

SOLUÇÃO

(a) 1. O número de núcleos radioativos está relacionado à taxa de decaimento R e a constante de decaimento λ:

$$R = \lambda N$$

2. A constante de decaimento está relacionada à meia-vida:

$$\lambda = \frac{\ln 2{,}0}{t_{1/2}} = \frac{0{,}693}{1{,}0 \text{ min}} = 0{,}693 \text{ min}^{-1}$$

3. Como a eficiência de detecção é de 20 por cento, a taxa de decaimento é cinco vezes a taxa de contagem. Calcule a taxa de decaimento inicial:

$$R_0 = (5 \text{ decaimentos/contagens}) \times (2000 \text{ contagens/s})$$
$$= 1{,}0 \times 10^4 \text{ decaimentos/s}$$

4. Substitua para calcular o número inicial de núcleos radioativos N_0 em $t = 0$:

$$N_0 = \frac{R_0}{\lambda} = \frac{1{,}0 \times 10^4 \text{ s}^{-1}}{0{,}693 \text{ min}^{-1}} \times \frac{60 \text{ s}}{1 \text{ min}}$$
$$= 8{,}66 \times 10^5 = \boxed{8{,}7 \times 10^5}$$

(b) No tempo $t = 1 \text{ min} = t_{1/2}$, existe metade dos núcleos radioativos que tinham em $t = 0$:

$$N_1 = \tfrac{1}{2}(8{,}66 \times 10^5) = 4{,}33 \times 10^5$$
$$= \boxed{4{,}3 \times 10^5}$$

(c) O número de núcleos que decaem no primeiro minuto é $N_0 - N_1$:

$$\Delta N = N_0 - N_1$$
$$= 8{,}66 \times 10^5 - 4{,}33 \times 10^5$$
$$= \boxed{4{,}3 \times 10^5}$$

CHECAGEM Os resultados para as Partes (b) e (c) são iguais, como esperado. No fim de uma meia-vida, metade dos núcleos decaiu e a outra metade permaneceu.

A unidade SI para o decaimento radioativo é o **becquerel** (Bq), que é definida como um decaimento por segundo:

$$1 \text{ Bq} = 1 \text{ decaimento/s} \quad\quad 40\text{-}13$$

Uma unidade histórica, que se aplica para todos os tipos de radioatividade, é o **curie** (Ci), definida por

$$1 \text{ Ci} = 3{,}7 \times 10^{10} \text{ decaimentos/s} = 3{,}7 \times 10^{10} \text{ Bq} \quad\quad 40\text{-}14$$

O curie é a taxa de emissão de radiação, por 1 g de rádio. Como esta unidade é muito grande, as unidades de milicurie (mCi) e microcurie (μCi) são mais usadas.

DECAIMENTO BETA

O decaimento beta ocorre num núcleo que tem excesso de nêutrons, ou falta de nêutrons para ter estabilidade. Durante o decaimento β, A permanece o mesmo, enquanto Z aumenta de uma unidade (decaimento β^-) ou diminui de uma unidade (decaimento β^+).

Um exemplo de decaimento β é o decaimento de um nêutron livre, que se transforma em um próton e um elétron. (A meia-vida de um elétron livre é da ordem de 10,8 min.) A energia do decaimento β é 0,782 MeV, que é a diferença entre a energia de repouso do nêutron e a energia de repouso do próton e do elétron. De modo mais geral, durante o decaimento β^-, um núcleo com número de massa A e número atômico Z decai para um núcleo, referido como **núcleo filho**, com número de massa A e número atômico $Z' = Z + 1$, e com a emissão de um elétron. (O núcleo original é chamado de **núcleo pai**.) Se a energia de decaimento fosse dividida apenas entre o núcleo filho e o elétron emitido, a energia dos elétrons seria determinada unicamente pela conservação de energia e da quantidade de movimento. Experiências mostraram, entretanto, que as energias do elétron emitido durante um decaimento β^- do núcleo variam de zero à energia máxima disponível. Um espectro de energia típico para elétrons é mostrado na Figura 40-5.

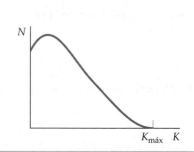

FIGURA 40-5 Número de elétrons emitidos durante um decaimento β^- em função de energia cinética. O fato de que todos os elétrons não têm a mesma energia cinética $K_{\text{máx}}$ sugere que outra partícula, que compartilha a energia disponível no decaimento, também é emitida.

Para explicar o fato de que a energia parece não se conservar durante o decaimento β, Wolfgang Pauli, em 1930, sugeriu que uma terceira partícula, que ele chamou de **neutrino**, era também emitida. Como a energia máxima medida dos elétrons emitidos era igual à energia total disponível para o decaimento, a energia de repouso e, portanto, a massa do neutrino foi assumida como zero. (Sabe-se agora que a massa do neutrino é muito pequena, mas não é nula.) Em 1948, medidas das quantidades de movimento do elétron emitido e do recuo do núcleo mostraram que o neutrino era necessário para a conservação da quantidade de movimento linear durante o decaimento β. O neutrino foi observado experimentalmente pela primeira vez, em 1957. Sabe-se atualmente que existem pelo menos três tipos de neutrinos, um associado aos elétrons (ν_e), outro associado aos múons (ν_μ), e um terceiro associado com a partícula τ, (ν_τ). Além disso, cada neutrino tem sua antipartícula, que se escreve como $\bar{\nu}_e$, $\bar{\nu}_\mu$ e $\bar{\nu}_\tau$. É o antineutrino do elétron que é emitido durante o decaimento de um nêutron, que se escreve como*

$$n \rightarrow p + e^- + \bar{\nu}_e \qquad\qquad 40\text{-}15$$

Durante o decaimento β^+, um próton se transforma num nêutron, e um pósitron (e um neutrino) é emitido. Um próton livre jamais pode decair por emissão de pósitrons por causa da conservação de energia (a massa do nêutron e a do pósitron é maior que a massa do próton); entretanto, devido aos efeitos da energia de ligação, um próton dentro do núcleo pode decair. Um decaimento β^+ típico é

$$^{13}_{7}\text{N} \rightarrow {}^{13}_{6}\text{C} + e^+ + \nu_e \qquad\qquad 40\text{-}16$$

Os elétrons, ou os pósitrons, emitidos durante um decaimento β não existem no interior do núcleo. Eles são criados durante o processo de decaimento, assim como os fótons são criados quando um átomo faz uma transição de um estado de mais alta energia para um estado de mais baixa energia.

Um exemplo importante de decaimento β é o do ^{14}C, que é usado na datação pelo carbono radioativo:

$$^{14}\text{C} \rightarrow {}^{14}\text{N} + e^- + \bar{\nu}_e \qquad\qquad 40\text{-}17$$

A meia-vida para este decaimento é de 5730 anos. O isótopo radioativo ^{14}C é produzido na atmosfera superior durante reações nucleares causadas pelos raios cósmicos. A reatividade química de um átomo de carbono que tem um núcleo de ^{14}C é igual à reatividade química de um átomo de carbono com um núcleo de ^{12}C. Por exemplo, átomos que têm estes núcleos se combinam com o oxigênio para formar moléculas de CO_2. Como organismos vivos trocam continuamente CO_2 com a atmosfera, a razão entre ^{14}C e ^{12}C num organismo vivo é a mesma que a razão de equilíbrio destes dois isótopos na atmosfera, que é de aproximadamente $1,3 \times 10^{-12}$. Depois que o organismo morre, ele não absorve mais ^{14}C da atmosfera, e deste modo a razão entre ^{14}C e ^{12}C diminui continuamente devido ao decaimento radioativo do ^{14}C. O número de decaimentos do ^{14}C por minuto, por grama de carbono, num organismo vivo, pode ser calculado a partir da meia-vida conhecida do ^{14}C, e do número de núcleos de ^{14}C num grama de carbono. O resultado é que acontecem pelo menos 15,0 decaimentos por minuto, por grama de carbono, num organismo vivo. Usando este resultado e a medida do número de decaimentos por minuto, por grama de carbono numa amostra morta de osso, madeira, ou outro objeto que tenha carbono, podemos determinar a idade da amostra. Por exemplo, se a taxa medida for de 7,5 decaimentos por minuto, por grama, a idade da amostra seria de uma meia-vida = 5730 anos.

> **!** Não confunda os símbolos e^- e e^+ com o símbolo e. Os símbolos e^- e e^+ designam partículas (o elétron e o pósitron), enquanto o símbolo e significa uma quantidade de carga.

Exemplo 40-4 · Qual a Idade do Artefato?

Rico em Contexto

Você está trabalhando durante o verão num laboratório de pesquisa em arqueologia. O supervisor chama você para contar que foi descoberto um novo osso no sítio arqueológico, e pede que você determine a idade do osso a partir de uma amostra que lhe será enviada. Quando a amostra do osso chega, você corta uma parte que contém 200 gramas de carbono e mede um decaimento beta de 400 decaimentos/min.

---

* Esta reação é também escrita $n \rightarrow p + \beta^- + \bar{\nu}_e$.

190 | CAPÍTULO 40

SITUAÇÃO Num organismo vivo, temos aproximadamente 15,0 decaimentos por minuto, por grama de carbono, e a meia-vida do carbono-14 é de 5730 anos. Precisamos determinar o número de meias-vidas que se passaram, desde a morte do organismo. Fazemos isto usando a igualdade $R_n = (1/2)^n R_0$ (Equação 40-12), onde R_n é a taxa de decaimento atual, R_0 é a taxa de decaimento inicial, e n é o número de meias-vidas. Podemos determinar a taxa de decaimento inicial multiplicando a taxa de decaimento por grama pela massa do carbono da amostra.

SOLUÇÃO

1. Escreva a taxa de decaimento após n meias-vidas em termos da taxa de decaimento inicial:

$$R_n = \left(\tfrac{1}{2}\right)^n R_0$$

2. Calcule a taxa de decaimento inicial (o decaimento para 200 g de carbono quando o organismo morre):

$$R_0 = [(15 \text{ decaimentos/min})/g](200 \text{ g})$$
$$= 3000 \text{ decaimentos/min}$$

3. Substitua os valores de R_0 e R_n na equação do passo 1 e resolva para n:

$$R_n = \left(\tfrac{1}{2}\right)^n R_0$$

$$400 \text{ decaimentos/min} = \left(\tfrac{1}{2}\right)^n 3000 \text{ decaimentos/min}$$

$$\left(\tfrac{1}{2}\right)^n = \frac{400}{3000}$$

$$2^n = \frac{3000}{400} = 7,5$$

4. Resolvemos para n fazendo o logaritmo de cada lado da equação:

$$n \ln 2 = \ln 7,5 \quad \Rightarrow \quad n = \frac{\ln 7,5}{\ln 2} = 2,91$$

5. A idade do osso é $n t_{1/2}$:

$$t = n t_{1/2} = 2,91(5730 \text{ a}) = \boxed{1,67 \times 10^4 \text{ a}}$$

CHECAGEM Se o osso fosse de um organismo vivo recente, iríamos esperar que a taxa de decaimento fosse constante [(15 decaimentos/min)/g](200g) = 3000 decaimentos/min. A taxa de decaimento atual é dada como 400 decaimentos/min. Como 400/3000 é aproximadamente 1/8 (na verdade, 1,75), a amostra deve ter aproximadamente uma idade de 3 meias-vidas, que é cerca de 3(5730 anos). Isto está de acordo com o resultado do passo 5 de 2,91(5730 anos).

PROBLEMA PRÁTICO 40-2 A Checagem do Exemplo 40-4 estabelece, "Como 400/3000 é aproximadamente 1/8 (na verdade 1,75), a amostra deve ter a idade de 3 meias-vidas…" Explique porque esta taxa de 1/8 implica uma idade de três meias-vidas.

DECAIMENTO GAMA

Durante o decaimento γ, um núcleo num estado excitado decai para um estado de energia mais baixa, pela emissão de um fóton. Este processo é o equivalente nuclear da emissão espontânea de fótons por átomos e moléculas. Diferentemente do decaimento β ou decaimento α, nem o número de massa A ou o número atômico Z variam durante o decaimento γ. Como o espaçamento dos níveis de energia nucleares são da ordem de 1 MeV (em comparação com o espaçamento da ordem de 1 eV, nos átomos), os comprimentos de onda dos fótons emitidos são da ordem de 1 pm (1 pm = 10^{-12} m):

$$p + {}^7\text{Li} \rightarrow {}^8\text{Be} \rightarrow {}^4\text{He} + {}^4\text{He}$$

A vida média do decaimento γ é freqüentemente muito curta. Em geral, é observado apenas por suceder aos decaimentos α ou β. Por exemplo, se um núcleo pai radioativo sofre decaimento β para um estado excitado de um núcleo filho, este núcleo então decai para o seu estado fundamental por emissão γ. Medidas diretas de vidas médias tão curtas quanto aproximadamente 10^{-11} s são possíveis. Medidas de vidas médias mais curtas que 10^{-11} s são difíceis, mas podem ser feitas algumas vezes por métodos indiretos.

Alguns emissores de γ têm tempos de vida bastante longos, da ordem de horas. Os estados de energia que têm estes tempos de vida longos são chamados de **estados metaestáveis**.

DECAIMENTO ALFA

Todos os núcleos muito pesados ($Z > 83$) são potencialmente instáveis para o decaimento α, porque a massa do núcleo radioativo original é maior que a soma das massas dos produtos do decaimento — uma partícula α e o núcleo filho. Considere o decaimento do ²³²Th (Z = 90) para o ²²⁸Ra (Z = 88), e uma partícula α. Este processo é escrito como

$$^{232}\text{Th} \rightarrow {}^{228}\text{Ra} + \alpha = {}^{228}\text{Ra} + {}^{4}\text{He} \qquad 40\text{-}18$$

A massa do átomo de ²³²Th é 232,038 050 u. A massa do átomo filho ²²⁸Ra é 228,031 064 u. Somando 4,002 603 u (a massa do átomo de ⁴He) à massa do ²²⁸Ra, temos 232,033 667 u para a massa total dos produtos do decaimento. Este valor é menor que a massa do ²³²Th por 0,004 383 u, que multiplicada por 931,5 MeV/c^2 dá 4,08 MeV/c^2 para o excesso de massa do ²³²Th, quando comparada à massa total dos produtos do decaimento. O isótopo ²³²Th é, portanto, potencialmente instável para o decaimento α. Este decaimento ocorre de fato na natureza com a emissão de uma partícula α com energia de 4,08 MeV. (A energia cinética da partícula α é, na realidade, um pouco menor que 4,08 MeV, porque uma parte da energia liberada é utilizada no recuo do núcleo de ²²⁸Ra.)

Quando um núcleo emite uma partícula α, N e Z diminuem 2 unidades cada um e A diminui quatro unidades. O filho do núcleo radioativo é freqüentemente, ele mesmo, um núcleo radioativo, e sofre decaimentos α ou β, ou ambos. Se o núcleo original tiver um número de massa A, que seja um múltiplo de 4, o núcleo filho, e todos aqueles da cadeia de decaimento, terão também números de massa que serão múltiplos de 4. Do mesmo modo, se o número de massa do núcleo original for 4n + 1, onde n é um número inteiro, todos os núcleos na cadeia de decaimento terão números de massa dados por 4n + 1, onde n diminui uma unidade a cada decaimento α. Podemos ver, então, que existem quatro cadeias de decaimento α possíveis, dependendo se A for igual a 4n, 4n + 1, 4n + 2, ou 4n + 3, onde n é um inteiro. Todas, com exceção de uma destas cadeias de decaimento, são encontradas na Terra. A série 4n + 1 não é encontrada porque seu membro com vida mais longa (outro que não o produto final estável, ²⁰⁹Bi) é o ²³⁷Np, que tem uma meia-vida de somente 2 × 10⁶ anos. Esta série desapareceu, porque este período é muito menor que a idade da Terra.

A Figura 40-6 mostra a série do tório, para a qual A = 4n. Ela inicia com um decaimento α do ²³²Th para o ²²⁸Ra. O nuclídeo filho de um decaimento α está à esquerda ou no lado rico em nêutrons da curva de estabilidade (a linha tracejada na figura), assim, freqüentemente ele decai por β⁻. Na série do tório, o ²²⁸Ra decai por β⁻ para o ²²⁸Ac, que, por sua vez, decai por β⁻ para o ²²⁸Th. Acontecem, então, quatro decaimentos α para o ²¹²Pb, que decai por β⁻ para o ²¹²Bi. O ramo da série para o ²¹²Bi, decai, ou por decaimento α para o ²⁰⁸Tl, ou por decaimento β⁻ para o ²¹²Po. Estes ramos se encontram no isótopo estável do chumbo ²⁰⁸Pb.

As energias das partículas α de fontes radioativas naturais variam aproximadamente de 4 MeV a 7 MeV, e as meias-vidas das fontes variam aproximadamente de 10⁻⁵ s a 10¹⁰ anos. Em geral, quanto menor a energia da partícula α emitida, maior a meia-vida. Como foi discutida na Seção 35-4, a enorme variação nas meias-vidas foi explicada por George Gamow, em 1928. Ele considerou o decaimento α como um processo no qual a partícula α é formada primeiro dentro do núcleo, e depois sofre tunelamento através de uma barreira coulombiana (Figura 40-7). Um pequeno aumento na energia da partícula α reduz a altura relativa da barreira $U_{\text{máx}} - E$, e também sua espessura $r_1 - R$. Como a probabilidade de penetração é muito sensível à altura relativa e

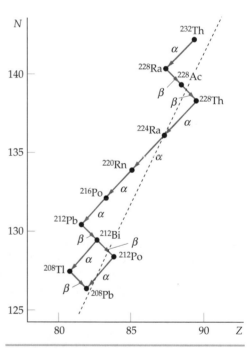

FIGURA 40-6 A série de decaimento α do tório (4n). A linha tracejada é a curva de estabilidade.

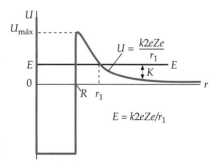

FIGURA 40-7 Um modelo da energia potencial para a partícula α e para um núcleo. A força nuclear, fortemente atrativa, que existe para valores de r menores que o raio nuclear R é indicada pelo poço de potencial. Fora do núcleo, a força nuclear é desprezível e a energia potencial é dada pela função energia potencial coulombiana $U = +k2eZe/r$, onde Ze é a carga nuclear e $2e$ é a carga da partícula α. A energia cinética K da partícula α é igual a energia E quando a partícula α está longe do núcleo. Um pequeno aumento em E reduz a altura relativa da barreira, $U_{\text{máx}} - E$, e também diminui sua espessura, $r_1 - R$, levando a uma probabilidade maior de penetração. Um aumento por um fator de 2 na energia das partículas α emitidas resulta numa redução na meia-vida por um fator de mais de 10²⁰.

192 | CAPÍTULO 40

à espessura da barreira, um pequeno aumento em E leva a um grande aumento na probabilidade de penetração na barreira e, portanto, a uma redução significativa no tempo de vida. Gamow foi capaz de deduzir a expressão para a meia-vida como função de E, que mostrou excelente concordância com resultados experimentais.

40-3 REAÇÕES NUCLEARES

Conseguem-se informações sobre os núcleos, tipicamente, através do bombardeamento dos núcleos por diversas partículas e observando-se os resultados. Embora os primeiros experimentos deste tipo fossem limitados pela necessidade de usar radiação natural, eles produziram muitas descobertas importantes. Em 1932, J. D. Cockcroft e E. T. S. Walton tiveram sucesso na produção da reação

$$p + {}^7Li \rightarrow {}^8Be \rightarrow {}^4He + {}^4He$$

usando prótons acelerados artificialmente. Quase ao mesmo tempo, foram construídos o gerador eletrostático Van de Graaff (por Van de Graaff, em 1931) e o primeiro cíclotron (por E. O. Lawrence e M. S. Livingston, em 1932). Desde então, enormes avanços em tecnologia para aceleração e detecção de partículas têm sido feitos, e muitas reações nucleares têm sido estudadas.

Quando uma partícula incide num núcleo, diversos processos diferentes podem ocorrer. A partícula incidente pode ser espalhada, elasticamente ou inelasticamente, ou a partícula incidente pode ser absorvida pelo núcleo, e outra partícula, ou partículas, podem ser emitidas. No espalhamento inelástico, o núcleo fica num estado excitado e em seguida decai, emitindo fótons (ou outras partículas).

A quantidade de energia liberada ou absorvida durante uma reação (no referencial do centro de massa) é chamada de **valor Q** da reação. O valor Q é igual a c^2 multiplicado pela diferença de massa. Quando a energia é liberada durante uma reação, esta reação é dita **exotérmica**. Durante uma reação exotérmica, a massa total das partículas iniciais é maior que a massa total das partículas finais, e o valor de Q é positivo. Se a massa total das partículas iniciais for menor que a massa total das partículas finais, é necessário dar energia para que a reação ocorra, e esta reação é dita **endotérmica**. O valor de Q de uma reação endotérmica é negativo. Em geral, se Δm é a variação de massa, o valor de Q é

$$Q = -(\Delta m)c^2 \hspace{4cm} 40\text{-}19$$

VALOR Q

Uma reação endotérmica não pode ocorrer abaixo de certo limiar de energia. No referencial do laboratório, onde as partículas em repouso são bombardeadas por outras partículas, o limiar de energia é um pouco maior que $|Q|$, porque as partículas que saem devem ter alguma energia cinética para haver conservação da quantidade de movimento.

Uma medida do tamanho efetivo do núcleo para uma determinada reação nuclear é a **seção eficaz** σ. Se I for o número de partículas incidentes por unidade de tempo, por unidade de área (a intensidade de incidência) e R for o número de reações por unidade de tempo, por núcleo, a seção eficaz é

$$\sigma = \frac{R}{I} \hspace{4cm} 40\text{-}20$$

A seção eficaz σ tem dimensão de área. Como as seções nucleares são da ordem do quadrado do raio nuclear, uma unidade conveniente é o **barn**, que é definido como

$$1 \text{ barn} = 10^{-28} \text{ m}^2 \hspace{4cm} 40\text{-}21$$

A seção eficaz para uma reação particular é uma função da energia. Para uma reação endotérmica, ela é zero para energias abaixo do limiar de energia.

Exemplo 40-5 — Exotérmico ou Endotérmico

Ache o valor Q da reação $p + {}^7Li \rightarrow {}^4He + {}^4He$ e determine se a reação é exotérmica ou endotérmica.

SITUAÇÃO Encontramos as massas dos átomos na Tabela 40-1 e calculamos a diferença de massa total entre as partículas finais e as partículas iniciais. O valor Q está relacionado à variação de massa Δm por $Q = -(\Delta m)c^2$. Se usarmos a massa do prótio no lugar da massa do próton, haverá 4 elétrons em cada lado da reação, assim as massas dos elétrons se cancelam.

SOLUÇÃO

1. Ache a massa de cada átomo usando a Tabela 40-1:

${}^1H$	1,007 825 u
${}^7Li$	7,016 004 u
${}^4He$	4,002 603 u

2. Calcule a massa inicial m_i das partículas iniciais:

   $m_i = 1,007\,825\,u + 7,016\,004\,u = 8,023\,829\,u$

3. Calcule a massa final m_f:

   $m_f = 2(4,002\,603\,u) = 8,005\,206\,u$

4. Calcule a variação de massa:

   $\Delta m = m_f - m_i = 8,005\,206\,u - 8,023\,829\,u$
   $= -0,018\,623\,u$

5. Calcule o valor Q:

   $Q = -(\Delta m)c^2 = (+0,018\,623\,u)c^2 \times \dfrac{931,5\,MeV}{1\,u}$

   $= \boxed{17,35\,MeV}$

   Q é positivo, logo a reação é exotérmica.

CHECAGEM Como a massa inicial é maior que a massa final, a energia inicial é maior que a energia final e a reação é exotérmica, liberando 17,35 MeV.

REAÇÕES COM NÊUTRONS

As reações nucleares que envolvem nêutrons são importantes para o entendimento dos reatores nucleares. A reação mais comum entre um núcleo e um nêutron, que tem uma energia maior que cerca de 1 MeV, é o espalhamento. Entretanto, mesmo que este espalhamento seja elástico, o nêutron perde alguma energia para o núcleo, porque o núcleo sofre recuo. Se um nêutron for espalhado por diversas vezes num material, sua energia irá diminuir até ser da ordem da energia do movimento térmico kT, onde k é a constante de Boltzmann e T é a temperatura absoluta. (Para temperaturas ambientes, kT é aproximadamente 0,025 eV.) O nêutron tem então a mesma probabilidade de ganhar ou perder energia quando for espalhado elasticamente por um núcleo. Um nêutron que tem uma energia da ordem de kT é chamado de **nêutron térmico**.

Em baixas energias, é provável que um nêutron seja capturado, produzindo núcleos excitados. Um raio γ será emitido destes núcleos excitados. A Figura 40-8 mostra a seção eficaz para a captura de nêutrons pela prata, como função da energia do nêutron. O pico mais intenso na curva é chamado de **ressonância**. Exceto na ressonância, a seção eficaz varia regularmente com a energia, diminuindo com o aumento da energia aproximadamente por $1/v$, onde v é a velocidade do nêutron. Podemos entender esta dependência com a energia da seguinte maneira: consideremos um nêutron se movendo com velocidade v perto de um núcleo com diâmetro $2R$. O tempo que leva para o nêutron passar pelo núcleo é $2R/v$. Deste modo, a seção eficaz de captura do nêutron é proporcional ao tempo que o nêutron gasta nas vizinhanças do núcleo de prata. A linha tracejada na Figura 40-8 indica a dependência com $1/v$. No máximo de ressonância, o valor da seção eficaz é muito grande ($\sigma > 5000$ barns), comparado com o valor de apenas 10 barns logo após a ressonância. Muitos elementos mostram ressonâncias similares nas suas seções eficazes de captura de nêutrons. Por exemplo, a seção eficaz máxima para o ${}^{113}Cd$ é aproximadamente de 57 000 barns. Este material é, portanto, muito útil para blindagem de nêutrons de baixa energia.

Uma reação nuclear importante, que envolve nêutrons, é a fissão, que será discutida na próxima seção.

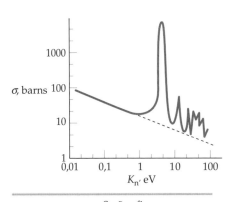

FIGURA 40-8 Seção eficaz para a captura de nêutrons na prata como função da energia dos nêutrons incidentes. A linha reta indica a dependência da seção eficaz com $1/v$, que é proporcional ao tempo que o nêutron passa nas vizinhanças do núcleo de prata. Superposta a esta dependência, aparecem ressonâncias grandes e diversas ressonâncias menores.

40-4 FISSÃO E FUSÃO

A Figura 40-9 mostra um gráfico da diferença de massa nuclear por núcleon $(M - Zm_p - Nm_n)/A$ em unidades de MeV/c^2 em função de A. Esta curva é o negativo da curva da energia de ligação, mostrada na Figura 40-3. Na Figura 40-9, podemos observar que os valores de diferença de massa por núcleon para nuclídeos muito pesados ($A \approx 200$) e muito leves ($A \leq 20$) são maiores que os valores para os nuclídeos com massa intermediária. Por isto, é liberada energia quando um núcleo muito pesado, como o ^{235}U, se divide em dois núcleos mais leves — durante um processo chamado de **fissão** — ou quando dois núcleos muito leves, como o ^{2}H e o ^{3}H, se fundem para formar um núcleo com maior massa — durante um processo chamado de **fusão**.

As aplicações da fissão e fusão para geração de energia elétrica e o desenvolvimento de armas nucleares têm tido um efeito profundo em nossas vidas desde o começo do século XX. A aplicação destas reações ao desenvolvimento de fontes de energia pode ter um efeito ainda maior no futuro. Vamos abordar alguns aspectos da fissão e fusão que são importantes para a sua aplicação em reatores para geração de energia.

FISSÃO

Núcleos muito pesados ($Z > 92$) estão sujeitos à fissão espontânea. Eles se dividem em dois núcleos, mesmo se o núcleo não for perturbado. Podemos entender isto fazendo uma analogia com uma gota de água com carga elétrica. Se a gota não for muito grande, a tensão superficial pode superar as forças repulsivas das cargas e manter a gota inteira. Entretanto, existe certo tamanho máximo, além do qual a gota ficará instável e se dividirá espontaneamente. A fissão espontânea estabelece um limite superior para o tamanho do núcleo, e, portanto, para os números de elementos possíveis.

Alguns núcleos pesados — urânio e plutônio, em particular — podem ser induzidos a uma fissão pela captura de nêutrons. Durante a fissão do ^{235}U, por exemplo, o núcleo de urânio é excitado pela captura de um nêutron, se dividindo em dois outros núcleos e emitindo diversos nêutrons. A força de repulsão coulombiana provoca a separação dos fragmentos de fissão, com a liberação de energia, eventualmente aparecendo como energia térmica. Considere, por exemplo, a fissão de um núcleo com número de massa $A = 200$, em dois núcleos com número de massa $A = 100$. Como a energia de repouso para $A = 200$ é aproximadamente 1 MeV por núcleon, maior que para $A = 100$, aproximadamente uma energia de 200 MeV por núcleon é liberada durante esta fissão. Isto é uma grande quantidade de energia. Em contraste, durante as reações químicas de combustão, apenas 4 eV de energia é liberada por molécula de oxigênio consumida.

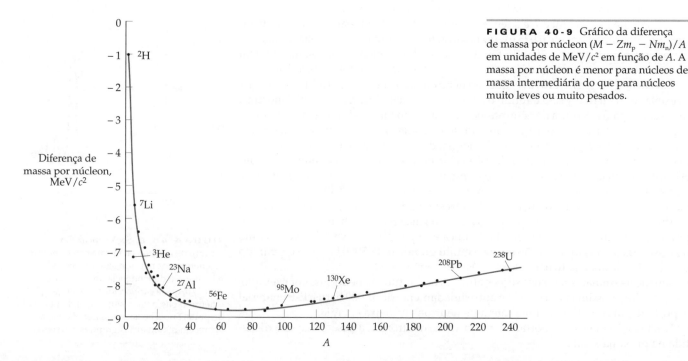

FIGURA 40-9 Gráfico da diferença de massa por núcleon $(M - Zm_p - Nm_n)/A$ em unidades de MeV/c^2 em função de A. A massa por núcleon é menor para núcleos de massa intermediária do que para núcleos muito leves ou muito pesados.

Física Nuclear | 195

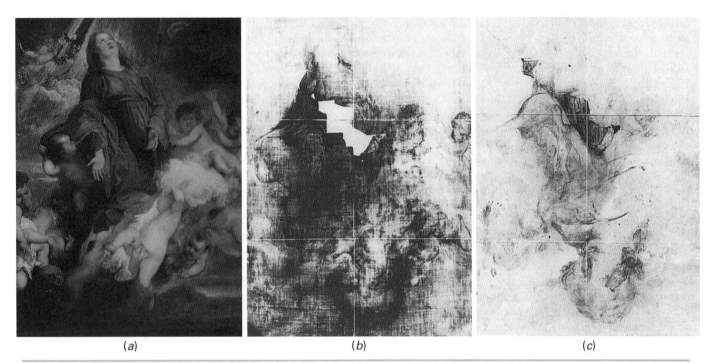

(a)   (b)   (c)

Camadas escondidas em pinturas são analisadas bombardeando a tela com nêutrons e observando as emissões radioativas dos núcleos que capturaram os nêutrons. Os elementos diferentes usados nas pinturas têm meias-vidas diferentes. (a) Quadro de Van Dyck "*Saint Rosalie Interceding for the Plague-Stricken of Palermo*". As imagens em preto e branco em (b) e (c) foram formadas usando um filme especial sensível a elétrons emitidos por decaimentos de elementos radioativos. A imagem (b), tirada poucas horas após a irradiação com nêutrons, revela a presença de manganês, encontrada no marrom, que é um pigmento escuro de terra usado como uma camada de base para a pintura. (Áreas brancas mostram onde restaurações modernas foram feitas, livres de manganês.) A imagem em (c) foi tirada 4 dias mais tarde, depois que a emissão do marrom cessou e quando o fósforo encontrado no carvão era o principal elemento radioativo. De cima para baixo é revelado um rascunho do próprio Van Dyck. Um auto-retrato, feito com carvão, foi pintado por cima pelo artista. *((a) © 1991 por Metropolitan Museum of Art. (b) e (c) Cortesia de Paintings Conservation Department, Metropolitan Museum of Art.)*

Exemplo 40-6 Liberação de Energia Durante a Fissão do ^{235}U

Calcule a energia total (em quilowatts-hora) liberada durante a fissão de 1,00g de ^{235}U, supondo que sejam liberados 200 MeV por fissão.

SITUAÇÃO Precisamos encontrar o número de núcleos de urânio em um grama de ^{235}U, que encontramos usando o fato de que existem $N_A = 6,02 \times 10^{23}$ (número de Avogadro) núcleos em 235 gramas.

SOLUÇÃO

1. A energia total é o número de núcleos multiplicado pela energia por núcleo: $E = NE_{núcleo} = N(200\text{MeV}/\text{núcleo})$

2. Calcule N:
$$N = \frac{6,02 \times 10^{23} \text{ núcleos/mol}}{235 \text{ g/mol}} \times 1,00 \text{ g}$$
$$= 2,56 \times 10^{21} \text{ núcleos}$$

3. Calcule a energia por grama em eV e converta para kW · h:
$$E = \frac{200 \times 10^6 \text{ eV}}{1 \text{ núcleo}} \times 2,56 \times 10^{21} \text{ núcleos}$$
$$= 5,12 \times 10^{29} \text{ eV} = 8,19 \times 10^{10} \text{ J}$$
$$= 8,19 \times 10^7 \text{ kW} \cdot \text{s} = \boxed{2,28 \times 10^4 \text{ kW} \cdot \text{h}}$$

A fissão do urânio foi descoberta em 1938 por Otto Hahn e Fritz Strassmann, que descobriram que elementos com massa média (por exemplo, bário e lantânio) eram produzidos pelo bombardeamento do urânio por nêutrons. A descoberta de que diversos nêutrons eram emitidos durante o processo de fissão levou-os a especular sobre o uso destes nêutrons para provocar outras fissões, e, deste modo, produzindo uma reação em cadeia. Quando o ^{235}U captura um nêutron, o núcleo de ^{236}U resultante emite raios γ quando ele se desexcita, decaindo para o estado fundamental em 15 por cento dos casos, e sofre fissão cerca de 85 por cento dos casos. O processo de fissão é de alguma forma análogo às oscilações numa gota de líquido, como mostrado na Figura 40-10. Se as oscilações forem violentas o suficiente, a gota se divide em duas. Usando o modelo da gota líquida, Niels Bohr e John Wheeler calcularam a energia crítica E_c necessária para um núcleo de ^{236}U sofrer fissão. (O ^{236}U é o núcleo formado momentaneamente pela captura de um nêutron pelo ^{235}U.) Para este núcleo, a energia crítica é 5,3 MeV, menor que os 6,4 MeV da energia de excitação produzida quando o ^{235}U captura um nêutron. Portanto, a captura de um nêutron pelo ^{235}U produz um estado excitado no núcleo de ^{236}U que tem energia mais do que suficiente para se dividir. Por outro lado, a energia crítica da fissão do núcleo de ^{239}U é 5,9 MeV. A captura de um nêutron pelo ^{238}U produz uma energia de excitação de apenas 5,2 MeV. Portanto, quando um nêutron é capturado pelo ^{238}U para formar o ^{239}U, a energia de excitação não é grande o suficiente para ocorrer a fissão. Neste caso, o núcleo excitado ^{239}U se desexcita por emissão de raios γ e depois decai para o ^{239}Np, por decaimento β, e de novo para o ^{239}Pu, por decaimento β.

Um núcleo fissionável pode se dividir num par de núcleos com massa média, como mostra a Figura 40-11. Dependendo da reação, 1, 2 ou 3 nêutrons podem ser emitidos. O número médio de nêutrons emitidos por fissão do ^{235}U é aproximadamente 2,5. Uma reação de fissão típica é

REATORES NUCLEARES DE FISSÃO

Para sustentar uma reação em cadeia num reator nuclear, um dos nêutrons (em média) emitido durante e na seqüência* da fissão deve ser capturado por outro núcleo de ^{235}U e causar outra fissão. O **fator de multiplicação** k de um reator é definido como o número médio de nêutrons de cada fissão, que provoca uma fissão subseqüente. O valor máximo possível de k para um reator de urânio é 2,5, mas em geral este valor é menor que este por duas razões importantes: (1) Alguns dos nêutrons podem escapar da região que contém os núcleos fissionáveis e (2) alguns dos nêutrons podem ser capturados por núcleos não-fissionáveis presentes no reator. Se k for exatamente igual a 1, a reação será auto-sustentável. Se k for menor que 1, a reação irá se extinguir. Se k for significativamente maior que 1, a velocidade da reação irá aumentar rapidamente e ficará incontrolável. No projeto de bombas nucleares, este descontrole

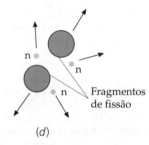

FIGURA 40-10 Ilustração esquemática da fissão nuclear. (a) A absorção de um nêutron pelo ^{235}U leva ao (b) ^{236}U num estado excitado. (c) A oscilação do ^{236}U torna-se instável. (d) O núcleo se divide em dois núcleos que tem menos massa que o núcleo original e emite diversos nêutrons que podem produzir fissão em outros núcleos.

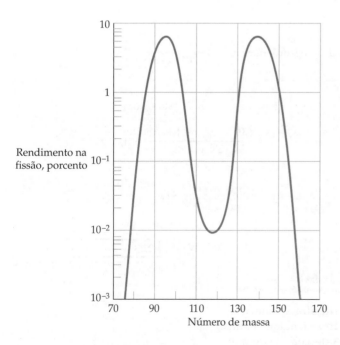

FIGURA 40-11 Distribuição de possíveis fragmentos de fissão para o ^{235}U. A divisão do ^{235}U em dois fragmentos de massas desiguais é mais provável do que a divisão em fragmentos com massas iguais.

---

* Nêutrons são algumas vezes emitidos por produtos da fissão. Estes nêutrons são tipicamente emitidos em poucos segundos na seqüência da fissão.

na reação é desejável. Em reatores de potência, o valor de k deve ser mantido muito próximo de 1.

Como os nêutrons emitidos durante a fissão têm energias da ordem de 1 MeV, e considerando que a chance de captura de nêutrons que levam a fissão do ^{235}U é menor para pequenas energias, a reação em cadeia pode ser sustentada apenas se os nêutrons diminuírem sua velocidade antes de escaparem do reator. Para energias mais altas (1 MeV a 2 MeV), os nêutrons perdem energia rapidamente por espalhamento inelástico com o ^{238}U, o constituinte principal do urânio natural. (O urânio natural contém 99,3 por cento de ^{238}U e apenas 0,7 por cento de ^{235}U fissionável.) Uma vez que a energia do nêutron está abaixo das energias de excitação dos núcleos num reator (da ordem de 1 MeV), o processo principal de perda de energia é por espalhamento elástico, onde um nêutron rápido colide com um núcleo em repouso e transfere parte de sua energia cinética para este núcleo. Essas transferências de energia são eficientes somente se as massas dos dois corpos forem comparáveis. Um nêutron não irá transferir muita energia numa colisão elástica com um núcleo de urânio muito pesado. Este tipo de colisão é análogo à colisão entre uma bolinha de gude e uma bola de bilhar. A bolinha de gude será mais desviada quanto mais pesada for a bola de bilhar, e muito pouco de sua energia cinética será transferida para a bola de bilhar. Um **moderador**, um material constituído de água ou carbono e que tem um núcleo leve, é, portanto, colocado em volta do material fissionável no coração do reator, para diminuir a velocidade dos nêutrons. A velocidade dos nêutrons diminui pelas colisões elásticas com os núcleos do moderador até que fiquem em equilíbrio térmico com o moderador. Como a seção eficaz do núcleo de hidrogênio da água é relativamente grande para captura de elétrons, os reatores não conseguem atingir facilmente $k \approx 1$ quando usam como moderador água comum, a não ser que usem urânio enriquecido, onde o conteúdo de ^{235}U é aumentado de 0,7 por cento até algo entre 1 por cento e 4 por cento. O urânio natural pode ser usado se for usada água pesada (D_2O) no lugar da água (H_2O) comum (leve), como moderador. Embora água pesada seja cara, a maioria dos reatores do Canadá usa água pesada como moderador, para evitar o custo de construção de instalações para enriquecimento de urânio.

A Figura 40-12 mostra algumas características de um reator de água pressurizada usado comumente nos Estados Unidos para gerar eletricidade. A fissão no coração do reator aquece a água até altas temperaturas no circuito primário, que é fechado. Essa água, que também serve como moderador, está sob alta pressão para evitar a ebulição. A água quente é bombeada para um trocador de calor, onde ela aquece a água do circuito secundário e converte esta água em vapor, que é então usado para acionar as turbinas que produzem a energia elétrica. Observe que a água no circuito secundário está isolada da água do circuito primário para evitar a sua contaminação pelos núcleos radioativos do coração do reator.

A habilidade para controlar com exatidão o fator de multiplicação k é importante para que o reator possa operar com segurança. São usados mecanismos de controle naturais, de retroalimentação negativa, e métodos mecânicos. Se k for maior que 1, a velocidade de reação aumenta e a temperatura do reator aumenta. Se for usada água como moderador, sua massa específica diminui com o aumento da temperatura e a água torna-se menos efetiva como moderador. Um segundo método importante de controle é o uso de barras de controle feitas de um material, como cádmio, que tem uma seção eficaz muito grande para a captura de nêutrons. Para diminuir a velocidade da reação, as barras de controle são inseridas, de tal modo que mais nêutrons são capturados pelas barras e k fica menor que 1. Para aumentar a velocidade da reação, as barras são gradualmente retiradas do reator; poucos nêutrons são capturados pelas barras de controle e k fica maior que 1.

O interior de uma planta nuclear em Kent, Inglaterra. Um técnico está de pé sobre a placa de transferência de carga do reator, onde as barras de combustível de urânio são inseridas. (© *Jerry Mason/Photo Researchers.*)

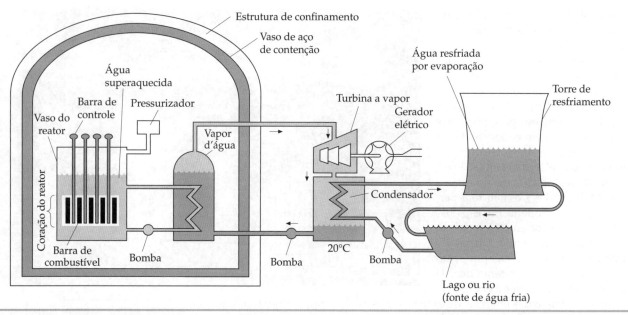

FIGURA 40-12 Esquema simplificado de um reator de água pressurizada. A água em contato com o coração do reator serve como moderador e como fluido para transferência de calor. Esta água está isolada da água usada para produzir o vapor que aciona as turbinas. Muitos detalhes, como os mecanismos de reforço para o resfriamento, não são mostrados aqui.

O controle mecânico da velocidade de reação de um reator nuclear usando barras de controle só é possível porque alguns dos nêutrons emitidos durante o processo de fissão são **nêutrons retardados**. O tempo necessário para que um nêutron diminua sua velocidade, com uma energia de 1 MeV a 2 MeV, até o nível da energia térmica, e então ser capturado, é apenas da ordem de milissegundos. Se todos os nêutrons emitidos durante a fissão fossem nêutrons instantâneos, isto é, emitidos imediatamente durante o processo de fissão, um controle mecânico não seria possível, porque a reação no reator iria disparar antes que as barras pudessem ser inseridas. Entretanto, aproximadamente 0,65 por cento dos nêutrons emitidos estão retardados, em média, por cerca de 14 s. Estes nêutrons não são emitidos durante o próprio processo de fissão, mas durante o decaimento dos fragmentos da fissão. O efeito dos nêutrons retardados pode ser visto nos próximos exemplos.

Exemplo 40-7 Duplicando o Tempo

Se o tempo médio entre as gerações de fissão (o tempo que leva para que um nêutron emitido durante uma fissão provoque outra fissão) é $t_1 = 1$ ms $= 0,001$ s, e se o número médio de nêutrons de cada processo de fissão que gera a fissão subseqüente for 1,001, quanto tempo irá levar para que a velocidade de reação duplique?

SITUAÇÃO A velocidade de reação é dada pelo número de núcleos que fissionam por unidade de tempo. O tempo para duplicar esta velocidade é o produto do número de gerações N necessárias para duplicar a velocidade da reação e o tempo de geração. Se $k = 1,001$, a velocidade de reação depois de N gerações é $1,001^N$. Encontramos o número de gerações colocando $1,001^N$ igual a 2, e resolvendo para N.

SOLUÇÃO

1. Coloque $1,001^N$ igual a 2 e resolva para N:

$$(1,001)^N = 2$$
$$N \ln 1,001 = \ln 2$$
$$N = \frac{\ln 2}{\ln 1,001} = 693$$

2. Multiplique o número de gerações pelo tempo da geração: $\quad t = Nt_1 = 693(0,001 \text{ s}) = \boxed{0,7 \text{ s}}$

Física Nuclear | **199**

CHECAGEM O resultado do passo 2 de 0,07 s é aproximadamente 700 vezes o tempo médio entre gerações. Tantas gerações só são plausíveis porque o fator de multiplicação k é muito próximo de 1.

INDO ALÉM A duplicação do tempo de aproximadamente 0,7 s não é tempo suficiente para a inserção das barras de controle.

Exemplo 40-8   Nêutrons Retardados e Inserção de Barras de Controle

Tente Você Mesmo

Supondo que 0,65 por cento dos nêutrons emitidos são retardados por 14 s, ache o tempo de geração médio e o tempo de duplicação se $k = 1,001$.

SITUAÇÃO O tempo de duplicação é $Nt_{méd}$, onde $t_{méd}$ é o tempo médio entre gerações. Uma vez que 99,35 por cento dos tempos de geração são 0,001 s, e 0,65 por cento é 14 s, o tempo de geração médio é $0,9935(0,001 \text{ s}) + 0,0065(14 \text{ s})$.

SOLUÇÃO

Cubra a coluna da direita e tente por si só antes de olhar as respostas.

Passos	Respostas
1. Calcule o tempo de geração médio.	$t_{méd} = 0,9935(0,001 \text{ s}) + 0,0065(14 \text{ s}) = 0,092 \text{ s}$
2. Use seu resultado para encontrar o tempo necessário para se ter 693 gerações.	$t = 63,8 \text{ s} \approx \boxed{60 \text{ s}}$

CHECAGEM O número de nêutrons retardados é aproximadamente de 0,7 por cento do número total de nêutrons, mas o tempo de geração de 1 ms é aproximadamente 0,007 por cento de 14 s. Assim, um aumento no tempo de duplicação por um fator da ordem de 100 é aceitável.

INDO ALÉM Um tempo de duplicação de 60 s é mais do que suficiente para a inserção mecânica das barras de controle.

Devido aos suprimentos limitados do urânio natural, à fração pequena do ^{235}U no urânio natural, e capacidade limitada das instalações de enriquecimento, os reatores baseados na fissão do ^{235}U não podem atender às nossas necessidades de energia durante um período longo. Uma alternativa promissora é o **reator reprodutor**. Quando o núcleo do ^{238}U, relativamente abundante, mas não fissionável, captura um nêutron, ele decai por emissão β (com uma meia-vida de 20 min) para o ^{239}Np, que, por sua vez, decai por emissão β (com uma meia-vida de 2,35 dias) para o nuclídeo fissionável ^{239}Pu. Como o ^{239}Pu é fissionável com elétrons rápidos, não é necessário um moderador. Um reator inicialmente carregado com uma mistura de ^{238}U e ^{239}Pu irá gerar tanto combustível quanto consumir, ou até mais, se um ou mais dos nêutrons emitidos na fissão do ^{239}Pu forem capturados pelo ^{238}U. Estudos práticos indicaram que se pode esperar que um reator reprodutor duplique seu suprimento de combustível em 7 ou 10 anos.

Existem dois problemas maiores de segurança inerentes aos reatores reprodutores. A fração dos nêutrons retardados é somente de 0,3 por cento para a fissão do ^{239}Pu, logo o tempo entre gerações é muito menor que aquele para os reatores comuns. O controle mecânico é, portanto, muito mais difícil. Também, como a temperatura de operação do reator reprodutor é relativamente alta e o moderador não é desejado, o material para transferência de calor, como o sódio líquido metálico, é usado no lugar da água (que é usada como moderador e fluido de transferência de calor num reator comum). Se a temperatura do reator aumenta, a resultante diminuição na massa específica do material que transfere calor levará a uma possível realimentação, porque irá absorver menos nêutrons que antes. Por causa destas considerações de segurança, os reatores reprodutores não têm ainda um uso comercial nos Estados Unidos. Existem, entretanto, diversos deles em operação na França, Inglaterra e antiga União Soviética.

200 | CAPÍTULO 40

FUSÃO

Durante a fusão, dois núcleos leves, como os de deutério (^{2}H) e de trício (^{3}H), fundem-se para formar um núcleo mais pesado. Uma reação de fusão típica é

$$^2\text{H} + {}^3\text{H} \rightarrow {}^4\text{He} + \text{n} + 17{,}6\,\text{MeV}$$

A energia liberada na fusão depende de reação. Para a reação ^{2}H + ^{3}H, a energia liberada é de 17,6 MeV. Embora esta energia seja menor que a energia liberada durante a reação de fissão, é uma quantidade de energia maior por unidade de massa. A energia liberada durante esta reação de fusão é (17,6 MeV)/(5 núcleons) = 3,52 MeV por núcleon. Isto é aproximadamente 3,5 vezes maior que a energia de 1 MeV por núcleon liberada na fissão.

A produção de energia a partir da fusão de núcleos leves é muito promissora por causa da relativa abundância de combustível e a ausência de alguns perigos inerentes aos reatores de fissão. Infelizmente, a tecnologia necessária para tornar a fusão uma fonte prática de energia ainda não foi desenvolvida. Vamos considerar a reação ^{2}H + ^{3}H; outras reações apresentam problemas parecidos.

Devido à repulsão coulombiana entre os núcleos de ^{2}H e ^{3}H, são necessárias energias cinéticas muito grandes, da ordem de 1 MeV, para que os dois núcleos possam ficar suficientemente próximos, para que as forças nucleares se tornem eficazes na realização da fusão. Estas energias podem ser obtidas num acelerador, mas como o espalhamento de um núcleo pelo outro é muito mais provável que a fusão, o bombardeamento de um núcleo por outro, num acelerador, requer uma quantidade de energia maior do que a produzida. Para obter energia a partir da fusão, as partículas devem ser aquecidas a temperaturas grandes o suficiente para que a reação de fusão ocorra como resultado de colisões aleatórias devido à agitação térmica. Uma vez que um número significativo de partículas tem energias cinéticas maiores que a energia cinética média, $\frac{3}{2}kT$, e como algumas partículas podem tunelar através de uma barreira coulombiana, a temperatura T correspondente a $kT \approx 10$ keV é adequada para garantir que um número razoável de reações de fusão ocorram, se a densidade de partículas for suficientemente alta. A temperatura correspondente a $kT = 10$ keV é da ordem de 10^8 K. Estas temperaturas ocorrem no interior das estrelas, onde as reações de fusão são comuns. Nestas temperaturas, um gás é constituído por íons positivos e elétrons, e é chamado de **plasma**. Um dos problemas que surge nas tentativas de produzir reações de fusão controladas é o confinamento do plasma durante um tempo suficiente para que a reação ocorra. No interior do Sol, o plasma está confinado pelo enorme campo gravitacional do Sol. Num laboratório na Terra, o confinamento é um problema difícil.

A energia necessária para aquecer um plasma é proporcional à densidade de seus íons, n, enquanto a taxa de colisão é proporcional a n^2 (quadrado da densidade). Se τ for o tempo de confinamento, a produção de energia será proporcional a $n^2\tau$. Para que a energia produzida seja maior do que a consumida, devemos ter

$$C_1 n^2 \tau > C_2 n$$

onde C_1 e C_2 são constantes. Em 1957, o físico britânico J. D. Lawson calculou estas constantes a partir de estimativas sobre a eficiência de vários reatores de fusão hipotéticos, e deduziu a seguinte relação entre densidade e tempo de confinamento, conhecido como **critério de Lawson**:

$$n\tau > 10^{20}\ \text{s} \cdot \text{partículas/m}^3 \qquad \qquad 40\text{-}22$$

CRITÉRIO DE LAWSON

Se o critério de Lawson for satisfeito e a energia térmica dos íons for suficientemente alta ($kT \approx 10$ keV), a energia liberada num reator de fusão será igual a energia consumida; isto é, o reator terá um balanço energético nulo. Para que um reator seja viável, muito mais energia deve ser liberada.

Dois esquemas para atingir os critérios de Lawson estão, correntemente, sendo investigados. Num dos esquemas, o do **confinamento magnético**, é usado um campo magnético para confinar o plasma (veja Seção 26-2). Na montagem mais comum, desenvolvida pela primeira vez na antiga União Soviética, e chamado de *tokamak*, o

(a)

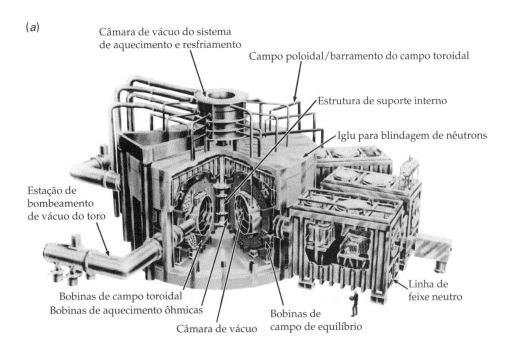

(b)

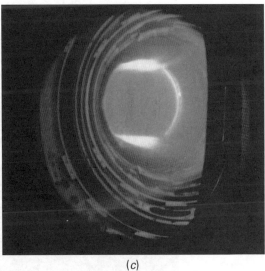
(c)

(*a*) Esquema de um Reator de Teste de Fusão Tokamak (RTFT). As bobinas toroidais, que circundam a câmara de vácuo, foram desenhadas para conduzir corrente com pulsos de 3 s, separadas por um tempo de espera de 5 min. Picos de pulsos em 73 000 A produzem um campo magnético de 5,2 T. Este campo magnético é o principal meio de confinamento do plasma de deutério–trício que circula dentro da câmara de vácuo. A corrente para os pulsos é distribuída convertendo energia rotacional de dois pêndulos de 600 toneladas. Conjuntos de bobinas poloidais, perpendiculares às bobinas toroidais, carregam uma corrente oscilante que gera uma corrente através do próprio plasma confinado, aquecendo-o ohmicamente. Campos poloidais adicionais ajudam a estabilizar o plasma confinado. Entre quatro e seis sistemas de injeção de feixes neutros (é mostrado apenas um no esquema) são usados para injetar átomos de deutério de alta energia em um plasma de deutério–trício, aquecido além do que se pode obter ohmicamente, chegando no ponto de fusão. (*b*) O próprio RTFT. O diâmetro da câmara de vácuo é de 7,7 m. (*c*) Um plasma de 800 kA, durando 1,6 s, quando ele descarrega dentro da câmara de vácuo. (*(Todas) Cortesia de Princeton Plasma Physics Laboratory.*)

plasma é confinado num grande toróide. O campo magnético é uma combinação do campo magnético toroidal devido às bobinas do campo do toróide, e do campo devido à corrente do plasma circulante. O ponto de balanço energético foi quase atingido usando o confinamento magnético, mas há ainda um longo caminho a percorrer até a construção de um reator de fusão prático.

Num segundo esquema, chamado de **confinamento inercial**, uma pelota feita de deutério sólido e trício é bombardeada por todos os lados, por feixes de laser pulsados intensos, com energias da ordem de 10^4 J, durando aproximadamente 10^{-8} s.

(a) A câmara de alvo da Nova, uma esfera de alumínio de aproximadamente 5 m de diâmetro, dentro da qual 10 feixes de laser, dos mais poderosos do mundo, convergem para uma pelota contendo hidrogênio, com 0,5 mm de diâmetro. (b) A reação de fusão resultante é visível, como se fosse uma estrela muito pequena, durando 10^{-10} s, e liberando 10^{13} nêutrons. *(Cortesia de Lawrence Livermore National Laboratory/U.S. Department of Energy.)*

(Feixes intensos de íons também são usados.) Estudos de simulações em computador indicaram que a pelota deveria ser comprimida aproximadamente 10^4 vezes da sua massa específica normal e aquecida a temperaturas maiores que 10^8 K. Isto poderia produzir cerca de 10^6 J de energia de fusão em 10^{-11} s, o que é tão rápido que o confinamento seria alcançado pela própria inércia.

Como o ponto de balanço energético mal é alcançado na fusão por confinamento magnético, e como a construção de um reator de fusão envolve muitos problemas práticos que ainda não foram solucionados, a viabilidade da fusão para satisfazer nossas necessidades de energia não é esperada no mínimo por diversas décadas ainda. Entretanto, a fusão permanece como uma grande promessa de fonte de energia para o futuro.

Física Nuclear | **203**

Resumo

TÓPICO	EQUAÇÕES RELEVANTES E OBSERVAÇÕES
1. Propriedades do Núcleo	Um núcleo tem N nêutrons, Z prótons e um número de massa $A = N + Z$. Para núcleos leves, N e Z são aproximadamente iguais, enquanto para núcleos pesados, N é maior que Z.
Isótopos	Isótopos são dois ou mais núcleos que têm o mesmo número atômico Z, mas diferentes valores para N e A.
Tamanho e forma	A maioria dos núcleos tem uma forma aproximadamente esférica e tem um volume que é proporcional a A. Como a massa é proporcional a A, a massa específica nuclear é independente de A.
Raio	$$R = R_0 A^{1/3} \approx (1,2 \text{ fm})A^{1/3} \qquad \text{40-1}$$
Massa e energia de ligação	A massa de um núcleo estável é menor que a soma das massas dos seus núcleons. A diferença de massa Δm multiplicada por c^2 é igual à energia de ligação E_b do núcleo. A energia de ligação é aproximadamente proporcional ao número de massa A.
2. Radioatividade	Núcleos instáveis são radioativos e decaem emitindo partículas α (núcleo de ^{4}He), partículas β (elétrons ou pósitrons) ou raios γ (fótons). Toda a radioatividade é estatística na natureza e segue uma lei de decaimento exponencial: $$N = N_0 e^{-\lambda t} \qquad \text{40-6}$$
Taxa de decaimento	$$R = \lambda N = R_0 e^{-\lambda t} \qquad \text{40-7}$$
Vida média	$$\tau = \frac{1}{\lambda} \qquad \text{40-9}$$
Meia-vida	$$t_{1/2} = \tau \ln 2 = 0{,}693\tau \qquad \text{40-11}$$ As meias-vidas de um decaimento α variam de uma fração de segundos até milhões de anos. Para o decaimento β, as meias-vidas estão na faixa de horas ou dias. Para o decaimento γ, as meias-vidas são, em geral, menores que microssegundos.
Unidades da taxa de decaimento	O número de decaimentos por segundo de 1 g de rádio é o curie (Ci). $$1 \text{ Ci} = 3{,}7 \times 10^{10} \text{ decaimentos/s} = 3{,}7 \times 10^{10} \text{ Bq}$$ $$(1 \text{ Bq} = 1 \text{ decaimento/s})$$
3. Reações Nucleares	
Valor de Q	O valor de Q é igual a c^2 multiplicado pela massa total das partículas incidentes menos a massa total das partículas produzidas no sistema de referência do centro de massa. Se a variação da massa líquida for Δm, o valor de Q é $$Q = -(\Delta m)c^2 \qquad \text{40-19}$$
Reação exotérmica	Se a massa total diminui durante a reação, Q é positivo e mede a energia liberada.
Reação endotérmica	Se a massa total aumenta durante a reação, Q é negativo. Então, $|Q|$ é o limiar de energia para a reação no referencial do centro de massa.
4. Fissão	A fissão ocorre quando alguns elementos pesados, como o ^{235}U e o ^{239}Pu, capturam um nêutron e se dividem em dois núcleos. Estes dois núcleos então se afastam, devido à repulsão coulombiana. Uma reação em cadeia é possível porque diversos nêutrons são emitidos por um núcleo quando ele sofre fissão. Uma reação em cadeia pode ser sustentada num reator se, na média, um dos nêutrons emitidos diminui sua velocidade por espalhamento no reator e é então capturado por outro núcleo fissionável. Núcleos muito pesados ($Z > 92$) estão sujeitos à fissão espontânea.
5. Fusão	Uma grande quantidade de energia é liberada quando dois núcleos leves, como o ^{2}H e ^{3}H, fundem-se. A fusão acontece espontaneamente no interior do Sol e de outras estrelas, onde a temperatura é grande o suficiente (cerca de 10^8 K) para que o movimento térmico leve os íons de hidrogênio carregados perto o suficiente para se fundirem. Embora a fusão controlada seja uma grande promessa, como futura fonte de energia, muitas dificuldades práticas têm, até agora, impedido seu desenvolvimento.
Critério de Lawson	O produto mínimo entre a densidade de partículas n e o tempo de confinamento τ para gerar mais energia do que é consumida num reator de fusão é $n\tau > 10^{20}$ s · partículas/m³.

204 | CAPÍTULO 40

Resposta da Checagem Conceitual

40-1   O número deixado pode ser tanto um como zero, onde zero é mais provável que um.

Respostas dos Problemas Práticos

40-1   (a) $60E_1$ (b) $20E_1$

40-2   Porque $\frac{1}{8} = \left(\frac{1}{2}\right)^3$, assim $n = 3$.

Problemas

Em alguns problemas, você recebe mais dados do que necessita; em alguns outros, você deve acrescentar dados de seus conhecimentos gerais, fontes externas ou estimativas bem fundamentadas.

Interprete como significativos todos os algarismos de valores numéricos que possuem zeros em seqüência sem vírgulas decimais.

- • Um só conceito, um só passo, relativamente simples
- •• Nível intermediário, pode requerer síntese de conceitos
- ••• Desafiante, para estudantes avançados

Problemas consecutivos sombreados são problemas pareados.

PROBLEMAS CONCEITUAIS

1 • Alguns isótopos estáveis do nitrogênio, ferro e estanho são ^{14}N, ^{56}Fe e ^{118}Sn. Dê os símbolos para dois outros isótopos do (a) nitrogênio, (b) ferro e (c) estanho.

2 • Por que a cadeia de decaimento $A = 4n + 1$ não é encontrada na natureza?

3 • Um decaimento por emissão α é freqüentemente seguido pelo decaimento β. Quando isto ocorre, este decaimento é por β^-, e não por β^+. Por quê?

4 • A meia-vida do ^{14}C é muito menor que a idade do universo, e o ^{14}C ainda é encontrado na natureza. Por quê?

5 • Qual o efeito que uma variação de longa duração na atividade dos raios cósmicos terá na precisão da datação com ^{14}C?

6 • Por que um elemento que tem $Z = 130$ não existe?

7 • Por que é necessário um moderador num reator nuclear de fissão?

8 • Explique por que a água é mais efetiva que o chumbo para diminuir a velocidade de nêutrons rápidos?

9 • O isótopo estável do sódio é ^{23}Na. Que tipo de decaimento beta você esperaria de (a) ^{22}Na e (b) ^{24}Na?

10 • Qual é a vantagem de um reator reprodutor em relação a um reator comum? Quais são as desvantagens de um reator reprodutor?

11 • Verdadeiro ou Falso:
(a) Num reator reprodutor, o combustível pode ser produzido tão rápido quanto ele é consumido.
(b) O núcleo atômico é constituído de prótons, nêutrons e elétrons.
(c) A massa do núcleo de ^{2}H é menor do que a massa do núcleo de ^{1}H mais a massa de um nêutron.
(d) Depois de duas meias-vidas, todos os núcleos radioativos, numa dada amostra, decaíram.

12 • Por que variações extremas na temperatura ou na pressão de uma amostra radioativa têm pouco ou nenhum efeito na radioatividade?

ESTIMATIVA E APROXIMAÇÃO

13 • Encontramos no Capítulo 25 (Volume 2) que a razão entre a resistividade do material mais isolante e a resistividade do material menos resistivo (excluindo os supercondutores) é aproximadamente 10^{22}. Poucas propriedades de materiais mostram um intervalo tão grande de valores. Usando informações de livros-textos ou outras fontes, encontre a razão de algumas propriedades nucleares da matéria, listando da maior para a menor. Alguns exemplos podem ser:

o intervalo de massa específica encontrado no átomo, a meia-vida de núcleos radioativos, ou o intervalo das massas nucleares.

14 •• De acordo com o Departamento de Energia dos Estados Unidos, a população do país consome aproximadamente 10^{20} joules de energia por ano. Estime a massa (em quilogramas) de (a) urânio que seria necessária para produzir esta quantidade de energia usando a fissão nuclear e (b) deutério e trício que seriam necessários para produzir esta energia usando fusão nuclear.

PROPRIEDADES DOS NÚCLEOS

15 • Calcule a energia de ligação e a energia de ligação por núcleon a partir das massas dadas na Tabela 40-1 para (a) ^{12}C, (b) ^{56}Fe e (c) ^{238}U.

16 • Calcule a energia de ligação e a energia de ligação por núcleon a partir das massas dadas na Tabela 40-1 para (a) ^{6}Li, (b) ^{39}K e (c) ^{208}Pb.

17 • Use a fórmula do raio $R = R_0 A^{1/3}$ (Equação 40-1), onde $R_0 = 1,2$ fm, para calcular os raios dos seguintes núcleos: (a) ^{16}O, (b) ^{56}Fe e (c) ^{197}Au.

18 • Durante um processo de fissão, um núcleo de ^{239}Pu se divide em dois núcleos cuja razão entre os números de massa é de 3 para 1. Calcule os raios dos núcleos formados durante o processo.

19 •• O nêutron, quando isolado de um núcleo atômico, decai para um próton, um elétron e um antineutrino como se segue: n $\rightarrow$ ^{1}H + e$^-$ + $\bar{\nu}$. A energia térmica de um nêutron é da ordem de kT, onde k é a constante de Boltzmann. (a) Calcule a energia de um nêutron térmico em 25°C, em joules e elétrons-volt. (b) Qual é a velocidade deste nêutron térmico? (c) Um feixe de nêutrons térmicos monoenergéticos é produzido em 25°C e tem uma intensidade I. Depois de viajar 1350 km, o feixe tem uma intensidade de $\frac{1}{2}I$. Usando esta informação, estime a meia-vida do nêutron. Expresse a resposta em minutos.

20 • Use $R = R_0 A^{1/3}$ (Equação 40-1), onde $R_0 = 1,2$ fm, como o raio de um núcleo esférico, para calcular a massa específica da matéria nuclear. Expresse a resposta em gramas por centímetro cúbico.

21 •• Em 1920, 12 anos antes da descoberta do nêutron, Ernest Rutherford argumentou que o par próton–elétron deveria existir confinado no núcleo, de modo a explicar por que o número de massa, A, seria maior que a carga nuclear, Z. Ele também usou este argumento para explicar a fonte de partículas beta num decaimento radioativo. Experiências de espalhamento de Rutherford, em 1910, mostraram que o núcleo tem um diâmetro de aproximadamente 10 fm. Usando este diâmetro, o princípio da incerteza, e que as partículas beta tem uma energia num intervalo de 0,02 MeV a 3,40 MeV, mostre por que os elétrons hipotéticos não podem estar confinados numa região ocupada pelo núcleo.

22 •• Considere o seguinte processo de fissão: $^{235}_{92}U + n \rightarrow ^{95}_{37}Rb + ^{137}_{55}Cs + 4n$. Determine a energia potencial eletrostática, em MeV, dos produtos da reação, quando as superfícies do núcleo de ^{95}Rb e do núcleo de ^{137}Cs apenas se tocaram, imediatamente após serem formados durante o processo de fissão.

RADIOATIVIDADE

23 • Homero ingressa na sala de visitantes e soa um bip no seu contador Geiger. Ele desliga o aparelho, remove o instrumento que estava pendurado nos seus ombros e o coloca perto do único objeto novo na sala — um globo que deve ser dado de presente para os visitantes. Apertando um botão, marcado como "monitor", Homero vê que o instrumento está marcando uma taxa de contagem de 4000 contagens/s acima da taxa de contagem da radiação de fundo. Depois de 10 minutos, a taxa de contagem caiu para 1000 contagens/s acima da taxa de contagem da radiação de fundo. (a) Qual é a meia-vida da fonte? (b) Qual será a taxa de contagem (acima da taxa de contagem da radiação de fundo) depois de 20 minutos que o equipamento de monitoração foi ligado?

24 • Certa fonte radioativa mede 2000 contagens/s, no tempo $t = 0$. Sua meia-vida é de 2,0 min. Quantas contagens por segundo serão medidas após: (a) 4,0 min, (b) 6,0 min e (c) 8,0 min?

25 • A taxa de contagens de uma fonte radioativa é de 8000 contagens/s, no tempo $t = 0$, e 10 min mais tarde a taxa está em 1000 contagens/s. (a) Qual será sua meia-vida? (b) Qual é a constante de decaimento? (c) Qual será a taxa de contagens após 20 min?

26 • A meia-vida do rádio é de 1620 anos. Calcule o número de desintegrações por segundo de 1,00 g de rádio e mostre que a taxa de desintegração é aproximadamente de 1,0 Ci.

27 • Um pedaço de folha de prata radioativa ($t_{1/2} = 2,4$ min) é colocado perto de um contador Geiger e foram observadas no tempo $t = 0$, 1000 contagens/s. (a) Qual é a taxa de contagem para $t = 2,4$ min e para $t = 4,8$ min? (b) Se a eficiência nas contagens for de 20 por cento, quantos núcleos radioativos de prata existem em $t = 0$? E para $t = 2,4$ min? Para que tempo a taxa de contagem deve ser de aproximadamente 30 contagens/s?

28 • Use a Tabela 40-1 para calcular a liberação de energia, em MeV, para o decaimento α do (a) ^{226}Ra e (b) ^{242}Pu.

29 •• O plutônio é muito tóxico para o corpo humano. Uma vez que ele entra no corpo, se fixa principalmente nos ossos, embora também possa ser encontrado em outros órgãos. Os glóbulos vermelhos do sangue são sintetizados na medula óssea. O isótopo ^{239}Pu é um emissor de α que tem meia-vida de 24 360 anos. Como as partículas alfa são radiações ionizantes, a capacidade da medula de produzir células do sangue fica, durante um tempo, destruída pela presença do ^{239}Pu. Além disso, muitos casos de câncer irão também se desenvolver nos tecidos vizinhos, por causa dos efeitos ionizantes das partículas alfa. (a) Se uma pessoa acidentalmente ingerir 2,0 μg de ^{239}Pu e tudo for absorvido pelos ossos da pessoa, quantas partículas alfa serão produzidas por segundo no interior do corpo desta pessoa? (b) Quando, em anos, teremos uma atividade 1000 partículas alfa/s?

30 •• Considere um núcleo pai $^A_Z X$, emissor de alfa e inicialmente em repouso. O núcleo decai para um núcleo filho Y e uma partícula alfa, como se segue: $^A_Z X \rightarrow ^{A-4}_{Z-2}Y + ^4_2\alpha + Q$. (a) Mostre que a partícula alfa tem uma energia cinética de $(A - 4)Q/A$. (b) Mostre que a energia cinética de recuo do núcleo filho é dada por $K_Y = 4Q/A$.

31 • O material fissionável ^{239}Pu é um emissor de alfa. Escreva a reação que descreve o decaimento alfa do ^{239}Pu. Dadas as massas do ^{239}Pu, ^{235}U e da partícula alfa, 239,052 156 u, 235,043 923 u e 4,002 603 u, respectivamente, use as relações que aparecem no Problema 30 para calcular as energias cinéticas da partícula alfa e do recuo do núcleo filho.

32 • Através de um amigo do departamento de segurança de um museu, Ângela obteve uma amostra do cabo de madeira de uma ferramenta que continha 175 g de carbono. A taxa de decaimento do ^{14}C na amostra era de 8,1 Bq. Há quanto tempo atrás esta madeira do cabo ainda estava em uso?

33 • Uma amostra de um isótopo radioativo é encontrada tendo uma atividade de 115,0 Bq imediatamente após ela ter sido retirada de um reator que forma este isótopo. Sua atividade, depois de 2 h e 15 min, foi medida como 85,2 Bq. (a) Calcule a constante de decaimento e a meia-vida da amostra. (b) Quantos núcleos radioativos estavam na amostra inicialmente?

34 •• Uma amostra de 1,00 mg de uma substância que tem massa atômica de 59,934 u e emite partículas β tem uma atividade de 1,131 Ci. Encontre a constante de decaimento para esta substância em segundos recíprocos e encontre a meia-vida em anos.

35 •• A radiação tem sido usada há bastante tempo em terapias médicas para controlar o desenvolvimento e crescimento de células cancerosas. O cobalto-60, emissor de raios γ, que emite fótons com energias de 1,17 MeV e 1,33 MeV, é usado para irradiar e destruir cânceres profundamente enraizados. Pequenas agulhas, feitas de ^{60}Co com uma atividade específica, são revestidas em ouro e usadas como implantes nos tumores, por períodos de tempo que dependem do tamanho do tumor, da taxa de reprodução da célula do tumor e da atividade da agulha. (a) Uma amostra de 1,00 μg de ^{60}Co, que tem uma meia-vida de 5,27 anos e é usada para irradiar tumores internos pequenos com raios γ, é preparada no cíclotron de um centro médico. Determine a atividade da amostra em curies. (b) Qual será a atividade da amostra daqui a 1,75 ano?

36 •• (a) Mostre que se a taxa de decaimento for R_0 num tempo $t = 0$ e R_1 num tempo posterior $t = t_1$, a constante de decaimento é dada por $\lambda = t_1^{-1}\ln(R_0/R_1)$ e a meia-vida é dada por $t_{1/2} = t_1 \ln(2)/\ln(R_0/R_1)$. (b) Use estes resultados para achar a constante de decaimento e a meia-vida se a taxa de decaimento for de 1200 Bq em $t = 0$ e 800 Bq em $t_1 = 60,0$ s.

37 •• A idade de um esquife de madeira foi estimada em 18 000 anos. Qual a quantidade de carbono que deveria ser recuperada deste objeto para permitir que a taxa de contagem do ^{14}C não fosse menor que 5 contagens/min, com uma eficiência de detecção de 20 por cento?

38 •• Uma amostra de material radioativo foi encontrada tendo uma atividade inicial de 115,0 decaimentos/min. Depois de 4 dias e 5 horas, sua atividade foi medida e passou para 73,5 decaimentos/min. (a) Calcule a meia-vida do material. (b) Quanto tempo (a partir do tempo inicial) irá levar para que a amostra alcance uma atividade de 10,0 decaimentos/min?

39 •• O isótopo do rubídio ^{87}Rb é um emissor de β^-, com uma meia-vida de $4,9 \times 10^{10}$ anos. Ele decai para o ^{87}Sr. Este decaimento nuclear é usado para determinar a idade das rochas e fósseis. Rochas contendo fósseis de animais muito antigos têm uma taxa de ^{87}Sr para ^{87}Rb de 0,0100. Supondo que não existisse ^{87}Sr presente quando a rocha foi formada, calcule a idade do fóssil.

40 ••• Considere um único núcleo de um isótopo radioativo, com uma taxa de decaimento igual a λ. O núcleo não decaiu ainda em $t = 0$. A probabilidade de que o núcleo irá decair entre um tempo t e um tempo $t + dt$ é igual a $\lambda e^{-\lambda t}dt$. (a) Mostre que esta afirmativa é consistente com o fato de que a probabilidade de que o núcleo irá decair entre um tempo $t = 0$ e $t = \infty$ é 1. (b) Mostre que o tempo de vida esperado do núcleo é igual a $1/\lambda$. *Sugestão: O tempo de vida esperado é igual a $\int_0^\infty t\lambda e^{-\lambda t}dt$ dividido por $\int_0^\infty \lambda e^{-\lambda t}dt$.* (c) Uma amostra deste material contém um número de núcleos radioativos num tempo $t = 0$. Qual é a vida média destes núcleos radioativos na amostra?

REAÇÕES NUCLEARES

41 • Usando a Tabela 40-1, encontre os valores de Q para as seguintes reações: (a) $^1H + ^3H \rightarrow ^3He + n + Q$ e (b) $^2H + ^2H \rightarrow ^3He + n + Q$.

206 | CAPÍTULO 40

42 • Usando a Tabela 40-1, encontre os valores de Q para as seguintes reações: (a) $^2H + {}^2H \rightarrow {}^3H + {}^1H + Q$, (b) $^2H + {}^3He \rightarrow {}^4He + {}^1H + Q$, e (c) $^6Li + n \rightarrow {}^3H + {}^4He + Q$.

43 •• (a) Use os valores de 14,003 242 u e 14,003 074 u para as massas atômicas do ^{14}C e ^{14}N, respectivamente, para calcular o valor de Q (em MeV) para a reação de decaimento β $^{14}_{6}C \rightarrow {}^{14}_{7}N + e^- + \overline{v}_e$. (b) Explique por que não se deve adicionar a massa do elétron à massa atômica do ^{14}N para o cálculo da Parte (a).

44 •• (a) Use os valores de 13,005 738 u e 13,003 354 u para as massas atômicas do $^{13}_{7}N$ e $^{13}_{6}C$, respectivamente, para calcular o valor de Q (em MeV) para a reação de decaimento β

$$^{13}_{7}N \rightarrow {}^{13}_{6}C + e^+ + v_e$$

(b) Explique por que se deve adicionar duas vezes a massa de um elétron à massa atômica do $^{13}_{6}C$ para o cálculo do valor de Q para a reação na Parte (a).

FISSÃO E FUSÃO

45 • Supondo uma energia média de 200 MeV por fissão, calcule o número de fissões por segundo necessárias para se ter um reator de 500 MW.

46 • Se o fator de multiplicação num reator for 1,1, encontre o número de gerações necessárias para o nível de potência (a) duplicar, (b) aumentar por um fator de 10 e (c) aumentar por um fator de 100. Ache o tempo necessário em cada caso, se (d) não existem nêutrons retardados, de tal modo que o tempo entre gerações é de 1,0 ms, e (e) existem nêutrons retardados que fazem com que o tempo médio entre gerações seja da ordem de 100 ms.

47 •• Considere a seguinte reação de fissão: $^{235}_{92}U + n \rightarrow {}^{95}_{42}Mo + {}^{139}_{57}La + 2n + Q$. As massas do nêutron, ^{235}U, ^{95}Mo e ^{139}La são 1,008 665 u, 235,043 923 u, 94,905 842 u e 138,906 348 u, respectivamente. Calcule o valor de Q, em MeV, para a reação de fissão.

48 •• Em 1989, pesquisadores declararam ter conseguido com êxito a fusão numa célula eletroquímica em temperatura ambiente. A alegação deles, agora, completamente desacreditada, foi de que produziram uma potência de 4,00 W através de reações de fusão do deutério num eletrodo de paládio. As duas reações mais prováveis são

$$^2H + {}^2H \rightarrow {}^3He + n + 3,27 \text{ MeV}$$

e

$$^2H + {}^2H \rightarrow {}^3H + {}^1H + 4,03 \text{ MeV}$$

Para os núcleos de deutério que participam nestas reações, suponha que a metade dos núcleos de deutério participa na primeira reação, e a outra metade participa na segunda reação. Quantos nêutrons por segundo se esperaria que fossem emitidos para a geração de 4 W de potência?

49 •• Num reator de fusão que usa somente deutério como combustível aconteceriam as duas reações do Problema 48. O ^3H produzido na segunda reação reage imediatamente com outro ^2H da reação

$$^3H + {}^2H \rightarrow {}^4He + n + 17,6 \text{ MeV}$$

A razão dos átomos de ^2H para ^1H no hidrogênio da natureza é $1,5 \times 10^{-4}$. Quanta energia seria produzida a partir de 4,0 litros de água se todos os núcleos de ^2H sofressem fusão?

50 ••• A reação de fusão entre ^2H e ^3H é

$$^3H + {}^2H \rightarrow {}^4He + n + 17,6 \text{ MeV}$$

Usando a conservação da quantidade de movimento e o valor dado de Q, ache as energias finais do núcleo de ^4He e do nêutron, supondo que a energia cinética inicial do sistema é 1,00 MeV e a quantidade de movimento inicial do sistema é nula.

51 ••• Energia é gerada no Sol e em outras estrelas pela fusão. Um dos ciclos de fusão, o ciclo próton–próton, consiste nas seguintes reações:

$$^1H + {}^1H \rightarrow {}^2H + e^+ + \nu_e$$

$$^1H + {}^2H \rightarrow {}^3He + \gamma$$

seguida por

$$^1H + {}^3He \rightarrow {}^4He + e^+ + \nu_e$$

(a) Mostre que o efeito destas reações é

$$4{}^1H \rightarrow {}^4He + 2e^+ + 2\nu_e + \gamma$$

(b) Mostre que são liberados 24,7 MeV durante este ciclo (sem contar a energia adicional de 1,02 MeV que é liberada quando pósitron encontra um elétron e eles se aniquilam). (c) O Sol irradia energia a uma taxa de aproximadamente $4,0 \times 10^{26}$ W. Supondo que isto é devido a conversão de quatro prótons em hélio, raios γ, e neutrinos, liberando 26,7 MeV, qual a taxa de consumo de prótons no Sol? Por quanto tempo o Sol vai durar se ele continuar a irradiar no mesmo nível de agora? (Suponha que a metade da massa total do Sol, de $2,0 \times 10^{30}$ kg, é constituída de prótons.)

PROBLEMAS GERAIS

52 • (a) Mostre que $ke^2 = 1,44 \text{ MeV} \cdot \text{fm}$, onde k é a constante coulombiana e e é a magnitude da carga do elétron. (b) Mostre que $hc = 1240 \text{ MeV} \cdot \text{fm}$.

53 • A taxa de contagem de uma fonte radioativa é de 6400 contagens/s. A meia-vida da fonte é de 10 s. Faça um gráfico da taxa de contagem como função do tempo para tempos até 1 min. Qual é a constante de decaimento para esta fonte?

54 • Encontre a energia necessária para remover um nêutron do (a) ^4He e (b) ^7Li.

55 • O isótopo ^{14}C decai conforme a reação $^{14}C \rightarrow {}^{14}N + e^- + \overline{v}_e$. A massa atômica do ^{14}N é 14,003 074 u. Determine a energia cinética máxima do elétron. (Despreze o recuo do átomo de nitrogênio.)

56 • A massa específica de uma estrela de nêutrons é a mesma que a da massa específica de um núcleo. Se nosso Sol colapsasse numa estrela de nêutrons, qual seria o raio deste objeto?

57 •• Mostre que o núcleo de ^{109}Ag é estável e não sofre decaimento alfa, $^{109}_{47}Ag \rightarrow {}^4_2He + {}^{105}_{45}Rh + Q$. A massa do núcleo de ^{109}Ag é 108,904 756 u, e as massas dos produtos do decaimento são 4,002 603 u e 104,905 250 u, respectivamente.

58 •• Os raios gama podem ser usados para induzir fotofissão (fissão desencadeada pela absorção de um fóton) no núcleo. Calcule o comprimento de onda de limiar para a seguinte reação nuclear: $^2H + \gamma \rightarrow {}^1H + n$. Use a Tabela 40-1 para as massas das partículas que interagem.

59 • A abundância relativa do ^{40}K (potássio 40) é $1,2 \times 10^{-4}$. O isótopo ^{40}K tem uma massa molar de 40,0 g/mol, é radioativo, e tem meia-vida de $1,3 \times 10^9$ anos. O potássio é um elemento essencial para toda célula viva. No corpo humano, a massa de potássio é de aproximadamente 0,36 por cento da massa total. Determine a atividade desta fonte radioativa para um estudante que pesa 60 kg.

60 •• Quando um pósitron faz contato com um elétron, o par elétron–pósitron se aniquila através da reação $\beta^+ + \beta^- \rightarrow 2\gamma$. Calcule a energia mínima total, em MeV, dos dois fótons criados quando o par elétron–pósitron se aniquila.

61 •• O isótopo ^{24}Na é um emissor de β e tem uma meia-vida de 15 h. Uma solução salina contendo o isótopo radioativo tem uma atividade de 600 kBq e é injetado na corrente sanguínea de um paciente. Dez horas depois, a atividade de 1 mL de sangue do indivíduo leva a uma taxa de contagem de 12 contagens/s com uma eficiência de contagens de 20 por cento. Determine o volume de sangue do paciente.

62 •• (a) Determine a distância de maior aproximação de uma partícula α com 8,0 MeV, numa colisão frontal com um núcleo em repouso de ^{197}Au, e com um núcleo em repouso de ^{10}B, desprezando o recuo do núcleo atingido. (b) Repita o cálculo levando em conta o recuo do núcleo atingido.

63 •• Doze núcleos estão num poço quadrado infinito unidimensional de comprimento $L = 3,0$ fm. (a) Usando a aproximação de que a massa de um núcleon é 1,0 u, ache a energia mais baixa de um núcleon no poço. Expresse sua resposta em MeV. Qual será a energia do estado fundamental do sistema se (b) todos os 12 núcleons no poço forem nêutrons, de tal modo que não podem existir mais do que 2 nêutrons em cada estado e (c) 6 dos núcleons forem nêutrons e 6 forem prótons, de tal modo que podem existir 4 núcleons em cada estado? (Despreze a energia de repulsão coulombiana dos prótons.)

64 •• O núcleo de hélio ou partícula C é um sistema firmemente ligado. Os núcleos com $N = Z = 2n$, onde n é um número inteiro (por exemplo, ^{12}C, ^{16}O, ^{20}Ne e ^{24}Mg), podem ser modelados como um aglomerado de partículas α. (a) Use este modelo para estimar a energia de ligação de um par de partículas α a partir das massas atômicas do ^{4}He e ^{16}O. Suponha que as quatro partículas α no ^{16}O formam um tetraedro regular, com uma partícula α em cada vértice. (b) Do resultado obtido na Parte (a) determine, com base neste modelo, a energia de ligação do ^{12}C, e compare este resultado com o resultado obtido a partir da massa atômica do ^{12}C.

65 •• Os núcleos de um isótopo radioativo, que tem uma constante de decaimento λ, são produzidos num acelerador a uma taxa constante R_p. O número de núcleos radioativos N obedecem à equação $dN/dt = R_p - \lambda N$. (a) Se N for zero em $t = 0$, faça um gráfico de N contra t para esta situação. (b) O isótopo de ^{62}Cu é produzido a uma taxa de 100 por segundo, colocando cobre comum (^{63}Cu) num feixe de fótons de alta energia. A reação é

$$\gamma + {}^{63}\text{Cu} \rightarrow {}^{62}\text{Cu} + \text{n}$$

O isótopo de ^{62}Cu decai por decaimento β e tem uma meia-vida de 10 min. Depois de um tempo longo o suficiente, tal que $dN/dt \approx 0$, quantos núcleos de ^{62}Cu ainda existem?

66 •• A energia total consumida nos Estados Unidos durante um ano é de aproximadamente $7,0 \times 10^{19}$ J. Quantos quilogramas de ^{235}U seriam necessários para suprir esta quantidade de energia, se admitirmos que cada núcleo de urânio libera 200 MeV em cada processo de fissão, que todos os átomos de urânio sofrem fissão, e que todos os mecanismos de conversão de energia são 100 por cento eficientes?

67 •• (a) Encontre o comprimento de onda de uma partícula no estado fundamental de um poço quadrado infinito unidimensional de comprimento $L = 2,00$ fm. (b) Encontre a quantidade de movimento em unidades de MeV/c para uma partícula que tem este comprimento de onda. (c) Mostre que a energia total de um elétron que tem este comprimento de onda é aproximadamente $E \approx pc$. (d) Qual é a energia cinética do elétron no estado fundamental do poço? Este cálculo mostra que se um elétron estivesse confinado numa região do espaço tão pequena como o núcleo, ele teria uma energia cinética muito grande.

68 •• Se ^{12}C, ^{11}B e ^{1}H tem massas de 12,000 000 u, 11,009 306 u e 1,007 825 u, respectivamente, determine a energia mínima, Q, em MeV, necessária para remover um próton do núcleo do ^{12}C.

69 ••• Suponha que um nêutron decai para um próton e um elétron sem a emissão de um neutrino. A energia cinética dividida entre o próton e o elétron seria de 0,782 MeV. No referencial em repouso do nêutron, a quantidade de movimento total é zero, assim a quantidade de movimento do próton deve ser igual e oposta à quantidade de movimento do elétron. Isto determina a razão entre as energias cinéticas das duas partículas, mas como o elétron é relativístico, o cálculo exato destas energias cinéticas relativísticas é um tanto desafiador. (a) Suponha que a energia cinética do elétron é 0,782 MeV e calcule a quantidade de movimento p do elétron em MeV/c. Sugestão: Use $E^2 = p^2c^2 + (mc^2)^2$ (Equação 39-27). (b) Usando o resultado da Parte (a), calcule a energia cinética do próton, $p^2/2m_p$. (c) Como a energia cinética total do elétron e do próton é 0,782 MeV, o cálculo na Parte (b) nos dá uma correção à suposição de que a energia cinética do elétron é 0,782 MeV. Qual o percentual de 0,782 MeV que corresponde esta correção?

70 ••• No referencial do laboratório, um nêutron com massa m se movendo com velocidade v_L, sofre uma colisão elástica frontal com um núcleo de massa M que está em repouso. (a) Mostre que a velocidade do centro de massa no referencial do laboratório é $V = mv_L/(m + M)$. (b) Qual é a velocidade do núcleo no referencial do centro de massa antes da colisão e depois da colisão? (c) Qual é a velocidade do núcleo, no referencial do laboratório, depois da colisão? (d) Mostre que a energia do núcleo, depois da colisão, no referencial do laboratório, é

$$\frac{1}{2}M(2V)^2 = \frac{4mM}{(m + M)^2}\left(\frac{1}{2}mv_L^2\right)$$

(e) Mostre que a fração de energia perdida pelo nêutron numa colisão elástica é

$$\frac{-\Delta E}{E} = \frac{4mM}{(m + M)^2} = \frac{4(m/M)}{[1 + (m/M)]^2}$$

71 ••• (a) Use o resultado da Parte (e) do Problema 70 para mostrar que, após N colisões frontais de um nêutron com um núcleo de carbono em repouso, a energia do nêutron será de aproximadamente $(0,714)^N E_0$, onde E_0 é sua energia original. (b) Quantas colisões frontais são necessárias para reduzir a energia de um nêutron de 2,0 MeV para 0,020 eV, supondo o núcleo de carbono em repouso?

72 ••• Na média, um nêutron perde 63 por cento de sua energia numa colisão com o átomo de hidrogênio e 11 por cento de sua energia numa colisão com o átomo de carbono. Calcule o número de colisões necessárias para reduzir a energia de um nêutron de 2,0 MeV para 0,020 eV, se o nêutron colidir com (a) átomos de hidrogênio e (b) átomos de carbono.

73 ••• Freqüentemente, o núcleo filho de um núcleo pai radioativo é também radioativo. Suponha que o núcleo pai, chamado de P, tem uma constante de decaimento λ_P, enquanto o núcleo filho, chamado por D, tem uma constante de decaimento λ_D. O número de núcleos filho N_D são dados pela solução de uma equação diferencial

$$dN_D/dt = \lambda_P N_P - \lambda_D N_D$$

onde N_P é o número de núcleos pai. (a) Justifique esta equação diferencial. (b) Mostre que a solução para esta equação é

$$N_D(t) = \frac{N_{P0}\lambda_P}{\lambda_D - \lambda_P}(e^{-\lambda_P t} - e^{-\lambda_D t})$$

onde N_{P0} é o número de núcleos pai presentes em $t = 0$ quando não existem núcleos filho. (c) Mostre que a expressão para N_D na Parte (b) dá $N_D(t) > 0$ se $\lambda_P > \lambda_D$ ou $\lambda_D > \lambda_P$. (d) Faça um gráfico de $N_P(t)$ e $N_D(t)$ como função do tempo quando $\tau_D = 3\tau_P$, onde τ_P e τ_D são as vidas médias dos núcleos pai e filho, respectivamente.

74 ••• Suponha que o isótopo A decai para o isótopo B e tem uma constante de decaimento λ_A, e o isótopo B, por sua vez, decai, e tem uma constante de decaimento λ_B. Suponha que uma amostra contém, em $t = 0$, somente núcleos do isótopo A. Deduza uma expressão para o tempo em que o número de núcleos do isótopo B seja um máximo. (Veja Problema 73.)

208 | CAPÍTULO 40

75 ••• Um exemplo da situação discutida no Problema 73 é o do isótopo radioativo ^{239}Th, um emissor de α com uma meia-vida de 7300 anos. Seu filho, ^{225}Ra, é um emissor β, com meia-vida de 14,8 dias. Neste caso, assim como em muitos outros casos, a meia-vida do pai é muito mais longa que a meia-vida do filho. Usando a expressão dada no Problema 73, na Parte (*b*), começando com uma amostra pura de ^{229}Th contendo N_{P0} núcleos, mostre que o número, N_D, de núcleos de ^{225}Ra, após muitos anos, irão ser dados por

$$N_D = \frac{\lambda_P}{\lambda_D} N_P$$

onde N_P é o número de núcleos de ^{229}Th. É dito que o número de núcleos filho está em *equilíbrio secular*.

Partículas Elementares e a Origem do Universo

CAPÍTULO 41

41-1 Hádrons e Léptons

41-2 Spin e Antipartículas

41-3 As Leis de Conservação

41-4 Quarks

41-5 Partículas de Campo

41-6 A Teoria Eletrofraca

41-7 O Modelo-padrão

41-8 A Evolução do Universo

Como se determina a energia de interação das partículas? (Veja o Exemplo 41-1.)

Tudo com o que nos deparamos na nossa vida diária é feito de átomos. De algum modo, os átomos são os blocos de construção da natureza. Entretanto, sabemos que os átomos não são os constituintes mais fundamentais da matéria. Com a descoberta do elétron por J. J. Thomson (1897), a teoria de Bohr do átomo (1913) e a descoberta do nêutron (1932) deixaram claro que os átomos, ou mesmo os núcleos, tinham uma estrutura considerável. De fato, a descrição inicial da física de partículas, onde existiam apenas quatro partículas elementares — o próton, o nêutron, o elétron e o fóton — tornou-se muito mais complexa.

Desde 1950, imensas somas de dinheiro têm sido gastas para a construção de aceleradores com energias cada vez maiores, na esperança de encontrar partículas previstas por diversas teorias. Atualmente, conhecem-se várias centenas de partículas, que numa época ou noutra, foram consideradas elementares, e equipes de pesquisadores em laboratórios com aceleradores gigantescos, no mundo todo, estão pesquisando e encontrando novas partículas. Algumas destas partículas têm tempos de vida tão curtos (da ordem de 10^{-23} s), que só podem ser detectadas indiretamente. Muitas partículas são observadas somente durante as reações nucleares usando aceleradores de alta energia. Além das propriedades comuns das partículas, como massa, carga e spin, descobriram-se novas propriedades, que receberam nomes extravagantes como estranheza, charme, cor, topness, e bottomness.

Neste capítulo, vamos primeiro olhar para os diferentes modos de classificar a multidão de partículas que foram descobertas. Vamos então descrever a teoria corrente de partículas elementares, chamada de modelo-padrão, no qual toda a matéria na natureza — das partículas exóticas produzidas em laboratórios com grandes aceleradores, até grãos de areia comum — é considerada ser construída a partir de somente duas famílias de partículas elementares, léptons e quarks. Na seção final, vamos usar o conhecimento de partículas elementares para discutir a teoria do big bang, que descreve a origem do universo.

41-1 HÁDRONS E LÉPTONS

Todas as diferentes forças observadas na natureza, do atrito comum até as tremendas forças envolvidas em explosões de supernovas, podem ser entendidas em termos de quatro interações básicas: (1) a interação nuclear forte (também chamada de interação hadrônica), (2) a interação eletromagnética, (3) a interação (nuclear) fraca e (4) a interação gravitacional. As quatro interações básicas fornecem uma estrutura conveniente para a classificação das partículas. Algumas partículas par-

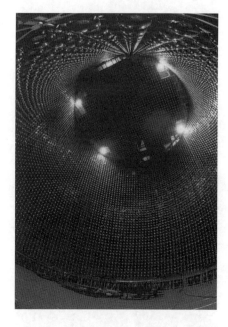

O detector Super-Kamiokande, construído em 1996, no Japão, numa experiência conjunta entre americanos e japoneses, é essencialmente um tanque de água do tamanho de uma grande catedral, instalada numa mina de zinco, a cerca de 1,6 km de profundidade, no interior de uma montanha. Quando os neutrinos passam através deste tanque, um deles ocasionalmente colide com um átomo, enviando uma luz azul através da água, para um conjunto de detectores. Esta fotografia mostra a parede e o topo do tanque, que contém aproximadamente 9000 tubos de fotomultiplicadoras que ajudam a detectar os neutrinos. Resultados experimentais, divulgados em junho de 1998, mostraram que a massa do neutrino não pode ser nula. *(ICCR (Institute for Cosmic Ray Research), The University of Tokyo.)*

ticipam em todas as quatro interações, enquanto outras participam apenas em algumas delas. Por exemplo, todas as partículas participam da interação gravitacional, a mais fraca das interações. Todas as partículas que tem carga elétrica participam das interações eletromagnéticas.

Partículas cujas interações são fortes são chamadas de **hádrons**. Existem dois tipos de hádrons: **bárions**, que tem spin $\frac{1}{2}$ ou $\frac{3}{2}$ ou $\frac{5}{2}$ etc., e **mésons**, que tem spin 0 ou 1 ou 2 etc. Os bárions, que incluem os núcleons, são as partículas elementares mais pesadas. Os mésons têm massa intermediária, entre a massa do elétron e a massa do próton. As partículas que decaem por interações fortes têm vidas médias muito curtas, da ordem de 10^{-23}s, que é aproximadamente o tempo que a luz viaja uma distância igual ao diâmetro do núcleo. Por outro lado, partículas que decaem pela interação fraca, têm vidas médias muito maiores, da ordem de 10^{-10}s. A Tabela 41-1 lista algumas das propriedades dos hádrons que são estáveis em relação ao decaimento por interação forte.

Os hádrons são entidades bastante complicadas e têm estruturas complexas. Se usarmos o termo *partícula elementar* para caracterizar uma partícula puntiforme, que não tem estrutura, e que não é constituída por outras entidades elementares, então os hádrons não são partículas elementares. Acredita-se, atualmente, que todos os hádrons são compostos de entidades mais fundamentais, chamadas de *quarks*, os quais, até onde se sabe, são verdadeiramente partículas elementares.

As partículas que participam das interações fracas, mas não participam das interações fortes, são chamadas de **léptons**. Estes incluem os elétrons, múons e neutrinos, que são todos menos pesados que o hádron mais leve. A palavra *lepton*, que significa "partícula leve", foi escolhida para refletir a massa relativamente pequena destas partículas. Entretanto, o lépton descoberto mais recentemente, o *tau*, encontrado por Martin Lewis Perl, em 1975, tem uma massa de 1784 MeV/c^2, quase duas vezes a massa do próton (938 MeV/c^2), assim temos agora um "lépton pesado". Além disso, a palavra *múon*, um termo curto para o mu-méson, é uma designação incorreta. O múon não é mais categorizado como um méson, assim é melhor referir-se a ele como um múon e não como um mu-méson. Até onde sabemos, os léptons são partículas puntiformes que não têm estrutura e podem ser consideradas verdadeiramente elementares, no sentido de que não são compostos por outras partículas.

Existem seis léptons. São eles, o elétron e o elétron neutrino, o múon e o múon neutrino, e o tau e o tau neutrino. (Cada um dos léptons tem uma antipartícula.) As massas do elétron, múon e tau são bastante diferentes. A massa do elétron é de 0,511 MeV/c^2, a massa do múon é de 106 MeV/c^2, e a massa do tau é de 1784 MeV/c^2. O modelo-padrão prevê que os neutrinos, como os fótons, não têm massa. Entretanto, existem agora fortes evidências de que a sua massa, embora muito pequena, é maior que zero. Durante o fim da década de 1990, experiências usando um detector no Japão, chamado de Super-Kamiokande (Super-K), mostraram que os neutrinos

Tabela 41-1 — Hádrons Estáveis Diante do Decaimento pela Interação Nuclear Forte

Nome	Símbolo	Massa MeV/c²	Spin, $\hbar$	Carga, e	Antipartícula	Vida Média, s	Produtos típicos de decaimento*
Bárions							
Núcleon	p (próton)	938,3	$\frac{1}{2}$	+1	p^-	Infinita	
	n (nêutron)	939,6	$\frac{1}{2}$	0	$\bar{n}$	930	$p + e^- + \bar{\nu}_e$
Lambda	Λ^0	1116	$\frac{1}{2}$	0	$\overline{\Lambda}^0$	$2,5 \times 10^{-10}$	$p + \pi^-$
Sigma†	Σ^+	1189	$\frac{1}{2}$	+1	$\overline{\Sigma}^-$	$0,8 \times 10^{-10}$	$n + \pi^+$
	Σ^0	1193	$\frac{1}{2}$	0	$\overline{\Sigma}^0$	10^{-20}	$\Lambda^0 + \gamma$
	Σ^-	1197	$\frac{1}{2}$	−1	$\overline{\Sigma}^+$	$1,7 \times 10^{-10}$	$n + \pi^-$
Csi	Ξ^0	1315	$\frac{1}{2}$	0	Ξ^0	$3,0 \times 10^{-10}$	$\Lambda^0 + \pi^0$
	Ξ^-	1321	$\frac{1}{2}$	−1	Ξ^+	$1,7 \times 10^{-10}$	$\Lambda^0 + \pi^-$
Ômega	Ω^-	1672	$\frac{3}{2}$	−1	Ω^+	$1,3 \times 10^{-10}$	$\Xi^0 + \pi^-$
Mésons							
Píon	π^+	139,6	0	+1	π^-	$2,6 \times 10^{-8}$	$\mu^+ + \nu_\mu$
	π^0	135	0	0	π^0	$0,8 \times 10^{-16}$	$\gamma + \gamma$
	π^-	139,6	0	−1	π^+	$2,6 \times 10^{-8}$	$\mu^- + \bar{\nu}_\mu$
Káon‡	K^+	493,7	0	+1	K^-	$1,24 \times 10^{-8}$	$\pi^+ + \pi^0$
	K^0	497,7	0	0	$\overline{K}^0$	$0,88 \times 10^{-10}$	$\pi^+ + \pi^-$
						e	
						$5,2 \times 10^{-8}$	$\pi^+ + e^- + \bar{\nu}_e$
Eta	η^0	549	0	0		2×10^{-19}	$\gamma + \gamma$

* Existem também outros modos de decaimento para a maioria das partículas.
† O Σ^0 foi incluído aqui como complemento, pois decai por interação forte.
‡ O K^0 tem duas vidas distintas, referidas como K^0_{curto} e K^0_{longo}. Todas as outras partículas têm uma única vida.

emitidos pelo Sol chegam à Terra num número muito menor do que o número previsto nos processos de fusão que ocorrem no Sol. Este resultado pode ser explicado se a massa do neutrino não for nula.* Além disso, a massa do neutrino sendo tão pequena quanto alguns eV/c^2 teria um grande significado cosmológico. A resposta para a questão se o universo continuará a se expandir indefinidamente, ou alcançará um tamanho máximo, e começará a se contrair, depende da massa total do universo. Então, a resposta poderia depender da massa do neutrino, se ela for realmente nula, ou simplesmente muito pequena, porque a densidade cósmica de cada espécie de neutrino é ~100 por cm³. A observação dos neutrinos dos elétrons da supernova 1987A coloca um limite superior nas massas dos neutrinos. Como a velocidade de uma partícula que tem massa depende de sua energia, o tempo de chegada de um pacote de neutrinos que tem massa, vindos da supernova, seria espalhado no tempo. O fato de que todos os neutrinos dos elétrons vindos da supernova 1987 chegaram à Terra com um intervalo de 13 s entre um e outro, leva a um limite superior de aproximadamente 16 eV/c^2 para sua massa. Observe que um limite superior não implica que a massa não seja nula. Medidas do número relativo de neutrinos dos múons e dos elétrons, que entraram no enorme detector subterrâneo Super-K, sugerem que no mínimo um tipo de neutrino pode oscilar entre outros tipos (por exemplo, entre um neutrino mu e um neutrino tau). Outras medidas de antineutrinos provenientes de reatores nucleares mostram fortemente que todos os três tipos de neutrinos oscilam entre eles e tem massa. Medidas feitas no Japão, usando o Detector *Kami*oka de Antineutrinos com Cintilador Líquido (KamLAND), mostraram que as oscilações de uma espécie de neutrino para outra espécie de neutrino podem ser observadas sobre comprimentos tão curtos quanto 180 km. (Figura 41-1).

---

* A conexão entre a detecção de poucos neutrinos-solares e a massa do neutrino é elucidada em *"On Morphing Neutrinos and Why They Must Have Mass"*, por Eugene Hecht, *The Physics Teacher* 41 (2003):164-168.

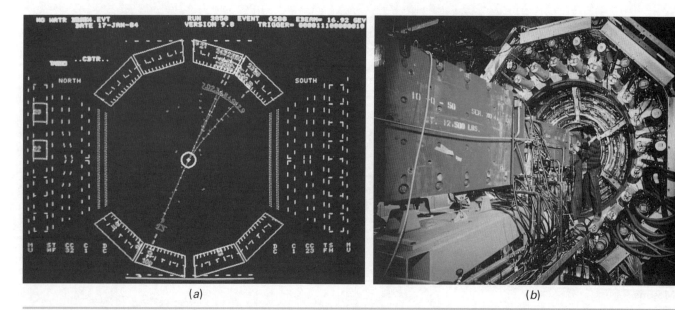

(a) (b)

(*a*) A produção e decaimento de um par τ_1 e τ_2 mostrados numa tela de computador. No centro, marcado por uma cruz, um elétron e um pósitron se aniquilam, produzindo um par de τ^+ e τ^-, que viajam em direções opostas, mas decaem rapidamente, enquanto estão ainda dentro do feixe. τ^+ decai em dois neutrinos invisíveis e em μ^+, que viaja em direção ao fundo, à esquerda. Sua trilha dentro da câmara é calculada pelo computador e indicada na tela. Ela penetra nos contadores de chumbo–argônio que estão alinhados e é detectada num ponto perto do fundo, numa linha que marca o fim do detector de múons. τ^- decai em três píons carregados (trilha para cima) mais neutrinos invisíveis. (*b*) O detector Mark I, construído pelo grupo de *Stanford Linear Accelerator Center (SLAC)* e do *Lawrence Berkeley Laboratory*, tornando-se famoso por muitas descobertas, incluindo o méson J/ψ e o lépton τ. As trilhas das partículas são gravadas em câmaras que produzem faíscas, acondicionadas em cilindros concêntricos na volta do feixe e se estendendo para fora do anel, onde o físico Carl Friedberg está com seu pé direito. Além deste anel, existem mais dois anéis com tubos à vista, que contêm as fotomultiplicadoras que tem vários contadores de cintilação. Os ímãs retangulares, à esquerda, guiam os feixes contadores que giram e que colidem no centro do detector. *((a) Science Photo Library/Photo Researchers. (b) © Lawrence Berkeley Laboratory/Science Photo Library/Photo Researchers.)*

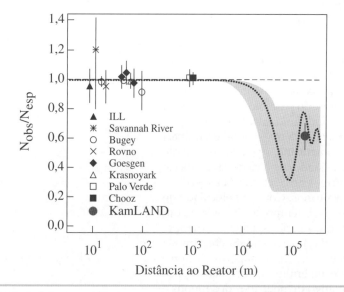

FIGURA 41-1 Primeira evidência para o desaparecimento do antineutrino. No gráfico temos a taxa entre o número de antineutrinos observados N_{obs} e o número que se espera observar N_{esp} (supondo nenhuma oscilação de neutrinos) contra a distância à fonte de antineutrinos mais perto. O sítio do KamLAND está a 180 km da fonte de antineutrinos mais perto (reatores nucleares), enquanto os outros oito sítios de detectores estão a menos de 1,0 km dos reatores nucleares próximos. Para estes oito sítios, $N_{obs}/N_{esp} = 1,0$, o que é o esperado, supondo que não há nenhuma oscilação de neutrinos. Entretanto, o detector KamLAND encontrou $N_{obs}/N_{esp} = 0,6$. Este resultado é uma forte evidência de que os neutrinos não oscilam num número grande quando se deslocam em distâncias menores que 1,0 km, e oscilam num número significativo quando se deslocam em distâncias somente algumas ordens de magnitude maiores que 1,0 km. *(© Lawrence Berkeley Laboratory/Science Photo Library/Photo Researchers.)*

41-2 SPIN E ANTIPARTÍCULAS

Uma característica importante de uma partícula é o seu momento angular intrínseco de spin. Já discutimos o fato de que o elétron tem um número quântico m_s que corresponde a componente z do seu spin intrínseco caracterizado pelo número quântico $s = \frac{1}{2}$. Os prótons, nêutrons, neutrinos e as outras várias partículas, que também têm um spin intrínseco caracterizado pelo número quântico $s = \frac{1}{2}$ são chamadas de **partículas de spin** $\frac{1}{2}$. As partículas que tem spin $\frac{1}{2}$ (ou $\frac{3}{2}$, $\frac{5}{2}$ etc.) são chamadas de férmions e obedecem ao princípio de exclusão. As partículas como os píons e outros mésons têm spin nulo ou spin inteiro ($s = 0, 1, 2$ etc.). Estas partículas são chamadas de bósons e não obedecem ao princípio de exclusão. Isto é, qualquer número destas partículas pode estar no mesmo estado quântico.

As partículas de spin $\frac{1}{2}$ são descritas pela equação de Dirac, que é uma extensão da equação de Schrödinger, e inclui a relatividade restrita. Uma característica da teoria de Paul Dirac, proposta em 1927, é a previsão da existência das antipartículas. Na relatividade restrita, a energia de uma partícula está relacionada à sua massa e à quantidade de movimento da partícula por $E = \pm\sqrt{p^2c^2 + m^2c^4}$ (Equação 39-27). Em geral, escolhemos a solução positiva e desconsideramos a solução de energia negativa com um argumento físico. Entretanto, a equação de Dirac requer a existência de funções de onda que correspondem a estados de energia negativa. Dirac contornou esta dificuldade postulando que todos os estados com energia negativa eram preenchidos e, portanto, não seriam observáveis. Somente buracos, num "mar infinito" de estados de energia negativas, seriam observados. Por exemplo, um buraco no mar negativo de estados de energia do elétron apareceria como uma partícula idêntica ao elétron, exceto por ter uma carga positiva. Quando tal partícula chegasse perto do elétron, as duas partículas se aniquilariam, liberando dois fótons que teriam uma energia total mínima de $2m_e c^2$, onde m_e é a massa do elétron. Esta interpretação recebeu pouca atenção, até que uma partícula justamente com estas propriedades, chamada de pósitron, foi descoberta em 1932 por Carl Anderson.

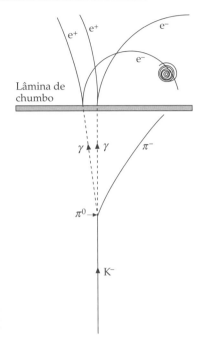

Um káon negativo (K⁻) entra pelo fundo numa câmara de bolhas e decai num π^-, que se move para a direita, e um π^0, que decai imediatamente em dois fótons, cujos caminhos estão indicados por linhas tracejadas no desenho. Cada fóton interage na lâmina de chumbo, produzindo um par elétron–pósitron. A espiral à direita é outro elétron que foi expulso de um átomo para a câmara. (Outros rastros irrelevantes foram removidos da fotografia.) *(Figura 4 de "First Results de KamLAND: Evidence for Reactor Antineutrino Disappearance", de KamLAND Collaboration, Physical Review Letters, Vol. 90, No. 2, December 17, 2003. Copyright © 2003 The American Physical Society. Reimpresso com permissão.)*

Vista aérea do *European Laboratory for Particle Physics (CERN)*, nos arredores de Genebra, Suíça. O círculo grande mostra o *Large Electron–Positron (LEP)* túnel de colisão, que tem uma circunferência de 27 km. A linha irregular tracejada marca a fronteira entre França e Suíça. *(Richard Ehrlich.)*

As antipartículas nunca são criadas isoladamente, mas sempre em pares de partículas–antipartículas. Na criação de um par elétron–pósitron por um fóton, a energia do fóton deve ser no mínimo tão grande quanto à energia de repouso do elétron mais a energia de repouso do pósitron, que é de $2m_e c^2 \approx 1,02$ MeV. Embora o pósitron seja estável, a sua existência no universo é curta, pois há grande disponibilidade de elétrons na matéria. O destino de um pósitron é o aniquilamento conforme a reação

$$e^+ + e^- \rightarrow \gamma + \gamma \qquad 41\text{-}1$$

A probabilidade desta reação só é grande se o pósitron e o elétron estão se movendo lentamente um em relação ao outro. No referencial do centro de massa, a quantidade de movimento das duas partículas antes do aniquilamento é zero; assim, são necessários dois fótons se movendo em direções opostas para conservar a quantidade de movimento linear.

O fato de que chamamos elétrons de *partículas* e pósitrons de *antipartículas* não significa que os pósitrons são menos fundamentais que os elétrons. Isto reflete meramente a natureza do universo. Se a matéria fosse feita de prótons negativos e elétrons positivos, então os prótons positivos e elétrons negativos sofreriam uma aniquilação rápida e seriam chamados de antipartículas.

O antipróton (p^-) foi descoberto em 1955 por Emilio Segrè e Owen Chamberlain usando um feixe de prótons no Bevatron em Berkeley para produzir a reação*

$$p^+ + p^+ \rightarrow p^+ + p^+ + p^+ + p^- \qquad 41\text{-}2$$

A criação de um par próton–antipróton (Figura 41-2) requer uma energia cinética de no mínimo $2m_p c^2 = 1877$ MeV $= 1,877$ GeV no referencial de quantidade de movimento nulo, onde os dois prótons se aproximam um do outro com quantidades de movimento iguais, mas opostas. No referencial do laboratório, onde um dos prótons está inicialmente em repouso, a energia cinética do próton incidente deve ser no mínimo de $6m_p c^2 = 5,63$ GeV (veja Problema 38 do Capítulo 39). Esta energia não estava disponível nos laboratórios antes do desenvolvimento dos aceleradores de alta energia na década de 1950. Os antiprótons se aniquilam com prótons para produzir dois raios gama numa reação similar à reação da Equação 41-1.

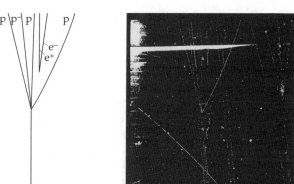

FIGURA 41-2 Trilhas numa câmara de bolhas mostrando a criação de um par próton–antipróton, na colisão de um próton de 25 GeV com um próton estacionário em hidrogênio líquido. *(CERN.)*

O túnel de colisão para próton–antipróton, no CERN. Os mesmos ímãs de curvatura e os ímãs para focalização podem ser usados por prótons e antiprótons que se movem em direções opostas. Uma caixa retangular na figura é o ímã para focalização e as outras quatro caixas são os ímãs de curvatura. *(CERN.)*

---

* O antipróton às vezes é simbolizado por $\bar{p}$ em vez de p^-. Para partículas neutras, como os nêutrons, a barra deve ser usada para simbolizar a antipartícula. Deste modo, o antinêutron é simbolizado por $\bar{n}$. O elétron e o próton são usualmente simbolizados por e e p, sem os sinais de menos ou mais.

Partículas Elementares e a Origem do Universo | 215

Exemplo 41-1 Aniquilação de Próton–Antipróton *Rico em Contexto*

Você tem lido sobre física nuclear e interação de partículas. Em particular, você tem olhado a reação p$^+$ + p$^-$ → γ + γ (aniquilação de próton–antipróton). Você deve estar imaginando se os fótons produzidos são visíveis a olho humano se os dois prótons estão inicialmente em repouso. Os fótons são visíveis a olho humano?

SITUAÇÃO Se os fótons forem visíveis, eles devem ter comprimentos de onda no intervalo do visível (400 nm até 800 nm). Como o próton e o antipróton estão em repouso, a conservação da quantidade de movimento requer que os dois fótons criados durante a sua aniquilação tenham quantidade de movimento igual, na direção oposta, e, portanto, energias, freqüências e comprimentos de onda iguais. A conservação de energia exige que os fótons tenham uma energia combinada que seja igual à energia de repouso do próton mais a energia de repouso do antipróton (aproximadamente de 938 MeV cada um).

SOLUÇÃO

1. Coloque a energia total dos dois fótons, $2E_\gamma$, igual à energia de repouso do próton mais a do antipróton e resolva para E_γ:

$$2E_\gamma = 2m_p c^2$$

assim

$$E_\gamma = m_p c^2 = 938 \text{ MeV}$$

2. Coloque a energia do fóton igual a $hf = hc/\lambda$ e resolva para o comprimento de onda λ:

$$E_\gamma = hf = \frac{hc}{\lambda}$$

$$\lambda = \frac{hc}{E_\gamma} = \frac{1240 \text{ eV} \cdot \text{nm}}{938 \text{ MeV}}$$

$$= 1{,}32 \times 10^{-6} \text{ nm} = 1{,}32 \text{ fm}$$

3. Compare este comprimento de onda com o comprimento de onda da luz visível:

Os fótons *não* estão no espectro visível.

CHECAGEM No Capítulo 36 encontramos que as energias dos fótons no espectro visível são iguais a apenas poucos elétrons-volt. Não é uma surpresa encontrar que os fótons que tem energias da ordem de 10^9 elétrons-volt não estão no espectro visível.

INDO ALÉM O comprimento de onda dos fótons produzidos pela aniquilação de prótons e antiprótons é mais do que oito ordens de magnitude menor que 400 nm — o menor comprimento de onda no espectro visível.

41-3 AS LEIS DE CONSERVAÇÃO

Existe um ditado que diz "o que pode acontecer, acontece". Se um decaimento ou uma reação forem concebíveis e não ocorrerem, deve existir uma razão. Esta razão é geralmente expressa em termos das leis de conservação. A conservação de energia exclui o decaimento de qualquer partícula no qual a massa total dos produtos do decaimento seja maior que a massa inicial da partícula antes do decaimento. A conservação da quantidade de movimento linear requer que, quando um elétron e um pósitron em repouso se aniquilam, deve haver a emissão de dois fótons. O momento angular também deve ser conservado durante uma reação ou decaimento. A quarta lei de conservação que restringe os decaimentos e reações possíveis é a conservação de carga elétrica. A carga elétrica resultante antes do decaimento ou da reação deve ser igual à carga elétrica resultante depois do decaimento ou da reação.

Existem duas leis de conservação adicionais que são importantes nas reações e nos decaimentos de partículas elementares: a conservação do número de bárions e a conservação do número de léptons. Considere o seguinte decaimento proposto:

$$p \rightarrow \pi^0 + e^+$$

onde π é o símbolo do píon (pi-méson). Este decaimento irá conservar carga, energia, momento angular e quantidade de movimento linear, mas ele não ocorre. Ele não conserva nem o número de léptons nem o número de bárions. (O próton p é um bárion, o pósitron e$^+$ é um lépton, e o π^0 é um méson.) A conservação do número de léptons e número de bárions impõe que sempre quando houver a criação de um

CHECAGEM CONCEITUAL 41-1

Por que a conservação do número bariônico junto com a conservação de energia sugere que o próton, que é o bárion menos pesado, deve ser estável?

216 | CAPÍTULO 41

lépton ou um bárion, uma antipartícula do mesmo tipo também deve ser criada. Atribuímos o **número leptônico** $L = +1$ a todos os léptons, $L = -1$ a todos os antiléptons, e $L = 0$ a todas as outras partículas. Do mesmo modo, o **número bariônico** $B = +1$ é atribuído a todos os bárions, $B = -1$, a todos os antibárions e $B = 0$ a todas as outras partículas. A soma dos números bariônicos e a soma dos números leptônicos não podem variar durante uma reação ou um decaimento. A conservação do número bariônico junto com a conservação de energia impõe que o menos pesado dos bárions, o próton, deve ser estável.

A conservação do número leptônico impõe que o neutrino emitido durante um decaimento β de um nêutron livre é um antineutrino:

$$n \rightarrow p^+ + e^- + \bar{\nu}_e \qquad \qquad 41\text{-}3$$

O fato de que neutrinos e antineutrinos são diferentes é ilustrado por uma experiência onde o ^{37}Cl é bombardeado com um feixe intenso de antineutrinos provenientes do decaimento de nêutrons de um reator (nêutrons de um reator são os produtos de fissão gerados em reatores nucleares). Se neutrinos e antineutrinos fossem iguais, esperaríamos a seguinte reação:

$$^{37}_{17}\text{Cl} + \bar{\nu}_e \rightarrow {}^{37}_{18}\text{Ar} + e^- \qquad \qquad 41\text{-}4$$

Esta reação não é observada. Entretanto, se os prótons são bombardeados com antineutrinos, a reação

$$p + \bar{\nu}_e \rightarrow n + e^+ \qquad \qquad 41\text{-}5$$

é observada. Observe que o número leptônico é -1 no lado esquerdo da equação de reação na Equação 41-4 e é $+1$ no lado direito da equação de reação. Mas o número leptônico é -1 em ambos os lados da equação de reação na Equação 41-5.

Não apenas os neutrinos e antineutrinos são partículas diferentes, mas os neutrinos associados aos elétrons são diferentes dos neutrinos associados aos múons. Os léptons eletrônicos (e e ν_e), os léptons muônicos (μ e ν_μ) e os léptons taunônicos (τ e ν_τ) são, cada qual, conservados separadamente, de tal modo que números leptônicos diferentes são atribuídos a cada partícula, L_e, L_μ e L_τ. Os léptons e seus números leptônicos estão listados na Tabela 41-2.

Tabela 41-2 Números Leptônicos

	L_e	L_μ	L_τ
e^-	$+1$	0	0
ν_e	$+1$	0	0
e^+	-1	0	0
$\bar{\nu}_e$	-1	0	0
μ^-	0	$+1$	0
ν_μ	0	$+1$	0
μ^+	0	-1	0
$\bar{\nu}_\mu$	0	-1	0
τ^-	0	0	$+1$
ν_τ	0	0	$+1$
τ^+	0	0	-1
$\bar{\nu}_\tau$	0	0	-1

Exemplo 41-2 **Que Leis Estão Sendo Violadas?** *Conceitual*

Quais as leis de conservação que são violadas (se é que são) pelos seguintes decaimentos: (*a*) $n \rightarrow p + \pi^-$, (*b*) $\Lambda^0 \rightarrow p^- + \pi^+$ e (*c*) $\mu^- \rightarrow e^- + \gamma$? ($\Lambda^0$ é o símbolo para a partícula lambda zero.)

SITUAÇÃO Todas as equações devem conservar, separadamente, a energia, a carga elétrica, o número bariônico, o número leptônico eletrônico, o número leptônico muônico e o número leptônico taunônico.

SOLUÇÃO

(*a*) Não existem léptons neste decaimento, portanto não há problema na conservação do número leptônico. A carga resultante é nula, antes e depois do decaimento, assim a carga é conservada. Também, o número bariônico é $+1$, antes e depois do decaimento. Entretanto, a energia de repouso do próton (983,3 MeV) mais a energia de repouso do píon (139,6 MeV) é maior que a energia de repouso do nêutron (939,6 MeV). No referencial de repouso do nêutron, a energia antes da reação (a energia de repouso do nêutron) é menor que a energia total de repouso após a reação.

Este decaimento não conserva energia.

(*b*) De novo, não existem léptons envolvidos e a carga resultante é nula, antes e depois do decaimento. Também, a energia de repouso do lambda zero (1116 MeV) é maior que a energia de repouso do antipróton (938,3 MeV) mais a energia de repouso do píon (139,6 MeV), assim do referencial em repouso do lambda zero, a energia antes da reação (a energia de repouso do lambda zero) é maior que a energia de repouso total após a reação. A energia poderia ser conservada, se a perda da energia de repouso fosse igual ao ganho de energia cinética dos produtos do decaimento. Não existem léptons na reação, assim que todos os três números leptônicos são conservados. O número bariônico é $+1$ para a partícula lambda e -1 para o antipróton, e zero para o pi-méson.

Este decaimento não conserva o número bariônico.

(*c*) O μ^- tem um número leptônico muônico (L_μ) igual a $+1$ e o número leptônico eletrônico (L_e) igual a 0, o e^- tem $L_\mu = 0$ e $L_e = +1$, e γ tem $L_\mu = L_e = 0$.

Esta reação não conserva nem o número leptônico muônico nem o número leptônico eletrônico.

INDO ALÉM O múon decai por $\mu^- \to e^- + \bar{\nu}_e + \nu_\mu$, que conserva os números leptônicos muônicos e os números leptônicos eletrônicos.

Existem algumas leis de conservação que não são universais, mas que se aplicam em certos tipos de interações. Em particular, existem quantidades que são conservadas durante decaimentos ou reações que ocorrem pela interação fraca. Uma destas quantidades particularmente importante é a **estranheza**, introduzida por M. Gell-Mann e K. Nishijima, em 1952, para explicar o comportamento estranho de alguns bárions pesados e mésons. Considere a reação

$$p + \pi^- \to \Lambda^0 + K^0 \qquad 41\text{-}6$$

onde K é o símbolo para o káon (K-méson). O próton e o píon interagem pela interação forte. Λ^0 e K^0 decaem em hádrons

$$\Lambda^0 \to p + \pi^- \qquad 41\text{-}7$$

e

$$K^0 \to \pi^+ + \pi^- \qquad 41\text{-}8$$

Entretanto, o tempo de decaimento tanto para Λ^0 como para K^0 é da ordem de 10^{-10}s, o que é característico de uma interação fraca, e não de 10^{-23} s, que seria esperado para a interação forte. Outras partículas que apresentam o mesmo tipo de decaimento são chamadas de **partículas estranhas**. Estas partículas são sempre produzidas aos pares, mesmo quando todas as outras leis de conservação são satisfeitas. Este comportamento é descrito associando uma nova propriedade a estas partículas, denominada estranheza. Durante as reações e os decaimentos que ocorrem pela interação forte, a estranheza é conservada. Durante as reações e os decaimentos que ocorrem pela interação fraca, a estranheza só pode variar por ± 1. A estranheza de hádrons comuns — núcleons e píons — foi arbitrariamente fixada em zero. A estranheza do K^0 foi escolhida arbitrariamente como +1. A estranheza da partícula Λ^0 deve ser então -1, de tal modo que a estranheza seja conservada durante a reação descrita pela Equação 41-6. A estranheza de outras partículas poderia então ser determinada pelo exame de diversas reações e decaimentos. Durante reações e decaimentos que ocorrem pela interação fraca, a estranheza pode variar de ± 1.

A Figura 41-3 mostra a massa dos bárions e dos mésons que são estáveis quanto ao decaimento pela interação forte em função da estranheza. Podemos ver, desta figura, que as partículas se aglomeram em multipletos de uma, de duas, ou de três partículas, com massas aproximadamente iguais, e a estranheza do multipleto de partículas está relacionada ao *centro de carga* do multipleto.

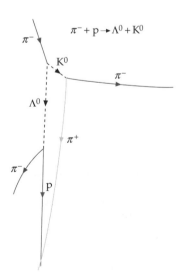

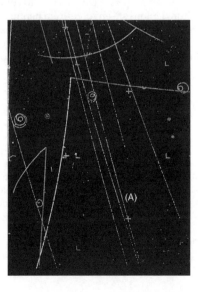

Uma fotografia de trilhas numa câmara de bolhas feita no *Lawrence Berkeley Laboratory*, mostrando a produção e o decaimento de duas partículas que tem estranheza diferente de zero, a K^0 e a Λ^0. Essas partículas neutras são identificadas pelas trilhas deixadas pelo decaimento de suas partículas carregadas eletricamente. A partícula lambda foi denominada assim por causa da semelhança das trilhas deixadas pelas suas partículas de decaimento com a letra grega maiúscula lambda (Λ). (As trilhas azuis (A) são partículas não envolvidas na reação da Equação 41-6.) (© *Lawrence Berkeley Laboratory/Science Photo Library/Photo Researchers.*)

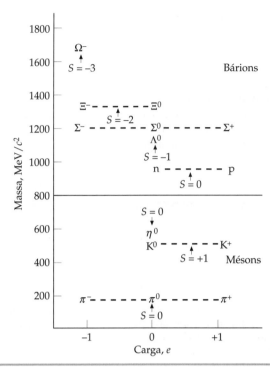

FIGURA 41-3 A estranheza dos hádrons mostrada num gráfico da massa em função da carga. A estranheza de um multipleto de carga bariônica está relacionada ao número de lugares, no gráfico, cujo centro de carga do multipleto está deslocado em relação ao dubleto dos núcleons. Para cada "deslocamento" de e, a estranheza varia de ± 1. Para mésons, a estranheza está relacionada ao número de lugares que o centro de carga é deslocado em relação ao triplete de píons. Por causa da infeliz escolha original de $+1$ para a estranheza do K-méson (káons), todos os bárions que são estáveis quanto ao decaimento pela interação forte tem estranheza negativa ou zero.

Exemplo 41-3 — Interações Fortes, Interações Fracas ou Nenhuma Interação — *Conceitual*

Verifique se os seguintes decaimentos podem ocorrer pela interação forte, pela interação fraca, ou não podem ocorrer: (a) $\Sigma^+ \to p + \pi^0$, (b) $\Sigma^0 \to \Lambda^0 + \gamma$, e (c) $\Xi^0 \to n + \pi^0$, onde Σ, Λ e Ξ são os símbolos para as partículas sigma, lambda e csi, respectivamente:

SITUAÇÃO A primeira observação é de que a massa de cada partícula que decai é maior que a massa dos produtos do decaimento, assim nenhuma das três reações estão em conflito com o princípio de conservação de energia. Além disso, nenhum lépton está envolvido em nenhum dos três decaimentos, e a carga e o número bariônico são ambos conservados em todas as três reações. O decaimento irá ocorrer pela interação forte se a estranheza for conservada (se $\Delta S = 0$). Se $\Delta S = \pm 1$, o decaimento irá ocorrer pela interação fraca. Se $|\Delta S| > 1$, o decaimento não ocorre.

SOLUÇÃO

(a) Na Figura 41-3, podemos ver que a estranheza de Σ^+ é -1, enquanto a estranheza tanto do próton, como do píon é zero.

Este decaimento é possível pela interação fraca, mas não pela interação forte. Este é, de fato, um dos modos de decaimento da partícula Σ^+, que tem tempo de vida da ordem de 10^{-10} s.

(b) A estranheza tanto de Σ^0 como de Λ^0 é -1, enquanto a estranheza do fóton é zero.

Este decaimento pode acontecer por interação forte. De fato, este é o modo de decaimento da partícula Σ^0 que tem um tempo de vida de aproximadamente 10^{-20} s.

(c) A estranheza de Ξ^0 é -2, enquanto a estranheza tanto do nêutron, como do píon é zero.

Como a estranheza não pode variar por um fator de 2 durante um decaimento ou reação, este decaimento não pode ocorrer.

41-4 QUARKS

Os léptons parecem ser partículas verdadeiramente elementares, pois eles não se dividem em entidades menores e eles parecem não ter tamanho mensurável, nem estrutura. Os hádrons, por outro lado, são partículas complexas que tem certo tamanho e estrutura, e decaem em outros hádrons. Além disso, nos dias de hoje, existem apenas seis léptons conhecidos, enquanto existem muito mais hádrons. Exceto pela partícula Σ^0, a Tabela 41-1 inclui apenas os hádrons que são estáveis quanto ao decaimento pela interação forte. Centenas de outros hádrons foram descobertos, e suas propriedades, como carga, spin, massa, estranheza e esquemas de decaimento, foram medidas.

O avanço mais importante para o entendimento das partículas elementares foi o modelo do quark, proposto por M. Gell-Mann e G. Zweig, em 1963, onde todos os hádrons seriam constituídos de combinações de duas ou de três partículas verdadeiramente elementares, chamadas de **quarks**.* No modelo original, os quarks têm três tipos, denominados **sabores** e identificados por u, d e s (das iniciais de up, $down$ e $strange$, respectivamente, para cima, para baixo e estranho). Uma propriedade particular dos quarks é terem cargas fracionárias de elétrons. A carga do quark u é $+\frac{2}{3}e$, e a carga do d e s é $+\frac{1}{3}e$. Cada quark tem spin $\frac{1}{2}$ e um número bariônico de $\frac{1}{3}$. A estranheza do quark u e d é zero, e a estranheza do quark s é -1. Cada quark tem um antiquark que tem carga elétrica, número bariônico e estranheza com sinais opostos. Os bárions são constituídos de três quarks (ou três antiquarks para bárions que são antipartículas), enquanto mésons são constituídos de um quark e de um antiquark, que dão um número bariônico $B = 0$, como requerido. O próton consiste na combinação uud e o nêutron, da combinação udd. Os bárions que tem estranheza $S = -1$ tem um quark s. Todas as partículas listadas na Tabela 41-1 podem ser construídas a partir destes três quarks e três antiquarks.† A grande força do modelo dos quarks é a de que todas as combinações permitidas de três quarks ou pares de quark–antiquark resultam em hádrons conhecidos. Uma forte evidência da existência de quarks no interior do núcleo é dada pelas experiências de espalhamento em alta energia, denominadas *espalhamento inelástico profundo*. Durante estas experiências, um núcleon é bombardeado com elétrons, múons ou neutrinos com energias entre 15 GeV e 200 GeV. As análises das partículas espalhadas em ângulos grandes indicam que dentro do núcleo existem partículas com spin $\frac{1}{2}$, e com tamanho muito menor que o dos núcleons. Estas experiências são análogas ao espalhamento de Rutherford das partículas α por átomos, onde a presença de um núcleo muito pequeno foi deduzida a partir dos espalhamentos das partículas α em ângulos grandes.

Em 1967, foi proposto um quarto quark para explicar algumas discrepâncias entre as determinações experimentais de algumas taxas de decaimento e os cálculos baseados no modelo do quark. O quarto quark foi simbolizado por c, para indicar a nova propriedade chamada de **charme**. Como a estranheza, o charme é conservado durante interações fortes, mas varia de ± 1 nas interações fracas. Em 1975, foi descoberto um novo méson pesado chamado de méson ψ, que tem as propriedades esperadas de uma combinação $c\bar{c}$. Desde então, outros mésons que têm combinações como $c\bar{d}$ e $\bar{c}d$, assim como bárions tendo o quark charme, têm sido descobertos. Dois quarks mais, simbolizados por t e b (por topo (top) e base ($bottom$)) foram propostos nos anos de 1970. Em 1977, foi descoberto um novo méson pesado chamado de Υ (ípsilon) ou **botomônio**, que se considera ter uma combinação de quarks $b\bar{b}$. O quark topo foi observado em 1995. As propriedades dos seis quarks estão listadas na Tabela 41-3.

Os seis quarks e seis léptons (e suas antipartículas) são pensados como as partículas elementares fundamentais da qual toda a matéria é constituída. A Tabela 41-4 lista as massas das partículas fundamentais. Nesta tabela, as massas atribuídas aos neutrinos são limites superiores e as dos quarks são suposições razoáveis. Existem fortes evidências experimentais para a existência de cada uma destas partículas.

---

* O nome *quark* foi escolhido por M. Gell-Mann de uma citação do *Finnegan´s Wake* de James Joyce.
† A combinação correta de quarks para os hádrons nem sempre é óbvia, por causa da simetria exigida na função de onda total. Por exemplo, o méson π^0 é representado por uma combinação linear de $u\bar{u}$ e $d\bar{d}$.

220 | CAPÍTULO 41

Tabela 41-3 Propriedades dos Quarks e Antiquarks

Sabor	Spin	Carga	Número Bariônico	Estranheza	Charme	Topness	Bottomness
Quarks							
u (up — para cima)	$\frac{1}{2}\hbar$	$+\frac{2}{3}e$	$+\frac{1}{3}$	0	0	0	0
d (down — para baixo)	$\frac{1}{2}\hbar$	$-\frac{1}{3}e$	$+\frac{1}{3}$	0	0	0	0
s (strange — estranho)	$\frac{1}{2}\hbar$	$-\frac{1}{3}e$	$+\frac{1}{3}$	-1	0	0	0
c (charmed — charmoso)	$\frac{1}{2}\hbar$	$+\frac{2}{3}e$	$+\frac{1}{3}$	0	$+1$	0	0
t (top — topo)	$\frac{1}{2}\hbar$	$+\frac{2}{3}e$	$+\frac{1}{3}$	0	0	$+1$	0
b (bottom — base)	$\frac{1}{2}\hbar$	$-\frac{1}{3}e$	$+\frac{1}{3}$	0	0	0	$+1$
Antiquarks							
$\bar{u}$	$\frac{1}{2}\hbar$	$-\frac{2}{3}e$	$-\frac{1}{3}$	0	0	0	0
$\bar{d}$	$\frac{1}{2}\hbar$	$+\frac{1}{3}e$	$-\frac{1}{3}$	0	0	0	0
$\bar{s}$	$\frac{1}{2}\hbar$	$+\frac{1}{3}e$	$-\frac{1}{3}$	$+1$	0	0	0
$\bar{c}$	$\frac{1}{2}\hbar$	$-\frac{2}{3}e$	$-\frac{1}{3}$	0	-1	0	0
$\bar{t}$	$\frac{1}{2}\hbar$	$-\frac{2}{3}e$	$-\frac{1}{3}$	0	0	-1	0
$\bar{b}$	$\frac{1}{2}\hbar$	$+\frac{1}{3}e$	$-\frac{1}{3}$	0	0	0	-1

Tabela 41-4 Massas das Partículas Elementares

Partícula	Massa
Quarks	
u (para cima)	$336 \text{ MeV}/c^2$
d (para baixo)	$338 \text{ MeV}/c^2$
s (estranho)	$540 \text{ MeV}/c^2$
c (charmoso)	$1.500 \text{ MeV}/c^2$
t (topo)	$174.000 \text{ MeV}/c^2$
b (base)	$4.500 \text{ MeV}/c^2$
Léptons	
e^- (elétron)	$0,511 \text{ MeV}/c^2$
ν_e (neutrino eletrônico)	$< 2,2 \text{ eV}/c^2$
μ^- (múon)	$105,659 \text{ MeV}/c^2$
ν_μ (neutrino muônico)	$< 0,17 \text{ MeV}/c^2$
τ^- (tau)	$1.784 \text{ MeV}/c^2$
ν_τ (neutrino tauônico)	$< 28 \text{ MeV}/c^2$

Exemplo 41-4 Dada a Espécie de Quark Constituinte, Identifique a Partícula *Conceitual*

Quais são as propriedades das partículas feitas dos seguintes quarks: (a) $u\bar{d}$, (b) $\bar{u}d$, (c) dds e (d) uss?

SITUAÇÃO Os bárions são feitos de três tipos de quarks, enquanto os mésons são compostos por um quark e um antiquark. Somamos as cargas elétricas dos quarks para encontrar a carga total do hádron. Também definimos a estranheza do hádron adicionando a estranheza dos quarks.

SOLUÇÃO

(a) Como $u\bar{d}$ é uma combinação de quark-antiquark, tem número bariônico nulo e é, portanto, um méson. Não existe quark estranho ($S = 0$), assim a estranheza do méson é zero. A carga do quark u é $+\frac{2}{3}e$ e a carga do antiquark d é $+\frac{1}{3}e$, assim a carga do méson é $+1e$.

A combinação de quarks $u\bar{d}$ é o méson π^+.

(b) A partícula $\bar{u}d$ é também um méson que tem estranheza nula. Sua carga elétrica é $-\frac{2}{3}e + \left(-\frac{1}{3}e\right) = -1e$.

A combinação de quarks $\bar{u}d$ é o méson π^-.

(c) A partícula *dds* é um bárion que tem estranheza −1, porque ele tem um quark estranho. Sua carga elétrica é $-\frac{1}{3}e - \frac{1}{3}e - \frac{1}{3}e = -1e$.

A combinação de quarks *dds* é a partícula Σ^-.

(d) A partícula *uss* é um bárion que tem estranheza −2. Sua carga elétrica é $+\frac{2}{3}e - \frac{1}{3}e - \frac{1}{3}e = 0$.

A combinação de quarks *uss* é a partícula Ξ^0.

CONFINAMENTO DO QUARK

Apesar de um esforço experimental considerável, nunca se observou um quark isolado. Acredita-se, hoje em dia, de que é impossível obter quarks isolados. Embora a força entre os quarks não seja conhecida, se acredita que a energia potencial entre dois quarks aumenta com o aumento da separação entre eles, de tal modo que uma quantidade infinita de energia seria necessária para separar os quarks completamente. Isto seria verdade, por exemplo, se a força de atração entre dois quarks permanecesse constante ou aumentasse com a distância de separação, em vez de diminuir com o aumento da distância de separação, como é o caso para outras forças fundamentais, como a força elétrica entre duas cargas, a força gravitacional entre duas massas e a força nuclear entre dois hádrons.

Quando uma grande quantidade de energia é adicionada a um sistema de quarks, como num núcleon, é criado um par quark–antiquark, e os quarks originais permanecem confinados dentro do sistema original. Como os quarks não podem ser isolados, estando sempre ligados para formar um bárion ou um méson, a massa do quark não pode ser conhecida com exatidão, e é por isso que as massas listadas na Tabela 41-4 são apenas suposições razoáveis.

41-5 PARTÍCULAS DE CAMPO

Além dos seis léptons fundamentais e dos seis quarks fundamentais, existem outras partículas, chamadas de *partículas de campo*, ou *quanta de campo*, que estão associadas às forças exercidas por uma partícula elementar sobre outra. Na **eletrodinâmica quântica**, o campo eletromagnético de uma única partícula carregada é descrito por **fótons virtuais** que são continuamente emitidos e reabsorvidos pela partícula. Quando se coloca energia no sistema pela aceleração da carga, alguns destes fótons virtuais são liberados e se tornam fótons reais, observáveis. Diz-se que o fóton faz a mediação da interação eletromagnética. Cada uma das quatro interações básicas pode ser descrita via partículas de campo mediadoras.

O quantum de campo associado à interação gravitacional, chamado de **gráviton**, ainda não foi observado. A *carga* gravitacional, análoga à carga elétrica, é a massa.

Acredita-se que a interação fraca seja mediada por três quanta de campo, os **bósons vetoriais**: W^+, W^- e Z^0. Estas partículas foram previstas por Sheldon Glashow, Abdus Salam e Steven Weinberg, numa teoria chamada de *teoria eletrofraca*, que discutiremos na próxima seção. As partículas W e Z foram observadas pela primeira vez em 1983 por um grupo de mais de cem cientistas liderados por Carlo Rubbia, usando o acelerador de alta energia, no CERN, em Genebra, Suíça. As massas das partículas $W^{\pm}$ (cerca de 80 GeV/c^2) e da partícula Z (cerca de 91 GeV/c^2) medidas durante esta experiência estavam em excelente concordância com aquelas previstas pela teoria eletrofraca. (A partícula W^- é a antipartícula de W^+, e por isto devem ter massas idênticas.)

As partículas de campo associadas às forças fortes entre quarks são chamadas de **glúons**. Não se observaram ainda, experimentalmente, os glúons isolados. A *carga* responsável pelas interações fortes aparece em três variedades, denominadas *vermelha*, *verde* e *azul* (análogas às três cores primárias), e a carga da interação forte é chamada de **carga de cor**. A teoria de campo para interações fortes, análoga a eletrodinâmica quântica para interações eletromagnéticas, é chamada de **cromodinâmica quântica (CDQ)**.

A Tabela 41-5 lista os bósons responsáveis pela mediação das interações básicas.

222 | CAPÍTULO 41

Tabela 41-5 · Bósons Mediadores das Interações Básicas

Interação	Bóson	Spin	Massa	Carga Elétrica
Forte	g (glúon)	1	0	0
Fraca	$W^\pm$	1	80,22 GeV/c^2	$\pm 1e$
	Z^0	1	91,19 GeV/c^2	0
Eletromagnética	γ (fóton)	1	0	0
Gravitacional	Gráviton*	2	0	0

* Ainda não foi observado.

41-6 A TEORIA ELETROFRACA

Na **teoria eletrofraca**, as interações eletromagnética e nuclear fraca são consideradas como duas manifestações diferentes de uma interação eletrofraca mais fundamental. Em energias muito altas ($\gg$ 100 GeV), a interação eletrofraca seria mediada por quatro bósons. A partir de considerações de simetria, estes seriam constituídos por um tripleto W^+, W^0 e W^-, todos com as massas iguais, e um singleto B^0, que teria outra massa. Nem o W^0 ou o B^0 seriam observados diretamente, mas uma combinação linear do W^0 e do B^0 seria o Z^0, e outra combinação seria o fóton. Nas energias ordinárias, a simetria é quebrada. Isto leva à separação entre a interação eletromagnética, mediada pelo fóton sem massa, e a interação fraca, mediada pelas partículas W^+, W^- e Z^0. O fato de o fóton ser uma partícula sem massa e as partículas W e Z terem massas da ordem de 100 GeV/c^2 mostra que a simetria proposta na teoria eletrofraca não existe para baixas energias.

O mecanismo de quebra de simetria é chamado de **campo de Higgs**, que exige um novo bóson, o **bóson de Higgs**, cuja energia de repouso se espera ser da ordem de 1 TeV (1 TeV = 10^{12} eV). O bóson de Higgs ainda não foi observado. Os cálculos mostram que os bósons de Higgs (se existirem) deveriam ser produzidos em colisões frontais entre prótons com energias da ordem de alguns TeV. Tais energias ainda não são acessíveis, mas o Grande Colisor de Hádrons (*Large Hadron Collider* — LHC), um acelerador de partículas em construção, perto de Genebra, na Suíça, está previsto para começar a funcionar em 2007, sendo possível atingir estas energias. O LHC foi projetado para produzir colisões frontais de próton–próton, onde cada próton teria energias de 7 TeV.[1]

41-7 O MODELO-PADRÃO

A combinação do modelo dos quarks, da teoria eletrofraca e da cromodinâmica quântica é chamada de **modelo-padrão**. Neste modelo, as partículas fundamentais são os léptons e quarks, cada qual com os seis sabores, mostrados na Tabela 41-4; os portadores de força são os fótons, as partículas $W^\pm$ e Z, e os glúons (dos quais existem oito tipos). Os léptons e quarks são férmions de spin $\frac{1}{2}$, que obedecem ao princípio de exclusão, e os portadores de força são bósons de spin inteiro, que não obedecem ao princípio de exclusão. Todas as interações na natureza provem de uma das quatro interações básicas: forte, eletromagnética, fraca e gravitacional. Uma partícula sofre uma das interações básicas se ela for portadora de uma carga associada com aquela interação. A carga elétrica é a carga bem conhecida estudada anteriormente. A carga fraca, também chamada de carga do sabor, é transportada por léptons e quarks. A carga associada com a interação forte é chamada de carga de cor, e é transportada por quarks e glúons, mas não por léptons. A carga associada com a força gravitacional é a massa. É importante observar que o fóton, que serve de mediador para a interação eletromagnética, não transporta carga elétrica. Do mesmo modo, as partículas $W^\pm$ e Z, que servem de mediadoras para a interação fraca, não transportam carga

---

[1] O LHC entrou em funcionamento em 10 de setembro de 2008. Para informações atualizadas, visite a página http://lhc.web.cern.ch/lhc/. (N.T.)

Partículas Elementares e a Origem do Universo | **223**

Tabela 41-6 Propriedades das Interações Básicas

	Gravitacional	Fraca	Eletromagnética	Forte	
				Fundamental	Residual
Atua sobre	Massa	Sabor	Carga elétrica	Carga de cor	
Partículas que a sofrem	Todas	Quarks, léptons	Carregadas eletricamente	Quarks, glúons	Hádrons
Partículas mediadoras	Gráviton	$W^\pm$, Z	γ	Glúons	Mésons
Intensidade para dois quarks separados por 10^{-18}m[†]	10^{-41}	0,8	1	25	(Não se aplica)
Intensidade para dois prótons no núcleo[†]	10^{-36}	10^{-7}	1	(Não se aplica)	20

[†] As intensidades são relativas à força eletromagnética.

fraca. Entretanto, os glúons, que são os mediadores das interações fortes, transportam carga de cor. Este fato está relacionado ao confinamento dos quarks, discutido na Seção 41-4.

Toda a matéria é feita de léptons ou quarks. Não existe uma partícula composta conhecida constituída por léptons ligados pela força nuclear fraca. Os léptons existem apenas como partículas isoladas. Os hádrons (bárions e mésons) são partículas compostas constituídas de quarks ligados pela carga de cor. Um resultado da teoria da CDQ é de que somente as combinações de quarks de cores neutras são permitidas. Três quarks de cores diferentes podem se combinar para formar bárions de cor neutra, como o nêutron e o próton. Cada méson tem um quark e um antiquark e são também de cor neutra. Os estados excitados de hádrons são considerados partículas distintas. Por exemplo, a partícula Δ^+ é um estado excitado do próton. As duas partículas são constituídas de quarks *uud*, mas o próton está no estado fundamental e tem spin $\frac{1}{2}$ e uma energia de repouso de 938 MeV, enquanto a partícula Δ^+ está no primeiro estado excitado e tem spin $\frac{3}{2}$ e energia de repouso de 1232 MeV. Os dois quarks *u* podem estar no mesmo estado de spin na partícula Δ^+ sem violar o princípio de exclusão, porque eles têm cores diferentes. Todos os bárions eventualmente decaem para o bárion mais leve, o próton. O fato do próton não poder decair é consistente com a conservação de energia e a conservação do número bariônico.

A interação forte tem duas partes, a interação fundamental ou interação de cor, e o que é chamado de *interação forte residual*. A interação fundamental é responsável pela força exercida por um quark noutro quark e é mediada pelos glúons. A interação forte residual é responsável pela força entre núcleons de cor neutra, como o nêutron e o próton. Esta força é devido à interação forte residual entre os quarks com cor que constituem os núcleons e que podem ser vistos como mediados pela troca de mésons. A interação forte residual entre núcleons de cor neutra pode ser imaginada como análoga à interação eletromagnética residual entre átomos neutros, que se ligam para formar moléculas. A Tabela 41-6 lista algumas das propriedades das interações básicas.

Para cada partícula, existe uma antipartícula. Uma partícula e sua antipartícula têm massa e spin idênticos, mas cargas elétricas opostas. Para os léptons, os números leptônicos L_e, L_μ e L_τ das antipartículas são os negativos dos números leptônicos correspondentes às partículas. Por exemplo, o número leptônico para o elétron é $L_e = +1$, e o número leptônico para o pósitron é $L_e = -1$. Para hádrons, o número bariônico, a estranheza, o charme, a *topness*, e a *bottomness* são a soma daquelas quantidades para os quarks que formam o hádron. O número de cada antipartícula é o negativo do número correspondente para cada partícula. Por exemplo, a partícula Λ^0, que é formada por quarks *uds*, tem $B = 1$ e $S = -1$, enquanto sua antipartícula $\overline{\Lambda}^0$, que é formada por quarks $\overline{u}\overline{d}\overline{s}$, tem $B = -1$ e $S = +1$. Uma partícula como o fóton γ para a partícula Z^0 que tem carga elétrica zero, $B = 0$, $L = 0$ e $S = 0$, e charme, *topness* e *bottomness* nulos, é a sua própria antipartícula. Observe que o méson K^0 ($d\overline{s}$) tem valor nulo para todas estas quantidades, exceto a estranheza, que é $+1$. Sua antipartícula, o méson $\overline{K}^0$ ($\overline{d}s$), tem estranheza -1, o que o torna distinto de K^0. O π^+ ($u\overline{d}$) e o π^- ($\overline{u}d$) são um tanto especiais, pois têm carga elétrica, mas valores nulos para L, B e S.

Eles são antipartículas um do outro, mas como não existe lei de conservação para mésons, é impossível dizer quem é partícula e quem é a antipartícula. Do mesmo modo, as partículas W^+ e W^- são uma a antipartícula da outra.

TEORIAS DAS GRANDES UNIFICAÇÕES

Com o sucesso da teoria eletrofraca, foram feitas tentativas para combinar as interações forte, eletromagnética e fraca, em várias **teorias da grande unificação (TGU)**. Em uma destas teorias, os léptons e os quarks são considerados como duas faces de uma única classe de partículas. Sob certas condições, um quark poderia se transformar num lépton e vice-versa, mesmo que isto parecesse violar a conservação do número leptônico e do número bariônico. Uma das previsões interessantes desta teoria é de que o próton não é estável, mas tem simplesmente uma vida muito longa, da ordem de 10^{32} anos. Estes tempos de vida tão longos tornam difícil a observação do decaimento do próton. Entretanto, projetos estão em andamento onde detectores monitoram um grande número de prótons na busca de um evento que indique o decaimento do próton.

41-8 A EVOLUÇÃO DO UNIVERSO

No modelo aceito atualmente, o universo iniciou com um evento cataclísmico singular chamado de **big bang** e está se expandindo. A primeira evidência de que o universo está em expansão surgiu da descoberta do astrônomo Edwin Powell Hubble sobre a relação entre os deslocamentos para o vermelho no espectro das galáxias com as distâncias que as separam de nós. Esta relação está ilustrada na Figura 41-4 para um grupo de galáxias espirais usadas pelos astrônomos para calibrar distâncias. Estabelecendo que o deslocamento para o vermelho seja devido ao efeito Doppler, a velocidade de recessão v de uma galáxia está relacionada à sua distância r ao nosso sistema pela lei de Hubble,

$$v = Hr \qquad 41\text{-}9$$

onde H é a **constante de Hubble**. Em princípio, o valor de H é fácil de obter, pois se baseia no cálculo direto de v a partir das medidas de deslocamento para o vermelho. Entretanto, as distâncias astronômicas são bastante difíceis de medir, e foram calculadas para somente uma fração pequena das 10^{10} (ou mais) galáxias observáveis no universo. Por isto, o valor de H irá se alterar à medida que os dados de calibração das distâncias forem refinados. O valor aceito atualmente para a constante de Hubble é aproximadamente

$$H = \frac{23 \text{ km/s}}{10^6 \, c \cdot a} \qquad 41\text{-}10$$

A lei de Hubble nos diz que as galáxias estão todas se afastando rapidamente da Terra, e aquelas galáxias que estão mais distantes estão se movendo mais rapida-

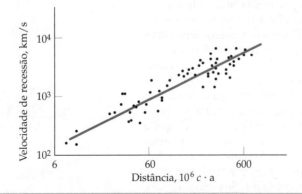

FIGURA 41-4 Um gráfico das velocidades de recessão das galáxias individuais em função da distância.

Partículas Elementares e a Origem do Universo | **225**

mente. Entretanto, não existe uma razão do por que nossa localização deveria ser especial. Um observador em qualquer outra galáxia iria fazer as mesmas observações e calcular uma mesma constante de Hubble. Então, a lei de Hubble propõe que todas as galáxias estão se afastando umas das outras com uma velocidade média de 23 km/s para cada 10^6 $c \cdot$ a de separação entre elas. Em outras palavras, o universo está se expandindo. Observe que a dimensão básica de H é o inverso do tempo. A quantidade $1/H$ é chamada de **idade de Hubble** e é igual à aproximadamente $1,3 \times 10^{10}$ a. Isto corresponderia à idade do universo se a atração gravitacional nas galáxias que recuam fosse ignorada.

Exemplo 41-5 — Usando a Lei de Hubble

As medidas de deslocamento para o vermelho de uma galáxia na constelação de Virgem levaram a uma velocidade de recessão de 1200 km/s. A que distância estaria esta galáxia?

SITUAÇÃO Calculamos a distância usando a lei de Hubble.

SOLUÇÃO
Use a lei de Hubble para encontrar r:

$$r = \frac{v}{H} = (1.200 \text{ km/s})\frac{10^6 c \cdot a}{23 \text{ km/s}} = \boxed{52 \times 10^6 \, c \cdot a}$$

PROBLEMA PRÁTICO 41-1 Mostre que $1/H = 1,3 \times 10^{10}$ a.

A RADIAÇÃO DE FUNDO DE 2,7 K

Ao investigar maneiras para contabilizar a abundância cósmica de átomos que fossem mais pesados que o hidrogênio, os cosmologistas reconheceram que a nucleossíntese nas estrelas poderia explicar a abundância dos átomos mais pesados que os átomos de hélio, mas não podia explicar sozinha, a abundância dos átomos de hélio. Portanto, o hélio deveria ter sido formado durante o big bang. Para sintetizar uma quantidade de hélio suficiente que justificasse sua abundância presente, o big bang deveria ter ocorrido numa temperatura inicial extremamente elevada, capaz de garantir a taxa de reação necessária, antes que a fusão fosse impedida pela diminuição da densidade devido à uma rápida expansão inicial. A alta temperatura está associada a um campo de radiação térmica (de corpo negro) que iria se resfriar, à medida que a expansão avançasse. A análise teórica prevê que desde o tempo estimado para o big bang até o presente, os remanescentes do campo de radiação deveriam ter se resfriado até uma temperatura da ordem de 3 K, o que corresponderia a um espectro de radiação de corpo negro com um pico de comprimento de onda $\lambda_{\text{máx}}$ na região das microondas. Em 1965, esta radiação de fundo prevista, foi descoberta por Arno Penzias e Robert Wilson, do Laboratório Bell. Desde esta descoberta fundamental, as análises cuidadosas estabeleceram que a temperatura deste campo de fundo fosse de 2,7281 K e com uma distribuição espacial isotrópica.

O BIG BANG

Imagina-se que o evento singular que iniciou a expansão do universo foi uma explosão colossal. As quatro interações da natureza (forte, eletromagnética, fraca e gravitacional) inicialmente estavam unificadas numa única interação. Os físicos têm sido bem-sucedidos em desenvolver descrições teóricas que unificam as três primeiras interações, mas uma teoria quântica da gravidade, necessária para as densidades extremas ocorridas no período de interação única, ainda não existe. Conseqüentemente, não se tem meios de descrever o que ocorreu até que o universo, ao se resfriar, "congelasse" ou "condensasse" a interação gravitacional, o que ocorreu em aproximadamente 10^{-43} s depois do big bang quando a temperatura era ainda de 10^{32} K. Nesse instante, a energia média das partículas criadas seria da ordem de 10^{19} GeV. Na medida em que o universo continuava a se resfriar até abaixo de 10^{32} K, as três interações, exceto a da gravidade, permaneceram unificadas e são descritas pelas teorias da grande unificação (TGU). Os quarks e os léptons eram indistinguíveis e os

226 | CAPÍTULO 41

números quânticos das partículas não eram conservados. Foi durante este período que ocorreu um pequeno excesso de quarks sobre os antiquarks, apenas de 1 parte em 10^9, que em última análise, resultou na predominância da matéria sobre a antimatéria, que observamos hoje no universo.

No instante de 10^{-35} s, o universo se expandiu suficientemente para se resfriar até aproximadamente 10^{27} K, e neste ponto outra transformação de fase ocorreu, quando a interação forte se condensa e sai do grupo da TGU, deixando apenas as interações eletromagnéticas e fracas ainda unificadas na **interação eletrofraca.** Durante este período, os quarks livres inicialmente numa mistura densa tendo aproximadamente o mesmo número de quarks, léptons, suas respectivas antipartículas, e fótons começaram a se combinar formando hádrons e suas antipartículas, incluindo os núcleons. No instante em que o universo se resfriou até 10^{13} K, em aproximadamente $t = 10^{-6}$ s, os hádrons tinham desaparecido na sua maioria. Isto ocorreu porque a temperatura de 10^{13} K corresponde a $kT \sim 1$ GeV, que é a energia mínima necessária para criar núcleons e antinúcleons a partir dos fótons presentes, através das reações

$$\gamma \rightarrow p^+ + p^- \qquad\qquad 41\text{-}11a$$

e

$$\gamma \rightarrow n^+ + \bar{n} \qquad\qquad 41\text{-}11b$$

Os pares partícula–antipartícula se aniquilaram e não houve uma nova produção para substituí-los. Apenas o pequeno excesso de quarks sobre os antiquarks levou a um pequeno excesso de prótons e nêutrons sobre as suas respectivas antipartículas. As aniquilações resultaram em fótons e léptons, e depois de aproximadamente $t = 10^{-4}$ s, aquelas partículas em número quase igual, dominaram o universo. Esta foi a **era dos léptons**. Em aproximadamente $t = 10$ s, a temperatura caiu para 10^{10} K ($kT \sim 1$ MeV). A continuação da expansão e o resfriamento diminuíram a energia média dos fótons até abaixo da energia necessária para formar um par elétron-pósitron. A aniquilação, então, removeu todos os pósitrons, como tinha acontecido com os antiprótons e antinêutrons anteriormente, deixando apenas um pequeno excesso de elétrons que surgiram da conservação de carga, e a **era da radiação** se iniciou. As partículas presentes eram principalmente fótons e neutrinos.

Em pouco mais de alguns minutos, a temperatura caiu suficientemente para permitir a fusão de prótons e nêutrons para formar núcleos que não eram imediatamente fotodesintegrados. Os núcleos de deutério, hélio e lítio foram produzidos durante este **período de nucleossíntese**, mas a expansão rápida logo provocou uma queda na temperatura, para um valor muito baixo, que impediu a continuidade da fusão e a formação dos elementos mais pesados teve que esperar o nascimento das estrelas.

Muito tempo depois, quando a temperatura caiu para cerca de 3000 K, quando o universo teria crescido cerca de 1/1000 do seu tamanho atual, kT caiu para valores abaixo das energias de ionização típicas dos átomos, e estes foram formados. Nesta época, a expansão havia deslocado para o vermelho o campo de radiação de tal modo que a energia da radiação total era aproximadamente igual à energia que representava a massa restante. Quando a expansão e o resfriamento continuaram, a energia da radiação constantemente deslocada para o vermelho diminuiu para uma taxa constante, em $t = 10^{10}$ anos (presente), a matéria veio para dominar o universo, com sua densidade de energia excedendo aquela da radiação que restou do big bang, em 2,7 K, por um fator da ordem de 1000.

Partículas Elementares e a Origem do Universo | **227**

Resumo

TÓPICO	EQUAÇÕES RELEVANTES E OBSERVAÇÕES
1. Interações Básicas	Existem quatro interações básicas: forte, eletromagnética, fraca e gravitacional.
Forte	A *carga* associada à interação forte é chamada de cor. Os quarks e os glúons têm cor e sofrem a interação forte. Os hádrons (bárions e mésons) sofrem uma interação forte residual resultante da interação forte fundamental entre os quarks que formaram os hádrons. Os tempos de decaimento pela interação forte são tipicamente de 10^{-23} s.
Eletromagnética	Todas as partículas que têm carga sofrem a força devido à interação eletromagnética.
Fraca	A *carga* associada à interação fraca é chamada de sabor. Os quarks e os léptons têm sabor e sofrem a interação fraca. Os tempos de decaimento pela interação fraca são tipicamente de 10^{-10} s.
Gravitacional	A *carga* associada à interação gravitacional é a massa.
2. Partículas Fundamentais	Existem duas famílias de partículas fundamentais, os léptons e os quarks, cada qual tendo seis membros. Imagina-se que estas partículas não têm nem tamanho nem estrutura interna.
Léptons	Os léptons são férmions com spin $\frac{1}{2}$: o elétron e e seu neutrino ν_e, o múon μ e seu neutrino ν_μ, e o tau τ e seu neutrino ν_τ. O elétron, o múon e o tau têm massa, carga elétrica e sabor, porém não têm cor e, assim, participam nas interações gravitacional, eletromagnética e fraca, mas não na interação forte. Os neutrinos têm sabor, porém não têm carga elétrica nem cor. Eles têm uma massa muito pequena.
Quarks	Existem seis quarks, denominados para cima (*up*) u, para baixo (*down*) d, estranho s, charmoso c, topo t e base b. Todos são férmions com spin $\frac{1}{2}$. Os quarks participam de todas as interações básicas. Como eles estão sempre confinados em mésons ou bárions, suas massas podem ser apenas estimadas.
3. Hádrons	Os hádrons são partículas compostas formadas por quarks. Existem dois tipos de hádrons, os bárions e os mésons. Os bárions, que incluem o nêutron e o próton, são férmions de spin semi-inteiro e são constituídos de três quarks. Os mésons, que incluem os píons e os káons, têm spin nulo ou inteiro. Os hádrons interagem uns com os outros através da interação forte residual.
4. Partículas de Campo	Além dos seis léptons fundamentais e dos seis quarks fundamentais, existem as partículas de campo que estão associadas às interações básicas.

Interação	*Partícula de Campo*
Gravitacional	Gráviton (ainda não observado)
Eletromagnética	Fóton
Fraca	W^+, W^-, Z^0
Forte	Glúons

5. As Leis de Conservação	Algumas quantidades, como energia, quantidade de movimento linear, carga elétrica, momento angular, número bariônico, e cada um dos três números leptônicos, são estritamente conservadas durante todas as reações e decaimentos. Outras, como a estranheza e o charme, são conservadas durante as reações e os decaimentos que ocorrem pela interação forte, mas não naquelas que ocorrem pela interação fraca.
6. Partículas e Antipartículas	As partículas e suas respectivas antipartículas têm massas idênticas, mas valores opostos para suas outras propriedades, como a carga, número leptônico, número bariônico e estranheza. Os pares de partículas–antipartículas podem ser produzidos durante várias reações nucleares se a energia disponível for maior que $2mc^2$, onde m é a massa da partícula.
7. Lei de Hubble	A lei de Hubble relaciona a velocidade de recessão de uma galáxia, determinada a partir do deslocamento para o vermelho de seu espectro, à distância da galáxia do nosso sistema: $$v = Hr \qquad \text{41-9}$$ onde a constante de Hubble $H = 23$ km/s por milhões de anos-luz. Usando a lei de Hubble concluiu-se que o universo está se expandindo e que esta expansão iniciou a aproximadamente $1/H$ anos atrás.
8. O Big Bang	De acordo com o modelo usado atualmente para descrever a evolução do universo, o universo começou com uma grande explosão há aproximadamente 10^{10} anos. O modelo do big bang tem suporte em muitas observações experimentais, inclusive no espectro de corpo negro da radiação de fundo isotrópica em 2,7 K.

228 | CAPÍTULO 41

Resposta da Checagem Conceitual

41-1 Um próton é um bárion que tem um número bariônico (*B*) igual a 1, e todas as partículas que não são bárions têm *B* = 0. Se um próton decai, a conservação do número bariônico sugere que os produtos do decaimento devem conter o mínimo de um bárion. Além disto, a conservação de energia sugere que a massa de repouso dos produtos do decaimento não pode ser maior que a massa de repouso do próton. Como não existem bárions que tem uma massa de repouso menor que a massa de repouso do próton, o próton não pode decair sem violar a conservação do número bariônico ou a conservação de energia, ou ambos.

Problemas

Em alguns problemas, você recebe mais dados do que necessita; em alguns outros, você deve acrescentar dados de seus conhecimentos gerais, fontes externas ou estimativas bem fundamentadas.

Interprete como significativos todos os algarismos de valores numéricos que possuem zeros em seqüência sem vírgulas decimais.

- Um só conceito, um só passo, relativamente simples
- •• Nível intermediário, pode requerer síntese de conceitos
- ••• Desafiante, para estudantes avançados
- Problemas consecutivos sombreados são problemas pareados.

PROBLEMAS CONCEITUAIS

1 • Quais são as semelhanças entre bárions e mésons? E quais são suas diferenças?

2 • O múon e o píon têm quase a mesma massa. Como estas partículas diferenciam-se?

3 • Como pode-se dizer se um decaimento ocorre pela interação forte ou pela interação fraca?

4 • Verdadeiro ou falso:
(*a*) Todos os bárions são hádrons.
(*b*) Todos os hádrons são bárions.

5 • Verdadeiro ou falso: Todos os mésons são partículas com spin $\frac{1}{2}$.

6 • Uma partícula que for feita de exatamente dois quarks é (*a*) um méson, (*b*) um bárion, (*c*) um lépton, (*d*) ou um méson, ou um bárion, mas definitivamente, não um lépton.

7 • Já foram observadas quaisquer combinações de quarks–antiquarks cuja carga elétrica não é um múltiplo inteiro da carga fundamental *e*?

8 • Verdadeiro ou falso:
(*a*) Um lépton é uma combinação de três quarks.
(*b*) Os tempos típicos de decaimento pela interação fraca são ordens de magnitude maiores que os tempos típicos de decaimento pela interação forte.
(*c*) O múon e o píon são ambos mésons.

9 • Verdadeiro ou falso:
(*a*) Os elétrons interagem com os prótons pela interação forte.
(*b*) A estranheza não é conservada em reações que envolvem interações fracas.
(*c*) Os nêutrons têm charme nulo.

ESTIMATIVA E APROXIMAÇÃO

10 •• As teorias de grande unificação prevêem que o próton tem um longo, mas finito, tempo de vida. Experimentos atuais baseados na detecção do decaimento de prótons na água estimaram que este tempo de vida é de no mínimo 10^{32} anos. Vamos supor que, de fato, a vida média do próton seja de 10^{32} anos. Estime o tempo esperado entre decaimentos de prótons que ocorrem na água contida numa piscina olímpica. Uma piscina olímpica tem 100 m × 25 m × 2,0 m. Dê sua resposta em dias.

11 •• A Tabela 41-6 lista algumas propriedades das quatro interações fundamentais. Para entender melhor o significado desta tabela, confirme a razão das entradas numéricas na segunda e quarta colunas da última linha da tabela, estimando a razão entre a força eletromagnética e a força gravitacional entre dois prótons de um núcleo.

SPIN E ANTIPARTÍCULAS

12 • Dois píons em repouso se aniquilam de acordo com a reação $\pi^+ + \pi^- \to \gamma + \gamma$. (*a*) Por que as energias dos dois raios γ devem ser iguais? (*b*) Encontre a energia de cada raio γ. (*c*) Encontre o comprimento de onda de cada raio γ.

13 • Encontre a energia mínima necessária do fóton para a produção de pares nas seguintes reações: (*a*) $\gamma \to \pi^+ + \pi^-$, (*b*) $\gamma \to p + p^-$ e (*c*) $\gamma \to \mu^- + \mu^+$.

AS LEIS DE CONSERVAÇÃO

14 • Estabeleça quais dos seguintes decaimentos ou reações violam uma ou mais leis de conservação, e dar a lei ou leis violadas em cada caso: (*a*) $p^+ \to n + e^+ + \bar{\nu}_e$, (*b*) $n \to p^+ + \pi^-$, (*c*) $e^+ + e^- \to \gamma$, (*d*) $p^+ + p^- \to \gamma + \gamma$, e (*e*) $\bar{\nu}_e + p^+ \to n + e^+$.

15 • Determine a variação na estranheza em cada reação que segue, e diga se o decaimento pode ocorrer pela interação forte, ou pela interação fraca, ou não pode ocorrer: (*a*) $\Omega^- \to \Xi^0 + \pi^-$, (*b*) $\Xi^0 \to p + \pi^- + \pi^0$, e (*c*) $\Lambda^0 \to p + \pi^-$.

16 • Determine a variação na estranheza em cada decaimento, e diga se o decaimento pode ocorrer pela interação forte, ou pela interação fraca, ou não pode ocorrer: (*a*) $\Omega^- \to \Lambda^0 + K^-$ e (*b*) $\Xi^0 \to p + \pi^-$.

17 • Determine a variação na estranheza em cada decaimento, e diga se o decaimento pode ocorrer pela interação forte, ou pela interação fraca, ou não pode ocorrer: (*a*) $\Omega^- \to \Lambda^0 + \bar{\nu}_e + e^-$ e (*b*) $\Sigma^+ \to p + \pi^0$.

18 • (*a*) Qual dos seguintes decaimentos para a partícula τ é possível?

$$\tau \to \mu^- + \bar{\nu}_\mu + \nu_\tau$$
$$\tau \to \mu^- + \nu_\mu + \bar{\nu}_\tau$$

(*b*) Explique por que o outro decaimento não é possível. (*c*) Calcule a energia cinética dos produtos do decaimento para o decaimento que é possível.

19 •• Usando a Tabela 41-2 e as leis de conservação do número de carga, número bariônico, estranheza e spin, identifique a partícula desconhecida simbolizada por (?), em cada uma das seguintes reações: (a) p + π^- → Σ^0 + (?), (b) p + p → π^+ + n + K$^+$ + (?), e (c) p + K$^-$ → Ξ^- + (?).

20 •• Teste os seguintes decaimentos com respeito à violação da conservação de energia, do número bariônico, e do número leptônico: (a) n → π^+ + π^- + μ^+ + μ^- e (b) π^0 → e$^+$ + e$^-$ + γ. Suponha que as quantidades de movimento linear e o momento angular são conservadas. Estabeleça quais as leis de conservação, se houver alguma, são violadas em cada decaimento.

QUARKS

21 • Encontre o número bariônico, a carga e a estranheza para as seguintes combinações de quarks e identificar o hádron: (a) uud,(b) udd,(c) uus,(d) dds,(e) uss e (f) dss.

22 • Encontre o número bariônico, carga e estranheza para as seguintes combinações de quark: (a) $u\bar{d}$, (b) $\bar{u}d$, (c) $u\bar{s}$ e (d) $\bar{u}s$.

23 • A partícula Λ^{++} é um bárion que decai pela interação forte. Sua estranheza, charme, topness e bottomness são todos nulos. Qual a combinação de quarks que gera uma partícula com estas propriedades?

24 • Encontre a combinação possível de quarks que dê os valores corretos para a carga elétrica, o número bariônico e a estranheza para (a) K$^+$ e (b) K^0.

25 • O méson D$^+$ tem estranheza nula, mas tem charme de +1. (a) Qual é a possível combinação de quarks que dará as propriedades corretas para a partícula? (b) Repita a Parte (a) para o méson D$^-$, que é a antipartícula para o méson D$^+$.

26 • Encontre a combinação possível de quarks que forneça os valores corretos para a carga elétrica, o número bariônico e a estranheza para (a) K$^-$ (a antipartícula do K$^+$) e (b) $\overline{K}^0$.

27 •• Encontre a combinação possível de quarks para as seguintes partículas: (a) Λ^0, (b) p$^-$ e (c) Σ^-.

28 •• Encontre a combinação possível de quarks para as seguintes partículas: (a) $\bar{n}$, (b) Ξ^0 e (c) Σ^+.

29 •• Encontre a combinação possível de quarks para as seguintes partículas: (a) Ω^- e (b) Ξ^-.

30 •• Estabeleça as propriedades das partículas formadas pelos seguintes quarks: (a) ddd, (b) $u\bar{c}$, (c) $u\bar{b}$, e (d) $\bar{s}\,\bar{s}\,\bar{s}$.

A EVOLUÇÃO DO UNIVERSO

31 • Uma galáxia está se afastando da Terra com uma velocidade 2,5 por cento da velocidade da luz. Estime a distância da Terra à galáxia.

32 • Estime a velocidade de uma galáxia que está a uma distância de 12 × 10^9 c · anos da Terra.

33 •• O deslocamento na freqüência Doppler para a luz vinda de uma fonte que se afasta de um receptor em repouso é dado por $f' = f_0\sqrt{(1 - \beta)/(1 + \beta)}$, onde $\beta = v/c$ (Equação 39-16b). Mostre que o deslocamento no comprimento de onda Doppler para a luz é $\lambda' = \lambda_0\sqrt{(1 + \beta)/(1 - \beta)}$.

34 •• A linha vermelha no espectro atômico do hidrogênio é freqüentemente referida como a linha $H\alpha$, e seu comprimento de onda é de 656,3 nm. Usando a lei de Hubble e a equação de Doppler para a luz, do Problema 33, determine o comprimento de onda da linha $H\alpha$ no espectro emitido pelas galáxias em distâncias da Terra de (a) 5,00 × 10^6 c · anos, (b) 5,00 × 10^8 c · anos, e (c) 5,00 × 10^9 c · anos.

PROBLEMAS GERAIS

35 • (a) Quais são as condições necessárias para que uma partícula e sua antipartícula sejam idênticas? (b) Encontre a combinação de quarks para as partículas π^0 e Ξ^0, e suas respectivas antipartículas. (c) Qual destas partículas (se alguma), π^0 e Ξ^0, é sua própria antipartícula?

36 •• A linha vermelha no espectro atômico do hidrogênio é freqüentemente referida como a linha $H\alpha$, e seu comprimento de onda é de 656,3 nm. A luz de uma galáxia distante mostra um deslocamento para o vermelho da linha $H\alpha$ do hidrogênio, para comprimentos de onda de 1458 nm. (a) Qual é a velocidade de recessão da galáxia? (b) Estime a distância até a galáxia.

37 •• (a) Em termos do modelo de quark, mostre que a reação π^0 → γ + γ não viola nenhuma lei de conservação. (b) Qual a lei de conservação é violada pela reação π^0 → γ?

38 •• Teste os seguintes decaimentos com respeito à violação da conservação da energia, da carga elétrica, do número bariônico e do número leptônico: (a) Λ^0 → p + π^-, (b) Σ^- → n + p$^-$, e (c) μ^- → e$^-$ + $\bar{\nu}_e$ + ν_μ. Suponha que as quantidades de movimento linear e angular são conservadas. Estabeleça quais as leis de conservação, se houver alguma, são violadas em cada decaimento.

39 •• Considere a reação de partículas de alta energia: p + p → Λ^0 + K^0 + p + (?), onde (?) representa uma partícula desconhecida. Durante esta reação, prótons em repouso são bombardeados com feixes de prótons de alta energia. (a) Use as leis de conservação de número de carga, de número bariônico, de estranheza (Tabela 41-2) e spin para determinar a partícula desconhecida. (c) Calcule o valor Q para a reação. (c) A energia cinética limiar K_{lim}, para esta reação, é dada por $K_{\text{lim}} = -\frac{1}{2}Q(m_p + m_p + M_1 + M_2 + M_3 + M_4)/m_p$, onde M_1, M_2, M_3 e M_4 são as massas dos produtos da reação. Ache K_{lim}.

40 ••• Neste problema vamos calcular a diferença no tempo de chegada de dois neutrinos com energias diferentes vindos de uma supernova localizada a 170 000 anos-luz de distância. Sejam as energias dos neutrinos E_1 = 20 MeV e E_2 = 5 MeV, e vamos assumir que a massa do neutrino seja de 2,0 eV/c^2. Como as energias totais dos neutrinos são muito maiores do que suas energias de repouso, os neutrinos têm velocidades que são muito próximas de c e energias que são aproximadamente $E \approx pc$. (a) Se t_1 e t_2 forem os tempos que os neutrinos, com velocidades u_1 e u_2, levam para percorrer uma distância x, mostre que $\Delta t = t_2 - t_1 = x(u_1 - u_2)/u_1u_2 \approx (x\,\Delta u)/c^2$. ($b$) A velocidade de um neutrino de massa m e energia total E pode ser encontrada a partir de $E = mc^2/[1 - (u^2/c^2)]^{1/2}$ (Equação 39-24). Mostre que quando $E \gg mc^2$ a razão de velocidades u/c é dada aproximadamente por $u/c \approx 1 - \frac{1}{2}(mc^2/E)^2$. Use os resultados da Parte (a) e Parte (b) para calcular $u_1 - u_2$ para as energias e massa dadas, e calcule Δt a partir do resultado da Parte (a) para $x = 170\,000$ c · anos. (d) Repita os cálculos da Parte (c) usando 20 ev/c^2 para a massa do neutrino.

41 ••• A Λ^0 em repouso decai pela reação Λ^0 → p + π^-. (a) Calcule a energia cinética total dos produtos do decaimento. (b) Ache a razão entre a energia cinética do píon e a energia cinética do próton. (c) Encontre as energias do próton e do píon para o decaimento.

42 ••• A partícula Σ^0 em repouso decai pela reação Σ^0 → Λ^0 + γ. (a) Qual é a energia total (a energia total inclui a energia de repouso) dos produtos do decaimento? (b) Supondo que a energia cinética de Λ^0 é desprezível se comparada com a energia do fóton, calcule a quantidade de movimento aproximada do fóton. (c) Use o resultado da Parte (b) para calcular a energia cinética de Λ^0. (d) Use o resultado da Parte (c) para obter uma estimativa melhor da quantidade de movimento e da energia do fóton.

Apêndice A
Unidades SI e Fatores de Conversão

Unidades de Base*

Comprimento	O *metro* (m) é a distância percorrida pela luz no vácuo em 1/299.792.458 s.
Tempo	O *segundo* (s) é a duração de 9.192.631.770 períodos da radiação correspondente à transição entre os dois níveis hiperfinos do estado fundamental do átomo de ^{133}Cs.
Massa	O *quilograma* (kg) é a massa do protótipo internacional conservado em Sèvres, na França.
Mol	O *mol* (mol) é a quantidade de matéria de um sistema contendo tantas entidades elementares quantos átomos existem em 0,012 quilograma de carbono 12.
Corrente	O *ampère* (A) é a corrente elétrica constante que, se mantida em dois condutores paralelos, retilíneos, de comprimento infinito, de seção circular desprezível, e situados à distância de 1 metro entre si no vácuo, produz entre estes condutores uma força igual a 2×10^{-7} newton por metro de comprimento.
Temperatura	O *kelvin* (K) é 1/273,16 da temperatura termodinâmica no ponto tríplice da água.
Intensidade luminosa	A *candela* (cd) é a intensidade luminosa, numa dada direção, de uma fonte que emite uma radiação monocromática de freqüência 540×10^{12} hertz e cuja intensidade radiante nessa direção é 1/683 watt/esterradiano.

* Essas definições são encontras no site do órgão oficial brasileiro responsável pela padronização e assuntos de medição, cujo endereço é: http://www.inmetro.gov.br. (N.T.)

Unidades Derivadas

Força	newton (N)	$1\ N = 1\ kg \cdot m/s^2$
Trabalho, energia	joule (J)	$1\ J = 1\ N \cdot m$
Potência	watt (W)	$1\ W = 1\ J/s$
Freqüência	hertz (Hz)	$1\ Hz = ciclo/s$
Carga	coulomb (C)	$1\ C = 1\ A \cdot s$
Potencial	volt (V)	$1\ V = 1\ J/C$
Resistência	ohm (Ω)	$1\ \Omega = 1\ V/A$
Capacitância	farad (F)	$1\ F = 1\ C/V$
Campo magnético	tesla (T)	$1\ T = 1\ N/(A \cdot m)$
Fluxo magnético	weber (Wb)	$1\ Wb = 1\ T \cdot m^2$
Indutância	henry (H)	$1\ H = 1\ J/A^2$

232 | APÊNDICE A

Fatores de Conversão

Por simplicidade, os fatores de conversão são escritos como equações; as relações marcadas com asterisco são exatas.

Comprimento

1 km = 0,6215 mi
1 mi = 1,609 km
1 m = 1,0936 yd = 3,281 ft = 39,37 in
*1 in = 2,54 cm
*1 ft = 12 in = 30,48 cm
*1 yd = 3 ft = 91,44 cm
1 ano-luz = 1 $c \cdot$ a = 9,461 $\times 10^{15}$ m
*1 Å = 0,1 nm

Área

*1 m^2 = 10^4 cm^2
1 km^2 = 0,3861 mi^2 = 247,1 acres
*1 in^2 = 6,4516 cm^2
1 ft^2 = 9,29 $\times 10^{-2}$ m^2
1 m^2 = 10,76 ft^2
*1 acre = 43 560 ft^2
1 mi^2 = 640 acres = 2,590 km^2

Volume

*1 m^3 = 10^6 cm^3
*1 L = 1000 cm^3 = 10^{-3} m^3
1 gal = 3,785 L
1 gal = 4 qt = 8 pt = 128 oz = 231 in^3
1 in^3 = 16,39 cm^3
1 ft^3 = 1728 in^3 = 28,32 L
  = 2,832 $\times 10^4$ cm^3

Tempo

*1 h = 60 min = 3,6 ks
*1 d = 24 h = 1440 min = 86,4 ks
1 a = 365,24 d = 3,156 $\times 10^7$ s

Rapidez

*1 m/s = 3,6 km/h
1 km/h = 0,2778 m/s = 0,6215 mi/h
1 mi/h = 0,4470 m/s = 1,609 km/h
1 mi/h = 1,467 ft/s

Ângulo e Rapidez Angular

*π rad = 180°
1 rad = 57,30°
1° = 1,745 $\times 10^{-2}$ rad
1 rev/min = 0,1047 rad/s
1 rad/s = 9,549 rev/min

Massa

*1 kg = 1000 g
*1 t = 1000 kg = 1 Mg
1 u = 1,6605 $\times 10^{-27}$ kg
  = 931,49 MeV/c^2
1 kg = 6,022 $\times 10^{26}$ u
1 slug = 14,59 kg
1 kg = 6,852 $\times 10^{-2}$ slug

Massa Específica

*1 g/cm^3 = 1000 kg/m^3 = 1 kg/L
(1 g/cm^3)g = 62,4 lb/ft^3

Força

1 N = 0,2248 lb = 10^5 dyn
*1 lb = 4,448222 N
(1 kg)g = 2,2046 lb

Pressão

*1 Pa = 1 N/m^2
*1 atm = 101,325 kPa = 1,01325 bar
1 atm = 14,7 lb/in^2 = 760 mmHg
  = 29,9 inHg = 33,9 ftH_2O
1 lb/in^2 = 6,895 kPa
1 torr = 1 mmHg = 133,32 Pa
1 bar = 100 kPa

Energia

*1 kW $\cdot$ h = 3,6 MJ
*1 cal = 4,1840 J
1 ft $\cdot$ lb = 1,356 J = 1,286 $\times 10^{-3}$ Btu
*1 L $\cdot$ atm = 101,325 J
1 L $\cdot$ atm = 24,217 cal
1 Btu = 778 ft $\cdot$ lb = 252 cal = 1054,35 J
1 eV = 1,602 $\times 10^{-19}$ J
1 u $\cdot$ c^2 = 931,49 MeV
*1 erg = 10^{-7} J

Potência

1 HP = 550 ft $\cdot$ lb/s = 745,7 W
1 Btu/h = 2,931 $\times 10^{-4}$ kW
1 W = 1,341 $\times 10^{-3}$ HP
  = 0,7376 ft $\cdot$ lb/s

Campo Magnético

*1 T = 10^4 G

Condutividade Térmica

1 W/(m$\cdot$K) = 6,938 Btu$\cdot$in/(h$\cdot ft^2 \cdot$F°)
1 Btu$\cdot$in/(h$\cdot ft^2 \cdot$F°) = 0,1441 W/(m$\cdot$K)

Apêndice B
Dados Numéricos

Dados Terrestres

Aceleração de queda livre g

Valor-padrão (ao nível do mar e a 45° de latitude)*	9,806 65 m/s²; 32,1740 ft/s²
No equador*	9,7804 m/s²
Nos pólos*	9,8322 m/s²

Massa da Terra M_T — $5,97 \times 10^{24}$ kg

Raio médio da Terra R_T — $6,37 \times 10^6$ m; 3960 mi

Rapidez de escape $\sqrt{2R_E g}$ — $1,12 \times 10^4$ m/s; 6,95 mi/s

Constante solar† — 1,37 kW/m²

Condições normais de temperatura e pressão (CNTP):

Temperatura	273,15 K (0,00°C)
Pressão	101,325 kPa (1,00 atm)

Massa molar do ar — 28,97 g/mol

Massa específica do ar (CNTP), ρ_{ar} — 1,217 kg/m³

Rapidez do som (CNTP) — 331 m/s

Calor de fusão de H_2O (0°C, 1 atm) — 333,5 kJ/kg

Calor de vaporização de H_2O (100°C, 1 atm) — 2,257 MJ/kg

* Medido em relação à superfície da Terra.
† Potência média incidente perpendicularmente sobre uma área de 1 m², fora da atmosfera terrestre e a meio caminho entre a Terra e o Sol.

Dados Astronômicos

Terra

Distância média à lua	$3,844 \times 10^8$ m; $2,389 \times 10^5$ mi
Distância média ao Sol	$1,496 \times 10^{11}$ m; $9,30 \times 10^7$ mi; 1,00 UA
Rapidez orbital média	$2,98 \times 10^4$ m/s

Lua

Massa	$7,35 \times 10^{22}$ kg
Raio	$1,737 \times 10^6$ m
Período	27,32 d
Aceleração da gravidade na superfície	1,62 m/s²

Sol

Massa	$1,99 \times 10^{30}$ kg
Raio	$6,96 \times 10^8$ m

* Dados adicionais sobre o sistema solar podem ser encontrados em http://nssdc.gsfc.nasa.gov/planetary/planetfact.html.
† Centro a centro.

Constantes Físicas*

Constante de gravitação	G	$6{,}6742(10) \times 10^{-11}\ \mathrm{N \cdot m^2/kg^2}$
Rapidez da luz	c	$2{,}997\ 924\ 58 \times 10^{8}\ \mathrm{m/s}$
Carga fundamental	e	$1{,}602\ 176\ 453(14) \times 10^{-19}\ \mathrm{C}$
Número de Avogadro	N_A	$6{,}022\ 141\ 5(10) \times 10^{23}\ \text{partículas/mol}$
Constante dos gases	R	$8{,}314\ 472(15)\ \mathrm{J/(mol \cdot K)}$
		$1{,}987\ 2065(36)\ \mathrm{cal/(mol \cdot K)}$
		$8{,}205\ 746(15) \times 10^{-2}\ \mathrm{L \cdot atm/(mol \cdot K)}$
Constante de Boltzmann	$k = R/N_\mathrm{A}$	$1{,}380\ 650\ 5(24) \times 10^{-23}\ \mathrm{J/K}$
		$8{,}617\ 343(15) \times 10^{-5}\ \mathrm{eV/K}$
Constante de Stefan-Boltzmann	$\sigma = (\pi^2/60)k^4/(\hbar^3 c^2)$	$5{,}670\ 400(40) \times 10^{-8}\ \mathrm{W/(m^2 k^4)}$
Constante de massa atômica	$m_\mathrm{u} = \frac{1}{12}m(^{12}\mathrm{C})$	$1{,}660\ 538\ 86(28) \times 10^{-27}\ \mathrm{kg} = 1\mathrm{u}$
Constante magnética (permeabilidade do vácuo)	μ_0	$4\pi \times 10^{-7}\ \mathrm{N/A^2}$
		$1{,}256\ 637 \times 10^{-6}\ \mathrm{N/A^2}$
Constante elétrica (permitividade do vácuo)	$\epsilon_0 = 1/(\mu_0 C^2)$	$8{,}854\ 187\ 817 \ldots \times 10^{-12}\ \mathrm{C^2/(N \cdot m^2)}$
Constante de Coulomb	$k = 1/(4\pi\epsilon_0)$	$8{,}987\ 551\ 788 \ldots \times 10^{9}\ \mathrm{N \cdot m^2/C^2}$
Constante de Planck	h	$6{,}626\ 0693(11) \times 10^{-34}\ \mathrm{J \cdot s}$
		$4{,}135\ 667\ 43(35) \times 10^{-15}\ \mathrm{eV \cdot s}$
	$\hbar = h/2\pi$	$1{,}054\ 571\ 68(18) \times 10^{-34}\ \mathrm{J \cdot s}$
		$6{,}582\ 119\ 15(56) \times 10^{-16}\ \mathrm{eV \cdot s}$
Massa do elétron	m_e	$9{,}109\ 382\ 6(16) \times 10^{-31}\ \mathrm{kg}$
		$0{,}510\ 998\ 918(44)\ \mathrm{MeV}/c^2$
Massa do próton	m_p	$1{,}672\ 621\ 71(29) \times 10^{-27}\ \mathrm{kg}$
		$938{,}272\ 029(80) \times \mathrm{MeV}/c^2$
Massa do nêutron	m_n	$1{,}674\ 927\ 28(29) \times 10^{-27}\ \mathrm{kg}$
		$939{,}565\ 360(81)\ \mathrm{MeV}/c^2$
Magnéton de Bohr	$m_\mathrm{B} = eh/2m_\mathrm{e}$	$9{,}274\ 009\ 49(80) \times 10^{-24}\ \mathrm{J/T}$
		$5{,}788\ 381\ 804(39) \times 10^{-5}\ \mathrm{eV/T}$
Magnéton nuclear	$m_\mathrm{n} = eh/2m_\mathrm{p}$	$5{,}050\ 783\ 43(43) \times 10^{-27}\ \mathrm{J/T}$
		$3{,}152\ 451\ 259(21) \times 10^{-8}\ \mathrm{eV/T}$
Quantum de fluxo magnético	$\phi_0 = h/2e$	$2{,}067\ 833\ 72(18) \times 10^{-15}\ \mathrm{T \cdot m^2}$
Resistência Hall quantizada	$R_\mathrm{K} = h/e^2$	$2{,}581\ 280\ 7449(86) \times 10^{4}\ \Omega$
Constante de Rydberg	R_H	$1{,}097\ 373\ 156\ 8525(73) \times 10^{7}\ \mathrm{m^{-1}}$
Quociente freqüência-tensão de Josephson	$K_\mathrm{J} = 2e/h$	$4{,}835\ 978\ 79(41) \times 10^{14}\ \mathrm{Hz/V}$
Comprimento de onda de Compton	$\lambda_\mathrm{C} = h/m_\mathrm{e}c$	$2{,}426\ 310\ 238(16) \times 10^{-12}\ \mathrm{m}$

* Os valores destas e de outras constantes podem ser encontrados na internet em http://physics.nist.gov/cuu/Constants/index.html. Os números entre parênteses representam as incertezas nos dois últimos algarismos. (Por exemplo, 2,044 43(13) significa 2,044 43 ± 0,000 13.) Valores sem indicação de incertezas são exatos, bem como valores com reticências (como o número pi, que vale exatamente 3,1415...)

Para dados adicionais, veja as seguintes tabelas no texto.

36-1 Configurações Eletrônicas dos Átomos nos Seus Estados Fundamentais
38-1 Densidades de Elétrons Livres e Energias de Fermi em $T = 0$ para Elementos Selecionados
38-2 Funções Trabalho para Alguns Metais
39-1 Energias de Repouso de Algumas Partículas Elementares e Núcleos Leves
40-1 Massas Atômicas do Nêutron e de Isótopos Selecionados
41-1 Hádrons Estáveis Diante do Decaimento pela Interação Nuclear Forte
41-3 Propriedades dos Quarks e Antiquarks
41-4 Massas das Partículas Elementares
41-5 Bósons Mediadores das Interações Básicas
41-6 Propriedades das Interações Básicas

Geometria e Trigonometria

$C = \pi d = 2\pi r$	definição de π
$A = \pi r^2$	área do círculo
$V = \frac{4}{3}\pi r^3$	volume da esfera
$A = \partial V/\partial r = 4\pi r^2$	área da superfície da esfera
$V = A_{base}L = \pi r^2 L$	volume do cilindro
$A = \partial V/\partial r = 2\pi rL$	área da superfície do cilindro

$o = h \,\mathrm{sen}\,\theta$
$a = h \cos\theta$

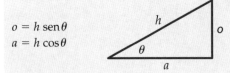

$\mathrm{sen}^2\theta + \cos^2\theta = 1$
$\mathrm{sen}(A \pm B) = \mathrm{sen}\,A \cos B \pm \cos A \,\mathrm{sen}\,B$
$\cos(A \pm B) = \cos A \cos B \mp \mathrm{sen}\,A \,\mathrm{sen}\,B$
$\mathrm{sen}\,A \pm \mathrm{sen}\,B = 2\,\mathrm{sen}[\frac{1}{2}(A \pm B)]\cos[\frac{1}{2}(A \mp B)]$

$\mathrm{sen}\,\theta \equiv y$
$\cos\theta \equiv x$
$\tan\theta \equiv \dfrac{y}{x}$

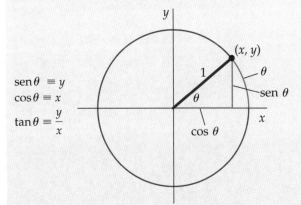

Se $|\theta| \ll 1$, então
$\cos\theta \approx 1$ e $\tan\theta \approx \mathrm{sen}\,\theta \approx \theta$ (θ em radianos)

Fórmula Quadrática

Se $ax^2 + bx + c = 0$, então $x = \dfrac{-b \pm \sqrt{b^2 - 4ac}}{2a}$

Expansão Binomial

Se $|x| < 1$, então $(1 + x)^n =$
$$1 + nx + \frac{n(n-1)}{2!}x^2 + \frac{n(n-1)(n-2)}{3!}x^3 + \ldots$$

Se $|x| \ll 1$, então $(1 + x)^n \approx 1 + nx$

Aproximação Diferencial

Se $\Delta F = F(x + \Delta x) - F(x)$ e se $|\Delta x|$ é pequeno,
então $\Delta F \approx \dfrac{dF}{dx}\Delta x$.

Apêndice C
Tabela Periódica dos Elementos*

1	2	3	4	5	6	7	8	9	10	11	12	13	14	15	16	17	18
1 H																	2 He
3 Li	4 Be											5 B	6 C	7 N	8 O	9 F	10 Ne
11 Na	12 Mg											13 Al	14 Si	15 P	16 S	17 Cl	18 Ar
19 K	20 Ca	21 Sc	22 Ti	23 V	24 Cr	25 Mn	26 Fe	27 Co	28 Ni	29 Cu	30 Zn	31 Ga	32 Ge	33 As	34 Se	35 Br	36 Kr
37 Rb	38 Sr	39 Y	40 Zr	41 Nb	42 Mo	43 Tc	44 Ru	45 Rh	46 Pd	47 Ag	48 Cd	49 In	50 Sn	51 Sb	52 Te	53 I	54 Xe
55 Cs	56 Ba	57–71 Terras-raras	72 Hf	73 Ta	74 W	75 Re	76 Os	77 Ir	78 Pt	79 Au	80 Hg	81 Tl	82 Pb	83 Bi	84 Po	85 At	86 Rn
87 Fr	88 Ra	89–103 Actiní-deos	104 Rf	105 Db	106 Sg	107 Bh	108 Hs	109 Mt	110 Ds	111 Rg							

Terras-raras (Lantanídeos)	57 La	58 Ce	59 Pr	60 Nd	61 Pm	62 Sm	63 Eu	64 Gd	65 Tb	66 Dy	67 Ho	68 Er	69 Tm	70 Yb	71 Lu
Actinídeos	89 Ac	90 Th	91 Pa	92 U	93 Np	94 Pu	95 Am	96 Cm	97 Bk	98 Cf	99 Es	100 Fm	101 Md	102 No	103 Lr

* A designação dos grupos de 1 a 18 foi recomendada pela União Internacional de Química Pura e Aplicada (IUPAC). A partir de setembro de 2003 foram comunicadas as existências dos elementos de números atômicos 112, 114 e 116, ainda sem confirmação.

238 | APÊNDICE C

Números Atômicos e Massas Atômicas*

Número Atômico	Nome	Símbolo	Massa	Número Atômico	Nome	Símbolo	Massa
1	Hidrogênio	H	1,00794(7)	57	Lantânio	La	138,90547(7)
2	Hélio	He	4,002602(2)	58	Cério	Ce	140,116(1)
3	Lítio	Li	6,941(2)	59	Praseodímio	Pr	140,90765(2)
4	Berílio	Be	9,012182(3)	60	Neodímio	Nd	144,242(3)
5	Boro	B	10,811(7)	61	Promécio	Pm	[145]
6	Carbono	C	12,0107(8)	62	Samário	Sm	150,36(2)
7	Nitrogênio	N	14,0067(2)	63	Európio	Eu	151,964(1)
8	Oxigênio	O	15,9994(3)	64	Gadolínio	Gd	157,25(3)
9	Flúor	F	18,9984032(5)	65	Térbio	Tb	158,92535(2)
10	Neônio	Ne	20,1797(6)	66	Disprósio	Dy	162,500(1)
11	Sódio	Na	22,98976928(2)	67	Hólmio	Ho	164,93032(2)
12	Magnésio	Mg	24,3050(6)	68	Érbio	Er	167,259(3)
13	Alumínio	Al	26,9815386(8)	69	Túlio	Tm	168,93421(2)
14	Silício	Si	28,0855(3)	70	Itérbio	Yb	173,04(3)
15	Fósforo	P	30,973762(2)	71	Lutécio	Lu	174,967(1)
16	Enxofre	S	32,065(5)	72	Háfnio	Hf	178,49(2)
17	Cloro	Cl	35,453(2)	73	Tântalo	Ta	180,94788(2)
18	Argônio	Ar	39,948(1)	74	Tungstênio	W	183,84(1)
19	Potássio	K	39,0983(1)	75	Rênio	Re	186,207(1)
20	Cálcio	Ca	40,078(4)	76	Ósmio	Os	190,23(3)
21	Escândio	Sc	44,955912(6)	77	Irídio	Ir	192,217(3)
22	Titânio	Ti	47,867(1)	78	Platina	Pt	195,084(9)
23	Vanádio	V	50,9415(1)	79	Ouro	Au	196,966569(4)
24	Cromo	Cr	51,9961(6)	80	Mercúrio	Hg	200,59(2)
25	Manganês	Mn	54,938045(5)	81	Tálio	Tl	204,3833(2)
26	Ferro	Fe	55,845(2)	82	Chumbo	Pb	207,2(1)
27	Cobalto	Co	58,933195(5)	83	Bismuto	Bi	208,98040(1)
28	Níquel	Ni	58,6934(2)	84	Polônio	Po	[209]
29	Cobre	Cu	63,546(3)	85	Astatínio	At	[210]
30	Zinco	Zn	65,409(4)	86	Radônio	Rn	[222]
31	Gálio	Ga	69,723(1)	87	Frâncio	Fr	[223]
32	Germânio	Ge	72,64(1)	88	Rádio	Ra	[226]
33	Arsênio	As	74,92160(2)	89	Actínio	Ac	[227]
34	Selênio	Se	78,96(3)	90	Tório	Th	232,03806(2)
35	Bromo	Br	79,904(1)	91	Protactínio	Pa	231,03588(2)
36	Criptônio	Kr	83,798(2)	92	Urânio	U	238,02891(3)
37	Rubídio	Rb	85,4678(3)	93	Netúnio	Np	[237]
38	Estrôncio	Sr	87,62(1)	94	Plutônio	Pu	[244]
39	Ítrio	Y	88,90585(2)	95	Américo	Am	[243]
40	Zircônio	Zr	91,224(2)	96	Cúrio	Cm	[247]
41	Nióbio	Nb	92,90638(2)	97	Berquélio	Bk	[247]
42	Molibdênio	Mo	95,94(2)	98	Califórnio	Cf	[251]
43	Tecnécio	Tc	[98]	99	Einstênio	Es	[252]
44	Rutênio	Ru	101,07(2)	100	Férmio	Fm	[257]
45	Ródio	Rh	102,90550(2)	101	Mendelévio	Md	[258]
46	Paládio	Pd	106,42(1)	102	Nobélio	No	[259]
47	Prata	Ag	107,8682(2)	103	Laurêncio	Lr	[262]
48	Cádmio	Cd	112,411(8)	104	Rutherfórdio	Rf	[261]
49	Índio	In	114,818(3)	105	Dúbnio	Db	[262]
50	Estanho	Sn	118,710(7)	106	Seabórgio	Sg	[266]
51	Antimônio	Sb	121,760(1)	107	Bóhrio	Bh	[264]
52	Telúrio	Te	127,60(3)	108	Hássio	Hs	[277]
53	Iodo	I	126,90447(3)	109	Meitnério	Mt	[268]
54	Xenônio	Xe	131,293(6)	110	Darmstádio	Ds	[271]
55	Césio	Cs	132,9054519(2)	111	Roentgênio	Rg	[272]
56	Bário	Ba	137,327(7)				

* Valores de massa atômica com incertezas indicadas pelo último algarismo, entre parênteses.

Tutorial Matemático

M-1   Algarismos Significativos
M-2   Equações
M-3   Proporções Diretas e Inversas
M-4   Equações Lineares
M-5   Equações Quadráticas e Fatoração
M-6   Expoentes e Logaritmos
M-7   Geometria
M-8   Trigonometria
M-9   A Expansão Binomial
M-10   Números Complexos
M-11   Cálculo Diferencial
M-12   Cálculo Integral

Neste tutorial, revisamos alguns dos resultados básicos de álgebra, geometria, trigonometria e cálculo. Em muitos casos, meramente enunciamos resultados sem prova. A Tabela M-1 lista alguns símbolos matemáticos.

M-1 ALGARISMOS SIGNIFICATIVOS

Muitos dos números com que trabalhamos, em ciência, são o resultado de medidas e, portanto, conhecidos apenas dentro de um certo grau de incerteza. Esta incerteza deve ser refletida no número de algarismos utilizados. Por exemplo, se você tem uma régua de 1 metro, graduada em centímetros, você sabe que pode medir a altura de uma caixa com a precisão de um quinto de centímetro, mais ou menos. Usando esta régua, você pode encontrar um comprimento da caixa de 27,0 cm. Se a graduação de sua régua for em milímetros, talvez você possa medir a altura da caixa como 27,03 cm. No entanto, se sua régua é graduada em milímetros, talvez você não seja capaz de medir a altura com uma precisão maior do que 27,03 cm, porque a altura pode variar uns 0,01 cm, dependendo de qual parte da caixa você toma para fazer a medida. Quando você escreve que a altura da caixa é 27,03 cm, está afirmando que sua melhor estimativa do comprimento é 27,03 cm, mas não está alegando que ele vale exatamente 27,030000… cm. Os quatro algarismos em 27,03 cm são chamados de **algarismos significativos**. Seu comprimento medido, 2,703 m, possui quatro algarismos significativos.

O número de algarismos significativos no resultado de um cálculo dependerá do número de algarismos significativos dos dados. Quando você trabalha com números que têm incertezas, deve cuidar para não incluir mais algarismos do que a certeza da medida garante. Cálculos *aproximados* (estimativas de ordens de grandeza) sempre resultam em respostas que têm apenas um algarismo significativo, ou nenhum. Ao multiplicar, dividir, somar ou subtrair números, você deve considerar a precisão dos resultados. A seguir, estão listadas algumas regras que o ajudarão a determinar o número de algarismos significativos de seus resultados.

1. Ao multiplicar ou dividir quantidades, o número de algarismos significativos do resultado final não deve ser maior do que o da quantidade com o menor número de algarismos significativos.
2. Ao somar ou subtrair quantidades, o número de casas decimais do resultado deve ser igual ao da quantidade com o menor número de casas decimais.
3. Valores exatos possuem um número ilimitado de algarismos significativos. Por exemplo, um valor a que se chegou por contagem, como 2 mesas, não apresenta incerteza e é um valor exato. Além disso, o fator de conversão 0,0254000… m/in é um valor exato, porque 1,000… polegada é exatamente igual a 0,0254000…

Tabela M-1   Símbolos Matemáticos

$=$	é igual a
$\neq$	é diferente de
$\approx$	é aproximadamente igual a
$\sim$	é da ordem de
$\propto$	é proporcional a
$>$	é maior do que
$\geq$	é maior ou igual a
$\gg$	é muito maior do que
$<$	é menor do que
$\leq$	é menor ou igual a
$\ll$	é muito menor do que
Δx	variação de x
$|x|$	valor absoluto de x
Σ	soma
$\lim$	limite
$\Delta t \to 0$	Δt tende a zero
$\dfrac{dx}{dt}$	derivada de x em relação a t
$\dfrac{\partial x}{\partial t}$	derivada parcial de x em relação a t
$\displaystyle\int$	integral

240 | TUTORIAL MATEMÁTICO

metros. (A jarda é, por definição, igual a exatamente 0,9144 metros, e 0,9144 dividido por 36 é exatamente igual a 0,0254.)

4. Às vezes os zeros são significativos, outras vezes não. Se um zero está antes do primeiro algarismo não-nulo, então o zero é não significativo. Por exemplo, o número 0,00890 possui três algarismos significativos. Os primeiros três zeros não são algarismos significativos, e indicam apenas a posição da vírgula decimal. Note que o zero após o nove é significativo.

5. Zeros entre algarismos não-nulos são significativos. Por exemplo, 5603 possui quatro algarismos significativos.

6. O número de algarismos significativos em números com zeros em seqüência sem vírgula decimal é ambíguo. Por exemplo, 31000 pode ter cinco algarismos significativos, ou dois algarismos significativos. Para evitar ambigüidade, você deve informar valores usando notação científica, ou uma vírgula decimal.

Exemplo M-1 — Determinando a Média de Três Números

Determine a média de 19,90; $-7,524$ e $-11,8179$.

SITUAÇÃO Você somará três números, e depois dividirá o resultado por três. Os primeiros dois números possuem quatro algarismos significativos e o terceiro possui seis.

SOLUÇÃO

1. Some os três números.

$$19,90 + (-7,524) + (-11,8179) = 0,558\mathit{1}$$

2. Se o problema tivesse pedido apenas a soma dos três números, arredondaríamos o resultado até o menor número de casas decimais dos três números que estão sendo somados. No entanto, devemos dividir este resultado intermediário por 3, de forma que usamos o resultado intermediário com os dois algarismos extras (em itálico).

$$\frac{0,558\mathit{1}}{3} = 0,1860333\ldots$$

3. Apenas dois dos algarismos na resposta intermediária, $0,18\mathit{60333}\ldots$, são algarismos significativos, e então devemos arredondar este número para obter o resultado final. O número 3 no denominador é um número inteiro e tem um número ilimitado de algarismos significativos. Então, a resposta final possui o mesmo número de algarismos significativos que o numerador, que é 2.

A resposta final é $\boxed{0,19.}$

CHECAGEM A soma no passo 1 tem dois algarismos significativos após a vírgula decimal, o mesmo que o número a ser somado que possui o menor número de algarismos significativos após a vírgula decimal.

PROBLEMAS PRÁTICOS

1. $\dfrac{5,3\ \text{mol}}{22,4\ \text{mol/L}}$

2. $57,8\ \text{m/s} - 26,24\ \text{m/s}$

M-2 EQUAÇÕES

Uma **equação** é uma assertiva escrita usando números e símbolos para indicar que duas quantidades, escritas uma de cada lado de um sinal de igualdade (=), são iguais. As quantidades de cada lado do sinal de igualdade podem consistir em um único termo, ou da soma ou diferença de dois ou mais **termos**. Por exemplo, a equação $x = 1 - (ay + b)/(cx - d)$ contém três termos, x, 1 e $(ay + b)/(cx - d)$.

Você pode realizar as seguintes operações com equações:

1. A mesma quantidade pode ser somada a ou subtraída de cada lado de uma equação.
2. Cada lado de uma equação pode ser multiplicado ou dividido pela mesma quantidade.
3. Cada lado de uma equação pode ser elevado à mesma potência.

Estas operações devem ser aplicadas a cada *lado* da equação, e não a cada termo. (Como a multiplicação é distributiva em relação à adição, a operação 2 — e somente a operação 2 — também se aplica termo-a-termo.)

Tutorial Matemático | **241**

Cuidado: A divisão por zero é proibida em cada *passo da solução de uma equação; isto tornaria os resultados (se existentes) inválidos.*

Somando ou Subtraindo a Mesma Quantidade
Para determinar x quando $x - 3 = 7$, some 3 aos dois lados da equação: $(x - 3) + 3 = 7 + 3$; assim, $x = 10$.

Multiplicando ou Dividindo pela Mesma Quantidade
Se $3x = 17$, determine x dividindo os dois lados da equação por 3; assim, $x = \frac{17}{3}$, ou 5,7.

Exemplo M-2 — Simplificando Inversos em uma Equação

Determine x, para a seguinte equação:

$$\frac{1}{x} + \frac{1}{4} = \frac{1}{3}$$

Equações contendo inversos de incógnitas ocorrem na óptica geométrica ou em análise de circuitos elétricos — por exemplo, na determinação da resistência equivalente para resistores em paralelo.

SITUAÇÃO Nesta equação, o termo que contém x está do mesmo lado da equação em que se encontra um termo que não contém x. Além disso, x está no denominador de uma fração.

SOLUÇÃO

1. Subtraia $\frac{1}{4}$ de cada lado:

$$\frac{1}{x} = \frac{1}{3} - \frac{1}{4}$$

2. Simplifique o lado direito da equação usando o mínimo denominador comum:

$$\frac{1}{x} = \frac{1}{3} - \frac{1}{4} = \frac{4}{12} - \frac{3}{12} = \frac{4-3}{12} = \frac{1}{12} \quad \text{logo} \quad \frac{1}{x} = \frac{1}{12}$$

3. Multiplique os dois lados da equação por $12x$ para determinar o valor de x:

$$12x\frac{1}{x} = 12x\frac{1}{12}$$

$$\boxed{12} = x$$

CHECAGEM Substitua x por 12 no lado esquerdo da equação original.

$$\frac{1}{x} + \frac{1}{4} = \frac{1}{12} + \frac{3}{12} = \frac{4}{12} = \frac{1}{3}$$

PROBLEMAS PRÁTICOS Resolva para x cada uma das seguintes equações.

3. $(7,0 \text{ cm}^3)x = 18 \text{ kg} + (4,0 \text{ cm}^3)x$

4. $\dfrac{4}{x} + \dfrac{1}{3} = \dfrac{3}{x}$

M-3 PROPORÇÕES DIRETAS E INVERSAS

Quando dizemos que as variáveis x e y são **diretamente proporcionais** estamos dizendo que, quando x e y variam, a razão x/y permanece constante. Dizer que duas quantidades são proporcionais é dizer que elas são diretamente proporcionais. Quando dizemos que as variáveis x e y são **inversamente proporcionais** estamos dizendo que, quando x e y variam, o produto xy é constante.

Relações de proporções diretas e inversas são comuns em física. Corpos que se movem com a mesma velocidade possuem as quantidades de movimento linear diretamente proporcionais às suas massas. A lei dos gases ideais ($PV = nRT$) estabelece que a pressão P é diretamente proporcional à temperatura (absoluta) T, quando o volume V permanece constante, e é inversamente proporcional ao volume, quando a temperatura permanece constante. A lei de Ohm ($V = IR$) afirma que a tensão V através de um resistor é diretamente proporcional à corrente elétrica no resistor quando a resistência R permanece constante.

242 | TUTORIAL MATEMÁTICO

CONSTANTE DE PROPORCIONALIDADE

Quando duas quantidades são diretamente proporcionais, elas se relacionam através de uma *constante de proporcionalidade*. Se você recebe, por um trabalho regular, R reais por dia, por exemplo, o valor v que você recebe é diretamente proporcional ao tempo t que você trabalha; a taxa R é a constante de proporcionalidade que relaciona o valor recebido em reais com o tempo trabalhado em dias, t:

$$\frac{v}{t} = R \qquad \text{ou} \qquad v = Rt$$

Se você recebe 400 reais em 5 dias, o valor de R é R\$400/(5 dias) = R\$80/dia. Para determinar o valor que você recebe em 8 dias, basta fazer o cálculo

$$v = (\text{R\$80/dia})(8\text{ dias}) = \$640$$

Às vezes, a constante de proporcionalidade pode ser ignorada em problemas de proporção. Como o valor que você recebe em 8 dias é $\frac{8}{5}$ vezes o valor que você recebe em 5 dias, esse valor é

$$v = \frac{8}{5}(\text{R\$400}) = \text{R\$640}$$

Exemplo M-3 — Pintando Cubos

Você precisa de 15,4 mL de tinta para pintar um lado de um cubo. A área de um lado do cubo é 426 cm². Qual é a relação entre o volume da tinta necessária e a área a ser recoberta? Quanta tinta é necessária para pintar um lado de um cubo cujo lado possui uma área de 503 cm²?

SITUAÇÃO Para determinar a quantidade de tinta para um lado cuja área é 503 cm², você precisa estabelecer uma proporção.

SOLUÇÃO

1. O volume V da tinta necessária cresce proporcionalmente à área A a ser pintada.

$\boxed{V \text{ e } A \text{ são diretamente proporcionais.}}$

Isto é, $\dfrac{V}{A} = k$ ou $V = kA$

onde k é a constante de proporcionalidade

2. Determine o valor da constante de proporcionalidade, usando os dados fornecidos $V_1 = 15{,}4$ mL e $A_1 = 426$ cm²:

$$k = \frac{V_1}{A_1} = \frac{15{,}4 \text{ mL}}{426 \text{ cm}^2} = 0{,}0361 \text{ mL/cm}^2$$

3. Determine o volume necessário de tinta para pintar um lado de um cubo cuja área vale 503 cm², usando a constante de proporcionalidade do passo 1:

$$V_2 = kA_2 = (0{,}0361 \text{ mL/cm}^2)(503 \text{ cm}^2) = \boxed{18{,}2 \text{ mL}}$$

CHECAGEM Nosso valor para V_2 é maior do que o valor de V_1, como esperado. A quantidade de tinta necessária para recobrir uma área igual a 503 cm² deve ser maior do que a quantidade de tinta necessária para recobrir uma área de 426 cm², porque 503 cm² é maior do que 426 cm².

PROBLEMAS PRÁTICOS

5. Um recipiente cilíndrico contém 0,384 L de água, quando cheio. Quanta água poderia conter o recipiente, se seu raio fosse dobrado e sua altura permanecesse a mesma?
   Dica: O volume de um cilindro circular reto é dado por $V = \pi r^2 h$, onde r é seu raio e h é sua altura. Assim, V é diretamente proporcional a r^2 quando h permanece constante.
6. Quanta água poderia conter o recipiente do Problema Prático 5, se tanto sua altura quanto seu raio fossem dobrados?

M-4 EQUAÇÕES LINEARES

Uma **equação linear** é uma equação da forma $x + 2y - 4z = 3$. Isto é, uma equação é linear se cada termo ou é constante ou é o produto de uma constante por uma variável elevada à primeira potência. Tais equações são ditas lineares porque são representadas graficamente por linhas retas ou planos. As relações de proporção direta entre duas variáveis são equações lineares.

GRÁFICO DE UMA LINHA RETA

Uma equação linear que relaciona y com x pode sempre ser colocada na forma padrão

$$y = mx + b \qquad \text{M-1}$$

onde m e b são constantes que podem ser positivas ou negativas. A Figura M-1 mostra um gráfico dos valores de x e y que satisfazem à Equação M-1. A constante b é a **interseção com o eixo y**, o valor de y em $x = 0$. É o chamado coeficiente linear. A constante m é a **inclinação** da reta, que é igual à razão entre a variação de y e a correspondente variação de x. É o chamado coeficiente angular. Na figura, indicamos dois pontos sobre a reta, (x_1, y_1) e (x_2, y_2), e as variações $\Delta x = x_2 - x_1$ e $\Delta y = y_2 - y_1$. A inclinação m, então, vale

$$m = \frac{y_2 - y_1}{x_2 - x_1} = \frac{\Delta y}{\Delta x}$$

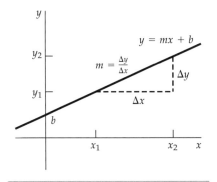

FIGURA M-1 Gráfico da equação linear $y = mx + b$, onde b é a interseção com o eixo y e $m = \Delta y/\Delta x$ é a inclinação.

Se x e y são ambos incógnitas na equação $y = mx + b$, não há valores únicos de x e y que sejam soluções da equação. Qualquer par de valores (x_1, y_1) sobre a reta da Figura M-1 irá satisfazer à equação. Se tivermos duas equações, cada uma com as mesmas duas incógnitas x e y, as equações podem ser resolvidas simultaneamente para as duas incógnitas. O Exemplo M-4 mostra como equações lineares simultâneas podem ser resolvidas.

Exemplo M-4 — Usando Duas Equações para Determinar Duas Incógnitas

Determine todos os valores de x e y que satisfaçam, simultaneamente, a

$$3x - 2y = 8 \qquad \text{M-2}$$

e

$$y - x = 2 \qquad \text{M-3}$$

SITUAÇÃO A Figura M-2 mostra um gráfico das duas equações. No ponto de interseção das duas retas, os valores de x e y satisfazem às duas equações. Podemos resolver duas equações simultâneas primeiro explicitando, em uma das equações, uma das variáveis em termos da outra variável, e depois substituindo o resultado na outra equação.

SOLUÇÃO

1. Explicite y na Equação M-3: $y = x + 2$

2. Substitua este valor de y na Equação M-2: $3x - 2(x + 2) = 8$

3. Simplifique a equação e determine x:
$$3x - 2x - 4 = 8$$
$$x - 4 = 8$$
$$x = \boxed{12}$$

4. Use sua solução para x, e uma das equações dadas, para determinar o valor de y:
$$y - x = 2, \text{ onde } x = 12$$
$$y - 12 = 2$$
$$y = 2 + 12 = \boxed{14}$$

CHECAGEM Um método alternativo é o de multiplicar uma das equações por uma constante que faça com que um termo que contenha uma incógnita seja eliminado quando as equações são somadas ou subtraídas. Podemos multiplicar a Equação M-3 por 2

$$2(y - x) = 2(2)$$
$$2y - 2x = 4$$

e somar o resultado à Equação M-2 para determinar x:

$$\begin{array}{r} 2y - 2x = 4 \\ 3x - 2y = 8 \\ \hline 3x - 2x = 12 \Rightarrow x = 12 \end{array}$$

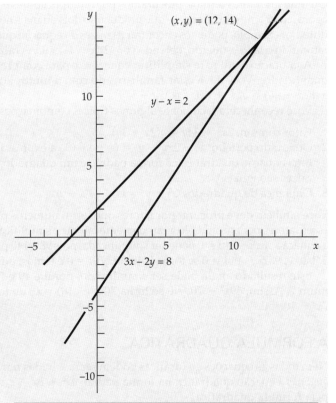

FIGURA M-2 Gráfico das Equações M-2 e M-3. No ponto de interseção das linhas, os valores de x e de y satisfazem às duas equações.

Substitua na Equação M-3 e determine y:

$$y - 12 = 2 \Rightarrow y = 14$$

PROBLEMAS PRÁTICOS

7. Verdadeiro ou falso: $xy = 4$ é uma equação linear.
8. No tempo $t = 0{,}0$ s, a posição de uma partícula que se move no eixo x com velocidade constante é $x = 3{,}0$ m. Em $t = 2{,}0$ s, a posição é $x = 12{,}0$ m. Escreva uma equação linear mostrando a relação entre x e t.
9. Resolva o seguinte par de equações simultâneas para x e y:

$$\frac{5}{4}x + \frac{1}{3}y = 30$$
$$y - 5x = 20$$

M-5 EQUAÇÕES QUADRÁTICAS E FATORAÇÃO

Uma **equação quadrática** é uma equação com a forma $ax^2 + bxy + cy^2 + ex + fy + g = 0$, onde x e y são variáveis e a, b, c, e, f e g são constantes. Em cada termo da equação as potências das variáveis são inteiros cuja soma vale 2, 1 ou 0. A designação *equação quadrática* usualmente se aplica a uma equação de uma variável que possa ser escrita na forma padrão

$$ax^2 + bx + c = 0 \qquad \text{M-4}$$

onde a, b e c são constantes. A equação quadrática possui duas soluções ou **raízes** — valores de x para os quais a equação é verdadeira.

FATORAÇÃO

Podemos resolver algumas equações quadráticas por **fatoração**. Muito freqüentemente, os termos de uma equação podem ser agrupados ou organizados em outros termos. Quando fatoramos termos, procuramos por multiplicadores e multiplicandos — que, agora, chamamos de **fatores** — que produzirão dois ou mais novos termos em um produto. Por exemplo, podemos encontrar as raízes da equação quadrática $x^2 - 3x + 2 = 0$ fatorando o lado esquerdo, obtendo $(x - 2)(x - 1) = 0$. As raízes são $x = 2$ e $x = 1$.

A fatoração é útil para simplificar equações e para compreender as relações entre quantidades. Você deve estar familiarizado com a multiplicação dos fatores $(ax + by)(cx + dy) = acx^2 + (ad + bc)xy + bdy^2$.

Você reconhecerá facilmente algumas típicas combinações fatoráveis:

1. Fator comum: $2ax + 3ay = a(2x + 3y)$
2. Quadrado perfeito: $x^2 - 2xy + y^2 = (x - y)^2$ (Se a expressão do lado esquerdo de uma equação quadrática na forma padrão é um quadrado perfeito, então as duas raízes são iguais.)
3. Diferença de quadrados: $x^2 - y^2 = (x + y)(x - y)$

Você também deve procurar por fatores que sejam números primos (2, 5, 7 etc.), pois esses fatores podem ajudá-lo a rapidamente fatorar e simplificar termos. Por exemplo, a equação $98x^2 - 140 = 0$ pode ser simplificada, pois 98 e 140 possuem o fator comum 2. Isto é, $98x^2 - 140 = 0$ se torna $2(49x^2 - 70) = 0$ e temos, portanto, $49x^2 - 70 = 0$.

Este resultado ainda pode ser simplificado, porque 49 e 70 possuem o fator comum 7. Assim, $49x^2 - 70 = 0$ se torna $7(7x^2 - 10) = 0$, de forma que ficamos com $7x^2 - 10 = 0$.

A FÓRMULA QUADRÁTICA

Nem todas as equações quadráticas podem ser resolvidas por fatoração. No entanto, *qualquer* equação quadrática na forma padrão $ax^2 + bx + c = 0$ pode ser resolvida pela **fórmula quadrática**,

$$x = \frac{-b \pm \sqrt{b^2 - 4ac}}{2a} = -\frac{b}{2a} \pm \frac{1}{2a}\sqrt{b^2 - 4ac} \qquad \text{M-5}$$

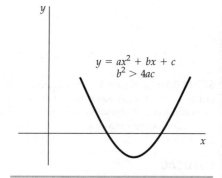

FIGURA M-3 Gráfico de y versus x para $y = ax^2 + bx + c$ no caso $b^2 > 4ac$. Os dois valores de x para os quais $y = 0$ satisfazem à equação quadrática (Equação M-4).

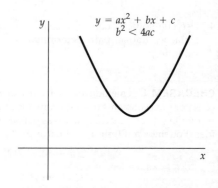

FIGURA M-4 Gráfico de y versus x para $y = ax^2 + bx + c$ no caso $b^2 < 4ac$. Neste caso, não há valores reais de x para os quais $y = 0$.

Quando b^2 é maior do que $4ac$, há duas soluções, correspondentes aos sinais $+$ e $-$. A Figura M-3 mostra um gráfico de y *versus* x para $y = ax^2 + bx + c$. A curva, uma **parábola**, cruza duas vezes o eixo x. (A representação mais simples de uma parábola em coordenadas (x, y) é uma equação da forma $y = ax^2 + bx + c$.) As duas raízes desta equação são os valores para os quais $y = 0$; isto é, as *interseções com o eixo x*.

Quando b^2 é menor do que $4ac$, o gráfico de y *versus* x não cruza o eixo x, como mostra a Figura M-4; ainda existem duas raízes, mas elas não são números reais (veja a discussão sobre números complexos, adiante). Quando $b^2 = 4ac$, o gráfico de y *versus* x é tangente ao eixo x no ponto $x = -b/2a$; as duas raízes são ambas iguais a $-b/2a$.

Exemplo M-5 — Fatorando um Polinômio de Segundo Grau

Fatore a expressão $6x^2 + 19xy + 10y^2$.

SITUAÇÃO Examinamos os coeficientes dos termos para verificar se a expressão pode ser fatorada sem o recurso de métodos mais avançados. Lembre-se da multiplicação $(ax + by)(cx + dy) = acx^2 + (ad + bc)xy + bdy^2$.

SOLUÇÃO

1. O coeficiente de x^2 é 6, que pode ser fatorado de duas maneiras:

$ac = 6$

$3 \cdot 2 = 6$ ou $6 \cdot 1 = 6$

2. O coeficiente de y^2 é 10, que também pode ser fatorado de duas maneiras:

$bd = 10$

$5 \cdot 2 = 10$ ou $10 \cdot 1 = 10$

3. Liste as possibilidades para a, b, c e d em uma tabela. Inclua uma coluna para $ad + bc$.

Se $a = 3$, então $c = 2$, e vice-versa. Também, se $a = 6$, então $c = 1$, e vice-versa. Para cada valor de a existem quatro valores de b.

a	b	c	d	$ad + bc$
3	5	2	2	16
3	2	2	5	**19**
3	10	2	1	23
3	1	2	10	32
2	5	3	2	**19**
2	2	3	5	16
2	10	3	1	32
2	1	3	10	23
6	5	1	2	17
6	2	1	5	32
6	10	1	1	16
6	1	1	10	61
1	5	6	2	32
1	2	6	5	**17**
1	10	6	1	61
1	1	6	10	16

4. Encontre uma combinação tal que $ad + bc = 19$. Como você pode ver na tabela, há duas dessas combinações, ambas dando os mesmos resultados:

$ad + bc = 19$

$3 \cdot 5 + 2 \cdot 2 = 19$

5. Use a combinação da legunda linha da tabela para fatorar a expressão:

$6x^2 + 19xy + 10y^2 = (3x + 2y)(2x + 5y)$

CHECAGEM Para checar, expanda $(3x + 2y)(2x + 5y)$.

$(3x + 2y)(2x + 5y) = 6x^2 + 15xy + 4xy + 10y^2 = 6x^2 + 19xy + 10y^2$

A combinação da quinta linha da tabela também fornece o resultado do passo 4.

PROBLEMAS PRÁTICOS

10. Mostre que a combinação da quinta linha da tabela também fornece o resultado do passo 4.
11. Fatore $2x^2 - 4xy + 2y^2$.
12. Fatore $2x^4 + 10x^3 + 12x^2$.

246 | TUTORIAL MATEMÁTICO

M-6 EXPOENTES E LOGARITMOS

EXPOENTES

A notação x^n significa a quantidade obtida multiplicando-se x por ele mesmo n vezes. Por exemplo, $x^2 = x \cdot x$ e $x^3 = x \cdot x \cdot x$. A quantidade n é a **potência**, ou o **expoente**, de x (a **base**). Segue uma lista de algumas regras que o ajudarão a simplificar termos que possuem expoentes.

1. Quando duas potências de x são multiplicadas, os expoentes são somados:

$$(x^m)(x^n) = x^{m+n} \qquad \text{M-6}$$

Exemplo: $x^2 \cdot x^3 = x^{2+3} = (x \cdot x)(x \cdot x \cdot x) = x^5$.

2. Qualquer número (exceto 0) elevado à potência 0 é, por definição, igual a 1:

$$x^0 = 1 \qquad \text{M-7}$$

3. Com base na regra 2,

$$x^n x^{-n} = x^0 = 1$$

$$x^{-n} = \frac{1}{x^n} \qquad \text{M-8}$$

4. Quando duas potências são divididas, os expoentes são subtraídos:

$$\frac{x^n}{x^m} = x^n x^{-m} = x^{n-m} \qquad \text{M-9}$$

5. Quando uma potência é elevada a outra potência, os expoentes são multiplicados:

$$(x^n)^m = x^{nm} \qquad \text{M-10}$$

6. Quando expoentes são escritos como frações, eles representam raízes da base. Por exemplo,

$$x^{1/2} \cdot x^{1/2} = x$$

logo,

$$x^{1/2} = \sqrt{x} \qquad (x > 0)$$

Exemplo M-6 — Simplificando uma Quantidade com Expoentes

Simplifique $\frac{x^4 x^7}{x^8}$.

SITUAÇÃO De acordo com a regra 1, quando duas potências de x são multiplicadas, os expoentes são somados. A regra 4 estabelece que, quando duas potências são divididas, os expoentes são subtraídos.

SOLUÇÃO

1. Simplifique o numerador $x^4 x^7$ usando a regra 1:
$$x^4 x^7 = x^{4+7} = x^{11}$$

2. Simplifique $\frac{x^{11}}{x^8}$ usando a regra 4:
$$\frac{x^{11}}{x^8} = x^{11} x^{-8} = x^{11-8} = x^3$$

CHECAGEM Use o valor $x = 2$ para verificar se sua resposta é correta.

$$\frac{2^4 2^7}{2^8} = 2^3 = 8$$

$$\frac{2^4 2^7}{2^8} = \frac{(16)(128)}{256} = \frac{2048}{256} = 8$$

PROBLEMAS PRÁTICOS

13. $(x^{1/18})^9$

14. $x^6 x^0 =$

LOGARITMOS

Qualquer número positivo pode ser expresso como alguma potência de qualquer outro número positivo, exceto um. Se y se relaciona com x por $y = a^x$, então o número x é dito o **logaritmo** de y na **base** a, e a relação é escrita

$$x = \log_a y$$

Assim, logaritmos são *expoentes*, e as regras para trabalhar com logaritmos correspondem a leis similares para expoentes. Segue uma lista de algumas regras que o ajudarão a simplificar termos que possuem logaritmos.

1. Se $y_1 = a^n$ e $y_2 = a^m$, então

$$y_1 y_2 = a^n a^m = a^{n+m}$$

Correspondentemente,

$$\log_a y_1 y_2 = \log_a a^{n+m} = n + m = \log_a a^n + \log_a a^m = \log_a y_1 + \log_a y_2 \qquad \text{M-11}$$

Segue, então, que

$$\log_a y^n = n \log_a y \qquad \text{M-12}$$

2. Como $a^1 = a$ e $a^0 = 1$,

$$\log_a a = 1 \qquad \text{M-13}$$

e

$$\log_a 1 = 0 \qquad \text{M-14}$$

Existem duas bases de uso comum: logaritmos na base 10 são chamados de **logaritmos comuns**, e logaritmos na base e (onde $e = 2{,}718\ldots$) são chamados de **logaritmos naturais**.

Neste texto, o símbolo ln é usado para logaritmos naturais e o símbolo log, sem subscrito, é usado para logaritmos comuns. Assim,

$$\log_e x = \ln x \qquad \text{e} \qquad \log_{10} x = \log x \qquad \text{M-15}$$

e $y = \ln x$ implica

$$x = e^y \qquad \text{M-16}$$

Logaritmos podem ser transformados de uma base para outra. Suponha que

$$z = \log x \qquad \text{M-17}$$

Então,

$$10^z = 10^{\log x} = x \qquad \text{M-18}$$

Tomando o logaritmo natural dos dois lados da Equação M-18, obtemos

$$z \ln 10 = \ln x$$

Substituindo log x por z (veja a Equação M-17), fica

$$\ln x = (\ln 10)\log x \qquad \text{M-19}$$

Exemplo M-7 — Mudando Logaritmos de Base

Os passos que levam à Equação M-19 mostram que, em geral, $\log_b x = (\log_b a)\log_a x$ e, portanto, a mundança de base de logaritmos requer apenas a multiplicação por uma constante. Descreva a relação matemática entre a constante para passar logaritmos comuns para logaritmos naturais e a constante para passar logaritmos naturais para logaritmos comuns.

SITUAÇÃO Temos uma regra matemática geral para transformar logaritmos de uma base para outra. Procuramos a relação matemática trocando a por b ou vice-versa, na fórmula.

SOLUÇÃO

1. Você tem uma fórmula para mudar logaritmos da base a para a base b: $\quad\quad \log_b x = (\log_b a)\log_a x$

2. Para mudar da base b para a base a, troque a por b e vice-versa: $\quad\quad \log_a x = (\log_a b)\log_b x$

3. Divida os dois lados da equação do passo 1 por $\log_a x$:

$$\frac{\log_b x}{\log_a x} = \log_b a$$

4. Divida os dois lados da equação do passo 2 por $(\log_a b)\log_a x$:

$$\frac{1}{\log_a b} = \frac{\log_b x}{\log_a x}$$

5. Os resultados mostram que os fatores $\log_b a$ e $\log_a b$ são um o inverso do outro:

$$\frac{1}{\log_a b} = \log_b a$$

CHECAGEM Para o valor de $\log_{10} e$, sua calculadora dará 0,43429. Para ln 10, sua calculadora dará 2,3026. Multiplique 0,43429 por 2,3026; você obterá 1,0000.

PROBLEMAS PRÁTICOS
15. Calcule $\log_{10} 1000$.
16. Calcule $\log_2 5$.

M-7 GEOMETRIA

As propriedades das mais comuns **figuras geométricas** — formas limitadas em duas ou três dimensões cujos comprimentos, áreas ou volumes são regulados por razões específicas — são uma ferramenta analítica básica na física. Por exemplo, as razões características em triângulos nos dão as leis da *trigonometria* (veja a próxima seção deste tutorial) que, por sua vez, nos dá a teoria dos vetores, essencial na análise do movimento em duas ou mais dimensões. Círculos e esferas são essenciais para a compreensão, entre outros conceitos, da quantidade de movimento angular e das densidades de probabilidade da mecânica quântica.

FÓRMULAS BÁSICAS NA GEOMETRIA

Círculo A razão entre a circunferência de um círculo e o seu diâmetro é o número π, que vale aproximadamente

$$\pi = 3,141\ 592$$

A circunferência C de um círculo relaciona-se, portanto, com o seu diâmetro d e o seu raio r por

$$C = \pi d = 2\pi r \quad \text{circunferência do círculo} \quad \text{M-20}$$

A área de um círculo é (Figura M-5)

$$A = \pi r^2 \quad \text{área do círculo} \quad \text{M-21}$$

Paralelograma A área de um paralelograma é a base b vezes a altura h (Figura M-6):

$$A = bh$$

A área de um triângulo é a metade da base vezes a altura (Figura M-7):

$$A = \frac{1}{2}bh$$

Esfera Uma esfera de raio r (Figura M-8) tem uma área superficial dada por

$$A = 4\pi r^2 \quad \text{superfície esférica} \quad \text{M-22}$$

e um volume dado por

$$V = \frac{4}{3}\pi r^3 \quad \text{volume da esfera} \quad \text{M-23}$$

Cilindro Um cilindro de raio r e comprimento L (Figura M-9) tem uma área superficial (não incluindo as bases) de

$$A = 2\pi r L \quad \text{superfície cilíndrica} \quad \text{M-24}$$

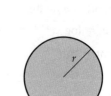
Área do círculo $A = \pi r^2$
FIGURA M-5 Área de um círculo.

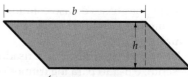
Área do paralelogramo
$A = bh$
FIGURA M-6 Área de um paralelogramo.

Área do triângulo
$A = \frac{1}{2}bh$
FIGURA M-7 Área de um triângulo.

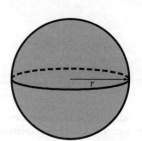
Área da superfície esférica
$A = 4\pi r^2$
Volume da esfera
$V = \frac{4}{3}\pi r^3$
FIGURA M-8 Área superficial e volume de uma esfera.

e um volume de

$$V = \pi r^2 L \qquad \text{volume do cilindro} \qquad \text{M-25}$$

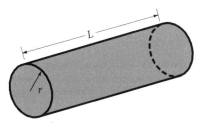

Área da superfície cilíndrica
$A = 2\pi r L$
Volume do cilindro
$V = \pi r^2 L$

FIGURA M-9 Área superficial (não incluindo as bases) e volume de um cilindro.

Exemplo M-8 — Calculando o Volume de uma Casca Esférica

Uma casca esférica de alumínio possui um diâmetro externo de 40,0 cm e um diâmetro interno de 39,0 cm. Determine o volume do alumínio nesta casca.

SITUAÇÃO O volume do alumínio na casca esférica é o volume que resta quando subtraímos o volume da esfera interna com $d_i = 2r_i = 39,0$ cm do volume da esfera externa com $d_e = 2r_e = 40,0$ cm.

SOLUÇÃO
1. Subtraia o volume da esfera de raio r_i do volume da esfera de raio r_e:

$$V = \tfrac{4}{3}\pi r_e^3 - \tfrac{4}{3}\pi r_i^3 = \tfrac{4}{3}\pi(r_e^3 - r_i^3)$$

2. Substitua r_e por 20,0 cm e r_i por 19,5 cm:

$$V = \tfrac{4}{3}\pi[(20,0\text{ cm})^3 - (19,5\text{ cm})^3] = \boxed{2{,}45 \times 10^3 \text{ cm}^3}$$

CHECAGEM Espera-se que o volume da casca possua a mesma ordem de grandeza do volume de um cubo oco com uma aresta externa de 40,0 cm e uma aresta interna de 39,0 cm. O volume deste cubo é $(40,0\text{ cm})^3 - (39,0\text{ cm})^3 = 4,68 \times 10^3 \text{ cm}^3$. O resultado do passo 2 satisfaz a expectativa de que o volume da casca tenha a mesma ordem de grandeza do volume desse cubo oco.

PROBLEMAS PRÁTICOS
17. Determine a razão entre o volume V e a superfície A de uma esfera de raio r.
18. Qual é a área de um cilindro que tem um raio igual a 1/3 de seu comprimento?

M-8 TRIGONOMETRIA

Trigonometria, palavra de raízes gregas que significam "triângulo" e "medida", é o estudo de algumas importantes funções matemáticas, chamadas de **funções trigonométricas**. Estas funções são mais simplesmente definidas como razões entre lados de triângulos retângulos. No entanto, estas definições com base em triângulos retângulos são de utilidade limitada, por serem válidas apenas para ângulos entre zero e 90°. Mas a validade das definições baseadas em triângulos retângulos pode ser estendida definindo-se as funções trigonométricas em termos da razão entre as coordenadas de pontos sobre um círculo de raio unitário traçado com seu centro na origem do plano xy.

Em física, a primeira vez em que encontramos a trigonometria é quando usamos vetores para analisar o movimento em duas dimensões. Funções trigonométricas também são essenciais na análise de qualquer espécie de comportamento periódico, tais como o movimento circular, o movimento oscilatório e a mecânica ondulatória.

ÂNGULOS E SUA MEDIDA: GRAUS E RADIANOS

O tamanho de um ângulo formado por duas linhas retas que se cruzam é conhecido como sua **medida**. A maneira padrão de encontrar a medida de um ângulo é colocá-lo de forma que seu **vértice**, o ponto de interseção das duas linhas retas que o formam, esteja no centro de um círculo localizado na origem de um gráfico de coordenadas cartesianas com uma das linhas se estendendo para a direita como eixo x positivo. A distância percorrida *no sentido anti-horário* sobre a circunferência, a partir do eixo x positivo, até se atingir a interseção da circunferência com a outra reta, define a medida do ângulo. (Viajar no sentido horário até a segunda reta simplesmente daria uma medida negativa; para ilustrar os conceitos básicos, posicionamos o ângulo de forma que a menor rotação será a do sentido anti-horário.)

A unidade mais familiar usada para expressar a medida de um ângulo é o **grau**, que equivale a 1/360 do percurso completo em torno da circunferência do círculo. Para melhor precisão, ou para ângulos menores, podemos usar graus, minutos (') e segundos ("), com $1' = 1°/60$ e $1'' = 1'/60 = 1°/3600$; ou indicar os graus como um número decimal comum.

Em trabalhos científicos, uma medida de ângulo mais útil é o **radiano** (rad). Novamente, coloque o ângulo com seu vértice no centro de um círculo e meça a rotação anti-horária na circunferência. A medida do ângulo em radianos é, então, definida como o comprimento do arco circular entre as duas linhas retas dividido pelo raio do círculo (Figura M-10). Se s é o comprimento do arco e r é o raio do círculo, o ângulo θ medido em radianos é

$$\theta = \frac{s}{r} \qquad \text{M-26}$$

Como o ângulo medido em radianos é a razão de dois comprimentos, ele é adimensional. A relação entre radianos e graus é

$$360° = 2\pi \text{ rad}$$

ou

$$1 \text{ rad} = \frac{360°}{2\pi} = 57{,}3°$$

A Figura M-11 mostra algumas relações úteis com ângulos.

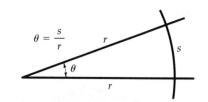

FIGURA M-10 O ângulo θ em radianos é definido como a razão s/r, onde s é o comprimento do arco interceptado em um círculo de raio r.

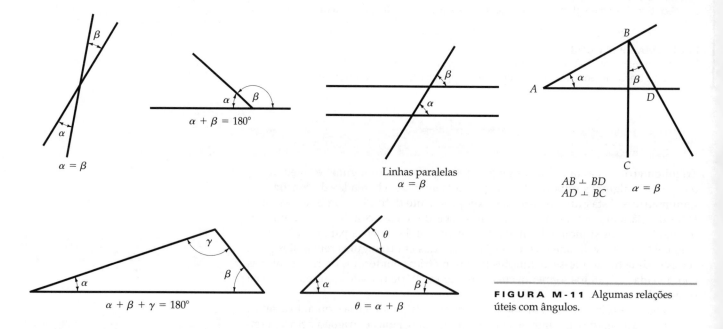

FIGURA M-11 Algumas relações úteis com ângulos.

AS FUNÇÕES TRIGONOMÉTRICAS

A Figura M-12 mostra um triângulo retângulo formado pelo traçado da linha BC perpendicularmente à linha AC. Os comprimentos dos lados são designados por a, b e c. As definições baseadas no triângulo retângulo, para as funções trigonométricas sen θ (o **seno**), cos θ (o **cosseno**) e tan θ (a **tangente**) para um ângulo agudo θ, são

$$\operatorname{sen} \theta = \frac{a}{c} = \frac{\text{Lado oposto}}{\text{Hipotenusa}} \quad \text{M-27}$$

$$\cos \theta = \frac{b}{c} = \frac{\text{Lado adjacente}}{\text{Hipotenusa}} \quad \text{M-28}$$

$$\tan \theta = \frac{a}{b} = \frac{\text{Lado oposto}}{\text{Lado adjacente}} = \frac{\operatorname{sen} \theta}{\cos \theta} \quad \text{M-29}$$

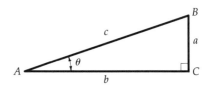

FIGURA M-12 Um triângulo retângulo com lados de comprimentos a e b e hipotenusa de comprimento c.

(**Ângulos agudos** são ângulos que correspondem a uma rotação positiva ao longo da circunferência do círculo menor do que 90°, ou $\pi/2$.) Três outras funções trigonométricas — a **secante** (sec), a **co-secante** (csc) e a **co-tangente** (cot), definidas como os inversos dessas funções — são

$$\sec \theta = \frac{c}{b} = \frac{1}{\cos \theta} \quad \text{M-30}$$

$$\csc \theta = \frac{c}{a} = \frac{1}{\operatorname{sen} \theta} \quad \text{M-31}$$

$$\cot \theta = \frac{b}{a} = \frac{1}{\tan \theta} = \frac{\cos \theta}{\operatorname{sen} \theta} \quad \text{M-32}$$

O ângulo θ cujo seno é x é dito arco-seno e é representado por $\operatorname{arcsen} x$ ou $\operatorname{sen}^{-1} x$. Isto é, se

$$\operatorname{sen} \theta = x$$

então

$$\theta = \operatorname{arcsen} x = \operatorname{sen}^{-1} x \quad \text{M-33}$$

O arco-seno é a função inversa do seno. As funções inversas do cosseno e da tangente são definidas de forma similar. O ângulo cujo cosseno é y é o arco-cosseno de y. Isto é, se

$$\cos \theta = y$$

então

$$\theta = \operatorname{arccos} y = \cos^{-1} y \quad \text{M-34}$$

O ângulo cuja tangente é z é o arco-tangente de z. Isto é, se

$$\tan \theta = z$$

então

$$\theta = \arctan z = \tan^{-1} z \quad \text{M-35}$$

IDENTIDADES TRIGONOMÉTRICAS

Podemos deduzir várias fórmulas, chamadas de **identidades trigonométricas**, examinando relações entre as funções trigonométricas. As Equações M-30 a M-32 são três das identidades mais óbvias, fórmulas que expressam algumas funções trigonométricas como inversas de outras. Quase tão fáceis de perceber são as identidades deduzidas a partir do **teorema de Pitágoras**,

$$a^2 + b^2 = c^2 \quad \text{M-36}$$

(A Figura M-13 ilustra uma prova gráfica deste teorema.) Manipulações algébricas simples da Equação M-36 nos dão mais três identidades. Primeiro, se dividirmos cada termo da Equação M-36 por c^2, obtemos

$$\frac{a^2}{c^2} + \frac{b^2}{c^2} = 1$$

ou, das definições de $\operatorname{sen} \theta$ (que é a/c) e de $\cos \theta$ (que é b/c),

$$\operatorname{sen}^2 \theta + \cos^2 \theta = 1 \quad \text{M-37}$$

De forma similar, podemos dividir cada termo da Equação M-36 por a^2 ou b^2, para obter

$$1 + \cot^2 \theta = \csc^2 \theta \quad \text{M-38}$$

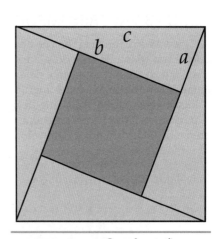

FIGURA M-13 Quando esta figura foi publicada pela primeira vez, não havia as letras e ela estava acompanhada pela única palavra "Veja!". Usando o desenho, demonstre o teorema de Pitágoras $(a^2 + b^2 = c^2)$.

Tabela M-2 — Identidades Trigonométricas

$\text{sen}(A \pm B) = \text{sen}\, A \cos B \pm \cos A \,\text{sen}\, B$

$\cos(A \pm B) = \cos A \cos B \mp \text{sen}\, A \,\text{sen}\, B$

$\tan(A \pm B) = \dfrac{\tan A \pm \tan B}{1 \mp \tan A \tan B}$

$\text{sen}\, A \pm \text{sen}\, B = 2\,\text{sen}\!\left[\dfrac{1}{2}(A \pm B)\right]\cos\!\left[\dfrac{1}{2}(A \mp B)\right]$

$\cos A + \cos B = 2\cos\!\left[\dfrac{1}{2}(A + B)\right]\cos\!\left[\dfrac{1}{2}(A - B)\right]$

$\cos A - \cos B = 2\,\text{sen}\!\left[\dfrac{1}{2}(A + B)\right]\text{sen}\!\left[\dfrac{1}{2}(B - A)\right]$

$\tan A \pm \tan B = \dfrac{\text{sen}(A \pm B)}{\cos A \cos B}$

$\text{sen}^2\theta + \cos^2\theta = 1;\ \sec^2\theta - \tan^2\theta = 1;\ \csc^2\theta - \cot^2\theta = 1$

$\text{sen}\,2\theta = 2\,\text{sen}\,\theta \cos\theta$

$\cos 2\theta = \cos^2\theta - \text{sen}^2\theta = 2\cos^2\theta - 1 = 1 - 2\,\text{sen}^2\theta$

$\tan 2\theta = \dfrac{2\tan\theta}{1 - \tan^2\theta}$

$\text{sen}\,\dfrac{1}{2}\theta = \pm\sqrt{\dfrac{1 - \cos\theta}{2}};\ \cos\dfrac{1}{2}\theta = \pm\sqrt{\dfrac{1 + \cos\theta}{2}};\ \tan\dfrac{1}{2}\theta = \pm\sqrt{\dfrac{1 - \cos\theta}{1 + \cos\theta}}$

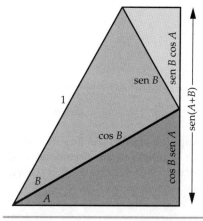

FIGURA M-14 Usando este desenho, prove a identidade $\text{sen}(A + B) = \text{sen}\, A \cos B + \cos A \,\text{sen}\, B$. Você também pode usá-lo para provar a identidade $\cos(A + B) = \cos A \cos B - \text{sen}\, A \,\text{sen}\, B$. Tente.

e

$$1 + \tan^2\theta = \sec^2\theta \qquad \text{M-39}$$

A Tabela M-2 lista estas últimas três identidades trigonométricas, além de muitas outras. Note que elas caem em quatro categorias: funções de somas ou diferenças de ângulos, somas ou diferenças de quadrados de funções, funções de ângulos duplos (2θ) e funções de meios ângulos ($\tfrac{1}{2}\theta$). Note, também, que algumas dessas fórmulas contêm alternativas pareadas, expressas pelos sinais $\pm$ ou $\mp$; em tais fórmulas, lembre-se de sempre aplicar a fórmula ou com todas as alternativas "superiores" ou com todas as alternativas "inferiores". A Figura M-14 mostra uma prova gráfica das primeiras duas identidades de soma de ângulos.

ALGUNS VALORES IMPORTANTES DAS FUNÇÕES

A Figura M-15 é um diagrama de um triângulo retângulo *isósceles* (um triângulo isósceles é um triângulo com dois lados iguais), a partir do qual podemos determinar o seno, o cosseno e a tangente de 45°. Os dois ângulos agudos deste triângulo são iguais. Como a soma dos três ângulos de um triângulo deve ser igual a 180°, e como o ângulo reto é de 90°, cada ângulo agudo deve valer 45°. Por conveniência, vamos supor que os lados iguais possuem, cada um, um comprimento de 1 unidade. O teorema de Pitágoras nos dá um valor para a hipotenusa de

$$c = \sqrt{a^2 + b^2} = \sqrt{1^2 + 1^2} = \sqrt{2}\ \text{unidades}$$

Calculamos os valores das funções:

$\text{sen}\,45° = \dfrac{a}{c} = \dfrac{1}{\sqrt{2}} = 0{,}707 \quad \cos 45° = \dfrac{b}{c} = \dfrac{1}{\sqrt{2}} = 0{,}707 \quad \tan 45° = \dfrac{a}{b} = \dfrac{1}{1} = 1$

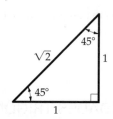

FIGURA M-15 Um triângulo retângulo isósceles.

Outro triângulo comum, um triângulo retângulo 30°–60°, é mostrado na Figura M-16. Como este triângulo retângulo particular é, com efeito, a metade de um *triângulo equilátero* (um triângulo 60°–60°–60°, ou um triângulo com os três lados e os três ângulos iguais), podemos ver que o seno de 30° deve valer exatamente 0,5 (Figura M-17). O triângulo equilátero deve ter todos os lados iguais a c, a hipotenusa do tri-

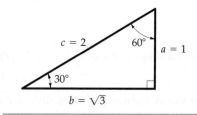

FIGURA M-16 Um triângulo retângulo 30°–60°.

ângulo retângulo 30°–60°. Então, o lado a vale a metade do comprimento da hipotenusa, e logo

$$\text{sen } 30° = \frac{1}{2}$$

Para determinar as outras razões no triângulo retângulo 30°–60°, vamos atribuir um valor 1 ao lado oposto ao ângulo de 30°. Então,

$$c = \frac{1}{0{,}5} = 2 \qquad b = \sqrt{c^2 - a^2} = \sqrt{2^2 - 1^2} = \sqrt{3}$$

$$\cos 30° = \frac{b}{c} = \frac{\sqrt{3}}{2} = 0{,}866 \qquad \tan 30° = \frac{a}{b} = \frac{1}{\sqrt{3}} = 0{,}577$$

$$\text{sen } 60° = \frac{b}{c} = \cos 30° = 0{,}866 \qquad \cos 60° = \frac{a}{c} = \text{sen } 30° = \frac{1}{2}$$

$$\tan 60° = \frac{b}{a} = \frac{\sqrt{3}}{1} = 1{,}732$$

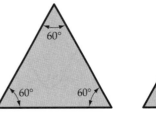
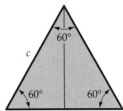

FIGURA M-17 (a) Um triângulo equilátero. (b) Um triângulo equilátero dividido em dois triângulos retângulos 30°–60°.

APROXIMAÇÃO PARA ÂNGULOS PEQUENOS

Para pequenos ângulos, o comprimento a é quase igual ao comprimento de arco s, como pode ser visto na Figura M-18. O ângulo $\theta = s/c$ é, portanto, quase igual a sen $\theta = a/c$:

$$\text{sen } \theta \approx \theta \qquad \text{para valores pequenos de } \theta \qquad \text{M-40}$$

De forma similar, os comprimentos c e b são quase iguais, e logo tan $\theta = a/b$ é quase igual a θ e a sen θ para pequenos valores de θ:

$$\tan \theta \approx \text{sen } \theta \approx \theta \qquad \text{para valores pequenos de } \theta \qquad \text{M-41}$$

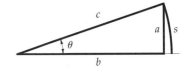

FIGURA M-18 Para ângulos pequenos, sen $\theta = a/c$, tan $\theta = a/b$ e o ângulo $\theta = s/c$ são todos aproximadamente iguais.

As Equações M-40 e M-41 valem apenas se θ for medido em radianos. Como cos $\theta = b/c$, e como estes comprimentos são quase iguais para pequenos valores de θ, temos

$$\cos \theta \approx 1 \qquad \text{para valores pequenos de } \theta \qquad \text{M-42}$$

A Figura M-19 mostra gráficos de θ, sen θ e tan θ *versus* θ para pequenos valores de θ. Se é necessária uma precisão de alguns pontos percentuais, a aproximação para ângulos pequenos só pode ser usada para ângulos da ordem de um quarto de um radiano (ou cerca de 15°) ou menos. Abaixo deste valor, quando o ângulo se torna menor, a aproximação $\theta \approx$ sen $\theta \approx$ tan θ é ainda mais precisa.

FUNÇÕES TRIGONOMÉTRICAS COMO FUNÇÕES DE NÚMEROS REAIS

Até agora, ilustramos as funções trigonométricas como propriedades de ângulos. A Figura M-20 mostra um ângulo *obtuso* com o vértice na origem e um dos lados ao longo do eixo x. As funções trigonométricas para um ângulo "genérico" como este são definidas por

$$\text{sen } \theta = \frac{y}{c} \qquad \text{M-43}$$

$$\cos \theta = \frac{x}{c} \qquad \text{M-44}$$

$$\tan \theta = \frac{y}{x} \qquad \text{M-45}$$

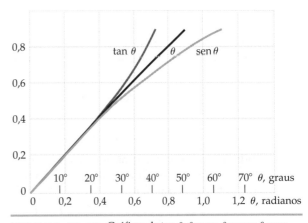

FIGURA M-19 Gráficos de tan θ, θ e sen θ *versus* θ para pequenos valores de θ.

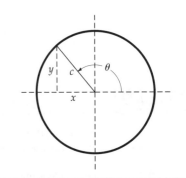

FIGURA M-20 Diagrama para a definição das funções trigonométricas de um ângulo obtuso.

É importante lembrar que os valores de x à esquerda do eixo vertical e que os valores de y abaixo do eixo horizontal são negativos; na figura, c é sempre visto como positivo. A Figura M-21 mostra gráficos das funções genéricas seno, cosseno e tangente, *versus* θ. A função seno tem um período de 2π rad. Assim, para qualquer valor de θ, sen$(\theta + 2\pi) =$ sen θ, e assim por diante. Isto é, quando um ângulo varia de 2π rad,

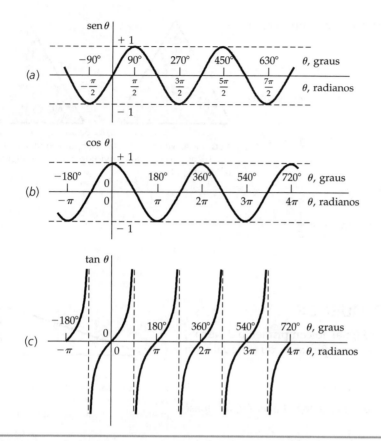

FIGURA M-21 As funções trigonométricas sen θ, cos θ e tan θ *versus* θ.

a função retorna ao seu valor original. A função tangente tem um período de π rad. Assim, $\tan(\theta + \pi) = \tan \theta$, e assim por diante. Algumas outras relações úteis são

$$\operatorname{sen}(\pi - \theta) = \operatorname{sen} \theta \qquad \text{M-46}$$

$$\cos(\pi - \theta) = -\cos \theta \qquad \text{M-47}$$

$$\operatorname{sen}(\tfrac{1}{2}\pi - \theta) = \cos \theta \qquad \text{M-48}$$

$$\cos(\tfrac{1}{2}\pi - \theta) = \operatorname{sen} \theta \qquad \text{M-49}$$

Como o radiano é adimensional, não é difícil ver, dos gráficos da Figura M-21, que as funções trigonométricas são funções de todos os números reais. As funções também podem ser expressas como séries de potências de θ. As séries para sen θ e cos θ são

$$\operatorname{sen} \theta = \theta - \frac{\theta^3}{3!} + \frac{\theta^5}{5!} - \frac{\theta^7}{7!} + \cdots \qquad \text{M-50}$$

$$\cos \theta = 1 - \frac{\theta^2}{2!} + \frac{\theta^4}{4!} - \frac{\theta^6}{6!} + \cdots \qquad \text{M-51}$$

Quando θ é pequeno, boas aproximações são obtidas usando-se apenas alguns dos primeiros termos das séries.

Exemplo M-9   Cosseno de uma Soma

Usando uma adequada identidade trigonométrica da Tabela M-2, determine o $\cos(135° + 22°)$. Dê sua resposta com quatro algarismos significativos.

SITUAÇÃO Desde que todos os ângulos são dados em graus, não há necessidade de convertê-los para radianos, já que todas as operações são valores numéricos das funções. Verifique, no entanto, se sua calculadora está no modo grau. A identidade adequada é $\cos(A \pm B) = \cos A \cos B \mp \operatorname{sen} A \operatorname{sen} B$, onde os sinais superiores são os apropriados.

Tutorial Matemático | **255**

SOLUÇÃO

1. Escreva a identidade trigonométrica para o cosseno de uma soma, com $A = 135°$ e $B = 22°$:

$$\cos(135° + 22°) = (\cos 135°)(\cos 22°) - (\text{sen } 135°)(\text{sen } 22°)$$

2. Usando uma calculadora, determine $\cos 135°$, sen $135°$, $\cos 22°$ e sen $22°$:

$$\cos 135° = -0{,}7071 \qquad \text{sen } 135° = 0{,}7071$$
$$\cos 22° = 0{,}9272 \qquad \text{sen } 22° = 0{,}3746$$

3. Entre com os valores na fórmula e calcule o resultado:

$$\cos(135° + 22°) = (-0{,}7071)(0{,}9272) - (0{,}7071)(0{,}3746)$$
$$= -0{,}9205$$

CHECAGEM A calculadora fornece $\cos(135° + 22°) = \cos(157°) = -0{,}9205$.

PROBLEMAS PRÁTICOS

19. Determine sen θ e cos θ para o triângulo retângulo da Figura M-12, com $a = 4$ cm e $b = 7$ cm. Qual é o valor de θ?
20. Determine sen θ, para $\theta = 8{,}2°$. Sua resposta é consistente com a aproximação para ângulos pequenos?

M-9 A EXPANSÃO BINOMIAL

Um **binômio** é uma expressão que consiste em dois termos ligados por um sinal de mais ou de menos. O **teorema binomial** estabelece que um binômio elevado a uma potência pode ser escrito, ou *expandido*, como uma série de termos. Se elevarmos o binômio $(1 + x)$ à potência n, o teorema binomial toma a forma

$$(1 + x)^n = 1 + nx + \frac{n(n - 1)}{2!}x^2 + \frac{n(n - 1)(n - 2)}{3!}x^3 + \cdots \qquad \text{M-52}$$

A série é válida para qualquer valor de n se $|x|$ é menor do que 1. A expansão binomial é muito útil em aproximações de expressões algébricas, porque quando $|x| < 1$ os termos de ordens superiores na soma são pequenos. (A ordem de um termo é a potência de x no termo. Assim, os termos mostrados explicitamente na Equação M-52 são de ordens 0, 1, 2 e 3.) A série é particularmente útil em situações onde $|x|$ é pequeno em comparação com 1; então, cada termo é *muito* menor do que o termo anterior e podemos descartar todos os termos além dos primeiros dois ou três termos da expansão. Se $|x|$ é muito menor do que 1, temos

$$(1 + x)^n \approx 1 + nx, \qquad |x| \ll 1 \qquad \text{M-53}$$

A expansão binomial é usada na dedução de muitas fórmulas de cálculo que são importantes em física. Um bem conhecido uso da aproximação na Equação M-53, em física, é a prova de que a energia cinética relativística se reduz à fórmula clássica quando a velocidade de uma partícula é muito pequena em comparação com a velocidade da luz c.

Exemplo M-10 — Usando a Expansão Binomial para Encontrar uma Potência de um Número

Use a Equação M-53 para encontrar um valor aproximado da raiz quadrada de 101.

SITUAÇÃO O número 101 sugere, imediatamente, um binômio, qual seja, $(100 + 1)$. Para encontrar um resultado aproximado, usando a expansão binomial, precisamos manipular a expressão para obter um binômio consistindo de 1 e de um termo menor do que 1.

SOLUÇÃO

1. Escreva $(101)^{1/2}$ em termos de uma expressão $(1 + x)^n$, com x muito menor do que 1:

$$(101)^{1/2} = (100 + 1)^{1/2} = (100)^{1/2}(1 + 0{,}01)^{1/2} = 10(1 + 0{,}01)^{1/2}$$

2. Use a Equação M-53 com $n = \frac{1}{2}$ e $x = 0{,}01$ para expandir $(1 + 0{,}01)^{1/2}$:

$$(1 + 0{,}01)^{1/2} = 1 + \tfrac{1}{2}(0{,}01) + \frac{\tfrac{1}{2}\left(-\tfrac{1}{2}\right)}{2}(0{,}01)^2 + \cdots$$

3. Como $|x| \ll 1$, esperamos que as magnitudes dos termos de ordens 2 e superiores sejam significativamente menores do que a magnitude do termo de primeira ordem. Aproxime o binômio (1) mantendo apenas os termos de ordens zero e um, e (2) mantendo apenas os três primeiros termos:

   Mantendo apenas os termos de ordens zero e um, temos
   $$(1 + 0{,}01)^{1/2} \approx 1 + \tfrac{1}{2}(0{,}01) = 1 + 0{,}005\,000\,0$$
   $$= 1{,}005\,000\,0$$

   Mantendo apenas os termos de ordens zero, um e dois, temos
   $$(1 + 0{,}01)^{1/2} \approx 1 + \tfrac{1}{2}(0{,}01) + \frac{\tfrac{1}{2}(-\tfrac{1}{2})}{2}(0{,}01)^2$$
   $$\approx 1 + 0{,}005\,000\,0 - 0{,}000\,012\,5$$
   $$= 1{,}004\,987\,5$$

4. Substitua estes resultados na equação do passo 1:

   Mantendo apenas os termos de ordens zero e um, temos
   $$(101)^{1/2} = 10(1 + 0{,}01)^{1/2} \approx \boxed{10{,}050\,000}$$
   Mantendo apenas os termos de ordens zero, um e dois, temos
   $$(101)^{1/2} = 10(1 + 0{,}01)^{1/2} \approx \boxed{10{,}049\,875}$$

CHECAGEM Esperamos nossa resposta correta em até cerca de 0,001%. O valor de $(101)^{1/2}$, com até oito algarismos, é 10,049 876. Isto difere de 10,050 000 em 0,000 124, ou cerca de uma parte em 10^5, e difere de 10,049 875 em cerca de uma parte em 10^7.

PROBLEMAS PRÁTICOS No que segue, calcule a resposta mantendo os termos de ordem zero e de primeira ordem na série binomial (Equação M-53), encontre a resposta usando sua calculadora e determine a diferença percentual entre os dois valores:

21. $(1 + 0{,}001)^{-4}$
22. $(1 - 0{,}001)^{40}$

M-10 NÚMEROS COMPLEXOS

Números reais são todos os números, de $-\infty$ a $+\infty$, que podem ser *ordenados*. Sabemos que, dados dois números reais, um deles sempre é igual, maior ou menor do que o outro. Por exemplo, $3 > 2$; $1{,}4 < \sqrt{2} < 1{,}5$ e $3{,}14 < \pi < 3{,}15$. Um número que *não pode* ser ordenado é $\sqrt{-1}$; não podemos medir o tamanho deste número, e portanto, não tem sentido dizer, por exemplo, que $3 \times \sqrt{-1}$ é maior ou menor do que $2 \times \sqrt{-1}$. Os primeiros matemáticos que lidaram com números contendo $\sqrt{-1}$ se referiam a esses números como números *imaginários*, porque eles não podiam ser usados para medir ou contar alguma coisa. Em matemática, o símbolo i é usado para representar $\sqrt{-1}$.

A Equação M-5, a fórmula quadrática, se aplica a equações da forma

$$ax^2 + bx + c = 0$$

A fórmula mostra que não há raízes reais quando $b^2 < 4ac$. Ainda existem, no entanto, duas raízes. Cada raiz é um número contendo dois termos: um número real e um múltiplo de $i = \sqrt{-1}$. O múltiplo de i é chamado de **número imaginário** e i é chamado de **unidade imaginária**.

Um **número complexo** z pode ser escrito, de forma geral, como

$$z = a + bi \qquad \text{M-54}$$

onde a e b são números reais. A quantidade a é a chamada parte real de z, ou Re(z), e a quantidade b é a chamada parte imaginária de z, ou Im(z). Podemos representar um número complexo z como um ponto em um plano, chamado de plano complexo, como mostrado na Figura M-22, onde o eixo x é o **eixo real** e o eixo y é o **eixo imaginário**. Podemos, também, usar as relações $a = r \cos \theta$ e $b = r \,\text{sen}\, \theta$, da Figura M-22, para escrever o número complexo z em **coordenadas polares** (um sistema onde um ponto é localizado pelo ângulo de rotação anti-horária θ e pela distância r ao longo da direção θ):

$$z = r \cos \theta + i r \,\text{sen}\, \theta \qquad \text{M-55}$$

onde $r = \sqrt{a^2 + b^2}$ é a chamada **magnitude** de z.

Quando números complexos são somados ou subtraídos, as partes reais e imaginárias são somadas ou subtraídas separadamente:

$$z_1 + z_2 = (a_1 + ib_1) + (a_2 + ib_2) = (a_1 + a_2) + i(b_1 + b_2) \qquad \text{M-56}$$

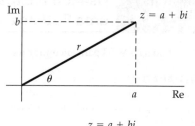

FIGURA M-22 Representação de um número complexo no plano. A parte real do número complexo é plotada no eixo horizontal, e a parte imaginária é plotada no eixo vertical.

No entanto, quando dois números complexos são multiplicados, cada parte de um número é multiplicada por cada parte do outro número:

$$z_1 z_2 = (a_1 + ib_1)(a_2 + ib_2) = a_1 a_2 + i^2 b_1 b_2 + i(a_1 b_2 + a_2 b_1)$$
$$= a_1 a_2 - b_1 b_2 + i(a_1 b_2 + a_2 b_1) \qquad \text{M-57}$$

onde usamos $i^2 = -1$.

O **complexo conjugado** z^* de um número complexo z é o número obtido substituindo i por $-i$ em z. Se $z = a + ib$, então

$$z^* = (a + ib)^* = a - ib \qquad \text{M-58}$$

(Quando uma equação quadrática tem raízes complexas, as raízes são **números complexos conjugados**, da forma $a \pm ib$.) O produto de um número complexo por seu complexo conjugado é igual ao quadrado da magnitude do número:

$$zz^* = (a + ib)(a - ib) = a^2 + b^2 = r^2 \qquad \text{M-59}$$

Uma função de número complexo particularmente útil é a exponencial $e^{i\theta}$. Usando uma expansão para e^x, temos

$$e^{i\theta} = 1 + i\theta + \frac{(i\theta)^2}{2!} + \frac{(i\theta)^3}{3!} + \frac{(i\theta)^4}{4!} + \cdots$$

Usando $i^2 = -1$, $i^3 = -i$, $i^4 = +1$, e assim por diante, e separando as partes reais das partes imaginárias, esta expansão pode ser escrita como

$$e^{i\theta} = \left(1 - \frac{\theta^2}{2!} + \frac{\theta^4}{4!} - \cdots \right) + i\left(\theta - \frac{\theta^3}{3!} + \cdots \right)$$

Comparando este resultado com as Equações M-50 e M-51, podemos ver que

$$e^{i\theta} = \cos\theta + i\,\text{sen}\,\theta \qquad \text{M-60}$$

Usando este resultado, podemos expressar um número complexo genérico como uma exponencial:

$$z = a + ib = r\cos\theta + ir\,\text{sen}\,\theta = re^{i\theta} \qquad \text{M-61}$$

Se $z = x + iy$, onde x e y são variáveis reais, então z é uma **variável complexa**.

VARIÁVEIS COMPLEXAS EM FÍSICA

Variáveis complexas são, com freqüência, usadas em fórmulas que descrevem circuitos de corrente alternada: a impedância de um capacitor ou de um indutor inclui uma parte real (a resistência) e uma parte imaginária (a reatância). (Há formas alternativas, no entanto, de analisar circuitos de corrente alternada — como os vetores girantes chamados de *fasores* — que não requerem atribuição de valores imaginários.) Variáveis complexas são, também, importantes no estudo de ondas harmônicas, através de análise e síntese de Fourier. A equação de Schrödinger dependente do tempo contém uma função da posição e do tempo de valores complexos.

Exemplo M-11 · Determinando a Potência de um Número Complexo

Calcule $(1 + 3i)^4$ usando a expansão binomial.

SITUAÇÃO A expressão é da forma $(1 + x)^n$. Como n é um inteiro positivo, a expansão é válida para qualquer valor de x e todos os termos, além daqueles de ordem n ou menor, devem ser iguais a zero.

SOLUÇÃO

1. Desenvolva a expansão $(1 + 3i)^4$ para mostrar os termos de ordem até quatro:

$$1 + 4\cdot 3i + \frac{4(3)}{2!}(3i)^2 + \frac{4(3)(2)}{3!}(3i)^3 + \frac{4(3)(2)(1)}{4!}(3i)^4$$

2. Calcule cada termo, lembrando que $i^2 = -1$, $i^3 = -i$ e $i^4 = +1$:

$$1 + 12i - 54 - 108i + 81$$

3. Escreva o resultado na forma $a + bi$:

$$(1 + 3i)^4 = \boxed{28 - 96i}$$

CHECAGEM Podemos resolver o problema algebricamente para mostrar que a resposta está correta. Primeiro, elevamos $1 + 3i$ ao quadrado e, depois, elevamos o resultado ao quadrado para obter $(1 + 3i)^4$:

$$(1 + 3i)^2 = 1 \cdot 1 + 2 \cdot 1 \cdot 3i + (3i)^2 = 1 + 6i - 9 = -8 + 6i$$
$$(-8 + 6i)^2 = (-8)(-8) + 2(-8)(6i) + (6i)^2 = 64 - 96i - 36 = 28 - 96i$$

PROBLEMAS PRÁTICOS Expresse na forma $a + bi$:

23. $e^{i\pi}$
24. $e^{i\pi/2}$

M-11 CÁLCULO DIFERENCIAL

O **cálculo** é um ramo da matemática que nos permite lidar com taxas instantâneas de variação de funções e variáveis. Da equação de uma função — digamos, x como função de t — podemos sempre determinar x para um dado t, mas com os métodos do cálculo você pode ir muito além. Você pode saber onde x possuirá certas propriedades, tais como um valor máximo ou um valor mínimo, sem ter que testar com um enorme número de valores de t. Com o cálculo, se são fornecidos os dados apropriados, você pode determinar, por exemplo, o ponto de máxima tensão em uma viga, ou a velocidade ou posição de um corpo em queda no instante t, ou a energia que um corpo em queda adquiriu até o momento do impacto. Os princípios do cálculo provêm do exame das funções em nível infinitesimal — analisando como, por exemplo, x variará quando a variação em t se tornar tão pequena quanto se queira. Começamos com o **cálculo diferencial**, onde determinamos o *limite* da taxa de variação de x em relação a t, quando a variação em t tende a zero.

A Figura M-23 é um gráfico de x *versus* t para uma função típica $x(t)$. Para um particular valor $t = t_1$, x tem o valor x_1, como indicado. Para outro valor t_2, x tem o valor x_2. A variação de t, $t_2 - t_1$, é escrita $\Delta t = t_2 - t_1$; e a correspondente variação em x é escrita $\Delta x = x_2 - x_1$. A razão $\Delta x / \Delta t$ é a inclinação da linha reta que liga (x_1, t_1) a (x_2, t_2). Se tomarmos o limite em que t_2 tende a t_1 (enquanto Δt tende a zero), a inclinação da linha que liga (x_1, t_1) a (x_2, t_2) se aproxima da inclinação da linha que é tangente à curva no ponto (x_1, t_1). A inclinação desta linha tangente é igual à **derivada** de x em relação a t e é escrita como dx/dt:

$$\frac{dx}{dt} = \lim_{\Delta t \to 0} \frac{\Delta x}{\Delta t} \qquad \text{M-62}$$

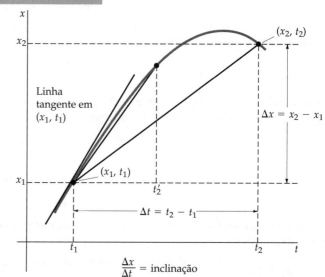

FIGURA M-23 Gráfico de uma função $x(t)$ típica. Os pontos (x_1,t_1) e (x_2,t_2) estão ligados por uma linha reta. A inclinação desta linha é $\Delta x/\Delta t$. Quando o intervalo de tempo que começa em t_1 diminui, a inclinação para esse intervalo se aproxima da inclinação da linha tangente à curva no tempo t_1, que é a derivada de x em relação a t.

(Quando determinamos a derivada de uma função, dizemos que estamos **diferenciando** ou **derivando** a função; e os elementos muito pequenos "dx" e "dt" são as chamadas **diferenciais** de x e de t, respectivamente.) A derivada de uma função de t é outra função de t. Se x é uma constante e não varia, o gráfico de x *versus* t é uma reta horizontal de inclinação zero. A derivada de uma constante é, então, zero. Na Figura M-24, x não é constante mas é proporcional a t:

$$x = Ct$$

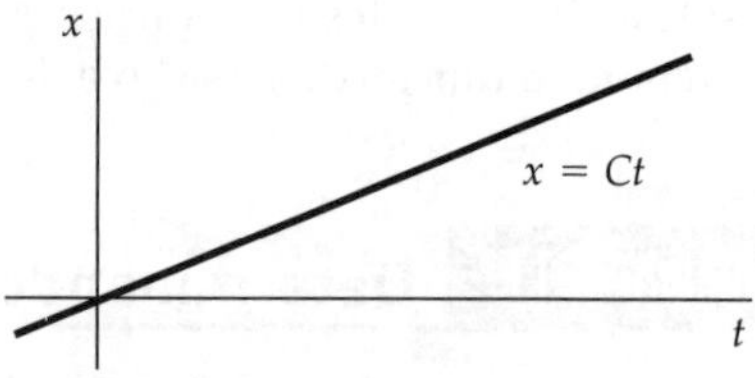

Esta função possui uma inclinação constante igual a C. Assim, a derivada de Ct é C. A Tabela M-3 lista algumas propriedades das derivadas e as derivadas de algumas funções particulares que ocorrem com freqüência em física. Ela é seguida de comentários feitos com o intuito de tornar estas propriedades e regras mais claras. Discussões mais detalhadas podem ser encontradas na maioria dos livros-texto de cálculo.

FIGURA M-24 Gráfico da função linear $x = Ct$. Esta função possui uma inclinação constante C.

COMENTÁRIOS SOBRE AS REGRAS 1 A 5

As regras 1 e 2 seguem do fato de que o processo limite é linear. Podemos entender a regra 3, a regra da cadeia, multiplicando $\Delta f/\Delta t$ por $\Delta x/\Delta x$ e reparando que, quando

Tutorial Matemático | **259**

Tabela M-3 — Propriedades das Derivadas e Derivadas de Algumas Funções

Linearidade

1. A derivada de uma constante C vezes uma função $f(t)$ é igual à constante vezes a derivada da função:

$$\frac{d}{dt}[Cf(t)] = C\frac{df(t)}{dt}$$

2. A derivada de uma soma de funções é igual à soma das derivadas das funções:

$$\frac{d}{dt}[f(t) + g(t)] = \frac{df(t)}{dt} + \frac{dg(t)}{dt}$$

Regra da cadeia

3. Se f é uma função de x e x é, por sua vez, uma função de t, a derivada de f em relação a t é igual ao produto da derivada de f em relação a x pela derivada de x em relação a t:

$$\frac{d}{dt}f(x(t)) = \frac{df}{dx}\frac{dx}{dt}$$

Derivada de um produto

4. A derivada de um produto de funções $f(t)g(t)$ é igual à primeira função vezes a derivada da segunda mais a segunda função vezes a derivada da primeira:

$$\frac{d}{dt}[f(t)g(t)] = f(t)\frac{dg(t)}{dt} + g(t)\frac{df(t)}{dt}$$

Inverso de uma derivada

5. A derivada de t em relação a x é o inverso da derivada de x em relação a t, supondo-se que nenhuma das derivadas seja nula:

$$\frac{dt}{dx} = \left(\frac{dx}{dt}\right)^{-1} \quad \text{se} \quad \frac{dt}{dx} \neq 0 \quad \text{e} \quad \frac{dx}{dt} \neq 0$$

Derivadas de algumas funções

6. Se C é uma constante, então $dC/dt = 0$.

7. $\dfrac{d(t^n)}{dt} = nt^{n-1}$ Se n é constante.

8. $\dfrac{d}{dt}\,\text{sen}\,\omega t = \omega \cos \omega t$ Se ω é constante.

9. $\dfrac{d}{dt}\cos \omega t = -\omega\,\text{sen}\,\omega t$ Se ω é constante.

10. $\dfrac{d}{dt}\tan \omega t = \omega\,\text{sen}^2\,\omega t$ Se ω é constante.

11. $\dfrac{d}{dt}e^{bt} = be^{bt}$ Se b é constante.

12. $\dfrac{d}{dt}\ln bt = \dfrac{1}{t}$ Se b é constante.

Δt tende a zero, Δx também tende a zero. Isto é,

$$\lim_{\Delta t \to 0}\frac{\Delta f}{\Delta t} = \lim_{\Delta t \to 0}\left(\frac{\Delta f}{\Delta t}\frac{\Delta x}{\Delta x}\right) = \lim_{\Delta t \to 0}\left(\frac{\Delta f}{\Delta x}\frac{\Delta x}{\Delta t}\right) = \left(\lim_{\Delta x \to 0}\frac{\Delta f}{\Delta x}\right)\left(\lim_{\Delta t \to 0}\frac{\Delta x}{\Delta t}\right) = \frac{df}{dx}\frac{dx}{dt}$$

onde usamos o fato de que o limite de um produto é igual ao produto dos limites.

A regra 4 não é imediatamente evidente. A derivada de um produto de funções é o limite da razão

$$\frac{f(t + \Delta t)g(t + \Delta t) - f(t)g(t)}{\Delta t}$$

260 | TUTORIAL MATEMÁTICO

Se somarmos e subtrairmos a quantidade $f(t + \Delta t)g(t)$ ao numerador, podemos escrever esta razão como

$$\frac{f(t + \Delta t)g(t + \Delta t) - f(t + \Delta t)g(t) + f(t + \Delta t)g(t) - f(t)g(t)}{\Delta t}$$

$$= f(t + \Delta t)\left[\frac{g(t + \Delta t) - g(t)}{\Delta t}\right] + g(t)\left[\frac{f(t + \Delta t) - f(t)}{\Delta t}\right]$$

Quando Δt tende a zero, os termos entre colchetes se tornam $dg(t)/dt$ e $df(t)/dt$, respectivamente, e o limite da expressão é

$$f(t)\frac{dg(t)}{dt} + g(t)\frac{df(t)}{dt}$$

A regra 5 segue diretamente da definição:

$$\frac{dx}{dt} = \lim_{\Delta t \to 0}\frac{\Delta x}{\Delta t} = \lim_{\Delta x \to 0}\left(\frac{\Delta t}{\Delta x}\right)^{-1} = \left(\frac{dt}{dx}\right)^{-1}$$

COMENTÁRIOS SOBRE A REGRA 7

Podemos obter este importante resultado usando a expansão binomial. Temos

$$f(t) = t^n$$

$$f(t + \Delta t) = (t + \Delta t)^n = t^n\left(1 + \frac{\Delta t}{t}\right)^n$$

$$= t^n\left[1 + n\frac{\Delta t}{t} + \frac{n(n - 1)}{2!}\left(\frac{\Delta t}{t}\right)^2 + \frac{n(n - 1)(n - 2)}{3!}\left(\frac{\Delta t}{t}\right)^3 + \cdots\right]$$

Então,

$$f(t + \Delta t) - f(t) = t^n\left[n\frac{\Delta t}{t} + \frac{n(n - 1)}{2!}\left(\frac{\Delta t}{t}\right)^2 + \cdots\right]$$

e

$$\frac{f(t + \Delta t) - f(t)}{\Delta t} = nt^{n-1} + \frac{n(n - 1)}{2!}t^{n-2}\Delta t + \cdots$$

O termo seguinte, omitido da última soma, é proporcional a $(\Delta t)^2$, o próximo é proporcional a $(\Delta t)^3$, e assim por diante. Cada termo, exceto o primeiro, tende a zero quando Δt tende a zero. Assim,

$$\frac{df}{dt} = \lim_{\Delta x \to 0}\frac{f(t + \Delta t) - f(t)}{\Delta t} = nt^{n-1}$$

COMENTÁRIOS SOBRE AS REGRAS 8 A 10

Primeiro, escrevemos sen ωt = sen θ, com $\theta = \omega t$, e usamos a regra da cadeia,

$$\frac{d\,\mathrm{sen}\,\theta}{dt} = \frac{d\,\mathrm{sen}\,\theta}{d\theta}\frac{d\theta}{dt} = \omega\frac{d\,\mathrm{sen}\,\theta}{d\theta}$$

Depois, usamos as fórmulas trigonométricas para o seno da soma dos dois ângulos θ e $\Delta\theta$:

$$\mathrm{sen}(\theta + \Delta\theta) = \mathrm{sen}\,\Delta\theta\,\cos\theta + \cos\Delta\theta\,\mathrm{sen}\,\theta$$

Como $\Delta\theta$ deve tender a zero, podemos usar as aproximações para pequenos ângulos

$$\mathrm{sen}\,\Delta\theta \approx \Delta\theta \qquad \text{e} \qquad \cos\Delta\theta \approx 1$$

Então,

$$\mathrm{sen}(\theta + \Delta\theta) \approx \Delta\theta\cos\theta + \mathrm{sen}\,\theta$$

e

$$\frac{\mathrm{sen}(\theta + \Delta\theta) - \mathrm{sen}\,\theta}{\Delta\theta} \approx \cos\theta$$

Um raciocínio similar pode ser aplicado à função cosseno para obter a regra 9.

A regra 10 é obtida escrevendo $\tan \theta = \operatorname{sen} \theta / \cos \theta$ e aplicando a regra 4, juntamente com as regras 8 e 9:

$$\frac{d}{dt}(\tan \theta) = \frac{d}{dt}(\operatorname{sen}\theta)(\cos \theta)^{-1} = \operatorname{sen} \theta \frac{d}{dt}(\cos \theta)^{-1} + \frac{d(\operatorname{sen}\theta)}{dt}(\cos \theta)^{-1}$$

$$= \operatorname{sen} \theta(-1)(\cos \theta)^{-2}(-\operatorname{sen} \theta) + (\cos \theta)(\cos \theta)^{-1}$$

$$= \frac{\operatorname{sen}^2 \theta}{\cos^2 \theta} + 1 = \tan^2 \theta + 1 = \sec^2 \theta$$

Para obter a regra 10, faça $\theta = \omega t$ e use a regra da cadeia.

COMENTÁRIOS SOBRE A REGRA 11

Usamos novamente a regra da cadeia

$$\frac{de^\theta}{dt} = \frac{b}{b}\frac{de^\theta}{dt} = b\frac{de^\theta}{d(bt)} = b\frac{de^\theta}{d\theta} \qquad \text{com} \qquad \theta = bt$$

e a expansão em série da função exponencial:

$$e^{\theta + \Delta\theta} = e^\theta e^{\Delta\theta} = e^\theta\left[1 + \Delta\theta + \frac{(\Delta\theta)^2}{2!} + \frac{(\Delta\theta)^3}{3!} + \cdots\right]$$

Então,

$$\frac{e^{\theta + \Delta\theta} - e^\theta}{\Delta\theta} = e^\theta + e^\theta\frac{\Delta\theta}{2!} + e^\theta\frac{(\Delta\theta)^2}{3!} + \cdots$$

Quando $\Delta\theta$ tende a zero, o lado direito desta equação tende a e^θ.

COMENTÁRIOS SOBRE A REGRA 12

Seja

$$y = \ln bt$$

Logo,

$$e^y = bt \rightarrow t = \frac{1}{b}e^y$$

Então, usando a regra 11, obtemos

$$\frac{dt}{dy} = \frac{1}{b}e^y \therefore \frac{dt}{dy} = t$$

E, usando a regra 5, fica

$$\frac{dy}{dt} = \left(\frac{dt}{dy}\right)^{-1} = \frac{1}{t}$$

DERIVADAS DE SEGUNDA ORDEM E DE ORDENS SUPERIORES; ANÁLISE DIMENSIONAL

Uma vez tendo derivado uma função, podemos derivar a derivada resultante, desde que restem termos para serem derivados. Uma função como $x = e^{bt}$ pode ser derivada indefinidamente: $dx/dt = be^{bt}$ (esta função tem como derivada b^2e^{bt}, e assim por diante).

Considere a velocidade e a aceleração. Podemos definir velocidade como a taxa de variação da posição de uma partícula, ou dx/dt, e aceleração como a taxa de variação da velocidade, ou a *segunda* derivada de x em relação a t, escrita como d^2x/dt^2. Se uma partícula se move com velocidade constante, então dx/dt será igual a uma constante. A aceleração, no entanto, será zero: possuir uma velocidade constante equivale a não possuir aceleração, e a derivada de uma constante é zero. Considere, agora, um objeto em queda, sujeito à aceleração constante da gravidade: a velocidade será dependente do tempo, e a *segunda* derivada, d^2x/dt^2, será uma constante.

As *dimensões físicas* de uma derivada em relação a uma variável são as que resultariam se a função original da variável fosse dividida por um valor da variável. Por

262 | TUTORIAL MATEMÁTICO

exemplo, a dimensão de uma equação na qual um termo é x (posição) é a de comprimento (L); as dimensões da derivada de x em relação ao tempo t são as de velocidade (L/T) e as dimensões de d^2x/dt^2 são as de aceleração (L/T²).

Exemplo M-12 — Posição, Velocidade e Aceleração

Determine a primeira e a segunda derivadas de $x = \frac{1}{2}at^2 + bt + c$, onde a, b e c são constantes. A função fornece a posição (em m) de uma partícula em uma dimensão, onde t é o tempo (em s), a é a aceleração (em m/s²), b é a velocidade (em m/s) no tempo $t = 0$ e c é a posição (em m) da partícula em $t = 0$.

SITUAÇÃO A primeira e a segunda derivadas são somas de termos; para cada derivação, tomamos a derivada de cada termo separadamente e somamos os resultados.

SOLUÇÃO

1. Para determinar a primeira derivada, calcule inicialmente a derivada do primeiro termo:

$$\frac{d(\frac{1}{2}at^2)}{dt} = \left(\frac{1}{2}a\right)2t^1 = at$$

2. Calcule a primeira derivada dos segundo e do terceiro termos:

$$\frac{d(bt)}{dt} = b, \qquad \frac{d(c)}{dt} = 0$$

3. Some estes resultados:

$$\frac{dx}{dt} = at + b$$

4. Para calcular a segunda derivada, repita o processo para o resultado do passo 3:

$$\frac{d^2x}{dt^2} = a + 0 = a$$

CHECAGEM As dimensões físicas mostram que o resultado é plausível. A função original é uma equação da posição; todos os termos são em metros — as unidades de t^2 e de t cancelam as unidades s² e s nas constantes a e b, respectivamente. Na função dx/dt, todos os termos são em m/s: a constante c tem derivada zero, e a unidade de t cancela uma das unidades s na constante a. Na função d^2x/dt^2, apenas a aceleração constante permanece; como esperado, suas dimensões são L/T².

PROBLEMAS PRÁTICOS

25. Determine dy/dx para $y = \frac{5}{8}x^3 - 24x - \frac{5}{8}$.

26. Determine dy/dt para $y = ate^{bt}$, onde a e b são constantes.

SOLUÇÃO DE EQUAÇÕES DIFERENCIAIS USANDO NÚMEROS COMPLEXOS

Uma **equação diferencial** é uma equação na qual as derivadas de uma função aparecem como variáveis. É uma equação onde as variáveis estão relacionadas entre si através de suas derivadas. Considere uma equação da forma

$$a\frac{d^2x}{dt^2} + b\frac{dx}{dt} + cx = A\cos\omega t \qquad \text{M-63}$$

que representa um processo físico, como um oscilador harmônico amortecido sujeito a uma força senoidal, ou uma combinação em série RLC sujeita a uma diferença de potencial senoidal. Apesar de todos os parâmetros da Equação M-63 serem números reais, o termo em cosseno dependente do tempo sugere que devemos procurar uma solução estacionária para esta equação através da introdução de números complexos. Primeiro, construímos a equação "paralela"

$$a\frac{d^2y}{dt^2} + b\frac{dy}{dt} + cy = A\,\text{sen}\,\omega t \qquad \text{M-64}$$

A Equação M-64 não tem significado físico próprio, e não temos interesse em resolvê-la. No entanto, ela é útil para resolver a Equação M-63. Após multiplicar a Equação M-64 pela unidade imaginária i, somamos as Equações M-63 e M-64 para obter

$$\left(a\frac{d^2x}{dt^2} + ai\frac{d^2y}{dt^2}\right) + \left(b\frac{dx}{dt} + bi\frac{dy}{dt}\right) + (cx + ciy) = A\cos\omega t + Ai\,\text{sen}\,\omega t$$

Agora, combinamos termos para chegar a

$$a\frac{d^2(x+iy)}{dt^2} + b\frac{d(x+iy)}{dt} + c(x+iy) = A(\cos\omega t + i\,\text{sen}\,\omega t) \qquad \text{M-65}$$

o que é válido, porque a derivada de uma soma é igual à soma das derivadas. Simplificamos nosso resultado definindo $z = x + iy$ e usando a identidade $e^{i\omega t} = \cos\omega t + i\,\text{sen}\,\omega t$. Substituindo na Equação M-65, obtemos

$$a\frac{d^2z}{dt^2} + b\frac{dz}{dt} + cz = Ae^{i\omega t} \qquad \text{M-66}$$

que, agora, resolvemos para z. Uma vez obtido z, podemos determinar x usando $x = \text{Re}(z)$.

Como estamos procurando apenas a solução estacionária da Equação M-65, podemos supor esta solução com a forma $x = x_0 \cos(\omega t - \phi)$, onde ϕ é uma constante. Isto equivale a supor que a solução da Equação M-66 tem a forma $z = \eta e^{i\omega t}$, onde η (eta) é um número complexo constante. Então, $dz/dt = i\omega z$, $d^2z/dt^2 = -\omega^2 z$ e $e^{i\omega t} = z/\eta$. A substituição disto na Equação M-65 leva a

$$-a\omega^2 z + i\omega b z + cz = A\frac{z}{\eta}$$

Dividindo os dois lados desta equação por z, e explicitando η, fica

$$\eta = \frac{A}{-a\omega^2 + i\omega b + c}$$

Expressando o denominador em forma polar, temos

$$(-a\omega^2 + c) + i\omega b = \sqrt{(-a\omega^2 + c)^2 + \omega^2 b^2}\, e^{i\phi}$$

onde $\tan\phi = \omega^2 b^2/(-a\omega^2 + c)$. Então,

$$\eta = \frac{A}{\sqrt{(-a\omega^2 + c)^2 + \omega^2 b^2}} e^{-i\phi}$$

logo,

$$z = \eta e^{i\omega t} = \frac{A}{\sqrt{(-a\omega^2 + c)^2 + \omega^2 b^2}} e^{i(\omega t - \phi)}$$

$$= \frac{A}{\sqrt{(-a\omega^2 + c)^2 + \omega^2 b^2}}[\cos(\omega t - \phi) + i\,\text{sen}(\omega t - \phi)] \qquad \text{M-67}$$

Segue que

$$x = \text{Re}(z) = \frac{A}{\sqrt{(-a\omega^2 + c)^2 + \omega^2 b^2}}\cos(\omega t - \phi) \qquad \text{M-68}$$

A FUNÇÃO EXPONENCIAL

Uma **função exponencial** é uma função da forma a^{bx}, onde $a > 0$ e b são constantes. A função é, normalmente, escrita como e^{cx}, onde c é uma constante.

Quando a taxa de variação de uma quantidade é proporcional à própria quantidade, a quantidade aumenta ou diminui exponencialmente, dependendo do sinal da constante de proporcionalidade. Um exemplo de uma função *exponencialmente* decrescente é o decaimento nuclear. Se N é o número de núcleos radioativos em determinado instante, então a variação dN em um intervalo de tempo muito pequeno dt será proporcional a N e a dt:

$$dN = -\lambda N\, dt$$

onde λ é a *constante de decaimento* (não confundir com a taxa de decaimento dN/dt, que decresce exponencialmente). A função N que satisfaz esta equação é

$$N = N_0 e^{-\lambda t} \qquad \text{M-69}$$

onde N_0 é o valor de N no tempo $t = 0$. A Figura M-25 mostra N versus t. Uma característica do decaimento exponencial é que N diminui por um fator constante, em

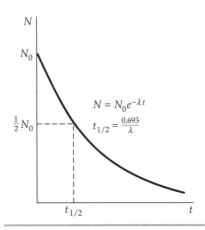

FIGURA M-25 Gráfico de N *versus t* quando N decresce exponencialmente. O tempo $t_{1/2}$ é o tempo que leva para N cair à metade.

dado intervalo de tempo. O intervalo de tempo para N diminuir à metade de seu valor original é sua *meia-vida* $t_{1/2}$. A meia-vida é obtida da Equação M-69 fazendo $N = \frac{1}{2}N_0$ e resolvendo para o tempo. Isto dá

$$t_{1/2} = \frac{\ln 2}{\lambda} = \frac{0{,}693}{\lambda} \qquad \text{M-70}$$

Um exemplo de *crescimento exponencial* é o crescimento populacional. Se N é o número de organismos, a variação de N após um intervalo de tempo muito pequeno dt é dada por

$$dN = +\lambda N\, dt$$

onde λ é, agora, a *constante de crescimento*. A função N que satisfaz esta equação é

$$N = N_0 e^{\lambda t} \qquad \text{M-71}$$

(Repare na mudança de sinal do expoente.) Um gráfico desta função é mostrado na Figura M-26. Um crescimento exponencial pode ser caracterizado pelo tempo de duplicação T_2, que se relaciona com λ por

$$T_2 = \frac{\ln 2}{\lambda} = \frac{0{,}693}{\lambda} \qquad \text{M-72}$$

Com freqüência, somos informados sobre o crescimento populacional através de um percentual anual de aumento, e desejamos calcular o tempo de duplicação. Neste caso, determinamos T_2 (em anos) com a equação

$$T_2 = \frac{69{,}3}{r} \qquad \text{M-73}$$

onde r é o percentual anual. Por exemplo, se a população cresce 2 por cento ao ano, ela dobrará a cada $69{,}3/2 \approx 35$ anos. A Tabela M-4 lista algumas relações úteis com as funções exponencial e logaritmo.

Tabela M-4 — Função Exponencial e Função Logaritmo

$e = 2{,}718\,28$
$e^0 = 1$
Se $y = e^x$, então $x = \ln y$.
$e^{\ln x} = x$
$e^x e^y = e^{(x+y)}$
$(e^x)^y = e^{xy} = (e^y)^x$
$\ln e = 1;\ \ln 1 = 0$
$\ln xy = \ln x + \ln y$
$\ln \dfrac{x}{y} = \ln x - \ln y$
$\ln e^x = x;\ \ln a^x = x \ln a$
$\ln x = (\ln 10) \log x$
$\quad\quad = 2{,}30\,26 \log x$
$\log x = (\log e) \ln x = 0{,}434\,29 \ln x$
$e^x = 1 + x + \dfrac{x^2}{2!} + \dfrac{x^3}{3!} = \ldots$
$\ln(1+x) = x - \dfrac{x^2}{2} + \dfrac{x^3}{3} - \dfrac{x^4}{4}$

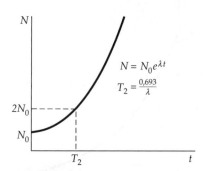

FIGURA M-26 Gráfico de N versus t quando N cresce exponencialmente. O tempo T_2 é o tempo que leva para N dobrar.

Exemplo M-13 — Decaimento Radioativo do Cobalto-60

A meia-vida do cobalto-60 (^{60}Co) é 5,27 anos. Em $t = 0$, você possui uma amostra de ^{60}Co com 1,20 mg de massa. Em que tempo t (em anos) terão decaído 0,400 mg da amostra de ^{60}Co?

SITUAÇÃO Ao deduzirmos a meia-vida em um decaimento exponencial, fizemos $N/N_0 = 1/2$. Neste exemplo, devemos determinar o tempo em que dois terços de uma amostra permanecem, e portanto, a razão N/N_0 será 0,667.

SOLUÇÃO

1. Expresse a razão N/N_0 em forma exponencial:

$$\frac{N}{N_0} = 0{,}667 = e^{-\lambda t}$$

2. Inverta os dois lados:

$$\frac{N_0}{N} = 1{,}50 = e^{\lambda t}$$

3. Resolva para t:

$$t = \frac{\ln 1{,}50}{\lambda} = \frac{0{,}405}{\lambda}$$

4. A constante de decaimento está relacionada à meia-vida por $\lambda = (\ln 2)/t_{1/2}$ (Equação M-70). Substitua λ por $(\ln 2)/t_{1/2}$ e determine o tempo:

$$t = \frac{\ln 1{,}5}{\ln 2} t_{1/2} = \frac{\ln 1{,}5}{\ln 2} \times 5{,}27\ \text{a} = 3{,}08\ \text{a}$$

CHECAGEM Leva 5,27 anos para a massa de uma amostra de ^{60}Co decair a 50 por cento de sua massa inicial. Assim, esperamos que leve menos do que 5,27 anos para que a amostra perca 33,3 por cento de sua massa. Nosso resultado de 3,08 anos, do passo 4, é menor do que 5,27 anos, como esperado.

PROBLEMAS PRÁTICOS

27. A constante de tempo de descarga τ de um capacitor em um circuito RC é o tempo no qual o capacitor descarrega até atingir e^{-1} (ou 0,368) vezes a sua carga em $t = 0$. Se $\tau = 1$ s para um capacitor, em que tempo (em segundos) ele terá descarregado 50,0 por cento de sua carga inicial?
28. Se a população canina de seu estado cresce a uma taxa de 8,0 por cento a cada década e continua crescendo indefinidamente à mesma taxa, em quantos anos ela atingirá 1,5 vez o nível atual?

M-12 CÁLCULO INTEGRAL

A **integração** pode ser considerada como o inverso da derivação. Se uma função $f(t)$ é *integrada*, uma função $F(t)$ é encontrada tal que $f(t)$ seja a derivada de $F(t)$ em relação a t.

A INTEGRAL COMO UMA ÁREA SOB UMA CURVA; ANÁLISE DIMENSIONAL

O processo de determinação da área sob uma curva em um gráfico ilustra a integração. A Figura M-27 mostra uma função $f(t)$. A área do elemento sombreado é, aproximadamente, $f_i \Delta t_i$, onde f_i é calculado não importando em que ponto do intervalo Δt_i. Esta aproximação é muito boa, se Δt_i é muito pequeno. A área total sob um trecho da curva é determinada somando todos os elementos de área que ela cobre, e tomando o limite quando cada Δt_i tende a zero. Este limite é chamado de **integral** de f em relação a t e é escrito como

$$\int f \, dt = \text{área}_i = \lim_{\Delta t_i \to 0} \sum_i f_i \Delta t_i \qquad \text{M-74}$$

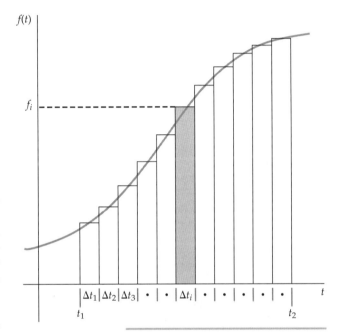

FIGURA M-27 Uma função genérica $f(t)$. A área do elemento sombreado vale aproximadamente $f_i \Delta t_i$, para qualquer f_i do intervalo.

As *dimensões físicas* de uma integral de uma função $f(t)$ são encontradas multiplicando as dimensões do *integrando* (a função que está sendo integrada) pelas dimensões da variável de integração t. Por exemplo, se o integrando é uma função velocidade $v(t)$ (dimensões L/T) e a variável de integração é o tempo t, a dimensão da integral é L = (L/T) × T. Isto é, as dimensões da integral são as de velocidade vezes tempo.

Seja

$$y = \int_{t_1}^{t} f \, dt \qquad \text{M-75}$$

A função y é a área sob a curva f *versus* t, de t_1 até um valor genérico t. Para um pequeno intervalo Δt, a variação da área Δy é aproximadamente $f \Delta t$:

$$\Delta y \approx f \Delta t$$

$$f \approx \frac{\Delta y}{\Delta t}$$

Se tomarmos o limite quando Δt tende a 0, podemos ver que f é a derivada de y:

$$f = \frac{dy}{dt} \qquad \text{M-76}$$

INTEGRAIS INDEFINIDAS E INTEGRAIS DEFINIDAS

Quando escrevemos

$$y = \int f \, dt \qquad \text{M-77}$$

266 | TUTORIAL MATEMÁTICO

estamos mostrando y como uma **integral indefinida** de f em relação a t. Para calcular uma integral indefinida, determinamos a função y cuja derivada é f. Como essa função pode conter um termo constante que, derivado, contribui com zero, incluímos como termo final um **constante de integração** C. Se estamos integrando a função em uma região conhecida — como de t_1 a t_2, na Figura M-27 — podemos determinar uma **integral definida**, eliminando a constante desconhecida C:

$$\int_{t_1}^{t_2} f \, dt = y(t_2) - y(t_1) \qquad \text{M-78}$$

A Tabela M-5 lista algumas fórmulas de integração importantes. Listas mais extensas de fórmulas de integração podem ser encontradas em qualquer livro-texto de cálculo ou procurando "tabela de integrais" na Internet.

Tabela M-5 — Fórmulas de Integração*

1. $\int A \, dt = At$

2. $\int At \, dt = \dfrac{1}{2} At^2$

3. $\int At^n \, dt = A\dfrac{t^{n+1}}{n+1}, \ n \neq -1$

4. $\int At^{-1} \, dt = A \ln |t|$

5. $\int e^{bt} \, dt = \dfrac{1}{b} e^{bt}$

6. $\int \cos \omega t \, dt = \dfrac{1}{\omega} \operatorname{sen} \omega t$

7. $\int \operatorname{sen} \omega t \, dt = -\dfrac{1}{\omega} \cos \omega t$

8. $\int_0^\infty e^{-ax} \, dx = \dfrac{1}{a}$

9. $\int_0^\infty e^{-ax^2} \, dx = \dfrac{1}{2} \sqrt{\dfrac{\pi}{a}}$

10. $\int_0^\infty x e^{-ax^2} \, dx = \dfrac{2}{a}$

11. $\int_0^\infty x^2 e^{-ax^2} \, dx = \dfrac{1}{4} \sqrt{\dfrac{\pi}{a^3}}$

12. $\int_0^\infty x^3 e^{-ax^2} \, dx = \dfrac{4}{a^2}$

13. $\int_0^\infty x^4 e^{-ax^2} \, dx = \dfrac{3}{8} \sqrt{\dfrac{\pi}{a^5}}$

* Nestas fórmulas, A, b e ω são constantes. Nas fórmulas 1 a 7, uma constante arbitrária C pode ser somada ao lado direito de cada equação. A constante a é maior do que zero.

Exemplo M-14 — Integrando Equações de Movimento

Uma partícula está se movendo com aceleração constante a. Escreva uma fórmula para a posição x no tempo t, sabendo que a posição e a velocidade são x_0 e v_0, no tempo $t = 0$.

SITUAÇÃO A velocidade v é a derivada de x em relação ao tempo t, e a aceleração é a derivada de v em relação a t. Podemos escrever uma função $x(t)$ realizando duas integrações.

SOLUÇÃO

1. Integre a em relação a t para determinar v como função de t. Pode-se fatorar a do integrando, já que a é constante:

$$v = \int a \, dt = a \int dt$$
$$v = at + C_1$$

onde C_1 representa a vezes a constante de integração.

2. A velocidade v é igual a v_0 quando $t = 0$:

$$v_0 = 0 + C_1 \Rightarrow C_1 = v_0$$
$$\text{logo} \quad v = v_0 + at$$

3. Integre v em relação a t para determinar x como função de t:

$$x = \int v \, dt = \int (v_0 + at) \, dt = \int v_0 \, dt + \int at \, dt$$
$$x = v_0 \int dt + a \int t \, dt = v_0 t + \tfrac{1}{2} at^2 + C_2$$

onde C_2 representa a combinação das constantes de integração.

4. A posição x é igual a x_0 quando $t = 0$:

$$x_0 = 0 + 0 + C_2$$
$$\text{logo} \quad x = x_0 + v_0 t + \tfrac{1}{2} at^2$$

CHECAGEM Derive duas vezes o resultado do passo 4 para obter a aceleração:

$$v = \frac{dx}{dt} = \frac{d}{dt}(x_0 + v_0 t + \tfrac{1}{2} at^2) = 0 + v_0 + at$$

$$a = \frac{dv}{dt} = \frac{d}{dt}(v_0 + at) = a$$

PROBLEMAS PRÁTICOS

29. $\displaystyle\int_3^6 3 \, dx =$

30. $V = \displaystyle\int_5^8 \pi r^2 \, dL =$

Respostas dos Problemas Práticos

1. 0,24 L
2. 31,6 m/s
3. $6{,}0 \ kg/cm^3$
4. -3
5. 1,54 L
6. 3,07 L
7. Falso
8. $x = (4{,}5 \ m/s)t + 3{,}0 \ m$
9. $x = 8, y = 60$
11. $2(x - y)^2$
12. $x^2(2x + 4)(x + 3)$
13. $x^{1/2}$
14. x^6
15. 3
16. ~ 2,322
17. $V/A = \frac{1}{3}r$
18. $A = \dfrac{2}{3}\pi L^2$
19. $\operatorname{sen} \theta = 0{,}496, \cos \theta = 0{,}868, \theta = 29{,}7°$
20. $\operatorname{sen} 8{,}2° = 0{,}1426, 8{,}2° = 0{,}1431 \ rad$
21. 0,996, 0,996 00, próximo de 0%
22. $0{,}96, 0{,}960 \ 77, \ll 1\%$
23. $-1 + 0i = -1$
24. $0 + i = i$
25. $dy/dx = \frac{5}{24}x^2 - 24$
26. $dy/dt = ae^{bt}(bt + 1)$
27. 0,693 s
28. 51 a
29. 9
30. $3\pi r^2$

Respostas dos Problemas Ímpares de Finais de Capítulos

Capítulo 34

1 (c)
3 (a)
5 (a) Verdadeiro, (b) Verdadeiro, (c) Verdadeiro
7 (c)
9 De acordo com a teoria quântica, o valor médio de muitas medidas de uma mesma quantidade irá levar ao valor esperado desta quantidade. Entretanto, cada valor medido individual pode diferir do valor esperado.
11 2,48 pm, 2%
13 (a)

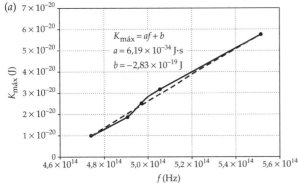

(b) 1,77 eV (c) césio
15 (a) $4,14 \times 10^{-7}$ eV, (b) $3,72 \times 10^{-9}$ eV
17 (a) 12,4 keV, (b) 1,24 GeV
19 $1,95 \times 10^{16}$ s^{-1}
21 (a) 4,13 eV, (b) 2,10 eV, (c) 0,78 eV, (d) 590 nm
23 (a) 653 nm, $4,58 \times 10^{14}$ Hz, (b) 3,06 eV, (c) 1,64 eV
25 1,2 pm
27 0,18 nm
29 $9,32 \times 10^{-24}$ kg · m/s, $1,80 \times 10^{-23}$ kg · m/s
31 2,9 nm
33 (a) $p_e = 2,09 \times 10^{-22}$ N · s, $p_p = 8,97 \times 10^{-21}$ N · s, $p_\alpha = 8,97 \times 10^{-21}$ N · s
(b) $\lambda_e = 3,17$ pm, $\lambda_p = 73,9$ fm, $\lambda_\alpha = 37,0$ fm
35 20,2 fm
37 0,17 nm
39 4,6 pm
41 (a) $E_1 = 205$ MeV, $E_2 = 818$ MeV, $E_3 = 1,84$ GeV

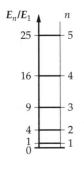

(b) $\lambda_{2\to1} = 2,02$ fm,
(c) $\lambda_{3\to2} = 1,21$ fm,
(d) $\lambda_{3\to1} = 0,758$ fm,
43 (a) 0, (b) 1, (c) 0,002
45 (a) L/2, (b) $0,321L^2$
47 (a) $1/\sqrt{2}$, (b) 0,865
49 (a) 0,500, (b) 0,402, (c) 0,750
51 (b) Para valores grandes de n, o resultado concorda com o valor clássico de $L^2/3$, dado no Problema 50.
53 $\langle x \rangle = 0, \langle x^2 \rangle = L^2 \left[\dfrac{1}{12} - \dfrac{1}{2\pi^2} \right]$
55 (a) 3,10 eV, (b) $6,24 \times 10^{16}$ eV, (c) $2,08 \times 10^{16}$
57 (a) 1 μm, 10^{-16} kg · m/s, (b) 2×10^{11}
59 0,2 keV
61 7×10^3 km
63 (a) 92 mW/m^2, (b) 3×10^4
67 1,3 MeV. A energia do elétron mais energético é aproximadamente 2,5 vezes a energia de repouso de um elétron.
69 1,04 eV, 554 nm
71 (b) 0,2% (c) Classicamente, a energia é contínua. Para valores de n muito grandes, a diferença de energia entre níveis adjacentes é infinitesimal.
73 (a) $6,2 \times 10^{-4}$ eV/s, (b) 53 min

Capítulo 35

1 (a)

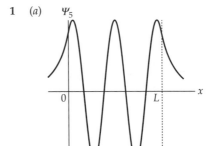

(b)

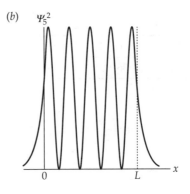

9 (a) 9,5 nm, (b) 4,1 meV
11 $\Delta x \Delta p = \dfrac{\hbar}{2}$

13 (b)

Célula	Conteúdo/Fórmula	Forma Algébrica
A2	1,0	α
B2	(1−SQRT((A2−1)/A2))/ (1+SQRT((A2−1)/A2))²	$\left(\dfrac{1-\sqrt{\dfrac{\alpha-1}{\alpha}}}{1+\sqrt{\dfrac{\alpha-1}{\alpha}}}\right)^2$
C2	1 − B2	$1-\left(\dfrac{1-\sqrt{\dfrac{\alpha-1}{\alpha}}}{1+\sqrt{\dfrac{\alpha-1}{\alpha}}}\right)^2$

	A	B	C
1	α	R	T
2	1,0	1,000	0,000
3	1,2	0,298	0,702
4	1,4	0,298	0,802
5	1,6	0,149	0,851
18	4,2	0,036	0,964
19	4,4	0,034	0,966
20	4,6	0,032	0,968
21	4,8	0,031	0,969
22	5,0	0,029	0,971

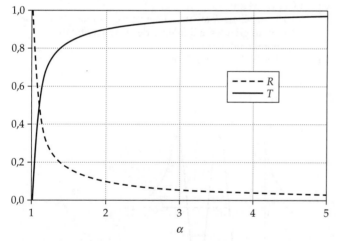

15 (a) 10^{-17}, (b) 10^{-2}
17 (a) $r_{1\,4,0\,\text{MeV}} = 66$ fm, $r_{1\,7,0\,\text{MeV}} = 38$ fm
   (b) $T_{4,0\,\text{MeV}} \approx 10^{-51}$, $T_{7,0\,\text{MeV}} \approx 10^{-38}$

19 (a)

n_1	1	1	1	1	1	1	1	1	1	1
n_2	1	1	1	2	1	2	2	1	2	3
n_3	1	2	3	1	4	2	3	5	4	1
E	21	24	29	33	36	36	41	45	48	53

   (b) (1, 1, 4) e (1, 2, 2)
   (c) $\psi(1,1,4) = A\,\text{sen}\left(\dfrac{\pi}{L_1}x\right)\text{sen}\left(\dfrac{\pi}{2L_1}y\right)\text{sen}\left(\dfrac{\pi}{L_1}z\right)$

21 (a) $\psi(x,y) = A\,\text{sen}\dfrac{n\pi}{L}x\,\text{sen}\dfrac{m\pi}{L}y$

   (b) $E_{nm} = \dfrac{h^2}{8mL^2}(n^2 + m^2)$
   (c) (1, 2) e (2, 1)
   (d) (1, 7), (7, 1) e (5, 5)

23 $E_{110\,\text{bósons}} = \dfrac{5h^2}{4mL^2}$

29 $E_0 = \dfrac{5h^2}{mL^2}$, $E_1 = E_2 = \dfrac{21h^2}{4mL^2}$

31 (b) $\langle x^2 \rangle = \dfrac{2}{L}\left(\dfrac{L^3}{24} - \dfrac{L^3}{4n^2\pi^2}\cos n\pi\right)$

35 $A_2 = \sqrt[4]{\dfrac{8m\omega_0}{h}}$

Capítulo 36

1 A análise da Figura 36-4 indica que quando n aumenta o espaçamento entre níveis de energia adjacentes diminui.
3 (a)
5 (d)
7 (a)
9 A energia de um sistema isolado ligado, que consiste em duas cargas carregadas com cargas opostas, como um elétron e um próton, depende apenas do número quântico principal n. Para o sódio, que possui 12 partículas carregadas, a energia de um elétron com $n = 3$ depende do grau de penetração da função de onda, nas camadas eletrônicas para $n = 1$ e $n = 2$. Um elétron num estado 3s ($n = 3, \ell = 0$) tem um maior grau de penetração nestas camadas do que um elétron no estado 3p ($n = 3, \ell = 1$), assim um elétron 3s tem menor energia (está mais fortemente ligado) do que um elétron 3p. No hidrogênio, entretanto, a função de onda de um elétron na camada $n = 3$ não pode penetrar em nenhuma outra camada eletrônica, porque nenhuma outra camada eletrônica existe. Então, um elétron no estado 3s no hidrogênio tem a mesma energia que um elétron no estado 3p no hidrogênio.
11 De acordo com o princípio de exclusão, o número total de elétrons que podem ser acomodados em estados com número quântico n é n^2 (veja Problema 28). O fato de que camadas fechadas correspondem a $2n^2$ elétrons indica que existe outro número quântico que pode ter dois valores possíveis.
13 (a) fósforo, (b) cromo
15 (d)
17 O espectro óptico de qualquer átomo é devido à configuração dos elétrons na camada mais externa. Ionizando o próximo átomo da tabela periódica, temos um íon com o mesmo número de elétrons da camada mais externa, e quase com a mesma carga nuclear. Portanto, os espectros devem ser muito semelhantes.
21 (a) 10^5, (b) 10^3, (c) $5,08 \times 10^4$
23 (a) 103 nm, (b) 97,3 nm
25 (a) 1,51 eV, 821 nm
   (b) 0,661 eV, 1880 nm, 0,967 eV, 1280 nm, 1,13 eV, 1100 nm

```
     6→3      5→3                        4→3
---|-----------|------------------------|-----
  1100 nm   1280 nm                   1880 nm
```

27 (b) $1,096850 \times 10^7\,\text{m}^{-1}$, $1,097448 \times 10^7\,\text{m}^{-1}$, R_H e $R_{H\,\text{aprox}}$ concordam em três algarismos significativos.
   (c) 0,0545%
29 (a) $1,49 \times 10^{-34}$ J·s, (b) −1, 0, +1

(c)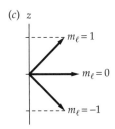

31 (a) 0, 1, 2, (b) Para $\ell = 0$, $m_\ell = 0$. Para $\ell = 1$, $m_\ell = -1, 0, +1$. Para $\ell = 2$, $m_\ell = -2, -1, 0, +1, +2$. (c) 18

33 (a) 45,0°, (b) 26,6°, (c) 8,05°

35 (a) $6\hbar^2$, (b) $4\hbar^2$, (c) $2\hbar^2$

37 (a) 4
(b)

n	ℓ	m_ℓ	(n, ℓ, m_ℓ)
2	0	0	(2, 0, 0)
2	1	−1	(2, 1, −1)
2	1	0	(2, 1, 0)
2	1	1	(2, 1, 1)

39 (a) $\psi_{200}(a_0) = \dfrac{0,0605}{a_0^{3/2}}$, (b) $[\psi_{200}(a_0)]^2 = \dfrac{0,00366}{a_0^3}$,

(c) $P(a_0) = \dfrac{0,0460}{a_0}$

41 (a) $9,20 \times 10^{-4}$, (b) 0

47 0,323

49 $\ell = 0$ ou 1

51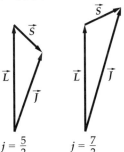

53 (c)

55 (a) $L_z = -2\hbar, -\hbar, 0, \hbar, 2\hbar$,
(b) $L_z = -3\hbar, -2\hbar, -\hbar, 0, \hbar, 2\hbar, 3\hbar$

57 (a) 2s ou 2p, (b) $1s^2 2s^2 2p^6 3p$, (c) 1s2s

59 (a) 0,0610 nm, 0,0578 nm, (b) 0,0542 nm

61 (a) 1,00 nm, (b) 0,155 nm

63 $n_i = 4$ a $n_f = 1$

65

λ, nm	n_i	n_f
164	3	2
230,6	9	3
541	7	4

67 (a) 1,6179 eV, 1,6106 eV, (b) 0,00730 eV, (c) 63,0 T
(b) Não

71 (a) 1,06 GHz, (b) 28,4 cm, microondas

73 (a) $1,097075 \times 10^7$ m^{-1}, (b) 0,179 nm

75 (a) $1,097074 \times 10^7$ m^{-1}, (b) 0,0600 nm, (c) 0,238 nm

Capítulo 37

1 Como o centro de carga do íon positivo de Na não coincide com o centro de carga do íon negativo de Cl, a molécula de NaCl tem um momento de dipolo permanente. Portanto, ela é uma molécula polar.

3 O neônio ocorre naturalmente como Ne e não Ne$_2$. O neônio é um gás nobre. Os átomos de gases nobres têm uma configuração eletrônica de camada fechada.

5 O diagrama consistiria em um estado fundamental não ligado sem estados vibracionais ou rotacionais para o ArF (semelhante a curva de cima da Figura 37-4), mas para o ArF* deveria existir um estado excitado ligado com um mínimo definido em relação à separação internuclear, e diversos estados vibracionais, como na curva de estados excitados da Figura 37-13.

7 A constante de força efetiva no Exemplo 37-4 é $1,85 \times 10^3$ N/m. Este valor é aproximadamente 25% maior que o valor dado para a constante de força das molas de suspensão de um automóvel típico.

9 Para a molécula de H$_2$, a concentração de cargas negativas entre os dois prótons mantém os prótons juntos. No íon de H$_2^+$, existe somente um elétron que é compartilhado pelas duas cargas positivas, de tal modo que a maior parte da carga eletrônica fica de novo entre os dois prótons. Entretanto, no íon de H$_2^+$ a carga negativa entre os dois prótons não é tão eficiente como a carga negativa maior entre eles na molécula de H$_2$, e os prótons devem ficar mais afastados. Para a molécula de H$_2$, $r_0 = 0,074$ nm, enquanto para o íon de H$_2^+$, $r_0 = 0,106$ nm.

11 Para mais que dois átomos numa molécula, vão existir mais freqüências de vibração, porque mais movimentos relativos são possíveis. Na mecânica avançada, estas freqüências são conhecidas como modos normais de vibração.

13 $\ell \approx 2 \times 10^{30}$, $E_{0r} \approx 5 \times 10^{-65}$ J

15 0,947 m

17 0,44 eV

19 Você deveria concordar. A curva de energia potencial é mostrada no diagrama a seguir. Os pontos de retorno para as vibrações com energias E_1 e E_2 estão nos valores de r onde as energias se igualam a $U(r)$. O valor médio de r para os níveis vibracionais E_1 e E_2 são simbolizados por $r_{1\,méd}$ e $r_{2\,méd}$. Observe que a estimativa de $r_{1\,méd}$ forçosamente está no meio entre $r_{1\,mín}$ e $r_{1\,máx}$. O potencial é como uma mola especial que tem uma constante de força maior para a compressão do que para o alongamento. O período de um oscilador massa-mola é inversamente proporcional à raiz quadrada da constante da mola, assim nossa "mola especial" passa mais tempo alongada do que comprimida. Como resultado, $r_{1\,méd}$ será maior que o raio de equilíbrio. Este argumento pode ser ampliado para explicar por que $r_{2\,méd}$ é maior que $r_{1\,méd}$. Isto ocorre porque a "constante de força" para o alongamento, que pode ser estimada através da inclinação média na curva de energia potencial na região à direita da posição de equilíbrio, é maior para $E = E_2$ do que para $E = E_1$. Isto acontece também porque a "constante de força" para a compressão é maior para $E = E_2$ do que para $E = E_1$. Segue então que $r_{2\,méd}$ é maior que $r_{1\,méd}$. Como $r_{2\,méd}$ é maior que $r_{1\,méd}$, conclui-se que a energia vibracional de uma molécula diatômica aumenta, a separação média dos átomos da molécula aumenta e, portanto, o sólido se expande quando é aquecido.

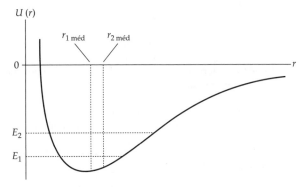

21 (a) $U_e = -6{,}64$ eV, (b) $E_{d\,calc} = 5{,}70$ eV, (c) $U_{rep} = 0{,}63$ eV
23 0,121 nm
25 41
27 5,6 meV
29 (a) 0,179 eV, (b) 3×10^{-47} kg · m², (c) 0,1 nm
31 (a) $1{,}45 \times 10^{-46}$ kg · m², 0,239 meV
   (b) $\ell = 5, E = 7{,}14$ meV

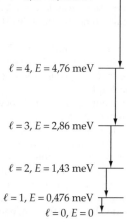

$\ell = 4, E = 4{,}76$ meV

$\ell = 3, E = 2{,}86$ meV

$\ell = 2, E = 1{,}43$ meV

$\ell = 1, E = 0{,}476$ meV
$\ell = 0, E = 0$

$\Delta E_{54} = 2{,}38$ meV, $\Delta E_{43} = 1{,}90$ meV, $\Delta E_{32} = 1{,}43$ meV, $\Delta E_{21} = 1{,}25$ meV, $\Delta E_{10} = 0{,}476$ meV
(c) $\lambda_{10} = 2600$ μm, $\lambda_{21} = 1300$ μm, $\lambda_{32} = 867$ μm, $\lambda_{43} = 650$ μm, $\lambda_{54} = 520$ μm, microondas

33 $\mu_{H^{35}Cl} = 0{,}972$ u, $\mu_{H^{35}Cl} = 0{,}974$ u, $\dfrac{\Delta \mu}{\mu} = 0{,}00150$,

$\Delta f/f = 0{,}0012$, concordância razoável (da ordem de 20% de diferença) com resultados calculados. Observe que Δf é difícil de determinar com precisão a partir da Figura 37-17.

35 0,955 meV
37 1,55 kN/m
39 $r_0 = a, U_{mín} = -U_0, r_0 = 0{,}074$ nm, $U_0 = 4{,}52$ eV

41 $F_x = \dfrac{dU}{dx} \propto \dfrac{1}{x^4}$

43 (a) $\dfrac{1\ \text{eV}}{\text{molécula}} = 23{,}0$ kcal/mol

    (b) 98,2 kcal/mol

Capítulo 38

1 A energia perdida pelos elétrons numa colisão com os íons da rede cristalina aparece como energia térmica distribuída por todo o cristal.
3 (a) potássio e níquel (b) 3,1 V
5 A resistividade do bronze em 4 K é quase que inteiramente devido à resistência residual (a resistência devido às impurezas e outras imperfeições da rede cristalina). No bronze, os íons de zinco atuam como impurezas no cobre. No cobre puro, a resistividade em 4 K é devido a sua resistência residual. A resistência residual será muito baixa se o cobre for muito puro.
7 A resistividade do cobre aumenta com o aumento da temperatura; a resistividade do silício (puro) diminui com o aumento da temperatura porque a densidade de portadores de carga aumenta.
9 (b)
11 O elétron excitado leva ao movimento do elétron na banda de condução e contribui para a corrente. Um buraco é deixado na banda de valência permitindo que o buraco positivo se mova através da banda, e este movimento também contribui para a corrente.

13 (c)
15
V (V)	1/inclinação (Ω)
−20	∞
+0,2	40
+0,4	20
+0,6	10
+0,8	5

17 2,07 g/cm³
19 (a) −10,6 eV, (b) 2,83%
21 (a) 0,123 μΩ · m, (b) 70,7 nΩ · m
23 (a) $n_{Ag} = 5{,}86 \times 10^{22}$ elétrons/cm³, (b) $n_{Ag} = 5{,}90 \times 10^{22}$ elétrons/cm³. Ambos os resultados concordam com os valores da Tabela 38-1.
25 4,0
27 (a) $1{,}07 \times 10^6$ m/s, (b) $1{,}39 \times 10^6$ m/s, (c) $1{,}89 \times 10^6$ m/s
29 (a) 4,22 eV (b) 2,85 eV
31 (a) $5{,}90 \times 10^{28}$ e/m³, (b) 5,50 eV, (c) 212, (d) A razão E_F/kT é igual a 212 em $T = 300$ K. A energia de Fermi é a energia dos elétrons de condução mais energéticos quando o cristal está na temperatura de erro absoluto. Como dois elétrons de condução não podem ocupar o mesmo estado, a energia de Fermi é bastante alta comparada com kT. A energia kT é a energia que a média dos elétrons de condução teriam quando o cristal está numa temperatura T, se estes elétrons não obedecessem ao princípio de exclusão.
33 $3{,}82 \times 10^{10}$ N/m² $= 3{,}77 \times 10^5$ atm
35 0,192 J/(mol · K)
37 (a) 66 nm, (b) $1{,}8 \times 10^{-4}$ nm²
39 1,09 μm
41 180 nm
43 116 K
45 $a_{B\,Si} = 3$ nm, $a_{B\,Ge} = 8$ nm
47 37,1 nm, 38,7 nm. O percurso livre médio concorda em aproximadamente 4%.

49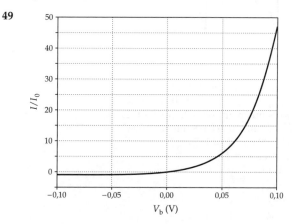

51 250
53 (a)

(b)

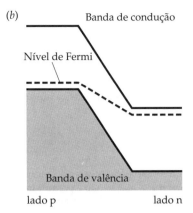

55 Os portadores de carga são buracos e o semicondutor é do tipo p. $1,0 \times 10^{23}$ m^{-3}
57 (a) 2,17 meV, $E_g \approx 0,8 E_{g\,medido}$, (b) 0,454 mm
59 $2,0 \times 10^{18}$
61 (a) 5,51 eV, (b) 3,31 eV, (c) $1,08 \times 10^6$ m/s
63 1
67 0,60
71 1,07
73 (a) $5,51 \times 10^{-3}$, (b) $1,84 \times 10^{-2}$
75 $4,35 \times 10^{14}$ Hz

Capítulo 39

1 (a)
3 (a) Verdadeiro, (b) Verdadeiro, (c) Falso, (d) Verdadeiro, (e) Falso, (f) Falso, (g) Verdadeiro
5 Embora $\Delta y = \Delta y'$, $\Delta t \neq \Delta t'$. Conseqüentemente, $\Delta y / \Delta t \neq \Delta y' / \Delta t'$.
7 (a) 0,946, (b) $1,23 \times 10^{10}$ $c \cdot$ a
9 (a) 0,98 km. A largura do feixe fica inalterada. (b) $9,6 \times 10^7$ m, (c) 0,10 μm
11 (a) $0,91c$, (b) 22 $c \cdot$ a, (c) 101 anos
13 (a) 0,385 μs, (b) 0,193 μs, (c) $0,998c$
15 $1,85 \times 10^4$ anos
17 (a) 1,76 μs, (b) 6,32 μs, (c) 3,1 μs, (d) 1,70 km
19 4,4 μs
21 (a) 2,10 μs, (b) 2,59 μs, (c) 0,49 μs, (d) 2,59 μs, (e) 4,36 h, (f) 18,8 h
23 $2,22 \times 10^7$ m/s
27 11 ms
29 (a) $u_x = v$ e $u_y = \dfrac{c}{\gamma}$
31 (a) 0,976, (b) $0,997c$
33 66,7%
37 (a) 290 MeV, (b) 629 MeV
39 (a) $0,943c$, (b) 3,0 MeV, (c) 2,8 MeV/c, (d) 4,1 MeV/c^2, (e) 0,9 MeV
43 $0,999c$
45 (a) $-0,50c$, S' se move na direção de $-x$, (b) 1,7 ano
47 281 MeV
49 (a) $v = -\dfrac{E}{Mc}$, (b) $d = -\dfrac{LE}{Mc^2}$
51 $K_{lim} = 6m_P c^2$ de acordo com o Problema 40.

Capítulo 40

1 (a) ^{15}N, ^{16}N, (b) ^{54}Fe, ^{55}Fe, (c) ^{117}Sn, ^{119}Sn
3 Em geral, o decaimento por emissão de α deixa o núcleo filho rico em nêutrons, isto é, acima da linha de estabilidade. O núcleo filho, portanto, tende a decair por emissão β^-, que converte um nêutron nuclear num próton.
5 Isto faria com que a datação não fosse confiável, porque a concentração atual de ^{14}C não seria igual àquela de algum tempo atrás.
7 A probabilidade de captura de nêutrons por núcleos fissionáveis é grande apenas para nêutrons lentos (térmicos). Os nêutrons emitidos durante o processo de fissão são rápidos (alta energia) e devem ser desacelerados para nêutrons térmicos, antes de serem capturados por outro núcleo fissionável.
9 (a) β^+, (b) β^-
11 (a) Verdadeira (devido ao suprimento ilimitado de ^{238}U), (b) Falsa, (c) Verdadeira, (d) Falsa
13

Propriedade do Material	Razão (ordem de magnitude)
Massa específica	10^{15}
Meia-vida	10^{15}
Massas nucleares	2

15 (a) $E_b = 92,2$ MeV, $E_b/A = 7,68$ MeV
    (b) $E_b = 492$ MeV, $E_b/A = 8,79$ MeV
    (c) $E_b = 1802$ MeV, $E_b/A = 7,57$ MeV
17 (a) 3,0 fm, (b) 4,6 fm, (c) 7,0 fm
19 (a) $E_{térmica} = 4,11 \times 10^{-21}$ J = 25,7 meV, (b) 2,22 km/s, (c) 10,1 min
23 (a) 5 min, (b) 250 Bq
25 (a) 200 s, (b) $3,5 \times 10^{-3}$ s^{-1}, (c) 125 Bq
27 (a) 500 Bq, 250 Bq, (b) $N_0 = 1,0 \times 10^6$, $N_{2,4\,min} = 5,2 \times 10^5$, (c) 12 min
29 (a) $4,5 \times 10^3$ α/s, (b) $5,3 \times 10^4$ anos
31 $^{239}_{94}$Pu $\to$ $^{235}_{92}$U + $^4_2\alpha$ + Q, $Q = 5,24$ MeV, $K_\alpha = 5,15$ MeV, $K_{235U} = 89,2$ keV
33 (a) $\lambda = 0,133$ h^{-1}, $t_{1/2} = 5,20$ h, (b) $N_0 = 3,11 \times 10^6$
35 (a) 1,13 mCi, (b) 0,898 mCi
37 Aproximadamente 15 g
39 $7,0 \times 10^8$ anos
41 (a) $-0,764$ MeV, (b) 3,27 MeV
43 (a) 0,156 MeV, (b) As massas dadas são para os átomos, não para os núcleos, assim as massas atômicas são maiores por um fator dado pelo número atômico multiplicado pela massa do elétron. Para a reação nuclear dada, a massa do átomo de carbono é maior por $6m_e$ e a massa do átomo de hidrogênio é maior por $7m_e$. Subtraindo $6m_e$ de ambos os lados da equação de reação, nos deixa a massa de um elétron extra no lado direito. O fato de não incluir a massa da partícula beta (elétron) é matematicamente equivalente a subtrair explicitamente $1m_e$ do lado direito da equação.
45 $1,56 \times 10^{19}$ s^{-1}
47 208 MeV
49 $3,2 \times 10^{10}$ J
51 (c) $3,7 \times 10^{38}$ s^{-1}, $5,0 \times 10^{10}$ anos
53 $\lambda = 0,069$ s^{-1}

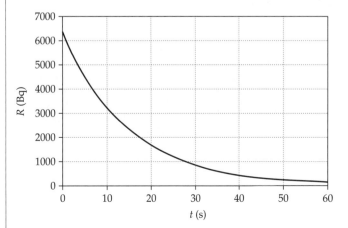

55 156 keV
59 $6{,}7 \times 10^3$ Bq
61 6,3 L
63 (a) 23 MeV, (b) 4,2 GeV, (c) 1,3 GeV
65 (a)

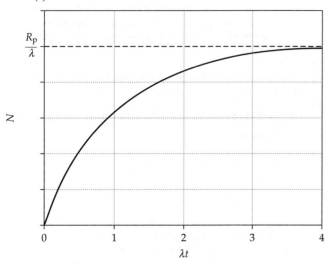

(b) $8{,}7 \times 10^{14}$
67 (a) 4,00 fm, (b) 310 MeV/c, (d) 310 MeV
69 (a) 1,188 MeV/c, (b) 752 eV, (c) 0,0962%
71 (b) 55
73 (d)

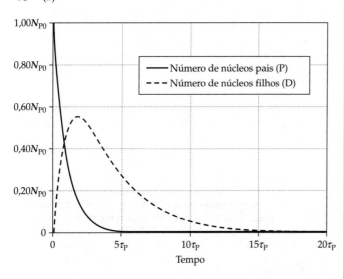

Capítulo 41

1
Semelhanças	Diferenças
Os bárions e os mésons são hádrons, isto é, eles participam da interação forte. Ambos são compostos por quarks.	Os bárions são constituídos por três quarks e são férmions. Os mésons são constituídos por dois quarks e são bósons. Os bárions têm número bariônico +1 ou −1. Os mésons têm número bariônico nulo.

3 Um processo de decaimento envolvendo a interação forte tem um tempo de vida muito curto ($\sim 10^{-23}$ s), enquanto os processos que ocorrem pela interação fraca têm tempos de vida da ordem de 10^{-10} s.
5 Falso
7 Não. É evidente da Tabela 41-3 que qualquer combinação de quark-antiquark sempre resulta numa carga nula ou inteira.
9 (a) Falso, (b) Verdadeiro, (c) Verdadeiro
11 $\dfrac{F_{em}}{F_{grav}} = 1{,}24 \times 10^{36}$
13 (a) 279,2 MeV, (b) 1877 MeV, (c) 211,3 MeV
15 (a) Como $\Delta S = +1$, a reação pode ocorrer pela interação fraca, (b) Como $\Delta S = +2$, a reação não é permitida, (c) Como $\Delta S = +1$, a reação pode ocorrer pela interação fraca.
17 (a) Como $\Delta S = +2$, a reação não é permitida, (b) Como $\Delta S = +1$, a reação pode ocorrer pela interação fraca.
19 (a) K^0, (b) Σ^0 ou Λ^0, (c) K^+

21
	Combinação	B	Q	S	Hádron
(a)	uud	1	+1	0	p^+
(b)	udd	1	0	0	n
(c)	uus	1	+1	−1	Σ^+
(d)	dds	1	−1	−1	Σ^-
(e)	uss	1	0	−2	Ξ^0
(f)	dss	1	−1	−2	Ξ^-

23 Na Tabela 41-3 vemos que para satisfazer as propriedades de que o número de carga seja igual a +2 e a estranheza, o charme, topness, e bottomness sejam nulos, a combinação de quarks deve ser uuu.
25 (a) $c\bar{d}$, (b) $\bar{c}d$
27 (a) uds, (b) $\overline{uu}\overline{d}$, (c) dds
29 (a) sss, (b) ssd,
31 $3{,}3 \times 10^8\, c \cdot a$
35 (a) O número bariônico e o número leptônico são quantidades conservadas. Uma partícula e sua antipartícula devem ter números bariônicos que somados dêem zero e números leptônicos que somados dêem zero. Então, para que uma partícula e sua antipartícula sejam idênticas, seu número bariônico e todos os seus três números leptônicos devem ser nulos. Isto significa que não pode ser um lépton ou um bárion, portanto deve ser um méson. Uma partícula e sua antipartícula contêm quarks complementares. Isto é, se cada quark da partícula for substituído pelo seu antiquark, então a entidade resultante será a antipartícula da partícula.
(b) A combinação de quarks para o π^0 é uma combinação linear de $u\bar{u}$ e $d\bar{d}$, e a combinação de quarks para o $\bar{\pi}^0$ é uma combinação linear de $\bar{u}u$ e $\bar{d}d$. A combinação de quarks para Ξ^0 é uss e para $\bar{\Xi}^0$ é $\bar{u}\bar{s}\bar{s}$.
(c) O π^0 é um méson com o conteúdo de quarks numa combinação linear de $u\bar{u}$ e $d\bar{d}$, deste modo o π^0 é sua própria antipartícula. A partícula Ξ^0 é um bárion. Como explicado na resposta da Parte (a), um bárion não pode ser sua própria antipartícula.
37 (a) u e $\bar{u}$ se aniquilam, resultando em fótons.
(b) Dois ou mais fótons são necessários para conservar a quantidade de movimento linear.
39 (a) π^+, (b) −815 MeV, (c) 1,98 GeV
41 (a) 38 MeV, (b) 6,72, (c) 5 MeV, 33 MeV

Índice

A

Afinidade eletrônica, 88
Algarismos significativos, 239
Alinhamento de spin e simetria da função de onda, 90
Ângulos, 249
    pequenos, aproximação, 253
Aniquilação de próton-antipróton, 215
Argônio, 73
Átomos, 53-85
    efeito spin-órbita e a estrutura fina, 67
    espectros
        atômicos, 54
        ópticos, 73, 76
        raios X, 73, 77
    hélio, 53
    hidrogênio, 24, 53
        modelo de Bohr, 55
        teoria quântica, 61
    lítio, 53
        carga nuclear efetiva para o elétron, 71
    núcleo, 181
    quantização de energia em, 8
    tabela periódica, 69
        berílio ($Z=4$), 72
        boro até neônio ($Z=5$ até $Z=10$), 72
        elementos com $Z > 18$, 73
        hélio ($Z=2$), 70
        lítio ($Z=3$), 71
        sódio até argônio ($Z=11$ até $Z=18$), 73
    teoria quântica, 59
Avalanche de ruptura, 129

B

Banda, teoria para os sólidos, 125
    condução, 125
    energia proibida, 125
    valência, 125
Bárions, 210
Barn, 192
Becquerel, 188
Berílio, 72
Big bang, 224, 225
Binômio, 255
Boro, 72
    massa atômica, 184
Bósons, 48
    de Higgs, 222
    vetoriais, 221
Botomônio, 219
Buracos negros, 173

C

Cálculo, 258
    diferencial, 258
    integral, 265
    probabilidade para uma partícula clássica, 13
Campo de Higgs, 222
Capacidade calorífica num metal devido aos elétrons, 123
Carbono, massa atômica, 184
Célula solar, 130
Charme, 219
Chumbo, massa atômica, 184
Cilindro, 248

Coluna central

Círculo, 248
Cobre
    energia de Fermi, 119
    massa atômica, 184
    temperatura de Fermi, 121
    velocidade de Fermi, 121
Coeficiente de transmissão, 39
Comprimento de onda, 7
    de de Broglie, 9
    recíproco, 54
Compton, espalhamento, 6
Condição
    contorno, 17
    normalização, 13
Condutividade, 115
Configuração eletrônica dos átomos, 69, 74-76
Confinamento
    inercial, 201
    magnético, 200
    quark, 221
Constante(s)
    de decaimento, 186
    de Hubble, 224
    físicas, 234
    força, determinação, 99
    Madelung, 111
    Planck, 4
    proporcionalidade, 242
    Rydberg para o hidrogênio, 54
Contração
    do comprimento, 152
    Lorentz-Fitzgerald, 152
Coordenadas
    esféricas
        equação de Schrödinger, 59
        números quânticos, 60
    polares, 256
Corrente de tunelamento, 129
Co-secante, 251
Cosseno, 250, 254
Co-tangente, 251
Cristal, estrutura cúbica, 110, 113
Critério de Lawson, 200
Cromodinâmica quântica (CDQ), 221
Curie, 188

D

Dados
    astronômicos, 233
    terrestres, 233
Decaimento(s)
    alfa, 190
    beta, 188
    gama, 190
    radioativo do cobalto-60, 264
Degenerescência, 44
Densidade
    corrente, 115
    probabilidade, 13
    radial, 64
Deslocamento para o vermelho gravitacional, 173
Detectores
    barreira superficial, 130
    Super-Kamiokande, 210
Diamante, 114
    estrutura cristalina, 113
Difração de elétrons, 10

Dilatação do tempo, 150
Diodo(s), 129
    emissores de luz (LED), 130
    túnel, 129
    Zener, 129
Dispositivos semicondutores, 128
Distribuição de Fermi-Dirac, 117, 135
DNA, descobridores da estrutura do, 94
Dopagem, 127
Dualidade onda-partícula, 14
    experiência de fenda dupla revista, 15
    princípio de incerteza, 15

E

Efeito
    doppler relativístico, 153
    fotoelétrico, 3
        equação de Einstein, 4
    Josephson, 135
    Spin-órbita e a estrutura fina, 67
Einstein
    equação
        efeito fotoelétrico, 4
        energia do fóton, 4
    postulados, 147
Eixo
    imaginário, 256
    real, 256
Elementos de transição, 73
Eletrodinâmica quântica, 221
Eletromagnetismo, 56
Elétrons
    capacidade calorífica num metal, 123
    de valência, 66
    difração, 10
    energia de interação no hélio, 70
    espalhamento de ondas, 124
    interferência, 10
    livres num sólido, 117
    numa casca fina esférica, probabilidade, 65
    ondas de matéria, 8
        hipótese de de Broglie, 9
        interferência e difração de elétrons, 10
        quantização de energia, 12
Endotérmica reação nuclear, 192
Energia
    cinética relativística, 166
    cinética rotacional de uma molécula, 98
    de Fermi, 118
    dissociação, 88
    do ponto zero, 17
    fluoreto de sódio, 89
    fótons
        equação de Einstein, 4
        luz visível, 5
    ionização, 58
    ligação, 58
        do núcleo do átomo, 184
    níveis
        hidrogênio, 62
        moléculas diatômicas, 96
    partícula numa caixa tridimensional, 45
    quantização
        átomos, 8
        outros sistemas, 23
    relativística, 166
    repouso, 166
    sistema

276 | Índice

Bóson, 118
Férmion, 118
Equação(ões), 240
Einstein
efeito fotoelétrico, 4
energia do fóton, 4
lineares, 242
quadráticas, 244
radial, 60
Schrödinger, 12, 31-52
coordenadas esféricas, 59
dependente do tempo, 32
duas partículas idênticas, 46
independente do tempo, 32
oscilador harmônico, 36
potencial do poço quadrado infinito, 33
reflexão e transmissão de ondas dos
elétrons: penetração de barreiras, 39
três dimensões, 43
uma partícula num poço quadrado
finito, 34
Era
da radiação, 226
dos léptons, 226
Esfera, 248
Espalhamento
Compton, 6
ondas de elétrons, 124
Espectros
absorção, 101
atômicos, 54
emissão, 100
ópticos, 73, 76
raios X, 73, 77
Estados
estacionários, 69
metaestáveis, 190
Estrutura cristalina, 111, 113
Éter e a velocidade da luz, 146
Eventos simultâneos, 156
Evolução do universo, 224
Exotérmica, reação nuclear, 192
Expoentes, 246

F

Fator
conversão, 232
Fermi, 120
Fatoração, 244
Ferro, massa atômica, 184
Física nuclear, 181-208
propriedades do núcleo, 181
radioatividade, 185
reações nucleares, 192
Fissão, 194
Fluoreto de sódio, energia, 89
Força
hadrônica, 182
nuclear forte, 182
Fórmula(s)
quadrática, 244
Rydberg-Ritz, 54
Fóton(s), 3
emissão por uma partícula em uma
caixa, 19
energia dos, para luz visível, 5
equação de Einstein para energia do, 4
freqüência a partir da conservação de
energia, 56
momento de um, 6
número por segundo na luz do sol, 6
virtuais, 221
Função(ões)
de onda, 12
equação de Schrödinger, 37
exponencial, 263
onda

anti-simétrica, 47
densidades de probabilidade, 63
estacionária, 17
partícula numa caixa tridimensional, 46
simetria, alinhamento de spin, 90
simétrica, 47
trabalho, 4
trigonométrica, 249, 250
como função de números reais, 253
Fusão, 194, 200

G

Ganho de tensão, 132
Geometria, 248
Glúons, 221
GPS (Global Positioning System), 145
Gráfico de uma linha reta, 243
Grau de um ângulo, 250
Gráviton, 221

H

Hádrons, 209, 210
Hélio, 70
massa atômica, 184
Hexagonal, 113
Hidrogênio
constante de Rydberg, 54
massa atômica, 184
níveis de energia, 62
Hipótese de de Broglie, 9

I

Idade
Hubble, 225
Identidades trigonométricas, 251
Integral, 265
definida, 266
indefinida, 266
Interferência de elétrons, 10
Ionização, 58
Isótopos, 182

J

Junção
josephson, 135
pn, 128

L

Lacuna de energia na supercondutividade, 134
Leis
conservação, 215
Ohm, 109
Léptons, 209, 210
Ligação(ões), 87
covalente, 89
hidrogênio, 93
iônicas, 88
metálica, 93
saturada, 92
van der Waals, 92
Lítio, 71
massa atômica, 184
Logaritmos, 247
Luz, 1
branca, 8
de Newton a Maxwell, 2
dualidade onda-partícula, 14
elétrons e ondas de matéria, 8
fótons, 3
função de onda, 12
quantização da energia em átomos, 8

velocidade e éter, 146
visível, energia dos fótons, 5

M

Massa
atômica, 182, 184
e energia, 168
reduzida, 97
molécula diatômica, 98
Maxwell, teoria sobre a luz, 2
Mésons, 210
Metais, função trabalho, 122
Microscópio de tunelamento eletrônico de
varredura por tunelamento, 43
Modelo de Bohr do átomo de hidrogênio, 55
energia para uma órbita circular, 55
níveis de energia, 58
postulados de Bohr, 56
Moléculas, 87-107
diatômicas, 96
espectros
absorção, 101
emissão, 100
níveis de energia
rotacionais, 96
vibracionais, 99
ligação(ões), 87
covalente, 89
hidrogênio, 93
iônica, 88
metálica, 93
van der Waals, 92
poliatômicas, 94
Momento
angular
direções do, 61
quantizado, 57
de um fóton, 6
relativístico, 164
conservação, 165

N

Neônio, 72
Neutrino, 189
Nêutron(s)
massa atômica, 184
reações nucleares, 193
retardados, 198
térmico, 193
Newton
princípio da relatividade, 146
teoria sobre a luz, 2
Nitrogênio, massa atômica, 184
Núcleo de um átomo, 181
forma, 182
massa, 182, 183
tamanho, 182
Nuclídeo, 182
Número(s)
atômico, 53
bariônico, 216
complexos, 256
conjugados, 257
fótons por segundo na luz do Sol, 6
imaginário, 256
leptônico, 216
massa do núcleo, 182
núcleons, 182
quântico, 18
coordenadas esféricas, 60
magnético, 61
orbital, 60
principal, 60
rotacional, 97
vibracional, 99
reais, 256

O

Onda(s), 2
  aumento no comprimento, 7
  clássica, 14
  comprimento, 7
    de de Broglie, 9
    recíproco, 54
  e quantização do momento angular, 57
  elétrons, espalhamento, 124
  estacionárias
    funções, 17
    quantização de energia, 12
  função, interpretação, 12
    equação de Schrödinger, 37
    níveis de energia, 37
    partícula numa caixa
      tridimensional, 46
  matéria e elétrons, 8
Orbitais
  atômicos, 94
  híbridos, 95
  moleculares, 88
Órbitas não-irradiantes, 56
Oscilador harmônico, 23
  equação de Schrödinger, 36
Ouro, massa atômica, 184
Oxigênio, massa atômica, 184

P

Par de Cooper, 133
Parábola, 245
Paralelograma, 248
Partícula(s), 2
  clássica, 14
  de campo, 221
  em uma caixa, 16, 20
    emissão de fótons, 19
    tridimensional, níveis de energia, 45
  estranhas, 217
  idênticas, equação de Schrödinger, 46
  num poço de potencial quadrado
    finito, 34
    infinito, 33
Penetração de barreiras, 41
Período de nucleossíntese, 226
Plasma, 200
Plutônio, massa atômica, 184
Polônio, massa atômica, 184
Postulados
  Bohr, 56
  Einstein, 147
Potássio, massa atômica, 184
Potencial
  contato, 122
  degrau, 39
  poço quadrado infinito, 23, 33
Prata, massa atômica, 184
Primeira energia de ionização, 70
Primeiro raio de Bohr, 57
Princípio
  correspondência de Bohr, 19
  equivalência, 171
  exclusão, 118
  exclusão de Pauli, 48
  incerteza, 15
  relatividade newtoniana, 146
Proporções diretas e inversas, 241

Q

Quantização da energia
  átomos, 8
  numa caixa, 117
  outros sistemas, 23
Quarks, 219
  confinamento, 221

R

Radiano, 250
Rádio, massa atômica, 184
Radioatividade, 185
  decaimento
    alfa, 190
    beta, 188
    gama, 190
Radônio, massa atômica, 184
Raio(s)
  de Schwarzschild, 173
  nuclear, 182
Reações nucleares, 192
Reatores nucleares de fissão, 196
  reprodutor, 199
Região de depleção, 129
Regras de seleção, 62
Relação de de Broglie
  comprimento de onda da onda associada
    ao elétron, 9
  freqüência da onda associada ao elétron, 9
Relatividade, 145-180
  energia relativística, 166
  geral, 171
  momento relativístico, 164
  newtoniana, 146
  postulados de Einstein, 147
  sincronização de relógios e
    simultaneidade, 156
  transformação
    de Lorentz, 148
    de velocidade, 161
Relógios sincronizados, 156, 158
Ressonância, 193

S

Sabores, 219
Secante, 251
Semicondutores, 127
  com impurezas, 127
  intrínsecos, 126
  tipo n, 127
  tipo p, 127
Seno, 250
Separação de estrutura fina, 68
Simultaneidade, 156
Sincronização, 156
Sódio, 73
  massa atômica, 184
Sol, número de fótons por segundo na luz, 6
Sólidos, 109-144
  amorfo, 110
  descrição microscópica da condução, 114
  distribuição de Fermi-Dirac, 135
  elétrons livres, 117
    capacidade calorífica num metal
      devido aos elétrons, 123
    energia de Fermi, 118

    fator de Fermi, 120
    potencial de contato, 122
    princípio de exclusão, 118
    quantização de energia numa caixa, 117
  estrutura, 110
  semicondutores, 127, 128
  supercondutividade, 133
  teoria(s)
    de bandas, 124
    quântica da condução elétrica, 123
Spin e antipartículas, 213
Supercondutividade, 133
  efeito Josephson, 135
  teoria BCS, 133

T

Tabela periódica, 69, 237
  berílio ($Z=4$), 72
  boro até neônio ($Z=5$ até $Z=10$), 72
  elementos com $Z > 18$, 73
  hélio ($Z=2$), 70
  lítio ($Z=3$), 71
  sódio até argônio ($Z=11$ até $Z=18$), 73
Tangente, 250
Taxa de decaimento, 186
Temperatura de Fermi, 121
Tempo de colisão, 115
Teorema
  binomial, 255
  Pitágoras, 251
Teoria(s)
  bandas para os sólidos, 124
  eletrofraca, 222
  grandes unificações, 224
  quântica
    átomos, 59
      equação de Schrödinger em
        coordenadas esféricas, 59
      hidrogênio, 61
      números quânticos em coordenadas
        esféricas, 60
      condução elétrica, 123
Transformação
  de velocidade, 161
  Galileu, 148
  Lorentz, 148, 149
Transistores, 131
Triângulos, 252
Trigonometria, 249
Tunelamento quântico, 41

U

Unidade
  imaginária, 256
  massa atômica unificada, 97
  SI, 231
Urânio, massa atômica, 184

V

Valor esperado, 20, 22
Variáveis complexas em física, 257
Velocidade
  da luz e éter, 146
  de Fermi para o cobre, 121
Vida média, 186

Pré-impressão, impressão e acabamento

grafica@editorasantuario.com.br
www.graficasantuario.com.br
Aparecida-SP

Constantes Físicas*

Carga fundamental	e	$1,602\ 176\ 53(14) \times 10^{-19}$ C
Comprimento de onda de Compton	$\lambda_C = h/(m_e c)$	$2,426\ 310\ 238(16) \times 10^{-12}$ m
Constante de Boltzmann	$k = R/N_A$	$1,380\ 6505(24) \times 10^{-23}$ J/K $8,617\ 343(15) \times 10^{-5}$ eV/K
Constante de Coulomb	$k = 1/(4\pi\epsilon_0)$	$8,987\ 551\ 788 \ldots \times 10^{9}$ N $\cdot$ m²/C²
Constante de gravitação	G	$6,6742(10) \times 10^{-11}$ N $\cdot$ m²/kg²
Constante de massa atômica	$m_u = \frac{1}{12} m(^{12}\text{C})$	$1\ u = 1,660\ 538\ 86(28) \times 10^{-27}$ kg
Constante de Planck	h	$6,626\ 0693(11) \times 10^{-34}$ J $\cdot$ s = $4,135\ 667\ 43(35) \times 10^{-15}$ eV $\cdot$ s
	$\hbar = h/(2\pi)$	$1,054\ 571\ 68(18) \times 10^{-34}$ J $\cdot$ s = $6,582\ 119\ 15(56) \times 10^{-16}$ eV $\cdot$ s
Constante de Stefan–Boltzmann	σ	$5,670\ 400(40) \times 10^{-8}$ W/(m² $\cdot$ K⁴)
Constante dos gases	R	$8,314\ 472(15)$ J/(mol $\cdot$ K) = $1,987\ 2065(36)$ cal/(mol $\cdot$ K) = $8,205\ 746(15) \times 10^{-2}$ L $\cdot$ atm/(mol $\cdot$ K)
Constante elétrica (permitividade do vácuo)	ϵ_0	$= 1/(\mu_0 c^2) = 8,854\ 187\ 817 \ldots \times 10^{-12}$ C²/(N $\cdot$ m²)
Constante magnética (permeabilidade do vácuo)	μ_0	$4\pi \times 10^{-7}$ N/A²
Magnéton de Bohr	$m_B = e\hbar/(2m_e)$	$9,274\ 009\ 49(80) \times 10^{-24}$ J/T = $5,788\ 381\ 804(39) \times 10^{-5}$ eV/T
Massa do elétron	m_e	$9,109\ 3826(16) \times 10^{-31}$ kg = $0,510\ 998\ 918(44)$ MeV/c^2
Massa do nêutron	m_n	$1,674\ 927\ 28(29) \times 10^{-27}$ kg = $939,565\ 360(81)$ MeV/c^2
Massa do próton	m_P	$1,672\ 621\ 71(29) \times 10^{-27}$ kg = $938,272\ 029(80)$ MeV/c^2
Número de Avogadro	N_A	$6,022\ 1415(10) \times 10^{23}$ partículas/mol
Rapidez da luz	c	$2,997\ 924\ 58 \times 10^{8}$ m/s

* Os valores destas e de outras constantes podem ser encontrados no Apêndice B, assim como na Internet em http://physics.nist.gov/cuu/Constants/index.html. Os números entre parênteses representam as incerteza nos dois últimos algarismos. (Por exemplo, 2,044 43(13) significa 2,044 43 ± 0,000 13.) Valores sem indicação de incertezas são exatos. Valores com reticências são exatos (como o número $\pi = 3,1415\ldots$), mas não estão completamente especificados.

Derivadas e Integrais Definidas

$$\frac{d}{dx}\,\text{sen}\,ax = a\cos ax \qquad \int_0^\infty e^{-ax}\,dx = \frac{1}{a} \qquad \int_0^\infty x^2 e^{-ax^2}\,dx = \frac{1}{4}\sqrt{\frac{\pi}{a^3}}$$

$$\frac{d}{dx}\cos ax = -a\,\text{sen}\,ax \qquad \int_0^\infty e^{-ax^2}\,dx = \frac{1}{2}\sqrt{\frac{\pi}{a}} \qquad \int_0^\infty x^3 e^{-ax^2}\,dx = \frac{4}{a^2}$$

$$\frac{d}{dx}e^{ax} = ae^{ax} \qquad \int_0^\infty xe^{-ax^2}\,dx = \frac{2}{a} \qquad \int_0^\infty x^4 e^{-ax^2}\,dx = \frac{3}{8}\sqrt{\frac{\pi}{a^5}}$$

O a nas seis integrais é uma constante positiva.

Produtos de Vetores

(Escalar) $\vec{A} \cdot \vec{B} = AB\cos\theta$ $\qquad$ (Vetorial) $\vec{A} \times \vec{B} = AB\,\text{sen}\,\theta\,\hat{n}$ $\quad$ ($\hat{n}$ obtido usando a regra da mão direita)